2025版
學科

職安一點通

# 職業安全管理
## 甲級檢定完勝攻略

Occupational Safety Management

# 作者簡歷

## 蕭中剛

職安衛總複習班名師，人稱蕭技師為蕭大或方丈，是知名職業安全衛生 FB 社團「Hsiao 的工安部屋家族」版主。Hsiao 的工安部屋部落格，多年來整理及分享的考古題和考試技巧幫助無數考生通過職安考試。

學　歷　健行科技大學工業工程與管理系

專業證照　工業安全技師、職業衛生技師、通過多次職業安全管理甲級、職業衛生管理甲級及職業安全衛生管理乙級。

## 余佳迪

於半導體公司從事職業安全衛生管理工作 20 年以上，同時也於大專院校及安全衛生教育訓練機構擔任職業安全衛生相關課程講師，協助講授職安衛法規、工業衛生、衛生管理實務等課程。

學　歷　國立台灣大學職業醫學與工業衛生研究所碩士

專業證照　職業衛生技師、工業安全技師、職業安全衛生管理系統主導稽核員證照、製程安全評估人員、勞工作業環境監測暴露評估訓練合格。

# 作者簡歷

## 謝宗凱 （Luke Hsieh）

佑民工業安全及職業衛生技師事務所執業技師，職業安全衛生管理系統輔導顧問，並於大專院校及教育訓練機構擔任安全衛生課程講師。

**學　歷**　交通大學產業安全與防災學程碩士、雲林科技大學環境與安全工程系

**專業證照**　工業安全技師、職業衛生技師、職業安全管理甲級、職業衛生管理甲級、職業安全與衛生管理乙級、製程安全與施工安全評估人員、勞工作業環境監測暴露評估訓練合格、TOSHMS 驗證稽核員、ISO 45001 及 ISO 14001 及 ISO 9001 及 ISO 50001 主導稽核員證書、ISO 14064 及 ISO 14067 主任查證員、溫室氣體盤查作業查證人員。

## 陳正光

環安衛工作經驗超過 10 年以上，力行吃素、環保救地球的純素主義者，曾於大專院校教授職安衛法規、作業環境測定、人因工程等課程。

**學　歷**　國立高雄科技大學環境與安全衛生系研究所

**專業證照**　工業安全技師、職業衛生技師及環境工程技師、職業安全甲級與職業衛生甲級雙證照、ISO 9001、ISO 50001、ISO 45001、ISO 14064、ISO 14067 等主導稽核員證照、溫室氣體盤查作業查證人員、製程安全評估人員、勞工作業環境監測、暴露評估訓練合格、環境教育種子師資。

# 作者簡歷

## 江　軍

力鈞建設有限公司總經理、教育部青年發展署諮詢委員、曾任台北市政府、宜蘭縣政府之青年諮詢委員，輔導國際認證及國內技術士證照多年經驗，曾於多所大專院校及推廣部授課，相關領域著作十餘本，證照百餘張。

**學　歷** 國立台灣科技大學建築學博士、英國劍橋大學跨領域環境設計碩士、國立台灣大學土木工程碩士

**專業證照** 職業安全管理甲級、營造工程管理甲級、建築工程管理甲級、職業安全衛生管理乙級、建築物公共安全檢查認可證、建築物室內裝修專業技術人員登記證、消防設備士、ISO 14046、ISO 50001 主導稽核員證照。

## 葉日宏

多年環安衛工作經驗，並通過企業講師訓練，曾於事業單位、安全衛生教育訓練機構及大專院校擔任職安衛課程講師。

**學　歷** 國立中央大學環境工程研究所

**專業證照** 工業安全技師、甲級職業安全管理、甲級職業衛生管理、乙級職業安全衛生管理、乙級廢棄物清除（處理）技術員、甲級空氣污染防治專責人員、甲級廢水處理專責人員。

# 七版序

職業安全衛生法從民國 63 年立法至今，經歷多次修改，也是職業安全與衛生隨著時代演進的象徵，許多工作都具有危險性，從各類媒體中常可以看到墜落、感電、物體飛落、倒塌等各式災害與危險都隱藏在工作環境中，打造安全的職業環境是眾人有志一同的目標，也是職業安全的專業與職責。目前甲級職業安全技術士的考試由勞動部辦理，由於考題具有變化且範圍相當廣泛，為了幫助讀者與考生用最短的時間、最有效率的準備考試並順利摘金，作者群匯集了數十年來教學、輔導的經驗與重點筆記，特別將精華呈現於此。

甲級職業安全技術士考試分成學科【選擇題】與術科【簡答 / 申論題】兩部分，準備方式也略為不同。學科的部分，本書將技能檢定中心公告之 500 餘題逐題解析，希望考生準備時必須知其然及其所以然才能融會貫通，不要死記答案，且能為後面章節的術科申論題先預作準備。術科內容分成三個部分：【法規】、【計畫與管理】與【專業課程】，第一部分法規是重要的基本功，許多職業安全相關的法規如「職業安全衛生設施規則」、「營造安全衛生設施標準」皆是常考的重點法規，法規的內容建議以條列式、關鍵字記憶，考試時才能以不變應萬變。第二部分計畫與管理中包含計畫書的製作與組織管理等較為實務的內容，若看過實際的表單與計畫對於記憶也有很大的幫助。第三部分專業課程內容較為廣泛，且許多與安全有關的時事題也是不可以錯過的重點。

在甲級職業安全技術士檢定考試中，每梯次會考申論題 5 題，由於每題的佔分比重相當重要，不能輕放錯失得分機會。其中約有 1 題是計算題，所以本書特別以專章方式以及公式重點提示展現。內容納入各式重點類型，且附錄內含有最新考古題參考解答和例題，希望能幫助考生縮短整理時間，計算題需要理解公式涵義以及常常作演練，才能在應考時順利解題。除此之外，更要感謝《職安一點通》作者團隊鄭技師、徐英洲、劉鈞傑及賴秋琴老師為本書提供意見，讓本書增添許多光采，以及碁峰資訊郭季柔小姐之付出，讓本書順利付梓。

由於職安法規及資訊更新迅速，職安一點通作者團隊希望能將最完整最正確的資訊呈現給讀者，除了將許多寶貴意見回饋增訂並納入最新公告之法規，也修正了之前錯誤之處。本書也提供職安一點通服務網 (www.osh-soeasy.com)，提供考生讀者最關心的歷屆學術科試題、最新修訂的法規總輯、甲級職業安全管理技能檢定規範 、甲級職業安全管理學科命題大綱、術科答案紙及職業安全衛生管理參考資料暨相關資源，歡迎讀者下載利用，掌握最新考試訊息。

本書之撰寫過程雖秉持兢兢業業不敢大意，但疏漏難免，本書之中若有錯誤或不完整之處，請各位讀者多多包涵並繼續提供指正或建議予出版社或作者群，在此致上十二萬分的感謝！《職安一點通》上市以來，承蒙各界讀者與專業人士推薦，筆者先於此萬分致謝。謹在此以『有心』、『用心』、『決心』、『專心』、『細心』五心共勉讀者、考生朋友們，願心想事成，預祝順利通過考試。

作者群

謹誌

# 目錄

# 5 術科重點暨試題解析

◤線上下載

請至 https://www.osh-soeasy.com/download.html 或掃描右側的 QR Code 下載本書附錄 E、附錄 F、附錄 G。其內容僅供合法持有本書的讀者使用，未經授權不得抄襲、轉載或任意散佈。

chapter

# 職業安全管理甲級<br>讀書計畫及準備要領

各位讀者好，作者群歷經多次考試征戰，累積多年的考試經驗，從乙級職業安全衛生管理、甲級職業安全管理、甲級職業衛生管理到高考工業安全技師及格、高考職業衛生技師及格、高考環境工程技師及格，一路漫長艱辛的旅程，為了協助各位能夠順利考取甲級職業安全證照，多花點時間享受人生，過著人生的小確辛，避免陷入重複考試的困境，提供作者群的考試準備心得，提供您參考：

一、 **保持正面積極的心態**：必須有信心，相信自己真的會考上，並且開始規劃、行動及取得證照後的回饋，包括獎勵方案等。訂定出考前衝刺 50 天或 60 天 ( 依個人喜好及條件自行調整，但請勿低於 30 天，以免造成過大的風險及壓力 ) 的細部讀書計畫，例如：每天要看多少頁的內容或做幾題計算題等 ( 因人而異，無法提供明確數值 )，然後除讀書外，要找出可讓自己維持正面積極的方式，停止逛對考試無幫助網站，刷新聞的行為，以維持正面積極的心態，減少外界環境的影響。

二、 **感恩上帝萬物，心靈安慰**：不管您是否相信任何宗教或玄學的事物，每天達成目標或未達成目標，都要靜心感謝上帝萬物，感謝父母朋友、感謝周遭幫助您的人，讓您有時間去執行讀書計畫，這樣會有助於您保持正面積極的心態。除了持續努力執行讀書計畫外，如果您有宗教信仰，可透過宗教活動，使混亂心靈穩定下來，這樣有助於強化您考上的信念。

三、 **掌握考試趨勢，集中火力將重要題型熟讀**：茲分享歷年 ( 以過去 3 年為例 ) 甲級職業安全管理考試趨勢結果，以協助讀者預測並將重要資源投入在重要的考試題型上 ( 請參閱本書相關法規、計畫及管理與專業課程的試題相關解析 )。

由 111 年到 113 年，累積 9 次的試題分析，術科總計 130 小題，根據統計分析結果，幾乎每梯次試題解析著重於「職業安全衛生法規」及「專業課程」，而「職業安全衛生計畫及管理」也注重法規，彙整結果說明如下：

1. 「職業安全衛生法規」約佔 84%，表示讀者必須熟讀法規，得分機率就會提高，尤其是修正 ( 增訂 ) 法規或重大職災有關法規特別容易考。

   下表為試題解析引用法規與 130 小題之比率，其中高比率 4 項法規約佔試題解析引用法規 65%，提供讀者參考：

| 比率 | 試題解析引用法規 | | | |
|---|---|---|---|---|
| 高 | 高壓氣體勞工安全規則 | 營造安全衛生設施標準 | 職業安全衛生設施規則 | 職業安全衛生法及其施行細則 |
| 中 | 起重升降機具安全規則 | 職業安全衛生管理辦法 | 危險性工作場所審查及檢查辦法 | 機械設備器具安全標準 |
| 低 | 鍋爐及壓力容器安全規則 | 勞動檢查法及其施行細則 | 製程安全評估定期實施辦法 | 危害性化學品標示及通識規則 |

2. 針對「職業安全衛生法規」及「專業課程」可能的出題重點，說明如下：

(1) 注意勞動部預告之法規草案內容，重要法規的預告曾重複出現於試題中，須特別留意，請至勞動部法規查詢系統查詢。
( 網址為：https://laws.mol.gov.tw/drafts.aspx?nh=n)

相關網站 | 民意信箱

勞動部 Ministry of Labor 勞動法令查詢系統

請輸入檢索字詞或函釋文號　輔助說明

最新動態　法規查詢　行政規則　解釋令函公告　英文法規查詢　法規草案

最新動態　全部　法律　命令　行政規則　公告或其他　預告中法規草案

共 4 筆 第 1 / 1 頁

| 公發布日 | 類別 | 訊息摘要 |
|---|---|---|
| 114.02.21 | 法規草案 | 勞動部公告：預告「勞工職業災害保險及保護法施行細則」部分條文修正草案（預告終止日：114.04.22） |
| 114.02.14 | 法規草案 | 勞動部公告：預告「勞工職業災害保險職業傷病審查準則」第25條及第18條附表修正草案（預告終止日：114.04.15） |
| 114.02.12 | 法規草案 | 勞動部公告：預告「失業中高齡者及高齡者就業促進辦法」部分條文修正草案（預告終止日：114.02.26） |
| 114.01.24 | 法規草案 | 勞動部公告：預告「勞資爭議法律及生活費用扶助辦法」部分條文修正草案（預告終止日：114.03.25） |

共 4 筆 第 1 / 1 頁

(2) 近期發生的重大職災有關法規，可至勞動部的重大職業災害公開網 ( 網址為：https://reurl.cc/Ojgbqy)，查詢近 1 年發生之災害類型，針對相關題型 ( 請參閱本書內容 ) 予以加強準備，必有意外收獲。

**重大職業災害公開網**

|  |  |
|---|---|
| 勞動檢查機構 | 所有勞動檢查機構 |
| 關鍵字 | |
| 地址 | |
| 發生日期 | 112/11/08 ~ 113/11/20 |
| 行業別 | 所有行業別 |
| 災害類型 | ☑墜落、滾落 ☑跌倒 ☑衝撞 ☑物體飛落 ☑物體倒塌、崩塌 ☑被撞 ☑被夾、被捲 ☑被刺、割、擦傷 ☑踩踏(踏穿) ☑溺斃 ☑與高溫、低溫之接觸 ☑與有害物等之接觸 ☑感電 ☑爆炸 ☑物體破裂 ☑火災 ☑不當動作 ☑其他 ☑不能歸類 ☐公路交通事故 ☐鐵路交通事故 ☐船舶飛機交通事故 ☐其他交通事故 |
| 排序類型 | 災害類型 |
| 排序方式 | 遞減 |

查詢　重填

例如：查到的災害類型，包括：墜落、倒塌、崩塌、感電、缺氧中毒、火災爆炸，所以考試題型可能與上述災害有關，必須針對災害的題型，加強準備。

(3) 請至勞動部勞動及職業安全衛生研究所的工安警訊，收集考試方向(https://www.ilosh.gov.tw/menu/1169/1172/)，例如：查到與工安警訊相關的內容包括：移動式起重機、塔式起重機、屋頂作業及其他相關題型。

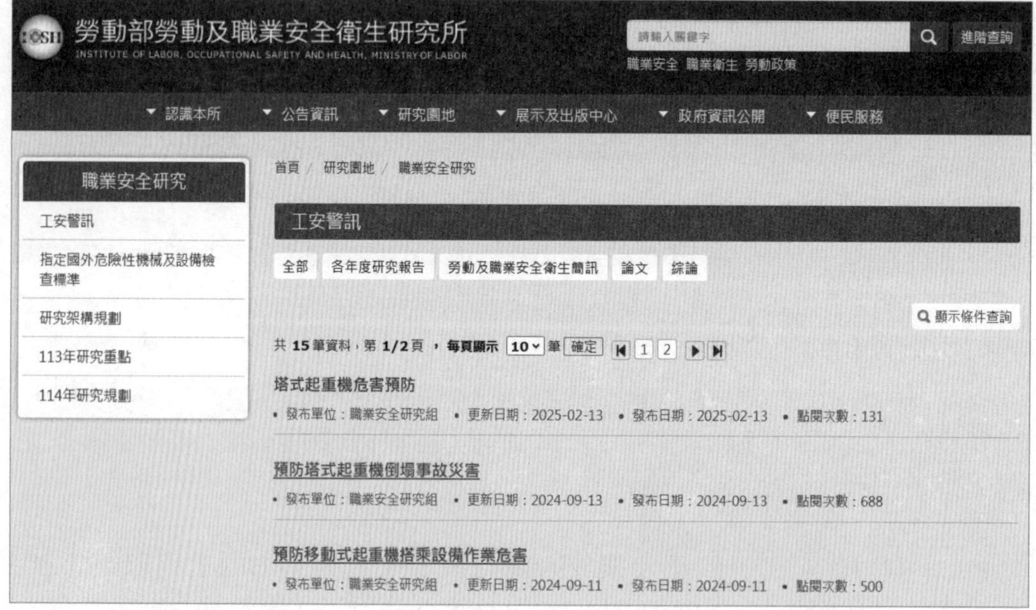


(4) 考古題目前仍占大宗，尤其重大職災的題型可能重複出現，可根據時事新聞，並翻閱本書所提供的大項及考試題型，加強練習及熟讀，就能順利考取證照。

## 考試技巧大公開

三字訣：認知、評估及控制

適用

題目有寫依…「符合之規定」或…「規定辦理」或應採取何種「措施」。

依職業安全衛生設施規則規定，對於毒性高壓氣體之 1. 儲存、2. 使用，各應依哪些規定辦理？(16 分)

解 依照對於毒性高壓氣體之儲存，應依下列規定辦理：

1. 以認知方面：
   (1) 蒐集毒性高壓氣體之危害資訊：如 : 安全資料表 (SDS)。
   (2) 過去發生職災資料。
   (3) 查詢政府網站公告之危害預防措施。
   (4) 安全衛生教育訓練 / 工安宣導活動。
2. 以評估方面：
   (1) 製程安全評估。
   (2) 作業環境監測。
   (3) 非破壞性檢測方式：如：超音波、目視檢查等。
   (4) 工作場所巡檢。
3. 以控制方面，其「儲存」應注意事項如下：
   (1) 貯存處要置備吸收劑、中和劑及適用之防毒面罩或呼吸用防護具。
   (2) 具有腐蝕性之毒性氣體，應充分換氣，保持通風良好。
   (3) 不得在腐蝕化學藥品或煙囪附近貯藏。
   (4) 預防異物之混入。
4. 以控制方面，其「使用」應注意事項如下：
   (1) 非對該氣體瞭解之專業人員，不准進入。
   (2) 工作場所空氣中之毒性氣體濃度不得超過容許濃度。
   (3) 工作場所置備充分及適用之防護具。
   (4) 使用毒性氣體場所，應保持通風良好。

口訣

三字訣：作業前、作業中、作業後

適用

題目與作業流程順序有關即適用。

例 對於起重吊掛作業，應依哪些規定辦理？

解 1. 作業前：

(1) 安裝前，須核對並確認設計資料及強度計算書。

(2) 吊掛之重量不得超過該設備所能承受之最高負荷，且應加以標示。

(3) 吊鉤或吊具應有防止吊舉中所吊物體脫落之裝置。

(4) 捲揚吊索通路有與人員碰觸之虞之場所，應加防護或有其他安全設施。

(5) 操作處應有適當防護設施，以防物體飛落傷害操作人員，如採坐姿操作者應設座位。

(6) 應設有過捲預防裝置，設置有困難者，得以標示代替之。

(7) 電源開關箱之設置，應有防護裝置。

2. 作業中：

(1) 不得供人員搭乘、吊升或降落。但臨時或緊急處理作業經採取足以防止人員墜落，且採專人監督等安全措施者，不在此限。

(2) 錨錠及吊掛用之吊鏈、鋼索、掛鉤、纖維索等吊具有異狀時應即修換。

(3) 吊運作業中，應嚴禁人員進入吊掛物下方及吊鏈、鋼索等內側角。

(4) 吊運作業時，應設置信號指揮聯絡人員，並規定統一之指揮信號。

(5) 應避免鄰近電力線作業。

3. 作業後：

(1) 復原現場，物品及工具歸位，人員皆平安離去。

(2) 確認已採取各項安全防護措施，以防止人員經過時誤觸而受傷。

(3) 作業產生之垃圾及雜物應收妥。

三字訣：發生源、暴露途徑、接受者

具有物理性、化學性、生物性危害等類型之改善對策。

鉛蓄電池之解體、研磨、熔融等回收過程中涉及鉛作業，試將鉛作業危害預防應有之控制設備 (10 分 ) 及應實施之作業管理列出 (10 分 )。

| 發生源 | 暴露途徑 | 接受者 |
|---|---|---|
| 1. 從事鉛、鉛混存物之熔融、鑄造、加工、組配、熔接、熔斷或極板切斷之室內作業場所<br>2. 非以濕式作業方法從事鉛、鉛混存物之研磨、製粉、混合、篩選、捏合之室內作業場所<br>3. 非以濕式作業方法將粉狀之鉛、鉛混存物倒入容器或取出之作業<br>4. 從事鉛、鉛混存物之解體、軋碎作業場所<br>5. 從事鉛、鉛混存物之熔融、鑄造作業場所<br>6. 室內作業場所之地面 | 1. 鑄造過程中，如有熔融之鉛或鉛合金燻煙從自動鑄造機飛散之虞<br>2. 從事充填黏狀之鉛、鉛混存物之工作台或吊運已充填有上述物質之極板時，為避免黏狀之鉛掉落地面<br>3. 以人工搬運裝有粉狀之鉛、鉛混存物之容器 | 從事鉛危害作業之工作者 |

改善對策彙整如下：

1. 應於各該室內作業場所設置密閉設備或局部排氣裝置及承受溢流之設備。
2. 應與其他之室內作業場所隔離。但鉛、鉛混存物之熔融、鑄造作業場所或軋碎作業採密閉形式者，不在此限。
3. 應設置防止其飛散之設備。
4. 應設置承受容器承受之。
5. 應於該容器上裝設把手或車輪，或置備有專門運送該容器之車輛。
6. 應為易於使用真空除塵機或以水清除之構造。
7. 應設置儲存浮渣之容器。
8. 採取必要措施預防從事作業之勞工遭受鉛污染。
9. 決定作業方法並指揮勞工作業。
10. 保存每月檢點局部排氣裝置及其他預防勞工健康危害之裝置 1 次以上之紀錄。
11. 監督勞工確實使用防護具。

**口訣**

四字訣：規劃 (Plan)、執行 (Do)、檢核 (Check)、行動 (Act)

**適用**

題目有寫「規劃」或「計畫」等字眼皆適用。

**例** 某日某公司採購人員因品管爭議遭受供貨商毆打，除優先適用刑法等相關法令規定外，為協助雇主預防以後類似情形發生，該公司之職業安全衛生人員應規劃辦理事項為何？(10 分 )

**解** 預防執行職務因他人行為遭受身體或精神不法侵害之妥為規劃，其內容應包含下列事項：

1. 依「規劃 (Plan)」方面，應蒐集資料如下：
   (1) 辨識及評估危害。
   (2) 建構行為規範。
   (3) 建立事件之處理程序。
2. 依「執行 (Do)」方面，應採取行動如下：
   (1) 辦理危害預防及溝通技巧訓練。
   (2) 適當配置作業場所。
   (3) 依工作適性適當調整人力。
3. 依「檢核 (Check)」方面，應採取策略如下：
   (1) 執行成效之評估。
   (2) 不法侵害績效指標之達成率。
4. 依「行動 (Act)」方面，應採取改善措施如下：
   (1) 執行成效之改善。
   (2) 其他有關安全衛生事項。
   (3) 過往不法侵害案件之檢討及改善措施追蹤。

前項不法侵害預防措施，事業單位勞工人數達 100 人以上者，雇主應依勞工執行職務之風險特性，參照中央主管機關公告之相關指引，訂定執行職務遭受不法侵害預防計畫，並據以執行；於僱用勞工人數未達 100 人者，得以執行紀錄或文件代替。

五字訣：人、機、料、法、環

適用

題目有「控制措施」或應採取「措施」為何就適用。

**工廠油槽油泥過多，需派勞工進入槽內清除油泥前，應如何採取哪些安全措施？請說明之。(20 分 )**

解

1. 以「人員」方面：
   (1) 進入作業勞工已具備可能吸入、接觸有害物質或易燃之虞的危險物質，所必要的知識。
   (2) 加強工作前之安全衛生之教育及指示，以及預防災變的知識灌輸。
   (3) 夥同作業，一人在油槽內，一人在油槽外：
      A. 工作區域加以公告，有人在油槽內工作。
      B. 檢查是否有缺氧、爆炸性氣體、有毒氣體。
      C. 送風、排氣。
   (4) 應置備適當的救難設施。
   (5) 防護具整備。
   (6) 監視人員之指定，例如：指派缺氧作業主管從事監視作業。
2. 以「機械」方面：
   (1) 實施機械之定期檢查、機械、設備之重點檢查或作業檢點等相關措施或方法。
   (2) 作業用具之整備。
   (3) 最好設置氧氣含量及有害氣體濃度自動監測系統。
3. 以「材料」( 含化學品 ) 方面：
   (1) 確認吸入、接觸有害物質或易燃之虞的危險物質等預防及控制措施。
   (2) 現場是否有危害標示、安全資料表等。
4. 以「方法」方面：
   (1) 檢討與報告。

(2) 要求作業勞工遵守安全衛生工作守則。

(3) 依標準作業程序作業。

5. 以「環境」方面：

實施作業環境監測，測定氧氣濃度及有害物之濃度，該作業場所之空氣中氧氣含量未滿 18% 或有害物濃度超過容許濃度時，不得使勞工在該場所作業。

五字訣：消除、取代、工程控制、行政管理、健康管理

適用

題目有「控制措施」或應採取「措施」為何就適用。

例

**呈上題，同一題採不同解法：**

**工廠油槽油泥過多，需派勞工進入槽內清除油泥前，應如何採取哪些安全措施？請說明之。(20 分 )**

解

1. 以「消除」方面：

研討是否可採取在外部無須入槽即可清除油泥的工法方式，依題意人員需進入油槽清除油泥，故此選項不存在。

2. 以「取代」方面：

是否可透過製程變更、方法變更或更換化學品等方式，以降低其作業危害，依題意人員需進入油槽清除油泥，化學品無法採取更換等措施。

3. 以「工程控制」方面：

(1) 設置氧氣含量及有害氣體濃度自動監測系統。

(2) 設置雙盲板等措施，避免儲油逆流或有其他有害物質滲入。

(3) 實施強制自動換氣，於作業前至少 30 分鐘連續換氣直到人員安全離開。

(4) 裝設局限空間人員警報呼救器，若人員 5 分鐘沒動作會自動發出警報告知監視人員及主管。

(5) 採用機械代替人員清理油泥。

(6) 採用油泥抽取設備，抽除油液或油泥，避免讓人員直接進入清洗。

4. 以「行政管理」方面：

   (1) 確認人員進入不致產生危險。

   (2) 進入作業勞工已具備可能吸入、接觸有害物質或易燃的危險物質，所必要的知識。

   (3) 加強工作前之安全衛生之教育及指示，以及預防災變的知識灌輸。

   (4) 夥同作業，一人在油槽內，一人在油槽外：

      A. 工作區域加以公告，告示有人在油槽內工作。

      B. 檢查是否有缺氧、爆炸性氣體、有毒氣體。

      C. 送風、換氣。

   (5) 應置備適當的救援設施。

   (6) 防護具整備。

   (7) 監視人員之指定，例如：指派具有預防缺氧知識之合格人員從事監視作業。

   (8) 要求作業勞工遵守安全衛生工作守則。

   (9) 依標準作業程序作業。

5. 以「健康管理」方面：

   (1) 實施作業環境監測，測定氧氣濃度及有害物之濃度，該作業場所之空氣中氧氣含量未滿 18% 或有害物濃度超過容許濃度時，不得使勞工在該場所作業。

   (2) 健康檢查 / 健康促進…對於本題幫助有限，因屬立即致危場所。

其他技巧：其他技巧皆有適當加入一點通的口訣內，請參閱本書後段章節。

- 關鍵字記憶法，詳如 p.5-13 所示。
- 關聯記憶法，詳如 p.5-14 所示。
- 情節故事記憶法，詳如 p.5-11 所示。

考試記憶技巧非常多，最重要是要找到自己能得心應手的方法，把一點通內化成自己的武功心法，祝各位讀者金榜題名！

chapter

# 甲級職業安全管理時事及應考重點提醒

本節提供常見的墜落災害、感電災害及火災爆炸的現況、原因及預防措施的法規與建議，並探討職安衛修法與未來趨勢。內容涵蓋相關法規、不足之處及改善方向，還有氣候變遷和AI技術應用等時事趨勢，提供讀者參考。

# 一、墜落災害

墜落災害蟬聯重大職災第一名，且職安署加強 113 年營造業墜落災害減災措施。

**重點一** 職業安全衛生法 (2019 年版 ) 相關規定如下：

1. 「職業安全衛生法」第 5 條第 2 項：「機械、設備、器具、原料、材料等物件之設計、製造或輸入者及工程之設計或施工者，應於設計、製造、輸入或施工規劃階段實施風險評估，致力防止此等物件於使用或工程施工時，發生職業災害。」
2. 「職業安全衛生法」第 6 條第 1 項第 5 款：「雇主對下列事項應有符合規定之必要安全衛生設備及措施：五、防止有墜落、物體飛落或崩塌等之虞之作業場所引起之危害。」
3. 「職業安全衛生法」第 18 條第 1 項：「工作場所有立即發生危險之虞時，雇主或工作場所負責人應即令停止作業，並使勞工退避至安全場所。」
4. 「職業安全衛生法」第 19 條第 1 項：「在高溫場所工作之勞工，雇主不得使其每日工作時間超過 6 小時；異常氣壓作業、高架作業、精密作業、重體力勞動或其他對於勞工具有特殊危害之作業，亦應規定減少勞工工作時間，並在工作時間中予以適當之休息。」
5. 「職業安全衛生法」第 21 條第 1 項：雇主依前條體格檢查發現應僱勞工不適於從事某種工作，不得僱用其從事該項工作。
6. 「職業安全衛生法」第 23 條第 1 項：「雇主應依其事業單位之規模、性質，訂定職業安全衛生管理計畫；並設置安全衛生組織、人員，實施安全衛生管理及自動檢查。」
7. 「職業安全衛生法」第 25 條第 1 項：「事業單位以其事業招人承攬時，其承攬人就承攬部分負本法所定雇主之責任；原事業單位就職業災害補償仍應與承攬人負連帶責任。再承攬者亦同。」
8. 「職業安全衛生法」第 26 條第 1 項：「事業單位以其事業之全部或一部分交付承攬時，應於事前告知該承攬人有關其事業工作環境、危害因素暨本法及有關安全衛生規定應採取之措施。」
9. 「職業安全衛生法」第 27 條第 1 項：「事業單位與承攬人、再承攬人分別僱用勞工共同作業時，為防止職業災害，原事業單位應採取下列必要措施：一、設置協議組織，並指定工作場所負責人，擔任指揮、監督及協調之工作。二、工作之連繫與調整。三、工作場所之巡視。四、相關承攬事業間之安全衛生教育之指導及協助。五、其他為防止職業災害之必要事項。」

10. 「職業安全衛生法」第 32 條第 1 項：「雇主對勞工應施以從事工作與預防災變所必要之安全衛生教育及訓練。」
11. 「職業安全衛生法」第 36 條第 1 項：「中央主管機關及勞動檢查機構對於各事業單位勞動場所得實施檢查。其有不合規定者，應告知違反法令條款，並通知限期改善；屆期未改善或已發生職業災害，或有發生職業災害之虞時，得通知其部分或全部停工。勞工於停工期間應由雇主照給工資。」

**重點二** 我國營造業發生墜落原因的前 3 名

屋頂、開口及施工架作業，須留意下列有關法規：

1. 相關安全設施項目：

   上下設備、護欄（含腳趾板）、護蓋、安全網、安全帶〔含水平（垂直）安全母索設置〕、警示線等。

2. 施工作業設施：

   高空工作車、合梯、移動梯、施工架等

**重點三** 屋頂太陽能光電設施

以踏穿石綿瓦、採光罩、塑膠浪板等墜落為最多，其次為於屋頂邊緣或開口作業墜落，再其次為於攀爬至屋頂過程中墜落。屋頂作業，建議依下列規定辦理，以避免事故發生：

1. 在所有工作開始之前，作業人員必須獲得批准、許可和擁有應具備的證照。
2. 從事屋頂作業時，應指派專人督導，屬易踏穿材料構築之屋頂作業時，上述專人應接受屋頂作業主管教育訓練。
3. 於斜度大或滑溜之屋頂作業者，應設置適當之護欄及寬度在 40 公分以上之適當工作臺。
4. 於易踏穿屋頂作業時，應先規劃安全通道，於屋架上設置適當強度，且寬度在 30 公分以上之踏板，並於下方適當範圍裝設安全網等防墜設施。
5. 應提供全身背負式安全帶使勞工佩掛，並確實掛置於堅固錨錠、可供鉤掛之堅固物件或安全母索等裝置。
6. 對於高差超過 1.5 公尺以上之場所作業時，應設置安全上下之設備。
7. 對於高度在 2 公尺以上作業場所，有遇強風、大雨等惡劣氣候致有墜落危險時，應停止作業。

**重點四** 現行的職業安全衛生法 (2019 年版 ) 不足建議內容

1. 增加營造業承攬源頭管理：目前「職業安全衛生法」有規範機械設備及化學品源頭管制，但對於營造業承攬，業主可免除責任，且亦未規定業主需負責提供的安全衛生設備或需編列職業安全衛生的預算，供承攬人強化職業安全衛生的相關作為。

2. 強化營造業風險管理：「職業安全衛生法」第 5 條沒有對應罰則，工程之設計或施工者未落實營造業的風險評估作為，難以追究責任及缺乏監督控管機制。

## 二、感電災害

請留意「職業安全衛生設施規則」第十章 電氣危害之防止，特別是漏電斷路器及自動電擊防止裝置相關規定。

**重點一** 漏電斷路器

第 243 條

雇主為避免漏電而發生感電危害，應依下列狀況，於各該電動機具設備之連接電路上設置適合其規格，具有高敏感度、高速型，能確實動作之防止感電用漏電斷路器：

1. 使用對地電壓在 150 伏特以上移動式或攜帶式電動機具。
2. 於含水或被其他導電度高之液體濕潤之潮濕場所、金屬板上或鋼架上等導電性良好場所使用移動式或攜帶式電動機具。
3. 於建築或工程作業使用之臨時用電設備。

※ 漏電斷路器規格：額定靈敏度電流至少 30mA，動作時間 0.1 秒以內。

**重點二** 自動電擊防止裝置

第 250 條

雇主對勞工於良導體機器設備內之狹小空間，或於鋼架等致有觸及高導電性接地物之虞之場所，作業時所使用之交流電焊機，應有自動電擊防止裝置。但採自動式焊接者，不在此限。

※ 自動電擊防止裝置：安全電壓不應大於 25V，延遲時間應在 1.0 ± 0.3 秒以內。

# 三、火災爆炸

近年因遠〇化學纖維廠、全〇臺中倉儲工地、明〇國際屏東廠及聯〇食品公司彰化廠等火災、爆炸事故頻傳，所以針對職場火災、爆炸危害預防請多加留意「職業安全衛生法」、「職業安全衛生設施規則」、「營造安全衛生設施標準」、「鍋爐及壓力容器安全規則」之火災、爆炸危害相關規定及防止，特別是對於危險物製造、處置之工作場所相關規定。

**重點一** 職業安全衛生法

第 26 條

事業單位以其事業之全部或一部分交付承攬時，應於事前告知該承攬人有關其事業工作環境、危害因素暨本法及有關安全衛生規定應採取之措施。

承攬人就其承攬之全部或一部分交付再承攬時，承攬人亦應依前項規定告知再承攬人。

第 27 條

事業單位與承攬人、再承攬人分別僱用勞工共同作業時，為防止職業災害，原事業單位應採取下列必要措施：

1. 設置協議組織，並指定工作場所負責人，擔任指揮、監督及協調之工作。
2. 工作之連繫與調整。
3. 工作場所之巡視。
4. 相關承攬事業間之安全衛生教育之指導及協助。
5. 其他為防止職業災害之必要事項。

事業單位分別交付 2 個以上承攬人共同作業而未參與共同作業時，應指定承攬人之一負前項原事業單位之責任。

第 28 條

2 個以上之事業單位分別出資共同承攬工程時，應互推一人為代表人；該代表人視為該工程之事業雇主，負本法雇主防止職業災害之責任。

**重點二** 職業安全衛生法施行細則

第 38 條

本法第 27 條第 1 項第 1 款規定之協議組織，應由原事業單位召集之，並定期或不定期進行協議下列事項：

1. 安全衛生管理之實施及配合。
2. 勞工作業安全衛生及健康管理規範。
3. 從事動火、高架、開挖、爆破、高壓電活線等危險作業之管制。
4. 對進入局限空間、危險物及有害物作業等作業環境之作業管制。
5. 機械、設備及器具等入場管制。
6. 作業人員進場管制。
7. 變更管理。
8. 劃一危險性機械之操作信號、工作場所標識（示）、有害物空容器放置、警報、緊急避難方法及訓練等。
9. 使用打樁機、拔樁機、電動機械、電動器具、軌道裝置、乙炔熔接裝置、氧乙炔熔接裝置、電弧熔接裝置、換氣裝置及沉箱、架設通道、上下設備、施工架、工作架台等機械、設備或構造物時，應協調使用上之安全措施。
10. 其他認有必要之協調事項。

**重點三** 職業安全衛生設施規則

第 169 條

雇主對於火爐、煙囪、加熱裝置及其他易引起火災之高熱設備，除應有必要之防火構造外，並應於與建築物或可燃性物體間採取必要之隔離。

第 171 條

雇主對於易引起火災及爆炸危險之場所，應依下列規定：

1. 不得設置有火花、電弧或用高溫成為發火源之虞之機械、器具或設備等。
2. 標示嚴禁煙火及禁止無關人員進入，並規定勞工不得使用明火。

第 176 條

雇主對於勞工吸菸、使用火爐或其他用火之場所，應設置預防火災所需之設備。

第 177 條

雇主對於作業場所有易燃液體之蒸氣、可燃性氣體或爆燃性粉塵以外之可燃性粉塵滯留，而有爆炸、火災之虞者，應依危險特性採取通風、換氣、除塵等措施外，並依下列規定辦理：

1. 指定專人對於前述蒸氣、氣體之濃度，於作業前測定之。
2. 蒸氣或氣體之濃度達爆炸下限值之 30% 以上時，應即刻使勞工退避至安全場所，並停止使用煙火及其他為點火源之虞之機具，並應加強通風。

3. 使用之電氣機械、器具或設備，應具有適合於其設置場所危險區域劃分使用之防爆性能構造。

   前項第 3 款所稱電氣機械、器具或設備，係指包括電動機、變壓器、連接裝置、開關、分電盤、配電盤等電流流通之機械、器具或設備及非屬配線或移動電線之其他類似設備。

第 184 條

雇主對於危險物製造、處置之工作場所，為防止爆炸、火災，應依下列規定辦理：

1. 爆炸性物質，應遠離煙火、或有發火源之虞之物，並不得加熱、摩擦、衝擊。
2. 著火性物質，應遠離煙火、或有發火源之虞之物，並不得加熱、摩擦或衝擊或使其接觸促進氧化之物質或水。
3. 氧化性物質，不得使其接觸促進其分解之物質，並不得予以加熱、摩擦或撞擊。
4. 易燃液體，應遠離煙火或有發火源之虞之物，未經許可不得灌注、蒸發或加熱。
5. 除製造、處置必需之用料外，不得任意放置危險物。

第 188 條

雇主對於存有易燃液體之蒸氣、可燃性氣體或可燃性粉塵，致有引起爆炸、火災之虞之工作場所，應有通風、換氣、除塵、去除靜電等必要設施。

雇主依前項規定所採設施，不得裝置或使用有發生明火、電弧、火花及其他可能引起爆炸、火災危險之機械、器具或設備。

**重點四** 因全〇臺中倉儲屬於營建工地，須特別注意「營造安全衛生設施標準」：

第 153 條

雇主對於鋼構組配作業之焊接、栓接、鉚接及鋼構之豎立等作業，應依下列規定辦理：

1. 於敲出栓桿、衝梢或鉚釘頭時，應採取適當之方法及工具，以防止其任意飛落。
2. 撞擊栓緊板手應有防止套座滑出之鎖緊裝置。
3. 不得於人員、通路上方或可燃物堆集場所之附近從事焊接、栓接、鉚接工作。但已採取防風防火架、火花承接盒、防火毯或其他適當措施者，不在此限。
4. 使用氣動鉚釘鎚之把手及鉚釘頭模，應適當安裝安全鐵線；裝置於把手及鉚釘頭模之鐵線，分別不得小於 9 號及 14 號鐵線。

5. 豎立鋼構時所使用之接頭，應有防止其脫開之裝置。

6. 豎立鋼構所使用拉索之安裝，應能使勞工控制其接頭點，拉索之移動時應由專人指揮。

7. 鬆開受力之螺栓時，應能防止其脫開。

**重點五** 優先管理化學品之指定及運作管理辦法

本次修正係為加強掌握廠場化學品運作資訊，考量具有物理性及急毒性等立即性危害且運作達一定數量之化學品，萬一發生事故所影響之範圍及嚴重程度較大，爰增加運作者應報請備查頻率、動態報請備查及強化運作者應報請備查之基本資料等規定，以提升資料之即時性及有效性。

第 8 條

運作者於完成前條首次備查後，應依下列規定期限，再行檢附所定資料，報請中央主管機關定期備查：

1. 依「優先管理化學品之指定及運作管理辦法」第 6 條第 1 項第 1 款或第 2 款規定完成首次備查者，應於該備查之次年起，每年 4 月至 9 月期間辦理。

2. 依同辦法第 6 條第 1 項第 3 款或第 4 款規定完成首次備查者，應於該備查後，每年 1 月及 7 月分別辦理。

**重點六** 鍋爐及壓力容器安全規則

第 8 條

雇主應將鍋爐安裝於專用建築物內或安裝於建築物內以障壁分隔之場所（以下稱為鍋爐房）。但移動式鍋爐、屋外式鍋爐或傳熱面積在 3 平方公尺以下之鍋爐，不在此限。

第 10 條

雇主應於鍋爐房設置 2 個以上之出入口。但無礙鍋爐操作人員緊急避難者，不在此限。

第 12 條

雇主對於鍋爐及其附設之金屬製煙囪或煙道，如未裝設厚度 10 公分以上之非金屬不燃性材料被覆者，其外側 15 公分內，不得堆置可燃性物料。但可燃性物料以非金屬不燃性材料被覆者，不在此限。

第 13 條

雇主於鍋爐房或鍋爐設置場所儲存燃料時，固體燃料應距離鍋爐外側 1.2 公尺以上，液體燃料或氣體燃料應距離鍋爐外側 2 公尺以上。但鍋爐與燃料或燃料容器之間，設有適當防火障壁或其他同等防火效能者，其距離得縮減之。

第 16 條

雇主應使鍋爐操作人員實施下列事項：

1. 監視壓力、水位、燃燒狀態等運轉動態。
2. 避免發生急劇負荷變動之現象。
3. 防止壓力上升超過最高使用壓力。
4. 保持壓力表、安全閥及其他安全裝置之機能正常。
5. 每日檢點水位測定裝置之機能一次以上。
6. 確保鍋爐水質，適時化驗鍋爐用水，並適當實施沖放鍋爐水，防止鍋爐水之濃縮。
7. 保持給水裝置機能正常。
8. 檢點及適當調整低水位燃燒遮斷裝置、火焰檢出裝置及其他自動控制裝置，以保持機能正常。
9. 發現鍋爐有異狀時，應即採取必要措施。

置有鍋爐作業主管者，雇主應使其指揮、監督操作人員實施前項規定。

第 1 項業務執行紀錄及簽認表單，應保存 3 年備查。

第 17 條

雇主對於鍋爐之安全閥及其他附屬品，應依下列規定管理：

1. 安全閥應調整於最高使用壓力以下吹洩。但設有 2 具以上安全閥者，其中至少 1 具應調整於最高使用壓力以下吹洩，其他安全閥可調整於超過最高使用壓力至最高使用壓力之 1.03 倍以下吹洩；具有釋壓裝置之貫流鍋爐，其安全閥得調整於最高使用壓力之 1.16 倍以下吹洩。經檢查後，應予固定設定壓力，不得變動。
2. 過熱器使用之安全閥，應調整在鍋爐本體上之安全閥吹洩前吹洩。
3. 釋放管有凍結之虞者，應有保溫設施。
4. 壓力表或水高計應避免在使用中發生有礙機能之振動，且應採取防止其內部凍結或溫度超過攝氏 80 度之措施。

5. 壓力表或水高計之刻度板上，應明顯標示最高使用壓力之位置。
6. 在玻璃水位計上或與其接近之位置，應適當標示蒸汽鍋爐之常用水位。
7. 有接觸燃燒氣體之給水管、沖放管及水位測定裝置之連絡管等，應用耐熱材料防護。
8. 熱水鍋爐之回水管有凍結之虞者，應有保溫設施。

第 18 條

雇主對於鍋爐房或鍋爐設置場所，應禁止無關人員擅自進入，並應依下列規定為安全管理：

1. 在作業場所入口明顯處設置禁止進入之標示。
2. 非有必要且無安全之虞時，禁止攜入與作業無關之危險物及易燃物品。
3. 置備水位計之玻璃管或玻璃板、各種填料、修繕用工具及其他必備品，以備緊急修繕用。
4. 應將鍋爐檢查合格證及鍋爐操作人員資格證件影本揭示於明顯處所；如屬移動式鍋爐，應將檢查合格證影本交鍋爐操作人員隨身攜帶。
5. 鍋爐之燃燒室、煙道等之砌磚發生裂縫時，或鍋爐與鄰接爐磚之間發生隙縫時，應儘速予以適當修補。

第 19 條

雇主於鍋爐點火前，應使鍋爐操作人員確認節氣閘門確實開放，非經燃燒室及煙道內充分換氣後，不得點火。

第 20 條

雇主應改善鍋爐之燃燒方法，避免鍋爐燃燒產生廢氣滯留室內，並應於鍋爐房設置必要之通風設備或採其他排除廢氣措施。但無廢氣滯留之虞者，不在此限。

第 21 條

雇主於鍋爐操作人員沖放鍋爐水時，不得使其從事其他作業，並不得使單獨一人同時從事二座以上鍋爐之沖放工作。

第 22 條

雇主對於鍋爐用水，應合於國家標準一〇二三一鍋爐給水與鍋爐水水質標準之規定，並應適時清洗胴體內部，以防止累積水垢。

第 23 條

雇主對於勞工進入鍋爐或其燃燒室、煙道之內部，從事清掃、修繕、保養等作業時，應依下列規定辦理：

1. 將鍋爐、燃燒室或煙道適當冷卻。
2. 實施鍋爐、燃燒室或煙道內部之通風換氣。
3. 鍋爐、燃燒室或煙道內部使用之移動電線，應為可撓性雙重絕緣電纜或具同等以上絕緣效力及強度者；移動電燈應裝設適當護罩。
4. 與其他使用中之鍋爐或壓力容器有管連通者，應確實隔斷或阻斷。
5. 置監視人員隨時保持連絡，如有災害發生之虞時，立即採取危害防止、通報、緊急應變及搶救等必要措施。

第 24 條

雇主對於小型鍋爐之構造，應合於國家標準一〇八九七小型鍋爐之規定。

第 25 條

雇主對於小型鍋爐之安全閥，應調整於每平方公分 1 公斤以下或 0.1 百萬帕斯卡（MPa）以下之壓力吹洩。但小型貫流鍋爐應調整於最高使用壓力以下吹洩。

## 四、職安法修法 4 大重點

| 強化源頭防災 | 加強承攬管理 | 提高處罰額度 | 擴大違法公布 |
|---|---|---|---|
| 1. 增訂**工程業主**交付規劃設計及施工之風險評估責任。<br>2. 健全機械設備**登錄管理**。<br>3. 增列**機械操作人員防災職責**。 | 1. 加重**原事業單位**及**各級承攬人**之安全管理責任。<br>2. 增列場所或設備**出租(借)**者之危害告知責任。 | 1. 提高罰鍰上限**「5倍」**。<br>2. 提高刑事罰刑期及罰金額度。 | 1. 經裁罰者均**「應」**公布。<br>2. 公布事項增列**處分期日**、**違反條文**及**罰鍰**金額等。 |

備註：以上內容依據 113 年 11 月公告之草案重點整理，僅供參考。請特別留意最終正式公告之法令條文規定。

# 五、時事趨勢

**重點一** 氣候變遷

1. ILO 於 2024 年世界職業安全衛生日前夕發布一份「在氣候變遷下確保工作安全與健康之全球報告」，提供了與氣候變遷對職業安全衛生的 6 種主要影響：高氣溫、太陽紫外線、極端天氣事件、工作場所空氣污染、媒介傳播疾病、農業化學品。
2. 分析影響安全衛生管理系統內部和外部議題時，應評估氣候變遷造成之影響：
   (1) 高氣溫氣候日數增加且溫度更高，增加戶外作業人員熱誘發疾病之風險。
   (2) 太陽紫外線增加戶外作業人員增加患上皮膚癌和白內障之風險。
   (3) 極端天氣事件如短時間強降雨增加臨水作業河水暴漲之風險。
   (4) 工作場所空氣污染提高了戶外作業人員接觸空氣污染的風險。
   (5) 氣候變化可能會延長傳病媒介疾病的傳播季節，並擴大其影響範圍。
   (6) 受僱於農業的工作者，因氣候變遷影響了病蟲害的程度，增加了接觸農業化學品的風險。

**重點二** GRI 403 職業健康與安全準則之 10 個項目：

1. 準則 403-1 職業安全衛生管理系統
2. 準則 403-2 危害辨識、風險評估及事故調查
3. 準則 403-3 職業健康服務
4. 準則 403-4 工作者對於職業健康與安全之參與、諮商與溝通
5. 準則 403-5 工作者職業健康與安全教育訓練
6. 準則 403-6 工作者健康促進
7. 準則 403-7 預防及降低與企業直接關聯者之職業健康與安全衝擊
8. 準則 403-8 職業安全衛生管理系統所涵蓋之工作者
9. 準則 403-9 職業傷害
10. 準則 403-10 工作相關疾病

**重點三** 人工智慧（AI）技術應用帶來了一些潛在的職業安全和衛生風險。其中使用機器人和自動化設備可能會導致物理傷害，特別是在機器故障或誤操作的情況下。工人與機器人共享工作空間可能增加意外碰撞或夾傷的風險。請參考「工業用機器人危害預防標準」：

第 2 條

1. 工業用機器人

   指具有操作機及記憶裝置（含可變順序控制裝置及固定順序控制裝置），並依記憶裝置之訊息，操作機可以自動作伸縮、屈伸、移動、旋轉或為前述動作之複合動作之機器。

2. 可動範圍

   指依記憶裝置之訊息，操作機及該機器人之各部（含設於操作機前端之工具）在構造上可動之最大範圍。

3. 教導相關作業

   指機器人操作機之動作程序、位置或速度之設定、變更或確認。

4. 協同作業

   協同作業係指使工作者與固定或移動操作之機器人，共同合作之作業。

5. 協同作業空間

   指使工作者與固定或移動操作之機器人，共同作業之安全防護特定範圍。

第 15 條

雇主設置之機器人，應具有適應環境之下列性能：

1. 不受設置場所之溫度、溼度、粉塵、振動等影響。
2. 於易燃液體之蒸氣、可燃性氣體、可燃性粉塵等滯留或爆燃性粉塵積存之場所，而有火災爆炸之虞者，其使用之電氣設備，應依危險區域劃分，具有適合該區域之防爆性能構造。

第 21 條

雇主於機器人可動範圍之外側，依下列規定設置圍柵或護圍：

1. 出入口以外之處所，應使工作者不易進入可動範圍內。
2. 設置之出入口應標示並告知工作者於運轉中禁止進入，並應採取下列措施之一：

   A. 出入口設置光電式安全裝置、安全墊或其他具同等功能之裝置。

   B. 在出入口設置門扉或張設支柱穩定、從其四周容易識別之繩索、鏈條等，且於開啟門扉或繩索、鏈條脫開時，其緊急停止裝置應具有可立即發生動作之機能。

雇主使用協同作業之機器人時，應符合國家標準 CNS 14490 系列、國際標準 ISO 10218 系列或與其同等標準之規定，並就下列事項實施評估，製作安全評估報告留存後，得不受前項規定之限制：

1. 從事協同作業之機器人運作或製程簡介。
2. 安全管理計畫。
3. 安全驗證報告書或符合聲明書。
4. 試運轉試驗安全程序書及報告書。
5. 啟始起動安全程序書及報告書。
6. 自動檢查計畫及執行紀錄表。
7. 緊急應變處置計畫。

雇主使用協同作業之機器人，應於其設計變更時及至少每 5 年，重新評估前項資料，並記錄、保存相關報告等資料 5 年。

前 2 項所定評估，雇主應召集下列各款人員，組成評估小組實施之：

1. 工作場所負責人。
2. 機器人之設計、製造或安裝之專業人員。但實施前項所定至少每 5 年之重新評估時，得由雇主指定熟稔協同作業機器人製程之人員擔任之。
3. 依職業安全衛生管理辦法設置之職業安全衛生人員。
4. 工作場所作業主管。
5. 熟悉該場所作業之工作者。

第 24 條

雇主應就下列事項訂定安全作業標準，並使工作者依該標準實施作業：

1. 機器人之操作方法及步驟，包括起動方法及開關操作方法等作業之必要事項。
2. 實施教導相關作業時，該作業中操作機之速度。
3. 工作者 2 人以上共同作業時之聯絡信號。
4. 發生異常狀況時，工作者採取之應變措施。
5. 因緊急停止裝置動作致機器人停止運轉後再起動前，確認異常狀況解除及確認安全之方法。

**重點四** 職場不法侵害須納入職業安全衛生管理系統危害鑑別

組織應建立、實施並維持以持續及主動積極的方式執行危害鑑別之過程，此過程應納入考量下列事項，但不限於：

1. 工作安排方式，社會因素（包括工作量、工作時數、欺騙、騷擾及霸凌），組織的領導之文化。
2. 例行性及非例行性的活動和情況，包括由下列事項造成之危害：
   (1) 工作場所的基礎設施、設備、物料、物質及物理條件。
   (2) 產品及服務之設計、研究、發展、測試、生產、組裝、建造、提供服務、維修及棄置等階段。
   (3) 人為因素。
   (4) 工作執行方式。
3. 以往組織內部或外部之相關事故，包括緊急狀況及其原因。
4. 潛在的緊急狀況。
5. 人員，包括考慮：
   (1) 進入工作場所的人員及其活動，包括工作者、承攬商、訪客和其他人員。
   (2) 工作場所附近，可能受組織作業影響的人員。
   (3) 於非組織直接管制場所之工作者。
6. 其他議題，包括考慮：
   (1) 工作區域、過程、裝置、機械 / 設備、操作程序及工作編組等之設計，對工作者需求及能力之調適。
   (2) 受組織管制之工作場所附近因工作相關活動引發的情況。
   (3) 非受組織管制但發生於工作場所附近，會造成工作場所人員受傷及健康妨害的狀況。
   (4) 實際或提議之組織、運作、過程、活動及職安衛管理系統的變更。
   (5) 危害相關之知識及資訊的改變。

chapter

# 最新修正之法規重點對照表

【新修訂法規經常是考試重點，請讀者務必多留意】

## 一、勞工職業災害保險及保護法施行細則（修正公告日期：112 年 12 月 15 日）

勞工職業災害保險及保護法施行細則（以下簡稱本細則）依勞工職業災害保險及保護法（以下簡稱本法）第 108 條規定授權，自 111 年 3 月 11 日訂定發布，並自同年 5 月 1 日施行。為因應相關實務作業，以增進被保險人及投保單位權益，爰修正本細則部分條文，其修正要點如下：

（一）查巷弄長照站及社區關懷據點係依長期照顧相關計畫設置之據點，且長期照顧服務為社會福利服務之一環，爰為因應勞工之工作安全保障需求，修正僱用人員辦理中央或地方政府社會福利服務事務之村（里）辦公處，為本法第 6 條第 1 項第 1 款所定之雇主。（修正條文第 6 條）

（二）為使投保單位辦理投保、退保及轉保手續之程序明確，酌修文字並定明郵寄方式之申報日期。（修正條文第 12 條）

（三）查全民健康保險法第 21 條第 2 項規定略以，被保險人之投保金額，不得低於其勞工退休金月提繳工資及參加其他社會保險之投保薪資。考量衛生福利部中央健康保險署每年均已定期比對全民健康保險投保金額及勞工職業災害保險投保薪資，為簡化行政流程，爰予修正相關文字。（修正條文第 26 條）

（四）定明本法第 62 條第 1 項所定職業災害預防及重建經費編列之計算基礎與撥付及年度執行賸餘繳還程序。（修正條文第 82-1 條）

（五）定明本次修正條文自發布日施行。（修正條文第 90 條）

| 說明 / 網址 | QR Code |
|---|---|
| 勞工職業災害保險及保護法施行細則修正條文對照表<br>https://law.moj.gov.tw/LawClass/LawGetFile.ashx?FileId=0000356962&lan=C&type=1&date=20231215 | |

## 二、性別平等工作法施行細則（修正公告日期：113 年 01 月 17 日）

性別工作平等法施行細則（以下簡稱本細則）自 91 年 3 月 6 日發布施行後，期間歷經 6 次修正，最近一次修正發布日期為 111 年 1 月 18 日。配合性別工作平等法於 112 年 8 月 16 日修正公布，名稱修正為「性別平等工作法」（以下簡稱本法），本次將本細則名稱修正為「性別平等工作法施行細則」。另為保障受僱者或求職者之申訴權益，以遏阻性騷擾事件發生，爰修正本細則部分條文，其修正要點如下：

（一）配合本法第 5 條有關性別平等工作會組成代表之規定，自 113 年 3 月 8 日施行，基於實務需求，定明各級主管機關性別平等工作會改聘（派）之過渡規定。修正條文第 1-1 條）

（二）配合本法強化工作場所性騷擾防治之規定，增訂「共同作業」、「持續性性騷擾」之定義，及雇主「知悉」性騷擾時點之意涵。（修正條文第 4-2 條）

（三）定明雇主接獲申訴及調查認定屬性騷擾案件之處理結果，均應通知被害人勞務提供地之直轄市或縣（市）主管機關。（修正條文第 4-3 條）

（四）雇主、受僱者或求職者如有不服中央主管機關性別平等工作會依本法第 34 條第 2 項規定所為之審定，定明其後續救濟途徑。（修正條文第 4-4 條）

（五）配合本法修正之施行日期，定明本細則之施行日期。（修正條文第 15 條）

| 說明／網址 | QR Code |
|---|---|
| 性別工作平等法施行細則部分條文修正條文對照表<br>https://law.moj.gov.tw/LawClass/LawGetFile.ashx?FileId=0000359739&lan=C&type=1&date=20240117 | |

## 三、工作場所性騷擾防治措施準則（修正公告日期：113 年 01 月 17 日）

工作場所性騷擾防治措施申訴及懲戒辦法訂定準則（以下簡稱本準則）自 91 年 3 月 6 日訂定發布後，期間歷經 4 次修正，最近一次修正發布日期為 109 年 4 月 6 日。

性別工作平等法於 112 年 8 月 16 日修正公布，名稱修正為「性別平等工作法」，依性別平等工作法第 13 條第 1 項規定「雇主應採取適當之措施，防治性騷擾之發生，並依下列規定辦理：(一)僱用受僱者 10 人以上未達 30 人者，應訂定申訴管道，並在工作場所公開揭示。(二)僱用受僱者 30 人以上者，應訂定性騷擾防治措施、申訴及懲戒規範，並在工作場所公開揭示。同條第 6 項規定「雇主依第 1 項所為之防治措施，其內容應包括性騷擾樣態、防治原則、教育訓練、申訴管道、申訴調查程序、應設申訴處理單位之基準與其組成、懲戒處理及其他相關措施；其準則，由中央主管機關定之。」，爰修正本準則，並將名稱修正為「工作場所性騷擾防治措施準則」，其修正要點如下：

（一）增訂僱用受僱者 10 人以上未達 30 人之雇主，應設置申訴管道並公開揭示。（修正條文第 2 條）

（二）定明僱用受僱者30人以上之雇主應訂定性騷擾防治措施、申訴及懲戒規範，以及規範之內容應包括之事項；僱用受僱者未達30人之雇主，得參照辦理。（修正條文第3條）

（三）增訂政府機關（構）、學校、各級軍事機關（構）、部隊、行政法人及公營事業機構於訂定性騷擾防治措施、申訴及懲戒規範時，明定申訴人為公務人員、教育人員或軍職人員之申訴及處理程序。（修正條文第4條）

（四）增訂工作場所性騷擾之調查及認定得綜合審酌之情形。（修正條文第5條）

（五）依雇主「因接獲申訴」及「非因接獲申訴」而知悉性騷擾之情形，分別定明雇主所應採取之立即有效之糾正及補救措施；增訂僱用受僱者500人以上之雇主，因申訴人或被害人之請求，應提供心理諮商協助最低次數之依據。（修正條文第6條）

（六）增訂被害人及行為人分屬不同事業單位時，被害人及行為人之雇主於知悉性騷擾之情形時，均應採取立即有效之糾正及補救措施，並應通知他方共同協商解決或補救辦法。（修正條文第7條）

（七）為預防工作場所性騷擾之發生，定明一定規模以上之雇主，應實施防治性騷擾之教育訓練，以及優先實施之對象。（修正條文第9條）

（八）為保護性騷擾事件當事人與受邀協助調查之個人隱私，並考量相關證據保全之重要性，定明雇主或參與性騷擾申訴事件之處理、調查及決議人員，對相關資料應予保密，並善盡證據保全義務。（修正條文第10條）

（九）強化多元申訴管道之建立，以暢通性騷擾申訴管道，及定明雇主接獲申訴時，應按中央主管機關規定之內容及方式，通知地方主管機關。（修正條文第11條）

（十）增訂符合一定規模之雇主，於處理性騷擾申訴事件時，應設申訴處理單位，以及其組成成員與性別比例之規定。（修正條文第12條）

（十一）增訂僱用受僱者100人以上之雇主，於調查性騷擾申訴事件時，應組成申訴調查小組調查之，其成員應有具備性別意識之外部專業人士，並得自中央主管機關建立之工作場所性騷擾調查專業人才資料庫遴選之。（修正條文第13條）

（十二）增訂性騷擾申訴事件調查之結果應包括之事項及後續處理程序。（修正條文第14條）

（十三）增訂參與性騷擾申訴事件之處理、調查及決議人員之迴避原則。（修正條文第15條）

（十四）增訂申訴處理單位或調查小組召開會議時，應給予當事人充分陳述意見及答辯機會，並避免重複詢問。（修正條文第 16 條）

（十五）增訂申訴處理單位應參考申訴調查小組所為調查結果處理之，並應為附理由之決議。（修正條文第 17 條）

（十六）定明雇主未處理或不服被申訴人之雇主所為調查或懲戒結果，以及雇主未盡防治義務時，受僱者或求職者得向地方主管機關提起申訴。（修正條文第 18 條）

（十七）增訂經調查認定性騷擾行為屬實之案件，雇主應將處理結果通知地方主管機關。（修正條文第 19 條）

| 説明 / 網址 | QR Code |
|---|---|
| 工作場所性騷擾防治措施申訴及懲戒辦法訂定準則修正條文對照表<br>https://law.moj.gov.tw/LawClass/LawGetFile.ashx?FileId=0000359748&lan=C&type=1&date=20240117 | |

## 四、女性勞工母性健康保護實施辦法（修正公告日期：113 年 05 月 31 日）

依職業安全衛生法第 31 條第 3 項授權訂定之女性勞工母性健康保護實施辦法（以下簡稱本辦法）自 103 年 12 月 30 日訂定發布後，曾於 109 年 9 月 16 日修正發布。本次修正為配合 110 年 12 月 22 日修正發布之勞工健康保護規則有關事業單位應配置勞工健康服務醫護人員之規模，並考量應辦理勞工健康服務之事業單位應依規定實施母性健康保護措施，及「性別工作平等法」於 112 年 8 月 16 日修正公布，名稱修正為「性別平等工作法」，爰修正本辦法部分條文，其修正重點如下：

（一）配合勞工健康保護規則修正事業單位應配置勞工健康服務醫護人員之規模，修正適用母性健康保護之事業單位範圍。（修正條文第 3 條）

（二）配合本辦法第 3 條修正應訂定母性健康保護計畫之事業單位範圍。（修正條文第 5 條）

（三）配合「性別工作平等法」於 112 年 8 月 16 日修正公布，名稱修正為「性別平等工作法」，修正援引之法律名稱。（修正條文第 13 條）

（四）基於事業單位配合修正條文第 3 條及第 5 條所需之緩衝期，爰定明本辦法修正條文之施行日期。（修正條文第 16 條）

| 說明 / 網址 | QR Code |
|---|---|
| 女性勞工母性健康保護實施辦法部分條文修正條文對照表<br>https://law.moj.gov.tw/LawClass/LawGetFile.ashx?FileId=0000369653&lan=C&type=1&date=20240531 | |

## 五、優先管理化學品之指定及運作管理辦法（修正公告日期：113 年 06 月 06 日）

優先管理化學品之指定及運作管理辦法（以下簡稱本辦法）自 103 年 12 月 30 日訂定發布後，曾於 110 年 11 月 5 日修正發布。本次修正係為加強掌握廠場化學品運作資訊，考量具有物理性及急毒性等立即性危害且運作達一定數量之化學品，萬一發生事故所影響之範圍及嚴重程度較大，爰增加運作者應報請備查頻率、動態報請備查及強化運作者應報請備查之基本資料等規定，以提升資料之即時性及有效性，並基於行政協助提供相關目的事業主管機關防救災之運用，爰修正本辦法，其修正重點如下：

（一）修正最大運作總量用詞定義，以資明確。（修正條文第 3 條）

（二）對於運作者勞工人數未滿 100 人者，縮短其運作優先管理化學品之報請備查期限，並要求運作者應分別將營利事業統一編號及工廠登記編號報請備查，以強化資料勾稽運用。（修正條文第 7 條、第 7 條附表四）

（三）依優先管理化學品之危害特性，修正報請備查頻率及增訂動態報請備查之規定。（修正條文第 8 條、第 9 條）

（四）刪除運作者未依相關規定報請備查得通知限期補正，屆期未補正者，始處以罰鍰之規定，以強化運作資料報請備查之管理機制。（修正條文第 14 條）

| 說明 / 網址 | QR Code |
|---|---|
| 優先管理化學品之指定及運作管理辦法修正條文對照表<br>https://law.moj.gov.tw/LawClass/LawGetFile.ashx?FileId=0000370036&lan=C&type=1&date=20240606 | |

## 六、鉛中毒預防規則（修正公告日期：113 年 06 月 13 日）

依職業安全衛生法第 6 條第 3 項授權訂定之鉛中毒預防規則（以下簡稱本規則）於 63 年 6 月 20 日發布施行，歷經 4 次修正，最近一次修正日期為 103 年 6 月 30 日。本次修正係為提升工程控制源頭品質管理機制，明定局部排氣裝置應由專業人員設計，並強化其設置與維護之管理，另為配合相關法規名稱之修正及強化鉛作業清潔管理等，爰修正本規則部分條文，其修正重點如下：

（一）配合修正本規則所引用法規名稱。（修正條文第 4-1 條）

（二）刪除銀漆作業應設置局部排氣裝置規定。（修正條文第 15 條）

（三）新增局部排氣裝置應設置監測靜壓、流速或其他足以顯示該設備正常運轉之裝置。（修正條文第 26 條）

（四）新增局部排氣裝置應由經訓練合格之專業人員設計，並製作設計報告書與原始性能測試報告書；另明定設計專業人員之資格及訓練課程、時數等規定，以提升人員之設計能力及裝置之性能。（修正條文第 31 條、第 31-1 條）

（五）新增可使用真空除塵機及適當溶液清除鉛塵。（修正條文第 34 條、第 36 條、第 37 條）

（六）明定雇主使勞工從事鉛作業，應指派鉛作業主管。（修正條文第 40 條）

（七）新增禁止勞工將污染後之防護具攜入鉛作業場所以外之處所。（修正條文第 45 條）

（八）考量修正條文第 26 條第 2 項、第 31 條第 2 項至第 5 項及第 31-1 條，需給予雇主一定期間以完備相關工程控制或行政配套措施，爰明定施行日期（修正條文第 50 條）

| 說明 / 網址 | QR Code |
|---|---|
| 鉛中毒預防規則部分條文修正條文對照表<br>https://law.moj.gov.tw/LawClass/LawGetFile.ashx?FileId=0000370328&lan=C&type=1&date=20240613 | |

# 七、職業安全衛生設施規則（修正公告日期：113 年 08 月 01 日）

職業安全衛生法授權訂定之職業安全衛生設施規則（以下簡稱本規則），於 63 年 10 月 30 日發布施行後，歷經多次修正，最近一次修正發布日期為 111 年 2 月 12 日。鑑於近年來工作場所迭因機械設備操作或工廠鋼構屋頂作業，發生工作者被捲、被撞、被砸、墜落、燙傷等危害，另因應近年來氣候變遷造成極端高溫天氣逐漸頻繁加劇，引發熱危害風險增加，有積極建置多重防護機制之必要，以強化事業單位安全衛生設施及健全工作場所防災作為，有效防止職業災害及保護勞工之身心健康，爰修正本規則部分條文，其修正要點如下：

（一）對於機械、設備及其相關配件之掃除、上油、檢查、修理或調整有導致危害勞工之虞者，及停止運轉或拆修時，有彈簧等彈性元件、液壓、氣壓或真空蓄能等殘壓引起之危險者，應設置相關安全設備及採取危害預防措施。（修正條文第 57 條）

（二）對於具有捲入點之滾軋機，有危害勞工之虞時，應設護圍、導輪或具有連鎖性能之安全防護裝置等設備。（修正條文第 78 條）

（三）為避免車輛系營建機械，因誤操作遭運行中機械撞擊等災害，明定應設置制動裝置及維持正常運作，並使駕駛離開駕駛座時，確實使用該裝置制動；另為避免人員闖入使用車輛系營建機械之作業區域範圍，致被撞等災害，對於使用之車輛系營建機械，應裝設倒車或旋轉之警報裝置，或設置可偵測人員進入作業區域範圍內之警示設備。（修正條文第 119 條）

（四）為避免使用高空工作車從事作業之人員遭受墜落、掉落物或碰撞之危害，應使該高空工作車工作台上之勞工佩戴安全帽及全身背負式安全帶。（修正條文第 128-1 條）

（五）勞工從事金屬之加熱熔融、熔鑄作業時，對於冷卻系統應設置監測及警報裝置，以確保勞工作業安全。（修正條文第 181-1 條）

（六）為保護工廠鋼構屋頂勞工作業安全及避免墜落，增訂於其邊緣及周圍與易踏穿材料屋頂之安全防護設施。（修正條文第 227-1 條）

（七）針對戶外作業熱危害風險達特定等級時，雇主應設置遮陽、降溫設備及適當休息場所。（修正條文第 303-1 條）

| 説明 / 網址 | QR Code |
|---|---|
| 職業安全衛生設施規則部分條文修正條文對照表<br>https://law.moj.gov.tw/LawClass/LawGetFile.ashx?FileId=0000372966&lan=C&type=1&date=20240801 | |

chapter

# 職業安全管理甲級學科試題解析（含共同科目）

工作項目 01 職業安全衛生相關法規
工作項目 02 職業安全衛生計畫及管理
工作項目 03 專業課程

90006 職業安全衛生共同科目
90007 工作倫理與職業道德共同科目
90008 環境保護共同科目
90009 節能減碳共同科目

# 4-1 職業安全管理甲級學科試題解析

## 工作項目 01：職業安全衛生相關法規

1. ( 4 ) 依勞動檢查法之規定，中央主管機關公告宣導勞動檢查方針之時機，為年度開始前幾個月為之？
① 3　② 4　③ 5　④ 6。

解析
依據勞動檢查法第 6 條：
中央主管機關應參酌我國勞動條件現況、安全衛生條件、職業災害嚴重率及傷害頻率之情況，於年度開始前 **6 個月**公告並宣導勞動檢查方針，其內容為：
一、優先受檢查事業單位之選擇原則。
二、監督檢查重點。
三、檢查及處理原則。
四、其他必要事項。
勞動檢查機構應於前項檢查方針公告後 3 個月內，擬定勞動監督檢查計畫，報請中央主管機關核備後實施。

2. ( 2 ) 事業單位對於勞動檢查之結果，依勞動檢查法規定，應於違規場所公告幾日以上？
① 5　② 7　③ 10　④ 14。

解析
事業單位對前項檢查結果，應於違規場所顯明易見處公告 **7 日**以上。

3. ( 3 ) 勞工因職業災害而致死亡，雇主應依勞動基準法規定給予罹災家屬幾個月之平均工資死亡補償？
① 5　② 15　③ 40　④ 50。

解析
勞工遭遇職業傷害或罹患職業病而死亡時，雇主除給與 5 個月平均工資之喪葬費外，並應一次給與其遺屬 **40 個月**平均工資之死亡補償。其遺屬受領死亡補償之順位如下：
一、配偶及子女。
二、父母。
三、祖父母。
四、孫子女。
五、兄弟姐妹。

4. ( 2 ) 勞動基準法所稱之童工，係指下列何者？
①未滿十五歲　②十五歲以上未滿十六歲
③十六歲以上未滿十七歲　④十七歲以上未滿十八歲。

解析
勞基法第 44 條規定將之定義為「**15 歲以上未滿 16 歲**之受僱從事工作者，為童工。」並規定雇主不得僱用未滿 15 歲之人從事工作。

5. ( 4 ) 依機械設備器具安全資訊申報登錄辦法規定，申報者有因登錄產品瑕疵造成重大傷害或危害者，中央主管機關應對產品安全資訊登錄，採取下列何種處置？
①註銷 ②退回 ③通知改善及補件 ④廢止。

解析 依機械設備器具安全資訊申報登錄辦法第23條第1項第3款：
有下列情形之一者，中央主管機關應**廢止**產品安全資訊登錄：
一、經購、取樣檢驗結果不符合安全標準。
二、通知限期提供檢驗報告、符合性佐證文件或樣品，屆期無正當理由仍未提供。
三、因瑕疵造成重大傷害或危害。
四、產品未符合標示規定，經通知限期改正，屆期未改正。
五、未依規定期限保存產品符合性聲明書及技術文件。

6. ( 2 ) 依勞動基準法規定，女工分娩前後，雇主應給予產假幾星期？
① 6 ② 8 ③ 10 ④ 12。

解析 依勞動基準法第50條：
女工分娩前後，應停止工作，給予產假**8星期**；妊娠3個月以上流產者，應停止工作，給予產假4星期。
前項女工受僱工作在6個月以上者，停止工作期間工資照給；未滿6個月者減半發給。

7. ( 3 ) 事業單位所聘僱外國人連續曠職幾日失去聯繫時，雇主應通報主管機關？
① 1 ② 2 ③ 3 ④ 4。

解析 依據就業服務法第56條規定：
受聘僱之外國人有連續曠職**3日**失去聯繫或聘僱關係終止之情事，雇主應於3日內以書面載明相關事項通知當地主管機關、入出國管理機關及警察機關。但受聘僱之外國人有曠職失去聯繫之情事，雇主得以書面通知入出國管理機關及警察機關執行查察。

8. ( 4 ) 我國技能檢定及發證相關事宜，係規範於下列何者？
①就業服務法 ②職業安全衛生法 ③勞動檢查法 ④職業訓練法。

解析 技能檢定及發證相關事宜於勞動部管轄，規範於**職業訓練法**之中。

9. ( 1 ) (本題刪題)勞工或雇主對於職業疾病經醫師診斷認有異議時，得檢附有關資料，向下列何者申請認定？
①直轄市、縣(市)主管機關 ②勞工保險監理委員會
③該管勞動檢查機構 ④中央衛生主管機關。

解析 災保法自111年5月1日施行日起，職業災害勞工保護法不再適用。依災保法第75條規定，原職業疾病鑑(認)定改由中央主管機關鑑定單軌一級制。

10. ( 2 ) 事業單位對勞動檢查機構所發檢查結果通知書有異議時，依勞動檢查法規定應於通知書送達之次日起多少日內，以書面敘明理由向勞動檢查機構提出？
①7 ②10 ③15 ④30。

解析 依據勞動檢查法施行細則第21條：
事業單位對勞動檢查機構所發檢查結果通知書有異議時，應於通知書送達之次日起10日內，以書面敘明理由向勞動檢查機構提出。
前項通知書所定改善期限在勞動檢查機構另為適當處分前，不因事業單位之異議而停止計算。

11. ( 3 ) 高壓氣體類壓力容器1日之處理能力1,000立方公尺之下列何種氣體之工作場所，不屬於勞動檢查法所稱之危險性工作場所？
①氧氣 ②有毒氣體 ③氮氣 ④可燃性氣體。

解析 依據危險性工作場所審查及檢查辦法第2條第3款：
丙類指蒸汽鍋爐之傳熱面積在500平方公尺以上，或高壓氣體類壓力容器一日之冷凍能力在150公噸以上或處理能力符合下列規定之一者：
一、1,000立方公尺以上之**氧氣**、**有毒性**及**可燃性高壓氣體**。
二、5,000立方公尺以上之前款以外之高壓氣體。

12. ( 3 ) 下列何者屬職業安全衛生設施規則所稱之危險物？
①毒性物質 ②劇毒物質 ③可燃性氣體 ④腐蝕性物質。

解析 依據職業安全衛生設施規則所稱危險物包含：
一、爆炸性物質。
二、著火性物質。
三、易燃液體。
四、氧化性物質。
五、**可燃性氣體**。

13. ( 2 ) 職業安全衛生法所定之身體檢查，於僱用勞工從事新工作時，為識別其工作適性之檢查為下列何者？
①健康檢查 ②體格檢查 ③特殊健康檢查 ④特定健康檢查。

解析 職業安全衛生法施行細則第27條：
本法第20條第1項所稱**體格檢查**，指於僱用勞工時，為識別勞工工作適性，考量其是否有不適合作業之疾病所實施之身體檢查。

14. ( 3 ) 依職業安全衛生管理辦法規定，職業安全衛生委員會之任務為下列何者？
①執行職業災害防止事項
②執行定期或不定期巡視
③協調、建議職業安全衛生管理計畫
④釐訂職業安全衛生管理計畫。

解析 依據職業安全衛生管理辦法第 12 條：
委員會應每 3 個月至少開會一次，辦理下列事項：
一、對雇主擬訂之職業安全衛生政策提出建議。
二、**協調、建議職業安全衛生管理計畫**。
三、審議安全、衛生教育訓練實施計畫。
四、審議作業環境監測計畫、監測結果及採行措施。
五、審議健康管理、職業病預防及健康促進事項。
六、審議各項安全衛生提案。
七、審議事業單位自動檢查及安全衛生稽核事項。
八、審議機械、設備或原料、材料危害之預防措施。
九、審議職業災害調查報告。
十、考核現場安全衛生管理績效。
十一、審議承攬業務安全衛生管理事項。
十二、其他有關職業安全衛生管理事項。

15. ( 4 ) 依職業安全衛生法所處之罰鍰由下列何者執行？
①司法機關 ②稅務機關
③勞動檢查機構 ④主管機關。

解析 職業安全衛生法所處之罰鍰由**主管機關**執行。主管機關或勞動檢查機構檢查發現認有違反職安法或勞檢法規定之行政罰鍰案件，應即擬具職業安全衛生法或勞動檢查法罰鍰處分書稿，連同有關文件依行政程序核定後，送達受處分人。

16. ( 4 ) 拒絕、規避或妨礙依職業安全衛生法規定之檢查者，可處下列何種處罰？
① 3 年以下有期徒刑
②新臺幣 3 千元以下之罰鍰
③新臺幣 3 萬元以上 6 萬元以下罰鍰
④新臺幣 3 萬元以上 30 萬元以下罰鍰。

解析 依據職業安全衛生法之第 43 條有下列情形之一者，處新臺幣 **3 萬元以上 30 萬元**以下罰鍰：
一、違反第 10 條第 1 項、第 11 條第 1 項、第 23 條第 2 項之規定，經通知限期改善，屆期未改善。
二、違反第 6 條第 1 項、第 12 條第 1 項、第 3 項、第 14 條第 2 項、第 16 條第 1 項、第 19 條第 1 項、第 24 條、第 31 條第 1 項、第 2 項或第 37 條第 1 項、第 2 項之規定；違反第 6 條第 2 項致發生職業病。
三、違反第 15 條第 1 項、第 2 項之規定，並得按次處罰。
四、規避、妨礙或拒絕本法規定之檢查、調查、抽驗、市場查驗或查核。

17. ( 2 ) 工作場所有立即發生危險之虞時，何人應即令停止作業，並使勞工退避至安全場所？
①業主或雇主 ②雇主或工作場所負責人
③工作場所負責人或部門主管 ④部門主管或作業主管。

解析 依據職業安全衛生法第 18 條：
一、工作場所有立即發生危險之虞時，**雇主或工作場所負責人**應即令停止作業，並使勞工退避至安全場所。
二、勞工執行職務發現有立即發生危險之虞時，得在不危及其他工作者安全情形下，自行停止作業及退避至安全場所，並立即向直屬主管報告。
三、雇主不得對前項勞工予以解僱、調職、不給付停止作業期間工資或其他不利之處分。但雇主證明勞工濫用停止作業權，經報主管機關認定，並符合勞動法令規定者，不在此限。

18. ( 3 ) 依職業安全衛生法規定，有關事業單位訂定安全衛生工作守則之規定，下列何者正確？
①應報經縣、市主管機關備查
②事業單位組織工會者，由雇主自行訂定
③得依事業單位之實際需要，會同勞工代表訂定適用於全部或一部分事業之工作守則並報經勞動檢查機構備查後，公告實施
④報經備查之工作守則，不需公告即可實施。

解析 依職業安全衛生法第 34 條規定，雇主應依本法及有關規定**會同勞工代表訂定適合其需要之安全衛生工作守則，報經勞動檢查機構備查後，公告實施**；又該法施行細則第 41 條規定，本法第 34 條第 1 項所定安全衛生工作守則之內容，依下列事項定之：
一、事業之安全衛生管理及各級之權責。
二、機械、設備或器具之維護及檢查。
三、工作安全及衛生標準。
四、教育及訓練。
五、健康指導及管理措施。
六、急救及搶救。
七、防護設備之準備、維持及使用。
八、事故通報及報告。
九、其他有關安全衛生事項。

19. ( 3 ) 依職業安全衛生法規定，勞工不參加雇主安排之安全衛生教育、訓練，下列敘述何者正確？
①法院得予判決徒刑 ②法院得予判決罰金
③主管機關得予處分罰鍰 ④雇主得予處分罰鍰。

解析 依職業安全衛生法第 32 條第 3 項規定，勞工對雇主辦理之安全衛生教育訓練，有接受之義務，如不接受可依同法第 46 條處以 **3,000 元以下罰鍰**，職安法之罰鍰由主管機關執行。

20. ( 4 ) 有關事業單位發生勞工死亡之職業災害後之處理，下列所述雇主之作為何者有誤？
①非經許可不得移動或破壞現場
②應實施調查、分析及作成紀錄
③應於八小時內通報勞動檢查機構
④如已報告勞動檢查機構，則得免於當月職業災害統計月報表中陳報。

解析
職業安全衛生法第 37 條：
事業單位工作場所發生職業災害，雇主應即採取必要之急救、搶救等措施，並會同勞工代表實施調查、分析及做成紀錄。
事業單位勞動場所發生下列職業災害之一者，雇主應於 8 小時內通報勞動檢查機構：
一、發生死亡災害。
二、發生災害之罹災人數在 3 人以上。
三、發生災害之罹災人數在 1 人以上，且需住院治療。
四、其他經中央主管機關指定公告之災害。
勞動檢查機構接獲前項報告後，應就工作場所發生死亡或重傷之災害派員檢查。
事業單位發生第 2 項之災害，除必要之急救、搶救外，雇主非經司法機關或勞動檢查機構許可，不得移動或破壞現場。

21. ( 3 ) 依職業安全衛生管理辦法規定，第一類事業單位勞工人數在幾人以上者，應設直接隸屬雇主之專責一級管理單位？
① 30 ② 50 ③ 100 ④ 200。

解析
職業安全衛生管理辦法第 2-1 條：
事業單位應依下列規定設職業安全衛生管理單位(以下簡稱管理單位)：
一、第一類事業之事業單位勞工人數在 100 人以上者，應設直接隸屬雇主之專責一級管理單位。
二、第二類事業勞工人數在 300 人以上者，應設直接隸屬雇主之一級管理單位。

22. ( 3 ) 依職業安全衛生管理辦法規定，依職權指揮、監督所屬執行安全衛生管理事項，並協調及指導有關人員實施為下列何者之職責？
①職業安全衛生業務主管 ②職業安全(衛生)管理師
③工作場所負責人及各級主管 ④一級單位之職業安全衛生人員。

解析
職業安全衛生組織、人員、工作場所負責人及各級主管之職責如下：
一、職業安全衛生管理單位：擬訂、規劃、督導及推動安全衛生管理事項，並指導有關部門實施。
二、職業安全衛生委員會：對雇主擬訂之安全衛生政策提出建議，並審議、協調及建議安全衛生相關事項。
三、未置有職業安全(衛生)管理師、職業安全衛生管理員事業單位之職業安全衛生業務主管：擬訂、規劃及推動安全衛生管理事項。
四、置有職業安全(衛生)管理師、職業安全衛生管理員事業單位之職業安全衛生業務主管：主管及督導安全衛生管理事項。

五、職業安全(衛生)管理師、職業安全衛生管理員：擬訂、規劃及推動安全衛生管理事項，並指導有關部門實施。
六、**工作場所負責人及各級主管**：依職權指揮、監督所屬執行安全衛生管理事項，並協調及指導有關人員實施。
七、一級單位之職業安全衛生人員：協助一級單位主管擬訂、規劃及推動所屬部門安全衛生管理事項，並指導有關人員實施。

23. ( 2 ) 依職業安全衛生管理辦法規定，第一類事業單位勞工人數在幾人以上者，應參照中央主管機關所定之職業安全衛生管理系統指引，建置適合該事業單位之職業安全衛生管理系統？
① 100 ② 200 ③ 300 ④ 500。

解析
依據職業安全衛生管理辦法第 12-2 條：
下列事業單位，雇主應依國家標準 CNS 45001 同等以上規定，建置適合該事業單位之職業安全衛生管理系統，並據以執行：
一、第一類事業勞工人數在 **200** 人以上者。
二、第二類事業勞工人數在 500 人以上者。
三、有從事石油裂解之石化工業工作場所者。
四、有從事製造、處置或使用危害性之化學品，數量達中央主管機關規定量以上之工作場所者。

24. ( 1 ) 事業單位與承攬人、再承攬人分別僱用勞工共同作業時，為防止職業災害，工作場所之連繫與調整之措施，屬下列何者之職責？
①原事業單位指定之工作場所負責人
②承攬人
③再承攬人
④關係事業。

解析
職業安全衛生法第 27 條：
事業單位與承攬人、再承攬人分別僱用勞工共同作業時，為防止職業災害，原事業單位應採取下列必要措施：
一、設置協議組織，並指定**工作場所負責人**，擔任指揮、監督及協調之工作。
二、工作之連繫與調整。
三、工作場所之巡視。
四、相關承攬事業間之安全衛生教育之指導及協助。
五、其他為防止職業災害之必要事項。

25. ( 2 ) 職業安全衛生設施規則為事業單位一般工作場所安全衛生設施之何種標準？
①最高標準 ②最低標準 ③特定標準 ④參考標準。

解析
職業安全衛生設施規則第 2 條：
本規則為雇主使勞工從事工作之安全衛生設備及措施之**最低標準**。

26. ( 2 ) 依職業安全衛生設施規則規定，室內工作場所主要人行道寬度不得小於幾公尺？
① 0.8 ② 1.0 ③ 1.2 ④ 1.5。

解析 職業安全衛生設施規則第 31 條：
雇主對於室內工作場所，應依下列規定設置足夠勞工使用之通道：
一、應有適應其用途之寬度，其主要人行道不得小於 1 公尺。
二、各機械間或其他設備間通道不得小於 80 公分。
三、自路面起算 2 公尺高度之範圍內，不得有障礙物。但因工作之必要，經採防護措施者，不在此限。
四、主要人行道及有關安全門、安全梯應有明顯標示。

27. ( 1 ) 依職業安全衛生設施規則規定，室內工作場所各機械間或其他設備間通道寬度不得小於幾公尺？
① 0.8 ② 1.0 ③ 1.2 ④ 1.5。

解析 解析與第 26 題相同，建議讀者學習時要融會貫通，將類似的題目一同比較記憶。各機械間或其他設備間通道不得小於 80 公分。

28. ( 3 ) 依職業安全衛生設施規則規定，室內工作場所自路面起算多少公尺高度範圍內，不得有障礙物？
① 1.5 ② 1.8 ③ 2 ④ 3。

解析 解析與第 26 題相同，建議讀者學習時要融會貫通，將類似的題目一同比較記憶。自路面起算 2 公尺高度之範圍內，不得有障礙物。但因工作之必要，經採防護措施者，不在此限。

29. ( 4 ) 雇主架設之通道，有墜落之虞之場所，依職業安全衛生設施規則規定，應置備高度多少公分以上之堅固扶手？
① 50 ② 65 ③ 70 ④ 75。

解析 職業安全衛生設施規則第 36 條：
雇主架設之通道及機械防護跨橋，應依下列規定：
一、具有堅固之構造。
二、傾斜應保持在 30 度以下。但設置樓梯者或其高度未滿 2 公尺而設置有扶手者，不在此限。
三、傾斜超過 15 度以上者，應設置踏條或採取防止溜滑之措施。
四、有墜落之虞之場所，應置備高度 75 公分以上之堅固扶手。在作業上認有必要時，得在必要之範圍內設置活動扶手。
五、設置於豎坑內之通道，長度超過 15 公尺者，每隔 10 公尺內應設置平台一處。
六、營建使用之高度超過 8 公尺以上之階梯，應於每隔 7 公尺內設置平台一處。
七、通道路用漏空格條製成者，其縫間隙不得超過 3 公分，超過時，應裝置鐵絲網防護。

30. ( 3 ) 依職業安全衛生設施規則規定，固定梯之頂端應突出板面多少公分以上？
① 10 ② 30 ③ 60 ④ 90。

解析
職業安全衛生設施規則第 37 條：
雇主設置之固定梯，應依下列規定：
一、具有堅固之構造。
二、應等間隔設置踏條。
三、踏條與牆壁間應保持 16.5 公分以上之淨距。
四、應有防止梯移位之措施。
五、不得有妨礙工作人員通行之障礙物。
六、平台用漏空格條製成者，其縫間隙不得超過 3 公分；超過時，應裝置鐵絲網防護。
七、梯之頂端應突出板面 **60 公分**以上。
八、梯長連續超過 6 公尺時，應每隔 9 公尺以下設一平台，並應於距梯底 2 公尺以上部分，設置護籠或其他保護裝置。但符合下列規定之一者，不在此限：
1. 未設置護籠或其他保護裝置，已於每隔 6 公尺以下設一平台者。
2. 塔、槽、煙囱及其他高位建築之固定梯已設置符合需要之安全帶、安全索、磨擦制動裝置、滑動附屬裝置及其他安全裝置，以防止勞工墜落者。

九、前款平台應有足夠長度及寬度，並應圍以適當之欄柵。
前項第 7 款至第 8 款規定，不適用於沉箱內之固定梯。

31. ( 2 ) 加工物截斷，有飛散危害勞工之虞時，應於加工機械設何種防護裝置？
①欄杆 ②護罩 ③光電開關 ④套胴。

解析
職業安全衛生設施規則第 55 條：
加工物、切削工具、模具等因截斷、切削、鍛造或本身缺損，於加工時有飛散物致危害勞工之虞者，雇主應於加工機械上設置**護罩**或護圍。但大尺寸工件等作業，應於適當位置設置護罩或護圍。

32. ( 3 ) 依職業安全衛生設施規則規定，下列何者為氧化性物質？
①三硝基苯 ②過氧化丁酮 ③氯酸鉀 ④過醋酸。

解析
職業安全衛生設施規則第 14 條，氧化性物質係指下列之物質：
一、**氯酸鉀**、氯酸鈉及其他之氯酸鹽類。
二、過氯酸鉀、過氯酸鈉、過氯酸銨及其他之過氯酸鹽類。
三、過氧化鉀、過氧化鈉、過氧化鋇及其他之無機過氧化物。
四、硝酸鉀、硝酸鈉、硝酸銨及其他之硝酸鹽類。
五、亞氯酸鈉及其他之固體亞氯酸鹽類。
六、次氯酸鈣及其他之固體次氯酸鹽類。

33. ( 1 ) 依職業安全衛生設施規則規定，下列何者為爆炸性物質？
①硝化纖維 ②賽璐珞 ③汽油 ④過氯酸鉀。

解析
職業安全衛生設施規則第 11 條，爆炸性物質係指下列物質：
一、硝化乙二醇、硝化甘油、**硝化纖維**及其他具有爆炸性質之硝酸酯類。
二、三硝基苯、三硝基甲苯、三硝基酚及其他具有爆炸性質之硝基化合物。
三、過醋酸、過氧化丁酮、過氧化二苯甲醯及其他有機過氧化物。

34. ( 1 ) 依職業安全衛生設施規則規定，下列何者為可燃性氣體？
①氫 ②乙醚 ③苯 ④汽油。

解析 職業安全衛生設施規則第 15 條，可燃性氣體包含之下列物質：
一、氫。
二、乙炔、乙烯。
三、甲烷、乙烷、丙烷、丁烷。
四、其他於一大氣壓下、攝氏 15 度時，具有可燃性之氣體。

35. ( 4 ) 依職業安全衛生設施規則規定，雇主對於物料之搬運，應盡量利用機械以代替人力，對多少公斤以上之物品，以機動車輛搬運為宜？
① 200 ② 300 ③ 400 ④ 500。

解析 職業安全衛生設施規則第 155 條：
雇主對於物料之搬運，應儘量利用機械以代替人力，凡 40 公斤以上物品，以人力車輛或工具搬運為原則，500 公斤以上物品，以機動車輛或其他機械搬運為宜；運輸路線，應妥善規劃，並作標示。

36. ( 3 ) 依職業安全衛生設施規則規定，雇主對於物料之搬運，應盡量利用機械以代替人力，至少多少公斤以上物品，以人力車輛或工具搬運為原則？
① 30 ② 35 ③ 40 ④ 50。

解析 與第 35 題相同，應一起記憶背誦。

37. ( 2 ) 依職業安全衛生設施規則規定，離地多少公尺以內之傳動帶，應裝置適當之圍柵或護網？
① 1.8 ② 2 ③ 2.5 ④ 3。

解析 職業安全衛生設施規則第 49 條：
雇主對於傳動帶，應依下列規定裝設防護物：
一、離地 2 公尺以內之傳動帶或附近有勞工工作或通行而有接觸危險者，應裝置適當之圍柵或護網。
二、幅寬 20 公分以上，速度每分鐘 550 公尺以上，兩軸間距離 3 公尺以上之架空傳動帶週邊下方，有勞工工作或通行之各段，應裝設堅固適當之圍柵或護網。
三、穿過樓層之傳動帶，於穿過之洞口應設適當之圍柵或護網。

38. ( 2 ) 依職業安全衛生設施規則規定，設置固定式圓盤鋸、帶鋸、手推刨床、截角機等合計在幾台以上時，應指定作業管理人員？
① 3 ② 5 ③ 10 ④ 30。

解析 職業安全衛生設施規則第 68 條：
雇主設置固定式圓盤鋸、帶鋸、手推刨床、截角機等合計 5 台以上時，應指定作業管理人員負責執行下列事項：
一、指揮木材加工用機械之操作。

二、檢查木材加工用機械及其安全裝置。
三、發現木材加工用機械及其安全裝置有異時，應即採取必要之措施。
四、作業中，監視送料工具等之使用情形。

39. ( 4 ) 依職業安全衛生設施規則規定，勞工有自粉碎機、混合機之開口部分墜落之虞，應設置圍柵時，其高度應在多少公分以上？
① 60 ② 70 ③ 80 ④ 90。

解析
職業安全衛生設施規則中第 76 條：
為防止勞工有自粉碎機及混合機之開口部分墜落之虞，雇主應有覆蓋、護圍、高度在 **90 公分**以上之圍柵等必要設備。但設置覆蓋、護圍或圍柵有阻礙作業，且從事該項作業之勞工佩戴安全帶或安全索以防止墜落者，不在此限。
為防止由前項開口部份與可動部份之接觸而危害勞工之虞，雇主應有護圍等之設備。

40. ( 1 ) 依職業安全衛生設施規則規定，起重機具之吊鉤或吊具之非為直動式過捲預防裝置，應至少與吊架或捲揚胴保持多少公尺距離，以防止接觸碰接？
① 0.25 ② 0.60 ③ 1.00 ④ 1.25。

解析
職業安全衛生設施規則第 91 條：
雇主對於起重機具之吊鉤或吊具，為防止與吊架或捲揚胴接觸、碰撞，應有至少保持 **0.25 公尺**距離之過捲預防裝置，如為直動式過捲預防裝置者，應保持 0.05 公尺以上距離；並於鋼索上作顯著標示或設警報裝置，以防止過度捲揚所引起之損傷。

41. ( 3 ) 依職業安全衛生設施規則規定，搬器地板與樓板相差多少距離以上時，應有使升降機門不能開啟之連鎖裝置？
① 7.5 公厘 ② 15 公厘 ③ 7.5 公分 ④ 15 公分。

解析
職業安全衛生設施規則第 95 條：
雇主對於升降機之升降路各樓出入口門，應有連鎖裝置，使搬器地板與樓板相差 **7.5 公分**以上時，升降路出入口門不能開啟之。

42. ( 3 ) 依機械設備器具安全標準規定，木材加工用圓盤鋸應設置何種安全裝置？
①套胴 ②圍柵
③鋸齒接觸預防裝置 ④雙手按鈕開關。

解析
機械設備器具安全標準規定，木材加工用圓盤鋸應設置反撥預防裝置及**鋸齒接觸預防裝置**。

43. ( 2 ) 依職業安全衛生設施規則規定，150 伏特以下之低壓帶電體前方，可能有檢修、調整、維護之活線作業時，其最小工作空間不得小於多少公分？
① 80 ② 90 ③ 105 ④ 120。

解析 職業安全衛生設施規則第268條：雇主對於600伏特以下之電氣設備前方，至少應有80公分以上之水平工作空間。但於低壓帶電體前方，可能有檢修、調整、維護之活線作業時，不得低於下表規定：

| 對地電壓(伏特) | 最小工作空間(公分) | | |
|---|---|---|---|
| | 工作環境 | | |
| | 甲 | 乙 | 丙 |
| 0至150 | 90 | 90 | 90 |
| 151至600 | 90 | 105 | 120 |

44. ( 1 ) 依高壓氣體勞工安全規則規定，高壓氣體貯存區周圍在多少公尺內不得放置有煙火或放置危險物質？
① 2　② 3　③ 4　④ 5。

解析 高壓氣體勞工安全規則第113條規定：
以儲槽儲存高壓氣體時，應依下列規定：
一、儲存可燃性氣體或毒性氣體之儲槽，應設置於通風良好場所。
二、儲槽四周2公尺以內不得有煙火或放置危險物質。
三、液化氣體之儲存不得超過該液化氣體之容量於常用溫度下該槽內容積之90%。
四、從事修理等相關作業，準用第75條之規定。
五、儲存能力在100立方公尺或1公噸以上之儲槽，應隨時注意有無沉陷現象，如有沉陷現象時，應視其沉陷程度採取適當因應措施。
六、操作安裝於儲槽配管之閥時，應考慮閥之材料、構造及其狀況，採取必要措施以防止過巨之力加諸於閥上。

45. ( 2 ) 依職業安全衛生設施規則規定，使用乙炔熔接裝置從事金屬熔接，其產生之乙炔壓力不得超過表壓力每平方公分幾公斤以上？
① 1.2　② 1.3　③ 2.0　④ 2.1。

解析 職業安全衛生設施規則第203條：
雇主對於使用乙炔熔接裝置或氧乙炔熔接裝置從事金屬之熔接、熔斷或加熱作業時，應規定其產生之乙炔壓力不得超過表壓力每平方公分1.3公斤以上。

46. ( 2 ) 依職業安全衛生設施規則規定，雇主對於建築物之工作室，其樓地板至天花板淨高應在幾公尺以上？
① 2　② 2.1　③ 2.3　④ 2.5。

解析 職業安全衛生設施規則第25條：
雇主對於建築物之工作室，其樓地板至天花板淨高應在2.1公尺以上。但建築法規另有規定者，從其規定。

47. ( 2 ) 依職業安全衛生設施規則規定，其他可燃性氣體是指在一大氣壓力下，攝氏幾度時具可燃性之氣體？
① 10 ② 15 ③ 25 ④ 30。

解析
根據職業安全衛生設施規則第 15 條之定義：
本規則所稱可燃性氣體，指下列危險物：
一、氫。
二、乙炔、乙烯。
三、甲烷、乙烷、丙烷、丁烷。
四、其他於一大氣壓下、攝氏 **15 度**時，具有可燃性之氣體。

48. ( 1 ) 進行槽內缺氧作業時，應穿戴何種呼吸防護器具？
①空氣呼吸器 ②氧氣急救器 ③半面式防毒面罩 ④口罩。

解析
缺氧症預防規則第 25 條：對於從事缺氧危險作業，應置備適當且數量足夠之空氣呼吸器等呼吸防護具，由於缺乏氧氣的提供，因此需要由**空氣呼吸器**提供適當的氧氣，面罩 / 口罩只有過濾性的功能。

49. ( 2 ) 作業人員於工作中遭強酸 ( 鹼 ) 噴濺至身體時，應先採取下列何種措施？
①立即召喚救護車緊急送醫院 ( 或廠區醫護室處理 )
②立即以清水沖洗 30 分鐘以上，脫掉衣服後送醫院救治
③立即塗佈灼傷藥膏
④立即吞食酸或鹼性中和藥劑。

解析
如果強酸強鹼沾到身體時應馬上用大量清水沖洗 **30 分鐘**以上，且應連同衣物一起沖洗，一面沖洗一面脫除衣物、鞋襪及飾物，脫除後繼續沖水，水的流量要大，但沖力要溫和，並且馬上就醫。

50. ( 1 ) 依職業安全衛生設施規則規定，勞工噪音暴露工作日八小時內，任何時間不得暴露於超過 115dBA 之何種噪音？
①連續性 ②突發性 ③衝擊性 ④爆炸性。

解析
職業安全衛生設施規則第 300 條：勞工工作場所因機械設備所發生之聲音超過 90 分貝時，雇主應採取工程控制、減少勞工噪音暴露時間，使勞工噪音暴露工作日 8 小時日時量平均不超過規定值或相當之劑量值，且任何時間不得暴露於峰值超過 140 分貝之衝擊性噪音或 115 分貝之**連續性噪音**；對於勞工 8 小時日時量平均音壓級超過 85 分貝或暴露劑量超過 50% 時，雇主應使勞工戴用有效之耳塞、耳罩等防音防護具。

51. ( 3 ) 依職業安全衛生設施規則規定，勞工從事刺激物、腐蝕性物質或毒性物質污染之工作場所，每多少人應設置一個冷熱水沖淋設備？
①5 ②10 ③15 ④30。

解析 職業安全衛生設施規則第318條規定：
雇主對於勞工從事其身體或衣著有被污染之虞之特殊作業時，應置備該勞工洗眼、洗澡、漱口、更衣、洗滌等設備。
前項設備，應依下列規定設置：
一、刺激物、腐蝕性物質或毒性物質污染之工作場所，每**15**人應設置一個冷熱水沖淋設備。
二、刺激物、腐蝕性物質或毒性物質污染之工作場所，每5人應設置一個冷熱水盥洗設備。

52. ( 3 ) 依職業安全衛生設施規則規定，一般工作場所平均每一勞工佔有10立方公尺，則該場所每分鐘每一勞工所需之新鮮空氣為多少立方公尺以上？
①0.14 ②0.3 ③0.4 ④0.6。

解析 職業安全衛生設施規則第312條：雇主對於勞工工作場所應使空氣充分流通，必要時，應依下列規定以機械通風設備換氣：
一、應足以調節新鮮空氣、溫度及降低有害物濃度。
二、其換氣標準如下：

| 工作場所每一勞工所佔立方公尺數 | 每分鐘每一勞工所需之新鮮空氣之立方公尺數 |
|---|---|
| 未滿5.7 | 0.6以上 |
| 5.7以上未滿14.2 | **0.4以上** |
| 14.2以上未滿28.3 | 0.3以上 |
| 28.3以上 | 0.14以上 |

53. ( 1 ) 依職業安全衛生管理辦法規定，下列何項設備每月應定期實施自動檢查1次？
①第一種壓力容器 ②第二種壓力容器 ③小型鍋爐 ④小型壓力容器。

解析 職業安全衛生管理辦法第33條規定：
雇主對高壓氣體特定設備、高壓氣體容器及**第一種壓力容器**，應每月依下列規定定期實施檢查一次：
一、本體有無損傷、變形。
二、蓋板螺栓有無損耗。
三、管、凸緣、閥及旋塞等有無損傷、洩漏。
四、壓力表及溫度計及其他安全裝置有無損傷。
五、平台支架有無嚴重腐蝕。
對於有保溫部分或有高游離輻射污染之虞之場所，得免實施。

54. ( 3 ) 依職業安全衛生管理辦法規定，雇主對升降機之終點極限開關，應多久實施定期檢查一次？
①每日 ②每週 ③每月 ④每年。

解析 職業安全衛生管理辦法第 22 條規定：
雇主對升降機，應每年就該機械之整體定期實施檢查一次。
雇主對前項之升降機，應**每月**依下列規定定期實施檢查一次：
一、終點極限開關、緊急停止裝置、制動器、控制裝置及其他安全裝置有無異常。
二、鋼索或吊鏈有無損傷。
三、導軌之狀況。
四、設置於室外之升降機者，為導索結頭部分有無異常。

55. ( 2 ) 依職業安全衛生管理辦法規定，營造工程之施工架每隔多少時間應定期實施自動檢查一次？
①每天 ②每週 ③每月 ④每年。

解析 職業安全衛生管理辦法第 43 條規定：
雇主對施工架及施工構台，應就下列事項，**每週**定期實施檢查一次：
一、架材之損傷、安裝狀況。
二、立柱、橫檔、踏腳桁等之固定部分，接觸部分及安裝部分之鬆弛狀況。
三、固定材料與固定金屬配件之損傷及腐蝕狀況。
四、扶手、護欄等之拆卸及脫落狀況。
五、基腳之下沉及滑動狀況。
六、斜撐材、索條、橫檔等補強材之狀況。
七、立柱、踏腳桁、橫檔等之損傷狀況。
八、懸臂梁與吊索之安裝狀況及懸吊裝置與阻檔裝置之性能。
強風大雨等惡劣氣候、4 級以上之地震襲擊後及每次停工之復工前，亦應實施前項檢查。

56. ( 2 ) 依職業安全衛生管理辦法規定，下列何種機械設備需於初次使用前，實施重點檢查？
①第一種壓力容器 ②第二種壓力容器
③蒸汽鍋爐 ④小型鍋爐。

解析 職業安全衛生管理辦法第 45 條規定：
雇主對**第二種壓力容器**及減壓艙，應於初次使用前依下列規定實施重點檢查：
一、確認胴體、端板之厚度是否與製造廠所附資料符合。
二、確認安全閥吹洩量是否足夠。
三、各項尺寸、附屬品與附屬裝置是否與容器明細表符合。
四、經實施耐壓試驗無局部性之膨出、伸長或洩漏之缺陷。
五、其他保持性能之必要事項。

57. ( 4 ) 依職業安全衛生管理辦法規定，雇主對固定式起重機於瞬間風速可能超過每秒多少公尺以上時，應實施各部安全狀況之檢點？
①15 ②20 ③25 ④30。

解析 職業安全衛生管理辦法第52條規定：
雇主對固定式起重機，應於每日作業前依下列規定實施檢點，對置於瞬間風速可能超過每秒30公尺或4級以上地震後之固定式起重機，應實施各部安全狀況之檢點：
一、過捲預防裝置、制動器、離合器及控制裝置性能。
二、直行軌道及吊運車橫行之導軌狀況。
三、鋼索運行狀況。

58. ( 1 ) 依職業安全衛生管理辦法規定，事業單位以其事業之全部或部分交付承攬時，如該承攬人使用之機械、設備或器具係由原事業單位提供者，該機械、設備或器具如無特別規定，應由下列何者實施定期檢查及重點檢查？
①原事業單位 ②承攬人 ③再承攬人 ④最後承攬人。

解析 職業安全衛生管理辦法第84條：
事業單位以其事業之全部或部分交付承攬或再承攬時，如該承攬人使用之機械、設備或器具係由原事業單位提供者，該機械、設備或器具應由**原事業單位**實施定期檢查及重點檢查。

59. ( 1 ) 依職業安全衛生管理辦法之規定，雇主對移動式起重機，應於每日作業前對下列何種裝置之性能實施檢點？
①過捲預防裝置 ②鋼索及吊鏈
③吊鉤、抓斗等吊具 ④集電裝置。

解析 職業安全衛生管理辦法第53條規定：
雇主對移動式起重機，應於每日作業前對**過捲預防裝置**、過負荷警報裝置、制動器、離合器、控制裝置及其他警報裝置之性能實施檢點。

60. ( 3 ) 依職業安全衛生管理辦法規定，職業安全衛生委員會置委員7人以上，勞工代表應佔委員人數之下列何者以上？
①1/5 ②1/4 ③1/3 ④1/2。

解析 職業安全衛生管理辦法第11條規定：
委員會置委員7人以上，除雇主為當然委員及第5款規定者(勞工代表)外，由雇主視該事業單位之實際需要指定下列人員組成：
一、職業安全衛生人員。
二、事業內各部門之主管、監督、指揮人員。
三、與職業安全衛生有關之工程技術人員。
四、從事勞工健康服務之醫護人員。
五、勞工代表。
委員任期為2年，並以雇主為主任委員，綜理會務。

委員會由主任委員指定一人為秘書，輔助其綜理會務。
第 1 項第 5 款之勞工代表，應佔委員人數 1/3 以上；事業單位設有工會者，由工會推派之；無工會組織而有勞資會議者，由勞方代表推選之；無工會組織且無勞資會議者，由勞工共同推選之。

61. ( 1 ) 依職業安全衛生管理辦法規定，僱用勞工人數在一千人以上之事業，擔任職業安全衛生業務主管未具有職業安全管理師或職業安全衛生管理員資格者，應接受何種職業安全衛生業務主管安全衛生教育訓練？
①甲　②乙　③丙　④丁。

解析 職業安全衛生管理辦法第 3 條附表二，勞工人數 1,000 人以上應置**甲種**職業安全衛生業務主管。雇主對擔任職業安全衛生業務主管之勞工，應於事前使其接受職業安全衛生業務主管之安全衛生教育訓練。

62. ( 3 ) 依職業安全衛生管理辦法規定，下列何種人員具有職業安全管理師之資格？
①曾任勞動檢查員具有工作經驗 2 年以上者
②國內專科以上學校工業安全衛生類科畢業者
③領有職業安全管理甲級技術士證照者
④具有工業衛生技師資格者。

解析 職業安全衛生管理辦法第 7 條：以下符合職業安全管理師資格：
一、高等考試職業安全類科錄取或具有工業安全技師資格。
二、領有**職業安全管理甲級技術士**證照。
三、曾任勞動檢查員，具有職業安全檢查工作經驗 3 年以上。
四、修畢工業安全相關科目 18 學分以上，並具有國內外大專以上校院工業安全相關類科碩士以上學位。

63. ( 2 ) 依職業安全衛生管理辦法規定，雇主對高壓氣體儲存能力在多少以上之儲槽，應每年定期測定其沉陷狀況一次？
① 50 立方公尺　② 100 立方公尺　③ 0.5 公噸　④ 0.8 公噸。

解析 職業安全衛生管理辦法第 37 條：
雇主對高壓氣體儲存能力在**100 立方公尺**或 1 公噸以上之儲槽應注意有無沉陷現象，並應每年定期測定其沉陷狀況一次。

64. ( 2 ) 依勞工健康保護規則規定，勞工暴露工作日八小時日時量平均音壓級噪音在多少分貝以上之作業，為特別危害健康作業？
① 80　② 85　③ 90　④ 95。

解析 勞工健康保護規則第 2 條：勞工噪音暴露工作日 8 小時日時量平均音壓級在**85 分貝**以上之噪音作業為特別危害健康作業。

65. ( 1 ) 依勞工健康保護規則規定，事業單位之同一工作場所，從事特別危害健康作業勞工人數在多少人以上時，應聘專任護士 1 人以上？

① 100 ② 200 ③ 300 ④ 400。

解析 勞工健康保護規則第 3 條：從事勞工健康服務之護理人員配置表：

| 勞工人數 | 特別危害健康作業勞工總人數 | | | 備註 |
|---|---|---|---|---|
| | 0-99 | 100-299 | 300 以上 | |
| 1-299 | – | 1 人 | – | 一、勞工人數超過 6,000 人以上者，每增加 6,000 人，應增加護理人員至少 1 人。<br>二、事業單位設置護理人員數達 3 人以上者，得置護理主管 1 人。 |
| 300-999 | 1 人 | 1 人 | 2 人 | |
| 1,000-2,999 | 2 人 | 2 人 | 2 人 | |
| 3,000-5,999 | 3 人 | 3 人 | 4 人 | |
| 6,000 以上 | 4 人 | 4 人 | 4 人 | |

66. ( 1 ) 依勞工健康保護規則規定，合格急救人員每一輪班次勞工人數未滿50人者設置 1 人，50 人以上每滿多少人增設 1 人？

① 50 ② 100 ③ 150 ④ 200。

解析 勞工健康保護規則第 15 條：
事業單位應參照工作場所大小、分布、危險狀況與勞工人數，備置足夠急救藥品及器材，並置急救人員辦理急救事宜。但已具有急救功能之醫療保健服務業，不在此限。
第 1 項急救人員，每 1 輪班次應至少置 1 人；其每 1 輪班次勞工人數超過 50 人者，每增加 50 人，應再置 1 人。但事業單位有下列情形之一，且已建置緊急連線、通報或監視裝置等措施者，不在此限：
一、第一類事業，每 1 輪班次僅 1 人作業。
二、第二類或第三類事業，每 1 輪班次勞工人數未達 5 人。

67. ( 3 ) 依勞工健康保護規則規定，一般健康檢查，勞工至少年滿多少歲者，應每三年定期檢查一次？

① 30 ② 35 ③ 40 ④ 45。

解析 勞工健康保護規則第 17 條：
雇主對在職勞工，應依下列規定，定期實施一般健康檢查：
一、年滿 65 歲者，每年檢查 1 次。
二、40 歲以上未滿 65 歲者，每 3 年檢查 1 次。
三、未滿 40 歲者，每 5 年檢查 1 次。
前項所定一般健康檢查之項目與檢查紀錄，應依附表規定辦理。但經檢查為先天性辨色力異常者，得免再實施辨色力檢查。

68. ( 2 ) 依勞工健康保護規則規定，特殊健康檢查結果部分項目異常，經醫師綜合判定為異常，而與工作無關者，屬於下列何級健康管理？
①第一級 ②第二級 ③第三級 ④第四級。

解析 勞工健康保護規則第 21 條：
一、第一級管理：特殊健康檢查或健康追蹤檢查結果，全部項目正常，或部分項目異常，而經醫師綜合判定為無異常者。
二、**第二級管理**：特殊健康檢查或健康追蹤檢查結果，部分或全部項目異常，經醫師綜合判定為異常，而與工作無關者。
三、第三級管理：特殊健康檢查或健康追蹤檢查結果，部分或全部項目異常，經醫師綜合判定為異常，而無法確定此異常與工作之相關性，應進一步請職業醫學科專科醫師評估者。
四、第四級管理：特殊健康檢查或健康追蹤檢查結果，部分或全部項目異常，經醫師綜合判定為異常，且與工作有關者。

69. ( 2 ) 依勞工健康保護規則規定，從事噪音超過 85 分貝作業之勞工，應每隔多久實施特殊健康檢查一次？
①半年 ② 1 年 ③ 2 年 ④ 3 年。

解析 從事特別危害健康作業之勞工，應**每年**或於變更其作業時，雇主需為該等作業勞工實施「特殊健康檢查」。特別危害健康作業如下：高溫、噪音、游離輻射、異常氣壓、鉛、四烷基鉛、粉塵、有機溶劑、特定化學物質、黃磷等有特別危害健康之作業。

70. ( 1 ) 下列何者是勞動檢查法規定的危險性工作場所？
①爆竹煙火工廠
②農藥包裝工作場所
③設置冷凍能力一日為 10 公噸之高壓氣體類壓力容器之工作場所
④製造、處置、使用氯氣之數量為 1,000 公斤之工作場所。

解析 危險性工作場所審查及檢查辦法第 2 條：危險性工作場所分類如下：
一、甲類：指下列工作場所：
（一）從事石油產品之裂解反應，以製造石化基本原料之工作場所。
（二）製造、處置、使用危險物、有害物之數量達本法施行細則附表一及附表二規定數量之工作場所。
二、乙類：指下列工作場所或工廠：
（一）使用異氰酸甲酯、氯化氫、氨、甲醛、過氧化氫或吡啶，從事農藥原體合成之工作場所。
（二）利用氯酸鹽類、過氯酸鹽類、硝酸鹽類、硫、硫化物、磷化物、木炭粉、金屬粉末及其他原料製造爆竹煙火類物品之**爆竹煙火工廠**。
（三）從事以化學物質製造爆炸性物品之火藥類製造工作場所。
三、丙類：指蒸汽鍋爐之傳熱面積在 500 平方公尺以上，或高壓氣體類壓力容器一日之冷凍能力在 150 公噸以上或處理能力符合下列規定之一者：
（一）1,000 立方公尺以上之氧氣、有毒性及可燃性高壓氣體。
（二）5,000 立方公尺以上之前款以外之高壓氣體。

四、丁類：指下列之營造工程：
(一)建築物高度在80公尺以上之建築工程。
(二)單跨橋梁之橋墩跨距在75公尺以上或多跨橋梁之橋墩跨距在50公尺以上之橋梁工程。
(三)採用壓氣施工作業之工程。
(四)長度1,000公尺以上或需開挖15公尺以上豎坑之隧道工程。
(五)開挖深度達18公尺以上，且開挖面積達500平方公尺以上之工程。
(六)工程中模板支撐高度7公尺以上，且面積達330平方公尺以上者。
五、其他經中央主管機關指定公告者。

71. ( 1 ) 依危險性工作場所審查及檢查辦法規定，從事石油產品之裂解反應，以製造石化基本原料之工作場所，應歸類為何種危險性工作場所？
①甲類 ②乙類 ③丙類 ④丁類。

解析 危險性工作場所審查及檢查辦法第2條：
甲類：指下列工作場所：
一、從事石油產品之裂解反應，以製造石化基本原料之工作場所。
二、製造、處置、使用危險物、有害物之數量達勞動檢查法施行細則附表一及附表二規定數量之工作場所。

72. ( 2 ) 依危險性工作場所審查及檢查規定，有關事業單位甲類工作場所申請審查之程序，下列何者正確？
①使勞工作業30日前，向當地勞動檢查機構申請檢查
②使勞工作業30日前，向當地勞動檢查機構申請審查
③使勞工作業45日前，向當地勞動檢查機構申請審查
④使勞工作業45日前，向當地勞動檢查機構申請審查及檢查。

解析 一、事業單位應於甲類工作場所、丁類工作場所使勞工作業30日前，向當地勞動檢查機構(以下簡稱檢查機構)申請審查。
二、事業單位應於乙類工作場所、丙類工作場所使勞工作業45日前，向檢查機構申請審查及檢查。

73. ( 2 ) 依危險性工作場所審查及檢查規定，勞動檢查機構對申請審查之丁類危險性工作場所應於受理申請後，幾日內將審查之結果，以書面通知事業單位？
① 20 ② 30 ③ 45 ④ 60。

解析 事業單位向檢查機構申請審查丁類工作場所，審查之結果，檢查機構應於受理申請後30日內，以書面通知事業單位。但可歸責於事業單位者，不在此限。

74. ( 2 ) 依危險性工作場所審查及檢查辦法規定，事業單位有兩個以上場所從事製造、處置、使用危險物、有害物時，其數量依規定在多少公尺距離以內者，應合併計算？
① 100 ② 500 ③ 1,000 ④ 5,000。

解析 危險物、有害物依其濃度百分比換算為純物質之數量。事業單位內有2個以上從事製造、處置、使用危險物、有害物之工作場所時，其危險物、有害物之數量，以各該場所間距(連接各該工作場所中心點之工作場所內緣之距離)在500公尺以內者合併計算。至於硝化纖維則僅將含氮量大於12.6%者納入累計。

75. ( 2 ) 依危險性工作場所審查及檢查辦法規定，甲類、乙類、丙類危險性工作場所經審查、檢查合格後，應於製程修改時或至少每幾年依當初申請審查、檢查檢附之資料重新評估一次？
① 3　② 5　③ 7　④ 10。

解析 經審查(檢查)合格之申請案，於將審查(檢查)結果以書面通知事業單位審查(檢查)合格時，一併要求事業單位對於各項職業安全衛生設施應確實辦理，俾達防災需求，於製程修改時或至少每5年依檢附之資料重新評估一次。

76. ( 3 ) 依危險性工作場所審查及檢查辦法規定，勞動檢查機構對申請審查及檢查之乙類危險性工作場所，應於受理申請後幾日內將審查之結果，以書面通知事業單位？
① 20　② 30　③ 45　④ 60。

解析 建議與第72題一起記憶：
一、事業單位應於甲類工作場所、丁類工作場所使勞工作業30日前，向當地勞動檢查機構(以下簡稱檢查機構)申請審查。
二、事業單位應於乙類工作場所、丙類工作場所使勞工作業45日前，向檢查機構申請審查及檢查。

77. ( 4 ) 依危險性工作場所審查及檢查辦法規定，從事高度在80公尺以上建築工程之工作場所，屬下列何種危險性工作場所？
①甲類　②乙類　③丙類　④丁類。

解析 危險性工作場所審查及檢查辦法第2條：
丁類：指下列之營造工程：
一、建築物高度在80公尺以上之建築工程。
二、單跨橋梁之橋墩跨距在75公尺以上或多跨橋梁之橋墩跨距在50公尺以上之橋梁工程。
三、採用壓氣施工作業之工程。
四、長度1,000公尺以上或需開挖15公尺以上豎坑之隧道工程。
五、開挖深度達18公尺以上，且開挖面積達500平方公尺以上之工程。
六、工程中模板支撐高度7公尺以上，且面積達330平方公尺以上者。

78. ( 2 ) 下列有關職業安全衛生管理辦法之敘述，何者正確？
①營造工程之原事業單位已設置職業安全衛生管理人員，其承攬人及再承攬人即可免重複設置
②事業單位應依勞工人數設置職業安全衛生人員

③領班應釐訂職業安全衛生計畫，並指導有關部門實施
④工地主任對事業雖無經營管理權限，但事業單位之職業安全衛生管理依法仍由工地主任綜理負責。

解析 承攬人及再承攬人需要獨立**設置職業安全衛生管理人員**。擬訂職業安全衛生計畫，並指導有關部門實施應由職業安全衛生管理人員負責。事業單位之職業安全衛生管理不是由工地主任綜理負責。

79. ( 2 ) 依危險性工作場所審查及檢查辦法規定，事業單位應於甲類危險性工作場所使勞工工作幾日前，向當地勞動檢查機構申請檢查？
①20 ②30 ③40 ④45。

解析
一、事業單位應於甲類工作場所、丁類工作場所使勞工作業**30日**前，向當地勞動檢查機構(以下簡稱檢查機構)申請審查。
二、事業單位應於乙類工作場所、丙類工作場所使勞工作業45日前，向檢查機構申請審查及檢查。

80. ( 4 ) 依危險性工作場所審查及檢查辦法規定，對工程內容較複雜、工期較長、施工條件變動性大等特殊情況之丁類危險性工作場所，得報經下列何單位同意後，分段申請審查？
①地方主管機關 ②公共工程委員會
③工程主辦機關 ④勞動檢查機構。

解析 危險性工作場所審查及檢查辦法第17條規定：
事業單位向檢查機構申請審查丁類工作場所，應填具申請書並檢附施工安全評估人員及其所僱之專任工程人員、相關執業技師或開業建築師之簽章文件及施工計畫書與施工安全評估報告書。事業單位提出審查申請時，應確認專任工程人員、相關執業技師或開業建築師之簽章無誤。
對於工程內容較複雜、工期較長、施工條件變動性較大等特殊狀況之營造工程，得報經**檢查機構**同意後，分段申請審查。

81. ( 4 ) 依危險性工作場所審查及檢查辦法規定，事業單位應於乙、丙類危險性工作場所使勞工工作幾日前，向當地勞動檢查機構申請審查及檢查？
①20 ②30 ③40 ④45。

解析 此題之前已出現多次，應將甲乙丙丁四種危險性工作場所的審查、檢查時間一併記熟：
一、事業單位應於甲類工作場所、丁類工作場所使勞工作業30日前，向當地勞動檢查機構(以下簡稱檢查機構)申請審查。
二、事業單位應於乙類工作場所、丙類工作場所使勞工作業**45日**前，向檢查機構申請審查及檢查。

82. ( 2 ) 依營造安全衛生設施標準規定，以活動式踏板構築施工架之工作臺時，支撐點至少應在幾處以上？
① 2 ② 3 ③ 4 ④ 5。

解析 活動式踏板使用木板時，其寬度應在20公分以上，厚度應在3.5公分以上，長度應在3.6公尺以上；寬度大於30公分時，厚度應在6公分以上，長度應在4公尺以上，其支撐點應有**3處**以上，且板端突出支撐點之長度應在10公分以上，但不得大於板長1/18，踏板於板長方向重疊時，應於支撐點處重疊，重疊部分之長度不得小於20公分。

83. ( 2 ) 依營造安全衛生設施標準規定，輕型懸吊式施工架之工作台上作業人數，最多為幾人？
① 1 ② 2 ③ 3 ④ 4。

解析 依據營造安全衛生設施標準，選項②之答案也應不正確。惟本題目前尚依勞動部公告試題為準，請讀者參考以下詳解：
勞動部已於99年將「輕型懸吊式施工架」修正為「懸吊式施工架」。雇主對於懸吊式施工架，事先就預期施工時之最大荷重，應由所僱之專任工程人員或委由相關執業技師，依結構力學原理妥為設計，置備施工圖說及強度計算書，經簽章確認後，據以執行。

84. ( 4 ) 使用於輕型懸吊式施工架上之懸吊鋼索，其安全係數應在多少以上？
① 2.5 ② 5 ③ 7.5 ④ 10。

解析 勞動部已於99年將「輕型懸吊式施工架」修正為「懸吊式施工架」。吊纜或懸吊鋼索之安全係數應在**10**以上，吊鉤之安全係數應在5以上，施工架下方及上方支座之安全係數，其為鋼材者應在2.5以上；其為木材者應在5以上。

85. ( 4 ) 依機械設備器具安全資訊申報登錄辦法規定，資訊申報登錄未符規定者，補正總日數不得超過幾日？
① 15 ② 30 ③ 45 ④ 60。

解析 機械設備器具安全資訊申報登錄辦法第6條：
資訊申報登錄未符前條規定者，中央主管機關得限期通知其補正；屆期未補正者，不予受理。
前項補正總日數不得超過**60日**。但有特殊情形經中央主管機關核准者，不在此限。

86. ( 1 ) 依營造安全衛生設施標準規定，使用圓竹或單管式之鋼管構築施工架時，其立柱之間距不得超過多少公尺？
① 1.8 ② 2.2 ③ 2.8 ④ 3.2。

解析 營造安全衛生設施標準第55條規定：
雇主對於使用圓竹構築之施工架，應依下列規定辦理：
一、以獨立直柱式施工架為限。
二、立柱間距不得大於1.8公尺，其柱腳之固定應依第54條第2款之規定。
三、主柱、橫檔之延伸應於節點處搭接，並以十號以下鍍鋅鐵線紮結牢固，其搭接長度、方式應依第54條第3款之規定。
四、橫檔垂直間距不得大於2公尺，其最低位置不得高於地面2公尺以上。
五、踏腳桁以使用木材為原則，並依第54條第7款之規定。
六、立柱、橫檔、踏腳桁之連接及交叉部分應以鐵線或其他適當方法紮結牢固，並以適當之斜撐材及對角撐材使整個施工架構築穩固。
七、二施工架於一構造物之轉角處相遇時，於該轉角處之施工架外面，至少應裝一立柱。

87. ( 2 ) 依營造安全衛生設施標準規定，露天開挖垂直深度超過多少公尺，即應設擋土支撐？
① 1.0 ② 1.5 ③ 2.0 ④ 2.5。

解析 營造安全衛生設施標準第71條：
雇主僱用勞工從事露天開挖作業，其開挖垂直最大深度應妥為設計；其深度在1.5公尺以上，使勞工進入開挖面作業者，應設擋土支撐。但地質特殊或採取替代方法，經所僱之專任工程人員或委由相關執業技師簽認其安全性者，不在此限。

88. ( 1 ) 依營造安全衛生設施標準規定，露天開挖最大深度如果為5公尺時，則開挖出之土石不得堆積於距離坡肩多少公尺範圍內？
① 5 ② 10 ③ 15 ④ 20。

解析 開挖出之土石應常清理，不得堆積於開挖面之上方或與開挖面**高度等值**之坡肩寬度範圍內。

89. ( 3 ) 依營造安全衛生設施標準規定，鋼構組配作業時，最高永久性樓板層上不得有超過幾層樓以上之鋼構未鉚接、熔接或螺栓栓緊者？
① 2 ② 3 ③ 4 ④ 5。

解析 營造安全衛生設施標準第152條：
雇主對於鋼構之組配，地面或最高永久性樓板層上，不得有超過**4層樓**以上之鋼構尚未鉚接、熔接或螺栓栓緊者。

90. ( 2 ) 依營造安全衛生設施標準規定，使用重力錘拆除建築物時，所設置之安全區，其距離為距撞擊點多少倍建築物高度？
① 1.0 ② 1.5 ③ 2.0 ④ 2.5。

解析 使用重力錘時，應以撞擊點為中心，構造物高度**1.5倍**以上之距離為半徑設置作業區，除操作人員外，禁止無關人員進入。

91. ( 3 ) 依營造安全衛生設施標準規定，為防止模板支撐之支柱的水平移動，應設置下列何種構件？
①鋼製頂板 ②螺栓 ③水平繫條 ④牽引板。

解析 營造安全衛生設施標準第 134 條：
雇主以一般鋼管為模板支撐之支柱時，應依下列規定辦理：
一、高度每隔 2 公尺內應設置足夠強度之縱向、橫向之**水平繫條**，並與牆、柱、橋墩等構造物或穩固之牆模、柱模等妥實連結，以防止支柱移位。
二、上端支以梁或軌枕等貫材時，應置鋼製頂板或托架，並將貫材固定其上。

92. ( 3 ) 依營造安全衛生設施標準規定，獨立之施工架在該架最後拆除前，至少應有多少比例之踏腳桁不得移動，並使之與橫檔或立柱紮牢？
① 1/5 ② 1/4 ③ 1/3 ④ 1/2。

解析 獨立之施工架在該架最後拆除前，至少應有 **1/3** 之踏腳桁不得移動，並使之與橫檔或立柱紮牢。

93. ( 4 ) 依營造安全衛生設施標準之規定，安全帶或安全母索繫固之錨錠，至少應能承受下列每人多少公斤以上之拉力？
① 1,200 ② 1,300 ③ 2,200 ④ 2,300。

解析 營造安全衛生設施標準第 23 條：
雇主提供勞工使用之安全帶或安裝安全母索時，應依下列規定辦理：
一、安全帶之材料、強度及檢驗應符合國家標準 CNS 7534 高處作業用安全帶、CNS 6701 安全帶(繫身型)、CNS 14253 背負式安全帶、CNS 14253-1 全身背負式安全帶及 CNS 7535 高處作業用安全帶檢驗法之規定。
二、安全母索得由鋼索、尼龍繩索或合成纖維之材質構成，其最小斷裂強度應在 2,300 公斤以上。
三、安全帶或安全母索繫固之錨錠，至少應能承受每人 **2,300 公斤**之拉力。
四、安全帶之繫索或安全母索應予保護，避免受切斷或磨損。
五、安全帶或安全母索不得鉤掛或繫結於護欄之杆件。但該等杆件之強度符合第 3 款規定者，不在此限。
六、安全帶、安全母索及其配件、錨錠，在使用前或承受衝擊後，應進行檢查，有磨損、劣化、缺陷或其強度不符第 1 款至第 3 款之規定者，不得再使用。
七、勞工作業中，需使用補助繩移動之安全帶，應具備補助掛鉤，以供勞工作業移動中可交換鉤掛使用。但作業中水平移動無障礙，中途不需拆鉤者，不在此限。

94. ( 1 ) 依營造安全衛生設施標準規定，雇主對於置放於高處，位能超過下列若干公斤・公尺之物件有飛落之虞者，應予以固定之？
① 12 ② 14 ③ 16 ④ 18。

解析 營造安全衛生設施標準第 26 條：
雇主對於置放於高處，位能超過 **12 公斤・公尺**之物件有飛落之虞者，應予以固定之。

95. ( 3 ) 依營造安全衛生設施標準規定，雇主對於高度在多少公尺以上之吊料平臺構築，應由專任工程人員事先以預期施工時之最大荷重，依結構力學原理妥為設計。
① 3 ② 5 ③ 7 ④ 9。

解析
營造安全衛生設施標準第 40 條：
雇主對於施工構臺、懸吊式施工架、懸臂式施工架、高度 7 公尺以上且立面面積達 330 平方公尺之施工架、高度 7 公尺以上之吊料平臺、升降機直井工作臺、鋼構橋橋面板下方工作臺或其他類似工作臺等之構築及拆除，應依下列規定辦理：
一、事先就預期施工時之最大荷重，應由所僱之專任工程人員或委由相關執業技師依結構力學原理妥為設計，置備施工圖說及強度計算書，經簽章確認後，據以執行。
二、建立按施工圖說施作之查驗機制。
三、設計、施工圖說、簽章確認紀錄及查驗等相關資料，於未完成拆除前，應妥存備查。
有變更設計時，其強度計算書及施工圖說，應重新製作，並依前項規定辦理。
本題之妥為設計項目範圍應為 7 公尺以上且達到面積之施工架。

96. ( 1 ) 依職業安全衛生設施規則規定，雇主對於架設之通道屬營建使用之階梯，其高度應在多少公尺以上時，每隔 7 公尺內設置平台一處？
① 8 ② 9 ③ 10 ④ 12。

解析
職業安全衛生設施規則第 36 條：
雇主架設之通道及機械防護跨橋，應依下列規定：
一、具有堅固之構造。
二、傾斜應保持在 30 度以下。但設置樓梯者或其高度未滿 2 公尺而設置有扶手者，不在此限。
三、傾斜超過 15 度以上者，應設置踏條或採取防止溜滑之措施。
四、有墜落之虞之場所，應置備高度 75 公分以上之堅固扶手。在作業上認為有必要時，得在必要之範圍內設置活動扶手。
五、設置於豎坑內之通道，長度超過 15 公尺者，每隔 10 公尺內應設置平台一處。
六、營建使用之高度超過 8 公尺以上之階梯，應於每隔 7 公尺內設置平台一處。
七、通道路用漏空格條製成者，其縫間隙不得超過 3 公分，超過時，應裝置鐵絲網防護。

97. ( 3 ) 依營造安全衛生設施標準規定，雇主對於框式鋼管式施工架之構築，其最上層及每隔幾層應設置水平梁？
① 3 ② 4 ③ 5 ④ 6。

解析
營造安全衛生設施標準第 61 條：
雇主對於框式鋼管式施工架之構築，應依下列規定辦理：
一、最上層及每隔 5 層應設置水平梁。
二、框架與托架，應以水平牽條或鉤件等，防止水平滑動。
三、高度超過 20 公尺及架上載有物料者，主框架應在 2 公尺以下，且其間距應保持在 1.85 公尺以下。

98. ( 2 ) 在常用溫度下，表壓力達每平方公分幾公斤以上之壓縮乙炔氣，係屬高壓氣體勞工安全規則所稱之高壓氣體？
① 1 ② 2 ③ 5 ④ 10。

解析 在常用溫度下，壓力達每平方公分 2 公斤以上之壓縮乙炔氣或溫度在攝氏 15 度時之壓力可達每平方公分 2 公斤以上之壓縮乙炔氣。

99. ( 2 ) 高壓氣體勞工安全規則所稱超低溫容器，係指可灌裝攝氏零下幾度以下之液化氣體，並使用絕熱材料被覆，使容器內氣體溫度不致上升至超過常用溫度之容器？
① 30 ② 50 ③ 100 ④ 150。

解析 本規則所稱超低溫容器，係指可灌裝攝氏零下 50 度以下之液化氣體，並使用絕熱材料被覆，使容器內氣體溫度不致上升至超過常用溫度之容器。

100.( 2 ) 依高壓氣體勞工安全規則規定，高壓氣體設備 ( 容器及中央主管機關規定者外 ) 應具有以常用壓力幾倍以上壓力加壓時，不致引起降伏變形之厚度或經中央主管機關認定具有同等以上強度者？
① 1.5 ② 2 ③ 3 ④ 5。

解析 高壓氣體設備 ( 容器及中央主管機關規定者外 ) 應具有以常用壓力 2 倍以上壓力加壓時，不致引起降伏變形之厚度或經中央主管機關認定具有同等以上強度者。

101.( 2 ) 依高壓氣體勞工安全規則規定，乙炔、乙烯及氫氣中含氧容量，佔全容量之百分之幾以上者不得予以壓縮？
① 1 ② 2 ③ 3 ④ 4。

解析 下列氣體不得予以壓縮：
一、乙炔、乙烯及氫氣以外之可燃性氣體中，含氧容量佔全容量之 4% 以上者。
二、乙炔、乙烯或氫氣中之含氧容量佔全容量之 2% 以上者。
三、氧氣中之乙炔、乙烯及氫氣之容量之合計佔全容量之 2% 以上者。
四、氧氣中之乙炔、乙烯及氫氣以外之可燃性氣體，其容量佔全容量之 4% 以上者。

102.( 3 ) 依高壓氣體勞工安全規則規定，製造壓力超過每平方公分幾公斤之壓縮乙炔時，應添加稀釋劑？
① 2 ② 10 ③ 25 ④ 30。

解析 製造壓力超過每平方公分 25 公斤之壓縮乙炔時，應添加稀釋劑。

103.( 2 ) 依高壓氣體勞工安全規則規定，埋設於地盤內之液化石油氣儲槽，其頂部至少應距離地面幾公分？
① 30 ② 60 ③ 100 ④ 150。

解析 儲槽應依下列規定：

一、儲槽應設於厚度在30公分以上混凝土造或具同等以上強度之頂蓋、牆壁及底板構築之儲槽室內，且採取下列之一之措施。但將施有防鏽措施之儲槽固定於地盤，且其頂部可耐地盤及地面荷重，得直接埋設於地盤內。

1. 儲槽四周填足乾砂。
2. 儲槽埋設於水中。
3. 在儲槽室內強制換氣。

二、埋設於地盤內之儲槽，其頂部至少應距離地面**60公分**。

三、併設2個以上儲槽時，儲槽面間距應在1公尺以上。

四、儲槽外應有易辨識之警戒標示。

104.( 2 ) 依高壓氣體勞工安全規則規定，設置於內容積在5,000公升以上之可燃性氣體、毒性氣體或氧氣等之液化氣體儲槽之配管，應設置距離該儲槽外側幾公尺以上可操作之緊急遮斷裝置，但僅用於接受液態之可燃性氣體、毒性氣體或氧氣之配管者，得以逆止閥代替？

① 1　② 5　③ 10　④ 20。

解析 設置於內容積在5,000公升以上之可燃性氣體、毒性氣體或氧氣等之液化氣體儲槽之配管，應於距離該儲槽外側**5公尺**以上之安全處所設置可操作之緊急遮斷裝置。但僅用於接受該液態氣體之配管者，得以逆止閥代替。

105.( 1 ) 依高壓氣體勞工安全規則規定，加氣站液化石油氣之灌裝，應添加當液化石油氣漏洩於空氣中之含量達多少比例即可察覺臭味之臭劑？

①千分之一　②二千分之一　③三千分之一　④五千分之一。

解析 供為製造霧劑、打火機用氣體或其他工業用液化石油氣之灌氣容器，應張貼以紅字書寫「未添加臭劑」之貼籤，或灌注於有類似意旨表示之容器；其他液化石油氣應添加當該氣體漏洩於空氣中之含量達容量之**千分之一**時即可察覺臭味之臭劑。

106.( 3 ) 依高壓氣體勞工安全規則規定，氰化氫之灌氣容器，應於灌裝後靜置幾小時以上，確認無氣體之漏洩後，於其容器外面張貼載明有製造年月日之貼籤？

① 10　② 15　③ 24　④ 48。

解析 氰化氫之灌氣容器，應於灌裝後靜置**24小時**以上，確認無氣體之漏洩後，於其容器外面張貼載明有製造年月日之貼籤。

107.( 3 ) 依職業安全衛生設施規則規定，一般辦公場所之人工照明，其照度至少為多少米燭光？

① 100　② 200　③ 300　④ 500。

解析 作業場所面積過大、夜間或氣候因素自然採光不足時，可用人工照明，依下表規定予以補足：

| 照度表 | | 照明種類 |
|---|---|---|
| 場所或作業別 | 照明米燭光數 | 場所別採全面照明，作業別採局部照明 |
| 室外走道、及室外一般照明 | 20 米燭光以上 | 全面照明 |
| 一、走道、樓梯、倉庫、儲藏室堆置粗大物件處所。<br>二、搬運粗大物件，如煤炭、泥土等。 | 50 米燭光以上 | 一、全面照明<br>二、全面照明 |
| 一、機械及鍋爐房、升降機、裝箱、精細物件儲藏室、更衣室、盥洗室、廁所等。<br>二、須粗辨物體如半完成之鋼鐵產品、配件組合、磨粉、粗紡棉布極其他初步整理之工業製造。 | 100 米燭光以上 | 一、全面照明<br>二、局部照明 |
| 須細辨物體如零件組合、粗車床工作、普通檢查及產品試驗、淺色紡織及皮革品、製罐、防腐、肉類包裝、木材處理等。 | 200 米燭光以上 | 局部照明 |
| 一、須精辨物體如細車床、較詳細檢查及精密試驗、分別等級、織布、淺色毛織等。<br>二、一般辦公場所 | 300 米燭光以上 | 一、局部照明<br>二、全面照明 |
| 須極細辨物體，而有較佳之對襯，如精密組合、精細車床、精細檢查、玻璃磨光、精細木工、深色毛織等。 | 500 至 1,000 米燭光以上 | 局部照明 |
| 須極精辨物體而對襯不良，如極精細儀器組合、檢查、試驗、鐘錶珠寶之鑲製、菸葉分級、印刷品校對、深色織品、縫製等。 | 1,000 米燭光以上 | 局部照明 |

108.( 1 ) 依高壓氣體勞工安全規則規定，對高壓氣體之製造，於其生成、分離、精煉、反應、混合、加壓或減壓過程中，附設於安全閥或釋放閥之停止閥，應維持在何種狀態？
①全開放 ②半開放 ③三分之一開放 ④全關閉。

解析 附設於安全閥或釋放閥之停止閥，應經常維持於**全開放**狀態。但從事安全閥或釋放閥之修理致有關斷必要者，不在此限。

109.( 4 ) 依高壓氣體勞工安全規則規定，下列何者同時具有毒性與可燃性？
①甲烷 ②氟 ③二甲醚 ④硫化氫。

解析 同時具有毒性及可燃性的氣體有丙烯腈、丙烯醛、氨、一氧化碳、硫化氫、環氧乙烷、氰化氫、氯甲烷、三甲胺、溴甲烷、苯、甲胺等。
一、本規則所稱毒性氣體，係指丙烯腈、丙烯醛、二氧化硫、氨、一氧化碳、氯、氯甲烷、氯丁二烯、環氧乙烷、氰化氫、二乙胺、三甲胺、二硫化碳、氟、溴甲烷、苯、光氣、甲胺、硫化氫及其他容許濃度(係指勞工作業場所容許暴露標準規定之容許濃度)在百萬分之200以下之氣體。
二、本規則所稱可燃性氣體，係指丙烯腈、丙烯醛、乙炔、乙醛、氨、一氧化碳、乙烷、乙胺、乙苯、乙烯、氯乙烷、氯甲烷、氯乙烯、環氧乙烷、環氧丙烷、氰化氫、環丙烷、二甲胺、氫、三甲胺、二硫化碳、丁二烯、丁烷、丁烯、丙烷、丙烯、溴甲烷、苯、甲烷、甲胺、二甲醚、硫化氫及其他爆炸下限在10%以下或爆炸上限與下限之差在20%以上之氣體。

110.( 4 ) 依高壓氣體勞工安全規則規定，供進行反應、分離、精煉、蒸餾等製程之塔之高壓氣體設備，以其最高位正切線至最低位正切線間之長度在幾公尺以上者，應具能承受地震影響之耐震構造？
① 2 ② 3 ③ 4 ④ 5。

解析 塔(供進行反應、分離、精煉、蒸餾等製程之高壓氣體設備，以其最高位正切線至最低位正切線間之長度在5公尺以上者)、儲槽(以儲存能力在300立方公尺或3公噸以上之儲槽)、冷凝器(豎式圓胴型者，以胴部長度在5公尺以上者為限)及承液器(以內容積在5,000公升以上者為限)及支撐各該設備之支持構築物與基礎之結構，應能承受地震影響之耐震構造。

111.( 4 ) 危險性機械及設備安全檢查規則中所適用之營建用提升機，係指導軌或升降路之高度在多少公尺以上之營建用提升機？
① 5 ② 10 ③ 15 ④ 20。

解析 危險性機械及設備安全檢查規則適用於下列容量之危險性機械：
一、固定式起重機：吊升荷重在3公噸以上之固定式起重機或1公噸以上之斯達卡式起重機。
二、移動式起重機：吊升荷重在3公噸以上之移動式起重機。
三、人字臂起重桿：吊升荷重在3公噸以上之人字臂起重桿。
四、營建用升降機：設置於營建工地，供營造施工使用之升降機。
五、營建用提升機：導軌或升降路高度在20公尺以上之營建用提升機。
六、吊籠：載人用吊籠。
另注意起重升降機具安全規則之中型營建用提升機：指導軌或升降路之高度在10公尺以上未滿20公尺之營建用提升機。

112.( 1 ) 危險性機械及設備安全檢查規則中所適用之第一種壓力容器，係指以「每平方公分之公斤數」單位所表示之最高使用壓力數值與以「立方公尺」單位所表示之內容積數值，兩者乘積值多少以上？
① 0.2　② 0.4　③ 0.6　④ 1.0。

解析 第一種壓力容器之定義為：
一、最高使用壓力超過每平方公分1公斤，或內容積超過0.2立方公尺之第一種壓力容器。
二、最高使用壓力超過每平方公分1公斤，或胴體內徑超過500公厘，長度超過1,000公厘之第一種壓力容器。
三、以「每平方公分之公斤數」單位所表示之最高使用壓力數值與以「立方公尺」單位所表非之內容積數值之積，超過0.2之第一種壓力容器。

113.( 3 ) 危險性機械及設備安全檢查規則中所適用之熱媒鍋爐，係指水頭壓力超過10公尺，或傳熱面積超過多少平方公尺之熱媒鍋爐？
① 4　② 6　③ 8　④ 10。

解析 水頭壓力超過10公尺，或傳熱面積超過8平方公尺之熱媒鍋爐。

114.( 3 ) 危險性機械及設備安全檢查規則中所適用之高壓氣體容器，係指供灌裝高壓氣體之容器中，相對於地面可移動，其內容積在幾公升以上者？
① 300　② 400　③ 500　④ 600。

解析 高壓氣體容器：
指供灌裝高壓氣體之容器中，相對於地面可移動，其內容積在500公升以上者。但下列各款容器，不在此限：
一、於未密閉狀態下使用之容器。
二、溫度在攝氏35度時，表壓力在每平方公分50公斤以下之空氣壓縮裝置之容器。
三、其他經中央主管機關指定者。

115.( 3 ) 依危險性機械及設備安全檢查規則規定，固定式起重機竣工檢查中之安定性試驗，係將相當於額定荷重多少倍之荷重置於吊具上，且使該起重機於前方操作之最不利安定之條件下實施，並停止其逸走防止裝置、軌夾裝置等之使用？
① 1.2　② 1.25　③ 1.27　④ 1.3。

解析 固定式起重機竣工檢查，包括下列項目：
一、構造與性能檢查：包括結構部分強度計算之審查、尺寸、材料之選用、吊升荷重之審查、安全裝置之設置及性能、電氣及機械部分之檢查、施工方法、額定荷重及吊升荷重等必要標示、在無負載及額定荷重下各種裝置之運行速率及其他必要項目。

二、荷重試驗:指將相當於該起重機額定荷重1.25倍之荷重(額定荷重超過200公噸者,為額定荷重加上50公噸之荷重)置於吊具上實施必要之吊升、直行、旋轉及吊運車之橫行等動作試驗。
三、安定性試驗:指將相當於額定荷重**1.27倍**之荷重置於吊具上,且使該起重機於前方操作之最不利安定之條件下實施,並停止其逸走防止裝置及軌夾裝置等之使用。

116.( 1 ) 依危險性機械及設備安全檢查規則規定,雇主於移動式起重機檢查合格證有效期限屆滿前幾個月,應填具移動式起重機定期檢查申請書申請定期檢查;逾期未申請檢查或檢查不合格者,不得繼續使用?
①1 ②2 ③3 ④4。

解析 危險性機械及設備安全檢查規則第17條:
雇主於固定式起重機檢查合格證有效期限屆滿前**1個月**,應填具固定式起重機定期檢查申請書,向檢查機構申請定期檢查;逾期未申請檢查或檢查不合格者,不得繼續使用。

117.( 4 ) 依危險性機械及設備安全檢查規則規定,雇主對於停用超過檢查合格證有效期限幾個月以上之營建用提升機,如擬恢復使用時,應填具重新檢查申請書,向檢查機構申請重新檢查?
①6 ②8 ③10 ④12。

解析 危險性機械及設備安全檢查規則第21條:
雇主對於停用超過檢查合格證有效期限**1年**以上之固定式起重機,如擬恢復使用時,應填具固定式起重機重新檢查申請書,向檢查機構申請重新檢查。
檢查機構對於重新檢查合格之固定式起重機,應於原檢查合格證上記載檢查日期、檢查結果及使用有效期限,最長為2年。

118.( 4 ) 依危險性機械及設備安全檢查規則規定,雇主欲變更吊籠升降、制動或控制裝置時,應申請何種檢查?
①型式檢查 ②使用檢查 ③竣工檢查 ④變更檢查。

解析 危險性機械及設備安全檢查規則第69條:
雇主變更吊籠下列各款之一時,應填具吊籠變更檢查申請書及變更部分之圖件,向檢查機構申請**變更檢查**:
一、工作台。
二、吊臂及其他構造部分。
三、升降裝置。
四、制動裝置。
五、控制裝置。
六、鋼索或吊鏈。
七、固定方式。
前項變更,材質、規格及尺寸不變者,不在此限。

119.( 3 ) 依危險性機械及設備安全檢查規則規定，雇主對於第一種壓力容器如無法依規定期限實施內部檢查時，得於內部檢查有效期限屆滿前幾個月，檢附所有規定資料，報經檢查機構核定後，延長其內部檢查期限或以其他檢查方式替代？

①1 ②2 ③3 ④6。

解析 危險性機械及設備安全檢查規則第 109 條：
雇主對於所列第一種壓力容器無法依規定期限實施內部檢查時，得於內部檢查有效期限屆滿前**3個月**，檢附其安全衛生管理狀況、自動檢查計畫暨執行紀錄、該容器之構造檢查合格明細表影本、構造詳圖、生產流程圖、緊急應變處置計畫、自動控制系統及檢查替代方式建議等資料，報經檢查機構核定後，延長其內部檢查期限或以其他檢查方式替代。

120.( 3 ) 依危險性機械及設備安全檢查規則規定，第一種壓力容器經大修改致其胴體或集管器變動多少以上、或端板、管板之全部修改或頂蓋板、補強支撐等有變動者，所有人或雇主應向所在地檢查機構申請變更檢查？

①五分之一 ②四分之一 ③三分之一 ④二分之一。

解析 第一種壓力容器之胴體或集管器經修改達**三分之一**以上，或其端板、管板全部修改者，應依危險性機械及設備安全檢查規則第 95 條規定辦理，即第一種壓力容器之製造或修改，其製造人應於事前填具型式檢查申請書，並檢附書件，向所在地檢查機構申請檢查。

121.( 1 ) 依危險性機械及設備安全檢查規則規定，高壓氣體容器之定期檢查，自構造檢查合格日起算 20 年以上者，須每幾年實施內部檢查 1 次以上？

①1 ②2 ③3 ④5。

解析 高壓氣體容器之定期檢查，應依下列規定期限實施內部檢查：自構造檢查合格日起算，未滿 15 年者，每 5 年 1 次；15 年以上未滿 20 年者，每 2 年 1 次；20 年以上者，**每年 1 次**。

122.( 2 ) 依鍋爐及壓力容器安全規則規定，雇主於鍋爐房儲存固體燃料應距離鍋爐外側多少公尺以上？

①1 ②1.2 ③1.5 ④2。

解析 鍋爐及壓力容器安全規則第 13 條：
雇主於鍋爐房或鍋爐設置場所儲存燃料時，固體燃料應距離鍋爐外側 **1.2 公尺以上**，液體燃料或氣體燃料應距離鍋爐外側 2 公尺以上。但鍋爐與燃料或燃料容器之間，設有適當防火障壁或其他同等防火效能者，其距離得縮減之。

123.( 2 ) 依危險性機械及設備安全檢查規則規定，國內製造之危險性機械或設備之檢查應依中央主管機關指定之相關標準之全部或部分內容規定辦理。下列何種標準未列入可指定之範圍？

①國家標準 ②工廠標準 ③國際標準 ④團體標準。

解析 危險性機械及設備安全檢查規則第6條規定：
國內製造之危險性機械或設備之檢查，應依本規則、職業安全衛生相關法規及中央主管機關指定之**國家標準、國際標準或團體標準**等之全部或部分內容規定辦理。

124.( 1 ) 依危險性機械及設備安全檢查規則規定，高壓氣體特定設備係指供高壓氣體之下列何種行為之設備及其支持構造物？

①製造 ②供應 ③運輸 ④消費。

解析 高壓氣體特定設備的定義為：
指供高壓氣體之**製造**(含與製造相關之儲存)設備及其支持構造物(供進行反應、分離、精鍊、蒸餾等製程之塔槽類者，以其最高位正切線至最低位正切線間之長度在5公尺以上之塔，或儲存能力在300立方公尺或3公噸以上之儲槽為一體之部分為限)，其容器以「每平方公分之公斤數」單位所表示之設計壓力數值與以「立方公尺」單位所表示之內容積數值之積，超過0.04者。

125.( 3 ) 依危險性機械及設備安全檢查規則規定，下列何者非為固定式起重機所需之檢查？

①型式檢查 ②竣工檢查 ③使用檢查 ④重新檢查。

解析 固定式起重機所需之檢查包含：
一、**型式檢查**：固定式起重機之製造或修改，其製造人應於事前填具型式檢查申請書，並檢附書件，向所在地檢查機構申請檢查。
二、**竣工檢查**：雇主於固定式起重機設置完成或變更設置位置時，應填具固定式起重機竣工檢查申請書，檢附文件，向所在地檢查機構申請竣工檢查。
三、**重新檢查**：雇主對於停用超過檢查合格證有效期限1年以上之固定式起重機，如擬恢復使用時，應填具固定式起重機重新檢查申請書，向檢查機構申請重新檢查。

126.( 2 ) 依危險性機械及設備安全檢查規則規定，額定荷重300公噸之固定式起重機，竣工檢查實施荷重試驗時，需將相當於若干額定荷重置於吊具上實施各項動作試驗？

① 300公噸 ② 350公噸 ③ 375公噸 ④ 381公噸。

解析 固定式起重機竣工檢查，包括下列項目：
荷重試驗：指將相當於該起重機額定荷重1.25倍之荷重(額定荷重超過200公噸者，為額定荷重加上50公噸之荷重)置於吊具上實施必要之吊升、直行、旋轉及吊運車之橫行等動作試驗。因此額定300公噸加上50公噸為**350公噸**之試驗荷重。

127.( 3 ) 依危險性機械及設備安全檢查規則規定，高壓氣體容器在下列何種檢查合格後，即可發檢查合格證？

①型式檢查 ②熔接檢查 ③構造檢查 ④使用檢查。

解析
危險性機械及設備安全檢查規則第 153 條：
高壓氣體容器經構造檢查合格者，檢查機構應核發檢查合格證及在高壓氣體容器明細表上加蓋**構造檢查**合格戳記。

128.( 2 ) 依鍋爐及壓力容器安全規則規定，鍋爐房應設至少幾個以上之出入口，但緊急時鍋爐操作人員可避難者，不在此限？

① 1 ② 2 ③ 3 ④ 4。

解析
鍋爐及壓力容器安全規則第 10 條：
雇主應於鍋爐房設置**2 個**以上之出入口。但無礙鍋爐操作人員緊急避難者，不在此限。

129.( 4 ) 依職業安全衛生法規定，下列何項機械或設備之操作人員，雇主應僱用經技術士技能檢定或訓練合格人員充任之？

①升降機 ②簡易提升機 ③圓盤鋸 ④鍋爐。

解析
職業安全衛生法第 24 條：
經中央主管機關指定具有危險性機械或設備之操作人員，雇主應僱用經中央主管機關認可之訓練或經技能檢定之合格人員充任之。

- 危險性機械：
  1. 固定式起重機。
  2. 移動式起重機。
  3. 人字臂起重桿。
  4. 營建用升降機。
  5. 營建用提升機。
  6. 吊籠。
- 危險性設備：
  1. **鍋爐**。
  2. 壓力容器。
  3. 高壓氣體特定設備。
  4. 高壓氣體容器。

130.( 4 ) 依職業安全衛生管理辦法規定，小型鍋爐、小型壓力容器每年應實施定期檢查 1 次以上，由下列何者辦理？

①勞動檢查機構 ②代行檢查機構 ③製造廠 ④雇主。

解析
- **雇主**對小型鍋爐應每年依下列規定定期實施檢查一次：
  1. 鍋爐本體有無損傷。
  2. 燃燒裝置有無異常。
  3. 自動控制裝置有無異常。

4. 附屬裝置及附屬品性能是否正常。
5. 其他保持性能之必要事項。

● 雇主對小型壓力容器應每年依下列規定定期實施檢查一次:
1. 本體有無損傷。
2. 蓋板螺旋有無異常。
3. 管及閥等有無異常。
4. 其他保持性能之必要事項。

131.( 3 ) 依鍋爐及壓力容器安全規則規定,胴體內徑達 500 公厘以上之豎型鍋爐或鍋爐本體外側,未加被覆物之鍋爐外側與主牆壁之間,應保留多少公分以上之距離?
① 15 ② 30 ③ 45 ④ 100。

解析 鍋爐及壓力容器安全規則第 11 條規定:
雇主對於豎型鍋爐或本體外側未加被覆物之鍋爐,由鍋爐外壁至牆壁、配管或其他鍋爐側方構造物等之間,應維持 **45 公分**以上之淨距。但胴體內徑在 500 毫米以下,且長度在 1,000 毫米以下之鍋爐,其淨距得維持 30 公分以上。

132.( 4 ) 依鍋爐及壓力容器安全規則規定,壓力容器設有 2 具以上安全閥者,其中至少 1 具應調整最高使用壓力以下吹洩,其他安全閥最大可調整至最高使用壓力之幾倍以下吹洩?
① 1.00 ② 1.01 ③ 1.02 ④ 1.03。

解析 鍋爐及壓力容器安全規則第 17 條:
雇主對於鍋爐之安全閥及其他附屬品,應依下列規定管理:
安全閥應調整於最高使用壓力以下吹洩。但設有 2 具以上安全閥者,其中至少 1 具應調整於最高使用壓力以下吹洩,其他安全閥可調整於超過最高使用壓力至最高使用壓力之 **1.03 倍**以下吹洩;具有釋壓裝置之貫流鍋爐,其安全閥得調整於最高使用壓力之 1.16 倍以下吹洩。經檢查後,應予固定設定壓力,不得變動。

133.( 3 ) 依職業安全衛生設施規則規定,雇主使勞工於有危害勞工之虞之局限空間從事作業時,對勞工之進出,應予確認、點名登記,並作成紀錄至少保存多少年?
① 1 ② 2 ③ 3 ④ 4。

解析 職業安全衛生設施規則第 29-6 條:
雇主使勞工於有危害勞工之虞之局限空間從事作業時,其進入許可應由雇主、工作場所負責人或現場作業主管簽署後,始得使勞工進入作業。對勞工之進出,應予確認、點名登記,並作成紀錄保存 **3 年**。
前項進入許可,應載明下列事項:
一、作業場所。
二、作業種類。
三、作業時間及期限。

四、作業場所氧氣、危害物質濃度測定結果及測定人員簽名。
五、作業場所可能之危害。
六、作業場所之能源或危害隔離措施。
七、作業人員與外部連繫之設備及方法。
八、準備之防護設備、救援設備及使用方法。
九、其他維護作業人員之安全措施。
十、許可進入之人員及其簽名。
十一、現場監視人員及其簽名。
雇主使勞工進入局限空間從事焊接、切割、燃燒及加熱等動火作業時，除應依第 1 項規定辦理外，應指定專人確認無發生危害之虞，並由雇主、工作場所負責人或現場作業主管確認安全，簽署動火許可後，始得作業。

134.( 3 ) 依職業安全衛生設施規則規定，起重升降機具所使用之吊鉤或鉤環及附屬零件，其斷裂荷重與所承受之最大荷重比之安全係數，應在多少以上？
① 2　② 3　③ 4　④ 5。

解析 職業安全衛生設施規則第 97 條：
雇主對於起重機具所使用之吊掛構件，應使其具足夠強度，使用之吊鉤或鉤環及附屬零件，其斷裂荷重與所承受之最大荷重比之安全係數，應在 4 以上。但相關法規另有規定者，從其規定。

135.( 2 ) 依職業安全衛生設施規則規定，雇主對於自高度在多少公尺以上之場所投下物體有危害勞工之虞時，應設置適當之滑槽、承受設備，並指派監視人員？
① 2　② 3　③ 4　④ 5。

解析 職業安全衛生設施規則第 237 條：
雇主對於自高度在 3 公尺以上之場所投下物體有危害勞工之虞時，應設置適當之滑槽、承受設備，並指派監視人員。

136.( 1 ) 依職業安全衛生設施規則規定，雇主對勞工於石綿板、鐵皮板、瓦、木板、茅草、塑膠等材料構築之屋頂從事作業時，為防止勞工踏穿墜落，應於屋架上設置適當強度，且寬度在多少公分以上之踏板或裝設安全護網？
① 30　② 40　③ 50　④ 60。

解析 職業安全衛生設施規則第 227 條：
雇主對勞工於以石綿板、鐵皮板、瓦、木板、茅草、塑膠等易踏穿材料構築之屋頂及雨遮，或於以礦纖板、石膏板等易踏穿材料構築之夾層天花板從事作業時，為防止勞工踏穿墜落，應採取下列設施：
一、規劃安全通道，於屋架、雨遮或天花板支架上設置適當強度且寬度在 30 公分以上之踏板。
二、於屋架、雨遮或天花板下方可能墜落之範圍，裝設堅固格柵或安全網等防墜設施。
三、指定屋頂作業主管指揮或監督該作業。
雇主對前項作業已採其他安全工法或設置踏板面積已覆蓋全部易踏穿屋頂、雨遮或天花板，致無墜落之虞者，得不受前項限制。

137.( 4 ) 高壓氣體容器之定期檢查，依危險性機械及設備安全檢查規則規定，自構造檢查合格日起算未滿 15 年者，須每幾年檢查 1 次以上？
①1 ②2 ③3 ④5。

解析
危險性機械及設備安全檢查規則第 155 條：
高壓氣體容器之定期檢查，應依下列規定期限實施內部檢查：
一、自構造檢查合格日起算，未滿 15 年者，每**5 年**1 次；15 年以上未滿 20 年者，每 2 年 1 次；20 年以上者，每年 1 次。
二、無縫高壓氣體容器，每 5 年 1 次。

138.( 2 ) 依高壓氣體勞工安全規則規定，W(公斤) = $V_2$(公升)/C(指數)係為下列何種能力？
①液化氣體儲存設備之儲存能力 ②液化氣體容器之儲存能力
③高壓氣體之處理能力 ④冷凍設備之冷凍能力。

解析
本規則所稱儲存能力，係指儲存設備可儲存之高壓氣體之數量，其計算式如下：
- **液化氣體容器**：$W = V_2 / C$
  算式中：
  W：儲存設備之儲存能力(單位：公斤)值。
  $V_2$：儲存設備之內容積(單位：公升)值。
  C：中央主管機關指定之值。

139.( 4 ) 依高壓氣體勞工安全規則規定，自可燃性氣體製造設備之高壓氣體設備之外面與氧氣製造設備之高壓氣體設備間，應保持多少公尺以上？
①1 ②5 ③8 ④10。

解析
高壓氣體勞工安全規則第 34 條：
自可燃性氣體製造設備之高壓氣體設備(不含供作其他高壓氣體設備之冷卻用冷凍設備)之外面至其他可燃性氣體製造設備之高壓氣體設備(以可燃性氣體可流通之部分為限)應保持 5 公尺以上之距離，與氧氣製造設備之高壓氣體設備(以氧氣可流通之部分為限)應保持**10 公尺**以上距離。但依導管設置規定設置之配管，不在此限。

140.( 4 ) 依起重升降機具安全規則規定，升降機依其構造及材質，於搬器上乘載人員或貨物上升之最大荷重，為下列何者？
①吊升荷重 ②額定荷重 ③額定總荷重 ④積載荷重。

解析
起重升降機具安全規則第 7 條：
本規則所稱**積載荷重**，在升降機、簡易提升機、營建用提升機或未具吊臂之吊籠，指依其構造及材質，於搬器上乘載人員或荷物上升之最大荷重。
具有吊臂之吊籠之積載荷重，指於其最小傾斜角狀態下，依其構造、材質，於其工作台上乘載人員或荷物上升之最大荷重。

141.( 3 ) 固定式起重機竣工檢查時之荷重試驗，係將相當於該起重機額定荷重幾倍之荷重，置於吊具上實施吊升、直行、橫行及旋轉等動作試驗？
① 1 ② 1.2 ③ 1.25 ④ 1.27。

解析 危險性機械及設備安全檢查規則第 13 條：
荷重試驗：指將相當於該起重機額定荷重 **1.25 倍**之荷重（額定荷重超過 200 公噸者，為額定荷重加上 50 公噸之荷重）置於吊具上實施必要之吊升、直行、旋轉及吊運車之橫行等動作試驗。

142.( 4 ) 依危險性機械及設備安全檢查規則規定，高壓氣體特定設備儲槽之材質為高強度鋼，熔接後於爐內實施退火時，其實施內部檢查之期限，除第一次檢查為竣工檢查後 2 年外，其後應為每幾年實施 1 次？
① 1 ② 2 ③ 3 ④ 5。

解析 高強度鋼(指抗拉強度之規格最小值在 $58kg/mm^2$ 以上之碳鋼)熔接後於爐內實施退火時。除第一次檢查為竣工檢查後 2 年外，其後 **5 年**實施一次檢查。

143.( 4 ) 依起重升降機具安全規則規定，固定式起重機與建築物間設置之人行道寬度應在多少公尺以上？
① 0.2 ② 0.3 ③ 0.4 ④ 0.6。

解析 走行固定式起重機或旋轉固定式起重機與建築物間設置之人行道寬度，應在 **0.6 公尺**以上。但該人行道與建築物支柱接觸部分之寬度，應在 0.4 公尺以上。

144.( 2 ) 依起重升降機具安全規則規定，營建用提升機，在瞬間風速超過多少時，應增設拉索，預防其倒塌？
① 25 公尺 / 秒 ② 30 公尺 / 秒 ③ 35 公尺 / 秒 ④ 40 公尺 / 秒。

解析 起重升降機具安全規則第 90 條：
雇主對於營建用提升機，瞬間風速有超過每秒 30 公尺之虞時，應增設拉索以預防其倒塌。

145.( 3 ) 以動力吊升貨物為目的，具有主柱、吊桿，另行裝置原動機，並以鋼索操作升降之機械裝置，為下列何者？
①移動式起重機 ②升降機
③人字臂起重桿 ④簡易提升機。

解析 **人字臂起重桿**：指以動力吊升貨物為目的，具有主柱、吊桿，另行裝置原動機，並以鋼索操作升降之機械裝置。

146.( 4 ) 依營造安全衛生設施標準規定，對於從事鋼筋混凝土之作業時，下列敘述何者不正確？
①使從事搬運鋼筋作業之勞工戴用手套
②禁止使用鋼筋作為拉索支持物、工作架或起重支持架
③鋼筋不得散放於施工架上
④不得使用吊車或索道運送鋼筋。

解析 營造安全衛生設施標準第129條：
雇主對於從事鋼筋混凝土之作業時，應依下列規定辦理：
一、鋼筋應分類整齊儲放。
二、使從事搬運鋼筋作業之勞工戴用手套。
三、利用鋼筋結構作為通道時，表面應舖以木板，使能安全通行。
四、使用吊車或索道運送鋼筋時，應予紮牢以防滑落。
五、吊運長度超過5公尺之鋼筋時，應在適當距離之二端以吊鏈鈎住或拉索捆紮拉緊，保持平穩以防擺動。
六、構結牆、柱、墩基及類似構造物之直立鋼筋時，應有適當支持；其有傾倒之虞者，應使用拉索或撐桿支持，以防傾倒。
七、禁止使用鋼筋作為拉索支持物、工作架或起重支持架等。
八、鋼筋不得散放於施工架上。
九、暴露之鋼筋應採取彎曲、加蓋或加裝護套等防護設施。但其正上方無勞工作業或勞工無虞跌倒者，不在此限。
十、基礎頂層之鋼筋上方，不得放置尚未組立之鋼筋或其他物料。但其重量未超過該基礎鋼筋支撐架之荷重限制並分散堆置者，不在此限。

147.( 3 ) 依職業安全衛生教育訓練規則規定，雇主對新僱勞工或在職勞工於變更工作前，應使其接受適於各該工作必要之安全衛生教育訓練，並應將計畫、受訓人員名冊、簽到紀錄、課程內容等實施資料保存幾年？
①1 ②2 ③3 ④4。

解析 依職業安全衛生教育訓練規則第31條規定：
訓練單位辦理第17條（雇主對新僱勞工或在職勞工於變更工作前，應使其接受適於各該工作必要之一般安全衛生教育訓練）及第18條（依工作性質使其接受安全衛生在職教育訓練）之教育訓練，應將包括訓練教材、課程表相關之訓練計畫、受訓人員名冊、簽到紀錄、課程內容等實施資料保存3年。

148.( 3 ) 下列何者非屬高壓氣體勞工安全規則所稱之高壓氣體？
①於10°C時壓力為9.9 kg/cm$^2$之氮氣
②常用溫度下，表壓力達10 kg/cm$^2$之氫氣
③常用溫度下，表壓力為10 kg/cm$^2$之空氣
④常用溫度下，表壓力達2 kg/cm$^2$之液態L.P.G.。

解析 高壓氣體勞工安全規則第 2 條：
本規則所稱高壓氣體如下：
一、在常用溫度下，表壓力（以下簡稱壓力。）達每平方公分 10 公斤以上之壓縮氣體或溫度在攝氏 35 度時之壓力可達每平方公分 10 公斤以上之壓縮氣體，但不含壓縮乙炔氣。
二、在常用溫度下，壓力達每平方公分 2 公斤以上之壓縮乙炔氣或溫度在攝氏 15 度時之壓力可達每平方公分 2 公斤以上之壓縮乙炔氣。
三、在常用溫度下，壓力達每平方公分 2 公斤以上之液化氣體或壓力達每平方公分 2 公斤時之溫度在攝氏 35 度以下之液化氣體。
四、前款規定者外，溫度在攝氏 35 度時，壓力超過每平方公分 0 公斤以上之液化氣體中之液化氰化氫、液化溴甲烷、液化環氧乙烷或其他中央主管機關指定之液化氣體。
高壓氣體勞工安全規則第 2 條第 3 款有關「壓力達 2 $kg/cm^2$ 以上液化氣體」所稱「壓力」之疑義（行政院勞工委員會 86 年 12 月 5 日台 86 勞安二字第 051138 號函）。
一、查「高壓氣體勞工安全規則」第 2 第 1 款已規定「壓力」為「表壓力之簡稱」其次，高壓氣體定義中有關「液化氣體之壓力」係指飽和蒸氣壓力，該值為各氣體之固有物性，在常用溫度下，飽和蒸氣壓力達 2 $kg/cm^2$ 以上之液化氣體即屬「高壓氣體」，自然不論其壓力到達方式如何。
二、混合物之液化氣體，如其溫度、壓力之飽和蒸氣壓線圖無法提供，實際操作時，溫度在攝氏 35 度時，飽和蒸氣壓在 2 $kg/cm^2$ 以上，或在常用溫度下壓力達 2 $kg/cm^2$ 以上，且在現在之操作溫度下其壓力有 2 $kg/cm^2$ 以上者，均認定為「高壓氣體」。

149.( 2 ) 依鍋爐及壓力容器安全規則規定，電熱鍋爐之傳熱面積係以電力設備容量多少瓩相當 1 平方公尺？
① 10 ② 20 ③ 30 ④ 40。

解析 電熱鍋爐：以電力設備容量 20 瓩相當 1 平方公尺，按最大輸入電力設備容量換算之面積。

150.( 1 ) 依鍋爐及壓力容器安全規則規定，雇主對於同一鍋爐房內設有 2 座以上蒸汽鍋爐者，其各鍋爐之傳熱面積合計在 500 平方公尺以上者，應指派具有何等級鍋爐操作人員資格者擔任鍋爐作業主管？
①甲 ②乙 ③丙 ④丁。

解析 依鍋爐及壓力容器安全規則第15條：
雇主對於同一鍋爐房內或同一鍋爐設置場所中，設有2座以上鍋爐者，應依下列規定指派鍋爐作業主管，負責指揮、監督鍋爐之操作、管理及異常處置等有關工作：
一、各鍋爐之傳熱面積合計在500平方公尺以上者，應指派具有**甲級**鍋爐操作人員資格者擔任鍋爐作業主管。但各鍋爐均屬貫流式者，得由具有乙級以上鍋爐操作人員資格者為之。

151.( 1 ) 依危害性化學品評估及分級管理辦法規定，事業單位從事特別危害健康作業之勞工人數在100人以上，實施暴露評估結果發現暴露濃度低於容許暴露標準多少者，至少每3年評估1次？
① 1/2 ② 1/4 ③ 1/6 ④ 1/8。

解析 依危害性化學品評估及分級管理辦法第8條：
中央主管機關對於第4條之化學品，定有容許暴露標準，而事業單位從事特別危害健康作業之勞工人數在100人以上，或總勞工人數500人以上者，雇主應依有科學根據之採樣分析方法或運用定量推估模式，實施暴露評估。
雇主應就前項暴露評估結果，依下列規定，定期實施評估：
一、暴露濃度低於容許暴露標準1/2之者，至少每3年評估一次。
二、暴露濃度低於容許暴露標準但高於或等於其**1/2**者，至少每年評估一次。
三、暴露濃度高於或等於容許暴露標準者，至少每3個月評估一次。

152.( 1 ) 依高溫作業勞工作息時間標準規定，下列何者為輕工作？
①以坐姿或立姿進行手臂部動作以操縱機器者
②走動中提舉或推動一般重量物體者
③鏟、掘、推等全身運動之工作者
④清除爐渣作業者。

解析 高溫作業勞工作息時間標準所稱輕工作，指僅以**坐姿或立姿進行手臂部動作以操縱機器者**。所稱中度工作，指於走動中提舉或推動一般重量物體者。所稱重工作，指鏟、掘、推等全身運動之工作者。

153.( 2 ) 依職業安全衛生設施規則規定，事業單位使勞工使用呼吸防護具時人數達多少人以上者，其呼吸防護措施應依中央主管機關公告之相關指引，訂定呼吸防護計畫，並據以執行？
① 100 ② 200 ③ 300 ④ 500。

解析 呼吸防護措施，事業單位勞工人數達**200人**以上者，雇主應依中央主管機關公告之相關指引，訂定呼吸防護計畫，並據以執行；於勞工人數未滿200人者，得以執行紀錄或文件代替。

154.( 3 ) 依鍋爐及壓力容器安全規則規定，以火焰、燃燒氣體、其他高溫氣體或以電熱加熱於水或熱媒，使發生超過大氣壓之壓力蒸汽，供給他用之裝置係指下列何者？
①壓力容器 ②熱水鍋爐 ③蒸汽鍋爐 ④高壓氣體特定設備。

解析 鍋爐及壓力容器安全規則所稱鍋爐，分為下列二種：
一、**蒸汽鍋爐**：指以火焰、燃燒氣體、其他高溫氣體或以電熱加熱於水或熱媒，使發生超過大氣壓之壓力蒸汽，供給他用之裝置及其附屬過熱器與節煤器。
二、熱水鍋爐：指以火焰、燃燒氣體、其他高溫氣體或以電熱加熱於有壓力之水或熱媒，供給他用之裝置。

155.( 1 ) 依鍋爐及壓力容器安全規則規定，下列那種設備係接受外來之蒸汽或其他熱媒或使在容器內產生蒸氣加熱固體或液體之容器，且容器內之壓力超過大氣壓？
①第一種壓力容器 ②鍋爐 ③高壓氣體容器 ④高壓氣體特定設備。

解析 **第一種壓力容器**，指合於下列規定之一者：
一、接受外來之蒸汽或其他熱媒或使在容器內產生蒸氣加熱固體或液體之容器，且容器內之壓力超過大氣壓。
二、因容器內之化學反應、核子反應或其他反應而產生蒸氣之容器，且容器內之壓力超過大氣壓。
三、為分離容器內之液體成分而加熱該液體，使產生蒸氣之容器，且容器內之壓力超過大氣壓。
四、除前三目外，保存溫度超過其在大氣壓下沸點之液體之容器。

156.( 1 ) 依新化學物質登記管理辦法規定，製造者或輸入者對於公告清單以外之新化學物質，應向中央主管機關繳交下列何者報告方得製造或輸入？
①化學物質安全評估 ②暴露評估
③風險評估 ④物理物質安全評估。

解析 依新化學物質登記管理辦法第 5 條：
製造者或輸入者對於公告清單以外之新化學物質，未向中央主管機關繳交**化學物質安全評估**報告，並經核准登記前，不得製造或輸入含有該物質之化學品。

157.( 1 ) 依職業安全衛生法規定，事業單位勞動場所發生下列何者非屬雇主應於 8 小時內通報勞動檢查機構者之職業災害？
①上下班交通災害
②發生死亡災害
③發生災害之罹災人數在 3 人以上
④發生災害之罹災人數在 1 人以上，且需住院治療。

解析 事業單位勞動場所發生下列職業災害之一者，雇主應於8小時內通報勞動檢查機構：
一、發生死亡災害。
二、發生災害之罹災人數在3人以上。
三、發生災害之罹災人數在1人以上，且需住院治療。
四、其他經中央主管機關指定公告之災害。

158.( 4 ) 依職業安全衛生設施規則規定，下列何種機械非屬車輛機械？
①車輛 ②車輛系營建機械 ③堆高機 ④固定式起重機。

解析 依職業安全衛生設施規則第6條：
本規則所稱車輛機械，係指能以動力驅動且自行活動於非特定場所之車輛、車輛系營建機械、堆高機等。
前項所稱車輛系營建機械，係指推土機、平土機、鏟土機、碎物積裝機、刮運機、鏟刮機等地面搬運、裝卸用營建機械及動力鏟、牽引鏟、拖斗挖泥機、挖土斗、斗式掘削機、挖溝機等掘削用營建機械及打樁機、拔樁機、鑽土機、轉鑽機、鑽孔機、地鑽、夯實機、混凝土泵送車等基礎工程用營建機械。

159.( 1 ) 依職業安全衛生設施規則規定，下列何種物質非屬著火性物質？
①硝化纖維 ②金屬鋰、金屬鈉、金屬鉀
③鎂粉、鋁粉 ④黃磷、赤磷、硫化磷等。

解析 依職業安全衛生設施規則第12條：
本規則所稱著火性物質，指下列危險物：
一、金屬鋰、金屬鈉、金屬鉀。
二、黃磷、赤磷、硫化磷等。
三、賽璐珞類。
四、碳化鈣、磷化鈣。
五、鎂粉、鋁粉。
六、鎂粉及鋁粉以外之金屬粉。
七、二亞硫磺酸鈉。
八、其他易燃固體、自燃物質、禁水性物質。

160.( 3 ) 依職業安全衛生設施規則規定，下列何種物質非屬氧化性物質？
①氯酸鉀 ②硝酸銨 ③環氧丙烷 ④次氯酸鈣。

解析 依職業安全衛生設施規則第14條：
本規則所稱氧化性物質，指下列危險物：
一、氯酸鉀、氯酸鈉、氯酸銨及其他之氯酸鹽類。
二、過氯酸鉀、過氯酸鈉、過氯酸銨及其他之過氯酸鹽類。
三、過氧化鉀、過氧化鈉、過氧化鋇及其他無機過氧化物。
四、硝酸鉀、硝酸鈉、硝酸銨及其他硝酸鹽類。
五、亞氯酸鈉及其他固體亞氯酸鹽類。
六、次氯酸鈣及其他固體次氯酸鹽類。

161.( 1 ) 依危險性機械及設備安全檢查規則規定，下列何種機械非屬危險性機械？
①衝壓能力 3 公噸以上之衝剪機械
②吊升荷重在 3 公噸以上之固定式起重機
③吊籠
④吊升荷重 1 公噸以上之斯達卡式起重機。

解析
依危險性機械及設備安全檢查規則第 3 條：
本規則適用於下列容量之危險性機械：
一、固定式起重機：吊升荷重在 3 公噸以上之固定式起重機或 1 公噸以上之斯達卡式起重機。
二、移動式起重機：吊升荷重在 3 公噸以上之移動式起重機。
三、人字臂起重桿：吊升荷重在 3 公噸以上之人字臂起重桿。
四、營建用升降機：設置於營建工地，供營造施工使用之升降機。
五、營建用提升機：導軌或升降路高度在 20 公尺以上之營建用提升機。
六、吊籠：載人用吊籠。

162.( 4 ) 依危險性機械及設備安全檢查規則規定，下列何種設備非屬危險性設備？
①水頭壓力 11 公尺熱媒鍋爐
②傳熱面積 10 平方公尺，且液體使用溫度超過其在一大氣壓之沸點之熱媒鍋爐以外之熱水鍋爐
③最高使用壓力每平方公分 11 公斤或傳熱面積 11 平方公尺之貫流式鍋爐
④最高使用壓力每平方公分 40 公斤之第二種壓力容器。

解析
本規則適用於下列容量之危險性設備：
一、鍋爐：
(一) 最高使用壓力（表壓力，以下同）超過每平方公分 1 公斤，或傳熱面積超過 1 平方公尺（裝有內徑 25 公厘以上開放於大氣中之蒸汽管之蒸汽鍋爐、或在蒸汽部裝有內徑 25 公厘以上之 U 字形豎立管，其水頭壓力超過 5 公尺之蒸汽鍋爐，為傳熱面積超過 3.5 平方公尺），或胴體內徑超過 300 公厘，長度超過 600 公厘之蒸汽鍋爐。
(二) 水頭壓力超過 10 公尺，或傳熱面積超過 8 平方公尺，且液體使用溫度超過其在一大氣壓之沸點之熱媒鍋爐以外之熱水鍋爐。
(三) 水頭壓力超過 10 公尺，或傳熱面積超過 8 平方公尺之熱媒鍋爐。
(四) 鍋爐中屬貫流式者，其最高使用壓力超過每平方公分 10 公斤（包括具有內徑超過 150 公厘之圓筒形集管器，或剖面積超過 177 平方公分之方形集管器之多管式貫流鍋爐），或其傳熱面積超過 10 平方公尺者（包括具有汽水分離器者，其汽水分離器之內徑超過 300 公厘，或其內容積超過 0.07 立方公尺者）。
二、壓力容器：
(一) 最高使用壓力超過每平方公分 1 公斤，且內容積超過 0.2 立方公尺之第一種壓力容器。
(二) 最高使用壓力超過每平方公分 1 公斤，且胴體內徑超過 500 公厘，長度超過 1,000 公厘之第一種壓力容器。

(三) 以「每平方公分之公斤數」單位所表示之最高使用壓力數值與以「立方公尺」單位所表示之內容積數值之積,超過 0.2 之第一種壓力容器。

三、高壓氣體特定設備:

指供高壓氣體之製造(含與製造相關之儲存)設備及其支持構造物(供進行反應、分離、精鍊、蒸餾等製程之塔槽類者,以其最高位正切線至最低位正切線間之長度在 5 公尺以上之塔,或儲存能力在 300 立方公尺或 3 公噸以上之儲槽為一體之部分為限),其容器以「每平方公分之公斤數」單位所表示之設計壓力數值與以「立方公尺」單位所表示之內容積數值之積,超過 0.04 者。但下列各款容器,不在此限:

(一) 泵、壓縮機、蓄壓機等相關之容器。

(二) 緩衝器及其他緩衝裝置相關之容器。

(三) 流量計、液面計及其他計測機器、濾器相關之容器。

(四) 使用於空調設備之容器。

(五) 溫度在攝氏 35 度時,表壓力在每平方公分 50 公斤以下之空氣壓縮裝置之容器。

(六) 高壓氣體容器。

(七) 其他經中央主管機關指定者。

四、高壓氣體容器:

指供灌裝高壓氣體之容器中,相對於地面可移動,其內容積在 500 公升以上者。但下列各款容器,不在此限:

(一) 於未密閉狀態下使用之容器。

(二) 溫度在攝氏 35 度時,表壓力在每平方公分 50 公斤以下之空氣壓縮裝置之容器。

(三) 其他經中央主管機關指定者。

163.( 4 ) 依職業安全衛生設施規則規定,室內工作場所設置供勞工使用之通道,下列敘述何項不正確?

①其主要人行道不得小於 1 公尺

②各機械間通道不得小於 80 公分

③主要人行道及有關安全門、安全梯應有明顯標示

④設備間通道不得小於 15 公分。

解析

依職業安全衛生設施規則第 31 條:

雇主對於室內工作場所,應依下列規定設置足夠勞工使用之通道:

一、應有適應其用途之寬度,其主要人行道不得小於 1 公尺。

二、各機械間或其他設備間通道不得小於 80 公分。

三、自路面起算 2 公尺高度之範圍內,不得有障礙物。但因工作之必要,經採防護措施者,不在此限。

四、主要人行道及有關安全門、安全梯應有明顯標示。

164.( 1 ) 依職業安全衛生設施規則規定，有關固定梯之設置，下列敘述何項不正確？
①每 30 公分應使用繫材扣牢牆面
②梯長連續超過 6 公尺時，每隔 6 公尺以下設一平台
③應有防止梯移位之措施
④平台用漏空格條製成者，其縫間隙不得超過 3 公分。

解析
依職業安全衛生設施規則第 37 條：
雇主設置之固定梯，應依下列規定：
一、具有堅固之構造。
二、應等間隔設置踏條。
三、踏條與牆壁間應保持 16.5 公分以上之淨距。
四、應有防止梯移位之措施。
五、不得有妨礙工作人員通行之障礙物。
六、平台用漏空格條製成者，其縫間隙不得超過 3 公分；超過時，應裝置鐵絲網防護。
七、梯之頂端應突出板面 60 公分以上。
八、梯長連續超過 6 公尺時，應每隔 9 公尺以下設一平台，並應於距梯底 2 公尺以上部分，設置護籠或其他保護裝置。但符合下列規定之一者，不在此限：
(一) 未設置護籠或其它保護裝置，已於每隔 6 公尺以下設一平台者。
(二) 塔、槽、煙囪及其他高位建築之固定梯已設置符合需要之安全帶、安全索、磨擦制動裝置、滑動附屬裝置及其他安全裝置，以防止勞工墜落者。
九、前款平台應有足夠長度及寬度，並應圍以適當之欄柵。
前項第 7 款至第 8 款規定，不適用於沉箱內之固定梯。

165.( 1 ) 依職業安全衛生設施規則規定，有關移動梯及合梯之安全事項，下列敘述何項不正確？
①移動梯主要為提供人員在高處作業及橫向移動之設備
②移動梯腳應防止壓踩電氣線路，防止發生感電事故
③兩梯腳間應有金屬等硬質繫材扣牢
④移動梯寬度應在 30 公分以上。

解析
依職業安全衛生設施規則第 229 條：
雇主對於使用之移動梯，應符合下列之規定：
一、具有堅固之構造。
二、其材質不得有顯著之損傷、腐蝕等現象。
三、寬度應在 30 公分以上。
四、應採取防止滑溜或其他防止轉動之必要措施。
除此之外，移動梯及合梯不可作為橫向移動使用。實務上常發現合梯使用鐵鍊、電線、塑膠繩、布繩等不合規定之繫材，造成作業人員因任意使合梯之兩梯腳合併，橫向移動而傾倒翻覆致發生墜落災害。

166.( 1 ) 依職業安全衛生法規定，下列何種勞動場所發生之職業災害，非屬事業單位雇主應於八小時內通報勞動檢查機構者？
①發生操作機械擦傷，勞工 1 人輕傷急診包紮後離院
②發生氨洩漏，勞工 2 人受傷住院治療
③發生災害之罹災人數有 4 人
④發生氰化氫洩漏，勞工 1 人受傷住院治療。

解析 事業單位勞動場所發生下列職業災害之一者，雇主應於 8 小時內通報勞動檢查機構：
一、發生死亡災害。
二、發生災害之罹災人數在 3 人以上。
三、發生災害之罹災人數在 1 人以上，且需住院治療。
四、其他經中央主管機關指定公告之災害。

167.( 3 ) 依職業安全衛生設施規則規定，勞工於有車輛出入或往來之工作場所作業時，有導致勞工遭受交通事故之虞者，除應明顯設置警戒標示外，並應至少置備何種防護具，使勞工確實使用？
①防護眼鏡 ②口罩 ③反光背心 ④裹腿。

解析 依職業安全衛生設施規則第 280-1 條：
雇主使勞工於有車輛出入或往來之工作場所作業時，有導致勞工遭受交通事故之虞者，除應明顯設置警戒標示外，並應置備**反光背心**等防護衣，使勞工確實使用。

168.( 2 ) 職業安全衛生設施規則所稱之低壓係指其電壓
①超過 22,800 伏特 ② 600 伏特以下
③超過 600 至 22,800 伏特 ④ 800 伏特以上。

解析 職業安全衛生設施規則第 3 條：
本規則所稱特高壓係指超過 22,800 伏特之電壓；高壓係指超過 600 伏特至 22,800 伏特之電壓；低壓係指 **600 伏特**以下之電壓。

169.( 1 ) 職業安全衛生設施規則規定雇主對車輛通行道寬度，應為最大車輛寬度之
① 2 倍再加 1 公尺 ② 2 倍再加 0.5 公尺
③ 1 倍再加 1.5 公尺 ④ 1 倍再加 2 公尺。

解析 雇主對車輛通行道寬度，應為最大車輛寬度之 **2 倍再加 1 公尺**，如係單行道則為最大車輛之寬度加 1 公尺。車輛通行道上，並禁止放置物品。

170.( 3 ) 下列何者為危險性機械及設備安全檢查規則適用之危險性機械？
①吊升荷重在 2 公噸以上之固定式起重機
②吊升荷重在 1.5 公噸以上之移動式起重機
③載人用吊籠
④吊升荷重在 0.5 公噸以上之人字臂起重桿。

解析 依危險性機械及設備安全檢查規則第3條：
本規則適用於下列容量之危險性機械：
一、固定式起重機：吊升荷重在3公噸以上之固定式起重機或1公噸以上之斯達卡式起重機。
二、移動式起重機：吊升荷重在3公噸以上之移動式起重機。
三、人字臂起重桿：吊升荷重在3公噸以上之人字臂起重桿。
四、營建用升降機：設置於營建工地，供營造施工使用之升降機。
五、營建用提升機：導軌或升降路高度在20公尺以上之營建用提升機。
六、吊籠：載人用吊籠。

171.( 1 ) 下列何者非為高壓氣體勞工安全規則所稱之特定高壓氣體？
①高壓乙炔氣 ②高壓壓縮氫氣 ③高壓液氧 ④高壓液化石油氣。

解析 本規則所稱特定高壓氣體，係指高壓氣體中之壓縮氫氣、壓縮天然氣、液氧、液氨及液氯、液化石油氣。

172.( 2 ) 依機械設備器具安全標準規定之盤形研磨輪（除彈性研磨輪外），應就每種同一規格之製品，實施何種試驗？
①拉伸試驗 ②衝擊試驗 ③剪切試驗 ④老化試驗。

解析 依機械設備器具安全標準規定第87條：
盤形研磨輪應就每種同一規格之製品，實施**衝擊試驗**。但彈性研磨輪，不在此限。

173.( 4 ) 依職業安全衛生法第12條第2項雇主應確保勞工作業場所之危害暴露低於勞工作業場所容許暴露標準附表一空氣中有害物容許濃度或附表二空氣中粉塵容許濃度之規定。如附表一中未列有容許濃度值之有害物經測出者，下列何者正確？
①為無效數據 ②法無明文不予理會 ③通報勞動部 ④視為超過標準。

解析 勞工作業場所容許暴露標準第2條：
雇主應確保勞工作業場所之危害暴露低於附表一或附表二之規定。附表一中未列有容許濃度值之有害物經測出者，**視為超過標準**。

174.( 1 ) 依勞工作業場所容許暴露標準附表一空氣中有害物容許濃度，表內註有「皮」字者，表示該物質
①易從皮膚、粘膜滲入體內 ②對勞工會引起刺激感
③可能引起皮膚炎及敏感 ④具皮膚腐蝕性。

解析 表內註有「皮」字者，表示該物質**易從皮膚、粘膜滲入體內**，並不表示該物質對勞工會引起刺激感、皮膚炎及敏感等特性。

175.( 1 ) 在攝氏二十五度、一大氣壓條件下，氣狀有害物之毫克莫耳體積立方公分數為

① 24.45 ② 4.375 ③ 273.15 ④ 542。

解析 24.45 為在攝氏 25 度、1 大氣壓條件下，氣狀有害物之毫克莫耳體積立方公分數。

176.( 4 ) 依職業安全衛生法規定，下列機械、設備或器具何者非經中央主管機關認可之驗證機構實施型式驗證合格及張貼合格標章，不得產製運出廠場或輸入？

①木材加工用圓盤鋸

②手推刨床之刃部接觸預防裝置

③動力衝剪機械之光電式安全裝置

④交流電焊機用自動電擊防止裝置。

解析 職業安全衛生法第 7 條第 1 項所稱中央主管機關指定之機械、設備或器具如下：

一、動力衝剪機械。
二、手推刨床。
三、木材加工用圓盤鋸。
四、動力堆高機。
五、研磨機。
六、研磨輪。
七、防爆電氣設備。
八、動力衝剪機械之光電式安全裝置。
九、手推刨床之刃部接觸預防裝置。
十、木材加工用圓盤鋸之反撥預防裝置及鋸齒接觸預防裝置。
十一、其他經中央主管機關指定公告者。

177.( 1 ) 依營造安全衛生設施標準規定，該標準規定之一切安全衛生設施，雇主應於何階段須納入考量

①施工規劃 ②施工中 ③完工後 ④使用保養。

解析 依營造安全衛生設施標準第 3 條：

本標準規定之一切安全衛生設施，雇主應依下列規定辦理：

一、安全衛生設施於**施工規劃**階段須納入考量。
二、依營建法規等規定須有施工計畫者，應將安全衛生設施列入施工計畫內。
三、前 2 款規定，於工程施工期間須切實辦理。
四、經常注意與保養以保持其效能，發現有異常時，應即補修或採其他必要措施。
五、有臨時拆除或使其暫時失效之必要時，應顧及勞工安全及作業狀況，使其暫停工作或採其他必要措施，於其原因消失後，應即恢復原狀。

前項第 3 款之工程施工期間包含開工前之準備及竣工後之驗收、保固維修等工作期間。

178.( 2 ) 下列何者非屬勞動檢查法第 28 條所定勞工有立即發生危險之虞認定標準情事？
①於高差超過 1.5 公尺以上之場所作業，未設置符合規定之安全上下設備
②於道路從事作業，未採取管制措施及未設置安全防護設施
③局限空間作業場所，使用純氧換氣
④施工架之垂直方向 5.5 公尺、水平方向 7.5 公尺內，未與穩定構造物妥實連接。

解析
①有立即發生墜落危險之虞之情事如下：
於高差超過 1.5 公尺以上之場所作業，未設置符合規定之安全上下設備。
③有立即發生火災、爆炸危險之虞之情事如下：
局限空間作業場所，使用純氧換氣。
④有立即發生倒塌、崩塌危險之虞之情事如下：
施工架之垂直方向 5.5 公尺、水平方向 7.5 公尺內，未與穩定構造物妥實連接。

179.( 3 ) 依營造安全衛生設施標準規定，施工架任一處步行至最近上下設備之距離，應在多少公尺以下？
① 10 ② 20 ③ 30 ④ 40。

解析
依營造安全衛生設施標準第 51 條：
雇主於施工架上設置人員上下設備時，應依下列規定辦理：
一、確實檢查施工架各部分之穩固性，必要時應適當補強，並將上下設備架設處之立柱與建築物之堅實部分牢固連接。
二、施工架任一處步行至最近上下設備之距離，應在 30 公尺以下。

180.( 3 ) 依危險性機械及設備安全檢查規則規定，製造人除其設備及人員資格應合於規定外，應實施何項措施？
①商業保密 ②運輸規劃
③品管及品保 ④建造時程管控。

解析
製造人應實施**品管及品保**措施，其設備及人員並應合於下列規定：
一、具備萬能試驗機、放射線試驗裝置等檢驗設備。
二、主任設計者應合於下列資格之一：
(一) 具有機械相關技師資格者。
(二) 大專機械相關科系畢業，並具 5 年以上型式檢查對象機具相關設計、製造或檢查實務經驗者。
(三) 高工機械相關科組畢業，並具 8 年以上型式檢查對象機具相關設計、製造或檢查實務經驗者。
(四) 具有 12 年以上型式檢查對象機具相關設計、製造或檢查實務經驗者。

181.( 2 ) 某固定式起重機，額定荷重 250 公噸，應以多少公噸實施竣工檢查之荷重試驗？

① 350 ② 300 ③ 317.5 ④ 312.5。

**解析** 荷重試驗：指將相當於該起重機額定荷重 1.25 倍之荷重（額定荷重超過 200 公噸者，為額定荷重加上 50 公噸之荷重）置於吊具上實施吊升、旋轉及必要之走行等動作試驗。因此 250 公噸應加上 50 公噸荷重為 **300 公噸**荷重試驗。

182.( 2 ) 依高壓氣體勞工安全規則規定，某液化石油氣儲槽（假設於此處此儲槽常用溫度時液化石油氣之比重 0.55）內容積 1,000 公升，其儲存能力為多少公斤？

① 440 ② 495 ③ 525 ④ 550。

**解析** 高壓氣體勞工安全規則所稱儲存能力，係指儲存設備可儲存之高壓氣體之數量，其計算式如下：

一、壓縮氣體儲存設備：$Q = (P + 1) \times V_1$

二、液化氣體儲存設備：$W = 0.9 \times w \times V_2$

三、液化氣體容器：$W = V_2 / C$

算式中：

Q 儲存設備之儲存能力（單位：立方公尺）值。

P 儲存設備之溫度在攝氏 35 度（乙炔氣為攝氏 15 度）時之最高灌裝壓力（單位：每平方公分之公斤數）值。

$V_1$ 儲存設備之內容積（單位：立方公尺）值。

W 儲存設備之儲存能力（單位：公斤）值。

w 儲槽於常用溫度時液化氣體之比重（單位：每公升之公斤數）值。

$V_2$ 儲存設備之內容積（單位：公升）值。

C 中央主管機關指定之值。

因此套用液化氣體儲存設備之公式：$0.9 \times 0.55 \times 1{,}000 = 495$ 公斤。

183.( 4 ) 某吊籠合格證有效期限為 112 年 1 月 1 日，因產線關係擬於 111 年 10 月 1 日申請定期檢查，如當天即檢查合格，有效期限自何時接續 1 年期限？

① 111 年 10 月 1 日 ② 111 年 11 月 1 日

③ 111 年 12 月 1 日 ④ 112 年 1 月 2 日。

**解析** 檢查機構對定期檢查合格之吊籠，應於原檢查合格證上簽署，註明使用有效期限，最長為 1 年，因此由原有效期限接續。

184.( 3 ) 某勞工於 220 伏特兩電氣設備間從事檢修之活線作業時，兩設備皆為有露出帶電部分且無隔離之防護，依職業安全衛生設施規則規定，最小工作空間為多少公分？

① 90 ② 105 ③ 120 ④ 130。

解析
● 依職業安全衛生設施規則第 270 條：
前兩條表中所指之「工作環境」，其類型及意義如下：
一、工作環境甲：水平工作空間一邊有露出帶電部分，另一邊無露出帶電部分或亦無露出接地部分者，或兩邊為以合適之木材或絕緣材料隔離之露出帶電部分者。
二、工作環境乙：水平工作空間一邊為露出帶電部分，另一邊為接地部分者。
三、工作環境丙：操作人員所在之水平工作空間，其兩邊皆為露出帶電部分且無隔離之防護者。
● 依職業安全衛生設施規則第 268 條：
雇主對於 600 伏特以下之電氣設備前方，至少應有 80 公分以上之水平工作空間。但於低壓帶電體前方，可能有檢修、調整、維護之活線作業時，不得低於下表規定：

| 對地電壓（伏特） | 最小工作空間（公分） | | |
|---|---|---|---|
| | 工　作　環　境 | | |
| | 甲 | 乙 | 丙 |
| 0 至 150 | 90 | 90 | 90 |
| 151 至 600 | 90 | 105 | 120 |

185.(　2　) 依勞工健康保護規則規定，從事勞工健康服務之護理人員、勞工健康服務相關人員，應具實務工作經驗幾年以上？
①1　②2　③3　④沒有限制。

解析
從事勞工健康服務之護理人員、勞工健康服務相關人員，應符合下列資格，且具實務工作經驗 **2** 年以上，並依附表六規定之課程訓練合格：
一、護理人員：護理師或護士資格。
二、勞工健康服務相關人員：心理師、職能治療師或物理治療師資格。

186.(　4　) 依營造安全衛生設施標準規定，為避免於作業時發生車輛機械翻落或表土崩塌等情事，以下何者非為雇主應事先進行調查事項？
①該作業場所之天候、地質及地形狀況等
②所使用車輛機械之種類及性能
③車輛機械之行經路線
④車輛機械之警示標語。

解析
依營造安全衛生設施標準第 8-1 條：
雇主對於車輛機械，為避免於作業時發生該機械翻落或表土崩塌等情事，應就下列事項事先進行調查：
一、該作業場所之天候、地質及地形狀況等。
二、所使用車輛機械之種類及性能。
三、車輛機械之行經路線。
四、車輛機械之作業方法。
依前項調查，有危害勞工之虞者，應整理工作場所。
第 1 項第 3 款及第 4 款事項，應於作業前告知勞工。

187.( 3 ) 依營造安全衛生設施標準規定，雇主對於新建、增建、改建或修建工廠之鋼構屋頂，勞工有遭受墜落危險應於邊緣及屋頂突出物頂板周圍，設置高度多少公分以上之女兒牆或適當強度欄杆？
① 30 ② 75 ③ 90 ④ 150。

解析 依營造安全衛生設施標準第 18-1 條：
雇主對於新建、增建、改建或修建工廠之鋼構屋頂，勞工有遭受墜落危險之虞者，應依下列規定辦理：
一、於邊緣及屋頂突出物頂板周圍，設置高度 **90 公分**以上之女兒牆或適當強度欄杆。
二、於易踏穿材料構築之屋頂，應於屋頂頂面設置適當強度且寬度在 30 公分以上通道，並於屋頂採光範圍下方裝設堅固格柵。
前項所定工廠，為事業單位從事物品製造或加工之固定場所。

188.( 2 ) 依職業安全衛生設施規則規定，雇主對於升降機之升降路各樓出入口門，應有連鎖裝置，使搬器地板與樓板相差至多少公分以上時，升降路出入口門不能開啟？
① 5.5 ② 7.5 ③ 6.5 ④ 3.5。

解析 依職業安全衛生設施規則第 95 條：
雇主對於升降機之升降路各樓出入口門，應有連鎖裝置，使搬器地板與樓板相差 **7.5 公分**以上時，升降路出入口門不能開啟之。

189.( 1 ) 依壓力容器安全檢查構造標準，除碳鋼鋼料及低合金鋼鋼料以外之材料，依經驗實績認無腐蝕或磨耗之虞者，胴體或其他承受壓力部分所使用之板之腐蝕裕度，應在多少毫米以上？
① 1 ② 3 ③ 5 ④ 7。

解析 依壓力容器安全檢查構造標準第 13 條：
胴體或其他承受壓力部分所使用之板之腐蝕裕度，應在 **1 毫米**以上。但碳鋼鋼料及低合金鋼鋼料以外之材料，依經驗實績認無腐蝕或磨耗之虞者，不在此限。

190.( 4 ) 依勞動檢查法所定勞工有立即發生墜落危險之虞之情事，以下何者錯誤？
①於高差 2 公尺以上之工作場所邊緣及開口部分，未設置符合規定之防墜設施
②於高差 2 公尺以上之處所進行作業時，未使用高空工作車，或未以架設施工架等方法設置工作臺；設置工作臺有困難時，未採取張掛安全網或配掛安全帶之設施
③於易踏穿材料構築之屋頂從事作業時，未於屋架上設置防止踏穿及寬度 30 公分以上之踏板
④於高差超過 1 公尺以上之場所作業，未設置符合規定之安全上下設備。

解析

勞動檢查法第28條所定勞工有立即發生危險之虞認定標準第3條：
有立即發生墜落危險之虞之情事如下：
一、於高差2公尺以上之工作場所邊緣及開口部分，未設置符合規定之護欄、護蓋、安全網或配掛安全帶之防墜設施。
二、於高差2公尺以上之處所進行作業時，未使用高空工作車，或未以架設施工架等方法設置工作臺；設置工作臺有困難時，未採取張掛安全網或配掛安全帶之設施。
三、於石綿板、鐵皮板、瓦、木板、茅草、塑膠等易踏穿材料構築之屋頂從事作業時，未於屋架上設置防止踏穿及寬度30公分以上之踏板、裝設安全網或配掛安全帶。
四、於高差超過1.5公尺以上之場所作業，未設置符合規定之安全上下設備。
五、高差超過2層樓或7.5公尺以上之鋼構建築，未張設安全網，且其下方未具有足夠淨空及工作面與安全網間具有障礙物。
六、使用移動式起重機吊掛平台從事貨物、機械等之吊升，鋼索於負荷狀態且非不得已情形下，使人員進入高度2公尺以上平台運搬貨物或駕駛車輛機械，平台未採取設置圍欄、人員未使用安全母索、安全帶等足以防止墜落之設施。

191.(123) 職業安全衛生法上所稱之工作者為何？
①勞工
②自營作業者
③其他受工作場所負責人指揮或監督從事勞動之人員
④事業之經營負責人。

解析

職業安全衛生法第2條之定義，工作者：指勞工、自營作業者及其他受工作場所負責人指揮或監督從事勞動之人員。

192.(124) 機械、設備、器具、原料、材料等物件設計、製造或輸入者及工程之設計施工者，致力防止發生職業災害，應於哪些階段實施風險評估？
①設計、製造　②輸入　③使用　④施工規劃。

解析

職業安全衛生法第5條：
雇主使勞工從事工作，應在合理可行範圍內，採取必要之預防設備或措施，使勞工免於發生職業災害。
機械、設備、器具、原料、材料等物件之設計、製造或輸入者及工程之設計或施工者，應於設計、製造、輸入或施工規劃階段實施風險評估，致力防止此等物件於使用或工程施工時，發生職業災害。

193.(123) 依職業安全衛生法規定，有下列情形之一者，得公布其事業單位、雇主等？
①事業單位勞動場所發生死亡等之職業災害
②未符合安全衛生設備及措施之規定致發生行政罰則
③發生職業病
④未實施風險評估。

解析 職業安全衛生法第 49 條：
有下列情形之一者，得公布其事業單位、雇主、代行檢查機構、驗證機構、監測機構、醫療機構、訓練單位或顧問服務機構之名稱、負責人姓名：
一、發生第 37 條第 2 項之災害(事業單位勞動場所發生死亡、3 人以上罹災或 1 人罹災且需住院治療等之職業災害)。
二、有第 40 條至第 45 條、第 47 條或第 48 條之情形。(未符合安全衛生設備及措施之規定致發生行政罰則)。
三、發生職業病。

194.(134) 下列哪些屬勞動檢查法第 27 條所稱之重大職業災害？
①發生死亡災害者
② 1 人發生 9 等殘廢之災害
③發生光氣之洩漏，致 1 人以上罹災勞工需住院治療者
④發生災害罹災 3 人以上者。

解析 依勞動檢查法施行細則第 31 條：
勞動檢查法第 27 條所稱重大職業災害，係指下列職業災害之一：
一、發生死亡災害者。
二、發生災害之罹災人數在 3 人以上者。
三、氨、氯、氟化氫、光氣、硫化氫、二氧化硫等化學物質之洩漏，發生 1 人以上罹災勞工需住院治療者。
四、其他經中央主管機關指定公告之災害。

195.(123) 以勞動檢查機構所發檢查結果通知書之全部內容公告者，應公告於哪些場所之一？
①事業單位管制勞工出勤之場所
②餐廳、宿舍及各作業場所之公告場所
③與工會或勞工代表協商同意之場所
④公告於最嚴重之違反規定場所之一。

解析 依勞動檢查法施行細則第 23 條規定：
一、以勞動檢查機構所發檢查結果通知書之全部內容公告者，應公告於下列場所之一：
1. 事業單位管制勞工出勤之場所。
2. 餐廳、宿舍及各作業場所之公告場所。
3. 與工會或勞工代表協商同意之場所。
二、以違反規定單項內容公告者，應公告於違反規定之機具、設備或場所。

196.(234) 下列經中央主管機關指定適用機械設備器具安全標準者為何？
①推土機 ②動力衝剪機械 ③手推刨床 ④動力堆高機。

解析
職業安全衛生法施行細則第12條：
本法第7條第1項所稱中央主管機關指定之機械、設備或器具如下：
一、動力衝剪機械。
二、手推刨床。
三、木材加工用圓盤鋸。
四、動力堆高機。
五、研磨機。
六、研磨輪。
七、防爆電氣設備。
八、動力衝剪機械之光電式安全裝置。
九、手推刨床之刃部接觸預防裝置。
十、木材加工用圓盤鋸之反撥預防裝置及鋸齒接觸預防裝置。
十一、其他經中央主管機關指定公告者。

197.( 13 ) 下列哪些為職業安全衛生法施行細則所稱具有危險性之機械？
①固定式起重機 ②鍋爐 ③營建用升降機 ④挖土機。

解析
職業安全衛生法施行細則第22條：
本法第16條第1項所稱具有危險性之機械，指符合中央主管機關所定一定容量以上之下列機械：
一、固定式起重機。
二、移動式起重機。
三、人字臂起重桿。
四、營建用升降機。
五、營建用提升機。
六、吊籠。
七、其他經中央主管機關指定公告具有危險性之機械。

198.( 34 ) 職業安全衛生設施規則所稱之車輛機械，包括下列哪些？
①手推車 ②固定式起重機 ③鏟土機 ④刮運機。

解析
職業安全衛生設施規則第6條：
本規則所稱車輛機械，係指能以動力驅動且自行活動於非特定場所之車輛、車輛系營建機械、堆高機等。
前項所稱車輛系營建機械，係指推土機、平土機、鏟土機、碎物積裝機、刮運機、鏟刮機等地面搬運、裝卸用營建機械及動力鏟、牽引鏟、拖斗挖泥機、挖土斗、斗式掘削機、挖溝機等掘削用營建機械及打樁機、拔樁機、鑽土機、轉鑽機、鑽孔機、地鑽、夯實機、混凝土泵送車等基礎工程用營建機械。

199.(134) 依營造安全衛生設施標準規定，下列哪些為施工架組配作業主管之辦理事項？
①檢查材料 ②督導工程進度
③監督勞工作業 ④監督安全帽、安全帶之使用。

解析
營造安全衛生設施標準第41條：
雇主對於懸吊式施工架、懸臂式施工架及高度5公尺以上施工架之組配及拆除(以下簡稱施工架組配)作業，應指派施工架組配作業主管於作業現場辦理下列事項：
一、決定作業方法，指揮勞工作業。
二、實施檢點，檢查材料、工具、器具等，並汰換其不良品。
三、監督勞工確實使用個人防護具。
四、確認安全衛生設備及措施之有效狀況。
五、前2款未確認前，應管制勞工或其他人員不得進入作業。
六、其他為維持作業勞工安全衛生所必要之設備及措施。

200.(123) 高壓氣體勞工安全規則不適用於下列何種高壓氣體？
①船舶設備內使用之高壓氣體
②原子能設施內使用之高壓氣體
③高壓鍋爐及其導管內之高壓蒸氣
④冷凍能力在3公噸以上之冷凍設備內之高壓氣體。

解析
高壓氣體勞工安全規則第241條：
本規則不適用於下列高壓氣體：
一、高壓鍋爐及其導管內之高壓蒸氣。
二、鐵路車輛設置之冷氣設備內之高壓氣體。
三、船舶設備內使用之高壓氣體。
四、礦場設施內以壓縮、液化及其他方法處理氣體之設備內之高壓氣體。
五、航空器內使用之高壓氣體。
六、供發電、變電、輸電設置之電力設備及其設置之變壓器、反應器、開閉器及自動遮斷器內以壓縮、液化及其他方法處理氣體之設備內高壓氣體。
七、原子能設施內使用之高壓氣體。
八、內燃機之起動、輪胎之充氣、打鉚或鑽岩或土木工程用壓縮裝置內之壓縮氣體。
九、冷凍能力未滿3公噸之冷凍設備內之高壓氣體。
十、液化溴甲烷製造設備外之該液化溴甲烷。
十一、高壓蒸氣鍋內之高壓氣體(除氫氣、乙炔及氯乙烯)。
十二、液化氣體與液化氣體以外之液體之混合液中，液化氣體之質量佔總質量之15%以下，且溫度在攝氏35度時之壓力在每平方公分6公斤以下之清涼飲料水、水果酒、啤酒及發泡酒用高壓氣體。
十三、液化氣體製造設備外之質量在500公克以下之該氣體，且於溫度攝氏35度時，壓力在每平方公分8公斤以下者中，經中央主管機關指定者。

201.(124) 依固定式起重機安全檢查構造標準規定，固定式起重機應以銘牌標示相關事項，包括下列何者？
①製造者名稱 ②製造年月 ③荷重試驗年月 ④吊升荷重。

解析 固定式起重機安全檢查構造標準第66條：
固定式起重機應於操作人員及吊掛作業人員易見處，置有額定荷重之明顯標示，並以銘牌標示下列事項：
一、製造者名稱。
二、製造年月。
三、吊升荷重。

202.(124) 依危險性機械及設備安全檢查規則規定，第一種壓力容器在下列何種情形需申請重新檢查？
①從國外進口者 ②經禁止使用擬恢復使用者
③補強支撐有變動者 ④遷移裝置地點而重新裝設者。

解析 危險性機械及設備安全檢查規則第114條：
第一種壓力容器有下列各款情事之一者，應由所有人或雇主向檢查機構申請重新檢查：
一、從外國進口。
二、構造檢查、重新檢查、竣工檢查或定期檢查合格後，經閒置一年以上，擬裝設或恢復使用。但由檢查機構認可者，不在此限。
三、經禁止使用，擬恢復使用。
四、固定式第一種壓力容器遷移裝置地點而重新裝設。
五、擬提升最高使用壓力。
六、擬變更內容物種類。

203.(234) 依職業安全衛生設施規則規定，行駛中之貨車搭載勞工時，下列敘述哪些為正確？
①駕駛室之頂部高度不得超過載貨台之物料高度
②不得使勞工搭乘於因貨車之搖動致有墜落之虞之位置
③勞工身體之最高部分不得超過駕駛室之頂部高度
④載貨台之物料高度超過駕駛室頂部者，勞工身體之最高部分不得超過該物料之高度。

解析 職業安全衛生設施規則第157條：
雇主對搭載勞工於行駛中之貨車、垃圾車或資源回收車，應依下列規定：
一、不得使勞工搭乘於因車輛搖動致有墜落之虞之位置。
二、勞工身體之最高部分不得超過貨車駕駛室之頂部高度；載貨台之物料高度超過駕駛室頂部者，不得超過該物料之高度。
三、其他維護搭載勞工乘坐安全之事項。

204.(123) 下列哪些屬職業安全衛生設施規則所稱之局限空間？
①非供勞工在其內部從事經常性作業
②勞工進出方法受限制
③無法以自然通風來維持充分、清淨空氣
④內部空間照明充足。

解析

職業安全衛生設施規則第 19-1 條：
本規則所稱局限空間，指非供勞工在其內部從事經常性作業，勞工進出方法受限制，且無法以自然通風來維持充分、清淨空氣之空間。

205.(123) 依職業安全衛生設施規則規定，下列有關升降機之安全設施，下列敘述哪些為正確？
①升降路各樓出入口，應裝置構造堅固平滑之門
②升降搬器及升降路出入口之任一門開啟時，升降機不能開動
③升降機在開動中任一門開啟時，能停止上下
④搬器地板與樓板相差 10 公分以上時，升降路出入口門不能開啟。

解析

依職業安全衛生設施規則規定：

- 第 93 條：
  雇主對於升降機之升降路各樓出入口，應裝置構造堅固平滑之門，並應有安全裝置，使升降搬器及升降路出入口之任一門開啟時，升降機不能開動，及升降機在開動中任一門開啟時，能停止上下。
- 第 95 條：
  雇主對於升降機之升降路各樓出入口門，應有連鎖裝置，使搬器地板與樓板相差 7.5 公分以上時，升降路出入口門不能開啟之。

206.(124) 依職業安全衛生設施規則規定，對於高壓氣體之貯存，下列敘述哪些為正確？
①盛裝容器和空容器應分區放置
②可燃性氣體、毒性氣體及氧氣之鋼瓶，應分開貯存
③劇毒性氣體不得貯存
④容器應保持在攝氏四十度以下。

解析

職業安全衛生設施規則第 108 條：
雇主對於高壓氣體之貯存，應依下列規定辦理：
一、貯存場所應有適當之警戒標示，禁止煙火接近。
二、貯存周圍 2 公尺內不得放置有煙火及著火性、引火性物品。
三、盛裝容器和空容器應分區放置。
四、可燃性氣體、有毒性氣體及氧氣之鋼瓶，應分開貯存。
五、應安穩置放並加固定及裝妥護蓋。
六、容器應保持在攝氏 40 度以下。
七、貯存處應考慮於緊急時便於搬出。

八、通路面積以確保貯存處面積 20% 以上為原則。
九、貯存處附近，不得任意放置其他物品。
十、貯存比空氣重之氣體，應注意低窪處之通風。

207.(123) 對於固定式起重機設置之階梯，下列哪些敘述符合固定式起重機安全檢查構造標準規定？
①對水平之傾斜度應在 75 度以下
②每一階之高度應在 30 公分以下，且各階梯間距離應相等
③階面之寬度應在 10 公分以上，且各階面應相等
④設置之堅固扶手高度至少應在 60 公分以上。

解析
固定式起重機安全檢查構造標準第 55 條：
固定式起重機設置之階梯，應依下列規定辦理：
一、對水平面之傾斜度，應在 75 度以下。
二、每一階之高度應在 30 公分以下，且各階梯間距應相等。
三、階面寬度應在 10 公分以上，且各階面應相等。
四、高度超過 10 公尺者，應於每 7.5 公尺以內設置平台。
五、設置高度 75 公分以上之堅固扶手。

208.(124) 依職業安全衛生法施行細則規定，下列何者屬安全衛生工作守則的內容？
①事業單位之安全衛生管理及各級之權責
②急救與搶救
③訪客注意要點
④工作安全及衛生標準。

解析
職業安全衛生法施行細則第 41 條：
本法第 34 條第 1 項所定安全衛生工作守則之內容，依下列事項定之：
一、事業之安全衛生管理及各級之權責。
二、機械、設備或器具之維護及檢查。
三、工作安全及衛生標準。
四、教育及訓練。
五、健康指導及管理措施。
六、急救及搶救。
七、防護設備之準備、維持及使用。
八、事故通報及報告。
九、其他有關安全衛生事項。

209.( 124 ) 依據職業安全衛生教育訓練規則的要求，哪些描述正確？
①擔任有機溶劑作業主管的勞工應於事前使其接受有害作業主管之教育訓練
②荷重在一公噸以上之堆高機操作人員應使其接受特殊作業教育訓練
③職業安全衛生業務主管應接受每兩年至少十二小時的在職教育訓練
④在職勞工於變更工作前，應使其接受適於工作必要之一般安全衛生教育訓練。

解析
- 雇主對擔任下列作業主管之勞工，應於事前使其接受有害作業主管之安全衛生教育訓練：有機溶劑作業主管及其他九種類型之有害作業主管。
- 雇主對下列勞工，應使其接受特殊作業安全衛生教育訓練：荷重在1公噸以上之堆高機操作人員。
- 雇主對擔任下列工作之勞工，應依工作性質使其接受安全衛生在職教育訓練：職業安全衛生業務主管（每2年至少6小時）。
- 雇主對新僱勞工或在職勞工於變更工作前，應使其接受適於各該工作必要之一般安全衛生教育訓練。

210.( 14 ) 下列何者為屬勞工健康保護規則所稱特別危害健康作業？
①高溫作業勞工作息時間標準所稱之高溫作業
②重體力作業
③精密作業
④游離輻射作業。

解析
勞工健康保護規則第2條所稱特別危害健康作業，指下列作業：
一、高溫作業勞工作息時間標準所稱之高溫作業。
二、勞工噪音暴露工作日8小時日時量平均音壓級在85分貝以上之噪音作業。
三、游離輻射作業。
四、異常氣壓危害預防標準所稱之異常氣壓作業。
五、鉛中毒預防規則所稱之鉛作業。
六、四烷基鉛中毒預防規則所稱之四烷基鉛作業。
七、粉塵危害預防標準所稱之粉塵作業。
八、有機溶劑作業，經中央主管機關指定者。
九、製造、處置或使用特定化學物質之作業，經中央主管機關指定者。
十、黃磷之製造、處置或使用作業。
十一、聯吡啶或巴拉刈之製造作業。
十二、其他經中央主管機關指定公告之作業：
製造、處置或使用下列化學物質或其重量比超過5%之混合物之作業：溴丙烷。

211.( 13 ) 依職業安全衛生教育訓練規則規定，下列何項作業勞工，雇主需對其實施特殊作業安全衛生教育訓練？
①荷重在 1 公噸以上之堆高機操作　②衝床作業
③使用起重機從事吊掛作業　④研磨作業。

解析

職業安全衛生教育訓練規則第 14 條：
雇主對下列勞工，應使其接受特殊作業安全衛生教育訓練：
一、小型鍋爐操作人員。
二、荷重在 1 公噸以上之堆高機操作人員。
三、吊升荷重在 0.5 公噸以上未滿 3 公噸之固定式起重機操作人員或吊升荷重未滿 1 公噸之斯達卡式起重機操作人員。
四、吊升荷重在 0.5 公噸以上未滿 3 公噸之移動式起重機操作人員。
五、吊升荷重在 0.5 公噸以上未滿 3 公噸之人字臂起重桿操作人員。
六、高空工作車操作人員。
七、使用起重機具從事吊掛作業人員。
八、以乙炔熔接裝置或氣體集合熔接裝置從事金屬之熔接、切斷或加熱作業人員。
九、火藥爆破作業人員。
十、胸高直徑 70 公分以上之伐木作業人員。
十一、機械集材運材作業人員。
十二、高壓室內作業人員。
十三、潛水作業人員。
十四、油輪清艙作業人員。
十五、其他經中央主管機關指定之人員

212.( 134 ) 依勞工作業場所容許暴露濃度標準規定，下列敘述何者不正確？
①暴露濃度未超過容許濃度者即表示一定安全
②容許濃度不得作為工作場所以外之空氣污染指標
③容許濃度表註有皮字者表示該物質對勞工會引起皮膚炎及敏感等特性
④任何時間均不得超過短時間時量平均容許濃度。

解析

- 勞工作業場所容許暴露標準不適用於下列事項之判斷：
  1. 以二種不同有害物之容許濃度比作為毒性之相關指標。
  2. 工作場所以外之空氣污染指標。
  3. 職業疾病鑑定之唯一依據。
- 註有「皮」字者，表示該物質易從皮膚、粘膜滲入體內，並不表示該物質對勞工會引起刺激感、皮膚炎及敏感等特性。
- 暴露濃度未超過容許濃度者不表示一定安全。
- 短時間時量平均容許濃度：附表一符號欄未註有「高」字及附表二之容許濃度乘以變量係數所得之濃度，為一般勞工連續暴露在此濃度以下任何 15 分鐘，不致有不可忍受之刺激、慢性或不可逆之組織病變、麻醉昏暈作用、事故增加之傾向或工作效率之降低者。

213.(123) 依危害性化學品標示及通識規則規定，危害物質應標示事項，除危害圖式外，其內容需包括下列何項？
①名稱及危害成分
②危害警告訊息
③製造者、輸入者或供應者之名稱、地址及電話
④消防機關電話、地址。

解析
危害性化學品標示及通識規則第5條：
雇主對裝有危害性化學品之容器，應依附表一規定之分類及標示要項，參照附表二之格式明顯標示下列事項，所用文字以中文為主，必要時並輔以作業勞工所能瞭解之外文：
一、危害圖式。
二、內容：
1. 名稱。
2. 危害成分。
3. 警示語。
4. 危害警告訊息。
5. 危害防範措施。
6. 製造者、輸入者或供應者之名稱、地址及電話。

214.( 13 ) 依危害性化學品標示及通識規則規定，下列何者可免標示？
①外部容器已標示，僅供內襯且不再取出之內容器
②內部容器未標示，由外部無法見到標示之外部容器
③勞工使用可攜帶容器，其危害物質取自有標示之容器
④危害物質僅供實驗室實驗、研究之用。

解析
危害性化學品標示及通識規則第8條規定：
雇主對裝有危害性化學品之容器屬下列情形之一者，得免標示：
一、外部容器已標示，僅供內襯且不再取出之內部容器。
二、內部容器已標示，由外部可見到標示之外部容器。
三、勞工使用之可攜帶容器，其危害性化學品取自有標示之容器，且僅供裝入之勞工當班立即使用。
四、危害性化學品取自有標示之容器，並供實驗室自行作實驗、研究之用。

215.( 34 ) 事業單位發生職業安全衛生法第37條第2項規定之職業災害時，除必要之急救、搶救外，雇主非經下列何種機構或機關許可，不得移動或破壞現場？
①警察人員 ②地方主管機關 ③勞動檢查機構 ④司法機關。

解析
職業安全衛生法第37條：
- 事業單位工作場所發生職業災害，雇主應即採取必要之急救、搶救等措施，並會同勞工代表實施調查、分析及作成紀錄。
- 事業單位勞動場所發生下列職業災害之一者，雇主應於8小時內通報勞動檢查機構：

一、發生死亡災害。
二、發生災害之罹災人數在 3 人以上。
三、發生災害之罹災人數在 1 人以上，且需住院治療。
四、其他經中央主管機關指定公告之災害。

- 勞動檢查機構接獲前項報告後，應就工作場所發生死亡或重傷之災害派員檢查。
- 事業單位發生第 2 項之災害，除必要之急救、搶救外，雇主非經司法機關或勞動檢查機構許可，不得移動或破壞現場。

216.( 12 ) 下列哪些為高壓氣體勞工安全規則中所稱特定高壓氣體？
①壓縮氫氣 ②液氧 ③乙炔 ④溴甲烷。

解析
高壓氣體勞工安全規則第 3 條：
本規則所稱特定高壓氣體，係指高壓氣體中之壓縮氫氣、壓縮天然氣、液氧、液氨及液氯、液化石油氣。

217.( 123 ) 依職業安全衛生教育訓練規則規定，雇主對擔任下列那些工作性質勞工，每 3 年至少 3 小時接受安全衛生在職教育訓練？
①危險性之機械及設備操作人員 ②特殊作業人員
③急救人員 ④職業安全衛生業務主管。

解析
依職業安全衛生教育訓練規則第 18 條：
雇主對擔任下列工作之勞工，應依工作性質使其接受安全衛生在職教育訓練：
一、職業安全衛生業務主管。
二、職業安全衛生管理人員。
三、勞工健康服務護理人員及勞工健康服務相關人員。
四、勞工作業環境監測人員。
五、施工安全評估人員及製程安全評估人員。
六、高壓氣體作業主管、營造作業主管及有害作業主管。
七、具有危險性之機械及設備操作人員。
八、特殊作業人員。
九、急救人員。
十、各級管理、指揮、監督之業務主管。
十一、職業安全衛生委員會成員。
十二、下列作業之人員：
(一) 營造作業。
(二) 車輛系營建機械作業。
(三) 起重機具吊掛搭乘設備作業。
(四) 缺氧作業。
(五) 局限空間作業。
(六) 氧乙炔熔接裝置作業。
(七) 製造、處置或使用危害性化學品作業。
十三、前述各款以外之一般勞工。
十四、其他經中央主管機關指定之人員。
第 7 款至第 13 款之勞工：每 3 年至少 3 小時。

218.( 14 ) 依優先管理化學品之指定及運作管理辦法規定，下列那些為優先管理化學品？
①氯氣 ②氨 ③一氧化碳 ④二硫化碳。

解析 依優先管理化學品之指定及運作管理辦法附表指出，優先管理化學品如下：
一、黃磷
二、氯氣
三、氰化氫
四、苯胺
五、鉛及其無機化合物
六、六價鉻化合物
七、汞及其無機化合物
八、砷及其無機化合物
九、二硫化碳
十、三氯乙烯
十一、環氧乙烷
十二、丙烯醯胺
十三、次乙亞胺
十四、含有 1 至 13 列舉物占其重量超過 1% 之混合物。
十五、其他經中央主管機關指定公告者。

219.(124) 依管制性化學品之指定及運作許可管理辦法規定，中央主管機關得邀請專家學者組成技術諮議會，辦理下列那些事項之諮詢或建議？
①管制性化學品申請許可之審查
②管制性化學品之篩選及指定
③管制性化學品之風險評估
④其他管制性化學品管理事項之研議。

解析 依管制性化學品之指定及運作許可管理辦法第 5 條：
中央主管機關得邀請專家學者組成技術諮議會，辦理下列事項之諮詢或建議：
一、管制性化學品之篩選及指定。
二、管制性化學品申請許可之審查。
三、其他管制性化學品管理事項之研議。

220.( 12 ) 依起重升降機具安全規則規定，事業單位對於起重機具之吊鏈，下列那些情況其安全係數可取 4 以上？
①以斷裂荷重之 1/2 拉伸時，其伸長率為 0.5% 以下者
②抗拉強度值為每平方毫米 400 牛頓以上未滿 630 牛頓，其伸長率為 20% 以上者
③延伸長度超過製造時長度 5% 以上者
④斷面直徑減少超過製造時之 10% 者。

解析

依起重升降機具安全規則第 66 條：
雇主對於起重機具之吊鏈，其安全係數應依下列各款規定辦理：
一、符合下列各目之一者：4 以上。
（一） 以斷裂荷重之 1/2 拉伸時，其伸長率為 0.5% 以下者。
（二） 抗拉強度值為每平方毫米 400 牛頓以上，且其伸長率為下表所列抗拉強度值分別對應之值以上者。

| 抗拉強度（單位：牛頓／平方毫米） | 伸長率（單位：%） |
|---|---|
| 400 以上 630 未滿 | 20 |
| 630 以上 1,000 未滿 | 17 |
| 1,000 以上 | 15 |

二、前款以外者：5 以上。
前項安全係數為吊鏈之斷裂荷重值除以該吊鏈所受最大荷重值所得之值。

221.(1234) 依職業安全衛生法規定，下列那些人對於中央主管機關指定之機械、設備或器具，其構造、性能及防護非符合安全標準者，不得產製運出廠場、輸入、租賃、供應或設置？
①製造者 ②輸入者 ③供應者 ④雇主。

解析

依職業安全衛生法第 7 條：
製造者、輸入者、供應者或雇主，對於中央主管機關指定之機械、設備或器具，其構造、性能及防護非符合安全標準者，不得產製運出廠場、輸入、租賃、供應或設置。

222.( 34 ) 依職業安全衛生法規定，有下列那些情事之一之工作場所，事業單位應依中央主管機關規定之期限，定期實施製程安全評估，並製作製程安全評估報告及採取必要之預防措施？
①丙類危險性工作場所
②丁類危險性工作場所
③從事石油裂解之石化工業
④從事製造、處置或使用危害性之化學品數量達中央主管機關規定量以上。

解析

依職業安全衛生法第 15 條：
有下列情事之一之工作場所，事業單位應依中央主管機關規定之期限，定期實施製程安全評估，並製作製程安全評估報告及採取必要之預防措施；製程修改時，亦同：
一、從事石油裂解之石化工業。
二、從事製造、處置或使用危害性之化學品數量達中央主管機關規定量以上。
前項製程安全評估報告，事業單位應報請勞動檢查機構備查。
前 2 項危害性之化學品數量、製程安全評估方法、評估報告內容要項、報請備查之期限、項目、方式及其他應遵行事項之辦法，由中央主管機關定之。

223.( 124 ) 依職業安全衛生法規定，事業單位以其事業之全部或一部分交付承攬時，應於事前告知該承攬人有關其事業下列那些事項？
①工作環境
②危害因素
③進出管制規定
④職業安全衛生法及有關安全衛生規定應採取之措施。

解析 依職業安全衛生法第 26 條：
事業單位以其事業之全部或一部分交付承攬時，應於事前告知該承攬人有關其事業工作環境、危害因素暨本法及有關安全衛生規定應採取之措施。
承攬人就其承攬之全部或一部分交付再承攬時，承攬人亦應依前項規定告知再承攬人。

224.( 134 ) 依職業安全衛生法規定，事業單位與承攬人、再承攬人分別僱用勞工共同作業時，為防止職業災害，原事業單位應採取下列那些必要措施？
①設置協議組織，並指定工作場所負責人，擔任指揮、監督及協調之工作
②財務管理
③工作之連繫與調整
④工作場所之巡視。

解析 依職業安全衛生法第 27 條：
事業單位與承攬人、再承攬人分別僱用勞工共同作業時，為防止職業災害，原事業單位應採取下列必要措施：
一、設置協議組織，並指定工作場所負責人，擔任指揮、監督及協調之工作。
二、工作之連繫與調整。
三、工作場所之巡視。
四、相關承攬事業間之安全衛生教育之指導及協助。
五、其他為防止職業災害之必要事項。
事業單位分別交付二個以上承攬人共同作業而未參與共同作業時，應指定承攬人之一負前項原事業單位之責任。

225.( 23 ) 依職業安全衛生法規定，雇主不得使妊娠中之女性勞工從事下列那些危險性或有害性工作？
①超過 220 伏特電力線之銜接
②鉛及其化合物散布場所之工作
③一定重量以上之重物處理工作
④處理爆炸性、易燃性等物質之工作。

解析 依職業安全衛生法第 30 條：
雇主不得使妊娠中之女性勞工從事下列危險性或有害性工作：
一、礦坑工作。
二、鉛及其化合物散布場所之工作。
三、異常氣壓之工作。

四、處理或暴露於弓形蟲、德國麻疹等影響胎兒健康之工作。
五、處理或暴露於二硫化碳、三氯乙烯、環氧乙烷、丙烯醯胺、次乙亞胺、砷及其化合物、汞及其無機化合物等經中央主管機關規定之危害性化學品之工作。
六、鑿岩機及其他有顯著振動之工作。
七、一定重量以上之重物處理工作。
八、有害輻射散布場所之工作。
九、已熔礦物或礦渣之處理工作。
十、起重機、人字臂起重桿之運轉工作。
十一、動力捲揚機、動力運搬機及索道之運轉工作。
十二、橡膠化合物及合成樹脂之滾輾工作。
十三、處理或暴露於經中央主管機關規定具有致病或致死之微生物感染風險之工作。
十四、其他經中央主管機關規定之危險性或有害性之工作。

226.( 24 ) 依職業安全衛生設施規則規定，局限空間係指下列那些要件？
①空氣中氧氣濃度 18% 以上
②非供勞工在其內部從事經常性作業
③無自然採光之密閉作業場所
④勞工進出方法受限制。

解析 依職業安全衛生設施規則第 19-1 條：
本規則所稱局限空間，指非供勞工在其內部從事經常性作業，勞工進出方法受限制，且無法以自然通風來維持充分、清淨空氣之空間。

227.( 12 ) 依職業安全衛生設施規則規定，從事局限空間作業有缺氧或中毒之虞者，應辦理下列那些事項？
①勞工佩戴可偵測人員活動情形之裝置
②勞工佩戴全身背負式安全帶
③勞工攜帶手機
④勞工攜帶錄影設備。

解析 依職業安全衛生設施規則第 29-7 條：
雇主使勞工從事局限空間作業，有致其缺氧或中毒之虞者，應依下列規定辦理：
一、作業區域超出監視人員目視範圍者，應使勞工佩戴符合國家標準 CNS 14253-1 同等以上規定之全身背負式安全帶及可偵測人員活動情形之裝置。
二、置備可以動力或機械輔助吊升之緊急救援設備。但現場設置確有困難，已採取其他適當緊急救援設施者，不在此限。
三、從事屬缺氧症預防規則所列之缺氧危險作業者，應指定缺氧作業主管，並依該規則相關規定辦理。

228.( 14 ) 依職業安全衛生設施規則規定，有危害勞工之虞局限空間作業場所入口顯而易見處所，應公告下列那些注意事項，使作業勞工周知？
①事故發生時之緊急措施及緊急聯絡方式
②安全資料表
③設施平面圖
④進入該場所時應採取之措施。

解析
依職業安全衛生設施規則第 29-2 條：
雇主使勞工於局限空間從事作業，有危害勞工之虞時，應於作業場所入口顯而易見處所公告下列注意事項，使作業勞工周知：
一、作業有可能引起缺氧等危害時，應經許可始得進入之重要性。
二、進入該場所時應採取之措施。
三、事故發生時之緊急措施及緊急聯絡方式。
四、現場監視人員姓名。
五、其他作業安全應注意事項。

229.( 13 ) 依職業安全衛生設施規則規定，對於不經常使用之緊急避難用通道，下列敘述那些正確？
①應標示其目的 ②應設置在勞工平常不易接觸之處
③應維持隨時能應用之狀態 ④應能耐 3 級地震強度。

解析
依職業安全衛生設施規則第 34 條：
雇主對不經常使用之緊急避難用出口、通道或避難器具，應標示其目的，且維持隨時能應用之狀態。
設置於前項出口或通道之門，應為外開式。

230.( 234 ) 依職業安全衛生設施規則規定，使勞工使用呼吸防護具時，雇主應指派專人採取下列那些呼吸防護措施？
①防護具產地認定 ②危害辨識及暴露評估
③防護具之選擇 ④防護具之使用。

解析
依職業安全衛生設施規則第 277-1 條：
雇主使勞工使用呼吸防護具時，應指派專人採取下列呼吸防護措施，作成執行紀錄，並留存 3 年：
一、危害辨識及暴露評估。
二、防護具之選擇。
三、防護具之使用。
四、防護具之維護及管理。
五、呼吸防護教育訓練。
六、成效評估及改善。
前項呼吸防護措施，事業單位勞工人數達 200 人以上者，雇主應依中央主管機關公告之相關指引，訂定呼吸防護計畫，並據以執行；於勞工人數未滿 200 人者，得以執行紀錄或文件代替。

231.( 123 ) 依機械設備器具安全標準規定剪斷機械之安全裝置，應標示那些事項？
①製造號碼 ②製造者名稱 ③製造年月 ④適用剪斷刀具之種類。

解析

依機械設備器具安全標準第 113 條：
剪斷機械之安全裝置，應標示下列事項：
一、製造號碼。
二、製造者名稱。
三、製造年月。
四、適用之剪斷機械種類。
五、適用之剪斷機械之剪斷厚度，以毫米表示。
六、適用之剪斷機械之刀具長度，以毫米表示。
七、光電式安全裝置：有效距離，指投光器與受光器之機能可有效作用之距離限度，以毫米表示。

232.( 23 ) 若某一化工廠之反應槽需進行製程安全評估，依製程安全評估定期實施辦法之規定，下列那些人非為評估小組成員？
①工作場所負責人 ②工會代表
③物料倉儲主管 ④熟悉該場所作業之勞工。

解析

依製程安全評估定期實施辦法第 7 條：
第 4 條所定製程安全評估，應由下列人員組成評估小組實施之：
一、工作場所負責人。
二、曾受國內外製程安全評估專業訓練或具有製程安全評估專業能力，持有證明文件，且經中央主管機關認可者（以下簡稱製程安全評估人員）。
三、依職業安全衛生管理辦法設置之職業安全衛生人員。
四、工作場所作業主管。
五、熟悉該場所作業之勞工。

233.( 123 ) 勞工作業場所容許暴露標準所稱容許濃度可能為
①八小時日時量平均容許濃度 ②短時間時量平均容許濃度
③最高容許濃度 ④生物性暴露指標。

解析

勞工作業場所容許暴露標準第 3 條：
本標準所稱容許濃度如下：
一、八小時日時量平均容許濃度：除附表一符號欄註有「高」字外之濃度，為勞工每天工作八小時，一般勞工重複暴露此濃度以下，不致有不良反應者。
二、短時間時量平均容許濃度：附表一符號欄未註有「高」字及附表二之容許濃度乘以下表變量係數所得之濃度，為一般勞工連續暴露在此濃度以下任何 15 分鐘，不致有不可忍受之刺激、慢性或不可逆之組織病變、麻醉昏暈作用、事故增加之傾向或工作效率之降低者。

| 容許濃度 | 變量係數 | 備註 |
|---|---|---|
| 未滿 1 | 3 | 表中容許濃度氣狀物以ppm、粒狀物以 mg/m、石綿 f/cc 為單位。 |
| 1 以上，未滿 10 | 2 | |
| 10 以上，未滿 100 | 1.5 | |
| 100 以上，未滿 1,000 | 1.25 | |
| 1,000 以上 | 1 | |

三、最高容許濃度：附表一符號欄註有「高」字之濃度，為不得使一般勞工有任何時間超過此濃度之暴露，以防勞工不可忍受之刺激或生理病變者。

234.(1234) 勞工作業場所容許暴露標準附表二空氣中粉塵容許濃度之說明，結晶型游離二氧化矽係指
①石英 ②方矽石 ③鱗矽石 ④矽藻土。

解析 勞工作業場所容許暴露標準，附表二、空氣中粉塵容許濃度：
備註說明第 4 點，結晶型游離二氧化矽係指石英、方矽石、鱗矽石及矽藻土。

235.(134) 依高壓氣體勞工安全規則規定，下列那些儲槽應於其四周設置可防止液化氣體漏洩時流竄至他處之防液堤？
① 1,000 公噸以上之液化氧氣儲槽
② 1,000 公噸以上之液化氮氣儲槽
③ 5 公噸以上之液化氨氣儲槽
④ 1,000 公噸以上之液化石油氣儲槽。

解析 依高壓氣體勞工安全規則第 37 條：
下列設備應於其四周設置可防止液化氣體漏洩時流竄至他處之防液堤或其他同等設施：
一、儲存能力在 1,000 公噸以上之液化可燃性氣體儲槽。
二、儲存能力在 1,000 公噸以上之液化氧氣儲槽。
三、儲存能力在 5 公噸以上之液化毒性氣體儲槽。
四、以毒性氣體為冷媒氣體之冷媒設備，其承液器內容積在 10,000 公升以上者。

236.(1234) 依職業安全衛生設施規則規定，電路開路之開關於作業中可採取下列那些設施？
①上鎖
②標示禁止送電
③標示停電作業中
④設置監視人員監視之。

解析

依職業安全衛生設施規則第 254 條：
雇主對於電路開路後從事該電路、該電路支持物、或接近該電路工作物之敷設、建造、檢查、修理、油漆等作業時，應於確認電路開路後，就該電路採取下列設施：

一、開路之開關於作業中，應上鎖或標示「禁止送電」、「停電作業中」或設置監視人員監視之。
二、開路後之電路如含有電力電纜、電力電容器等致電路有殘留電荷引起危害之虞，應以安全方法確實放電。
三、開路後之電路藉放電消除殘留電荷後，應以檢電器具檢查，確認其已停電，且為防止該停電電路與其他電路之混觸、或因其他電路之感應、或其他電源之逆送電引起感電之危害，應使用短路接地器具確實短路，並加接地。
四、前款停電作業範圍如為發電或變電設備或開關場之一部分時，應將該停電作業範圍以藍帶或網加圍，並懸掛「停電作業區」標誌；有電部分則以紅帶或網加圍，並懸掛「有電危險區」標誌，以資警示。

前項作業終了送電時，應事先確認從事作業等之勞工無感電之虞，並於拆除短路接地器具與紅藍帶或網及標誌後為之。

237.(234) 依職業安全衛生管理辦法規定，下列那些事業單位，雇主應依國家標準 CNS 45001 同等以上規定，建置適合該事業單位之職業安全衛生管理系統，並據以執行？
①勞工人數 250 人之大賣場　②勞工人數 250 人之電力公司
③勞工人數 550 人之醫院　④勞工人數 150 人之石油裂解廠。

解析

依職業安全衛生管理辦法第 12-2 條：
下列事業單位，雇主應依國家標準 CNS 45001 同等以上規定，建置適合該事業單位之職業安全衛生管理系統，並據以執行：

一、第一類事業勞工人數在 200 人以上者。
二、第二類事業勞工人數在 500 人以上者。
三、有從事石油裂解之石化工業工作場所者。
四、有從事製造、處置或使用危害性之化學品，數量達中央主管機關規定量以上之工作場所者。

前項安全衛生管理之執行，應作成紀錄，並保存 3 年。

238.(123) 依職業安全衛生管理辦法規定，下列那些人員具職業安全管理師資格？
①工業安全技師
②曾任勞動檢查員，具有職業安全檢查工作經驗 3 年以上
③領有職業安全管理甲級技術士證照
④104 年修畢工業安全相關科目十八學分以上，並具有國內外大專以上校院工業安全相關類科碩士以上學位。

解析 下列職業安全衛生人員，雇主應自事業單位勞工中具備下列資格者選任之：
一、職業安全管理師：
(一) 高等考試職業安全衛生類科錄取或具有工業安全技師資格。
(二) 領有職業安全管理甲級技術士證照。
(三) 曾任勞動檢查員，具有職業安全檢查工作經驗 3 年以上。
(四) 修畢工業安全相關科目 18 學分以上，並具有國內外大專以上校院工業安全相關類科碩士以上學位。
第(四)項自中華民國 101 年 7 月 1 日起不再適用。

239.(1234) 依起重升降機具安全規則規定，下列那些人員得從事固定式起重機吊掛作業？
①曾受吊掛作業訓練合格者
② 3 公噸以上之固定式起重機操作人員訓練合格者
③ 3 公噸以上之移動式起重機操作人員訓練合格者
④ 3 公噸以上之人字臂起重桿操作人員訓練合格者。

解析 依起重升降機具安全規則第 62 條：
雇主對於使用固定式起重機、移動式起重機或人字臂起重桿（以下簡稱起重機具）從事吊掛作業之勞工，應僱用曾受吊掛作業訓練合格者擔任。但已受吊升荷重在 3 公噸以上之起重機具操作人員訓練合格或具有起重機具操作技能檢定技術士資格者，不在此限。
雇主對於前項起重機具操作及吊掛作業，應分別指派具法定資格之勞工擔任之。但於地面以按鍵方式操作之固定式起重機，或積載型卡車起重機，其起重及吊掛作業，得由起重機操作者一人兼任之。
前 2 項所稱吊掛作業，指用鋼索、吊鏈、鉤環等，使荷物懸掛於起重機具之吊鉤等吊具上，引導起重機具吊升荷物，並移動至預定位置後，再將荷物卸放、堆置等一連串相關作業。

## 工作項目 02：職業安全衛生計畫及管理

1. ( 1 ) 人為失誤 (Human Error) 可藉由以下何種分析加以預防？
①虛驚事件分析 ②作業環境測定
③靜電量測 ④失效樹分析。

解析 **虛驚事故** (Near Miss) 的定義：未造成人員傷亡、財產損失、製程中斷，但引起人員驚嚇之事件。藉由虛驚事故學習其發生原因、調查並分發調查報告，讓大家有機會從事故中學習經驗，可以降低人為失誤的發生。

2. ( 4 ) 依職業安全衛生管理辦法規定，應由何者訂定職業安全衛生管理計畫？
①作業勞工 ②勞工局 ③現場監督人員 ④雇主。

解析 **雇主**應依其事業單位之規模、性質，訂定職業安全衛生管理計畫；並設置安全衛生組織、人員，實施安全衛生管理及自動檢查。

3. ( 4 ) 下列何者是訂定職業安全衛生管理計畫，先要確立的重點？
①計畫項目 ②計畫期間 ③計畫目標 ④基本方針。

解析
- 職業安全衛生管理計畫的順序為**基本方針**＞計畫目標＞計畫項目＞計畫內容、計畫期間、預算等細項資訊。
- 基本方針係提示職業安全衛生管理計畫一年期間之主要工作方向，其內容為職業安全衛生管理計畫項目之基礎，並以簡潔之文字表示。

4. ( 4 ) 依職業安全衛生管理辦法規定，雇主使勞工從事缺氧危險作業時，應使該勞工就其作業有關事項實施何種檢查？
①設備之定期檢查 ②機械設備之重點檢查
③機械設備之作業檢點 ④作業檢點。

解析 職業安全衛生管理辦法第 68 條：
雇主使勞工從事缺氧危險或局限空間作業時，應使該勞工就其作業有關事項實施**檢點**。

5. ( 3 ) 依職業安全衛生法規定，安全衛生工作守則應由下列何者訂定？
①雇主 ②勞工 ③雇主會同勞工代表 ④勞動部。

解析 職業安全衛生法第 34 條：
雇主應依本法及有關規定**會同勞工代表**訂定適合其需要之安全衛生工作守則，報經勞動檢查機構備查後，公告實施。
勞工對於前項安全衛生工作守則，應切實遵行。

6. ( 1 ) 依職業安全衛生法規定，安全衛生工作守則訂定後，下列何種程序為正確？
①應報經勞動檢查機構備查 ②應報經地方主管機關備查
③經雇主核定後實施 ④應報警察機關備查。

解析 與第5題考同一個法規，應整體記憶。
雇主應依本法及有關規定會同勞工代表訂定適合其需要之安全衛生工作守則，報經**勞動檢查機構備查**後，公告實施。勞工對於前項安全衛生工作守則，應切實遵行。

7. ( 2 ) 勞工未切實遵行安全衛生工作守則，主管機關最高可處罰鍰新台幣多少元？
① 1,000 ② 3,000 ③ 6,000 ④ 9,000。

解析 職業安全衛生法第46條：
違反第20條第6項、第32條第3項或第34條第2項(勞工對於安全衛生工作守則未遵行)之規定者，處新臺幣**3,000元**以下罰鍰。

8. ( 3 ) 安全衛生工作守則製作，下列何者不符要求？
①法令基本原則 ②合理可實施原則
③責任由勞工負責 ④規定程序可修訂。

解析 安全衛生工作守則應以法規為基礎，在合理可實施且可以根據情況酌予修訂，而此守則由雇主會同勞工代表一起訂定，**責任不僅由勞工負責**。

9. ( 4 ) 依職業安全衛生管理辦法規定，各項安全衛生提案應送請下列何者審議？
①職業安全衛生管理單位 ②董事會
③監事會 ④職業安全衛生委員會。

解析 **職業安全衛生委員會**：對雇主擬訂之安全衛生政策提出建議，並審議、協調及建議安全衛生相關事項。委員會應每3個月至少開會一次，辦理下列事項：
一、對雇主擬訂之職業安全衛生政策提出建議。
二、協調、建議職業安全衛生管理計畫。
三、審議安全、衛生教育訓練實施計畫。
四、審議作業環境監測計畫、監測結果及採行措施。
五、審議健康管理、職業病預防及健康促進事項。
六、審議各項安全衛生提案。
七、審議事業單位自動檢查及安全衛生稽核事項。
八、審議機械、設備或原料、材料危害之預防措施。
九、審議職業災害調查報告。
十、考核現場安全衛生管理績效。
十一、審議承攬業務安全衛生管理事項。
十二、其他有關職業安全衛生管理事項。

10. ( 3 ) 依職業安全衛生管理辦法之規定，僱用勞工人數多少人以上之事業單位，雇主除應依規模、特性訂出職業安全衛生管理計畫外，另應訂定職業安全衛生管理規章要求各級主管及管理、指揮、監督有關人員執行？
① 30 ② 50 ③ 100 ④ 200。

解析 職業安全衛生管理辦法第12-1條：
雇主應依其事業單位之規模、性質，訂定職業安全衛生管理計畫，要求各級主管及負責指揮、監督之有關人員執行；勞工人數在30人以下之事業單位，得以安全衛生管理執行紀錄或文件代替職業安全衛生管理計畫。勞工人數在100人以上之事業單位，應另訂定職業安全衛生管理規章。第1項職業安全衛生管理事項之執行，應作成紀錄，並保存3年。

11. ( 3 ) 下列何者非勞工健康管理計畫之目的？
①依勞工之身體及心理狀況，分配適當工作
②早期偵知有害作業場所各種影響，評估安全衛生管理措施是否適當並提出改善措施
③防止機械設備之捲夾危害
④減少勞工因工傷病之缺工。

解析 勞工健康管理計畫經由體格檢查以及定期健康檢查，掌握勞工健康狀況、並透過適當分配勞工工作、改善作業環境、辦理勞工傷病醫療照顧、急救事宜、健康教育、衛生指導及推展健康促進活動等協助勞工保持或促進其健康，也減少傷病之缺工情況。

12. ( 4 ) 下列何者非健康促進的項目？
①有氧運動　②八段錦　③戒菸計畫　④指認呼喚。

解析
① 有氧運動包含韻律舞蹈等可以促進心肺功能之運動。
② 八段錦養生操與有氧運動一樣屬於身體活動的項目。
③ 戒菸計畫也是健康促進常考慮的項目。
④ 指認呼喚(指差確認)是一種透過身體各種感官(包括視覺、大腦意識、身體動作、口誦及聽覺)並用協調，以增加操控器械的注意力的**職業安全動作**方法。

13. ( 1 ) 依職業安全衛生管理辦法規定，下列何種機械設備應實施重點檢查？
①局部排氣裝置　②動力堆高機　③車輛系營建機械　④衝壓機械。

解析 雇主對**局部排氣**裝置或除塵裝置，於開始使用、拆卸、改裝或修理時，應依下列規定實施重點檢查：
一、導管或排氣機粉塵之聚積狀況。
二、導管接合部分之狀況。
三、吸氣及排氣之能力。
四、其他保持性能之必要事項。

14. ( 1 ) 依職業安全衛生設施規則規定，有易燃性液體蒸氣或可燃性氣體存在致有爆炸之虞之作業場所，應在何時測定其濃度？
①作業前　②作業後　③每日　④每月。

解析 雇主對於作業場所有易燃液體之蒸氣、可燃性氣體或爆燃性粉塵以外之可燃性粉塵滯留，而有爆炸、火災之虞者，應依危險特性採取通風、換氣、除塵等措施外，應指定專人對於前述蒸氣、氣體之濃度，於**作業前**測定之。

15. ( 3 ) 依職業安全衛生設施規則規定，作業前應測定可燃性氣體或易燃性液體蒸氣，其濃度達爆炸下限值之多少百分比以上時，應即刻使勞工退避至安全場所？ ① 10 ② 20 ③ 30 ④ 40。

解析 蒸氣或氣體之濃度達爆炸下限值之 30% 以上時，應即刻使勞工退避至安全場所，並停止使用煙火及其他為點火源之虞之機具，並應加強通風。

16. ( 3 ) 實施自動檢查以後，必須採取下列何項措施始能達到防止職業災害，保障職業安全與健康之目的？
①聘請專家指導 ②提出檢查報告 ③切實改善 ④舉行研討會。

解析 自動檢查發現問題後，應不斷且切實的持續改善。經由規劃 (Plan)、實施 (Do)、檢查 (Check) 及改進 (Action) 等管理功能 (PDCA)，實現安全衛生管理目標，提升安全衛生管理水準。

17. ( 3 ) 下列哪種事業單位依職業安全衛生管理辦法規定，僱用勞工人數在 100 人以上需要設置職業安全衛生管理單位？
①新聞業 ②醫院 ③紡織業 ④郵政業。

解析 職業安全衛生管理辦法之事業，依危害風險之不同區分如下：
一、第一類事業：具顯著風險者。( 紡織業 )
二、第二類事業：具中度風險者。( 醫院、郵政業 )
三、第三類事業：具低度風險者。( 新聞業 )
事業單位應依下列規定設職業安全衛生管理單位 ( 以下簡稱管理單位 )：
一、第一類事業之事業單位勞工人數在 100 人以上者，應設直接隸屬雇主之專責一級管理單位。
二、第二類事業勞工人數在 300 人以上者，應設直接隸屬雇主之一級管理單位。

18. ( 3 ) 依職業安全衛生管理辦法規定，事業單位勞工人數在多少人以上，設職業安全衛生管理單位或置管理人員時，應填具「職業安全衛生管理單位 ( 人員 ) 設置 ( 變更 ) 報備書」陳報勞動檢查機構備查？
① 10 ② 20 ③ 30 ④ 100。

解析 依職業安全衛生管理辦法第 86 條：
勞工人數在 30 人以上之事業單位，依第 2-1 條至第 3-1 條、第 6 條規定設管理單位或置管理人員時，應依中央主管機關公告之內容及方式登錄，陳報勞動檢查機構備查。

19. ( 3 ) 依職業安全衛生管理辦法規定，職業安全衛生委員會設置之委員人數最少需要多少人？
① 3 ② 5 ③ 7 ④ 9。

解析 職業安全衛生委員會置委員 7 人以上，除雇主為當然委員及第 5 款 ( 勞工代表 ) 規定者外，由雇主視該事業單位之實際需要指定下列人員組成：
一、職業安全衛生人員。

二、事業內各部門之主管、監督、指揮人員。
三、與職業安全衛生有關之工程技術人員。
四、從事勞工健康服務之醫護人員。
五、勞工代表。

20.（ 3 ）依職業安全衛生管理辦法規定，職業安全衛生委員會至少應每幾個月開會 1 次？
①1　②2　③3　④4。

解析
職業安全衛生委員會應每 **3 個月**至少開會一次，辦理下列事項：
一、對雇主擬訂之職業安全衛生政策提出建議。
二、協調、建議職業安全衛生管理計畫。
三、審議安全、衛生教育訓練實施計畫。
四、審議作業環境監測計畫、監測結果及採行措施。
五、審議健康管理、職業病預防及健康促進事項。
六、審議各項安全衛生提案。
七、審議事業單位自動檢查及安全衛生稽核事項。
八、審議機械、設備或原料、材料危害之預防措施。
九、審議職業災害調查報告。
十、考核現場安全衛生管理績效。
十一、審議承攬業務安全衛生管理事項。
十二、其他有關職業安全衛生管理事項。

21.（ 3 ）依職業安全衛生管理辦法規定，事業單位勞工多少人以上，雇主應訂定職業安全衛生管理規章？
① 30　② 50　③ 100　④ 300。

解析
職業安全衛生管理辦法第 12-1 條：
雇主應依其事業單位之規模、性質，訂定職業安全衛生管理計畫，要求各級主管及負責指揮、監督之有關人員執行；勞工人數在 30 人以下之事業單位，得以安全衛生管理執行紀錄或文件代替職業安全衛生管理計畫。勞工人數在 **100 人**以上之事業單位，應另訂定職業安全衛生管理規章。

22.（ 1 ）依職業安全衛生管理辦法規定，職業安全衛生人員離職，應向哪個單位報備？
①當地勞動檢查機構　②當地縣(市)政府
③同業公會　④當地警察局。

解析
職業安全衛生管理辦法第 8 條：
職業安全衛生人員因故未能執行職務時，雇主應即指定適當代理人。其代理期間不得超過 3 個月。
勞工人數在 30 人以上之事業單位，其職業安全衛生人員離職時，應即報**當地勞動檢查機構**備查。

23. ( 4 ) 依高壓氣體勞工安全規則規定，高壓氣體儲存能力在 100 立方公尺或 1 公噸以上之儲槽，應多久定期測定其沉陷狀況 1 次？
①1 個月　②6 個月　③9 個月　④1 年。

解析 職業安全衛生管理辦法第 37 條：
雇主對高壓氣體儲存能力在 100 立方公尺或 1 公噸以上之儲槽應注意有無沉陷現象，並應**每年**定期測定其沉陷狀況 1 次。

24. ( 3 ) 張三在甲工廠工作，擔任吊升荷重 2 公噸之固定式起重機操作員及荷重 2 公噸之堆高機操作員，請問甲工廠雇主應對張三實施下列何者訓練？
①吊升荷重未滿 3 公噸之固定式起重機操作訓練
②堆高機之操作訓練
③吊升荷重未滿 3 公噸之固定式起重機操作訓練及堆高機之操作訓練
④不必訓練。

解析 荷重在一公噸以上之堆高機操作人員需要經過特殊安全衛生訓練，吊升荷重在 0.5 公噸以上未滿 3 公噸之固定式起重機、移動式起重機、人字臂起重桿等操作人員也需要特殊安全衛生訓練。

25. ( 4 ) 依職業安全衛生教育訓練規則規定，下列何項作業勞工，雇主無需對其實施特殊作業安全衛生教育訓練？
①小型鍋爐之操作　②荷重在 1 公噸以上之堆高機操作
③潛水作業　④衝床作業。

解析 雇主對下列勞工，應使其接受特殊作業安全衛生教育訓練：
一、小型鍋爐操作人員。
二、荷重在 1 公噸以上之堆高機操作人員。
三、吊升荷重在 0.5 公噸以上未滿 3 公噸之固定式起重機操作人員或吊升荷重未滿 1 公噸之斯達卡式起重機操作人員。
四、吊升荷重在 0.5 公噸以上未滿 3 公噸之移動式起重機操作人員。
五、吊升荷重在 0.5 公噸以上未滿 3 公噸之人字臂起重桿操作人員。
六、高空工作車操作人員。
七、使用起重機具從事吊掛作業人員。
八、以乙炔熔接裝置或氣體集合熔接裝置從事金屬之熔接、切斷或加熱作業人員。
九、火藥爆破作業人員。
十、胸高直徑 70 公分以上之伐木作業人員。
十一、機械集材運材作業人員。
十二、高壓室內作業人員。
十三、潛水作業人員。
十四、油輪清艙作業人員。
十五、其他經中央主管機關指定之人員。

26. ( 3 ) 下列何項操作人員，雇主毋需使其受危險性設備操作人員安全訓練？
①鍋爐(小型鍋爐除外)
②第一種壓力容器
③吊升荷重未滿5公噸之固定式起重機
④高壓氣體特定設備。

解析 雇主對擔任下列具有危險性之設備操作之勞工，應於事前使其接受具有危險性之設備操作人員之安全衛生教育訓練：
一、鍋爐操作人員。
二、第一種壓力容器操作人員。
三、高壓氣體特定設備操作人員。
四、高壓氣體容器操作人員。
五、其他經中央主管機關指定之人員。

27. ( 3 ) 依職業安全衛生管理辦法規定，就自動檢查，雇主對特定化學設備或其附屬設備應多久實施定期檢查一次？
① 6個月 ② 1年 ③ 2年 ④ 3年。

解析 雇主對特定化學設備或其附屬設備，應**每2年**依下列規定定期實施檢查一次：
一、特定化學設備或其附屬設備(不含配管)：
1. 內部有無足以形成其損壞原因之物質存在。
2. 內面及外面有無顯著損傷、變形及腐蝕。
3. 蓋、凸緣、閥、旋塞等之狀態。
4. 安全閥、緊急遮斷裝置與其他安全裝置及自動警報裝置之性能。
5. 冷卻、攪拌、壓縮、計測及控制等性能。
6. 備用動力源之性能。
7. 其他為防止丙類第一種物質或丁類物質之漏洩之必要事項。
二、配管
1. 熔接接頭有無損傷、變形及腐蝕。
2. 凸緣、閥、旋塞等之狀態。
3. 接於配管之供為保溫之蒸氣管接頭有無損傷、變形或腐蝕。

28. ( 2 ) 依職業安全衛生管理辦法規定，下列何種安全裝置非為固定式起重機每日應實施定期檢查之項目？
①過捲預防裝置 ②警報裝置
③制動器 ④離合器

解析 雇主對固定式起重機，應於每日作業前依下列規定實施檢點，對置於瞬間風速可能超過每秒30公尺或4級以上地震後之固定式起重機，應實施各部安全狀況之檢點：
一、過捲預防裝置、制動器、離合器及控制裝置性能。
二、直行軌道及吊運車橫行之導軌狀況。
三、鋼索運行狀況。

29. ( 3 ) 依職業安全衛生管理辦法規定，下列何種機械設備應實施重點檢查？
①鍋爐 ②小型壓力容器 ③第二種壓力容器 ④第一種壓力容器。

解析
① 雇主對鍋爐應每月依規定定期實施檢查一次。
② 雇主對小型壓力容器應每年依規定定期實施檢查一次。
③ 雇主對第二種壓力容器應於初次使用前依規定實施**重點檢查**。
④ 雇主對高壓氣體特定設備、高壓氣體容器及第一種壓力容器應每月依規定定期實施檢查一次。

30. ( 1 ) 依職業安全衛生管理辦法規定，車輛系營建機械應多久實施整體定期檢查一次？
① 1 年 ② 2 年 ③ 3 年 ④ 4 年。

解析 雇主對車輛系營建機械，應**每年**就該機械之整體定期實施檢查一次。

31. ( 1 ) 依職業安全衛生管理辦法規定，移動式起重機之過捲預防裝置、過負荷警報裝置、制動器、離合器及控制裝置，其性能檢點週期為下列何者？
①每日 ②每週 ③每月 ④每季。

解析
職業安全衛生管理辦法第 53 條：
雇主對移動式起重機，應於**每日**作業前對過捲預防裝置、過負荷警報裝置、制動器、離合器、控制裝置及其他警報裝置之性能實施檢點。

32. ( 3 ) 定期檢查及重點檢查紀錄表應陳報事業單位負責人或其代理人，其資料最少應保存幾年？
① 1 ② 2 ③ 3 ④ 5。

解析 雇主依規定實施之定期檢查、重點檢查，應訂定自動檢查表，以利檢查作業執行，檢查紀錄應保存 **3 年**。

33. ( 2 ) 雇主依法對勞工施以從事工作及預防災變所必要之安全衛生教育訓練，勞工有接受之義務，違反時可處下列何種處分？
①罰金 ②罰鍰 ③拘役 ④有期徒刑。

解析 勞工如不接受安全衛生教育訓練，可處新臺幣 3,000 元**罰鍰**。

34. ( 4 ) 危險性機械或設備之操作人員，雇主僱用未經中央主管機關認可之訓練或經技能檢定合格人員充任時，依職業安全衛生法規定，可處以下列何種行政處分？
①有期徒刑 ②拘役 ③罰金 ④罰鍰。

解析
職業安全衛生法第 24 條：
經中央主管機關指定具有危險性機械或設備之操作人員，雇主應僱用經中央主管機關認可之訓練或經技能檢定之合格人員充任之。若不遵守則處新臺幣 3 萬元以上 30 萬元以下**罰鍰**。

35. ( 3 ) 依職業安全衛生教育訓練規則規定，下列何者不需接受有害作業主管安全衛生教育訓練？
①鉛作業主管 ②缺氧作業主管
③液化石油氣製造安全作業主管 ④粉塵作業主管。

解析 雇主對擔任下列作業主管之勞工，應於事前使其接受有害作業主管之安全衛生教育訓練：
一、有機溶劑作業主管。
二、鉛作業主管。
三、四烷基鉛作業主管。
四、缺氧作業主管。
五、特定化學物質作業主管。
六、粉塵作業主管。
七、高壓室內作業主管。
八、潛水作業主管。
九、其他經中央主管機關指定之人員。

36. ( 3 ) 事業單位與承攬人、再承攬人分別僱用勞工共同作業時，相關承攬事業間之安全衛生教育訓練指導及協助，應由下列何者負責？
①承攬人 ②再承攬人
③原事業單位 ④當地主管機關。

解析 事業單位與承攬人、再承攬人分別僱用勞工共同作業時，為防止職業災害，**原事業單位**應採取下列必要措施：
一、設置協議組織，並指定工作場所負責人，擔任指揮、監督及協調之工作。
二、工作之連繫與調整。
三、工作場所之巡視。
四、相關承攬事業間之安全衛生教育之指導及協助。
五、其他為防止職業災害之必要事項。
事業單位分別交付二個以上承攬人共同作業而未參與共同作業時，應指定承攬人之一負前項原事業單位之責任。

37. ( 3 ) 辦理職業安全衛生教育訓練之規劃順序，下列何項最為優先？
①決定訓練方法 ②訓練之實施 ③決定訓練之對象 ④成果之評價。

解析 應先**決定訓練之對象**與人員，才能決定訓練方法與內容，接著執行訓練，最後為評價成果。

38. ( 2 ) 安全衛生教育訓練計畫之製作程序有下列四個步驟，(a) 實施訓練計畫 (b) 分析訓練需求 (c) 評鑑訓練成效 (d) 擬定年度訓練計畫；其計畫製作依序為下列何者？
① a → b → c → d ② b → d → a → c
③ c → d → a → b ④ d → a → b → c。

解析 應先分析訓練需求，才知道單位之人員以及需要之訓練＞接著擬定年度訓練計畫，安排課程時數與訓練內容＞實施訓練計畫＞最後評鑑訓練成效。

39. ( 4 ) 下列何者非為評估安全衛生訓練需求所做之分析？
①組織層級分析 ②工作層級分析 ③個人層級分析 ④財務分析。

解析 訓練的需求評估可以來自管理階層或經營方向之策略與目標，以組織的考量形成；或者工作層級之目前的績效表現與能力，而產生之需要改進而訓練。也可以由企業內員工之基本資料加以分析，作為參加教育訓練的基礎，此為個人分析。此三種合之為訓練需求。

40. ( 1 ) 擬決定實施工作安全分析的工作項目時，下列哪項應最優先選擇？
①傷害頻率高的工作 ②新工作 ③臨時性工作 ④經常性工作。

解析 執行工作安全分析的優先順序如下：
一、失能傷害頻率高的。
二、失能傷害嚴重率高的。
三、曾發生事故的。
四、有高風險的。
五、臨時或非經常性的。
六、新進設備或新製程。
七、經常性的。

41. ( 3 ) 下列何者非為安全作業標準的功用之一？
①安全教導的參考 ②安全觀察的參考
③員工升遷的參考 ④事故調查的參考。

解析 安全作業標準與工作安全分析表類似，首先要實施工作分析，將作業分解為基本步驟，列出工作方法；針對工作方法提出不安全因素及安全措施，並檢討各種不安全因素所可能造成之傷害事故，提出安全措施及事故處理方法。
安全作業標準的功用：
一、防範工作場所災害的發生。
二、確定工作場所需要的設備與器具。
三、選擇適當的人員作業。
四、作為安全教導參考。
五、作為安全觀察參考。
六、作為事故調查參考。
七、增進工作人員的參與感。

42. ( 2 ) 下列何種情況不需修正安全作業標準？
①作業流程改變時 ②僱用新人時 ③設備改變時 ④管理制度改變時。

解析
安全作業標準並非一成不變，會隨時修正或定期修正。原因如下：
- 工作程序變更、機械設備變更時應立即修訂。
- 發生事故時，應檢討事故原因予以修正或增加。
- 工作方法改變時，也應重新分析以符合實際需求。
- 管理制度改變時，作業標準也應隨之修訂。

43. ( 2 ) 下列何種法令規定，雇主應擬定安全作業標準？
①職業安全衛生管理辦法 ②職業安全衛生法施行細則
③職業安全衛生教育訓練規則 ④勞工作業環境之監測實施辦法。

解析
**職業安全衛生法施行細則**第 31 條：
本法第 23 條第 1 項所定職業安全衛生管理計畫，包括下列事項：
一、工作環境或作業危害之辨識、評估及控制。
二、機械、設備或器具之管理。
三、危害性化學品之分類、標示、通識及管理。
四、有害作業環境之採樣策略規劃及監測。
五、危險性工作場所之製程或施工安全評估。
六、採購管理、承攬管理及變更管理。
七、安全衛生作業標準。
八、定期檢查、重點檢查、作業檢點及現場巡視。
九、安全衛生教育訓練。
十、個人防護具之管理。
十一、健康檢查、管理及促進。
十二、安全衛生資訊之蒐集、分享及運用。
十三、緊急應變措施。
十四、職業災害、虛驚事故、影響身心健康事件之調查處理及統計分析。
十五、安全衛生管理紀錄及績效評估措施。
十六、其他安全衛生管理措施。

44. ( 2 ) 下列何種作業較不需要列入工作安全分析？
①臨時性的工作 ②低危害重複性的生產工作
③傷害頻率高的工作 ④潛在高危害性的工作。

解析
執行工作安全分析的優先順序如下：
一、失能傷害頻率高的。
二、失能傷害嚴重率高的。
三、曾發生事故的。
四、有高風險的(潛在高危害性)。
五、臨時或非經常性的。
六、新進設備或新製程。
七、經常性的。

45. ( 2 ) 下列何項是安全觀察盡量要避免的行為？
①要先決定安全觀察的最少抽樣數
②發現不安全動作時要立即矯正
③要先了解相關安全作業標準
④觀察時態度要保持客觀。

解析 預先安排計畫好的安全觀察，先計算出總共需觀察的次數，排定每次的觀察內容。觀察員應熟悉該項作業標準再進行觀察。觀察員應瞭解相關的安全衛生工作守則。安全觀察時，應與受觀察工作人員保持距離，次要的潛在危險，應待工作完成後再上前糾正。

46. ( 2 ) 下列何者非為安全作業標準之功用？
①防範工作場所災害之發生
②職業災害補償之依據
③作為安全觀察參考
④選擇適當的人從事工作。

解析 安全作業標準之功用：
一、防範作業場所危害發生。
二、確定作業所需的設備或器具。
三、選擇適當的人員工作。
四、作為安全教導的依據。
五、作為安全觀察的參考。
六、作為災害調查的參考。
七、增進作業人員對安全的認識。

47. ( 2 ) 由有實務經驗的現場基層主管與現場作業人員共同討論獲致的一項安全作業程序，係指下列何者？
①工作分析 ②安全作業標準 ③安全觀察 ④安全檢查。

解析 事業單位各級主管及管理、指揮、監督有關人員應擬定「安全作業標準」，並教導及督導所屬之人員依安全作業標準去實施。

48. ( 1 ) 下列何者非屬雇主應執行之職業安全衛生事項？
①決定作業成本
②評估安全衛生績效
③勞工健康檢查、健康管理及健康促進事項
④定期檢查、重點檢查、作業檢點及現場巡視。

解析 所有事業單位雇主均應依其事業之規模、性質，訂定職業安全衛生管理計畫，執行下列職業安全衛生管理事項，並留存紀錄備查：
一、工作環境或作業危害之辨識、評估及控制。
二、機械、設備或器具之管理。
三、危害性化學品之分類、標示、通識及管理。

四、有害作業環境之採樣策略規劃與監測。
五、危險性工作場所之製程或施工安全評估。
六、採購管理、承攬管理及變更管理。
七、安全衛生作業標準。
八、定期檢查、重點檢查、作業檢點及現場巡視。
九、安全衛生教育訓練。
十、個人防護具之管理。
十一、健康檢查、管理及促進。
十二、安全衛生資訊之蒐集、分享與運用。
十三、緊急應變措施。
十四、職業災害、虛驚事故、影響身心健康事件之調查處理與統計分析。
十五、安全衛生管理紀錄與績效評估措施。
十六、其他安全衛生管理措施。

49. ( 1 ) 營造業的專案工程，在下列哪一個階段考量安全，可有最佳的安全成本效益？
①規劃設計 ②發包 ③施工 ④試運轉。

解析 越早期開始進行安全的考量，能夠以最低的成本獲得最大的效益，如下圖所示，隨著時間的進行，需要花費更多的成本才能獲得一樣的效益。

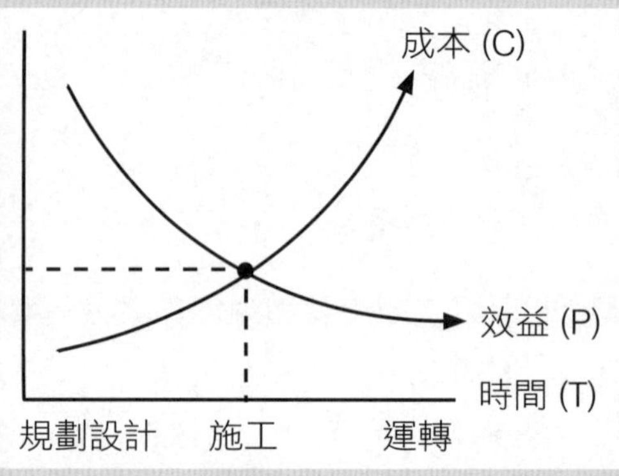


50. ( 4 ) 將工作方法或程序分解為各細項或步驟，以了解可能具有之危害，並訂出安全作業的需求，係指下列何者？
①自動檢查 ②安全觀察 ③損失控制 ④工作安全分析。

解析 工作安全分析之步驟：
一、決定要分析的工作。
二、將工作分成幾個步驟。
三、發現潛在危險。
四、決定安全工作方法。

51. ( 4 ) 依職業安全衛生管理辦法之規定，下列關於職業安全衛生組織及人員的描述何者錯誤？
①事業單位所置專職管理人員，應常駐廠場執行業務，不得兼任其他法令所定專責(任)人員或從事其他與職業安全衛生無關之工作
②營造業之事業單位對於橋梁、道路、隧道或輸配電等距離較長之工程，應於每十公里內增置營造業丙種職業安全衛生業務主管一人
③職業安全衛生人員因故未能執行職務時，雇主應即指定適當代理人。其代理期間不得超過三個月
④勞工人數在三十人以上之事業單位，其職業安全衛生人員離職時，應於三個月內報當地勞動檢查機構備查。

解析 依職業安全衛生管理辦法中之規定：
- 第 3 條：依前項規定所置專職管理人員，應常駐廠場執行業務，不得兼任其他法令所定專責(任)人員或從事其他與職業安全衛生無關之工作。
- 第 3-1 條：營造業之事業單位對於橋梁、道路、隧道或輸配電等距離較長之工程，應於每 10 公里內增置營造業丙種職業安全衛生業務主管一人。
- 第 8 條：職業安全衛生人員因故未能執行職務時，雇主應即指定適當代理人。其代理期間不得超過 3 個月。
- 第 8 條：勞工人數在 30 人以上之事業單位，其職業安全衛生人員離職時，**應即報當地勞動檢查機構備查**。

52. ( 3 ) 依職業安全衛生管理辦法之規定，下列何者是移動式起重機每月定期實施檢查的項目？
①導索之結頭部分有無異常
②終點極限開關、緊急停止裝置、制動器、控制裝置及其他安全裝置有無異常
③鋼索及吊鏈有無損傷
④積載裝置及油壓裝置。

解析 職業安全衛生管理辦法第 20 條：
雇主對移動式起重機、應每月依下列規定定期實施檢查一次：
一、過捲預防裝置、警報裝置、制動器、離合器及其他安全裝置有無異常。
二、**鋼索及吊鏈有無損傷**。
三、吊鉤、抓斗等吊具有無損傷。
四、配線、集電裝置、配電盤、開關及控制裝置有無異常。

53. ( 2 ) 下列何者非事業單位製作勞工健康管理計畫應先確認之事項？
①事業單位作業環境有何種危害因子
②工作場所使用之危險性機械設備種類及數量
③勞工總人數，如為輪班者，每班次勞工人數
④勞工之年齡分佈。

解析 製作勞工健康管理計畫應先確認：
一、企業健康與安全政策。
二、工作者健康服務需求與歷年健康狀況(勞工總人數與年齡、健康問題和生活型態、健康行為與習慣等資訊)。
三、作業環境危害暴露(危害健康風險因素、事業單位作業環境的危害因子)。
四、活動所需內外部資源。
五、改善計畫與方案設計。

54. ( 3 ) 依職業安全衛生管理辦法規定，職業安全衛生委員至少應每幾個月開會 1 次？
①1　②2　③3　④4。

解析 職業安全衛生管理辦法第 12 條：
委員會應每 3 個月至少開會一次，辦理下列事項：
一、對雇主擬訂之職業安全衛生政策提出建議。
二、協調、建議職業安全衛生管理計畫。
三、審議安全、衛生教育訓練實施計畫。
四、審議作業環境監測計畫、監測結果及採行措施。
五、審議健康管理、職業病預防及健康促進事項。
六、審議各項安全衛生提案。
七、審議事業單位自動檢查及安全衛生稽核事項。
八、審議機械、設備或原料、材料危害之預防措施。
九、審議職業災害調查報告。
十、考核現場安全衛生管理績效。
十一、審議承攬業務安全衛生管理事項。
十二、其他有關職業安全衛生管理事項。

55. ( 4 ) 下列何者非屬勞工健康保護規則所稱特別危害健康作業？
①鉛中毒預防規則所稱之鉛作業
②粉塵危害預防標準所稱之粉塵作業
③游離輻射作業
④重體力勞動作業勞工保護措施標準所稱之重體力作業。

解析 特別危害健康作業如下表所列：

| 項次 | 作業名稱 |
|---|---|
| 一 | 高溫作業勞工作息時間標準所稱之高溫作業。 |
| 二 | 勞工噪音暴露工作日 8 小時日時量平均音壓級在 85 分貝以上之噪音作業。 |
| 三 | 游離輻射作業。 |
| 四 | 異常氣壓危害預防標準所稱之異常氣壓作業。 |
| 五 | 鉛中毒預防規則所稱之鉛作業。 |

| 項次 | 作業名稱 |
| --- | --- |
| 六 | 四烷基鉛中毒預防規則所稱之四烷基鉛作業。 |
| 七 | 粉塵危害預防標準所稱之粉塵作業。 |
| 八 | 有機溶劑中毒預防規則所稱之下列有機溶劑作業：<br>(一) 1,1,2,2- 四氯乙烷。<br>(二) 四氯化碳。<br>(三) 二硫化碳。<br>(四) 三氯乙烯。<br>(五) 四氯乙烯。<br>(六) 二甲基甲醯胺。<br>(七) 正己烷。 |
| 九 | 製造、處置或使用下列特定化學物質或其重量比(苯為體積比)超過 1% 之混合物之作業：<br>(一) 聯苯胺及其鹽類。<br>(二) 4- 胺基聯苯及其鹽類。<br>(三) 4- 硝基聯苯及其鹽類。<br>(四) β- 萘胺及其鹽類。<br>(五) 二氯聯苯胺及其鹽類。<br>(六) α- 萘胺及其鹽類。<br>(七) 鈹及其化合物（鈹合金時，以鈹之重量比超過 3% 者為限）。<br>(八) 氯乙烯。<br>(九) 2,4- 二異氰酸甲苯或 2,6- 二異氰酸甲苯。<br>(十) 4,4- 二異氰酸二苯甲烷。<br>(十一) 二異氰酸異佛爾酮。<br>(十二) 苯。<br>(十三) 石綿（以處置或使用作業為限）。<br>(十四) 鉻酸及其鹽類或重鉻酸及其鹽類。<br>(十五) 砷及其化合物。<br>(十六) 鎘及其化合物。<br>(十七) 錳及其化合物（一氧化錳及三氧化錳除外）。<br>(十八) 乙基汞化合物。<br>(十九) 汞及其無機化合物。<br>(二十) 鎳及其化合物。<br>(二十一) 甲醛。<br>(二十二) 1,3- 丁二烯。<br>(二十三) 銦及其化合物。 |
| 十 | 黃磷之製造、處置或使用作業。 |
| 十一 | 聯吡啶或巴拉刈之製造作業。 |
| 十二 | 其他經中央主管機關指定公告之作業：<br>製造、處置或使用下列化學物質或其重量比超過 5% 之混合物之作業：溴丙烷。 |

56. ( 2 ) 評估職業災害的潛在風險是職業安全衛生管理系統的重要工作之一，下列何者不是執行風險評估的時機？
①引進或修改製程 ②招募新進人員
③建立職業管理系統時 ④作業方法或條件的變更。

解析

● 依職業安全衛生管理辦法第 12-3 條：
第 12-2 條第 1 項之事業單位，於引進或修改製程、作業程序、材料及設備前，應評估其職業災害之風險，並採取適當之預防措施。
● 依風險評估技術指引：
在風險評估管理計畫或程序中亦須明確規定執行風險評估的時機，例如：
一、建立安全衛生管理計畫或職業安全衛生管理系統時。
二、新的化學物質、機械、設備、或作業活動等導入時。
三、機械、設備、作業方法或條件等變更時。

57. ( 2 ) 下列關於製程安全評估的描述何者錯誤？
①初步危害分析 (PHA) 用於系統設計階段實施，目的是分析系統的重大潛在危害
②危害及可操作分析 (HazOp) 屬於定性分析方法
③故障樹分析 (FTA) 及事件樹分析 (ETA) 屬於定量分析方法
④二維風險矩陣是由危害發生的可能性與嚴重性組合而成。

解析

● 初步危害分析 PHA (Preliminary Hazard Analysis)：通常用於系統的第一次分析檢討，需列出某一系列之每一主要危害，予以評估並予以控制。
● 危害與可操作性分析 HazOP (Hazard and Operabilities Studies)：分析小組設法找出偏差或偏離 (deviation) 的原因，以及其可能造成的後果。藉由危害之後果的評估，可進一步實施量化風險分析。
● 事件樹分析 ETA (Event Tree Analysis)：從引起意外事故的起始事件開始分析，安全系統在分析時依事件發展先後順序，置於事件樹上面每一安全系統的正常與故障皆予考慮，依事件之因果逐一分析下去直到意外事件為止。
● 故障樹分析 FTA (Fault Tree Analysis)：主要針對一特定的意外事件或系統失誤，一般為樹狀圖形表示，描繪出意外事件的人為錯誤與設備失效組合，找出所有可能危害因素，並以量化方式找出機會最高危害因素。
● 二維風險矩陣是由危害發生的可能性與嚴重性組合而成。
Risk( 風險 ) ＝ S 嚴重性 (Severity) × P 損失發生可能性 (Probability of loss)。

58. ( 4 ) 某工廠因為生產需要，將工作平台高度提升到 3 公尺高，為了防止人員發生墜落風險，下列何者不屬於工程改善事項？
①設置護欄或護蓋 ②設置上下升降設備或防墜設施
③使用起重吊掛作業 ④使勞工配戴安全帶。

解析 一、工程控制(設置護欄或護蓋、設置上下升降設備或防墜設施、使用起重吊掛作業)。
二、行政管理(調整輪班時間、建立作業規範)。
三、**使用防護具**(使勞工配戴安全帶)。
四、健康管理。

59. ( 3 ) 事業單位新購 3 部沖剪機械以增加產量,為了防止人員發生壓夾風險,下列何者屬於本質安全設計?
①加強作業主管的監督管理 ②危害告知
③自動化進出料 ④維修保養使用掛牌上鎖。

解析 本質安全設計是指機械設計時透過人因工程學的考量,在設計階段採取措施來消除設備潛在危險的設計方式。即是利用設計等方式使機械設備本身具有安全性,即使在錯誤操作或設備發生故障的情況下也不會發生事故。而利用**自動化的設備**即是一種本質安全設計。

60. ( 3 ) 風險管理執行程序包括五個步驟,(a) 風險辨識 (b) 確認環境狀態 (c) 風險處理 (d) 風險評量 (e) 風險分析,其正確順序為下列何者?
① a → b → c → d → e ② a → b → c → e → d
③ b → a → e → d → c ④ b → a → d → e → c。

解析 風險管理的步驟為:**確認環境狀態>風險辨識>風險分析>風險評量>風險處理**。

61. ( 2 ) 依職業安全衛生教育訓練規則規定,雇主應對擔任下列何種具有危險性之機械操作之勞工,於事前使其接受具有危險性之機械操作人員之安全衛生教育訓練?
①鍋爐操作人員
②吊升荷重在三公噸以上之移動式起重機操作人員
③高壓氣體容器操作人員
④荷重在一公噸以上之堆高機操作人員。

解析 具有危險性機械操作人員之安全衛生教育訓練包含:
一、吊升荷重在 3 公噸以上固定式起重機或吊升荷重在 1 公噸以上之斯達卡式起重機操作人員。
二、**吊升荷重在 3 公噸以上之移動式起重機操作人員**。
三、吊升荷重在 3 公噸以上之人字臂起重桿操作人員。
四、導軌或升降路之高度在 20 公尺以上之營建用提升機操作人員。
五、吊籠操作人員。

62. ( 2 ) 依職業安全衛生設施規則規定，局限空間危害防止計畫內容，不包括下列何項？
①緊急應變處置措施
②教育訓練及宣導要求
③作業控制設施及作業安全檢點方法
④進入作業許可程序。

解析

依職業安全衛生設施規則第 29-1 條：
雇主使勞工於局限空間從事作業前，應先確認該局限空間內有無可能引起勞工缺氧、中毒、感電、塌陷、被夾、被捲及火災、爆炸等危害，有危害之虞者，應訂定危害防止計畫，並使現場作業主管、監視人員、作業勞工及相關承攬人依循辦理。
前項危害防止計畫，應依作業可能引起之危害訂定下列事項：
一、局限空間內危害之確認。
二、局限空間內氧氣、危險物、有害物濃度之測定。
三、通風換氣實施方式。
四、電能、高溫、低溫與危害物質之隔離措施及缺氧、中毒、感電、塌陷、被夾、被捲等危害防止措施。
五、作業方法及安全管制作法。
六、進入作業許可程序。
七、提供之測定儀器、通風換氣、防護與救援設備之檢點及維護方法。
八、作業控制設施及作業安全檢點方法。
九、緊急應變處置措施。

63. ( 1 ) 依職業安全衛生設施規則規定，有危害勞工之虞之局限空間從事作業時，所執行之進入許可，應載明事項不包括下列何項？
①工作流程
②其他維護作業人員之安全措施
③作業種類
④作業時間及期限。

解析

依職業安全衛生設施規則第 29-2 條：
雇主使勞工於局限空間從事作業，有危害勞工之虞時，應於作業場所入口顯而易見處所公告下列注意事項，使作業勞工周知：
一、作業有可能引起缺氧等危害時，應經許可始得進入之重要性。
二、進入該場所時應採取之措施。
三、事故發生時之緊急措施及緊急聯絡方式。
四、現場監視人員姓名。
五、其他作業安全應注意事項。

64. ( 4 ) 下列何項非屬職業安全衛生管理計畫所需訂定事項？
①採購管理　②承攬管理　③變更管理　④財稅管理。

解析 職業安全衛生法施行細則第31條：
本法第23條第1項所定職業安全衛生管理計畫，包括下列事項：
一、工作環境或作業危害之辨識、評估及控制。
二、機械、設備或器具之管理。
三、危害性化學品之分類、標示、通識及管理。
四、有害作業環境之採樣策略規劃及監測。
五、危險性工作場所之製程或施工安全評估。
六、採購管理、承攬管理及變更管理。
七、安全衛生作業標準。
八、定期檢查、重點檢查、作業檢點及現場巡視。
九、安全衛生教育訓練。
十、個人防護具之管理。
十一、健康檢查、管理及促進。
十二、安全衛生資訊之蒐集、分享及運用。
十三、緊急應變措施。
十四、職業災害、虛驚事故、影響身心健康事件之調查處理及統計分析。
十五、安全衛生管理紀錄及績效評估措施。
十六、其他安全衛生管理措施。

65. ( 4 ) 某營造工程勞工之工作事項有操作挖土機、鋼筋綁紮、操作捲揚機及電焊作業，應使其接受至少多少小時之安全衛生教育訓練？
① 6 ② 9 ③ 12 ④ 15。

解析 新僱勞工或在職勞工於變更工作前依實際需要排定時數，不得少於3小時。但從事使用生產性機械或設備、車輛系營建機械、起重機具吊掛搭乘設備、捲揚機等之操作及營造作業、缺氧作業（含局限空間作業）、電焊作業、氧乙炔熔接裝置作業等應各增列3小時。因此勞工基本時數3小時，而又增列四個作業項目因此尚須增加12小時教育訓練時數。

66. ( 4 ) 職業安全衛生管理系統透過何種管理循環模式，提供工作者安全健康的工作環境？
①計畫 - 檢討 - 執行 - 回饋 ②程序 - 執行 - 改進 - 稽核
③規劃 - 發展 - 確認 - 改進 ④規劃 - 執行 - 查核 - 改善。

解析 PDCA流程也稱為戴明循環，共有4個步驟：規劃(P)、執行(D)、查核(C)、改善(A)。整個流程為線性進行，每段循環的結束即銜接下個循環的開始。針對職安衛管理工作按規劃、執行、查核與改善來進行活動，以確保目標之達成，並進而促使職安衛績效持續改善。

67. ( 3 ) TOSHMS驗證機構對通過TOSHMS驗證之申請驗證單位，應發給註明有效期限最長幾年及經職業安全衛生署核定格式之職業安全衛生管理系統驗證證書？
① 1 ② 2 ③ 3 ④ 5。

解析

根據臺灣職業安全衛生管理系統驗證指導要點第 16 項：
TOSHMS 驗證機構對通過 TOSHMS 驗證之申請驗證單位，應發給註明有效期限最長 3 年及經職安署核定格式之職業安全衛生管理系統驗證證書。
前項驗證證書若其驗證之標準為 CNS 15506 者，其所註明之有效期限不得超過 110 年 3 月 31 日。

68. ( 134 ) 依職業安全衛生管理辦法之規定，事業單位所建置之職業安全衛生管理系統應包括哪些安全衛生事項？
①政策及組織設計 ②營業項目及規模
③規劃與實施 ④評估及改善措施。

解析

職業安全衛生管理系統主要要素包含五個階段：
一、政策。
二、組織設計。
三、規劃與實施。
四、評估。
五、改善措施。

69. ( 123 ) 依職業安全衛生管理辦法規定，下列哪些檢查需要訂定自動檢查計畫？
①機械之定期檢查 ②機械、設備之重點檢查
③機械、設備之作業檢查 ④作業檢點。

解析

職業安全衛生管理辦法第 79 條：
雇主依第 13 條至第 63 條 ( 至機械、設備之作業檢點為止 ) 規定實施之自動檢查，應訂定自動檢查計畫。
自動檢查項目：
一、機械之定期檢查。
二、設備之定期檢查。
三、機械、設備之重點檢查。
四、機械、設備之作業檢點。
五、作業檢點 ( 不需要制定自動檢查計畫 )。

70. ( 12 ) 下列哪些人係由雇主指定之職業安全衛生委員會之人員？
①事業內各部門之主管 ②職業安全衛生人員
③總務人員 ④工會人員。

解析

職業安全衛生委員會置委員 7 人以上，除雇主為當然委員及第 5 款 ( 勞工代表 ) 規定者外，由雇主視該事業單位之實際需要指定下列人員組成：
一、職業安全衛生人員。
二、事業內各部門之主管、監督、指揮人員。
三、與職業安全衛生有關之工程技術人員。
四、從事勞工健康服務之醫護人員。
五、勞工代表。
委員任期為 2 年，並以雇主為主任委員，綜理會務。

71. (134) 關於職業安全衛生管理計畫的說明，下列何者正確？
①安全衛生管理計畫應該由事業單位訂定
②由職業安全衛生管理單位自行訂定
③計畫內容包括採購管理、承攬管理與變更管理等事項
④計畫目標應該具體且可量測。

解析
- 依職業安全衛生法第 23 條第 1 項規定，雇主應依其事業單位之規模、性質，訂定職業安全衛生管理計畫。
- 計畫內容應包含採購管理、承攬管理與變更管理事項等 16 項目。
- 依據安全衛生政策及利害相關者關切的課題，訂定符合相關安全衛生法令規章，以及具體、可量測且能達成的目標。目標著重持續改善員工的職業安全衛生保護措施，以達到最佳的職業安全衛生績效。

72. (234) 在研定職業安全衛生管理目標時，下列哪些項目屬於主動性目標？
①相較去年降低災害件數 30%
②訂定作業標準 3 件
③辦理健康促進講座 12 小時
④每個月針對高風險作業進行安全觀察 1 件。

解析
- 被動式目標：這種衡量方式是將所有之前發生的事故、事件、虛驚事故或職業疾病案例的數目與所設定的目標值比較，以做為提升安全衛生績效與努力方向之參考。
- 主動式目標：係在意外事故、職業病或事件發生前，就所執行的安全衛生管理業務進行量測，提供有關執行成效的重要回饋資料，用以檢查績效標準的符合度與特定目標的達成度。

73. (134) 下列何者為事業單位製作勞工健康管理計畫應確認之事項？
①事業單位作業環境有何種危害因子
②工作場所使用之危險性機械設備種類及數量
③勞工總人數，如為輪班者，每班次勞工人數
④勞工之年齡分佈。

解析
與第 53 題相同，惟一題詢問是、一題詢問非，看題時需要特別留意。
製作勞工健康管理計畫應先確認：
一、企業健康與安全政策。
二、工作者健康服務需求與歷年健康狀況(勞工總人數與年齡、健康問題和生活型態、健康行為與習慣等資訊)。
三、作業環境危害暴露(危害健康風險因素、事業單位作業環境的危害因子)。
四、活動所需內外部資源。
五、改善計畫與方案設計。

74. (134) 依職業安全衛生管理辦法規定，下列哪些機械應每年就整體定期實施檢查一次？
①車輛系營建機械　②鍋爐　③堆高機　④固定式起重機。

解析 職業安全衛生管理辦法規定檢查時間如下：
- 第 16 條：雇主對車輛系營建機械，應每年就該機械之整體定期實施檢查一次。
- 第 32 條：雇主對鍋爐應每月依規定定期實施檢查一次。
- 第 17 條：雇主對堆高機應每年就該機械之整體定期實施檢查一次。
- 第 19 條：雇主對固定式起重機，應每年就該機械之整體定期實施檢查一次。

75. ( 14 ) 下列何者是稽核的正確作法？
①稽核前應擬定稽核重點
②稽核時應查遍所有文件內容，才不致有代表性不足的問題
③稽核時只採面談方式不查核資料
④稽核後應追蹤其改善情形。

解析 不是每個項目都得每年進行稽核，應依據風險及對產品或製程的重要性來決定稽核頻率。稽核時，針對需要的文件，配合方法進行，才不至於在過多的文件中不知如何下手。查詢資料與面談都是常用的稽核方法之一，且稽核後應追蹤改善的情形，才能對症下藥。

76. (234) 下列哪些為工作場所之風險管理要項？
①建立安全衛生管理組織　②危害辨識
③評估危害所產生風險　④實施控制方法。

解析 工作場所之風險管理要項包含：
一、建立工作風險評估計畫。
二、建立評估架構：決定策略(區域性 / 功能性 / 製程 / 流程)。
三、資料蒐集。
四、危害辨識。
五、辨識可能受到風險波及的人員。
六、辨識可能受到波及人員的暴露型態。
七、評估危害所產生之風險。
八、研究去除或控制風險的方案。
九、決定優先順序並決定控制措施。
十、實施控制方法。
十一、紀錄評估結果。
十二、有效性評量。
十三、審查(定期或於變更發生時)。

77. (134) 雇主使勞工從事局限空間作業，應先訂定危害防止計畫，該計畫應包含下列哪些要項？
①局限空間危害之確認　②作業勞工之健康檢查
③通風換氣之實施方式　④作業安全及安全管制方法。

解析

危害防止計畫，應依作業可能引起之危害訂定下列事項：
一、局限空間內危害之確認。
二、局限空間內氧氣、危險物、有害物濃度之測定。
三、通風換氣實施方式。
四、電能、高溫、低溫及危害物質之隔離措施及缺氧、中毒、感電、塌陷、被夾、被捲等危害防止措施。
五、作業方法及安全管制作法。
六、進入作業許可程序。
七、提供之測定儀器、通風換氣、防護與救援設備之檢點及維護方法。
八、作業控制設施及作業安全檢點方法。
九、緊急應變處置措施。

78. (123) ISO 45003 不僅能夠幫助營造積極的工作環境，而且它提供了一個管理心理健康和安全的框架，有助於提升您的組織韌性並增強績效和工作效率。請問還包括那些益處？
①更好地招攬人才、留住人才，促進人才多元化
②確保遵規守法
③減少因工作場所壓力、倦怠、焦慮和憂鬱引發的缺勤
④促進國際產業見度。

解析

國際標準化組織 (ISO) 制定 ISO 45003:2021「職業健康和安全管理—職場心理健康和安全風險管理指南 (Occupational health and safety management – Psychological health and safety at work – Guidelines for managing psychosocial risks)」。ISO 45003 是一個幫助建構職場心理健康安全的國際標準，可以管理員工與相關人員心理健康和安全風險提供指導原則。其中包含識別可能損害員工心理健康和福利條件、環境和工作場所要求等面向；如何識別主要風險因素，並對其進行評估以確定需要如何調整以改善工作環境。其中更包含許多心理健康的領域，包括無效率的溝通、過度的壓力、欠佳的領導力和組織文化，提供了有關社會心理風險管理和促進工作幸福感的指南，因此除了能夠促進國際產業能見度其他選項都包含。

## 工作項目 03：專業課程

1. ( 3 ) 下列何者不是職業安全衛生管理之主要工作？
①危害之認知 ②危害之評估
③危害之經濟影響 ④危害之控制。

解析 職業安全衛生管理主要包含：
- 認知：認識及確認職場的危害因子。
- 評估：評量危害的程度。
- 控制：用工程的方法或是管理的方法來降低危害之機率或程度。

2. ( 3 ) 雨水落入熔融鐵水槽內形成之爆炸為下列何者？
①化學性爆炸 ②沸騰液體膨脹蒸氣爆炸 (BLEVE)
③汽化爆炸 ④高壓氣體爆炸。

解析 蒸汽爆炸 ( 汽化爆炸 Boiling Liquid Expanding Vapor Explosion, BLEVE) 是指液體急劇沸騰產生大量過熱液體而引發的一種爆炸式沸騰現象，引起這種爆炸的原因如下：
一、低沸點液體進入高溫系統。
二、冷熱液體相混且溫度已超過其中一種液體的沸點。
三、分層液體中，高沸點液體受熱後，將熱量傳給低沸點液體使之氣化。
四、封閉層下的液體受熱氣化。
五、液體在系統內處於過熱狀態，一旦外殼破裂、液體洩漏、壓力降低，過熱液體會突然閃蒸引起爆炸。

3. ( 1 ) 下列有關噪音危害之敘述何者錯誤？
①超過噪音管制標準即會造成嚴重聽力損失
②噪音會造成心理影響
③長期處於噪音場所能對聽力造成影響
④高頻噪音較易導致聽力損失。

解析 影響聽力損失的因素：噪音量的大小、暴露時間的長短、噪音的頻率特性、個人的差異性。噪音會造成一些生理的影響、干擾睡眠以及造成心理的厭煩，長期處於噪音場所會對聽力造成影響，且高頻噪音容易造成聽力損失，但超過管制標準的噪音並不會立即造成嚴重的聽力損失。

4. ( 3 ) 下列何者屬不安全動作？
①通風換氣不良 ②不適當的防護裝置
③為操作方便，拆除安全裝置 ④吊掛設備無防止脫落裝置。

解析 ①通風換氣不良 ( 不安全的環境 )。
②不適當的防護裝置 ( 不安全設備 )。
③為操作方便，拆除安全裝置 ( 不安全動作 )。
④吊掛設備無防止脫落裝置 ( 不安全設備 )。

5. ( 3 ) 下列何者是最佳的危害控制先後順序 (A. 從危害所及的路徑控制；B. 從暴露勞工加以控制；C. 控制危害源 )？
①A→B→C ②B→C→A ③C→A→B ④C→B→A。

解析
一、應先消除所有危害或風險之潛在根源，若無法消除，則試圖以取代方式降低風險。再者以工程控制方式降低危害事件發生可能性或減輕後果嚴重度，如連鎖停止裝置、釋壓裝置、隔音、警報、護欄等。
二、若無法從發生源加以消除，可以從傳遞路徑加以控制。再以管理控制方式降低危害事件發生可能性或減輕後果嚴重度，如機械設備自動檢查、標準作業程序、教育訓練、安全觀察、緊急應變計畫及其他相關作業管制程序等。
三、最後一道防線才從個人的手段進行控制，從暴露的勞工加以控制，例如使用個人防護具來降低危害事件發生時對勞工所造成的衝擊。
因此順序應為 C. 控制危害源＞ A. 從危害所及的路徑控制＞ B. 從暴露勞工加以控制。

6. ( 2 ) 鍋爐管線未有溫度隔離包覆而使勞工灼傷，屬於下列何項因素所引起之職業傷害？
①人為 ②設備 ③成本 ④政策。

解析
因為設備的不完整或缺失而造成的傷害，屬於環境因素中的**不安全之設備**。其餘環境因素還包含不安全之操作程序、不安全之流程佈置與不安全之地理位置等。

7. ( 1 ) 空氣中有害物進入人體之最主要途徑為何？
①呼吸道 ②頭髮 ③耳朵 ④眼睛。

解析
空氣中的有害物大多都從人體的**呼吸道**進入呼吸系統，影響身體的狀態。

8. ( 3 ) 勞工體格檢查、特殊體格檢查之目的屬勞工衛生之下列何種原則？
①預防原則 ②保護原則 ③適應原則 ④治療復健原則。

解析
體格檢查發現應僱勞工不適於從事某種工作時，不得僱用其從事該項工作。健康檢查發現勞工有異常情形者，應由醫護人員提供其健康指導；其經醫師健康評估結果，不能適應原有工作者，應參採醫師之建議，變更其作業場所、更換工作或縮短工作時間，並採取健康管理措施，包含以下原則：
- 預防原則：預防工作之職業危害。
- 保護原則：保護勞工工作之健康。
- **適應原則**：工作及工作環境適合勞工能力。
- 健康促進原則：增進勞工身體的、心理的及社會的福祉。
- 治療復健原則：治療及復健勞工職業傷害和疾病。

9. ( 2 ) 下列何種作業會較易發生手部神經及血管造成傷害，發生手指蒼白、麻痺、疼痛、骨質疏鬆等症狀之白指病？
①低溫 ②局部振動 ③異常氣壓 ④游離輻射。

解析
**局部振動**容易發生手部神經及血管造成傷害，發生手指蒼白、麻痺、疼痛、骨質疏鬆等症狀，常見於一些震動機械的施工作業之勞工。

10. ( 2 ) 依勞工作業環境監測實施辦法規定，對於事業單位如欲辦理法定期間之作業環境監測之敘述，下列敘述何者錯誤？
①應僱用乙級以上作業環境監測技術士辦理
②委由執業之職業（工礦）衛生技師辦理
③委由認可之作業環境監測機構辦理
④化學性因子監測樣本應送請認可之作業環境監測機構作化驗分析。

解析
依勞工作業環境監測實施辦法規定：
- 參考第 4 條：作業環境監測人員，分類如下：
  1. 化學性因子作業環境監測：分為甲級化學性因子作業環境監測人員及乙級化學性因子作業環境監測人員。
  2. 物理性因子作業環境監測：分為甲級物理性因子作業環境監測人員及乙級物理性因子作業環境監測人員。
- 第 11 條：雇主實施作業環境監測時，應設置或委託監測機構辦理。但監測項目屬物理性因子或得以直讀式儀器有效監測之所列化學性因子者，得僱用乙級以上之監測人員或委由執業之工礦衛生技師辦理。
- 第 2 條：認證實驗室：指經第三者認證機構認證合格，於有效限期內，辦理作業環境監測樣本化驗分析之機構。

依上述大部分化學性因子監測樣本應送請認證實驗室作化驗分析。

11. ( 1 ) 硫化氫導致最主要之危害屬下列何者？
①化學性窒息　②物理性窒息　③致過敏性　④致癌性。

解析
**化學性窒息劑**：主要有一氧化碳、氰化物、硫化氫三種，一氧化碳與血紅素的結合能力比氧高 200 倍以上，較易造成組織缺氧而危害人體；氰化物與硫化氫則是會抑制人體細胞氧化酵素，使細胞呼吸受到抑制引起組織缺氧，若即時使用解毒劑，能挽救性命，施救太慢可能造成死亡或嚴重後遺症。
資料來源：勞動部勞動及職業安全衛生研究所

12. ( 3 ) 職業病之危害因子認知基本程序包括：製程或作業調查、標示、檢點表及下列何者？
①教育訓練　②安全衛生工作守則
③異常狀況之了解　④緊急應變計畫。

解析
職業病之危害因子認知基本程序包含：
- 製程或作業調查：為何使用這種物質？(why)、物質成分為何？(what)、有害物使用之處所？(where)、何時使用？(when)、如何造成該物質危害？(how)、誰操作使用？(who) 等 5W1H。
- 標示：化學物質含有危害通識資料，具有危害之機械設備則需要警示標語。
- 檢點表：一般物料、製程、設備、暴露情形等。
- **異常狀況之瞭解**：一般衛生情形、原料、產品、有害物發生源、物理危害因子、控制設備、作業活動等。

13. ( 4 ) 下列何者不是職業衛生之危害因子評估所需參考事項?
①環境監測 ②生物偵測
③勞工作業場所容許暴露標準 ④工作設備種類。

解析 透過作業環境監測及生物偵測之方法可以對環境中之危害因子強度或人體生物指標加以定性及定量。再與勞工作業場所容許暴露標準中規定之容許暴露值加以比較，若暴露值超過法規時，依法加以改善環境。

14. ( 1 ) 有關勞工衛生危害之管制，應以下列何者優先?
①發生源、製程及硬體設備改善 ②作業管理 ③防護具 ④健康管理。

解析 一般優先的順序皆由**硬體設備優先**處理，一方面硬體設備出錯的機會要小，且可降低作業人員的負擔。因此最好先由消除、取代著手，將發生源、製程及硬體設備改善，再者由作業管理配合改善，並與健康管理輔助配合，最後才是個人防護具的保護。

15. ( 2 ) 在實施危害因子的預防管制時，如以調整暴露時間方式進行時，係屬何種管理?
①環境管理 ②作業管理 ③健康管理 ④安全管理。

解析
- 發生源之取代：例如以低毒性物質取代高毒性物質，氣味強烈與否並非優先考量之項目，完全無氣味或有香氣之物質最好避免使用。
- 製程或設備改善：使用密閉、自動化、遙控系統，可有效減少人員接觸之機會，老舊設備之維護及粉塵加料順序之改變亦可減低人員暴露。
- **作業管理**：調整暴露時間、輪班減少接觸時間、化學物質加蓋等。
- 健康管理：一般主要手段為體格檢查及健康檢查，職前之體格檢查可作為選工之參考，定期檢康檢查則有助於早期發現是否已遭危害因子影響。
- 防護具使用：最後一道防線，應落實使用及管理。

16. ( 3 ) 暫時全失能之損失日數，應按受傷後所經過之損失總日數登記，此項總日數不包括下列何者?
①經過之星期日
②經過之休假日
③受傷當日
④復工後由該次傷害所引起之其他全日不能工作之日數。

解析 失能日數係指受傷人暫時不能恢復工作之日數，其總損失日數**不包括受傷當日**及恢復工作當日。但應包括中間所經過之日數(包括星期日、休假日或事業單位停工日)及復工後，因該災害導致之任何不能工作之整日數。

17. ( 2 ) 下列何者係屬不安全狀況?
①在工作中開玩笑 ②警報系統不良
③以不正確的方式裝載機具或物料 ④酗酒。

解析

不安全狀況可分為不安全的機具設備、不安全的防護具與不安全的環境：
①在工作中開玩笑屬於不安全動作或行為。
②警報系統不良屬於不安全機器設備，屬於不安全狀況。
③以不正確的方式裝載機具或物料屬於不安全動作或行為。
④酗酒屬於不安全動作或行為。

18. ( 1 ) 實施職業災害調查分析時，應以下列何者為著眼點？
①如何防止災害　②何人應負災害責任
③如何應付勞動檢查機構　④表示重視職業安全。

解析

職業災害調查分析的目的在於**如何防止災害**的發生，因此所做的調查最重大的目標應能有效減低災害發生的可能。

19. ( 2 ) 某工廠二月份發生火災 1 件計 2 人受傷，物料倒塌災害 2 件計 3 人受傷，受傷者均治療 3 日後返回上班，則該廠二月份之失能傷害之人次數為幾次？
① 3　② 5　③ 6　④ 8。

解析

失能傷害指勞工因發生職業災害致死亡、永久全失能、永久部分失能、暫時全失能等傷害次數。從題目中可以看到兩件事件共 5 人受傷，因此次數為 5。

20. ( 2 ) 某工廠三月份發生勞工死亡及永久全失能各 1 人之災害，則該月份之總損失日數為下列何者？
① 6,000 日　② 12,000 日
③ 6,000 日加永久全失能診療日數　④ 12,000 日加永久全失能診療日數。

解析

傷害損失日數：傷害損失日數係指對於死亡、永久全失能或永久部分失能而特定之損失日數。此項傷害損失日數之計算方法如下：
一、死亡：應按損失 6,000 日登記。
二、永久全失能：每次應按損失 6,000 日登記。
三、永久部分失能：不論當場傷害或經外科手術後之結果，每次均應按照傷害損失日數登記。此項損失日數與實際診療日數之多少並無關聯，應按傷害損失部位之表列或圖列數字登記。
因此加總為死亡 (6,000 日 ) 加永久全失能 (6,000 日 ) = 12,000 日。

21. ( 4 ) 調查局限空間缺氧引起之職業災害，下列要因何者通常與缺氧原因無「直接關係」？
①氣體置換　②化學性反應　③動植物之生化作用　④空氣溫濕度。

解析

作業場所造成缺氧的原因：
- 因有機物腐敗產生二氧化碳、甲烷、硫化氫等有害氣體。
- 因為水中或地層中還原性物質消耗空氣中氧氣。
- 因氮氣、氬氣、二氧化碳等窒息性氣體之置換。
- 醃漬食物、酸菜、啤酒、醬油之釀造產生二氧化碳等窒息性氣體。
- 缺氧與溫度濕度較無關聯。

22. ( 2 ) 調查分析離地 2 公尺以上之高處作業墜落死亡之職業災害時，下列要因何者不應歸類為「不安全狀態」？
①施工架未設護欄 ②勞工未有安全衛生教育訓練
③未有安全帶可使用 ④工作場所開口未防護。

解析
①施工架未設護欄(不安全狀態：不安全環境)。
②勞工未有安全衛生教育訓練(屬於基本原因)。
③未有安全帶可使用(不安全狀態：未提供適當的個人防護裝備)。
④工作場所開口未防護(不安全狀態：不安全環境)。

23. ( 2 ) 下列何者為工業用機器人最常引起之職業災害類型？
①火災 ②被撞 ③切割 ④感電。

解析
工業用機器人：指具有操作機及記憶裝置(含可變順序控制裝置及固定順序控制裝置)，並依記憶裝置之訊息，操作機可以自動作伸縮、屈伸、移動、旋轉或為前述動作之複合動作之機器。工業用機器人最常引起**撞擊、被撞**等職業災害。

24. ( 3 ) 依職業安全衛生法施行細則規定，工作場所中為特定之工作目的所設之場所，稱為下列何種場所？
①工作場所 ②勞動場所 ③作業場所 ④特別場所。

解析
職業安全衛生法施行細則第 5 條：
一、勞動場所，包括下列場所：
1. 於勞動契約存續中，由雇主所提示，使勞工履行契約提供勞務之場所。
2. 自營作業者實際從事勞動之場所。
3. 其他受工作場所負責人指揮或監督從事勞動之人員，實際從事勞動之場所。
二、工作場所：指勞動場所中，接受雇主或代理雇主指示處理有關勞工事務之人所能支配、管理之場所。
三、**作業場所**：指工作場所中，從事特定工作目的之場所。

25. ( 1 ) 下列何者非屬失能傷害？
①損失日數未滿 1 日 ②損失日數 1 日
③損失日數 2 日 ④損失日數 3 日。

解析
非失能傷害：職業所引起的傷害，但不包括死亡、永久全失能、永久部分失能或暫時全失能。
一、失能傷害：損失工作日數在 1 日以上者。
二、非失能傷害：損失工作日數**未達 1 日**者。

26. ( 3 ) 勞工因工作傷害而死亡，其損失日數依據國家標準 (CNS) 規定是幾日？
① 2,000 ② 4,000 ③ 6,000 ④ 8,000。

解析 一、死亡：應按損失 6,000 日登記。
二、永久全失能：每次應按損失 6,000 日登記。
三、永久部分失能：不論當場傷害或經外科手術後之結果，每次均應按照傷害損失日數登記。

27. ( 2 ) 在一次事故中損失下列何者為永久全失能？
①全部牙齒 ②一隻手及一隻腳
③一隻眼睛 ④右手拇指。

解析 永久全失能：永久全失能係指除死亡外之任何足使罹災者造成永久全失能，或在一次事故中損失下列各項之一，或失去其機能者：
一、雙目。
二、一隻眼睛及一隻手，或手臂或腿或足。
三、不同肢中之任何下列兩種：手、臂、足或腿。

28. ( 4 ) 下列何者可作為測定作業場所之熱輻射效應用途？
①乾球溫度計 ②水銀溫度計
③酒精溫度計 ④黑球溫度計。

解析 所謂黑體，是指當熱輻射吸收體，在任何溫度下都能完全吸收外來的輻射能而不反射。**黑球溫度計**係指一定規格之中空黑色不反光銅球（模擬黑體），中央插入溫度計，其所量得之溫度稱為「黑球溫度」，代表輻射熱之效應。

29. ( 3 ) 可燃性氣體偵測器是測定下列何者？
①含氧濃度 ②二氧化碳濃度
③燃燒（爆炸）下限百分比 ④含碳濃度。

解析 Lower Explosive Limit (LEL) 燃燒（爆炸）下限是指燃燒所需要的最低濃度，因此低於 LEL 則無法點燃，換言之，當可燃性氣體到達**燃燒下限**時，即有可能產生燃燒或爆炸的現象，因此偵測器會針對下限值提出警報或反應。

30. ( 3 ) 通風測定之常用測定儀器有發煙管、熱偶式風速計、皮托管 (Pitot Tube) 及液體壓力計等，其中皮托管為可測定下列何者？
①空氣濕度 ②空氣成分 ③空氣速度 ④含氧濃度。

解析 皮托管（空速管、皮氏管）是一種測量壓強的儀器，可用來測量流體**運動速度**。最基本的皮托管具有一個直接處於氣流中的管道，可在此管充有流體後測量其壓差；由於管道中並無出口，流體便在管中停滯，此時測量的壓強為流體的滯壓，也稱為總壓。

31. ( 3 ) 室內作業場所之勞工噪音曝露工作 8 小時日時量平均音壓級超過 85 分貝，應每多少個月測定 1 次以上？
① 1 ② 3 ③ 6 ④ 8。

解析 勞工噪音暴露工作日 8 小時日時量平均音壓級 85 分貝以上作業場所，應每 **6 個月**測定噪音 1 次以上。

32. ( 3 ) 依職業安全衛生設施規則規定，對於勞工8小時日時量平均音壓級超過85分貝或暴露劑量超過多少百分比時，雇主應使勞工戴用耳塞、耳罩等防護具？
①30 ②40 ③50 ④60。

解析 對於勞工8小時日時量平均音壓級超過85分貝或暴露劑量超過50%時，雇主應使勞工戴用有效之耳塞、耳罩等防音防護具。

33. ( 4 ) 研磨作業時，研磨機砂輪破裂所造成之職業災害應屬下列何種災害類型？
①擦傷 ②物體破裂 ③爆炸 ④物體飛落。

解析 研磨機砂輪破裂之後碎片會以飛落方式快速四散，容易擊中勞工。

34. ( 2 ) 作業人員發生衝床職業災害失去食指與中指之第一個關節，這項職災屬於下列何者？
①永久全失能 ②永久部分失能 ③暫時全失能 ④嚴重失能。

解析 永久部分失能係指除死亡及永久全失能以外之任何足以造成肢體之任何一部分完全失去，或失去其機能者。不論該受傷之肢體或損傷身體機能之事前有無任何失能。手指頭關節屬於永久部分失能。
下列各項不能列為永久部分失能：
一、可醫好之小腸疝氣。
二、損失手指甲或足趾甲。
三、僅損失指尖，而不傷及骨節者。
四、損失牙齒。
五、體形破相。
六、不影響身體運動之扭傷或挫傷。
七、手指及足趾之簡單破裂及受傷部分之正常機能不致因破裂傷害而造成機障或受到影響者。

35. ( 1 ) 工廠員工以拉動手推車方式搬運貨品，當行經一路段時，有一小溝渠之蓋板覆蓋不完全，致使車輪陷入溝中而導致推車傾斜，人員頭部被掉落之貨品撞傷。請問該職業災害之媒介物為下列何者？
①蓋板 ②車輪 ③貨品 ④手推車。

解析 職業災害分成受傷部位、災害類型及媒介物，「災害類型」係指災害之現象，而「媒介物」係指造成災害之起因物。本題之受傷部位為頭部，媒介物是由於蓋板不平整而造成後續傷害，災害類型為物體飛落。

36. ( 3 ) 簡易接地電阻測定器因包含測定器之一端連接於低壓電源之迴路，其測定值包含下列何者，導致精確度較差？
①絕緣電阻 ②漏電電阻 ③系統接地電阻 ④設備接地電阻。

解析 簡易接地電阻測定器因包含測定器之一端連接於低壓電源之迴路，其測定值包含系統接地電阻，導致精確度較差，當電力系統的其中一點與大地相接，造成該點與大地同為0V，這稱為系統接地，而用來接地的那條線稱為地線。

37. ( 4 ) 使用漏電測定器時，下列何者非屬應注意之事項？
①不可靠近強力磁場
②避免振動及高溫
③使用後不可置於毫安培 (mA) 之測量範圍
④不可接近接地線。

解析 一、漏電斷路器安裝場所的周圍空氣溫度，一般來說最高為＋40℃，最低為－5℃。
二、漏電保護器的安裝位置，應避開強電流電線和電磁器件，避免磁場干擾。
三、漏電斷路器在安裝使用過程中若遭受劇烈碰撞或震動，會造成整體結構鬆動、操作機構失靈，導致誤動作。
四、漏電斷路器的敏感度以額定感度電流越小、時間越短越安全。

38. ( 2 ) 設計超市櫃檯高度時，採用下列何種設計較能符合實際作業需求？
①極大設計　②平均設計　③極小設計　④可調設計。

解析 **平均設計**就是將各個人體計測項目值求得平均數，而完全合乎此各項人體計測平均值的人，即所謂的「平均人」(average man)，通常這個完全符合各項人體計測平均值的人是不存在的。然而，在某些情況下卻又有不得不以平均值來作為設計參考標準的必要，例如設計超市櫃檯高度時，應採用平均設計較能符合實際作業需求。

39. ( 1 ) 人體溼潤狀態，人體的一部分接觸金屬製電氣機械裝置或構造物時，安全電壓為多少伏特以下？
① 25　② 35　③ 45　④ 55。

解析 若人體顯著有潮濕的狀態或人體一部份接觸金屬物時，超過 25V 就有危險。

40. ( 3 ) 依職業安全衛生設施規則規定，勞工於良導體機器設備內從事檢修工作所用之手提式照明燈，其使用電壓不得超過多少伏特？
① 6　② 12　③ 24　④ 28。

解析 依職業安全衛生設施規則第 249 條規定：
雇主對於良導體機器設備內之檢修工作所用之手提式照明燈，其使用電壓不得超過 24 伏特，且導線須為耐磨損及有良好絕緣，並不得有接頭。

41. ( 3 ) 配電變壓器二次側低壓線，或中性線之接地，可簡稱為下列何者？
①高壓或低壓之設備接地　②內線系統接地
③低壓電源系統接地　④二次配電接地。

解析 用戶用電設備裝置規則第 24 條，**低壓電源系統接地**：配電變壓器之二次側低壓線或中性線之接地。

42. ( 2 ) 漏電斷路器種類中之電壓動作型，用來檢測電動機或機器外殼之零相電壓，動作機構切斷電路，於動作時限 0.2 秒以下，其動作電壓為多少伏特？
① 10 ～ 20　② 20 ～ 30　③ 30 ～ 40　④ 40 ～ 50。

解析 漏電斷路器分電壓型和電流型，一般常用是以電流型為主，電流型的自動跳脫斷電電流在 30 mA 以下，動作時間在 0.1 秒以下；電壓型的跳脫斷電電壓在 30V 以下（約 20~30V），動作時間在 0.2 秒以下。

43. （ 1 ） 依職業安全衛生設施規則規定，高壓活線作業時，作業人員對於活線接近作業，在距離頭上及身側及腳下幾公分以內，應於該電路設置絕線用防護裝備？
① 60 ② 70 ③ 80 ④ 90。

解析 雇主使勞工於接近高壓電路或高壓電路支持物從事敷設、檢查、修理、油漆等作業時，為防止勞工接觸高壓電路引起感電之危險，在距離頭上、身側及腳下 60 公分以內之高壓電路，應在該電路設置絕緣用防護裝備。但已使該作業勞工戴用絕緣用防護具而無感電之虞者，不在此限。

44. （ 3 ） 若電容量以 C 表示，電壓值以 V 表示，則帶電體放電火花能量為下列何者？
① CV/2 ② CV ③ $CV^2/2$ ④ $CV^2$。

解析 導體帶電體放電：$E = 1/2 \cdot CV^2 = 1/2 \cdot$【$Q/C^2$】$= 1/2QV$。
靜電火花能量 E（焦耳），靜電容量 C（法拉），電壓 V（伏特），電荷量 Q（庫侖），靜電容量越大，電壓低。

45. （ 4 ） 依職業安全衛生設施規則規定，雇主對於使用對地電壓超過多少伏特以上之移動式電動機具，應於該電動機具之連接電路上設置合適之漏電斷電器？
① 50 ② 110 ③ 125 ④ 150。

解析 職業安全衛生設施規則第 243 條：
雇主為避免漏電而發生感電危害，應依下列狀況，於各該電動機具設備之連接電路上設置適合其規格，具有高敏感度、高速型，能確實動作之防止感電用漏電斷路器：
一、使用對地電壓在 150 伏特以上移動式或攜帶式電動機具。
二、於含水或被其他導電度高之液體濕潤之潮濕場所、金屬板上或鋼架上等導電性良好場所使用移動式或攜帶式電動機具。
三、於建築或工程作業使用之臨時用電設備。

46. （ 3 ） 防止靜電危害對策，下列何者不正確？
①抑制靜電產生 ②接地疏導
③使用絕緣性之材料 ④加濕或游離化。

解析 靜電防止的方法：
一、接地。
二、增加濕度。
三、抗靜電材料。
四、靜電消除器。
五、限制速度。

47. ( 3 ) 防止電氣火災對策，下列何者不正確？
①不可擅自使用銅線當作保險絲使用
②有爆炸之虞場所應使用防爆型電氣設備
③電氣乾燥器為保持有效果不可設排氣設施
④電氣配線與建築物間應保持安全距離。

解析 電氣乾燥器內乾燥物不得過熱且若含有易燃性成分時，應設有**良好排氣**設施。

48. ( 1 ) 依機械設備器具安全標準規定，下列何者為動力衝剪機械雙手操作式安全裝置？
①安全一行程 ②連續行程 ③一行程 ④寸動行程。

解析 雙手操作式安全裝置有以下兩種安全裝置：
一、**安全一行程式**安全裝置：在手指按下起動按鈕、操作控制桿或操作其他控制裝置(以下簡稱操作部)，脫手後至該手達到危險界限前，能使滑塊等停止動作。
二、雙手起動式安全裝置：以雙手作動操作部，於滑塊等閉合動作中，手離開操作部時使手無法達到危險界限。

49. ( 3 ) 依職業安全衛生設施規則規定，吊鏈延伸長度超過百分之多少以上者，不得做為起重升降機具之吊掛用具？
① 1 ② 3 ③ 5 ④ 7。

解析 職業安全衛生設施規則第 98 條：
雇主不得以下列任何一種情況之吊鏈作為起重升降機具之吊掛用具：
一、延伸長度超過 **5%** 以上者。
二、斷面直徑減少 10% 以上者。
三、有龜裂者。

50. ( 3 ) 依職業安全衛生設施規則規定，吊鏈斷面直徑減少百分之多少以上者，不得做為起重機及人字臂起重桿之吊掛用具？
① 1 ② 5 ③ 10 ④ 15。

解析 應與上一題一起記憶，有三種吊鏈不得使用之情況規定於職業安全衛生設施規則第 98 條：
雇主不得以下列任何一種情況之吊鏈作為起重升降機具之吊掛用具：
一、延伸長度超過 5% 以上者。
二、斷面直徑減少 **10%** 以上者。
三、有龜裂者。

51. ( 3 ) 依職業安全衛生設施規則規定，吊掛之鋼索一撚間有百分之多少以上素線截斷者，不得作為起重機及人字臂起重桿之吊掛用具？
① 1 ② 5 ③ 10 ④ 15。

解析 職業安全衛生設施規則第 99 條：
雇主不得以下列任何一種情況之吊掛之鋼索作為起重升降機具之吊掛用具：
一、鋼索一撚間有 10% 以上素線截斷者。
二、直徑減少達公稱直徑 7% 以上者。
三、有顯著變形或腐蝕者。
四、已扭結者。

52. ( 3 ) 依職業安全衛生設施規則規定，吊掛之鋼索直徑減少達公稱直徑百分之多少以上者，不得作為起重機及人字臂起重桿之吊掛用具？
①3 ②5 ③7 ④9。

解析 應與上一題一起記憶，第 99 條：
雇主不得以下列任何一種情況之吊掛之鋼索作為起重升降機具之吊掛用具：
一、鋼索一撚間有 10% 以上素線截斷者。
二、直徑減少達公稱直徑 7% 以上者。
三、有顯著變形或腐蝕者。
四、已扭結者。

53. ( 2 ) 皮帶與帶輪間會產生下列何種傷害？
①剪切 ②捲夾 ③衝壓 ④鋸切。

解析 皮帶與帶輪間容易產生捲夾危害，因皮帶在轉動，會造成**捲入**、**夾傷**等危害，另外皮帶也須注意龜裂或毛邊等可能發生之缺失。

54. ( 4 ) 依機械設備器具安全標準規定，下列何者不是衝剪機械的安全防護裝置？
①防護式安全裝置 ②掃除式安全裝置
③感應式安全裝置 ④警告標示。

解析 衝剪機械之安全裝置，應具有下列機能之一：
一、連鎖防護式安全裝置：滑塊等在閉合動作中，能使身體之一部份無介入危險界限之虞。
二、雙手操作式安全裝置：
1. 安全一行程式安全裝置：在手指按下起動按鈕、操作控制桿或操作其他控制裝置(以下簡稱操作部)，脫手後至該手達到危險界限前，能使滑塊等停止動作。
2. 雙手起動式安全裝置：以雙手作動操作部，於滑塊等閉合動作中，手離開操作部時，使手無法達到危險界限。
三、感應式安全裝置：滑塊等在閉合動作中，遇身體之一部接近危險界限時，能使滑塊等停止動作。
四、拉開式或掃除式安全裝置：滑塊等在閉合動作中，遇身體之一部介入危險界限時，能隨滑塊等之動作使其脫離危險界限。
前項各款之安全裝置，應具有安全機能不易減損及變更之構造。

55. ( 1 ) 依機械設備器具安全標準規定，下列何者不是衝剪機械？
①橡膠滾輾機 ②油壓衝床
③動力衝床 ④衝孔機。

解析 機械設備器具安全標準第 4 條指出，衝剪機械是「以動力驅動之衝壓機械及剪斷機械」。包括衝床、衝孔等機械。

56. ( 1 ) 反撥預防裝置係使用在下列何種機械上？
①圓盤鋸 ②手推刨床 ③帶鋸 ④立軸機。

解析 圓盤鋸應設置下列安全裝置：
一、圓盤鋸之反撥預防裝置。但橫鋸用圓盤鋸或因反撥不致引起危害者，不在此限。
二、圓盤鋸之鋸齒接觸預防裝置。但製材用圓盤鋸及設有自動輸送裝置者，不在此限。

57. ( 2 ) 依機械設備器具安全防護標準規定，撐縫片之厚度應為圓鋸片厚度之幾倍以上？
① 1 ② 1.1 ③ 1.2 ④ 1.3。

解析 機械設備器具安全標準第 68 條：
撐縫片應符合之規定其中：
撐縫片厚度為圓鋸片厚度之 1.1 倍以上。

58. ( 4 ) 下列何種機械、零件無捲入之危害？
①轉軸 ②飛輪 ③齒輪 ④衝頭。

解析 旋轉的機械零件會造成捲入危害，而衝頭往復運動，需要注意剪切等容易受傷。

59. ( 3 ) 依職業安全衛生設施規則規定，離地幾公尺以內的轉軸應置適當的圍柵、掩蓋、護網或套管？ ① 1 ② 1.5 ③ 2 ④ 2.5。

解析 職業安全衛生設施規則第 50 條：
動力傳動裝置之轉軸，應依下列規定裝設防護物：
一、離地 2 公尺以內之轉軸或附近有勞工工作或通行而有接觸之危險者，應有適當之圍柵、掩蓋護網或套管。
二、因位置關係勞工於通行時必須跨越轉軸者，應於跨越部份裝置適當之跨橋或掩蓋。

60. ( 4 ) 木材加工用圓盤鋸防護通常不包括下列何者？
①護罩 ②撐縫片 ③鋼爪 ④光電連鎖裝置。

解析 圓盤鋸應設置下列安全裝置：

- 圓盤鋸之反撥預防裝置（以下簡稱反撥預防裝置）。
- 圓盤鋸之鋸齒接觸預防裝置（簡稱鋸齒接觸預防裝置）。
- 撐縫片。
- 圓盤鋸應設置遮斷動力時可使旋轉中圓鋸軸停止之制動裝置。
- 圓盤鋸應設置可固定圓鋸軸之裝置，以防止更換圓鋸片時，因圓鋸軸之旋轉引起之危害。
- 攜帶式圓盤鋸應設置平板。
- 供反撥預防裝置所設之反撥防止爪及反撥防止輥。

61.（ 3 ）研磨機起動時，操作員應站在砂輪之何方較為安全？
①前面 ②後面 ③側面 ④任何地點。

解析 研磨機起動時，操作員應站在砂輪之**側方**以免前後物料飛散受傷。

62.（ 3 ）研磨輪之速率試驗應按所標示最高使用周速度增加百分之多少為之？
① 10 ② 20 ③ 50 ④ 100。

解析 職業安全衛生設施規則第 62 條：
雇主對於研磨機之使用，應依下列規定：
一、研磨輪應採用經速率試驗合格且有明確記載最高使用周速度者。
二、規定研磨機之使用不得超過規定最高使用周速度。
三、規定研磨輪使用，除該研磨輪為側用外，不得使用側面。
四、規定研磨機使用，應於每日作業開始前試轉 1 分鐘以上，研磨輪更換時應先檢驗有無裂痕，並在防護罩下試轉 3 分鐘以上。
前項第 1 款之速率試驗，應按最高使用周速度增加 **50%** 為之。直徑不滿 10 公分之研磨輪得免予速率試驗。

63.（ 4 ）依機械設備器具安全標準規定，動力衝剪機械使用安全模在上死點時，上模與下模之間隙應在幾公厘以下？
① 5 ② 6 ③ 7 ④ 8。

解析 安全模：下列各構件間之間隙應在 **8 毫米**以下：
一、上死點之上模與下模之間。
二、使用脫料板者，上死點之上模與下模脫料板之間。
三、導柱與軸襯之間。

64.（ 4 ）下列何者為消除操作機械時可能造成壓與夾危害之最好方法？
①設安全警告標示 ②加強維修保養與檢查
③訂定標準作業規範 ④增大相對運動機件間的間隙。

解析 相對間隙如大於手部寬度時，手部進入危險區可以抽離避免手指等部位被壓夾。

65.（ 3 ）依機械設備器具安全標準規定，衝剪機械安全裝置操作用電氣回路之電壓，應在多少伏特以下？
① 50　② 100　③ 160　④ 200。

解析　操作用電氣回路之電壓，在 160 伏特以下。

66.（ 3 ）依機械設備器具安全標準規定，衝剪機械之雙手操作式安全裝置，其一按鈕之外側與其他按鈕之外側，至少應距離多少公厘以上？
① 100　② 200　③ 300　④ 400。

解析　機械設備器具安全標準第 10 條：
雙手操作式安全裝置應符合下列規定：
一、具有安全一行程式安全裝置。但具有一行程一停止機構之衝剪機械，使用雙手起動式安全裝置者，不在此限。
二、安全一行程式安全裝置在滑塊等閉合動作中，當手離開操作部，有達到危險界限之虞時，具有使滑塊等停止動作之構造。
三、雙手起動式安全裝置在手指自離開該安全裝置之操作部時至該手抵達危險界限前，具有該滑塊等可達下死點之構造。
四、以雙手操控作動滑塊等之操作部，具有其左右手之動作時間差非在 0.5 秒以內，滑塊等無法動作之構造。
五、具有雙手未離開一行程操作部時，備有無法再起動操作之構造。
六、其一按鈕之外側與其他按鈕之外側，至少距離 300 毫米以上。但按鈕設有護蓋、擋板或障礙物等，具有防止以單手及人體其他部位操作之同等安全性能者，其距離得酌減之。
七、按鈕採用按鈕盒安裝者，該按鈕不得凸出按鈕盒表面。
八、按鈕內建於衝剪機械本體者，該按鈕不得凸出衝剪機械表面。

67.（ 2 ）依機械設備器具安全標準規定，動力衝剪機械之拉開式安全裝置，對於已安裝調節配件之牽引帶，其切斷荷重應在多少公斤以上？
① 100　② 150　③ 200　④ 250。

解析　機械設備器具安全標準第 13 條：
拉開式安全裝置應符合下列規定：
一、設有牽引帶者，其牽引量須能調節，且牽引量為盤床深度 1/2 以上。
二、牽引帶之材料為合成纖維；其直徑為 4 毫米以上；已安裝調節配件者，其切斷荷重為 150 公斤以上。
三、肘節傳送帶之材料為皮革或其他同等材質之材料；且其牽引帶之連接部能耐 50 公斤以上之靜荷重。

68.（ 4 ）依職業安全衛生設施規則規定，雇主對研磨機於更換研磨輪後，應先檢驗有無裂痕，並應在防護罩下試轉多少分鐘以上？
① 0.5　② 1　③ 2　④ 3。

解析 職業安全衛生設施規則第 62 條：
雇主對於研磨機之使用，應依下列規定：
一、研磨輪應採用經速率試驗合格且有明確記載最高使用周速度者。
二、規定研磨機之使用不得超過規定最高使用周速度。
三、規定研磨輪使用，除該研磨輪為側用外，不得使用側面。
四、規定研磨機使用，應於每日作業開始前試轉 1 分鐘以上，研磨輪更換時應先檢驗有無裂痕，並在防護罩下試轉 **3 分鐘**以上。
前項第 1 款之速率試驗，應按最高使用周速度增加 50% 為之。直徑不滿 10 公分之研磨輪得免予速率試驗。

69. ( 3 ) 為了滿足機能性安全需求，除了可在設計階段即採用複數（並聯）系統之外，在使用階段也應注意檢點與維修保養，此即下列何者？
①防呆措施 ②本質安全 ③高可靠度技術 ④失效安全。

解析 「**高可靠度**」有時間上的考量，其指的是在設定使用環境條件或時間條件限制下，產品或服務能達到所要求的功能標準，因此滿足使用階段的檢修保養可以維持產品的可靠度。

70. ( 3 ) 安全資料表至少應每幾年檢討 1 次？
① 1 ② 2 ③ 3 ④ 4。

解析 依危害性化學品標示及通識規則第 15 條：
製造者、輸入者、供應者或雇主，應依實際狀況檢討安全資料表內容之正確性，適時更新，並至少**每 3 年**檢討 1 次。
前項安全資料表更新之內容、日期、版次等更新紀錄，應保存 3 年。

71. ( 2 ) 使勞工認知危害物質必要安全衛生注意事項，以促使其遵守安全衛生操作程序之制度，係指下列何者？
①標準作業程序 ②危害通識制度 ③自護制度 ④自動檢查制度。

解析 職業災害預防之首要工作為「認知危害」，**危害通識制度**之建立，以加強事業單位對化學物質危害的認知，建立化學物質管理系統，達到預防化學災害之目的。

72. ( 4 ) 製備危害物清單之目的為瞭解事業單位危害物質之種類、場所、數量、使用及下列何項資料？
①危害物之物性、化性 ②急救方法 ③緊急應變程序 ④貯存。

解析 依職業安全衛生法施行細則第 15 條：
所稱危害性化學品之清單，指記載化學品名稱、製造商或供應商基本資料、使用及**貯存**量等項目之清冊或表單。

73. ( 2 ) 下列何者適用危害性化學品標示及通識規則規定？
①有害事業廢棄物　②裝有危害物質之輸送裝置
③菸草或菸草製品　④製成品。

解析
依危害性化學品標示及通識規則第 4 條：
下列物品不適用本規則：
一、事業廢棄物。
二、菸草或菸草製品。
三、食品、飲料、藥物、化粧品。
四、製成品。
五、非工業用途之一般民生消費商品。
六、滅火器。
七、在反應槽或製程中正進行化學反應之中間產物。
八、其他經中央主管機關指定者。

74. ( 1 ) 因衝剪機械造成夾壓之挫傷，屬於下列何種職業災害類型？
①被夾、被捲　②感電　③墜落　④不當行為。

解析
主因機械造成捲夾受傷，所以是**被夾、被捲**災害類型。以下提供災害類型表供參考：

| 分類編號 | 分類項目 | 分類編號 | 分類項目 |
|---|---|---|---|
| 01 | 墜落、滾落 | 15 | 物體破裂 |
| 02 | 跌倒 | 16 | 火災 |
| 03 | 衝撞 | 17 | 不當動作 |
| 04 | 物體飛落 | 18 | 其他 |
| 05 | 物體倒塌、崩塌 | 19 | 無法歸類者 |
| 06 | 被撞 | 21 | 上下班公路交通事故 |
| 07 | 被夾、被捲 | 22 | 上下班鐵路交通事故 |
| 08 | 被切、割、擦傷 | 23 | 上下班船艙、航空器交通事故 |
| 09 | 踩踏 | 29 | 上下班其他交通事故 |
| 10 | 溺斃 | 31 | 非上下班公路交通事故 |
| 11 | 與高溫、低溫之接觸 | 32 | 非上下班鐵路交通事故 |
| 12 | 與有害物等之接觸 | 33 | 非上下班船艙、航空器交通事故 |
| 13 | 感電 | 39 | 非上下班其他交通事故 |
| 14 | 爆炸 | | |

註：本表參考自勞動部安全衛生履歷智能雲填表說明。

75. ( 1 ) 依危害性化學品標示及通識規則規定，應依實際狀況檢討安全資料表內容正確性，並適時更新，其更新紀錄應保存多少年？
①3 ②5 ③6 ④7。

解析 危害性化學品標示及通識規則第15條：
製造者、輸入者、供應者或雇主，應依實際狀況檢討安全資料表內容之正確性，適時更新，並至少**每3年**檢討一次。
前項安全資料表更新之內容、日期、版次等更新紀錄，應保存3年。

76. ( 4 ) 危害性化學品為混合物時，下列之敘述何者錯誤？
①危害性化學品主要成分濃度重量百分比在百分之一以上者，應列出其化學名稱
②混合物已作整體測試者，依整體測試結果，判定危害性
③未作整體測試者，其健康危害性，除具有科學資料佐證外，視同具各該成分之健康危害性
④未作整體測試者，對於燃燒、爆炸及反應性等物理性危害，視同具各該成分之燃燒、爆炸及反應性。

解析 危害性化學品標示及通識規則第13條：
製造者、輸入者或供應者提供前條之化學品與事業單位或自營作業者前，應提供安全資料表，該化學品為含有二種以上危害成分之混合物時，應依其混合後之危害性，製作安全資料表。
前項化學品，應列出其危害成分之化學名稱，其危害性之認定方式如下：
一、混合物已作整體測試者，依整體測試結果。
二、混合物未作整體測試者，其**健康危害性**，除有科學資料佐證外，依國家標準CNS 15030分類之混合物分類標準；對於燃燒、爆炸及反應性等物理性危害，使用有科學根據之資料評估。

77. ( 3 ) 依危害性化學品標示及通識規則規定，危害性化學品標示之危害圖式符號，應使用何種顏色？
①黃色 ②綠色 ③黑色 ④藍色。

解析 危害性化學品標示及通識規則第7條：
第5條標示之危害圖式形狀為直立45度角之正方形，其大小需能辨識清楚。圖式符號應使用**黑色**，背景為白色，圖式之紅框有足夠警示作用之寬度。

78. ( 3 ) 依危害性化學品標示及通識規則之規定，危害性化學品標示圖式符號之背景為何種顏色？
①橙色 ②紅色 ③白色 ④黃色。

解析 危害性化學品標示及通識規則第 7 條：
第 5 條標示之危害圖式形狀為直立 45 度角之正方形，其大小需能辨識清楚。圖式符號應使用黑色，背景為**白色**，圖式之紅框有足夠警示作用之寬度。

79. ( 1 ) 過氧化丁酮為危害性化學品標示及通識規則中所稱之何種危險物？
①爆炸性物質 ②易燃固體
③自燃物質 ④禁水性物質。

解析 **爆炸性物質**中之下列物質：
一、硝化乙二醇、硝化甘油、硝化纖維及其他具有爆炸性質之硝酸酯類。
二、三硝基苯、三硝基甲苯、三硝基酚及其他具有爆炸性質之硝基化合物。
三、過醋酸、過氧化丁酮、過氧化二苯甲醯及其他有機過氧化物。

80. ( 2 ) 一氧化碳為危害性化學品標示及通識規則中所稱之下列何種危害物質？
①著火性物質 ②有害物
③爆炸性物質 ④氧化性物質。

解析 一氧化碳屬於特定化學物質危害預防標準中之**有害物質**。

81. ( 2 ) 苯為危害性化學品標示及通識規則中所稱之有害物及下列何種危害物質？
①爆炸性物質 ②易燃液體
③自燃物質 ④禁水性物質。

解析 **易燃性液體**中之下列物質：
一、乙醚、汽油、乙醛、環氧丙烷、二硫化碳及其他之閃火點未滿攝氏零下 30 度之物質。
二、正己烷、環氧乙烷、丙酮、苯、丁酮及其他之閃火點在攝氏零下 30 度以上，未滿攝氏 0 度之物質。
三、乙醇、甲醇、二甲苯、乙酸戊酯及其他之閃火點在攝氏 0 度以上，未滿攝氏 30 度之物質。
四、煤油、輕油、松節油、異戊醇、醋酸及其他之閃火點在攝氏 30 度以上，未滿攝氏 65 度之物質。

82. ( 3 ) 輸氣管面罩屬下列何種防護具？
①動力過濾式 ②無動力過濾式 ③供氣式 ④組合式。

解析 呼吸防護具根據氣體來源可分為：
一、淨氣式：依氣體動力來源又可分成無動力式（或肺力式）與動力式（或電動送風式）。
二、**供氣式**：又可分成輸氣管面罩、自攜式呼吸器、組合式等。
三、組合式。

83. ( 4 ) 在缺氧或立即致死濃度狀況下作業，應使用下列何種呼吸防護具？
①負壓呼吸防護具 ②防塵面具
③防毒面具 ④輸氣管面罩。

解析 缺氧及有毒氣體環境下，必須提供**輸氣管面罩**給勞工提供呼吸空氣。
有機溶劑中毒預防規則第22條：
雇主使勞工從事下列作業時，應供給該作業勞工輸氣管面罩，並使其確實佩戴使用：
一、從事曾裝儲有機溶劑或其混存物之儲槽之內部作業。但無發散有機溶劑蒸氣之虞者，不在此限。
二、於儲槽等之作業場所或通風不充分之室內作業場所，從事有機溶劑作業，而從事該作業之勞工已使用輸氣管面罩且作業時間短暫時未設置密閉設備、局部排氣裝置或整體換氣裝置之儲槽等之作業場所或通風不充分之室內作業場所，從事有機溶劑作業，其作業時間短暫。
前項規定之輸氣管面罩，應具不使勞工吸入有機溶劑蒸氣之性能。

84. ( 1 ) 當作業場所中含有對眼睛具刺激、危害作用的物質時，使用之防護面具其面體應為下列何者？
①全面體 ②寬鬆面體 ③半面體 ④四分之一面體。

解析 應選擇**全面體式**，因為可以完整包覆臉部及眼睛，以免刺激性物質直接碰觸臉部及眼睛。

85. ( 3 ) 於亞硫酸氣體場所使用之防毒面具，其濾罐應選用下列何種較適宜？
①酸性氣體用濾罐 ②有機氣體用濾罐
③二氧化硫用濾罐 ④消防用濾罐。

解析 應選擇具有亞硫酸濾罐之防毒面具，而各國針對不同的呼吸防護具認證標準的防毒面具吸收罐有不同的顏色標識，中國國家標準針對**二氧化硫/硫磺用**的採用黃與紅的標示。

86. ( 2 ) 自攜式呼吸器其有效使用時間低於多少分鐘時僅能用於緊急逃生？
① 12 ② 15 ③ 18 ④ 20。

解析 自攜式呼吸器其有效使用時間低於**15分鐘**時僅能用於緊急逃生。

87. ( 4 ) 下列何者非供氣式呼吸防護具之適用時機？
①作業場所中混雜有各式毒性物質，濾毒罐無作用時
②作業場所中氧氣濃度不足18%
③作業環境中毒性物質濃度過高，濾毒罐無作用時
④佩戴會影響勞工作業績效。

解析 進行呼吸防護具選用之前，首先要辨別作業現場是否為缺氧之情況(氧氣濃度 < 18.0%)及現場有害物濃度是否達到立即致死或危害健康之濃度(IDLH)，若作業現場有其中一種狀況，則需使用正壓式呼吸防護具，如SCBA(自攜式)或供氣式呼吸防護具。

88. ( 1 ) 下列哪種呼吸防護具於使用時，空氣中的有害物較易侵入面體內？
①負壓呼吸防護具 ②輸氣管面具
③自攜式呼吸器 ④正壓供氣式呼吸防護具。

解析 負壓式為無動力式常見之面體，呼吸時會產生內部負壓而外部空氣流入其中，而其他三種皆為供氣式或正壓防護具，氣體是從內向外流出。

89. ( 1 ) 呼吸防護具的防護係數為10，表示該防護具能適用於污染物濃度在幾倍容許濃度以下之作業環境？
① 10 ② 15 ③ 20 ④ 100。

解析
- 不同種類之防護具都有一個防護係數(Protection Factor)，防護係數是表示該呼吸防護具可提供之防護效果，其定義如下：防護係數(PF)＝環境中有害物之濃度/防護具面體內有害物之濃度。
- 而防護具面體內有害物之濃度不可超過有害物容許濃度標準，因此當一個呼吸防護具之防護係數(PF)為10時，則表示該防護具可用於10倍的容許濃度下的環境。

90. ( 3 ) 在救火或缺氧環境下，應使用下列何種呼吸防護具？
①輸氣管面罩 ②小型空氣呼吸器
③正壓自給式呼吸防護具(SCBA) ④防毒口罩。

解析 進行呼吸防護具選用之前，首先要辨別作業現場是否為缺氧之情況(氧氣濃度 < 18.0%)及現場有害物濃度是否達到立即致死或危害健康之濃度(IDLH)，若作業現場有其中一種狀況，則需使用正壓式呼吸防護具。

91. ( 3 ) 耳部最高敏感度之頻率範圍自3,000至5,000赫茲，一般聽力損失發生約在多少赫茲？
① 1,000 ② 2,000 ③ 4,000 ④ 6,000。

解析 職業性聽力損失的發生，開始於3,000～6,000 Hz之間，而人類之交談聲音頻率通常在500～2,000 Hz。

92. ( 2 ) 將車床集中成車床班，鑽床集中成鑽床班，是屬於下列何種佈置的形式？
①固定式 ②功能式 ③製程式 ④混合式。

解析 依照不同的功能而區分位置是功能式的佈置形式，又稱程序式配置(Functional layouts)，適用於多樣少量的存貨生產方式(小批量或零工式生產)，係指將功能相似的機具設備安排在同一區域。優點為可以由其他機器取代故障機器、因為相同機器設備都在同一區域，降低機器設備備品成本；缺點為設備排程安排較困難。

93. ( 1 ) 裝配鍋爐的佈置形式，以下列何者為適宜？
①固定式 ②功能式 ③製程式 ④混合式。

解析 **固定位置**佈置：就是將產品「固定在一個位置」，而將各項機器、設備移動到產品所在的地方來生產。而其產品的屬性也多為較龐大、笨重的產品，才會被動的讓設備配合產品，因此鍋爐屬於此種。

94. ( 3 ) 下列何者不屬源頭管制之方法？
①研磨機安裝集塵裝置 ②指定吸菸區
③天花板採用吸音材 ④高溫爐採用隔熱材。

解析
- 源頭管制是找出危害／風險的源頭並加以預防，如該從機器源頭把灰塵集中，或從作業工法上加以改善，從危害可能產生的起頭管理最為有效，此為源頭管制概念。
- 當源頭管制無法執行時，可以採路徑管理，意謂在勞工須接觸危害的場所加以防範，而吸音材料是已經讓聲音產生後的隔絕處理方法，不屬於源頭管理的方式。

95. ( 2 ) 下列哪項非為部門主管之安全職責？
①工作安全教導 ②安全政策制訂 ③安全教育訓練 ④安全觀察。

解析 部門主管應負責以下事項：
一、安全衛生管理執行事項。
二、定期檢查、重點檢查、檢點及其他有關檢查督導事項。
三、定期或不定期實施巡視。
四、提供改善工作方法。
五、擬定安全作業標準。
六、教導及督導所屬依安全作業標準方法實施。
七、遵守安全衛生政策與政府法規之執行事項。
八、事故調查、安全觀察、安全洽談、安全訓練與激勵事項之辦理。
九、其他有關安全衛生管理事項。

96. ( 1 ) 分析災害原因時，下列何者係屬直接原因？
①高壓電 ②警報系統不良
③未使用個人防護具 ④防護具未分發給勞工。

解析 **直接原因**：勞工無法承受不安全動作或狀態肇生能量之接觸。因此觸碰高壓電而受危害是直接原因，而可能由其他間接原因造成。

97. ( 2 ) 某一勞工在工作桌上以圓鋸鋸斷木材，手指不慎被鋸傷，則該災害的媒介物為下列何者？
①工作桌 ②圓鋸 ③木材 ④傳動帶。

解析 被鋸傷的原因是因為遭到圓鋸切割，所以媒介物是**圓鋸**。
其他常見的媒介物分類包含：
一、動力機械。
二、裝卸運搬機械。
三、其他設備。
四、營建機具及施工設備。
五、物質材料。
六、貨物。
七、環境。
八、其他。

98. ( 4 ) 某勞工以手鏟鏟煤進鍋爐之燃燒室為火所灼傷，則該災害之媒介物為下列何者？ ①煤 ②手鏟 ③手 ④鍋爐。

解析 因為被鍋爐的火燒傷，因此媒介物是**鍋爐**。而灼傷的火焰本身不屬於媒介物。

99. ( 2 ) 系統失誤發生時，可將系統維持在一安全操作狀態，直到狀況解除，此為下列何種失誤安全設計？
①被動式 ②主動式 ③調節式 ④功能式。

解析 **主動式失誤安全設計**可能包括監測或警報系統，當狀況異常時會以連續閃爍或不同顏色之燈光或聲音等加以防制，可將系統維持在一安全操作狀態，直到狀況解除。

100.( 2 ) 化工儲槽的安全閥係屬下列何種減低危害的防護方式？
①隔離 ②弱連接 ③閉鎖 ④連鎖。

解析 **弱連結 (Weak Links)**：是一種在壓力水準下，當意外發生時，會產生作業失效，以減少或控制任何可能會導致更嚴重的失誤或災害之發生。例如：保險絲、灑水系統、安全閥等均屬之。

101.( 1 ) 保險絲因迴路開關電流過載時熔斷，使系統保持安全狀態，欲重新啟動需先將保險絲修復才能作業，此安全設計為下列何者？
①被動式失誤安全設計 ②主動式失誤安全設計
③調節式失誤安全設計 ④功能式失誤安全設計。

解析 **被動式失誤安全設計 (Fail-passive arrangement)**：是指將系統因失誤所產生的能量降至最低，係以減少系統運作功能，或中止作業系統的方式來達到防止災害發生之目的。例如：迴路開關：電流過載時，保險絲熔斷，使系統保持安全狀態，如欲重新啟動時，須將保險絲修復，才能作業。

102.( 1 ) 使用防爆型電氣開關，使在可燃性氣體之中作業不致發生火花逸出，此為下列何種安全設計？ ①隔離 ②連鎖 ③閉鎖 ④弱連結。

解析 防爆型開關為**隔離**點火源的方法，可以增加安全度，另外還有抑制型可以降低成為點火源的機率屬於較為消極的方法。

103.( 2 ) 下列何者為安全化構造中，防止人、物、能量或其他因素進入非期望區域之方法？
①閉鎖中之 lock-in ②閉鎖中之 lock-out
③連鎖 (interlock) ④弱連結 (weak link)。

解析 閉鎖：
一、Lock-out：指防止人、物、能量或其他因素進入非期望區域。如將開關上鎖，是防止電能被啟動是為 Lock-out。
二、Lock-in：指防止人、物、能量或其他因素離開限制區域。如使用電能作業時，防止電流被關斷而導致災害是為 Lock-in。

104.( 3 ) 勞工修理混合機時，未將電源開關上鎖，而不知情之第三者將該開關打開，造成災害，此為沒有做好下列何者？
①隔離 ②阻卻 ③閉鎖 ④連鎖。

解析 **斷電上鎖 / 閉鎖 (Lock-out)**：與掛籤之程序相類似，包括上鎖，如此不致因為人的疏忽，將暫時停用之電路系統或設備啟動。

105.( 2 ) 在安全改善之優先順序上，當由設計方法消除危害及設計安全防護裝置為不可行時，下列何者應優先採行？
①辦理人員安全訓練 ②裝設警報裝置
③辦理員工健康檢查 ④使用個人防護具。

解析
- **警報裝置**是最直接且有效的安全改善手段，硬體設施的改善手段通常是立竿見影的。
- 安全訓練與健康檢查為間接逐步增進安全改善的手段。
- 個人防護具為最後一道防線。

106.( 4 ) 下列何者非安全工程技術「隔離」之應用？
①設置防爆牆 ②使用隔音裝置
③使用鉛隔離輻射 ④使用接地以減少電荷積聚。

解析 設置防爆牆、使用隔音裝置、使用鉛隔離輻射都是**隔離**的應用。而接地是減少感電的措施。

107.( 1 ) 依機械類產品型式驗證實施及監督管理辦法規定，型式驗證合格證明書之有效期為多少年？
① 3 ② 5 ③ 10 ④ 15。

解析 依機械類產品型式驗證實施及監督管理辦法第 11 條：
驗證機構實施產品型式驗證，經審驗合格者，應發給附字號之型式驗證合格證明書。
前項型式驗證合格證明書之有效期間，為 3 年。

108.( 2 ) 完整的監測系統有四個步驟，其正確順序應為下列何者？
①偵測 (Detection)、解釋 (Interpretation)、量測 (Measurement)、應變 (Response)
②偵測 (Detection)、量測 (Measurement)、解釋 (Interpretation)、應變 (Response)
③量測 (Measurement)、偵測 (Detection)、解釋 (Interpretation)、應變 (Response)
④偵測 (Detection)、解釋 (Interpretation)、應變 (Response)、量測 (Measurement)。

解析 完整的監測系統應該是**偵測(發現)>量測(程度)>解釋(評估)>應變(處理)**。

109.( 2 ) 槽內作業，1 人在槽外監視槽內作業者是否發生危險並提供必要援助，此為下列何種安全系統？
①自護系統 ②互護系統 ③偵測系統 ④警告系統。

解析 **互護系統 (Buddy System)** 有兩種型式：
一、二人組成一對，同時暴露於同一危害，兩者必須相互確保對方安全，提供必要之協助，例如電力公司之高壓活線作業。
二、一對之中僅有一人暴露於危害之中，另一人僅擔任守護及提供必要的援助，例如入槽作業。

110.( 2 ) 利用人類感官來設計安全警告裝置，其優先順序下列何者為正確？
①聽覺、視覺、嗅覺 ②視覺、聽覺、嗅覺
③嗅覺、聽覺、視覺 ④視覺、嗅覺、聽覺。

解析 人類的感官對於**視覺**最為敏感，例如警告標示或警告顏色，再者以聽力輔助警告，例如警鈴、警示音，其次再以嗅覺警告，例如添加氣味於有害氣體之中，以此來設計安全警告裝置。

111.( 3 ) 下列何者不是以視覺感官方法設計之警告方式？
①高壓設備之請勿接近標示 ②危險物運輸卡車上之易燃告示牌
③以警鈴提示火警 ④夜間障礙物之紅色閃光燈。

解析 以警鈴提示火警為**聽覺**感官的警告，其他以燈光為主皆為視覺的感官警告。

112.( 1 ) 當事故發生時，在設計條件下，會使作業中斷以減少或控制任何可能會導致更嚴重的失誤或災害，此為下列何種防護方式？
①弱連結 (weak links) ②互護系統 (buddy system)
③警告 ④偵測。

解析 **弱連結 (Weak Links)**：是一種在壓力水準下，當意外發生時，會產生作業失效，以減少或控制任何可能會導致更嚴重的失誤或災害之發生。

113.( 1 ) 利用人類感官作為安全警告方式，下列何者應為最優先？
①視覺 ②聽覺 ③嗅覺 ④對振動及溫度之感覺。

解析 利用人類感官作為安全警告方式，應以**視覺**為最優先。

114.( 4 ) 當事件A發生時，事件B將作動，以使偶發事故不致發生，此為下列何種安全設計？
①隔離 ②阻卻 ③互護系統 ④連鎖。

解析 使用連鎖裝置可以讓某些情況發生時作動一些防護措施，例如某些**連鎖**裝置可以使覆蓋未完全關閉時無法啟動。

115.( 2 ) 二個以上之要素各別獨立，並共同組合成災害發生的原因，此種災害發生之型態為下列何者？
①串聯型 ②並聯型 ③複合型 ④獨立型。

解析
- 串聯型(連鎖型)：如果一件職業災害係由各別獨立之危害因素相互影響而後導致者，又稱為連鎖型。
- 複合型：由聚合型與連鎖型兩者組合而成。
- **並聯型**：二個以上之要素各別獨立，並共同組合成災害發生的原因。

116.( 3 ) 穿戴防護衣或裝備，以防止環境危害所造成之傷害，在危害消除與控制型態屬下列何者？
①抑制 ②稀釋 ③隔離 ④連續。

解析 穿戴防護衣或裝備是屬於**隔離**的手段，戴手套可以保護雙手，穿著隔離衣可以保護皮膚和服裝，防護眼、口、鼻。

117.( 1 ) 機械在轉動、銳邊及帶電部分加以防護，屬於下列何種防護方法？
①隔離 ②閉鎖 ③連鎖 ④對應。

解析
- 機械在轉動、銳邊及帶電部分加以防護，主要即避免危險處與人員接觸，屬於**隔離防護**。
- 機械的危險區域(空間)及危險時間中，應予閉鎖使人員無法進入。
- 連鎖防護式安全裝置：滑塊等在閉合動作中，能使身體之一部無介入危險界限之虞。

118.( 2 ) 經由反射或吸收能量以減少損害，使殘留量減至危害量以下之方法為何？
①抑制 ②變流裝置 ③弱連結 ④安全距離。

解析
一、抑制：如灑水系統或抑制劑噴霧。
二、**變流裝置**：藉由反射或吸收能量減少損害，將殘留量減至危害量以下。
三、弱連結(Weak Links)：是一種當意外發生時，會產生作業失效以減少或控制任何可能會導致更嚴重的失誤或災害之發生。如：保險絲。
四、安全距離：如爆炸安全距離。

119.( 3 ) 在故障樹分析中，因系統邊界或分析範圍之限制，未繼續分析下去之事件，或不再深究人為失誤的原因，稱之為何種事件？
①中間事件 ②基本事件 ③未發展事件 ④頂端事件。

解析 一般故障樹分析的常用說明如下：
- 基本事件：系統元件或是單元的失效或是錯誤(例如：開關卡在打開的位置)。
- 外部事件：一般預期事件會發生(本身不是一個失效)。
- **未發展事件**：事件的相關資訊不明，或是沒有後續影響。
- 條件式事件：一些會影響或是限制邏輯閘的條件(例如：目前運作的模式)。

120.( 2 ) 在故障樹分析中，二個或二個以上原因同時發生，才會導致某一中間事件或頂端事件發生時，需使用何種邏輯閘？
①或 ②且 ③抑制 ④逆向。

解析 一般而言，二個或二個以上的促成因素以 gate 閥分開。同時發生使用 **AND(且)**，而另外一個 OR(或)用於其中一項發生時。

121.( 1 ) Dow 火災爆炸指數是由下列何種方式決定？
①單元危險因子與物質因子乘積
②單元危險因子與單元危險因子乘積
③損壞因子與物質因子乘積
④單元危險因子與損壞因子乘積。

解析 Dow 火災爆炸指數用來確定事故的可能影響區域，估計所評估生產過程中發生事故可能造成的破壞；由物質因子和單元危險因子**相乘**而得。

122.( 3 ) 下列何者屬於系統安全危害辨識的定量方法？
①失誤模式與影響分析 (FMEA)
②初步危害分析 (PHA)
③事件樹分析 (ETA)
④危害與可操作性分析 (HazOP)。

解析 一、定性評估法：
1. 文獻搜尋/工業實務調查/工廠巡察。
2. 腦力激盪(假如分析法)。
3. 初步危害分析 (PHA)。
4. 失誤模式與影響分析 (FMEA)。
5. 危害與可操作性分析 (HazOp)。
6. 檢核表分析。

二、定量評估法：
1. 相對危害等級分析：
   - Dow 火災爆炸指數 (DowF&EI)。
   - 化學工廠安全評估指針。

2. 危害頻率分析：
    - 故障樹分析 (FTA)。
    - 事件樹分析 (ETA)。

123.( 3 ) 初步危害分析在下列何階段開始施行較好？
①生產階段 ②試車階段 ③設計階段 ④建廠階段。

解析 初步危害分析通常是在一個工程專案可行性研究或構想設計階段時，所使用的危害分析方法。

124.( 4 ) 下列何者不是採用檢核表分析的限制？
①在設備設計階段較難運用此表
②無法進行事故模擬與事故頻率分析
③品質受限於撰寫人經驗與專業知識
④分析方法複雜。

解析 檢核表分析之優缺點比較：

一、優點：
1. 使用範圍較廣。
2. 分析方法簡單、快速。
3. 投入的資源較節省。
4. 可作為操作訓練之依據。

二、缺點：
1. 分析的結構性不夠完整(完整且語意清楚的查核表不易定義)。
2. 人員素質影響結果。
3. 無法量化，分析完整性不足，無法進行事故模擬與事故頻率分析。
4. 在設備設計階段較難運用此表。

125.( 3 ) 下列何者不是設計一份適用的檢核表，所需要的要項？
①瞭解操作程序及實際操作情形
②有經驗的製程、設備及安全工程師
③設計一份所有製程、不同操作皆可使用的檢核表
④找出相關政府法規、公司安全規範及產業共同標準。

解析 檢核表的內容應該根據不同的製程及操作設計，不能直接通用。

126.( 3 ) 下列何者方法係指一種由上而下的方析方式，回溯發展模式，演繹或推論後果至其原因將各種不欲發生之故障情況？
①共同原因分析法 ②原因後果分析法
③故障樹分析法 ④初步危害分析法。

解析 故障樹是由上而下式的方式，回溯 (Backward) 發展模式、演繹 (Deductively) 或推論後果 (Effect) 至其原因 (Causes)。

127.( 2 ) 故障樹分析中邏輯演繹的末端事件，通常是設備或元件故障，或人為失誤，該末端事件表示的符號為下列何者？
①□ ②○ ③◇ ④△。

解析
- 長方形符號，表示一特定事件，可以進一步加以分析的。
- 圓形符號，表示系統中基本事件，無需加以分析。
- 菱形符號，表示事件之發展因缺乏資料中止分析。
- 正三角形符號，表示可以轉移或連接到樹中的另一部份。

128.( 1 ) 故障樹分析的程序包括四個步驟，(a) 定性分析 (b) 尋找基本事件失誤率 (c) 定量分析 (d) 相對重要性分析，則其正確順序為下列何者？
① a → b → c → d ② b → c → a → d
③ d → a → b → c ④ c → a → b → d。

解析 故障樹分析的程序：(a) 定性分析＞ (b) 尋找基本事件失誤率＞ (c) 定量分析＞ (d) 相對重要性分析 ( 先定性再定量 )。

129.( 3 ) 在設計階段或規劃初期階段，最適合使用何種系統分析方法？
①故障樹分析 ②查核表
③初步危害分析 ④危害與可操作性分析。

解析 初步危害分析是用於設計階段或規劃設計等初期階段的系統分析方法。

130.( 2 ) 大型化工廠之安全分析最宜採何種定量分析模式？
①失誤模式與影響分析 ②故障樹分析
③檢核表 ④初步危害分析。

解析 故障樹分析 (FTA) 是由上往下的演繹式失效分析法，透過邏輯分析，識別系統中可能導致不希望發生狀態的因素。故障樹分析主要用在安全工程以及可靠度工程的領域，用於了解系統失效的原因，並且找到最好的方式降低風險，常用在航空航天、核動力、化工製程、製藥、石化業及其他高風險產業。

131.( 1 ) 藉由具經驗之專業人員，針對作業場所之危害特性訂定表格式之檢點項目，屬於下列何種方法？
①檢核表 ②如果－結果分析
③危害與可操作分析 ④失誤模式與影響分析。

解析 檢核表 (Checklist)：由具有運轉、設計經驗及安全訓練的資深工程師研擬，以校對及驗證程序、系統設計或操作方法是否合乎標準或合理的清單。

132.( 3 ) 針對工作場所或系統內之設備失誤，以表格化方式，找出各種失效模式及可能造成影響之評估法屬於下列何者？
①如果－結果分析 ②危害及可操作性分析
③失誤模式及影響分析 ④故障樹分析。

解析 **失誤模式及影響分析 (Failure Modes and Effects Analysis)**：與危害及可操作性分析相同，由專長不同的專業人員組成小組以會議方式進行分析工作，也稱為FMEA，每個部份都個別地加以分析以決定其失誤特性，並需預測系統的一部份如何產生事故。

133.( 4 ) 針對工作場所內可能造成之各種重大災害，以演繹法推導出造成失誤之各個因子之方法，屬於下列何者？
①檢核表 (checklist) ②如果－結果分析 (what-if)
③危害與可操作分析 ④故障樹分析。

解析 故障樹，或稱為**故障樹分析 (Fault Tree Analysis)**：是應用特定的邏輯符號及事件符號表達附屬設備的失誤與意外事件的相互關係圖，由分析者選擇意欲分析的終極事件，然後逆向歸納造成後果的基本事件(失誤)及其順序(最小分割集合)。

134.( 2 ) 檢核表為用來檢查危害的一種分析工具，其中一種檢核表已將要檢查的項目完全列出，使用者只要逐項檢核是否符合標準即可，此種為下列何種檢核表？
①開放式 ②封閉式 ③混合式 ④半混合式。

解析 **封閉式**檢核表：基本上是一種較固定的分析工具，要檢查的項目已經完全地逐條列出，檢核時並不需要太多的技巧。內容包括「檢查項目」以及「是否符合檢查標準」等兩項。此種檢核表之檢查項目早已由專人設計完成，因檢查之項目完整且固定，故較適合於一般的例行性檢查。

135.( 2 ) 檢核表之使用，下列敘述何者不正確？
①用來做為操作訓練之依據
②不適合用來做為事故調查之依據
③有效率達到各個操作階段評估的目的
④使用快速容易、成本較低。

解析 檢核表可以用來做為事故調查之依據之一，內容包括「檢查項目」以及「是否符合檢查標準」，事故調查時也可以查看檢核表是否有不足或缺漏之處。

136.( 4 ) 下列何種項目不是初步危害分析之應用對象？
①設計規劃期間的系統
②既有系統需評估出重大潛在危害之次系統
③對大系統中之次系統進行簡易之風險排序
④人為故意錯誤之事先預防分析。

解析 初步危害分析用於工程專案可行性研究或構想設計時，將對系統危害分析探討，應注意的是對系統有全面性重大影響者，以便決定該系統是否需要進一步的分析。但是**人為故意的錯誤無法預測**，所以不適用於此狀況。

137.( 3 ) 下列何項是從事損失控制工作的第一步工作？
①事故的損失之減少 ②事故原因的控制
③事故原因的鑑定 ④教育訓練。

解析 損失控制工作應先**鑑定事故原因**，才能接著做事故之控制及減少損失。

138.( 3 ) 損失控制實務中，鑑定事故的基本原因是要找出下列何者？
①危險的情況 ②不安全的方法
③管理上的錯誤、疏漏 ④不安全的動作。

解析 通常基本原因可分成兩大類：
- 人的因素：包括缺少知識或技能、不適當的激勵、身體或精神上的困擾等。
- 工作因素：包括不當的工作標準、不當的設計或維護、不當的採購標準、正常的磨損、破裂或不正常的使用等。

139.( 3 ) 損失控制五大功能中，何者為首要功能？
①標準 ②量度 ③鑑定 ④評估。

解析 損失控制的五大功能 (ISMEC)：
一、辨認 (Identification)：也就是鑑定，包含人員選用、技術訓練、工程控制、計畫性檢查、損失分析、防護具、緊急應變措施……等。
二、標準 (Standard)：即建立起每件工作活動中所期望的工作成效標準。
三、量測 (Measuring)：即對執行成效之量測。
四、評估 (Evaluation)：即評估某一時段基準的工作績效。
五、改正 (Correction)：在不期望之損失事故發生前加以防範或改善，及時改正其缺失。

140.( 3 ) 總合傷害指數之計算公式為何？
①傷害損失天數 $\times 10^6$/ 員工全部工時
②失能傷害次數 $\times 10^6$/ 員工全部工時
③ ( 失能傷害頻率 × 失能傷害嚴重率 )/1,000 之值的平方根
④失能傷害次數 $\times 10^6$/(312× 員工全部工時 )。

解析 總合傷害指數之計算公式＝( 失能傷害頻率 × 失能傷害嚴重率 )/1,000 之值的平方根；也可寫成**總合傷害指數** = $\sqrt{(\text{失能傷害頻率 FR} \times \text{失能傷害嚴重率 SR}) \div 1{,}000}$。

141.( 1 ) 下列何者不是八大損失控制管理工具之一？
①實施健康檢查 ②安全檢查 ③事故調查 ④工作安全分析。

解析 損失控制管理制度的八大工具：
一、安全法規。
二、安全檢查。
三、安全衛生教育訓練。
四、事故調查。

五、工作安全分析。
六、安全觀察。
七、安全接談。
八、激勵。

142.( 3 ) 風險控制執行策略中，下列何者屬於工程控制法？
①修改操作方法 ②修改操作條件
③修改製程設計 ④修改操作步驟。

解析 風險控制執行策略中，**製程設計**為工程控制的方法，其他則為管理控制方法。

143.( 3 ) 下列何者是職業安全衛生管理系統之主動式評鑑資料？
①虛驚事故 ②附近居民抗議
③安全衛生稽核 ④主管機關的糾正。

解析 主動式評鑑應用於檢查該事業單位安全衛生作業之符合程度，如確認新進或職務異動人員是否參加新進人員訓練。常見為安全衛生稽核之內容，其他如虛驚事故為被動式評鑑資料。差別在於**主動式為預防發生**，被動式為發生後的改善。

144.( 3 ) 風險評估的四大實施步驟，(a) 風險判定 (b) 危害評估 (c) 危害辨識 (d) 擬定風險控制計畫，其實施步驟依序為下列何者？
① a → b → c → d ② b → c → d → a
③ c → b → a → d ④ d → a → b → c。

解析 風險評估的四大實施步驟，依序為 **(c) 危害辨識 > (b) 危害評估 > (a) 風險判定 > (d) 擬定風險控制計畫**。

145.( 3 ) 過錳酸鉀與濃硫酸混合時將產生下列何者？
①混合著火 ②生成不安定鉀鹽
③爆炸 ④生成有機過氧化物。

解析 化學式：$2KMnO_4 + 2H_2SO_4 \rightarrow 2HMnO_4 + 2KHSO_4 \rightarrow Mn_2O_7 + H_2O + 2KHSO_4$。高錳酸鉀是危險強氧化劑。遇濃硫酸、銨鹽能發生爆炸。遇甘油能引起自燃。與有機物、還原劑、易燃物如硫、磷等接觸或混合時有引起**燃燒爆炸**的危險。

146.( 3 ) 下列何者之傳播速度比聲速稍低？
①火災 ②爆炸 ③爆燃 ④爆轟。

解析 **爆燃**是一種燃燒波，以小於音速的速度通過熱傳遞傳播。易燃混合物在廢氣回收處理系統中引燃會導致 10 倍初始壓力的爆燃，傳播速度一般可達 10 ～ 300 m/s。

147.( 2 ) 在相同爆炸下限，爆炸範圍愈大之可燃性氣體或蒸氣，其爆炸危險性為何？
①愈低 ②愈高 ③相同 ④無相關性。

解析 可燃性氣體或蒸氣之爆炸範圍愈大，代表其可能發生爆炸的機率越高，危險性也越高。

148.( 4 ) 粉塵爆炸是屬於何種化學反應？
①氣相 ②固相 ③氣相與液相 ④氣相與固相。

解析 粉塵燃燒 (Dust Explosion) 指懸浮在封閉或局限空間中，或戶外環境的可燃粉塵顆粒快速燃燒，如果在封閉環境中，可燃顆粒或局限在大氣或是氧分子等其他合適的氣體介質中分散濃度足夠高，粉塵爆炸就有可能出現。

149.( 4 ) 金屬鋰、鈉、鉀引起火災屬於下列何類火災？
① A 類 ② B 類 ③ C 類 ④ D 類。

解析

| 類別 | 名稱 | 火災説明 | 滅火方法 |
|---|---|---|---|
| A 類火災 | 普通火災 | 普通可燃物如木製品、紙纖維、棉、布、合成只樹脂、橡膠、塑膠等發生之火災。通常建築物之火災即屬此類。 | 可以藉水或含水溶液的冷卻作用使燃燒物溫度降低，以致達成滅火效果。 |
| B 類火災 | 油類火災 | 可燃物液體如石油、或可燃性氣體如乙烷氣、乙炔氣、或可燃性油脂如塗料等發生之火災。 | 最有效的是以掩蓋法隔離氧氣，使之窒息。此外如移開可燃物或降低溫度亦可以達到滅火效果。 |
| C 類火災 | 電氣火災 | 涉及通電中之電氣設備，如電器、變壓器、電線、配電盤等引起之火災。 | 有時可用不導電的滅火劑控制火勢，但如能截斷電源再視情況依 A 或 B 類火災處理，較為妥當。 |
| D 類火災 | 金屬火災 | 活性金屬如鎂、鉀、鋰、鋯、鈦等或其他禁水性物質燃燒引起之火災。 | 這些物質燃燒時溫度甚高，只有分別控制這些可燃金屬的特定滅火劑能有效滅火。〔通常均會標明專用於何種金屬。〕 |

150.( 4 ) 下列何者不適合用於撲滅電氣火災？
①二氧化碳 ② BC 乾粉 ③ ABC 乾粉 ④水。

解析 電氣火災係由電力設施、電氣設備，因電力之使用不當所引起的火災。例如：馬達、開關設備、接線盒、變壓器、其他通電線路等。滅火必須使用非導電滅火劑如乾化學劑 ( 乾粉 )、二氧化碳滅火劑以撲滅。泡沫及水均不宜使用，因其具有導電性，並且可能使救火人員觸電。但是電源切斷後，可視同 A、B 類火災。

151.( 2 ) 若將可燃性混合氣體與著火源完全隔離狀態下予以加熱時，當達到某一溫度，就會自然著火燃燒，此時之溫度，稱為該物質之下列何者？
①引火點 ②著火點 ③閃火點 ④沸點。

解析 若將可燃性混合氣體與著火源完全隔離狀態下予以加熱時，當達到某一溫度，就會自然著火燃燒，此時之溫度，稱為該物質之**著火點**。

152.( 4 ) 可燃性液體的蒸氣壓不受下列何者影響？
①溫度 ②壓力 ③添加物 ④開口容器的形狀。

解析 可燃性液體的蒸氣壓力不會受到**開口容器形狀**之影響。

153.( 2 ) 在燃燒界限範圍內，可燃性氣體蒸氣與空氣的混合濃度在靠近燃燒界限值附近時，反應速度為何？
①最大 ②最小 ③不變 ④先變大後減小。

解析 可燃性蒸氣或瓦斯在空氣中(氧氣中)其濃度在該物質特有之範圍內存在時始能起燃。燃燒下限與燃燒上限之間只要供應適當能量時則可起燃(或爆炸)，上下限之間稱為燃燒(或爆炸)範圍。而濃度靠近燃燒界線時反應速度會**最小**。

154.( 1 ) 火焰的傳播速度在亂流時比在層流時為何？
①快 ②慢 ③相同 ④不一定。

解析 可燃氣呈靜止狀態或以層流 (laminar flow) 方式流動，那麼存在於其中的火焰稱為層流火焰。與亂流火焰相比，層流火焰的厚度較薄，火焰傳播速度也較慢。

155.( 1 ) 在火災學上，為了滅火之便，將火災分為 A、B、C、D(或甲、乙、丙、丁)四類；下列何者為 B 類火災？
①油類火災 ②普通火災 ③金屬火災 ④電氣火災。

解析 火災之分類：
一、A 類火災：普通火災。
二、B 類火災：**油類火災**。
三、C 類火災：電氣火災。
四、D 類火災：金屬火災。

156.( 3 ) 下列何者為物理性爆炸？
①失控反應爆炸 ②粉塵爆炸 ③水蒸汽爆炸 ④核子反應。

解析 **水蒸汽爆炸**為物理性爆炸，其他三者皆為化學性爆炸。

157.( 1 ) 空氣中之可燃性氣體濃度較理論混合比為高時，將產生不完全燃燒，而生成 CO 等氣體，此時其燃燒速度將為何？
①變慢 ②變快 ③不變 ④無關。

解析 不完全燃燒：可燃物因氧供氣不足時，不能完全燃燒，即稱不完全燃燒，其燃燒速度將變慢。

158.( 4 ) 下列何者非為粉塵雲之點火源？
①明火 ②熱表面 ③火花 ④輻射熱。

解析 需要以明火或是直接熱源才能讓粉塵雲產生燃燒爆炸，**輻射熱**並非直接性的熱源。

159.( 1 ) 下列何者非為爆炸抑制系統之單元？
①警報器 ②安全閥 ③控制系統 ④滅火劑。

解析 安全閥、控制系統、滅火劑皆為爆炸抑制系統之單元，而**警報器**為通知人員警示的設備。

160.( 2 ) 下列何者非為化學失控反應之原因？
①微量不純物之濃縮 ②溫度過低
③原料比例錯誤 ④混合發熱。

解析 化學失控反應常見的原因有：不純物質、發熱、原料比例錯誤或是**溫度過高**等。

161.( 4 ) 以乾粉滅火器進行滅火，係屬於下列何種控制方法？
①安全距離 ②壓力釋放口 ③抑制系統 ④隔離。

解析 乾粉滅火劑主要**隔絕**燃燒物與空氣的接觸。主要成分為碳酸氫鈉、碳酸氫鉀、硫化銨、磷酸二氫銨等粉末，粉末能吸收火的熱力，令燃燒的化學反應無法繼續。部分粉末亦可稍為抑制化學反應進行，除了能壓制火外，還會溶解成一層黏膜，阻隔燃燒表面與氣體的熱力傳送。乾粉滅火劑適用於電器類或通電等不能接觸到水、泡沫的情況。

162.( 2 ) 下列何種因素非為選取風險管理稽核頻率之要素？
①法令需求 ②稽核成本
③危害特性 ④低度風險製程經驗。

解析 風險管理稽核頻率之要素不包含**稽核成本**。

163.( 4 ) 下列何者屬神經方面的傷害？
①肌腱炎 ②腱鞘炎 ③扳機指 ④腕道症候群。

解析 **腕道症候群 (Carpal Tunnel Syndrome)**，縮寫為 CTS。也稱為腕管綜合症，俗稱滑鼠手，是一種常見的職業病，多發於電腦(鍵盤、滑鼠)使用者、木匠、裝配員等需要做重覆性腕部活動的職業，是指正中神經在傳導至腕的腕道發生神經壓迫的症狀。

164.( 3 ) 下列何者不屬於重複性肌肉骨骼傷害預防之行政管理作為？
①員工篩選 ②人員訓練 ③工程改善 ④工作輪換。

解析 **工程改善**不屬於行政管理的手段，而其他都是透過管理的方式減低肌肉骨骼之傷害。

165.( 3 ) 解決重複性骨骼肌肉病變應依下列何者順序為之？
①評估→認知→改善 ②評估→改善→認知
③認知→評估→改善 ④改善→認知→評估。

解析 基本上職業安全管理中，**認知→評估→改善**是常見的作業流程，不論在此題或其他情況都是很好的應用手段。

166.( 3 ) 下列何者是主動監測之項目？
①意外傷害報告 ②請假紀錄 ③現場訪查 ④勞保給付資料。

解析 主動式監測是對工作場所中勞工之生理狀況進行調查訪視，以了解勞工是否有不適的症狀，常見可分為以下兩種：一、疲勞及症狀調查：勞工身體疲勞情形。二、肢體不適症狀調查或**現場訪查**：調查哪些工作容易造成勞工身體疲勞與肢體傷害。

167.( 1 ) 依規則規定，高速型之漏電斷路器，在額定動作電流下，其動作時間需在多少秒以內？
① 0.1 ② 0.5 ③ 1.0 ④ 2.0。

解析 高速型漏電斷路器需在額定感度電流 **0.1** 秒以內作動。

168.( 1 ) 人類行為複雜多變，其信賴遠不如機械，故防止職業傷害，應優先選擇下列何者？
①本質安全化 ②作業自動化
③設備裝設防護具 ④採用個人防護具。

解析 **本質安全化(消除危險)**：是指利用設計及製造的方法，將造成危險的各項因子予以消除，以達到安全防護的目的，也就是本質安全的機器。

169.( 4 ) 為確保安全績效，下列何種措施應優先採用？
①安全教育訓練 ②縮短工作時間
③提供使用個人防護具 ④採用工程控制。

解析 確保安全績效，應優先採用**工程控制**的措施，能夠最有效且根本的防範危險發生。

170.( 1 ) 因感電而跌倒致生傷害時，應歸類於下列何種職業災害類型？
①感電 ②跌倒 ③墜落、滾落 ④不當行為。

解析 此題因**感電**而發生跌倒，職業災害類型應歸咎於感電因素。

171.( 2 ) 因踏穿而墜落致傷害時，應歸類為下列何種職業災害類型？
①踏穿 ②墜落 ③物體飛落 ④衝撞。

解析 歸納職業災害類型時，應以直接造成災害之因素歸納。此題之所以受傷乃是由於**墜落**而致傷害。

172.( 1 ) 因沖床模具、鍛造機槌等造成之捲夾挫傷，屬於下列何種職業災害類型？
①被夾、被捲 ②被切、割、擦傷 ③衝撞 ④不當行為。

解析 捲夾挫傷屬於**被夾、被捲**之災害類型。

173.( 3 ) 危害評估之人員因素分析中，下列何者不屬於行為上因素？
①抄捷徑 ②喜歡冒險 ③知識不足 ④缺乏警覺。

解析 除了**知識不足**(並非由人員本身決定)以外，其他皆為人員之習慣及行為態度因素。

174.( 2 ) 暫時全失能係指罹災者未死亡，亦未永久失能，但不能繼續其正常工作，損失工作時間達多久以上者？
① 1 小時 ② 1 日 ③ 1 星期 ④ 1 個月。

解析 指罹災人未死亡亦未永久失能，但不能繼續其正常工作，必須離開工作場所，損失工作時間在**1日**以上(包括星期天、休假日或事業單位停工日)，暫時不能恢復工作者。

175.( 4 ) 危害評估之因素不包括下列何種因素？
①人員 ②環境 ③管理 ④利潤。

解析 危害評估之因素包含：人員、環境、管理。

176.( 2 ) 職業災害按失能傷害分類方式為下列何種？
①失能與非失能傷害兩種
②死亡、永久全失能、永久部分失能、暫時全失能四種
③過失與無過失兩種
④重傷害與輕傷害兩種。

解析 失能傷害：死亡、永久全失能、永久部分失能、暫時全失能。

177.( 3 ) 機器緊急停止觸控鈕之距離設計的原則，下列何者為佳？
①可調設計 ②極大設計 ③極小設計 ④平均設計。

解析 機器緊急停止觸控鈕之距離設計採用**極小設計**較為安全，在緊急情況可以最快觸發停止功能。

178.( 2 ) 重複性傷害預防有五大步驟：(a) 工程改善 (b) 確定改善目標 (c) 行政管理 (d) 改善績效評估 (e) 尋找累積性傷害的潛在危險因子；其預防步驟依序為下列何者？
① a → d → b → c → e ② b → e → a → c → d
③ b → c → e → a → d ④ e → b → c → a → d。

解析 重複性傷害預防步驟：(b) 確定改善目標＞ (e) 尋找累積性傷害的潛在危險因子＞ (a) 工程改善＞ (c) 行政管理＞ (d) 改善績效評估。

179.( 1 ) 身體某部位經年累月，且頻率很高的不斷執行某種動作，此種特性屬於下列何者？
①重複性 ②連續性 ③漸進性 ④累積性。

解析 身體某部位經年累月，且頻率很高的不斷執行某種動作是重複性工作。

180.( 4 ) 危害預防與控制的目的在於使工作、工具及工作環境適合員工，下列何者不為避免「振動」危害因子所造成傷害的預防之道？
①裝設緩衝阻尼 ②使用防震設備
③座位與振動源分離 ④使用非黏滯性包裝材料。

解析 使用非黏滯性包裝材料與振動防治無關。

181.( 3 ) 從人因之角度，下列何種工作空間設計，屬於較適合站姿作業？
①所有零件、工具能就近取得之作業
②作業時雙手抬起不超過 15cm
③處理物品重量大於 4.5 公斤
④以精密組裝或書寫為主的作業。

解析 處理物品重量大於 4.5 公斤或較大型物品作業時，站姿較方便移動，故較適合站姿作業。

182.( 1 ) 電腦為現代作業場所不可或缺的工具，但長時間的使用電腦，易使工作者產生何種傷害？
①腕隧道症候群 ②腱鞘炎 ③白指症 ④網球肘。

解析 腕隧道症候群常發生於家庭主婦、或是使用電腦繁重作業的工作者中，由於手上的正中神經在經過手腕處，會穿過由腕骨與韌帶圍成的「腕隧道」，受到位於神經上方的韌帶壓迫所造成的臨床症狀。

183.( 2 ) 下列何者不是避免靜電危害之防護措施？
①接地與等電位連結 ②穿戴安全眼鏡與手套
③降低摩擦速率 ④使用電荷中和器。

解析 避免靜電危害的常見方式：
一、接地與等電位連結。
二、濕度控制及增加導電性。
三、消除電荷。
四、降低摩擦速率。
五、使用電荷中和器。

184.( 1 ) 請有工作安全評估經驗的專家，對工廠各方面進行一般性的檢查，其範圍很廣，而所需的時間較短，此種危害評估技術，屬於下列何者？
①初步危害分析 ②危害與可操作性分析 ③故障樹分析 ④影響分析。

解析 初步危害分析 PHA (Preliminary Hazard Analysis)：在分析時會先對製程進行初步危害分析 (PHA)，將製程中具高潛在危害之環節篩選出，範圍較廣且所需的時間較短，再藉由危險性與可操作性分析 (HazOp) 進一步實施製程安全評估。

185.( 2 ) 下列何項危害評估技術之目的在於對不同程度之潛在災變事故狀況，作定性和定量分析，藉以判斷各種災變事故對廠內工作人員、周圍居民和環境影響之程度？
①初步危害分析 ②危害與可操作性分析 ③影響分析 ④故障樹分析。

解析 危害與可操作性分析 (HazOp) 是為了識別及評估可能產生的問題，結構化、系統化的檢視流程及作業的方法，所關注的問題是可能造成人員或設備的風險，或是影響正常作業的問題，而進行之定性或定量分析。

186.( 4 ) 考量電氣安全之要求，電線之負載電流應不超過用戶用電設備裝置規則所規定之額定電流容量，於單相 2 線之斷路器 AT 值（跳脫機構的電流額定）50A，則應選用之絞線導線安培容量下列何者正確？
① 20 A ② 30 A ③ 40A ④ 55A。

解析 安培容量：指在不超過導線之額定溫度下，導線可連續承載之最大電流，以安培為單位，因此需選擇比 50A 更大之安培容量。

187.( 2 ) 單相二線式接地系統受電之電氣設備負載於絕緣裂化發生故障點時，在設備接地未設置，則下圖之電流動作型漏電斷路器動作情況下列何者正確？
①跳脫 ②不動作 ③短路 ④過載。

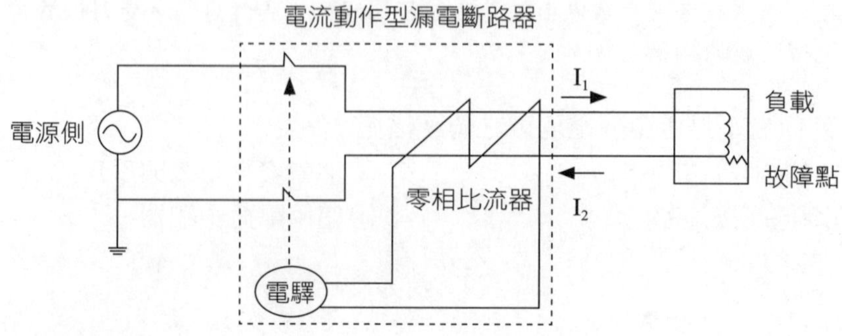

解析 一般漏電斷路器之作動原理為當系統未發生故障時，通過零相比流器之電流為零，電驛(繼電器, Relay)不會動作。當人體接觸帶電導體或接地故障點發生時，通過零相比流器之導線電流和不為零，電驛動作切離電源，而如圖上因未設置接地，無法提供一低阻抗迴路使流過之故障電流足以啟動過電流保護設備或漏電斷路器，所以不會動作。另依屋內線路裝置規則對漏電斷路器之分類。如以防止觸電為目的，應使用高速高敏感度型式，但如設備有良好之接地，亦可使用高速中敏感度型式。

188.( 2 ) 依職業安全衛生設施規則及機械設備器具安全標準規定，用於氣體類之防爆電氣設備，其危險區域劃分應符合國家標準 CNS3376 系列、國際標準 IEC60079 系列或與其同等之標準規定，CNS3376-10 對危險場所分類：1. 0 區 (Zone0)：爆炸性氣體環境連續性或長期存在之場所。2. 1 區 (Zone1)：爆炸性氣體環境在正常操作下可能存在之場所。3. 2 區 (Zone2)：爆炸性氣體環境在正常操作下不太可能存在，如果只有偶爾發生且只存在短期間之場所。試問一個固定式具易燃液體蒸氣之製程混合槽，位於室內，因為操作原因會週期性被打開。液體打入桶槽或抽出，皆經由桶槽上完全焊接之管路時，下圖之危險區域劃分下列何者正確？

① [斜線圖例]：Zone 0　② [網格圖例]：Zone1　③ [圓點圖例]：Zone2　④ [空白圖例]：Zone1。

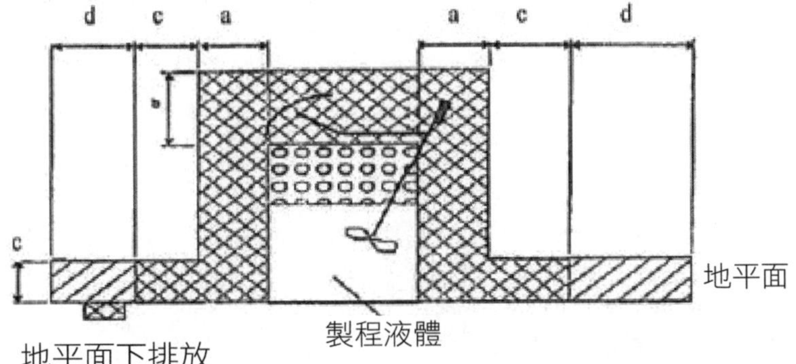


a：從洩漏源處水平距離 1m，b：從洩漏源上方 1m，c：水平距離 1m，d：水平距離 2m

解析 IEC 之區域等級分類 (IEC 60079-10) ( 同 CNS 3376-10)：

- 0 區場所包括下列任一場所：
  (1) 裝有揮發性易燃液體之通氣儲槽或容器 (vented tanks or vessels) 內部。
  (2) 在不充足通氣之噴灑或塗鍍箱體 (inadequately vented spraying or coating enclosures) 內，使用揮發性易燃溶劑時，該箱殼之內部。
  (3) 裝有揮發性易燃液體之浮頂槽 (floating roof tanks)，在其內部和外部槽頂之間。
  (4) 含有揮發性易燃液體之開放容器、儲槽或窪地 (open vessels、tanks or pits) 之內部。
  (5) 用來排除可引燃濃度之氣體或蒸汽排風管道 (exhaust duct) 內部。
  (6) 不充足通風之箱體 (inadequately ventilated enclosures) 內，含有使用分析易燃性液體的儀器，且該儀器是正常地通氣並通氣至箱體內時，該箱體之內部。

- 1 區場所包括下列任一場所：
  (1) 揮發性易燃液體或液化易燃性氣體 (liquefied flammable gases) 從一個容器倒入另一個容器的場所，或使用易燃性溶劑進行噴灑或上漆作業之鄰近場所。
  (2) 進行易燃性溶劑蒸發作業的充足通風乾燥室或艙 (adequately ventilated drying rooms or compartments) 之內部。
  (3) 含有使用揮發性易燃溶劑進行油脂 (fat) 或油 (oil) 萃取作業之設備的充足通風場所 (adequately ventilated locations)。
  (4) 清洗 (cleaning) 或印染 (dyeing) 工廠中，使用易燃性液體之部分場所。
  (5) 易燃性氣體可能洩漏的充足通風之氣體產生室或氣體製造工廠中之部分場所。
  (6) 不充足通風的易燃性氣體或易燃性液體之泵室。
  (7) 放置儲存有揮發性液體之開口、輕旋塞 (lightly stopper) 或易破損容器之冰箱或冷凍內部。
  (8) 爆炸性氣體環境在正常作業下可能存在之場所，但該場所沒有劃為 0 區。
- 2 區場所：
  經常被劃為 2 區之場所，為使用易燃性液體或易燃性氣體或蒸氣之場所，並且該場所僅於意外或某些不經常作業情況下才會變成危險區。
  因此本題之 □ 及 □ 空間屬於 Zone 0（設備環境中充滿爆炸性氣（液）體，該場所，已隨時處於危險狀態下），□ 屬於 Zone 1（爆炸性氣體環境在正常操作下可能存在之場所），而 □ 屬於 Zone 2（爆炸性氣體環境在正常操作下不太可能發生，如果發生亦只偶爾且只存在短期間之場所）。

189.（ 3 ）依職業安全衛生設施規則規定，對於裝有電力設備之工廠、供公眾使用之建築物及受電電壓屬高壓以上之用電場所，應規定置專任電氣技術人員。則超過 22.8kV 供電之用電場所，應置下列何種電氣技術人員？
①初級　②中級　③高級　④不需設置。

解析
用電場所應依下列規定置專任電氣技術人員：
一、特高壓受電之用電場所，應置高級電氣技術人員。
二、高壓受電之用電場所，應置中級電氣技術人員。
三、低壓受電且契約容量達 50 瓩以上之工廠、礦場或供公眾使用之建築物，應置初級電氣技術人員。
本規則所稱用電場所，指低壓 (600 伏特以下 ) 受電且契約容量達 50 瓩以上，裝有電力設備之工廠、礦場或供公眾使用之建築物，及高壓 ( 超過 600 伏特至 22,800 伏特 ) 與特高壓 ( 超過 22,800 伏特 ) 受電，裝有電力設備之場所。
本題超過 22.8kV (22,800 伏特 )，依法應置高級電氣技術人員。

190.（ 4 ）電氣火災之起火原因，下列何者為非？
①短路　②過負載　③電弧放電　④絕緣良好。

解析
電氣火災發生之原因分為短路、過熱、使用不當、接觸不良、積污導電、過負載、半斷線、接地 ( 漏電 )、靜電及其他，共 10 類。

191.( 4 ) 電氣火災之防止方法，下列何者為非？
①防止絕緣材料之劣化造成漏電或短路
②插座及線路之連接應良好，避免接觸不良
③電氣設備及線路之使用不可超過安全負載量
④使用較大之額定電流低壓無熔絲開關，減少可能跳電之麻煩。

解析 無熔絲開關的作用，是在保護電線，因為每種線徑的電線都有它的額定安培數，線徑愈大的電線其額定愈高，而安培過大會使電線發熱 ( 燙 )，嚴重點 NFB 如果沒有處理 ( 不跳脫 )，電線過熱會使絕緣皮熔焦，易造成電線走火、火災等災害，因此不應減少跳電麻煩而直接採用較大額定電流之開關。

192.( 2 ) 依職業安全衛生管理辦法規定，雇主對於低壓電氣設備，應每年依規定項目定期實施檢查一次，下列何項目非為定期檢查事項？
①低壓受電盤及分電盤（含各種電驛、儀表及其切換開關等）之動作試驗
②電氣箱電氣電路之熱顯影檢查
③低壓用電設備絕緣情形，接地電阻及其他安全設備狀況
④自備屋外低壓配電線路情況。

解析 依職業安全衛生管理辦法第 31 條：
雇主對於低壓電氣設備，應每年依下列規定定期實施檢查一次：
一、低壓受電盤及分電盤（含各種電驛、儀表及其切換開關等）之動作試驗。
二、低壓用電設備絕緣情形，接地電阻及其他安全設備狀況。
三、自備屋外低壓配電線路情況。

193.( 3 ) 電壓單位為伏特 (V)，電流單位為安培 (A)，電阻單位為歐姆 (Ω)。依歐姆定律，5Ω 電阻器流過 1A 電流，當電阻器一端電位 10 伏特，則其另一端電位為多少伏特？
① 10 ② 8 ③ 5 ④ 1。

解析 歐姆定律轉換公式說明如下：
電流計算：電阻器的電流 I ( 以安培 (A) 為單位 ) 等於電阻器的電壓 V ( 以伏特 (V) 為單位 ) 除以電阻 R ( 以歐姆 (Ω) 為單位 )：

$$I=\frac{V}{R}$$

電壓計算：當我們知道電流和電阻時，就可以計算出電壓。
以伏特 (V) 為單位的電壓 V 等於以安培 (A) 為單位的電流 I 乘以歐姆 (Ω) 為單位的電阻 R：

$$V=I\times R$$

電阻計算：當我們知道電壓和電流時，就可以計算出電阻。
以歐姆 (Ω) 為單位的電阻 R 等於以伏特 (V) 為單位的電壓 V 除以以安培 (A) 為單位的電流 I：

$$R=\frac{V}{I}$$

因此如題目敘述，可以代入電壓計算公式：$5(\Omega)\times 1(A)=5(V)$。

194.( 2 ) 機械基本安全設計，就「停電再來電啟動防止」，電控迴路啟動開關之設計方式，下列何者正確？
①低電壓啟動電路方式 ②自保持啟動電路方式
③正反轉啟動電路方式 ④過載保護啟動電路方式。

解析 自保持電路為一切電路設計的基礎，一般使用在馬達的啟動與停止的控制。而因為停止按鈕比啟動按鈕有控制權，所以這是一個停止優先的電路，通常這種啟動停止控制也就是**自保持電路**、也稱復歸優先、動作優先。

195.( 4 ) 依職業安全衛生設施規則規定，對於絕緣用防護裝備、防護具、活線作業用工具等，應每幾個月檢驗其性能一次？
① 3 ② 4 ③ 5 ④ 6。

解析 依職業安全衛生設施規則第 272 條：
雇主對於絕緣用防護裝備、防護具、活線作業用工具等，應每**6個月**檢驗其性能一次，工作人員應於每次使用前自行檢點，不合格者應予更換。

196.( 4 ) 依起重升降機具安全規則規定，對於固定式起重機之設置，有關結構空間規定，下列何者錯誤？
①其桁架之人行道與建築物之水平支撐、樑、橫樑、配管、其他起重機或其他設備之置於該人行道之上方者，其間隔應在 1.8 公尺以上
②走行固定式起重機或旋轉固定式起重機與建築物間設置之人行道寬度，應在 0.6 公尺以上
③固定式起重機之駕駛室（台）之端邊與通往該駕駛室（台）之人行道端邊，或起重機桁架之人行道端邊與通往該人行道端邊之間隔，應在 0.3 公尺以下
④除不具有起重機桁架及未於起重機桁架上設置人行道者外，凡設置於建築物內之走行固定式起重機，其最高部（集電裝置除外）與建築物之水平支撐、樑、橫樑、配管、其他起重機或其他設備之置於該走行起重機上方者，其間隔應在 0.3 公尺以上。

解析 依起重升降機具安全規則第 12 條：
雇主對於固定式起重機之設置，其有關結構空間應依下列規定：
一、除不具有起重機桁架及未於起重機桁架上設置人行道者外，凡設置於建築物內之走行固定式起重機，其最高部(集電裝置除外)與建築物之水平支撐、樑、橫樑、配管、其他起重機或其他設備之置於該走行起重機上方者，其間隔應在 0.4 公尺以上。其桁架之人行道與建築物之水平支撐、樑、橫樑、配管、其他起重機或其他設備之置於該人行道之上方者，其間隔應在 1.8 公尺以上。
二、走行固定式起重機或旋轉固定式起重機與建築物間設置之人行道寬度，應在 0.6 公尺以上。但該人行道與建築物支柱接觸部分之寬度，應在 0.4 公尺以上。
三、固定式起重機之駕駛室(台)之端邊與通往該駕駛室(台)之人行道端邊，或起重機桁架之人行道端邊與通往該人行道端邊之間隔，應在 0.3 公尺以下。但勞工無墜落之虞者，不在此限。

197.( 3 ) 依起重升降機具安全規則規定，移動式起重機使用之搭乘設備作業，下列何者錯誤？
①搭乘設備需設置安全母索或防墜設施，並使勞工佩戴安全帽及符合國家標準之全身背負式安全帶
②搭乘設備下降時，採動力下降之方法
③垂直高度超過 20 公尺之高處作業，禁止使用吊掛式搭乘設備
④搭乘設備自重加上搭乘者、積載物等之最大荷重，不得超過該起重機作業半徑所對應之額定荷重之百分之 50。

解析
依起重升降機具安全規則第 19 條：
雇主對於固定式起重機之使用，以吊物為限，不得乘載或吊升勞工從事作業。但從事貨櫃裝卸、船舶維修、高煙囪施工等尚無其他安全作業替代方法，或臨時性、小規模、短時間、作業性質特殊，經採取防止墜落等措施者，不在此限。
雇主對於前項但書所定防止墜落措施，應辦理事項如下：
一、以搭乘設備乘載或吊升勞工，並防止其翻轉及脫落。
二、搭乘設備需設置安全母索或防墜設施，並使勞工佩戴安全帽及符合國家標準 CNS 14253-1 同等以上規定之全身背負式安全帶。
三、搭乘設備之使用不得超過限載員額。
四、搭乘設備自重加上搭乘者、積載物等之最大荷重，不得超過該起重機作業半徑所對應之額定荷重之 50%。
五、搭乘設備下降時，採動力下降之方法。
雇主應依前項第二款及第三款規定，要求起重機操作人員，監督搭乘人員確實辦理。

198.( 2 ) 依起重升降機具安全規則規定，有關吊掛使用之吊掛用具安全係數，下列何者錯誤？
①以斷裂荷重之二分之一拉伸時，其伸長率為百分之 0.5 以下之吊鏈，其安全係數應在 4 以上
②起重機具之吊鉤，其安全係數應在 3 以上
③馬鞍環之安全係數應在 5 以上
④吊掛用鋼索，其安全係數應在 6 以上。

解析
依起重升降機具安全規則之規定：
● 第 65 條：
雇主對於起重機具之吊掛用鋼索，其安全係數應在 6 以上。
前項安全係數為鋼索之斷裂荷重值除以鋼索所受最大荷重值所得之值。
● 第 66 條：
雇主對於起重機具之吊鏈，其安全係數應依下列各款規定辦理：
一、符合下列各目之一者：4 以上。
（一）以斷裂荷重之 1/2 拉伸時，其伸長率為 0.5% 以下者。
（二）抗拉強度值為每平方毫米 400 牛頓以上，且其伸長率為下表所列抗拉強度值分別對應之值以上者。

| 抗拉強度（單位：牛頓／平方毫米） | 伸長率（單位：%） |
|---|---|
| 400 以上 630 未滿 | 20 |
| 630 以上 1,000 未滿 | 17 |
| 1,000 以上 | 15 |

二、前款以外者：5 以上。
前項安全係數為吊鏈之斷裂荷重值除以該吊鏈所受最大荷重值所得之值。
● 第 67 條：
雇主對於起重機具之吊鉤，其安全係數應在 4 以上。馬鞍環之安全係數應在 5 以上。
前項安全係數為吊鉤或馬鞍環之斷裂荷重值除以吊鉤或馬鞍環個別所受最大荷重值所得之值。

199.( 4 ) 下列何項非屬失能傷害？
①工作吸入化學物質，暈眩回家休息 3 日
②右眼失明與左腿截肢
③死亡
④工作頭暈，回家休息半天。

解析 失能傷害包含(一)死亡(二)永久全失能(三)永久部分失能(四)暫時全失能，而其中最短之暫時全失能係指罹災人未死亡，亦未永久失能。但不能繼續其正常工作，必須休班離開工作場所，損失時間在一日(含)以上(包括星期日、休假日或事業單位停工日)，暫時不能恢復工作者。

200.( 4 ) 依人因工程學角度，下列何項設計對象，不適合極小尺寸設計原則設計？
①操作者至控制鈕的距離　②操控所需的力量強度
③開關位置的高度　④人孔大小。

解析 極小尺寸設計又稱高百分位數尺寸設計 (minimum dimensions)，係以人體測計資料的較高百分位數(如 95th% le)的數值作為設計基準，意即最小不可小於此尺寸，通常用於門扇走道等設計，代表 95% 的人都可以輕易通過 / 使用，因此不論開關的高度、按鈕的距離與需要的力量都需要是大部分的人可以輕易使用為設計原則。

201.( 3 ) 依人因工程學角度，下列何項設計對象，較適合平均設計原則？
①開關位置的高度
②支撐設備（如工作台、繩梯等）強度
③收銀台高度
④門高。

解析 平均設計原則：使用計測資料的平均值來設計產品，雖然。例如候診區椅子座墊高度（省事但對多數人可能會多或少不方便），通常用於不適用極大設計及極小設計原則的狀況，並為非危險性作業(超級市場結帳櫃檯)。而平均人其實並不存在，是一種統計上的概念，因此設計者使用平均值時應視不同的項目進行適度之調整。

202.( 4 ) 下列何者為意外事故之直接原因？
①管理不當 ②不安全行為
③不安全環境 ④不正常能量轉移或危害性物質。

解析
- 直接原因：人體直接接觸**能量或危害物**。
- 間接原因：不安全狀況（環境）及不安全行為（動作），兩者乃是不良管理之徵兆。
- 基本原因：安全政策及決心、個人因素、教育訓練、管理不當或缺陷等。

203.( 1 ) 防止感電事故為目的而裝置之漏電斷路器，應採用何種規格之漏電斷路器？
①高感度高速型 ②中感度高速型
③高感度延時型 ④中感度延時型。

解析 依據職業安全衛生設施規則第 243 條：
雇主為避免漏電而發生感電危害，應依下列狀況，於各該電動機具設備之連接電路上設置適合其規格，具有**高敏感度**、**高速型**，能確實動作之防止感電用漏電斷路器：
一、使用對地電壓在 150 伏特以上移動式或攜帶式電動機具。
二、於含水或被其他導電度高之液體濕潤之潮濕場所、金屬板上或鋼架上等導電性良好場所使用移動式或攜帶式電動機具。
三、於建築或工程作業使用之臨時用電設備。

204.( 4 ) 感電事故對人體造成之傷害嚴重程度與下列何項數值成正相關？
①電阻 ②電感 ③電洞 ④電流。

解析 **電流**＝電壓 ÷ 電阻。流經人體的電流越大，危害越高。根據歐姆定理可知，電流大小除取決於電阻大小外，也和電壓高低有關。因此人體電阻低時，即使是 110 伏特的感電電壓也可能致命。

205.( 2 ) 如下圖所示以兩條鋼索吊掛一鋼樑，鋼樑長度為 2 公尺，重心位於鋼梁中心位置，吊掛鋼索與鋼樑之夾角為 30 度，鋼樑質量為 200 公斤，請計算每條吊掛鋼索之受力為多少公斤重？
① 100 ② 200 ③ 300 ④ 400。

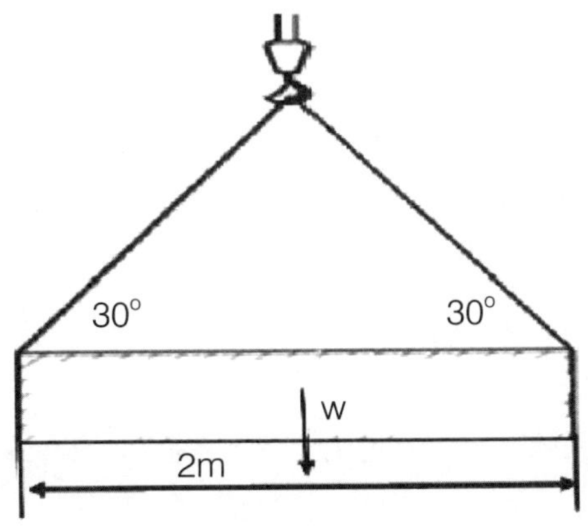

解析

根據力學平衡原理，可以用三角函數來做吊掛鋼索之受力計算。
W=200kg 重，平衡由左右端拉索懸吊。
請見下三角函數受力分力圖：

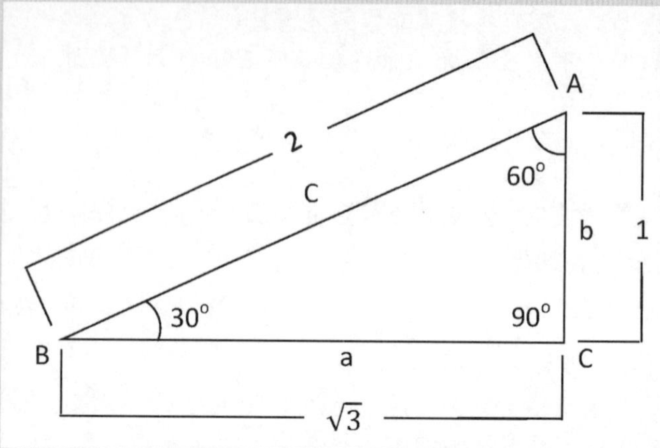


30 度之三角函數比例：

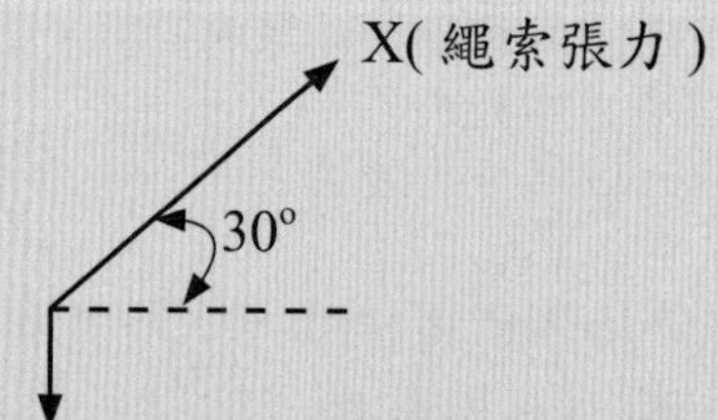


100kg(由於其中均佈載重 w 在中間，因此分散左右兩邊各 100 公斤力量向下)

因此每條鋼索之受力 X 為：100kg÷cos30°(1/2) = 200kg(張力、拉力)。

*力學計算小訣竅：依照三角函數畫出邊後，利用三角函數計算力的分量，確定各邊長與受力大小的比例關係，例如此題，因有兩條鋼索，因此將總受力平均分配，每條鋼索承受一半的力。先將力學除以 2(因有兩條鋼索)，垂直受力 100 公斤等於其斜邊長 200 公斤 (1:2 放大)。

206.( 3 ) 某一物質之爆炸上限為 12%，爆炸下限為 3%，試問該物質之危險度為
①1 ②2 ③3 ④4。

解析

危險度之計算法：(爆炸上限－爆炸下限)/爆炸下限。
爆炸範圍越寬越危險，危險指數愈高也愈危險。
因此 (12%-3%) /3% = 3。

207.( 2 ) 依勞工職業災害保險及保護法之規定，職業病由何人向中央主管機關申請職業病鑑定？
①被保險人 ②保險人 ③地方政府 ④職業安全衛生署。

解析 保險人依本法第75條第1項向中央主管機關申請職業病鑑定時，應備具下列書件：
一、勞工職業災害保險給付申請書。
二、被保險人之傷病診斷書、失能診斷書、診斷證明書、死亡證明書或檢察官相驗屍體證明書。
三、被保險人就醫紀錄。
四、保險人特約職業醫學科專科醫師之醫理意見。

208.( 1 ) 關於事業單位提升整體製程安全進行事故調查，下列何者為不適宜？
①目的在追究事故發生之責任歸屬及懲處
②調查事故之原因，防止同樣事故一再重複發生
③事業單位應鼓勵員工參與職業災害、虛驚事件及影響身心健康事件之調查
④事故調查紀錄可做為改善製程安全之參考依據，亦可運用於教育訓練矯正人員不安全操作行為。

解析 事故調查的效益與原因包含：
- 目的**不在追究事故發生之責任**歸屬及懲處。
- 避免相同或類似事故再度發生。
- 避免因營運中斷造成的損失。
- 提升員工士氣和員工對安全衛生的看法、態度。
- 事故調查紀錄可做為改善製程安全之參考依據，亦可運用於教育訓練矯正人員不安全操作行為，也可發展可以應用於公司其他作業的管理能力。
- 事業單位應鼓勵員工參與職業災害、虛驚事件及影響身心健康事件之調查。

209.(124) 下列哪些為木材加工用圓盤鋸之安全防護裝置？
①護罩 ②護圍 ③墊圈 ④撐縫片。

解析 圓盤鋸應設置下列安全裝置：
一、圓盤鋸之反撥預防裝置。
二、圓盤鋸之鋸齒接觸預防裝置。
三、反撥預防裝置之撐縫片。
四、圓盤鋸應設置遮斷動力時可使旋轉中圓鋸軸停止之制動裝置。
五、圓盤鋸之圓鋸片、齒輪、帶輪、皮帶及其他旋轉部分，於旋轉中有接觸致生危險之虞者，應設置覆蓋(護罩或護圍)。

210.(124) (本題刪題)依勞工健康保護規則規定，下列之醫療衛生設備，那些是事業單位法定必備之項目？
①血壓計 ②靜脈點滴注射器及注射台
③救護車 ④氧氣及氧氣吸入器。

211.(124) 依勞工健康保護規則規定，下列哪些是特別危害健康之作業？
①游離輻射作業 ②鉛作業 ③重體力勞動作業 ④粉塵作業。

解析

特別危害健康作業包括：

一、高溫作業勞工作息時間標準所稱之高溫作業。

二、勞工噪音暴露工作日 8 小時日時量平均音壓級在 85 分貝以上之噪音作業。

三、游離輻射作業。

四、異常氣壓危害預防標準所稱之異常氣壓作業。

五、鉛中毒預防規則所稱之鉛作業。

六、四烷基鉛中毒預防規則所稱之四烷基鉛作業。

七、粉塵危害預防標準所稱之粉塵作業。

八、有機溶劑中毒預防規則所稱之下列有機溶劑作業：

- 1,1,2,2- 四氯乙烷。
- 四氯化碳。
- 二硫化碳。
- 三氯乙烯。
- 四氯乙烯。
- 二甲基甲醯胺。
- 正己烷。

九、製造、處置或使用下列特定化學物質或其重量比 ( 苯為體積比 ) 超過 1% 之混合物之作業：

- 聯苯胺及其鹽類。
- 4- 胺基聯苯及其鹽類。
- 4- 硝基聯苯及其鹽類。
- $\beta$ - 萘胺及其鹽類。
- 二氯聯苯胺及其鹽類。
- $\alpha$ - 萘胺及其鹽類。
- 鈹及其化合物 ( 鈹合金時，以鈹之重量比超過 3% 者為限 )。
- 氯乙烯。
- 2,4- 二異氰酸甲苯或 2,6- 二異氰酸甲苯。
- 4,4- 二異氰酸二苯甲烷。
- 二異氰酸異佛爾酮。
- 苯。
- 石綿 ( 以處置或使用作業為限 )。
- 鉻酸及其鹽類或重鉻酸及其鹽類。
- 砷及其化合物。
- 鎘及其化合物。
- 錳及其化合物 ( 一氧化錳及三氧化錳除外 )。
- 乙基汞化合物。
- 汞及其無機化合物。
- 鎳及其化合物。
- 甲醛
- 1,3- 丁二烯。
- 銦及其化合物。

十、黃磷之製造、處置或使用作業。

十一、聯吡啶或巴拉刈之製造作業。

十二、其他經中央主管機關指定公告之作業：

製造、處置或使用下列化學物質或其重量比超過 5% 之混合物之作業：溴丙烷。

212.( 13 ) 依勞工健康保護規則規定，下列哪些作業不適合罹患高血壓症者從事？
①高溫作業 ②起重機運轉作業
③重體力勞動作業 ④非游離輻射作業。

解析 根據勞工健康保護規則規定：高血壓者不適合從事高溫作業、低溫作業、異常氣壓作業、高架作業、重體力勞動作業、鉛作業。

213.( 13 ) 依危險性工作場所審查及檢查辦法規定，下列何者屬丁類危險性工作場所？
①建築物頂樓樓板高度在 80 公尺以上之建築工程
②模板支撐高度在 5 公尺以上之工程
③單跨橋梁之橋墩跨距在 75 公尺以上或多跨橋梁之橋墩跨距在 50 公尺以上之橋梁工程
④長度 500 公尺未有豎坑之隧道工程。

解析 依危險性工作場所審查及檢查辦法第 2 條第 4 款規定，丁類危險性工作場所係指下列之營造工程：
一、建築物高度在 80 公尺以上之建築工程。
二、單跨橋梁之橋墩跨距在 75 公尺以上或多跨橋梁之橋墩跨距在 50 公尺以上之橋梁工程。
三、採用壓氣施工作業之工程。
四、長度 1,000 公尺以上或需開挖 15 公尺以上豎坑之隧道工程。
五、開挖深度達 18 公尺以上，且開挖面積達 500 平方公尺以上之工程。
六、工程中模板支撐高度 7 公尺以上，且面積達 330 平方公尺以上者。

214.( 14 ) 乙類危險性工作場所於審查後，勞動檢查機構應實施檢查之設施為何？
①火災爆炸危害預防設施 ②墜落危害預防設施
③人員感電預防措施 ④有害物洩漏及中毒危害預防設施。

解析 乙類危險性工作場所於審查後，勞動檢查機構應實施檢查：
火災爆炸危害預防設施：
- 危險物品倉庫之避雷裝置。
- 發火源管制。
- 靜電危害預防措施。
- 危險性蒸氣、氣體及粉塵濃度監測及管理。
- 危險物製造及處置場所之安全措施。
- 化學設備安全設施。
- 危險物乾燥室之結構。
- 危險物乾燥設備之安全設施。
- 電氣防爆設備。

有害物洩漏及中毒危害預防設施：
- 一般設施(化學設備之洩漏預防設施)。
- 特定化學物質危害預防設施。
- 有機溶劑中毒危害預防設施。
- 粉塵危害預防設施。

215.( 13 ) 丁類危險性工作場所之施工安全評估報告書內容，除包含施工災害初步分析表、特有災害評估表、施工計畫之修改外，尚須包括哪些？
①報告簽認 ②製程修改安全計畫
③基本事項檢討評估表 ④製程安全評估表。

解析 丁類危險性工作場所之施工安全評估報告書包含：
一、初步危害分析表。
二、主要作業程序分析表。
三、施工災害初步分析表。
四、基本事項檢討評估表：就附件所列施工計畫書作業內容之施工順序逐項依職業安全衛生相關法規及工程經驗予以檢討評估。
五、特有災害評估表：對施工作業潛在之特有災害(如倒塌、崩塌、落磐、異常出水、可燃性及毒性氣體災害、異常氣壓災害及機械災害等)，應就詳細拆解之作業程序及計畫內容實施小組安全評估，有關評估過程及安全設施予以說明。
六、施工計畫書之修改：應依前五項評估結果修改、補充施工計畫書。
七、報告簽章：參與施工安全評估人員應於報告書中具名簽章(註明單位、職稱、姓名，其為開業建築師或執業技師者應簽章)，及本辦法規定之相關證明、資格文件。

216.( 14 ) 下列哪些是暴露鋼筋危害的適當防止方法？
①鋼筋尖端彎曲 ②鋼筋尖端漆以防鏽漆
③鋼筋尖端綁上塑膠繩 ④鋼筋尖端加蓋。

解析 暴露之鋼筋，應採取尖端保護措施，例如彎曲或加蓋等措施。

217.(124) 依營造安全衛生設施標準規定，為防止屋頂作業人員墜落，應考量哪些因素？
①屋頂斜度 ②屋頂材料性質 ③屋頂材料價格 ④天候。

解析 雇主使勞工於屋頂從事作業時，應指派專人督導，並依下列規定辦理：
一、因屋頂斜度、屋面性質或天候等因素，致勞工有墜落、滾落之虞者，應採取適當安全措施。
二、於斜度大於34度，即高底比為2:3以上，或為滑溜之屋頂，從事作業者，應設置適當之護欄，支承穩妥且寬度在40公分以上之適當工作臺及數量充分、安裝牢穩之適當梯子。但設置護欄有困難者，應提供背負式安全帶使勞工佩掛，並掛置於堅固錨錠、可供鉤掛之堅固物件或安全母索等裝置上。
三、於易踏穿材料構築之屋頂作業時，應先規劃安全通道，於屋架上設置適當強度，且寬度在30公分以上之踏板，並於下方適當範圍裝設堅固格柵或安全網等防墜設施。但雇主設置踏板面積已覆蓋全部易踏穿屋頂或採取其他安全工法，致無踏穿墜落之虞者，不在此限。

218.(123) 為防止捲揚機吊運物料時，發生物料飛落而傷害勞工，下列哪些為職業安全衛生設施規則規定之措施？
①設置信號指揮聯絡人員
②設有防止過捲裝置
③吊掛用鋼索等吊具若有異狀應即修換
④需經檢查機構檢查合格始准使用。

解析

依據職業安全衛生設施規則第155-1條：
雇主使勞工以捲揚機等吊運物料時，應依下列規定辦理：
一、安裝前須核對並確認設計資料及強度計算書。
二、吊掛之重量不得超過該設備所能承受之最高負荷，並應設有防止超過負荷裝置。但設置有困難者，得以標示代替之。
三、不得供人員搭乘、吊升或降落。但臨時或緊急處理作業經採取足以防止人員墜落，且採專人監督等安全措施者，不在此限。
四、吊鉤或吊具應有防止吊舉中所吊物體脫落之裝置。
五、錨錠及吊掛用之吊鏈、鋼索、掛鉤、纖維索等吊具有異狀時應即修換。
六、吊運作業中應嚴禁人員進入吊掛物下方及吊鏈、鋼索等內側角。
七、捲揚吊索通路有與人員碰觸之虞之場所，應加防護或有其他安全設施。
八、操作處應有適當防護設施，以防物體飛落傷害操作人員，採坐姿操作者應設坐位。
九、應設有防止過捲裝置，設置有困難者，得以標示代替之。
十、吊運作業時，應設置信號指揮聯絡人員，並規定統一之指揮信號。
十一、應避免鄰近電力線作業。
十二、電源開關箱之設置，應有防護裝置。

219.(123) 為確保木材構築施工架之安全，下列哪些為營造安全衛生設施標準所規定者？
①木材應完全剝除樹皮　②不得施以油漆
③不得有損及強度之裂隙　④木材應為松木。

解析

營造安全衛生設施標準第43條規定：
雇主對於構築施工架之材料，應依下列規定辦理：
一、不得有顯著之損壞、變形或腐蝕。
二、使用之竹材，應以竹尾末梢外徑4公分以上之圓竹為限，且不得有裂隙或腐蝕者，必要時應加防腐處理。
三、使用之木材，不得有顯著損及強度之裂隙、蛀孔、木結、斜紋等，並應完全剝除樹皮，方得使用。
四、使用之木材，不得施以油漆或其他處理以隱蔽其缺陷。
五、使用之鋼材等金屬材料，應符合國家標準CNS 4750鋼管施工架同等以上抗拉強度。

220.(124) 對於營建用提升機，下列敘述何者正確？
①雇主於中型營建用提升機設置完成時，應自行實施荷重試驗，試驗紀錄應保存 3 年
②應於捲揚用鋼索上加註標識或設置警報裝置等，以預防鋼索過捲
③如瞬間風速有超過每秒 20 公尺之虞時應增設拉索，以預防其倒塌
④使用應不得超過積載荷重。

解析

依據起重升降機具安全規則：

- 第 83 條：
  雇主對於營建用提升機之使用，不得超過積載荷重。
- 第 84 條：
  雇主於中型營建用提升機設置完成時，應實施荷重試驗，確認安全後，方得使用。
  前項荷重試驗，指將相當於該提升機積載荷重 1.2 倍之荷重置於搬器上，實施升降動作之試驗。
  第 1 項試驗紀錄應保存 3 年。
- 第 86 條：
  雇主對於營建用提升機，應於捲揚用鋼索上加註標識或設警報裝置等，以預防鋼索過捲。
- 第 90 條：
  雇主對於營建用提升機，瞬間風速有超過每秒 30 公尺之虞時，應增設拉索以預防其倒塌。

221.(134) 下列哪些為使用道路作業之工作場所，為防止車輛突入等引起之危害，應辦理之事項？
①作業人員應戴安全帽、穿著顏色鮮明之施工背心
②不得於夜間作業
③與作業無關之車輛禁止停入作業場所
④不得造成大眾通行之障礙。

解析

職業安全衛生設施規則第 21-2 條：
雇主對於使用道路作業之工作場所，為防止車輛突入等引起之危害，應依下列規定辦理：
一、從事公路施工作業，應依所在地直轄市、縣（市）政府審查同意之交通維持計畫或公路主管機關所核定圖說，設置交通管制設施。
二、作業人員應戴有反光帶之安全帽，及穿著顏色鮮明有反光帶之施工背心，以利辨識。
三、與作業無關之車輛禁止停入作業場所。但作業中必須使用之待用車輛，其駕駛常駐作業場所者，不在此限。
四、使用道路作業之工作場所，應於車流方向後面設置車輛出入口。但依周遭狀況設置有困難者，得於平行車流處設置車輛出入口，並置交通引導人員，使一般車輛優先通行，不得造成大眾通行之障礙。
五、於勞工從事道路挖掘、施工、工程材料吊運作業、道路或路樹養護等作業時，應於適當處所設置交通安全防護設施或交通引導人員。
六、前 2 款及前條第 1 項第 8 款所設置之交通引導人員有被撞之虞時，應於該人員前方適當距離，另設置具有顏色鮮明施工背心、安全帽及指揮棒之電動旗手。

七、日間封閉車道、路肩逾2小時或夜間封閉車道、路肩逾1小時者，應訂定安全防護計畫，並指派專人指揮勞工作業及確認依交通維持圖說之管制設施施作。
前項所定使用道路作業，不包括公路主管機關會勘、巡查、救災及事故處理。
第1項第7款安全防護計畫，除依公路主管機關規定訂有交通維持計畫者，得以交通維持計畫替代外，應包括下列事項：
一、交通維持布設圖。
二、使用道路作業可能危害之項目。
三、可能危害之防止措施。
四、提供防護設備、警示設備之檢點及維護方法。
五、緊急應變處置措施。

222.(123) 下列哪些為局限空間作業場所應公告使作業勞工周知的事項？
①進入該場所時應採取之措施
②事故發生時之緊急措施及緊急聯絡方式
③現場監視人員姓名
④內部空間的大小。

解析

職業安全衛生設施規則第29-2條規定：
雇主使勞工於局限空間從事作業，有危害勞工之虞時，應於作業場所入口顯而易見處所公告下列注意事項，使作業勞工周知：
一、作業有可能引起缺氧等危害時，應經許可始得進入之重要性。
二、進入該場所時應採取之措施。
三、事故發生時之緊急措施及緊急聯絡方式。
四、現場監視人員姓名。
五、其他作業安全應注意事項。

223.(134) 依職業安全衛生設施規則規定，對於運轉中之化學設備或其附屬設備，為防止因爆炸、火災、洩漏等造成勞工之危害，下列敘述哪些為正確？
①確定冷卻、加熱、攪拌及壓縮等裝置之正常操作
②確定將閥或旋塞雙重關閉或設置盲板
③保持安全閥、緊急遮斷裝置、自動警報裝置或其他安全裝置於異常狀態時之有效運轉
④保持溫度計、壓力計或其他計測裝置於正常操作功能。

解析

職業安全衛生設施規則第197條：
雇主對於化學設備或其附屬設備，為防止因爆炸、火災、洩漏等造成勞工之危害，應採取下列措施：
一、確定為輸送原料、材料於化學設備或自該等設備卸收產品之有關閥、旋塞等之正常操作。
二、確定冷卻、加熱、攪拌及壓縮等裝置之正常操作。
三、保持溫度計、壓力計或其他計測裝置於正常操作功能。
四、保持安全閥、緊急遮斷裝置、自動警報裝置或其他安全裝置於異常狀態時之有效運轉。

224.( 134 ) 對於混凝土澆置作業，下列哪些為營造安全衛生設施標準之規定？
①禁止勞工乘坐於混凝土澆置桶上
②不得以起重機具或索道吊運混凝土桶
③實施混凝土澆置作業，應指定安全出入路口
④澆置期間應注意避免過大之振動。

解析

營造安全衛生設施標準第 142 條規定：
雇主對於混凝土澆置作業，應依下列規定辦理：
一、裝有液壓或氣壓操作之混凝土吊桶，其控制出口應有防止骨材聚集於桶頂及桶邊緣之裝置。
二、使用起重機具吊運混凝土桶以澆置混凝土時，如操作者無法看清楚澆置地點，應指派信號指揮人員指揮。
三、禁止勞工乘坐於混凝土澆置桶上，及位於混凝土輸送管下方作業。
四、以起重機具或索道吊運之混凝土桶下方，禁止人員進入。
五、混凝土桶之載重量不得超過容許限度，其擺動夾角不得超過 40 度。
六、混凝土拌合機具或車輛停放於斜坡上作業時，除應完全剎車外，並應將機具或車輛墊穩，以免滑動。
七、實施混凝土澆置作業，應指定安全出入路口。
八、澆置混凝土前，須詳細檢查模板支撐各部份之連接及斜撐是否安全，澆置期間有異常狀況必須停止作業者，非經修妥後不得作業。
九、澆置梁、樓板或曲面屋頂，應注意偏心載重可能產生之危害。
十、澆置期間應注意避免過大之振動。
十一、以泵輸送混凝土時，其輸送管與接頭應有適當之強度，以防止混凝土噴濺或物體飛落。

225.( 14 ) 事業單位委外辦理勞工體格、健康檢查時，下列應注意事項，何者錯誤？
①注意指定醫療機構之品質並應每年更換，俾能相互比較醫療機構之品質
②要求醫療機構赴事業單位實施檢查之日，攜帶經衛生主管機關核准之公文及醫事人員執業執照與身分證
③檢查項目以勞工健康保護規則所訂項目為限，但要求增加之項目由雇主負擔全部費用且經勞工同意者不在此限
④健康檢查手冊最好由事業單位統一保管。

解析

指定醫療機構每年更換會造成資料無法連貫，且不穩定，而健康檢查手冊應發給勞工。105 年勞工健康保護規則修正時，考量實務上多數企業已將勞工健檢資料資訊化管理，不宜侷限於手冊形式，若彙整受檢勞工之歷年健康檢查紀錄亦為合法。

226.( 134 ) 下列有關健康檢查結果評估及處理之事項，何者正確？
①每次健檢後進行整體性之評估
②對健康檢查發現健康異常之勞工，由部門主管判定是否與職業原因有關
③依照醫師之建議執行分配勞工工作
④將特殊健康檢查報告書及第三級管理勞工資料陳報政府有關單位。

解析

健康檢查發現勞工有異常情形者，應由醫護人員提供其健康指導；其經醫師健康評估結果，不能適應原有工作者，應參採醫師之建議，變更其作業場所、更換工作或縮短工作時間，並採取健康管理措施。

227.( 24 ) 下列有關特殊健康檢查的描述，何者正確？
①檢查紀錄至少保存十年
②從事特別危害健康作業勞工，應於變更其作業時實施特殊健康檢查
③將每位勞工健康檢查之詳細資料公佈在顯明而易見之場所
④從事鉛中毒預防規則所稱鉛作業的勞工應實施特殊健康檢查。

解析 一般體格檢查、一般健康檢查紀錄至少保存 7 年；特殊體格檢查、特殊健康檢查紀錄保存 10 年至 30 年。雇主使勞工從事第 2 條規定之特別危害健康作業，應每年或於變更其作業時，依附表所定項目，實施特殊健康檢查。勞工健康檢查之詳細資料屬於個人資料不得公告於公共場所。

228.(124) 6S 現場管理守則是事業單位經常使用於塑造安全文化的管理方法之一，哪些方法屬於 6S 範疇？
①整理 ②整頓 ③教育 ④修養。

解析 6S 現場管理守則：

一、整理 (SEIRI)：將工作場所的任何物品區分為有必要和沒有必要的，除了有必要的留下來，其他的都消除掉。目的：騰出空間，空間活用，防止誤用，塑造清爽的工作場所。

二、整頓 (SEITON)：把留下來的必要用的物品依規定位置擺放，並放置整齊加以標識。目的：工作場所一目瞭然，消除尋找物品的時間，整整齊齊的工作環境，消除過多的積壓物品。

三、清掃 (SEISO)：將工作場所內看得見與看不見的地方清掃乾淨，保持工作場所乾淨、亮麗的環境。目的：穩定品質，減少工業傷害。

四、清潔 (SEIKETSU)：將整理、整頓、清掃進行到底，並且制度化，經常保持環境處在美觀的狀態。目的：創造明亮現場，維持上面 3S 成果。

五、修養 (SHITSUKE)：每位成員養成良好的習慣，並遵守規則做事，培養積極主動的精神(也稱習慣性)。目的：培養良好習慣、遵守規則的員工，營造團隊精神。

六、安全 (SECURITY)：重視成員安全教育，每時每刻都有安全第一觀念，防患於未然。目的：建立起安全生產的環境，所有的工作應建立在安全的前提下。

229.(234) 下列何者屬物理性危害？
①有機溶劑中毒 ②振動 ③異常氣壓 ④噪音。

解析 物理性危害因子主要包括噪音、高溫、低溫、游離輻射、非游離輻射、異常氣壓等與能量有關者。

230.(134) 下列何者為高溫或低溫所造成之可能危害？
①中暑 ②神經衰弱 ③熱痙攣 ④凍傷。

解析 高溫或低溫所造成之可能危害包含：

- 中暑：體溫調節機制失能，無法維持體溫平衡。
- 熱痙攣：大量流汗，致使鹽分過度流失。
- 熱衰竭：心血管功能不足，大量脫水引起虛脫現象。

231.(134) 下列有關振動危害之敘述何者正確？
①振動能與人體不同之部位產生共振現象而造成對人體健康影響
②暈車暈船常為高頻振動所引起
③長時間操作破碎機、鏈鋸等振動手工具會對手部神經及血管造成傷害
④當振動由手掌傳至手臂時會導致臂部肌肉、骨骼、神經之健康影響。

解析 振動危害：全身性振動常因操作鑿孔機、氣動錘、堆高機、牽引機、壓路機、砂石車等大型移動性機具而引起。振動能與人體不同之部位產生共振現象而造成對人體健康影響，長時間操作破碎機、鏈鋸等振動手工具會對手部神經及血管造成傷害，且當振動由手掌傳至手臂時會導致臂部肌肉、骨骼、神經之健康影響。

232.(134) 下列何者為判定職業病必須要滿足之條件？
①工作場所中有害因子確實存在
②工作場所中有害物濃度經確認曾超過法定容許濃度標準
③必須曾暴露於存在有害因子之環境
④發病期間、症狀及有害因子之暴露期間有時序之相關。

解析 職業病之診斷須符合下列條件：
一、疾病的證據：確立職業病診斷的先決條件，即有「疾病」的存在。
二、職業暴露的證據：暴露物質與疾病的相關性；即在工作中，是否的確有某種化學性、物理性、生物性、人因性的危害暴露或重大工作壓力事件，以及該項暴露量的高低強弱及時間的長短。
三、符合時序性：係指從事工作前未有該疾病，從事該工作後，經過適當的時間才發病，或原從事工作時即有該疾病，但從事該工作後，發生明顯的惡化。
四、符合人類流行病學已知的證據：係指經流行病學研究顯示該疾病與某項職業上的暴露物質，或是某項職業的工作項目具有相當強度之相關性，其為職業病判定的重要依據。
五、排除其他可能致病的因素：除上述考量外，另需考量該疾病非職業的暴露或其他有可能的致病因子，且須合理地排除其他致病因子的可能性，才能判斷疾病的發生是否真的由職業因素所引起。

233.(234) 下列有關採光照明之影響何者正確？
①照明不當不致造成眼睛慢性傷害
②良好之採光照明條件可增進工作效率、減少失誤率、亦可降低事故發生機會
③採光照明問題在品質管制及工業安全衛生二方面，均具有同等之重要性
④照明不當可能導致精神疲勞。

解析 ①照明不當會造成眼睛慢性傷害。
②良好之採光照明條件可增進工作效率、減少失誤率、亦可降低事故發生機會。
③採光照明問題在品質管制及工業安全衛生兩方面，均具有同等之重要性。
④照明不當可能導致精神疲勞，或者發生意想不到的危險。

234.(134) 下列有關游離輻射之敘述何者正確？
①能使物質產生游離現象之輻射能稱為游離輻射
②在工業上常使用者為 $\alpha$、$\beta$、$\gamma$、X射線及中子射線等，多用於破壞性檢測
③游離輻射會對人體造血器官造成危害
④長期低劑量游離輻射暴露可能造成細胞染色體突變或致癌。

解析 在工業上常使用者為 $\alpha$、$\beta$、$\gamma$、X射線及中子射線等，多用於非破壞性檢測，游離輻射對人體的危害性極大，在短時間內過量照射或吸入大量放射微塵會引起急性放射病，可出現噁心、嘔吐、腹痛和脫髮等症狀，其造血功能、消化系統和神經系統亦可能出現異常，且長期低劑量游離輻射暴露可能造成細胞染色體突變或致癌。

235.(123) 下列有關非游離輻射之敘述何者正確？
①紅外線常由灼熱物體產生，眼睛經常直視紅熱物體易導致白內障
②紫外線會破壞眼角膜，引起角膜炎
③微波對眼睛可造成白內障
④銲接作業為常暴露雷射之行業。

解析
① 吹玻璃工人、高爐工人等，主要可能造成晶體後方皮質混濁，前囊可能變性剝離造成白內障。
② 光照性角結膜炎主要導因於角膜及結膜受到紫外線傷害，因為常見於電焊業。
③ 微波（其波長介於無線電波及紅外線間），可能因眼睛的溫度上升，造成水晶體混濁，導致白內障。
④ 焊接作業主要暴露紫外線之行業。

236.(123) 下列有關異常氣壓危害之敘述何者正確？
①異常氣壓危害常見於潛水作業及潛盾工法之施工作業
②異常氣壓危害係因外界壓力之急遽變化使體內產生氣泡，進而造成神經壓迫、血栓、骨壞死等症狀
③依照減壓表實施減壓可避免異壓性骨壞死等減壓症
④高山病急性症狀是氮氣分壓降低所造成。

解析
- 高山症，或稱「高地綜合症、高山反應、高原反應」(Altitude Sickness、Acute Mountain Sickness，縮寫「AMS」)是人體在高海拔狀態由於氧氣濃度降低而出現的急性病理變化表現。
- 異常氣壓危害常指潛水夫病，泛指人體因周遭環境壓力急速降低時造成的疾病。這是潛水危害及氣壓病的一種，於高壓的沉箱、潛盾或潛水作業後，由於外界壓力急遽變化而使體內氧氣分壓降低產生氣泡而壓迫神經、血管等症狀。因此需要利用減壓艙進行壓力的減低，即可讓氣體溶出，避免潛水夫病發生。

237.(124) 下列有關物質性質之敘述何者正確？
①氮氣、氬氣、甲烷氣體有窒息性
②有機溶劑、重金屬、農藥等常會影響中樞神經或週邊神經而造成各種神經症狀
③厭惡性粉塵可導致塵肺症
④甲醇會因產生代謝物甲醛及甲酸而導致失明或致死。

解析 長期暴露厭惡性粉塵對肺功能和其他器官並不會造成明顯病變，而肺塵病或塵肺病(Pneumoconiosis)，或稱黑肺症(Black Lung)，又稱塵肺、矽肺，是一種肺部纖維化疾病。患者通常長期處於充滿塵埃的場所，因吸入大量灰塵，導致末梢支氣管下的肺泡積存灰塵，一段時間後肺內發生變化形成纖維化。

238.(123) 下列有關生物偵測之敘述何者正確？
①生物偵測是透過測量體內劑量，來評估個人有害物之暴露程度
②生物偵測可以是化學有害物本身或其代謝物在生物檢體中所呈現之量，也可以是化學物質對某標的器官產生可逆性生化改變之程度
③生物偵測的主要功能是輔助作業環境監測、測試個人防護具之效率
④美、日、法、德等國家已針對所有列管有害物全面要求實施生物偵測。

解析
- 生物偵測是以個人為主要對象，透過體內劑量，評估健康危害程度。
- 體內劑量可以是有害物或其代謝物在生物檢體中所呈現之量，也可以是有害物質對某標的器官產生可逆性生化改變的程度。
- 對於有害物質進入人體的影響，生物偵測提供比環境監測更精確的危害風險評估。生物偵測結果反應體內劑量與個人健康危害較為有關連。
- 生物偵測考慮所有可能的暴露途徑與來源(包括呼吸、皮膚吸收及食入、非職業性或個人飲食習慣等)。
- 生物偵測包含個人生理差異的影響(如吸收、分布、代謝與排泄等差異的變數)。
- 尚未納管於所有列管有害物皆需要生物偵測。

239.(134) 下列有關防護具之敘述何者正確？
①呼吸防護具一般使用於臨時性作業、緊急避難、無法裝設通風系統之場所或限於技術而使用通風系統效果有限之場所
②一般例常性之工作可長期重複使用呼吸防護具
③不恰當之防護具無法防範危害因子之穿透
④防護具一般而言應視為最後之選擇。

解析
① 呼吸防護具一般使用於臨時性作業、緊急避難、無法裝設通風系統之場所，或限於技術而使用通風系統效果有限之場所。
② 一般例常性之工作不可長期重複使用呼吸防護具。(只能用於臨時或非例行性狀況)
③ 不恰當之防護具無法防範危害因子之穿透。(不適合或不具有此防護效果)
④ 防護具一般而言應視為最後之選擇，所以也常常被稱為最後一道防線。

240.(123) 下列有關健康管理之敘述何者正確？
①健康管理係以保持或增進健康為目的
②健康管理一般之主要手段為體格檢查及健康檢查
③職前之體格檢查可作為選工之參考，可篩選體質是否宜從事存在危害因子場所之作業
④定期之體格檢查有助於早期發現是否已受到危害因子之影響。

解析 定期施行特定項目之健康檢查係指對從事特別危害健康作業之勞工，依其作業危害性，於一定期間實施之特殊健康檢查，才能識別是否受到危害因子之影響。

241.(234) 某麵粉廠作業中，其麩皮槽修補工程交付承攬施工，原事業單位勞工負責清理麩皮，因電焊火花引起塵爆致承攬人所僱勞工死傷 2 人。下列敘述何者正確？
①該修補作業非屬職業安全衛生法所稱之「共同作業」
②原事業單位應為承攬人所僱勞工之死傷負連帶補償及賠償責任
③承攬人雖具電焊專長，原事業單位仍應告知危害因素
④原事業單位及承攬人間應設置協議組織。

解析 職業安全衛生法第 27 條所稱共同作業，指原事業單位與承攬人、再承攬人分別僱用勞工於「同一期間」、「同一工作場所」從事工作。該修補作業是由承攬人所僱之勞工一同作業而已，非屬職業安全衛生法所稱之共同作業。

242.(124) 下列有關操作氧氣測定器之敘述何者正確？
①測定前，應於距測定點較近，且空氣新鮮處校正
②測定時，應俟指示值顯示穩定後讀取讀值
③測定後，不可立即置於空氣新鮮處，以免讀值不正確
④測定各點所獲讀值均在 18% 以上，表示作業場所無缺氧環境。

解析
- 缺氧：氧氣含量未滿 18% 的狀態。
- 通常用於局限空間或通風不良處。
- 原理：電量、比色、順磁等。
- 新型之氧氣測定器採用智慧型檢測儀，可連續檢測存在易燃易爆可燃性氣體混合物的環境中的氧氣濃度。

243.(134) 下列有關檢知管操作之敘述何者正確？
①應配合使用相同廠牌之檢知器，以免誤差太大
②檢知管只要保管妥善，沒有時效的問題
③檢知管應避免高溫或日光照射
④應依現場實際濃度選用測定範圍之檢知管。

解析
- 檢知管原理：檢知管係利用化學呈色之原理，為化學吸附之現象；測定不同物質之檢知管其呈色化學反應各有不同。
- 主要應用：氯氣、氨氣、氰化氫，磷化氫等高危害性(毒性/腐蝕性)氣體之快速確認。
- 檢知管有其時效性應確認以避免失準。

244.(123) 在有爆炸之虞場所測定絕緣電阻時，應預防火花之發生，其發生原因與下列何者有關？
①連接線與未完全放電之機器碰撞 ②試驗中絕緣損壞處產生電弧
③測驗完畢時之電容放電 ④連接線之完全放電。

解析 在有爆炸之虞場所測定絕緣電阻時，應預防火花之發生，包含連接線與未完全放電之機器碰撞、試驗中絕緣損壞處產生電弧、測驗完畢時之電容放電等。

245.(123) 下列何者為電氣接地之目的？
①防止因絕緣不良感電
②避免高低壓混觸高壓經接地回路而危害人畜
③避雷
④在配電線接地故障時使繼電器不動作。

解析 電氣接地的主要目的有以下：
一、防止電擊：當電氣設備因絕緣設備劣化、損壞引起漏電或因感應現象導致其非帶電金屬部份之電位升高或電荷積聚時，例如雷擊時提供一低阻抗迴路並疏導感應電荷至大地，使非帶電金屬部份之電位接近大地電位，以降低人員感電危險，避免高低壓混觸高壓經接地迴路而危害人畜。
二、防止火災及爆炸：提供足夠載流能力，使故障迴路不致因高阻抗漏電產生火花引起火災或爆炸，此載流能力須在過電流保護設備容許之範圍內。
三、啟動保護設備：提供一低阻抗迴路使流過之故障電流足以啟動過電流保護設備或漏電斷路器。

246.(123) 控制器的誤觸往往是造成事故的原因之一，下列何者為一般所建議的防止控制器誤觸的方法？
①遮蔽控制器 ②增加控制器之阻力
③改變控制之程序 ④增大控制器之體積。

解析 防止控制器誤觸可以將控制器遮蔽、或是增加其操作之阻力以避免不小心誤碰、或是更改其控制程序，增大控制器的體積反而會增加誤觸的機率。

247.(124) 下列何者為靜電危害防止對策？
①接地 ②使用導電性材料 ③乾燥 ④游離化。

解析 避免靜電危害的常見方式：
一、接地與等電位連結。
二、濕度控制及增加導電性。
三、消除電荷。
四、降低摩擦速率。
五、使用電荷中和器。

248.(134) 下列何者為靜電產生的可能機制？
①絕緣體的相互摩擦 ②電鍍
③物體的接觸與分離 ④粒子的衝撞。

解析 兩個物體之間接觸或摩擦導致電荷移動就會產生靜電，常見的情況包括：
- 絕緣體摩擦與剝離時產生靜電。
- 粉體粒子衝撞產生靜電。
- 液體流動產生靜電。
- 高壓氣體噴出時帶靜電。
- 水或水汽噴射時帶靜電。
- 感應產生靜電。
- 物體的接觸與分離。

249.(124) 下列何者屬電氣活線作業及活線近接作業時，所必須使用之安全防護具或工具？
①電氣用安全帽 ②電氣用絕緣手套
③靜電疏導裝置 ④電氣用絕緣長靴。

解析 電氣活線作業時絕緣用防護具包含：
一、絕緣手套：用軟性良質絕緣的橡皮製成的長袖絕緣手套，可防止因手接觸或靠近帶電設備而發生感電事故，為防止刺傷手套，需套上軟質皮護套加以保護。
二、橡皮手套：防止因手臂或肩膀接觸或靠近帶電設備而發生感電事故。
三、安全帽：需具耐壓、耐擊穿之非絕緣體材質，以防止頭部碰觸活線感電或遭外力擊傷。
四、絕緣鞋：穿於足部作為二次保護，防止任何差錯引起的災害。

250.(134) 下列有關可燃性氣體或其混合蒸氣場所之電氣防爆對策，何者正確？
①盡量避免使用電氣機具，而以空氣驅動之機械取代電動機具
②使用行動電話是不影響安全的
③電氣機具之金屬外箱、機架、保護罩、導線管應確實接地
④應用防爆型電風扇。

解析 電氣機具之防爆化的目的，在於防止電氣火花或機具的高溫表面成為點火源，可以將其會發生火花之因素消滅(如以空氣驅動取代電動機具)，或是使用防爆型電風扇，並將其接地。使用行動電話時電路板火星可能會引爆空氣中的油氣，是危險的行為。

251.(123) 下列何者屬反撥預防裝置？
①反撥防止爪 ②反撥防止滾輪
③撐縫片 ④護罩。

解析 反撥預防裝置包含所設之反撥防止爪及反撥防止輥(或稱滾輪)，以及反撥預防裝置之撐縫片。

252.( 14 ) 在進入甲醇儲槽清洗時，應至少測量下列哪兩種氣體濃度？
①氧氣　②氮氣
③二氧化碳　④可燃性氣體。

解析
進入密閉空間前，需要確認是否為缺氧空間，因此需要測量氧氣濃度。而由於為甲醇儲槽，要另外確認可燃性氣體濃度。

253.( 23 ) 安全資料表中，純物質之成分辨識資料，應涵蓋下列何項？
①中文名稱　②同義名稱
③化學文摘社登錄號碼　④容許濃度。

解析
成分辨識資料內含：
一、純物質：
- 中英文名稱。
- 同義名稱。
- 化學文摘社登記號碼 (CAS No.)。
- 危害成分 ( 成分百分比 )。

二、混合物：
- 化學性質。
- 危害成分之中英文名稱。
- 化學文摘社登記號碼 (CAS No.)。
- 濃度或濃度範圍 ( 成分百分比 )。

註：危害成分確無化學文摘社登記號碼者，得免列之。

254.( 13 ) 防止酸、鹼、化學品傷害皮膚之職業衛生防護手套，下列何者為較適合材質？
①天然橡膠　②皮革　③合成纖維　④棉布。

解析
耐酸鹼化學手套通常由聚氯丙烯包覆 Latex 橡膠材質製造、Rionic 天然乳膠、Neoprene、Nitrile 或合成纖維製成。

255.( 14 ) 下列何者不屬於工廠中的輔助搬運設施？
①切割機　②拖板車　③台車　④自動包裝機。

解析
切割機及自動包裝機並無法用於搬運使用。

256.( 23 ) 下列何者屬「本質安全」設計？
①使用防護具　②阻卻　③隔離　④安全程序。

解析
本質安全 (Intrinsic Safety) 是一種使設備在爆炸性氣體環境及不正常操作條件下可以安全運作的保護技術，設計方式是避免釋放足以引燃易燃物的能量，因此採用阻卻或隔離等方式。

257.(123) 下列何者會造成呼吸循環系統職業病?
①游離二氧化矽 ②石綿 ③粉塵 ④鉛中毒。

解析 鉛中毒是接觸鉛或其化合物所導致的一種中毒現象。鉛中毒會嚴重影響神經系統及消化系統的運作,嚴重者可致命,其他三個選項皆會影響呼吸循環系統。

258.( 12 ) 下列何者是勞工於同平面跌倒之要因?
①地板上有滑溜物 ②人的鞋底滑
③樓板開口 ④地板有適當照明。

解析 地板濕滑或人的鞋底濕滑造成摩擦力過低是跌倒的原因。樓板開口可能造成墜落,而地板有適當照明減少了碰撞及跌倒的機會。

259.( 13 ) 下列何者為損失控制八大項之一?
①安全檢查 ②安全政策 ③安全觀察 ④安全口號。

解析 損失控制管理制度的八大工具:
一、安全法規。
二、安全檢查。
三、安全衛生教育訓練。
四、事故調查。
五、工作安全分析。
六、安全觀察。
七、安全接談。
八、激勵。

260.( 13 ) 實務上,製程安全管理不包括下列何者?
①勞工身心健康促進 ②教育訓練 ③勞工健康保護 ④緊急應變。

解析 製程安全管理包含 14 項目:
一、員工參與。
二、製程安全資料。
三、製程安全評估。
四、操作步驟。
五、教育訓練。
六、承攬商管理。
七、開車前安全審查。
八、設備完整性。
九、動火許可。
十、變更管理。
十一、事故調查。
十二、緊急狀況規劃與應變。
十三、符合性稽核。
十四、商業機密。

261.( 12 ) 安全資料表應包含下列何種資訊？
①容許暴露濃度 ②腐蝕性資料 ③成本資料 ④化學製程的描述。

解析
安全資料表的格式或大小會有變化，內容必需依據下列 16 項標題提供資訊：
一、化學品及廠商資料：包括化學品名稱、其他名稱、建議用途及限制使用、製造者、輸入者或供應者名稱、地址及電話、緊急聯絡電話 / 傳真電話。
二、危害辨識資料：化學品危害分類、標示內容、其他危害。
三、成分辨識資料：純物質：中英文名稱、同義名稱、化學文摘社登記號碼 (CAS No.)、危害成分 ( 成分百分比 )。混合物：化學性質、危害成分之中英文名稱、化學文摘社登記號碼 (CAS No.)、濃度或濃度範圍 ( 成分百分比 )。
四、急救措施：不同暴露途徑之急救方法、最重要症狀及危害效應、對急救人員之防護、對醫師之提示。
五、滅火措施：適用滅火劑、滅火時可能遭遇之特殊危害、特殊滅火程序、消防人員之特殊防護設備。
六、洩漏處理方法：個人及環境注意事項、清理方法。
七、安全處置與儲存方法：處置、儲存。
八、暴露預防措施：工程控制、控制參數、個人防護設備、衛生措施。
九、物理及化學性質：外觀 ( 物質狀態、顏色 )、氣味、嗅覺閾值、pH 值、熔點、沸點 / 沸點範圍、易燃性 ( 固體、氣體 )、分解溫度、閃火點、自燃溫度、爆炸界限、蒸氣壓、蒸氣密度、密度、溶解度、辛醇 / 水分配係數 (log Kow)、揮發速率。
十、安定性及反應性：安定性、特殊狀況下可能之危害反應、應避免之狀況及物質、危害分解物。
十一、毒性資料：暴露途徑、症狀、急毒性、慢毒性或長期毒性。
十二、生態資料：生態毒性、持久性及降解性、生物蓄積性、土壤中之流動性、其他不良效應。
十三、廢棄處置方法：廢棄處置方法。
十四、運送資料：聯合國編號、聯合國運輸名稱、運輸危害分類、包裝類別、海洋污染物 ( 是 / 否 )、特殊運送方法及注意事項。
十五、法規資料：適用法規。
十六、其他資料：參考文獻、製表單位、人員及日期等。

262.( 134 ) 下列何者不屬於沸騰液體膨脹蒸氣爆炸 (BLEVE) ？
①天然氣爆炸 ②液化石油氣鋼瓶爆炸
③潤滑油槽爆炸 ④柴油槽爆炸。

解析
沸騰液體膨脹蒸氣爆炸 (Boiling Liquid Expanding Vapor Explosion, BLEVE) 現象，是液化石油氣 ( 瓦斯 ) 鋼瓶因加熱過度，安全閥無法宣洩巨大壓力導致鋼瓶破裂，液化氣體與空氣混合成為可燃氣遇火源點燃導致爆炸的現象。

263.( 34 ) 下列何者屬應用弱連結之安全設計？
①警告標示 ②鍋爐水位計
③自動撒水滅火系統 ④化工儲槽之破裂盤。

解析 弱連結 (Weak Links)：是一種在壓力狀態時，當意外發生時會讓作業失效，以減少或控制任何可能會導致更嚴重的失誤或災害之發生。例如：保險絲、灑水系統、安全閥等都是常見的弱連結。

264.( 34 ) 事件樹分析較適用於製程的哪一個階段？
①包裝 ②基本設計 ③細部設計 ④試車。

解析 事件樹分析 (Event Tree Analysis，簡稱 ETA) 起源於決策樹分析 ( 簡稱 DTA)，它是一種按事故發展的時間順序由初始事件開始推論可能的後果，從而進行危險源辨識的方法，適用於較為後期發展，例如細部設計、試車等階段之分析。

265.( 12 ) 財物損失事故費用涵蓋下列何者？
①機械費用 ②材料費用 ③看護費用 ④醫療費用。

解析 財物損失事故費用涵蓋機械費用及材料費用等直接性的財物損失。

266.( 13 ) 下列何者非化學暴露指數 (CEI) 所包括的外洩後果因子？
①立即毒性 ②工廠配置 ③製程參數 ④物質庫存量。

解析 ※ 技能檢定公告試題之標準答案應有誤，正確答案應為②④，請讀者注意。
化學曝露指數 (Chemical Exposure Index, CEI ) 由 Dow 化學公司所發展，在 CEI 考慮 5 種會影響物質外洩後果的因子：
一、立即毒性。
二、可能洩漏物質的揮發部份。
三、至所關切區域的距離。
四、物質的分子量。
五、不同之製程參數，如溫度、壓力、反應性等等。
每個因子均定義為幾個等級數，CEI 即是每個因子所給定的等級數之乘積。

267.( 34 ) 災害類型分類項目中「與有害物等接觸」包括下列何種？
①機械捲夾 ②受帶電體電擊 ③一氧化碳中毒 ④缺氧。

解析 與有害物等之接觸：包含起因於暴露於輻射線、有害光線之障害、一氧化碳中毒、缺氧症及暴露於高壓、低壓等有害環境下之情況。

268.( 14 ) 下列何者為布林代數化簡規則？
① ABAABB = AB ② AB + ABC = ABC
③ F + FG + FGH = FH ④ FFFGH = FGH。

解析 布林代數化簡之原則：

● 規則一：任何特定的元素或事件僅有出現一次，如：
ABCAB = ABC
FFFGH = FGH
XXYYAB = XYAB
ABAABB = AB

- 規則二：如任何集合是另一集合的部分集合，則該集合應在「TOP EQUATION」中消掉，以免機率被重複計算，如：
  AB + ABC = AB
  F + FG = F
  HG + GHI + HGX = HG
  A + AB + XY + XYA = A + XY

根據規則二，因此②選項只會剩下 AB，而③選項會剩下 F。

269.( 24 ) 下列哪些電氣裝置為避免電路過載所產生之危害？
①設備接地　②保險絲　③漏電斷路器　④無熔絲開關。

解析
- 電路斷路器 (CB：Cricuit Breaker)：電路斷路器一般稱為無熔絲開關，方便重覆復歸使用，為一種低壓過電流保護之斷路器，於室內配線上主要用作短路保護和防止過載。
- 保險絲 (Fuse)：保險絲，又稱熔斷器、熔絲，是一種接於電路上以保護電路的一次性元件，當電路電流過大時，使其中的熔體產生高溫而熔斷，導致斷路而中斷電流。

270.( 124 ) 下列哪些適用於衝剪機械安全防護之安全裝置
①光電式感應開關　②拉回式裝置
③撐縫片　④雙手操作裝置。

解析
衝剪機械之安全裝置，應具有下列機能：
一、連鎖防護式安全裝置：滑塊等在動作中，能使身體之一部無介入危險界限之虞。
二、雙手操作式安全裝置：
- 安全一行程式安全裝置：在手指按下起動按鈕、操作控制桿或操作其他控制裝置(以下簡稱操作部)，脫手後至該手達到危險界限前，能使滑塊等停止動作。
- 雙手起動式安全裝置：以雙手操作操作部，於滑塊等動作中，手離開操作部時使手無法達到危險界限。

三、感應式安全裝置：滑塊等在動作中，遇身體之一部接近危險界限時，能使滑塊等停止動作。
四、拉開式或掃除式安全裝置：滑塊等在閉合動作中，遇身體之一部介入危險界限時，能隨滑塊等之動作使其脫離危險界限。

271.( 24 ) 為防止壓力容器超壓而發生危害，可選哪些安全設備防止壓力容器超壓？
①差壓式流量計　②破裂盤
③自動給水裝置　④安全閥。

解析
壓力疏解裝置可能是下列：
一、可重關的壓力疏解閥(即安全閥、釋壓閥或安全釋壓閥)。
二、非重關 (Non-Reclosing) 的壓力疏解閥(如破裂板、破裂盤、防爆針、破針裝置、易熔塞等)。

272.(134) 雇主對於室內工作場所，應依下列規定設置足夠勞工使用之通道
①應有適應其用途之寬度，其主要人行道不得小於 1 公尺
②各機械間或其他設備間通道不得小於 60 公分
③自路面起算 2 公尺高度之範圍內，不得有障礙物，但因工作之必要，經採防護措施者，不在此限
④主要人行道及有關安全門、安全梯應有明顯標示。

解析

依據職業安全衛生設施規則第 31 條：
雇主對於室內工作場所，應依下列規定設置足夠勞工使用之通道：
一、應有適應其用途之寬度，其主要人行道不得小於 1 公尺。
二、各機械間或其他設備間通道不得小於 80 公分。
三、自路面起算 2 公尺高度之範圍內，不得有障礙物。但因工作之必要，經採防護措施者，不在此限。
四、主要人行道及有關安全門、安全梯應有明顯標示。

273.(234) 依職業安全衛生設施規則規定，雇主不得以下列何種情況之鋼索作為起重升降機具之吊掛用具
①鋼索一撚間有百分之 5 以上素線截斷者
②直徑減少達公稱直徑百分之 7 以上者
③有顯著變形或腐蝕者
④已扭結者。

解析

依職業安全衛生設施規則第 99 條：
雇主不得以下列任何一種情況之吊掛之鋼索作為起重升降機具之吊掛用具：
一、鋼索一撚間有 10% 以上素線截斷者。
二、直徑減少達公稱直徑 7% 以上者。
三、有顯著變形或腐蝕者。
四、已扭結者。

274.(234) 事業單位向勞動檢查機構申請審查甲類危險性工作場所時，應檢附之資料有哪些？
①施工計畫書
②製程安全評估報告書
③緊急應變計畫
④安全衛生管理基本資料。

解析

依危險性工作場所審查及檢查辦法第 5 條：
事業單位向檢查機構申請審查甲類工作場所，應填具申請書，並檢附下列資料各 3 份：
一、安全衛生管理基本資料。
二、製程安全評估定期實施辦法第 4 條所定附表一至附表十四。
製程安全評估定期實施辦法第 4 條：
甲類工作場所，事業單位應每 5 年就下列事項，實施製程安全評估：
一、實施前項評估過程之必要文件及結果。
二、勞工參與。

三、標準作業程序。
四、教育訓練。
五、承攬管理。
六、啟動前安全檢查。
七、機械完整性。
八、動火許可。
九、變更管理。
十、事故調查。
十一、緊急應變。
十二、符合性稽核。
十三、商業機密。

275.( 13 ) 雇主應於機器人顯明易見之位置標示哪些事項？
①製造者名稱
②機器人外觀尺寸
③型式
④最大可承受外力或力矩。

解析
依據工業用機器人危害預防標準第 16 條規定，雇主應於機器人顯明易見之位置標示下列事項：
一、製造者名稱。
二、製造年月。
三、型式。
四、驅動用原動機之額定輸出。

276.( 34 ) 下列敘述何者正確？
①勞工因工作傷害而死亡，其損失日數為 600 日
②一隻眼睛失能稱為永久全失能
③在一次工作中損失一隻眼睛與一隻手指，屬於永久全失能
④可治好之骨骼、肌肉傷害不屬於永久全失能。

解析
勞工因工作傷害而死亡，其損失日數為 6,000 日。一隻眼睛失能稱為永久部分失能。

- 永久全失能指任何足使罹災者造成永久全失能，或在一次事故中損失下列之一情形，或失去其機能者：
  1. 雙目。
  2. 一隻眼睛及一隻手，或手臂或腿或足。
  3. 不同肢體中之任何下列兩種：手、臂、足或腿。
- 永久部分失能：指除死亡及永久全失能以外的任何足以造成肢體之任何一部分完全失去，或失去其機能者。不論該受傷者之肢體或損傷身體機能之事前有無任何失能。

277.( 24 ) 某一工廠新設一座吊升荷重為 5 公噸之固定式起重機，下列哪些非屬其所需之法定檢查？
①型式檢查 ②熔接檢查 ③竣工檢查 ④使用檢查。

解析 固定式起重機竣工檢查作荷重試驗：1.25 倍(額定荷重)，固定式起重機竣工檢查包括下列項目：結構部分強度計算之審查、尺寸、材料之選用、吊升荷重之審查、安全裝置之設置及性能、電氣及機械部分之檢查。國外進口之移動式起重機需進行使用檢查，而鍋爐等危險性設備需進行熔接檢查確認其構造安全。

278.(124) 下列何者為研磨機使用之正確敘述？
①研磨機之使用不得超過規定之最高使用圓周速度
②研磨輪除側面使用外，不得使用側面進行研磨
③磨輪使用前無須作業前試運轉，僅需每週檢查一次即可
④研磨輪更換時應先檢驗是否有無裂痕。

解析 根據職業安全衛生設施規則第 62 條：
雇主對於研磨機之使用，應依下列規定：
一、研磨輪應採用經速率試驗合格且有明確記載最高使用周速度者。
二、規定研磨機之使用不得超過規定最高使用周速度。
三、規定研磨輪使用，除該研磨輪為側用外，不得使用側面。
四、規定研磨機使用，應於每日作業開始前試轉 1 分鐘以上，研磨輪更換時應先檢驗有無裂痕，並在防護罩下試轉 3 分鐘以上。
前項第 1 款之速率試驗，應按最高使用周速度增加 50% 為之。直徑不滿 10 公分之研磨輪得免予速率試驗。

279.(134) 下列哪些為操作衝剪機械可能發生之危害？
①感電 ②墜落 ③被切、割、夾 ④被撞。

解析 操作衝剪機械最常發生之危害為被切、割、夾等事故。而衝剪機械許多由電力驅動，也可能發生感電之危害。另外，由於大型衝剪機械之自動化移動不注意也可能造成被撞之危害。而衝剪機械較不易發生墜落事故。

280.( 34 ) 下列何者為化學性危害因子？
①局部振動 ②噪音 ③金屬燻煙 ④游離二氧化矽。

解析 化學性危害因子：勞工暴露於粉塵、有害氣體、有機溶劑、金屬類、氧氣缺乏等危害因子，藉由呼吸、皮膚接觸、或食入，進而造成特定疾病的發生。

281.(234) 下列何者為意外事故原因分析之正確敘述？
①意外事故之直接原因為個人因素
②意外事故之間接原因為不安全環境與不安全行為
③不安全環境與不安全行為須同時存在時，意外事故方可產生
④不當管理為意外事故發生之潛在原因。

解析 意外事故的直接原因：勞工無法承受不安全動作或狀態肇生能量之接觸。間接原因為不安全的動作或行為或不安全的狀況。

282.( 14 ) 下列對職業安全衛生標示之形狀種類說明之敘述何者正確？
①圓形用於禁止
②尖端向上之正三角形用於注意
③尖端向下之正三角形用於警告
④正方形或長方形用於一般說明或提示。

解析
根據職業安全衛生標示設置準則第 4 條規定：
標示之形狀種類如下：
一、圓形：用於禁止。
二、尖端向上之正三角形：用於警告。
三、尖端向下之正三角形：用於注意。
四、正方形或長方形：用於一般說明或提示。

283.(234) 職業安全衛生顧問機構之服務類別包括哪些？
①企業經營管理顧問服務　②勞工健康顧問服務
③暴露評估技術顧問服務　④工業通風技術顧問服務。

解析
依據職業安全衛生顧問服務機構與其顧問服務人員之認可及管理規則第 3 條規定：
顧問機構之服務類別及其服務範圍如下：
一、工業防火防爆技術顧問服務：提供事業單位進行廠場防火防爆系統之規劃、設計、施工管理、性能確認維護等服務。
二、工業通風技術顧問服務：提供事業單位進行廠場通風系統之規劃、設計、施工管理、性能確認維護等服務。
三、暴露評估技術顧問服務：提供事業單位進行廠場危害及暴露風險之評估、控制或管理等服務。
四、勞工健康顧問服務：提供事業單位進行勞工身心健康及健康管理措施之規劃或指導等服務。
五、職業安全衛生管理顧問服務：提供事業單位進行安全衛生、營運管理整合，或職業安全衛生管理系統效能提升之規劃或指導等服務。

284.(123) 依職業安全衛生設施規則規定，雇主對於下列那些使用之電氣設備，應依用戶用電設備裝置規則規定，實施接地之低壓用電器具及其配線？
①低壓電動機之外殼
②金屬導線管及其連接之金屬箱
③對地電壓超過 150 伏特之其他固定式用電器具
④對地電壓超過 150 伏特二重絕緣移動式用電器具。

解析
依職業安全衛生設施規則第 239-1 條：
雇主對於使用之電氣設備，應依用戶用電設備裝置規則規定，於非帶電金屬部分施行接地。
用戶用電設備裝置規則中規定低壓用電器具及其配線應加接地者如下：
(一) 低壓電動機之外殼。
(二) 金屬導線管及其連接之金屬箱。
(三) 非金屬導線管連接之金屬配件如配線對地電壓超過 150 伏或配置於金屬建築物上，或人員可觸及之潮濕場所者。

(四) 電纜之金屬被覆。
(五) X 線發生裝置及其鄰近金屬體。
(六) 對地電壓超過 150 伏之其他固定式用電器具。
(七) 對地電壓在 150 伏以下之潮濕危險處所之其他固定式用電器具。
(八) 對地電壓超過 150 伏移動式用電器具。但其外殼具有絕緣保護不為人所觸及者不在此限。
(九) 對地電壓 150 伏以下移動式用電器具使用於潮濕處所或金屬地板上或金屬箱內者，其非帶電露出金屬部分需接地。

285.( 123 ) 依職業安全衛生設施規則規定，對於下列那些設備因靜電引起爆炸或火災之虞者，應採取接地之裝置？
①灌注、卸收危險物於槽車、儲槽、容器等之設備
②收存危險物之槽車、儲槽、容器等設備
③塗敷含有易燃液體之塗料、粘接劑等之設備
④非可燃性粉狀固體輸送、篩分等之設備。

解析 依職業安全衛生設施規則第 175 條：
雇主對於下列設備有因靜電引起爆炸或火災之虞者，應採取接地、使用除電劑、加濕、使用不致成為發火源之虞之除電裝置或其他去除靜電之裝置：
一、灌注、卸收危險物於槽車、儲槽、容器等之設備。
二、收存危險物之槽車、儲槽、容器等設備。
三、塗敷含有易燃液體之塗料、粘接劑等之設備。
四、以乾燥設備中，從事加熱乾燥危險物或會生其他危險物之乾燥物及其附屬設備。
五、易燃粉狀固體輸送、篩分等之設備。
六、其他有因靜電引起爆炸、火災之虞之化學設備或其附屬設備。

286.( 123 ) 三用電表可量測下列那些電氣參數？
①低電壓 ②歐姆電阻值 ③低電流 ④高電壓。

解析 三用電表是非常常用且簡單的測試儀器，主要功能為測量電路的電壓、毫安電流和電阻，由於量測電壓的單位為伏特 (volt, V)、電阻的單位為歐姆 (ohm, Ω)、電流的單位為毫安 (milli-ampere, mA)，又稱 VOM 和萬用電表 (Multimeter)。

287.( 13 ) 某日因勞工從事鍋爐操作之相關作業時，鍋爐之定時自動控制器損壞，進氣鼓風機未啟動以引入新鮮空氣，使鍋爐之燃料 ( 天然氣 ) 燃燒不完全產生一氧化碳滯留室內，且未於鍋爐房設置其他排除一氧化碳措施，致一氧化碳逐漸擴散至游泳池區濃度超過容許濃度，發生勞工 5 人一氧化碳中毒受傷，則鍋爐之自動控制裝置中，系統安全與失控反應控制，如就鍋爐之自動控制器，採用系統安全分析方法檢核 ( 封閉式檢核表 )，於上述職災有關者，應有下列那些檢查項目？
①自動起動停止裝置機能 ②亮度檢出裝置
③燃料切斷裝置 ④水質檢測裝置。

**解析** 由題目所述，主因為燃燒不完全產生一氧化碳，因此在檢核表中需要特別注意自動檢出裝置，以下為鍋爐之參考檢核表：

## 鍋爐每月定期檢查紀錄表

| 設備編號 | | 檢查號碼 | |
|---|---|---|---|
| 型　式 | | 檢查日期 | 年　月　日 |

| 檢查部分 | | 檢查內容及方法 | 檢查結果 |
|---|---|---|---|
| 一、本體 | (一)本體 | 1.檢視胴體、端板、爐筒等有無損傷、變形、腐蝕、裂痕。 | |
| | | 2.檢視水管、煙管、熱媒管、牽條等有無損傷或洩漏。 | |
| | (二)外殼.支撐 | 1.檢視外殼、耐火壁、保溫材有無脫落。 | |
| | | 2.檢視基礎、支撐有無變形、損傷或異常 | |
| 二、燃燒裝置 | (一)燃燒器 | 1.檢視油加熱器及燃料輸送裝置有無損傷或異常。 | |
| | | 2.檢視燃燒器有無損傷及污髒。 | |
| | | 3.檢視燃燒器瓷質部及爐壁保護材有無損傷及污髒。 | |
| | (二)過濾器 | 1.檢視有無堵塞或損傷。 | |
| | (三)煙道 | 1.檢視有無洩漏、損傷及風壓有無異常。 | |
| | (四)爆發門 | 1.檢視有無堵塞或損傷，作動是否正常。 | |
| 三、自動控制裝置 | (一)自動檢出裝置 | 1.檢測自動起動、停止裝置之機能有無異常。 | |
| | | 2.檢測火燄檢出裝置之機能有無異常。 | |
| | | 3.檢測燃料切斷裝置之機能有無異常。 | |
| | (二)調節裝置 | 1.檢測水位調節裝置之機能有無異常。 | |
| | | 2.檢測壓力調節裝置之機能有無異常。 | |
| | (三)配線 | 1.檢視電氣配線端子有無異常。 | |
| 四、附屬裝置及附屬品 | (一)給水裝置 | 1.檢視給水泵有無損傷及作動有無異常。 | |
| | (二)配管、閥 | 1.檢視蒸汽管及停止閥有無損傷及保溫是否良好。 | |
| | (三)空氣預熱器 | 1.檢視有無損傷、傳熱面是否污髒。 | |
| | (四)水處理裝置 | 1.檢視水處理裝置之機能是否正常。 | |
| | (五)安全閥 | 1.檢視閥體有無損傷、洩漏及異常。 | |
| | | 2.檢測有無卡死、作動是否正常。 | |
| | (六)水位計 | 1.檢視有無損傷或污髒、檢測作動是否正常。 | |
| | (七)壓力表 | 1.檢視有無損傷或污髒、功能是否正常。 | |

依檢查結果應採取改善措施之內容：

說明：1.檢查結果：良好打"V"；異常須改善打"X"；無此項目打"／"。
2.依「職業安全衛生管理辦法」第32條、第80條規定辦理，每月定期檢查1次。
3.記錄表應保存3年。

| 定期檢查人員： | 操作部門主管： | 安全衛生部門： | 核決主管批示： |
|---|---|---|---|
| | | | |

288.(234) 依鍋爐及壓力容器安全規則規定，雇主應使鍋爐操作人員實施下列那些事項？
①監視風速、風量狀態等運轉動態
②避免發生急劇負荷變動之現象
③防止壓力上升超過最高使用壓力
④保持壓力表、安全閥及其他安全裝置之機能正常。

解析
依鍋爐及壓力容器安全規則第 16 條：
雇主應使鍋爐操作人員實施下列事項：
一、監視壓力、水位、燃燒狀態等運轉動態。
二、避免發生急劇負荷變動之現象。
三、防止壓力上升超過最高使用壓力。
四、保持壓力表、安全閥及其他安全裝置之機能正常。
五、每日檢點水位測定裝置之機能一次以上。
六、確保鍋爐水質，適時化驗鍋爐用水，並適當實施沖放鍋爐水，防止鍋爐水之濃縮。
七、保持給水裝置機能正常。
八、檢點及適當調整低水位燃燒遮斷裝置、火焰檢出裝置及其他自動控制裝置，以保持機能正常。
九、發現鍋爐有異狀時，應即採取必要措施。
置有鍋爐作業主管者，雇主應使其指揮、監督操作人員實施前項規定。
第一項業務執行紀錄及簽認表單，應保存 3 年備查。

289.(123) 依職業安全衛生設施規則及用戶用電設備裝置規則規定，下列那些場所使用之電氣設備，須設置防止感電用漏電斷路器？
①陸橋用電設備　②建築之臨時用電設備
③養魚池用電設備　④在絕緣台上使用之電動機具。

解析
依職業安全衛生設施規則第 243 條：
雇主為避免漏電而發生感電危害，應依下列狀況，於各該電動機具設備之連接電路上設置適合其規格，具有高敏感度、高速型，能確實動作之防止感電用漏電斷路器：
一、使用對地電壓在 150 伏特以上移動式或攜帶式電動機具。
二、於含水或被其他導電度高之液體濕潤之潮濕場所、金屬板上或鋼架上等導電性良好場所使用移動式或攜帶式電動機具。
三、於建築或工程作業使用之臨時用電設備。
用戶用電設備裝置規則第 59 條：
漏電斷路器以裝設於分路為原則。裝設不具過電流保護功能之漏電斷路器 (RCCB) 者，應加裝具有足夠啟斷短路容量之無熔線斷路器或熔線作為後衛保護。
下列各款用電設備或線路，應在電路上或該等設備之適當處所裝設漏電斷路器：
一、建築或工程興建之臨時用電設備。
二、游泳池、噴水池等場所之水中及周邊用電器具。
三、公共浴室等場所之過濾或給水電動機分路。
四、灌溉、養魚池及池塘等之用電設備。

五、辦公處所、學校及公共場所之飲水機分路。
六、住宅、旅館及公共浴室之電熱水器及浴室插座分路。
七、住宅場所陽台之插座及離廚房水槽外緣 1.8 公尺以內之插座分路。
八、住宅、辦公處所、商場之沉水式用電器具。
九、裝設在金屬桿或金屬構架或對地電壓超過 150 伏之路燈、號誌燈、招牌廣告燈。
十、人行地下道、陸橋之用電設備。
十一、慶典牌樓、裝飾彩燈。
十二、由屋內引至屋外裝設之插座分路及雨線外之用電器具。
十三、遊樂場所之電動遊樂設備分路。
十四、非消防用之電動門及電動鐵捲門之分路。
十五、公共廁所之插座分路。

290.(1234) 為防止作業環境空氣中可能存有污染物經由呼吸器官進入人體造成傷害，作業人員應依其特性選用有效呼吸防護具，一般可分為
①防塵口罩 ②濾毒罐型面罩 ③供氣型面罩 ④自供式面罩。

解析 有效呼吸防護具種類繁多，從過濾效果較普通的附濾棉的拋棄式口罩(防塵口罩)、可重覆使用的防毒面具、濾毒罐型面罩、全面體面罩密合型 (Tight-Fitting) 呼吸防護具、非密合型 (Loose-Fitting) 呼吸防護具、PAPR 動力式送風供氣機到自給供氣式呼吸防護具 (Self-contained breathing apparatus, SCBA) 都有，可以參考下表說明。

| | 型式 | 類型 | 防護功能 |
|---|---|---|---|
| 呼吸防護具 | 淨氣式 | 防塵口罩 | 防護粉塵、霧滴、燻煙與煙霧等粒狀有害物 |
| | | 防毒面具 | 防護氣體或蒸氣等氣狀有害物 |
| | 供氣式 | 輸氣管面罩 | 以輸氣管將清潔的空氣自其他場所引至配戴者的面罩中 |
| | | 自攜呼吸器 | 以配戴者自行攜帶清潔的空氣呼吸器，供應作業期間呼吸所需的空氣 |

註：呼吸防護具面體構造依所覆蓋範圍有全面體、半面體與四分面體等形式，另有其他特殊功能組合。

291.(1234) 一般火災之形成須燃燒 4 要素同時存在方能持續進行，為能有效滅火一般可分為下列那些方法？
①窒息法 ②隔離法 ③冷卻法 ④抑制法。

解析 物質要發生燃燒，需要具備一定之條件。亦即可燃物、氧(空氣)、熱能(溫度)及連鎖反應四者兼備，此稱為燃燒之四面體。四者缺其一燃燒即無法發生，即使發生亦無法持續。
一、窒息法：
將氧氣 ($O_2$) 自外部加以遮斷，阻絕可燃物與空氣接觸之方法。

二、冷卻滅火法：
利用滅火藥劑之冷卻效果，以降低燃燒溫度，達到滅火效果，通常以水為最經濟實用之滅火藥劑。
三、除去滅火法：
乃將燃燒物由火源中移除，減低燃燒面積之滅火方法。
四、抑制連鎖反應法：
利用化學藥劑於火焰中產生鹵素(或鹼金屬)離子，奪取燃燒機構之氫離子或氧離子，阻礙燃燒現象而產生負面之觸媒效果；如乾粉滅火器等。

292.(123) 依人因工程學角度，下列那些設計對象，適合極大尺寸設計原則？
①門高 ②逃生艙大小 ③人孔大小 ④收銀台高度。

解析 極大尺寸 (Maximum Dimensions) 設計其目的是要建立餘隙空間來適合所有的個體。例如防火門、逃生艙與人孔的大小要能適合一個大個子通過(第 95th%)，也就能適合全部較小尺寸的人使用。而若極大極小設計兩類設計原則均不適用，並為非險要性作業，超級市場收銀台高度一般採用平均尺寸設計。

293.(123) 下列那些為吸音材料之特性？
①質量輕 ②多孔性 ③可減少反射音能 ④質量重且減少音能傳送。

解析 吸音材料大多為多孔隙的材料，如玻璃纖維棉、毯等，其原理是聲波深入材料的孔隙，且孔隙多為內部互相貫通的開口孔，受到空氣分子摩擦和阻力，以及使細小纖維作機械振動，使聲能轉變為熱能。常見的吸音棉主要材質為 PU 泡棉、PE 泡棉、玻璃纖維棉及岩棉，價格便宜且容易取得，是最常見的吸音材料。而吸音板以聚酯纖維、木絲及礦棉為主要材質，相較於吸音棉更容易安裝、更美觀且容易清潔。

294.(234) 弱聯結安全設計為災害防止損失控制方法之一，下列那些屬弱聯結安全設計之損失控制方法？
①護圍
②壓力容器之安全閥
③玻璃管受熱破裂之自動灑水滅火系統
④電氣迴路之熔絲。

解析 弱連結 (Weak Links)：弱連結係指在壓力水準下，當意外發生時，會產生作業失敗，來減少或控制任何可能會導致更嚴重的失誤或災害發生。弱連結有其潛在的問題，就是雖然損害可能減少，但是仍有損害，在設計上，常為次等安全裝備。例如壓力容器之安全閥、玻璃管受熱破裂之自動灑水滅火系統、電氣迴路之熔絲都是弱連結的設置。

295.( 12 ) 隔離為災害防止理論方法之一，下列那些屬隔離之損失控制方法？
①穿戴防護衣或裝備，防止環境危害造成之傷害
②密閉電子設備裝置，防止濕氣損壞或腐蝕該電子裝置
③加入稀釋劑於爆炸性物質中，減少爆炸之危害
④使用低電壓，避免感電危害。

解析

隔離損失控制：意外一旦發生後，將能量予以吸收、減弱、或隔開，使災害損失減至最低。

一、安全距離：將可能發生意外點與人設備間保持適當的距離，如爆炸安全距離、輻射安全距離。

二、變量裝置：可經由反射或吸收能量減少損害，殘留量將減至危害量以下，例如用熱反射器、噪音防護具。

三、抑制劑：如撒水系統或抑制劑噴霧用來防止火焰的散佈。

四、隔離物：如金屬護圍、防爆牆、或其它不可穿透之物體硬體的防護。

296.(134) 減少危害為災害防止理論方法之一，下列那些屬減少危害之損失控制方法？
①提供過流 (over flow) 裝置，防止液面過高
②使用隔音裝置，將噪音局限於密閉空間
③加入稀釋劑於爆炸性物質中，減少爆炸之危害
④使用低電壓，避免感電危害方法。

解析

減少危害 ( 損失預防、Loss Prevention) 是指事先採取措施，消除或減少危險因素。過流裝置、稀釋爆炸性物質、採用低電壓都是減少危害之損失控制方法。而發生強烈振動及噪音之機械應採消音、密閉、振動隔離或使用緩衝阻尼、慣性塊、吸音材料等，以降低噪音之發生，則是屬於危害預防的措施。

297.(123) 員工是企業的重要資產，上市 ( 櫃 ) 公司在追求營運成長、股東權益最大化之際，應同時關注員工權益，提供合理、穩定、良好的薪酬制度及員工福利，可增加員工向心力與勞資和諧，真正落實公司治理及企業社會責任。政府鼓勵上市櫃公司適當合理調整員工薪資，以促進薪資成長及改善所得分配，並達到留才及提高企業競爭力之效。其重要執行措施
①加強揭露員工薪資資訊　②辦理「公司治理評鑑」
③編製「臺灣高薪 100 指數」　④開辦農業保險。

解析

- 政府鼓勵上市櫃公司揭露員工薪資資訊，包括員工人數、薪資總額、薪資平均數及薪資中位數，暨公司經營績效與員工薪酬之關聯性與合理性說明。
- 另外公司治理評鑑係希望透過對整體市場公司治理之比較結果，促使企業更重視公司治理，引導我國上市櫃公司良性競爭，強化公司治理水平，進一步形塑企業主動改善公司治理文化。
- 「臺灣高薪 100 指數」之所有權屬於臺灣證券交易所。以高薪酬為主要篩選及加權條件，選出 100 支指數成分股，符合作為指數化投資標的之成本效益，可激勵上市公司將獲利回饋員工，善盡企業社會責任。

298.(123) 2022 年 3 月 1 日蔡英文總統會見八大工商團體理事長，政府有決心達成 2050 淨零轉型目標，和業界密切合作落實 ESG，協助企業邁向淨零轉型。其中 ESG 係指下列主題
①環境　②社會　③治理　④可持續性。

解析 ESG 是 3 個英文單字的縮寫，分別是環境保護 (E，environment)、社會責任 (S，social) 和公司治理 (G，governance)。
聯合國全球契約 (UN Global Compact) 於 2004 年首次提出 ESG 的概念，主要用來評估一間企業經營的指標。

299.( 13 ) 為增進職業災害勞工及其家屬之權益保障，政府以專法形式，將既有職業災害保險規定自《勞工保險條例》抽離，除擴大納保範圍，提升各項給付保障外，並整合《職業災害勞工保護法》之規定，於 110 年 4 月 30 日公布《勞工職業災害保險及保護法》，藉由強化職業災害預防機制，並積極協助職業災害勞工重建以重返職場，讓在第一線工作的勞工，獲得最完整的工作安全保障。勞工職業災害保險及保護法的施行日期為
① 111 年 5 月 1 日 ② 110 年 5 月 3 日 ③由行政院定之 ④ 111 年 7 月 1 日。

解析 「勞工職業災害保險及保護法」於 111 年 5 月 1 日施行，藉由制定專法，整合勞工保險條例的職業災害保險，及職業災害勞工保護法的規定。該法除擴大納保範圍，將受僱登記有案事業單位勞工，不論僱用人數全部強制納保，並提供多元加保管道，讓工作者皆可享有工作安全保障；增進給付權益，適度提高投保薪資上下限，並大幅提升保險給付水準，以強化對於職業災害勞工及其家屬之生活保障，雇主亦可有效分攤職業災害補償責任。此外，該法透過挹注穩定經費，成立財團法人職業災害預防及重建中心，以有效連結職業災害預防與重建業務，提升服務職業災害勞工能量，自災前預防、災害補償到災後重建，建構完善之職業災害保障制度。

300.(123) 國際勞工組織 (ILO) 於一九六四年提出之第一百二十一號「職業傷害給付公約」，揭櫫遭逢職業災害勞工後續補償制度應有下列那些設計？
①結合重建及事前預防 ②依該遭遇職業災害勞工之需求提供復健服務
③協助其重返原工作 ④代位司法訴訟。

解析 參考國際勞工組織 (ILO) 於 1964 年提出之第 121 號「職業傷害給付公約」，除揭櫫遭逢職業災害勞工後續補償制度應結合重建及事前預防外，並依該遭遇職業災害勞工之需求提供復健服務，協助其重返原工作。該組織於 2002 年提出之「職場障礙管理實施規範」亦揭示透過工作保留、工作調整，協助職業災害勞工重返職場之重要性。

301.(1234) 依勞工職業災害保險及保護法之規定，主管機關應規劃整合相關資源，並得運用保險人核定本保險相關資料，依職業災害勞工之需求，提供下列那些適切之重建服務事項？
①醫療復健：協助職業災害勞工恢復其生理心理功能所提供之診治及療養，回復正常生活
②社會復健：促進職業災害勞工與其家屬心理支持、社會適應、福利諮詢、權益維護及保障
③職能復健：透過職能評估、強化訓練及復工協助等，協助職業災害勞工提升工作能力恢復原工作。
④職業重建：提供職業輔導評量、職業訓練、就業服務、職務再設計、創業輔導、促進就業措施及其他職業重建服務，協助職業災害勞工重返職場。

解析

依勞工職業災害保險及保護法第 64 條：
主管機關應規劃整合相關資源，並得運用保險人核定本保險相關資料，依職業災害勞工之需求，提供下列適切之重建服務事項：

一、醫療復健：協助職業災害勞工恢復其生理心理功能所提供之診治及療養，回復正常生活。
二、社會復健：促進職業災害勞工與其家屬心理支持、社會適應、福利諮詢、權益維護及保障。
三、職能復健：透過職能評估、強化訓練及復工協助等，協助職業災害勞工提升工作能力恢復原工作。
四、職業重建：提供職業輔導評量、職業訓練、就業服務、職務再設計、創業輔導、促進就業措施及其他職業重建服務，協助職業災害勞工重返職場。

302.(123) 依勞動部職業安全衛生署所訂「職業因素引起嚴重特殊傳染性肺炎 (COVID-19) 認定參考指引」稱職業暴露，符合下列任一條件而判斷為職業暴露？
①職場群聚事件　②職場暴露風險為高風險者
③工作中密切接觸確診者　④工作以外明確感染源者。

解析

根據職業因素引起嚴重特殊傳染性肺炎 (COVID-19) 認定參考指引之職場暴露風險、社區傳播指標、密切接觸定義與職場群聚定義，可發展出職場暴露風險矩陣 (risk matrix)，評估工作者的職場暴露風險，並可分成 A、B、C、D、E 五種風險等級，判斷流程表如下圖所示：

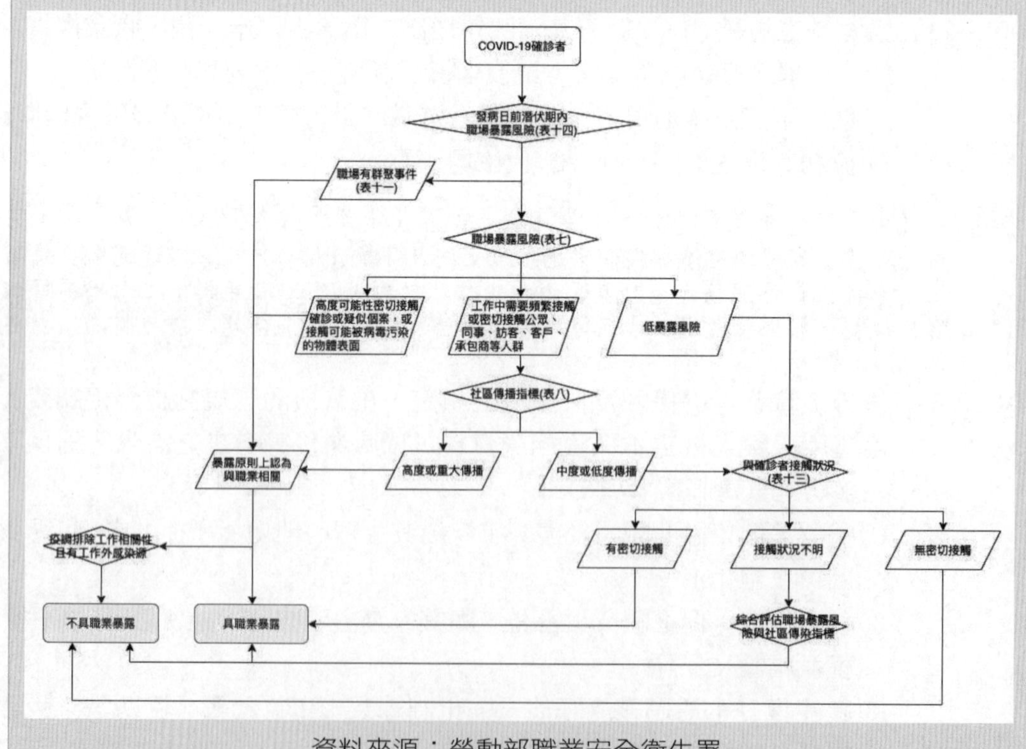


資料來源：勞動部職業安全衛生署

303.(123) 依製程安全評估定期實施辦法之規定，事業單位工作場所發生下列那些情事者，應檢討並修正其製程安全評估報告後，留存備查？
①職業安全衛生法第 37 條第 2 項規定之職業災害
②火災、爆炸、有害氣體洩漏
③其他認有製程風險之情形
④不影響製程之設施之同型替換。

解析 依製程安全評估定期實施辦法第 10 條：
事業單位有工作場所發生下列情事之一者，應檢討並修正其製程安全評估報告後，留存備查：
一、本法第 37 條第 2 項規定之職業災害。
二、火災、爆炸、有害氣體洩漏。
三、其他認有製程風險之情形。
勞動檢查機構得請事業單位就評估報告內容提出說明，必要時，並得邀請專家學者提出建議。

304.(1234) 緊急應變計畫之訂定應依據製程安全評估之結果，另蒐集分析工作場所之情境 (Scenarios) 與資料，可有效預防高風險危害，降低事故發生之可能性，其規定散見於職業安全衛生法系，包含下列那些？
①職業安全衛生法施行細則第 31 條職業安全衛生管理計畫包括緊急應變措施
②職業安全衛生設施規則第 286 條雇主應依工作場所之危害性，設置必要之職業災害搶救器材
③職業安全衛生管理辦法第 12 條應依事業單位之潛在風險，訂定緊急狀況預防、準備及應變之計畫，並定期實施演練
④職業安全衛生法第 32 條雇主對勞工應施以從事工作及預防災變所必要之安全衛生教育及訓練。

解析
● 職業安全衛生法施行細則第 31 條：
本法第 23 條第 1 項所定職業安全衛生管理計畫，包括下列事項：
十三、緊急應變措施。
● 職業安全衛生設施規則第 286 條：
雇主應依工作場所之危害性，設置必要之職業災害搶救器材。
● 職業安全衛生管理辦法第 12-3 條：
第 12 條之 2 第 1 項之事業單位，於引進或修改製程、作業程序、材料及設備前，應評估其職業災害之風險，並採取適當之預防措施。
前項變更，雇主應使勞工充分知悉並接受相關教育訓練。
前二項執行紀錄，應保存 3 年。
● 職業安全衛生法第 32 條：
雇主對勞工應施以從事工作與預防災變所必要之安全衛生教育及訓練。
前項必要之教育及訓練事項、訓練單位之資格條件與管理及其他應遵行事項之規則，由中央主管機關定之。
勞工對於第 1 項之安全衛生教育及訓練，有接受之義務。

305.( 123 ) 在緊急應變事故區域管制擬訂時，一般管制區域分為災區 (Hot Zone)、警戒區 (Warm Zone，化災稱除污區 ) 與安全區 (Cold Zone)。若為化學品洩漏事故，應結合毒性、物性、化性、火災爆炸特性、洩漏量、洩漏濃度、氣流、地形等外在條件，預估疏散距離及管制區域。應變時應如何擬定符合事業單位需求之事故區域管制建議值？

①參考危害性化學品後果分析 ②運用擴散模擬資料

③配合現場區域圖 ④由應變指揮中心與地方政府決定。

解析

一般管制區域分為災區 (Hot Zone)、警戒區 (Warm Zone，化災稱除污區 ) 與安全區 (Cold Zone)。若為化學品洩漏事故，應結合毒性、物性、化性、火災爆炸特性、洩漏量、洩漏濃度、氣流、地形等外在條件，預估疏散距離及管制區域。應變時應參考危害性化學品後果分析與擴散模擬資料，配合現場區域圖擬定符合事業單位需求之事故區域管制建議值。

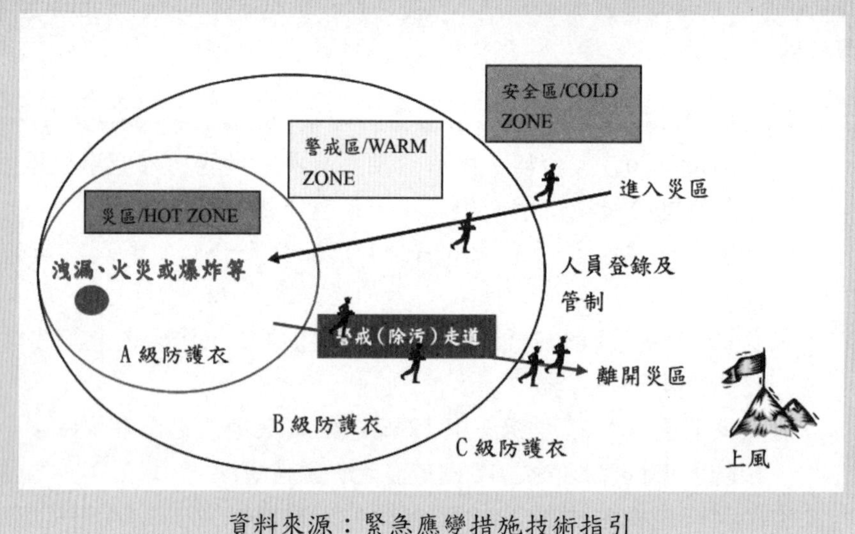


資料來源：緊急應變措施技術指引

306.(1234) 對於職業災害勞工於身心障礙者權利公約 (CRPD) 第 26 條適應訓練及復健及第 27 條工作及就業，國家應如何進行？

①組織、加強與擴展完整之適應訓練、復健服務及方案

②促進身心障礙者之職業與專業重建，保留工作和重返工作方案

③應推廣為身心障礙者設計之輔具與科技之可及性、知識及運用

④確保於工作場所為身心障礙者提供合理調整。

解析

身心障礙者權利公約中工作與就業部分指出：

一、締約國承認身心障礙者享有與其他人平等之工作權利；此包括於一個開放、融合與無障礙之勞動市場及工作環境中，身心障礙者有自由選擇與接受謀生工作機會之權利。締約國應採取適當步驟，防護及促進工作權之實現，包括於就業期間發生障礙事實者，其中包括，透過法律：

(a) 禁止基於身心障礙者就各種就業形式有關之所有事項上之歧視，包括於招募、僱用與就業條件、持續就業、職涯提升及安全與衛生之工作條件方面；

(b) 保障身心障礙者在與其他人平等基礎上享有公平與良好之工作條件，包括機會均等及同工同酬之權利，享有安全及衛生之工作環境，包括免於騷擾之保障，並享有遭受侵害之救濟；
(c) 確保身心障礙者能夠在與其他人平等基礎上行使勞動權及工會權；
(d) 使身心障礙者能夠有效參加一般技術與職業指導方案，獲得就業服務及職業與繼續訓練；
(e) 促進身心障礙者於勞動市場上之就業機會與職涯提升，協助身心障礙者尋找、獲得、保持及重返就業；
(f) 促進自營作業、創業經營、開展合作社與個人創業之機會；
(g) 於公部門僱用身心障礙者；
(h) 以適當政策與措施，促進私部門僱用身心障礙者，得包括平權行動方案、提供誘因及其他措施；
(i) 確保於工作場所為身心障礙者提供合理之空間安排；
(j) 促進身心障礙者於開放之勞動市場上獲得工作經驗；
(k) 促進身心障礙者之職業與專業重建，保留工作和重返工作方案。

二、締約國應確保身心障礙者不處於奴隸或奴役狀態，並在與其他人平等基礎上受到保障，不被強迫或強制勞動。

307.( 34 ) 某鋼索規格標示 6*37，依職業安全衛生設施規則規定，該鋼索一撚間有多少素線截斷者，不得作為起重升降機具吊掛用具之吊掛鋼索？
① 21 ② 22 ③ 23 ④ 24。

解析

依職業安全衛生設施規則第 99 條：
雇主不得以下列任何一種情況之吊掛之鋼索作為起重升降機具之吊掛用具：
一、鋼索一撚間有 10% 以上素線截斷者。
二、直徑減少達公稱直徑 7% 以上者。
三、有顯著變形或腐蝕者。
四、已扭結者。

# 4-2 共同科目學科試題（114/01/01 啟用）

## 90006 職業安全衛生共同科目 不分級

### 工作項目 01：職業安全衛生

1. （ 2 ） 對於核計勞工所得有無低於基本工資，下列敘述何者有誤？
①僅計入在正常工時內之報酬　②應計入加班費
③不計入休假日出勤加給之工資　④不計入競賽獎金。

2. （ 3 ） 下列何者之工資日數得列入計算平均工資？
①請事假期間　②職災醫療期間
③發生計算事由之當日前 6 個月　④放無薪假期間。

3. （ 4 ） 有關「例假」之敘述，下列何者有誤？
①每 7 日應有例假 1 日　②工資照給
③天災出勤時，工資加倍及補休　④須給假，不必給工資。

4. （ 4 ） 勞動基準法第 84 條之 1 規定之工作者，因工作性質特殊，就其工作時間，下列何者正確？
①完全不受限制　②無例假與休假
③不另給予延時工資　④得由勞雇雙方另行約定。

5. （ 3 ） 依勞動基準法規定，雇主應置備勞工工資清冊並應保存幾年？
① 1 年　② 2 年　③ 5 年　④ 10 年。

6. （ 1 ） 事業單位僱用勞工多少人以上者，應依勞動基準法規定訂立工作規則？
① 30 人　② 50 人　③ 100 人　④ 200 人。

7. （ 3 ） 依勞動基準法規定，雇主延長勞工之工作時間連同正常工作時間，每日不得超過多少小時？
① 10 小時　② 11 小時　③ 12 小時　④ 15 小時。

8. （ 4 ） 依勞動基準法規定，下列何者屬不定期契約？
①臨時性或短期性的工作　②季節性的工作
③特定性的工作　④有繼續性的工作。

9. （ 1 ） 依職業安全衛生法規定，事業單位勞動場所發生死亡職業災害時，雇主應於多少小時內通報勞動檢查機構？
① 8 小時　② 12 小時　③ 24 小時　④ 48 小時。

10. ( 1 ) 事業單位之勞工代表如何產生？
①由企業工會推派之 ②由產業工會推派之
③由勞資雙方協議推派之 ④由勞工輪流擔任之。

11. ( 4 ) 職業安全衛生法所稱有母性健康危害之虞之工作，不包括下列何種工作型態？
①長時間站立姿勢作業 ②人力提舉、搬運及推拉重物
③輪班及工作負荷 ④駕駛運輸車輛。

12. ( 3 ) 依職業安全衛生法施行細則規定，下列何者非屬特別危害健康之作業？
①噪音作業 ②游離輻射作業 ③會計作業 ④粉塵作業。

13. ( 3 ) 從事於易踏穿材料構築之屋頂修繕作業時，應有何種作業主管在場執行主管業務？
①施工架組配 ②擋土支撐組配 ③屋頂 ④模板支撐。

14. ( 4 ) 有關「工讀生」之敘述，下列何者正確？
①工資不得低於基本工資之 80% ②屬短期工作者，加班只能補休
③每日正常工作時間得超過 8 小時 ④國定假日出勤，工資加倍發給。

15. ( 3 ) 勞工工作時手部嚴重受傷，住院醫療期間公司應按下列何者給予職業災害補償？
①前 6 個月平均工資 ②前 1 年平均工資 ③原領工資 ④基本工資。

16. ( 2 ) 勞工在何種情況下，雇主得不經預告終止勞動契約？
①確定被法院判刑 6 個月以內並諭知緩刑超過 1 年以上者
②不服指揮對雇主暴力相向者
③經常遲到早退者
④非連續曠工但 1 個月內累計 3 日者。

17. ( 3 ) 對於吹哨者保護規定，下列敘述何者有誤？
①事業單位不得對勞工申訴人終止勞動契約
②勞動檢查機構受理勞工申訴必須保密
③為實施勞動檢查，必要時得告知事業單位有關勞工申訴人身分
④事業單位不得有不利勞工申訴人之處分。

18. ( 4 ) 職業安全衛生法所稱有母性健康危害之虞之工作，係指對於具生育能力之女性勞工從事工作，可能會導致的一些影響。下列何者除外？
①胚胎發育 ②妊娠期間之母體健康
③哺乳期間之幼兒健康 ④經期紊亂。

19. ( 3 ) 下列何者非屬職業安全衛生法規定之勞工法定義務？
①定期接受健康檢查 ②參加安全衛生教育訓練
③實施自動檢查 ④遵守安全衛生工作守則。

20. ( 2 ) 下列何者非屬應對在職勞工施行之健康檢查？
①一般健康檢查 ②體格檢查
③特殊健康檢查 ④特定對象及特定項目之檢查。

21. ( 4 ) 下列何者非為防範有害物食入之方法？
①有害物與食物隔離 ②不在工作場所進食或飲水
③常洗手、漱口 ④穿工作服。

22. ( 1 ) 原事業單位如有違反職業安全衛生法或有關安全衛生規定，致承攬人所僱勞工發生職業災害時，有關承攬管理責任，下列敘述何者正確？
①原事業單位應與承攬人負連帶賠償責任
②原事業單位不需負連帶補償責任
③承攬廠商應自負職業災害之賠償責任
④勞工投保單位即為職業災害之賠償單位。

23. ( 4 ) 依勞動基準法規定，主管機關或檢查機構於接獲勞工申訴事業單位違反本法及其他勞工法令規定後，應為必要之調查，並於幾日內將處理情形，以書面通知勞工？
① 14 日 ② 20 日 ③ 30 日 ④ 60 日。

24. ( 3 ) 我國中央勞動業務主管機關為下列何者？
①內政部 ②勞工保險局 ③勞動部 ④經濟部。

25. ( 4 ) 對於勞動部公告列入應實施型式驗證之機械、設備或器具，下列何種情形不得免驗證？
①依其他法律規定實施驗證者 ②供國防軍事用途使用者
③輸入僅供科技研發之專用機型 ④輸入僅供收藏使用之限量品。

26. ( 4 ) 對於墜落危險之預防設施，下列敘述何者較為妥適？
①在外牆施工架等高處作業應盡量使用繫腰式安全帶
②安全帶應確實配掛在低於足下之堅固點
③高度 2m 以上之邊緣開口部分處應圍起警示帶
④高度 2m 以上之開口處應設護欄或安全網。

27. ( 3 ) 對於感電電流流過人體可能呈現的症狀，下列敘述何者有誤？
①痛覺 ②強烈痙攣
③血壓降低、呼吸急促、精神亢奮 ④造成組織灼傷。

28. ( 2 ) 下列何者非屬於容易發生墜落災害的作業場所？
①施工架 ②廚房 ③屋頂 ④梯子、合梯。

29. ( 1 ) 下列何者非屬危險物儲存場所應採取之火災爆炸預防措施？
①使用工業用電風扇 ②裝設可燃性氣體偵測裝置
③使用防爆電氣設備 ④標示「嚴禁煙火」。

30. ( 3 ) 雇主於臨時用電設備加裝漏電斷路器，可減少下列何種災害發生？
①墜落 ②物體倒塌、崩塌 ③感電 ④被撞。

31. ( 3 ) 雇主要求確實管制人員不得進入吊舉物下方，可避免下列何種災害發生？
①感電 ②墜落 ③物體飛落 ④缺氧。

32. ( 1 ) 職業上危害因子所引起的勞工疾病，稱為何種疾病？
①職業疾病 ②法定傳染病 ③流行性疾病 ④遺傳性疾病。

33. ( 4 ) 事業招人承攬時，其承攬人就承攬部分負雇主之責任，原事業單位就職業災害補償部分之責任為何？
①視職業災害原因判定是否補償 ②依工程性質決定責任
③依承攬契約決定責任 ④仍應與承攬人負連帶責任。

34. ( 2 ) 預防職業病最根本的措施為何？
①實施特殊健康檢查 ②實施作業環境改善
③實施定期健康檢查 ④實施僱用前體格檢查。

35. ( 1 ) 在地下室作業，當通風換氣充分時，則不易發生一氧化碳中毒、缺氧危害或火災爆炸危險。請問「通風換氣充分」係指下列何種描述？
①風險控制方法 ②發生機率 ③危害源 ④風險。

36. ( 1 ) 勞工為節省時間，在未斷電情況下清理機臺，易發生危害為何？
①捲夾感電 ②缺氧 ③墜落 ④崩塌。

37. ( 2 ) 工作場所化學性有害物進入人體最常見路徑為下列何者？
①口腔 ②呼吸道 ③皮膚 ④眼睛。

38. ( 3 ) 活線作業勞工應佩戴何種防護手套？
①棉紗手套 ②耐熱手套 ③絕緣手套④防振手套。

39. ( 4 ) 下列何者非屬電氣災害類型？
①電弧灼傷 ②電氣火災 ③靜電危害 ④雷電閃爍。

40. ( 3 ) 下列何者非屬於工作場所作業會發生墜落災害的潛在危害因子？
①開口未設置護欄　②未設置安全之上下設備
③未確實配戴耳罩　④屋頂開口下方未張掛安全網。

41. ( 2 ) 在噪音防治之對策中，從下列何者著手最為有效？
①偵測儀器　②噪音源　③傳播途徑　④個人防護具。

42. ( 4 ) 勞工於室外高氣溫作業環境工作，可能對身體產生之熱危害，下列何者非屬熱危害之症狀？
①熱衰竭　②中暑　③熱痙攣　④痛風。

43. ( 3 ) 下列何者是消除職業病發生率之源頭管理對策？
①使用個人防護具　②健康檢查　③改善作業環境　④多運動。

44. ( 1 ) 下列何者非為職業病預防之危害因子？
①遺傳性疾病　②物理性危害　③人因工程危害　④化學性危害。

45. ( 3 ) 依職業安全衛生設施規則規定，下列何者非屬使用合梯，應符合之規定？
①合梯應具有堅固之構造
②合梯材質不得有顯著之損傷、腐蝕等
③梯腳與地面之角度應在 80 度以上
④有安全之防滑梯面。

46. ( 4 ) 下列何者非屬勞工從事電氣工作安全之規定？
①使其使用電工安全帽
②穿戴絕緣防護具
③停電作業應斷開、檢電、接地及掛牌
④穿戴棉質手套絕緣。

47. ( 3 ) 為防止勞工感電，下列何者為非？
①使用防水插頭　②避免不當延長接線
③設備有金屬外殼保護即可免接地　④電線架高或加以防護。

48. ( 2 ) 不當抬舉導致肌肉骨骼傷害或肌肉疲勞之現象，可歸類為下列何者？
①感電事件　②不當動作　③不安全環境　④被撞事件。

49. ( 3 ) 使用鑽孔機時，不應使用下列何護具？
①耳塞　②防塵口罩　③棉紗手套　④護目鏡。

50. ( 1 ) 腕道症候群常發生於下列何種作業？
①電腦鍵盤作業　②潛水作業　③堆高機作業　④第一種壓力容器作業。

51. ( 1 ) 對於化學燒傷傷患的一般處理原則，下列何者正確？
①立即用大量清水沖洗
②傷患必須臥下，而且頭、胸部須高於身體其他部位
③於燒傷處塗抹油膏、油脂或發酵粉
④使用酸鹼中和。

52. ( 4 ) 下列何者非屬防止搬運事故之一般原則？
①以機械代替人力 ②以機動車輛搬運
③採取適當之搬運方法 ④儘量增加搬運距離。

53. ( 3 ) 對於脊柱或頸部受傷患者，下列何者不是適當的處理原則？
①不輕易移動傷患
②速請醫師
③如無合用的器材，需 2 人作徒手搬運
④向急救中心聯絡。

54. ( 3 ) 防止噪音危害之治本對策為下列何者？
①使用耳塞、耳罩 ②實施職業安全衛生教育訓練
③消除發生源 ④實施特殊健康檢查。

55. ( 1 ) 安全帽承受巨大外力衝擊後，雖外觀良好，應採下列何種處理方式？
①廢棄 ②繼續使用 ③送修 ④油漆保護。

56. ( 2 ) 因舉重而扭腰係由於身體動作不自然姿勢，動作之反彈，引起扭筋、扭腰及形成類似狀態造成職業災害，其災害類型為下列何者？
①不當狀態 ②不當動作 ③不當方針 ④不當設備。

57. ( 3 ) 下列有關工作場所安全衛生之敘述何者有誤？
①對於勞工從事其身體或衣著有被污染之虞之特殊作業時，應備置該勞工洗眼、洗澡、漱口、更衣、洗濯等設備
②事業單位應備置足夠急救藥品及器材
③事業單位應備置足夠的零食自動販賣機
④勞工應定期接受健康檢查。

58. ( 2 ) 毒性物質進入人體的途徑，經由那個途徑影響人體健康最快且中毒效應最高？
①吸入 ②食入 ③皮膚接觸 ④手指觸摸。

59. ( 3 ) 安全門或緊急出口平時應維持何狀態？
①門可上鎖但不可封死
②保持開門狀態以保持逃生路徑暢通
③門應關上但不可上鎖
④與一般進出門相同，視各樓層規定可開可關。

60. ( 3 ) 下列何種防護具較能消減噪音對聽力的危害？
①棉花球　②耳塞　③耳罩　④碎布球。

61. ( 2 ) 勞工若面臨長期工作負荷壓力及工作疲勞累積，沒有獲得適當休息及充足睡眠，便可能影響體能及精神狀態，甚而較易促發下列何種疾病？
①皮膚癌　②腦心血管疾病　③多發性神經病變　④肺水腫。

62. ( 2 ) 「勞工腦心血管疾病發病的風險與年齡、吸菸、總膽固醇數值、家族病史、生活型態、心臟方面疾病」之相關性為何？
①無　②正　③負　④可正可負。

63. ( 3 ) 下列何者不屬於職場暴力？
①肢體暴力　②語言暴力　③家庭暴力　④性騷擾。

64. ( 4 ) 職場內部常見之身體或精神不法侵害不包含下列何者？
①脅迫、名譽損毀、侮辱、嚴重辱罵勞工
②強求勞工執行業務上明顯不必要或不可能之工作
③過度介入勞工私人事宜
④使勞工執行與能力、經驗相符的工作。

65. ( 3 ) 下列何種措施較可避免工作單調重複或負荷過重？
①連續夜班　②工時過長　③排班保有規律性　④經常性加班。

66. ( 1 ) 減輕皮膚燒傷程度之最重要步驟為何？
①儘速用清水沖洗　②立即刺破水泡
③立即在燒傷處塗抹油脂　④在燒傷處塗抹麵粉。

67. ( 3 ) 眼內噴入化學物或其他異物，應立即使用下列何者沖洗眼睛？
①牛奶　②蘇打水　③清水　④稀釋的醋。

68. ( 3 ) 石綿最可能引起下列何種疾病？
①白指症　②心臟病　③間皮細胞瘤　④巴金森氏症。

69. ( 2 ) 作業場所高頻率噪音較易導致下列何種症狀？
①失眠　②聽力損失　③肺部疾病　④腕道症候群。

70. ( 2 ) 廚房設置之排油煙機為下列何者？
①整體換氣裝置 ②局部排氣裝置 ③吹吸型換氣裝置 ④排氣煙囪。

71. ( 4 ) 下列何者為選用防塵口罩時，最不重要之考量因素？
①捕集效率愈高愈好 ②吸氣阻抗愈低愈好
③重量愈輕愈好 ④視野愈小愈好。

72. ( 2 ) 若勞工工作性質需與陌生人接觸、工作中需處理不可預期的突發事件或工作場所治安狀況較差，較容易遭遇下列何種危害？
①組織內部不法侵害 ②組織外部不法侵害
③多發性神經病變 ④潛涵症。

73. ( 3 ) 下列何者不是發生電氣火災的主要原因？
①電器接點短路 ②電氣火花 ③電纜線置於地上 ④漏電。

74. ( 2 ) 依勞工職業災害保險及保護法規定，職業災害保險之保險效力，自何時開始起算，至離職當日停止？
①通知當日 ②到職當日 ③雇主訂定當日 ④勞雇雙方合意之日。

75. ( 4 ) 依勞工職業災害保險及保護法規定，勞工職業災害保險以下列何者為保險人，辦理保險業務？
①財團法人職業災害預防及重建中心
②勞動部職業安全衛生署
③勞動部勞動基金運用局
④勞動部勞工保險局。

76. ( 1 ) 有關「童工」之敘述，下列何者正確？
①每日工作時間不得超過 8 小時
②不得於午後 8 時至翌晨 8 時之時間內工作
③例假日得在監視下工作
④工資不得低於基本工資之 70%。

77. ( 4 ) 依勞動檢查法施行細則規定，事業單位如不服勞動檢查結果，可於檢查結果通知書送達之次日起 10 日內，以書面敘明理由向勞動檢查機構提出？
①訴願 ②陳情 ③抗議 ④異議。

78. ( 2 ) 工作者若因雇主違反職業安全衛生法規定而發生職業災害、疑似罹患職業病或身體、精神遭受不法侵害所提起之訴訟，得向勞動部委託之民間團體提出下列何者？
①災害理賠 ②申請扶助 ③精神補償 ④國家賠償。

79. ( 4 ) 計算平日加班費須按平日每小時工資額加給計算，下列敘述何者有誤？
①前 2 小時至少加給 1/3 倍
②超過 2 小時部分至少加給 2/3 倍
③經勞資協商同意後，一律加給 0.5 倍
④未經雇主同意給加班費者，一律補休。

80. ( 2 ) 下列工作場所何者非屬勞動檢查法所定之危險性工作場所？
①農藥製造
②金屬表面處理
③火藥類製造
④從事石油裂解之石化工業之工作場所。

81. ( 1 ) 有關電氣安全，下列敘述何者錯誤？
① 110 伏特之電壓不致造成人員死亡
②電氣室應禁止非工作人員進入
③不可以濕手操作電氣開關，且切斷開關應迅速
④ 220 伏特為低壓電。

82. ( 2 ) 依職業安全衛生設施規則規定，下列何者非屬於車輛系營建機械？
①平土機 ②堆高機 ③推土機 ④鏟土機。

83. ( 2 ) 下列何者非為事業單位勞動場所發生職業災害者，雇主應於 8 小時內通報勞動檢查機構？
①發生死亡災害
②勞工受傷無須住院治療
③發生災害之罹災人數在 3 人以上
④發生災害之罹災人數在 1 人以上，且需住院治療。

84. ( 4 ) 依職業安全衛生管理辦法規定，下列何者非屬「自動檢查」之內容？
①機械之定期檢查 ②機械、設備之重點檢查
③機械、設備之作業檢點 ④勞工健康檢查。

85. ( 1 ) 下列何者係針對於機械操作點的捲夾危害特性可以採用之防護裝置？
①設置護圍、護罩 ②穿戴棉紗手套
③穿戴防護衣 ④強化教育訓練。

86. ( 4 ) 下列何者非屬從事起重吊掛作業導致物體飛落災害之可能原因？
①吊鉤未設防滑舌片致吊掛鋼索鬆脫 ②鋼索斷裂
③超過額定荷重作業 ④過捲揚警報裝置過度靈敏。

87. ( 2 ) 勞工不遵守安全衛生工作守則規定，屬於下列何者？
①不安全設備 ②不安全行為 ③不安全環境 ④管理缺陷。

88. ( 3 ) 下列何者不屬於局限空間內作業場所應採取之缺氧、中毒等危害預防措施？
①實施通風換氣 ②進入作業許可程序
③使用柴油內燃機發電提供照明 ④測定氧氣、危險物、有害物濃度。

89. ( 1 ) 下列何者非通風換氣之目的？
①防止游離輻射 ②防止火災爆炸
③稀釋空氣中有害物 ④補充新鮮空氣。

90. ( 2 ) 已在職之勞工，首次從事特別危害健康作業，應實施下列何種檢查？
①一般體格檢查 ②特殊體格檢查
③一般體格檢查及特殊健康檢查 ④特殊健康檢查。

91. ( 4 ) 依職業安全衛生設施規則規定，噪音超過多少分貝之工作場所，應標示並公告噪音危害之預防事項，使勞工周知？
① 75 分貝 ② 80 分貝 ③ 85 分貝④ 90 分貝。

92. ( 3 ) 下列何者非屬工作安全分析的目的？
①發現並杜絕工作危害 ②確立工作安全所需工具與設備
③懲罰犯錯的員工 ④作為員工在職訓練的參考。

93. ( 3 ) 可能對勞工之心理或精神狀況造成負面影響的狀態，如異常工作壓力、超時工作、語言脅迫或恐嚇等，可歸屬於下列何者管理不當？
①職業安全 ②職業衛生 ③職業健康 ④環保。

94. ( 3 ) 有流產病史之孕婦，宜避免相關作業，下列何者為非？
①避免砷或鉛的暴露 ②避免每班站立 7 小時以上之作業
③避免提舉 3 公斤重物的職務 ④避免重體力勞動的職務。

95. ( 3 ) 熱中暑時，易發生下列何現象？
①體溫下降 ②體溫正常 ③體溫上升 ④體溫忽高忽低。

96. ( 4 ) 下列何者不會使電路發生過電流？
①電氣設備過載 ②電路短路 ③電路漏電 ④電路斷路。

97. ( 4 ) 下列何者較屬安全、尊嚴的職場組織文化？
①不斷責備勞工
②公開在眾人面前長時間責罵勞工
③強求勞工執行業務上明顯不必要或不可能之工作
④不過度介入勞工私人事宜。

98. ( 4 ) 下列何者與職場母性健康保護較不相關？
①職業安全衛生法
②妊娠與分娩後女性及未滿十八歲勞工禁止從事危險性或有害性工作認定標準
③性別平等工作法
④動力堆高機型式驗證。

99. ( 3 ) 油漆塗裝工程應注意防火防爆事項，下列何者為非？
①確實通風　②注意電氣火花
③緊密門窗以減少溶劑擴散揮發　④嚴禁煙火。

100.( 3 ) 依職業安全衛生設施規則規定，雇主對於物料儲存，為防止氣候變化或自然發火發生危險者，下列何者為最佳之採取措施？
①保持自然通風　②密閉
③與外界隔離及溫濕控制　④靜置於倉儲區，避免陽光直射。

## 90007 工作倫理與職業道德共同科目 不分級

## 工作項目 01：工作倫理與職業道德

1. ( 4 ) 下列何者「違反」個人資料保護法？
①公司基於人事管理之特定目的，張貼榮譽榜揭示績優員工姓名
②縣市政府提供村里長轄區內符合資格之老人名冊供發放敬老金
③網路購物公司為辦理退貨，將客戶之住家地址提供予宅配公司
④學校將應屆畢業生之住家地址提供補習班招生使用。

2. ( 1 ) 非公務機關利用個人資料進行行銷時，下列敘述何者錯誤？
①若已取得當事人書面同意，當事人即不得拒絕利用其個人資料行銷
②於首次行銷時，應提供當事人表示拒絕行銷之方式
③當事人表示拒絕接受行銷時，應停止利用其個人資料
④倘非公務機關違反「應即停止利用其個人資料行銷」之義務，未於限期內改正者，按次處新臺幣 2 萬元以上 20 萬元以下罰鍰。

3. ( 4 ) 個人資料保護法規定為保護當事人權益，幾人以上的當事人提出告訴，就可以進行團體訴訟？
① 5 人 ② 10 人 ③ 15 人 ④ 20 人。

4. ( 2 ) 關於個人資料保護法的敘述，下列何者錯誤？
①公務機關執行法定職務必要範圍內，可以蒐集、處理或利用一般性個人資料
②間接蒐集之個人資料，於處理或利用前，不必告知當事人個人資料來源
③非公務機關亦應維護個人資料之正確，並主動或依當事人之請求更正或補充
④外國學生在臺灣短期進修或留學，也受到我國個人資料保護法的保障。

5. ( 2 ) 關於個人資料保護法的敘述，下列何者錯誤？
①不管是否使用電腦處理的個人資料，都受個人資料保護法保護
②公務機關依法執行公權力，不受個人資料保護法規範
③身分證字號、婚姻、指紋都是個人資料
④我的病歷資料雖然是由醫生所撰寫，但也屬於是我的個人資料範圍。

6. ( 3 ) 對於依照個人資料保護法應告知之事項，下列何者不在法定應告知的事項內？
①個人資料利用之期間、地區、對象及方式
②蒐集之目的
③蒐集機關的負責人姓名
④如拒絕提供或提供不正確個人資料將造成之影響。

7. ( 2 ) 請問下列何者非為個人資料保護法第 3 條所規範之當事人權利？
①查詢或請求閱覽　　②請求刪除他人之資料
③請求補充或更正　　④請求停止蒐集、處理或利用。

8. ( 4 ) 下列何者非安全使用電腦內的個人資料檔案的做法？
①利用帳號與密碼登入機制來管理可以存取個資者的人
②規範不同人員可讀取的個人資料檔案範圍
③個人資料檔案使用完畢後立即退出應用程式，不得留置於電腦中
④為確保重要的個人資料可即時取得，將登入密碼標示在螢幕下方。

9. ( 1 ) 下列何者行為非屬個人資料保護法所稱之國際傳輸？
①將個人資料傳送給地方政府
②將個人資料傳送給美國的分公司
③將個人資料傳送給法國的人事部門
④將個人資料傳送給日本的委託公司。

10. ( 1 ) 有關智慧財產權行為之敘述，下列何者有誤？
①製造、販售仿冒註冊商標的商品雖已侵害商標權，但不屬於公訴罪之範疇
②以 101 大樓、美麗華百貨公司做為拍攝電影的背景，屬於合理使用的範圍
③原作者自行創作某音樂作品後，即可宣稱擁有該作品之著作權
④著作權是為促進文化發展為目的，所保護的財產權之一。

11. ( 2 ) 專利權又可區分為發明、新型與設計三種專利權，其中發明專利權是否有保護期限？期限為何？
①有，5 年　②有，20 年　③有，50 年　④無期限，只要申請後就永久歸申請人所有。

12. ( 2 ) 受僱人於職務上所完成之著作，如果沒有特別以契約約定，其著作人為下列何者？
①雇用人　　②受僱人
③雇用公司或機關法人代表　　④由雇用人指定之自然人或法人。

13. ( 1 ) 任職於某公司的程式設計工程師，因職務所編寫之電腦程式，如果沒有特別以契約約定，則該電腦程式之著作財產權歸屬下列何者？
①公司　　②編寫程式之工程師
③公司全體股東共有　　④公司與編寫程式之工程師共有。

14. ( 3 ) 某公司員工因執行業務，擅自以重製之方法侵害他人之著作財產權，若被害人提起告訴，下列對於處罰對象的敘述，何者正確？
①僅處罰侵犯他人著作財產權之員工
②僅處罰雇用該名員工的公司
③該名員工及其雇主皆須受罰
④員工只要在從事侵犯他人著作財產權之行為前請示雇主並獲同意，便可以不受處罰。

15. ( 1 ) 受僱人於職務上所完成之發明、新型或設計，其專利申請權及專利權如未特別約定屬於下列何者？
①雇用人 ②受僱人
③雇用人所指定之自然人或法人 ④雇用人與受僱人共有。

16. ( 4 ) 任職大發公司的郝聰明，專門從事技術研發，有關研發技術的專利申請權及專利權歸屬，下列敘述何者錯誤？
①職務上所完成的發明，除契約另有約定外，專利申請權及專利權屬於大發公司
②職務上所完成的發明，雖然專利申請權及專利權屬於大發公司，但是郝聰明享有姓名表示權
③郝聰明完成非職務上的發明，應即以書面通知大發公司
④大發公司與郝聰明之雇傭契約約定，郝聰明非職務上的發明，全部屬於公司，約定有效。

17. ( 3 ) 有關著作權的敘述，下列何者錯誤？
①我們到表演場所觀看表演時，不可隨便錄音或錄影
②到攝影展上，拿相機拍攝展示的作品，分贈給朋友，是侵害著作權的行為
③網路上供人下載的免費軟體，都不受著作權法保護，所以我可以燒成大補帖光碟，再去賣給別人
④高普考試題，不受著作權法保護。

18. ( 3 ) 有關著作權的敘述，下列何者錯誤？
①撰寫碩博士論文時，在合理範圍內引用他人的著作，只要註明出處，不會構成侵害著作權
②在網路散布盜版光碟，不管有沒有營利，會構成侵害著作權
③在網路的部落格看到一篇文章很棒，只要註明出處，就可以把文章複製在自己的部落格
④將補習班老師的上課內容錄音檔，放到網路上拍賣，會構成侵害著作權。

19. ( 4 ) 有關商標權的敘述，下列何者錯誤？

①要取得商標權一定要申請商標註冊
②商標註冊後可取得 10 年商標權
③商標註冊後，3 年不使用，會被廢止商標權
④在夜市買的仿冒品，品質不好，上網拍賣，不會構成侵權。

20. ( 1 ) 有關營業秘密的敘述，下列何者錯誤？

①受雇人於非職務上研究或開發之營業秘密，仍歸雇用人所有
②營業秘密不得為質權及強制執行之標的
③營業秘密所有人得授權他人使用其營業秘密
④營業秘密得全部或部分讓與他人或與他人共有。

21. ( 1 ) 甲公司將其新開發受營業秘密法保護之技術，授權乙公司使用，下列何者錯誤？

①乙公司已獲授權，所以可以未經甲公司同意，再授權丙公司使用
②約定授權使用限於一定之地域、時間
③約定授權使用限於特定之內容、一定之使用方法
④要求被授權人乙公司在一定期間負有保密義務。

22. ( 3 ) 甲公司嚴格保密之最新配方產品大賣，下列何者侵害甲公司之營業秘密？

①鑑定人 A 因司法審理而知悉配方
②甲公司授權乙公司使用其配方
③甲公司之 B 員工擅自將配方盜賣給乙公司
④甲公司與乙公司協議共有配方。

23. ( 3 ) 故意侵害他人之營業秘密，法院因被害人之請求，最高得酌定損害額幾倍之賠償？

① 1 倍　② 2 倍　③ 3 倍　④ 4 倍。

24. ( 4 ) 受雇者因承辦業務而知悉營業秘密，在離職後對於該營業秘密的處理方式，下列敘述何者正確？

①聘雇關係解除後便不再負有保障營業秘密之責
②僅能自用而不得販售獲取利益
③自離職日起 3 年後便不再負有保障營業秘密之責
④離職後仍不得洩漏該營業秘密。

25. ( 3 ) 按照現行法律規定，侵害他人營業秘密，其法律責任為

①僅需負刑事責任
②僅需負民事損害賠償責任
③刑事責任與民事損害賠償責任皆須負擔
④刑事責任與民事損害賠償責任皆不須負擔。

26. ( 3 ) 企業內部之營業秘密，可以概分為「商業性營業秘密」及「技術性營業秘密」二大類型，請問下列何者屬於「技術性營業秘密」？

①人事管理 ②經銷據點 ③產品配方 ④客戶名單。

27. ( 3 ) 某離職同事請求在職員工將離職前所製作之某份文件傳送給他，請問下列回應方式何者正確？

①由於該項文件係由該離職員工製作，因此可以傳送文件
②若其目的僅為保留檔案備份，便可以傳送文件
③可能構成對於營業秘密之侵害，應予拒絕並請他直接向公司提出請求
④視彼此交情決定是否傳送文件。

28. ( 1 ) 行為人以竊取等不正當方法取得營業秘密，下列敘述何者正確？

①已構成犯罪
②只要後續沒有洩漏便不構成犯罪
③只要後續沒有出現使用之行為便不構成犯罪
④只要後續沒有造成所有人之損害便不構成犯罪。

29. ( 3 ) 針對在我國境內竊取營業秘密後，意圖在外國、中國大陸或港澳地區使用者，營業秘密法是否可以適用？

①無法適用
②可以適用，但若屬未遂犯則不罰
③可以適用並加重其刑
④能否適用需視該國家或地區與我國是否簽訂相互保護營業秘密之條約或協定。

30. ( 4 ) 所謂營業秘密，係指方法、技術、製程、配方、程式、設計或其他可用於生產、銷售或經營之資訊，但其保障所需符合的要件不包括下列何者？

①因其秘密性而具有實際之經濟價值者
②所有人已採取合理之保密措施者
③因其秘密性而具有潛在之經濟價值者
④一般涉及該類資訊之人所知者。

31. ( 1 ) 因故意或過失而不法侵害他人之營業秘密者，負損害賠償責任該損害賠償之請求權，自請求權人知有行為及賠償義務人時起，幾年間不行使就會消滅？

① 2 年 ② 5 年 ③ 7 年 ④ 10 年。

32. ( 1 ) 公司負責人為了要節省開銷，將員工薪資以高報低來投保全民健保及勞保，是觸犯了刑法上之何種罪刑？

①詐欺罪 ②侵占罪 ③背信罪 ④工商秘密罪。

33. ( 2 ) A 受僱於公司擔任會計，因自己的財務陷入危機，多次將公司帳款轉入妻兒戶頭，是觸犯了刑法上之何種罪刑？
①洩漏工商秘密罪　②侵占罪　③詐欺罪　④偽造文書罪。

34. ( 3 ) 某甲於公司擔任業務經理時，未依規定經董事會同意，私自與自己親友之公司訂定生意合約，會觸犯下列何種罪刑？
①侵占罪　②貪污罪　③背信罪　④詐欺罪。

35. ( 1 ) 如果你擔任公司採購的職務，親朋好友們會向你推銷自家的產品，希望你要採購時，你應該
①適時地婉拒，說明利益需要迴避的考量，請他們見諒
②既然是親朋好友，就應該互相幫忙
③建議親朋好友將產品折扣，折扣部分歸於自己，就會採購
④可以暗中地幫忙親朋好友，進行採購，不要被發現有親友關係便可。

36. ( 3 ) 小美是公司的業務經理，有一天巧遇國中同班的死黨小林，發現他是公司的下游廠商老闆。最近小美處理一件公司的招標案件，小林的公司也在其中，私下約小美見面，請求她提供這次招標案的底標，並馬上要給予幾十萬元的前謝金，請問小美該怎麼辦？
①退回錢，並告訴小林都是老朋友，一定會全力幫忙
②收下錢，將錢拿出來給單位同事們分紅
③應該堅決拒絕，並避免每次見面都與小林談論相關業務問題
④朋友一場，給他一個比較接近底標的金額，反正又不是正確的，所以沒關係。

37. ( 3 ) 公司發給每人一台平板電腦提供業務上使用，但是發現根本很少在使用，為了讓它有效的利用，所以將它拿回家給親人使用，這樣的行為是
①可以的，這樣就不用花錢買
②可以的，反正放在那裡不用它，也是浪費資源
③不可以的，因為這是公司的財產，不能私用
④不可以的，因為使用年限未到，如果年限到報廢了，便可以拿回家。

38. ( 3 ) 公司的車子，假日又沒人使用，你是鑰匙保管者，請問假日可以開出去嗎？
①可以，只要付費加油即可
②可以，反正假日不影響公務
③不可以，因為是公司的，並非私人擁有
④不可以，應該是讓公司想要使用的員工，輪流使用才可。

39. ( 4 ) 阿哲是財經線的新聞記者，某次採訪中得知A公司在一個月內將有一個大的併購案，這個併購案顯示公司的財力，且能讓A公司股價往上飆升。請問阿哲得知此消息後，可以立刻購買該公司的股票嗎？

①可以，有錢大家賺
②可以，這是我努力獲得的消息
③可以，不賺白不賺
④不可以，屬於內線消息，必須保持記者之操守，不得洩漏。

40. ( 4 ) 與公務機關接洽業務時，下列敘述何者正確？

①沒有要求公務員違背職務，花錢疏通而已，並不違法
②唆使公務機關承辦採購人員配合浮報價額，僅屬偽造文書行為
③口頭允諾行賄金額但還沒送錢，尚不構成犯罪
④與公務員同謀之共犯，即便不具公務員身分，仍可依據貪污治罪條例處刑。

41. ( 1 ) 與公務機關有業務往來構成職務利害關係者，下列敘述何者正確？

①將餽贈之財物請公務員父母代轉，該公務員亦已違反規定
②與公務機關承辦人飲宴應酬為增進基本關係的必要方法
③高級茶葉低價售予有利害關係之承辦公務員，有價購行為就不算違反法規
④機關公務員藉子女婚宴廣邀業務往來廠商之行為，並無不妥。

42. ( 4 ) 廠商某甲承攬公共工程，工程進行期間，甲與其工程人員經常招待該公共工程委辦機關之監工及驗收之公務員喝花酒或招待出國旅遊，下列敘述何者正確？

①公務員若沒有收現金，就沒有罪
②只要工程沒有問題，某甲與監工及驗收等相關公務員就沒有犯罪
③因為不是送錢，所以都沒有犯罪
④某甲與相關公務員均已涉嫌觸犯貪污治罪條例。

43. ( 1 ) 行(受)賄罪成立要素之一為具有對價關係，而作為公務員職務之對價有「賄賂」或「不正利益」，下列何者不屬於「賄賂」或「不正利益」？

①開工邀請公務員觀禮　②送百貨公司大額禮券
③免除債務　④招待吃米其林等級之高檔大餐。

44. ( 4 ) 下列有關貪腐的敘述何者錯誤？

①貪腐會危害永續發展和法治
②貪腐會破壞民主體制及價值觀
③貪腐會破壞倫理道德與正義
④貪腐有助降低企業的經營成本。

45. ( 4 ) 下列何者不是設置反貪腐專責機構須具備的必要條件？
①賦予該機構必要的獨立性
②使該機構的工作人員行使職權不會受到不當干預
③提供該機構必要的資源、專職工作人員及必要培訓
④賦予該機構的工作人員有權力可隨時逮捕貪污嫌疑人。

46. ( 2 ) 檢舉人向有偵查權機關或政風機構檢舉貪污瀆職，必須於何時為之始可能給與獎金？
①犯罪未起訴前　②犯罪未發覺前　③犯罪未遂前　④預備犯罪前。

47. ( 3 ) 檢舉人應以何種方式檢舉貪污瀆職始能核給獎金？
①匿名　②委託他人檢舉　③以真實姓名檢舉　④以他人名義檢舉。

48. ( 4 ) 我國制定何種法律以保護刑事案件之證人，使其勇於出面作證，俾利犯罪之偵查、審判？
①貪污治罪條例　②刑事訴訟法　③行政程序法　④證人保護法。

49. ( 1 ) 下列何者非屬公司對於企業社會責任實踐之原則？
①加強個人資料揭露　②維護社會公益
③發展永續環境　④落實公司治理。

50. ( 1 ) 下列何者並不屬於「職業素養」規範中的範疇？
①增進自我獲利的能力　②擁有正確的職業價值觀
③積極進取職業的知識技能　④具備良好的職業行為習慣。

51. ( 4 ) 下列何者符合專業人員的職業道德？
①未經雇主同意，於上班時間從事私人事務
②利用雇主的機具設備私自接單生產
③未經顧客同意，任意散佈或利用顧客資料
④盡力維護雇主及客戶的權益。

52. ( 4 ) 身為公司員工必須維護公司利益，下列何者是正確的工作態度或行為？
①將公司逾期的產品更改標籤
②施工時以省時、省料為獲利首要考量，不顧品質
③服務時優先考量公司的利益，顧客權益次之
④工作時謹守本分，以積極態度解決問題。

53. ( 3 ) 身為專業技術工作人士，應以何種認知及態度服務客戶？
①若客戶不瞭解，就儘量減少成本支出，抬高報價
②遇到維修問題，儘量拖過保固期
③主動告知可能碰到問題及預防方法
④隨著個人心情來提供服務的內容及品質。

54. ( 2 ) 因為工作本身需要高度專業技術及知識，所以在對客戶服務時應如何？
①不用理會顧客的意見
②保持親切、真誠、客戶至上的態度
③若價錢較低，就敷衍了事
④以專業機密為由，不用對客戶說明及解釋。

55. ( 2 ) 從事專業性工作，在與客戶約定時間應
①保持彈性，任意調整
②儘可能準時，依約定時間完成工作
③能拖就拖，能改就改
④自己方便就好，不必理會客戶的要求。

56. ( 1 ) 從事專業性工作，在服務顧客時應有的態度為何？
①選擇最安全、經濟及有效的方法完成工作
②選擇工時較長、獲利較多的方法服務客戶
③為了降低成本，可以降低安全標準
④不必顧及雇主和顧客的立場。

57. ( 4 ) 以下那一項員工的作為符合敬業精神？
①利用正常工作時間從事私人事務
②運用雇主的資源，從事個人工作
③未經雇主同意擅離工作崗位
④謹守職場紀律及禮節，尊重客戶隱私。

58. ( 3 ) 小張獲選為小孩學校的家長會長，這個月要召開會議，沒時間準備資料，所以，利用上班期間有空檔非休息時間來完成，請問是否可以？
①可以，因為不耽誤他的工作
②可以，因為他能力好，能夠同時完成很多事
③不可以，因為這是私事，不可以利用上班時間完成
④可以，只要不要被發現。

59. ( 2 ) 小吳是公司的專用司機，為了能夠隨時用車，經過公司同意，每晚都將公司的車開回家，然而，他發現反正每天上班路線，都要經過女兒學校，就順便載女兒上學，請問可以嗎？
①可以，反正順路
②不可以，這是公司的車不能私用
③可以，只要不被公司發現即可
④可以，要資源須有效使用。

60. ( 4 ) 小江是職場上的新鮮人，剛進公司不久，他應該具備怎樣的態度？
①上班、下班，管好自己便可
②仔細觀察公司生態，加入某些小團體，以做為後盾
③只要做好人脈關係，這樣以後就好辦事
④努力做好自己職掌的業務，樂於工作，與同事之間有良好的互動，相互協助。

61. ( 4 ) 在公司內部行使商務禮儀的過程，主要以參與者在公司中的何種條件來訂定順序？
①年齡 ②性別 ③社會地位 ④職位。

62. ( 1 ) 一位職場新鮮人剛進公司時，良好的工作態度是
①多觀察、多學習，了解企業文化和價值觀
②多打聽哪一個部門比較輕鬆，升遷機會較多
③多探聽哪一個公司在找人，隨時準備跳槽走人
④多遊走各部門認識同事，建立自己的小圈圈。

63. ( 1 ) 根據消除對婦女一切形式歧視公約（CEDAW），下列何者正確？
①對婦女的歧視指基於性別而作的任何區別、排斥或限制
②只關心女性在政治方面的人權和基本自由
③未要求政府需消除個人或企業對女性的歧視
④傳統習俗應予保護及傳承，即使含有歧視女性的部分，也不可以改變。

64. ( 1 ) 某規範明定地政機關進用女性測量助理名額，不得超過該機關測量助理名額總數二分之一，根據消除對婦女一切形式歧視公約（CEDAW），下列何者正確？
①限制女性測量助理人數比例，屬於直接歧視
②土地測量經常在戶外工作，基於保護女性所作的限制，不屬性別歧視
③此項二分之一規定是為促進男女比例平衡
④此限制是為確保機關業務順暢推動，並未歧視女性。

65. ( 4 ) 根據消除對婦女一切形式歧視公約（CEDAW）之間接歧視意涵，下列何者錯誤？
①一項法律、政策、方案或措施表面上對男性和女性無任何歧視，但實際上卻產生歧視女性的效果
②察覺間接歧視的一個方法，是善加利用性別統計與性別分析
③如果未正視歧視之結構和歷史模式，及忽略男女權力關係之不平等，可能使現有不平等狀況更為惡化
④不論在任何情況下，只要以相同方式對待男性和女性，就能避免間接歧視之產生。

66. ( 4 ) 下列何者不是菸害防制法之立法目的？
①防制菸害　②保護未成年免於菸害　③保護孕婦免於菸害　④促進菸品的使用。

67. ( 1 ) 按菸害防制法規定，對於在禁菸場所吸菸會被罰多少錢？
①新臺幣 2 千元至 1 萬元罰鍰　②新臺幣 1 千元至 5 千元罰鍰　③新臺幣 1 萬元至 5 萬元罰鍰　④新臺幣 2 萬元至 10 萬元罰鍰。

68. ( 3 ) 請問下列何者不是個人資料保護法所定義的個人資料？
①身分證號碼　②最高學歷　③職稱　④護照號碼。

69. ( 1 ) 有關專利權的敘述，下列何者正確？
①專利有規定保護年限，當某商品、技術的專利保護年限屆滿，任何人皆可免費運用該項專利
②我發明了某項商品，卻被他人率先申請專利權，我仍可主張擁有這項商品的專利權
③製造方法可以申請新型專利權
④在本國申請專利之商品進軍國外，不需向他國申請專利權。

70. ( 4 ) 下列何者行為會有侵害著作權的問題？
①將報導事件事實的新聞文字轉貼於自己的社群網站
②直接轉貼高普考考古題在 FACEBOOK
③以分享網址的方式轉貼資訊分享於社群網站
④將講師的授課內容錄音，複製多份分贈友人。

71. ( 1 ) 有關著作權之概念，下列何者正確？
①國外學者之著作，可受我國著作權法的保護
②公務機關所函頒之公文，受我國著作權法的保護
③著作權要待向智慧財產權申請通過後才可主張
④以傳達事實之新聞報導的語文著作，依然受著作權之保障。

72. ( 1 ) 某廠商之商標在我國已經獲准註冊，請問若希望將商品行銷販賣到國外，請問是否需在當地申請註冊才能主張商標權？
①是，因為商標權註冊採取屬地保護原則
②否，因為我國申請註冊之商標權在國外也會受到承認
③不一定，需視我國是否與商品希望行銷販賣的國家訂有相互商標承認之協定
④不一定，需視商品希望行銷販賣的國家是否為 WTO 會員國。

73. ( 1 ) 下列何者不屬於營業秘密？
①具廣告性質的不動產交易底價
②須授權取得之產品設計或開發流程圖示
③公司內部管制的各種計畫方案
④不是公開可查知的客戶名單分析資料。

74. ( 3 ) 營業秘密可分為「技術機密」與「商業機密」，下列何者屬於「商業機密」？
①程式 ②設計圖 ③商業策略 ④生產製程。

75. ( 3 ) 某甲在公務機關擔任首長，其弟弟乙是某協會的理事長，乙為舉辦協會活動，決定向甲服務的機關申請經費補助，下列有關利益衝突迴避之敘述，何者正確？
①協會是舉辦慈善活動，甲認為是好事，所以指示機關承辦人補助活動經費
②機關未經公開公平方式，私下直接對協會補助活動經費新臺幣 10 萬元
③甲應自行迴避該案審查，避免瓜田李下，防止利益衝突
④乙為順利取得補助，應該隱瞞是機關首長甲之弟弟的身分。

76. ( 3 ) 依公職人員利益衝突迴避法規定，公職人員甲與其小舅子乙（二親等以內的關係人）間，下列何種行為不違反該法？
①甲要求受其監督之機關聘用小舅子乙
②小舅子乙以請託關說之方式，請求甲之服務機關通過其名下農地變更使用申請案
③關係人乙經政府採購法公開招標程序，並主動在投標文件表明與甲的身分關係，取得甲服務機關之年度採購標案
④甲、乙兩人均自認為人公正，處事坦蕩，任何往來都是清者自清，不需擔心任何問題。

77. ( 3 ) 大雄擔任公司部門主管，代表公司向公務機關投標，為使公司順利取得標案，可以向公務機關的採購人員為以下何種行為？
①為社交禮俗需要，贈送價值昂貴的名牌手錶作為見面禮
②為與公務機關間有良好互動，招待至有女陪侍場所飲宴
③為了解招標文件內容，提出招標文件疑義並請說明
④為避免報價錯誤，要求提供底價作為參考。

78. ( 1 ) 下列關於政府採購人員之敘述，何者未違反相關規定？
①非主動向廠商求取，是偶發地收到廠商致贈價值在新臺幣 500 元以下之廣告物、促銷品、紀念品
②要求廠商提供與採購無關之額外服務
③利用職務關係向廠商借貸
④利用職務關係媒介親友至廠商處所任職。

79. ( 4 ) 下列敘述何者錯誤？

①憲法保障言論自由，但散布假新聞、假消息仍須面對法律責任
②在網路或 Line 社群網站收到假訊息，可以敘明案情並附加截圖檔，向法務部調查局檢舉
③對新聞媒體報導有意見，向國家通訊傳播委員會申訴
④自己或他人捏造、扭曲、竄改或虛構的訊息，只要一小部分能證明是真的，就不會構成假訊息。

80. ( 4 ) 下列敘述何者正確？

①公務機關委託的代檢（代驗）業者，不是公務員，不會觸犯到刑法的罪責
②賄賂或不正利益，只限於法定貨幣，給予網路遊戲幣沒有違法的問題
③在靠北公務員社群網站，覺得可受公評且匿名發文，就可以謾罵公務機關對特定案件的檢查情形
④受公務機關委託辦理案件，除履行採購契約應辦事項外，對於蒐集到的個人資料，也要遵守相關保護及保密規定。

81. ( 1 ) 有關促進參與及預防貪腐的敘述，下列何者錯誤？

①我國非聯合國會員國，無須落實聯合國反貪腐公約規定
②推動政府部門以外之個人及團體積極參與預防和打擊貪腐
③提高決策過程之透明度，並促進公眾在決策過程中發揮作用
④對公職人員訂定執行公務之行為守則或標準。

82. ( 2 ) 為建立良好之公司治理制度，公司內部宜納入何種檢舉人制度？

①告訴乃論制度
②吹哨者（whistleblower）保護程序及保護制度
③不告不理制度
④非告訴乃論制度。

83. ( 4 ) 有關公司訂定誠信經營守則時，下列何者錯誤？

①避免與涉有不誠信行為者進行交易
②防範侵害營業秘密、商標權、專利權、著作權及其他智慧財產權
③建立有效之會計制度及內部控制制度
④防範檢舉。

84. ( 1 ) 乘坐轎車時，如有司機駕駛，按照國際乘車禮儀，以司機的方位來看，首位應為

①後排右側　②前座右側　③後排左側　④後排中間。

85. ( 2 ) 今天好友突然來電，想來個「說走就走的旅行」，因此，無法去上班，下列何者作法不適當？

①發送 E-MAIL 給主管與人事部門，並收到回覆
②什麼都無需做，等公司打電話來確認後，再告知即可
③用 LINE 傳訊息給主管，並確認讀取且有回覆
④打電話給主管與人事部門請假。

86. ( 4 ) 每天下班回家後，就懶得再出門去買菜，利用上班時間瀏覽線上購物網站，發現有很多限時搶購的便宜商品，還能在下班前就可以送到公司，下班順便帶回家，省掉好多時間，下列何者最適當？

①可以，又沒離開工作崗位，且能節省時間
②可以，還能介紹同事一同團購，省更多的錢，增進同事情誼
③不可以，應該把商品寄回家，不是公司
④不可以，上班不能從事個人私務，應該等下班後再網路購物。

87. ( 4 ) 宜樺家中養了一隻貓，由於最近生病，獸醫師建議要有人一直陪牠，這樣會恢復快一點，辦公室雖然禁止攜帶寵物，但因為上班家裡無人陪伴，所以準備帶牠到辦公室一起上班，下列何者最適當？

①可以，只要我放在寵物箱，不要影響工作即可
②可以，同事們都答應也不反對
③可以，雖然貓會發出聲音，大小便有異味，只要處理好不影響工作即可
④不可以，可以送至專門機構照護或請專人照顧，以免影響工作。

88. ( 4 ) 根據性別平等工作法，下列何者非屬職場性騷擾？

①公司員工執行職務時，客戶對其講黃色笑話，該員工感覺被冒犯
②雇主對求職者要求交往，作為僱用與否之交換條件
③公司員工執行職務時，遭到同事以「女人就是沒大腦」性別歧視用語加以辱罵，該員工感覺其人格尊嚴受損
④公司員工下班後搭乘捷運，在捷運上遭到其他乘客偷拍。

89. ( 4 ) 根據性別平等工作法，下列何者非屬職場性別歧視？

①雇主考量男性賺錢養家之社會期待，提供男性高於女性之薪資
②雇主考量女性以家庭為重之社會期待，裁員時優先資遣女性
③雇主事先與員工約定倘其有懷孕之情事，必須離職
④有未滿 2 歲子女之男性員工，也可申請每日六十分鐘的哺乳時間。

90. ( 3 ) 根據性別平等工作法，有關雇主防治性騷擾之責任與罰則，下列何者錯誤？
①僱用受僱者 30 人以上者，應訂定性騷擾防治措施、申訴及懲戒規範
②雇主知悉性騷擾發生時，應採取立即有效之糾正及補救措施
③雇主違反應訂定性騷擾防治措施之規定時，處以罰鍰即可，不用公布其姓名
④雇主違反應訂定性騷擾申訴管道者，應限期令其改善，屆期未改善者，應按次處罰。

91. ( 1 ) 根據性騷擾防治法，有關性騷擾之責任與罰則，下列何者錯誤？
①對他人為性騷擾者，如果沒有造成他人財產上之損失，就無需負擔金錢賠償之責任
②對於因教育、訓練、醫療、公務、業務、求職，受自己監督、照護之人，利用權勢或機會為性騷擾者，得加重科處罰鍰至二分之一
③意圖性騷擾，乘人不及抗拒而為親吻、擁抱或觸摸其臀部、胸部或其他身體隱私處之行為者，處 2 年以下有期徒刑、拘役或科或併科 10 萬元以下罰金
④對他人為權勢性騷擾以外之性騷擾者，由直轄市、縣（市）主管機關處 1 萬元以上 10 萬元以下罰鍰。

92. ( 3 ) 根據性別平等工作法規範職場性騷擾範疇，下列何者錯誤？
①上班執行職務時，任何人以性要求、具有性意味或性別歧視之言詞或行為，造成敵意性、脅迫性或冒犯性之工作環境
②對僱用、求職或執行職務關係受自己指揮、監督之人，利用權勢或機會為性騷擾
③與朋友聚餐後回家時，被陌生人以盯梢、守候、尾隨跟蹤
④雇主對受僱者或求職者為明示或暗示之性要求、具有性意味或性別歧視之言詞或行為。

93. ( 3 ) 根據消除對婦女一切形式歧視公約（CEDAW）之直接歧視及間接歧視意涵，下列何者錯誤？
①老闆得知小黃懷孕後，故意將小黃調任薪資待遇較差的工作，意圖使其自行離開職場，小黃老闆的行為是直接歧視
②某餐廳於網路上招募外場服務生，條件以未婚年輕女性優先錄取，明顯以性或性別差異為由所實施的差別待遇，為直接歧視
③某公司員工值班注意事項排除女性員工參與夜間輪值，是考量女性有人身安全及家庭照顧等需求，為維護女性權益之措施，非直接歧視
④某科技公司規定男女員工之加班時數上限及加班費或津貼不同，認為女性能力有限，且無法長時間工作，限制女性獲取薪資及升遷機會，這規定是直接歧視。

94. ( 1 ) 目前菸害防制法規範，「不可販賣菸品」給幾歲以下的人？
① 20 ② 19 ③ 18 ④ 17。

95. ( 1 ) 按菸害防制法規定，下列敘述何者錯誤？
①只有老闆、店員才可以出面勸阻在禁菸場所抽菸的人
②任何人都可以出面勸阻在禁菸場所抽菸的人
③餐廳、旅館設置室內吸菸室，需經專業技師簽證核可
④加油站屬易燃易爆場所，任何人都可以勸阻在禁菸場所抽菸的人。

96. ( 3 ) 關於菸品對人體危害的敘述，下列何者正確？
①只要開電風扇、或是抽風機就可以去除菸霧中的有害物質
②指定菸品（如：加熱菸）只要通過健康風險評估，就不會危害健康，因此工作時如果想吸菸，就可以在職場拿出來使用
③雖然自己不吸菸，同事在旁邊吸菸，就會增加自己得肺癌的機率
④只要不將菸吸入肺部，就不會對身體造成傷害。

97. ( 4 ) 職場禁菸的好處不包括
①降低吸菸者的菸品使用量，有助於減少吸菸導致的疾病而請假
②避免同事因為被動吸菸而生病
③讓吸菸者菸癮降低，戒菸較容易成功
④吸菸者不能抽菸會影響工作效率。

98. ( 4 ) 大多數的吸菸者都嘗試過戒菸，但是很少自己戒菸成功。吸菸的同事要戒菸，怎樣建議他是無效的？
①鼓勵他撥打戒菸專線 0800-63-63-63，取得相關建議與協助
②建議他到醫療院所、社區藥局找藥物戒菸
③建議他參加醫院或衛生所辦理的戒菸班
④戒菸是自己的事，別人幫不了忙。

99. ( 2 ) 禁菸場所負責人未於場所入口處設置明顯禁菸標示，要罰該場所負責人多少元？
① 2 千至 1 萬 ② 1 萬至 5 萬 ③ 1 萬至 25 萬 ④ 20 萬至 100 萬。

100.( 3 ) 目前電子煙是非法的，下列對電子煙的敘述，何者錯誤？
①跟吸菸一樣會成癮
②會有爆炸危險
③沒有燃燒的菸草，也沒有二手煙的問題
④可能造成嚴重肺損傷。

## 90008 環境保護共同科目 不分級

## 工作項目 03：環境保護

1. （1）世界環境日是在每一年的那一日？
   ① 6 月 5 日 ② 4 月 10 日 ③ 3 月 8 日 ④ 11 月 12 日。

2. （3）2015 年巴黎協議之目的為何？
   ①避免臭氧層破壞 ②減少持久性污染物排放
   ③遏阻全球暖化趨勢 ④生物多樣性保育。

3. （3）下列何者為環境保護的正確作為？
   ①多吃肉少蔬食 ②自己開車不共乘 ③鐵馬步行 ④不隨手關燈。

4. （2）下列何種行為對生態環境會造成較大的衝擊？
   ①種植原生樹木 ②引進外來物種
   ③設立國家公園 ④設立自然保護區。

5. （2）下列哪一種飲食習慣能減碳抗暖化？
   ①多吃速食 ②多吃天然蔬果 ③多吃牛肉 ④多選擇吃到飽的餐館。

6. （1）飼主遛狗時，其狗在道路或其他公共場所便溺時，下列何者應優先負清除責任？
   ①主人 ②清潔隊 ③警察 ④土地所有權人。

7. （1）外食自備餐具是落實綠色消費的哪一項表現？
   ①重複使用 ②回收再生 ③環保選購 ④降低成本。

8. （2）再生能源一般是指可永續利用之能源，主要包括哪些：A. 化石燃料 B. 風力 C. 太陽能 D. 水力？
   ① ACD ② BCD ③ ABD ④ ABCD。

9. （4）依環境基本法第 3 條規定，基於國家長期利益，經濟、科技及社會發展均應兼顧環境保護。但如果經濟、科技及社會發展對環境有嚴重不良影響或有危害時，應以何者優先？
   ①經濟 ②科技 ③社會 ④環境。

10. （1）森林面積的減少甚至消失可能導致哪些影響：A. 水資源減少 B. 減緩全球暖化 C. 加劇全球暖化 D. 降低生物多樣性？
    ① ACD ② BCD ③ ABD ④ ABCD。

11. ( 3 ) 塑膠為海洋生態的殺手，所以政府推動「無塑海洋」政策，下列何項不是減少塑膠危害海洋生態的重要措施？
①擴大禁止免費供應塑膠袋
②禁止製造、進口及販售含塑膠柔珠的清潔用品
③定期進行海水水質監測
④淨灘、淨海。

12. ( 2 ) 違反環境保護法律或自治條例之行政法上義務，經處分機關處停工、停業處分或處新臺幣五千元以上罰鍰者，應接受下列何種講習？
①道路交通安全講習 ②環境講習 ③衛生講習 ④消防講習。

13. ( 1 ) 下列何者為環保標章？

①  ②  ③  ④ 

。

14. ( 2 ) 「聖嬰現象」是指哪一區域的溫度異常升高？
①西太平洋表層海水 ②東太平洋表層海水
③西印度洋表層海水 ④東印度洋表層海水。

15. ( 1 ) 「酸雨」定義為雨水酸鹼值達多少以下時稱之？
① 5.0 ② 6.0 ③ 7.0 ④ 8.0。

16. ( 2 ) 一般而言，水中溶氧量隨水溫之上升而呈下列哪一種趨勢？
①增加 ②減少 ③不變 ④不一定。

17. ( 4 ) 二手菸中包含多種危害人體的化學物質，甚至多種物質有致癌性，會危害到下列何者的健康？
①只對 12 歲以下孩童有影響 ②只對孕婦比較有影響
③只對 65 歲以上之民眾有影響 ④對二手菸接觸民眾皆有影響。

18. ( 2 ) 二氧化碳和其他溫室氣體含量增加是造成全球暖化的主因之一，下列何種飲食方式也能降低碳排放量，對環境保護做出貢獻：A. 少吃肉，多吃蔬菜；B. 玉米產量減少時，購買玉米罐頭食用；C. 選擇當地食材；D. 使用免洗餐具，減少清洗用水與清潔劑？
① AB ② AC ③ AD ④ ACD。

19. ( 1 ) 上下班的交通方式有很多種，其中包括：A. 騎腳踏車；B. 搭乘大眾交通工具；C. 自行開車，請將前述幾種交通方式之單位排碳量由少至多之排列方式為何？
① ABC ② ACB ③ BAC ④ CBA。

20. ( 3 ) 下列何者「不是」室內空氣污染源？
①建材 ②辦公室事務機 ③廢紙回收箱 ④油漆及塗料。

21. ( 4 ) 下列何者不是自來水消毒採用的方式？
①加入臭氧 ②加入氯氣 ③紫外線消毒 ④加入二氧化碳。

22. ( 4 ) 下列何者不是造成全球暖化的元凶？
①汽機車排放的廢氣 ②工廠所排放的廢氣
③火力發電廠所排放的廢氣 ④種植樹木。

23. ( 2 ) 下列何者不是造成臺灣水資源減少的主要因素？
①超抽地下水 ②雨水酸化 ③水庫淤積 ④濫用水資源。

24. ( 1 ) 下列何者是海洋受污染的現象？
①形成紅潮 ②形成黑潮 ③溫室效應 ④臭氧層破洞。

25. ( 2 ) 水中生化需氧量（BOD）愈高，其所代表的意義為下列何者？
①水為硬水 ②有機污染物多
③水質偏酸 ④分解污染物時不需消耗太多氧。

26. ( 1 ) 下列何者是酸雨對環境的影響？
①湖泊水質酸化 ②增加森林生長速度
③土壤肥沃 ④增加水生動物種類。

27. ( 2 ) 下列哪一項水質濃度降低會導致河川魚類大量死亡？
①氨氮 ②溶氧 ③二氧化碳 ④生化需氧量。

28. ( 1 ) 下列何種生活小習慣的改變可減少細懸浮微粒（$PM_{2.5}$）排放，共同為改善空氣品質盡一份心力？
①少吃燒烤食物 ②使用吸塵器
③養成運動習慣 ④每天喝 500cc 的水。

29. ( 4 ) 下列哪種措施不能用來降低空氣污染？
①汽機車強制定期排氣檢測 ②汰換老舊柴油車
③禁止露天燃燒稻草 ④汽機車加裝消音器。

30. ( 3 ) 大氣層中臭氧層有何作用？
①保持溫度 ②對流最旺盛的區域 ③吸收紫外線 ④造成光害。

31. ( 1 ) 小李具有乙級廢水專責人員證照，某工廠希望以高價租用證照的方式合作，請問下列何者正確？
①這是違法行為 ②互蒙其利 ③價錢合理即可 ④經環保局同意即可。

32. ( 2 ) 可藉由下列何者改善河川水質且兼具提供動植物良好棲地環境？
①運動公園 ②人工溼地 ③滯洪池 ④水庫。

33. ( 2 ) 台灣自來水之水源主要取自
①海洋的水 ②河川或水庫的水 ③綠洲的水 ④灌溉渠道的水。

34. ( 2 ) 目前市面清潔劑均會強調「無磷」，是因為含磷的清潔劑使用後，若廢水排至河川或湖泊等水域會造成甚麼影響？
①綠牡蠣 ②優養化 ③秘雕魚 ④烏腳病。

35. ( 1 ) 冰箱在廢棄回收時應特別注意哪一項物質，以避免逸散至大氣中造成臭氧層的破壞？
①冷媒 ②甲醛 ③汞 ④苯。

36. ( 1 ) 下列何者不是噪音的危害所造成的現象？
①精神很集中 ②煩躁、失眠 ③緊張、焦慮 ④工作效率低落。

37. ( 2 ) 我國移動污染源空氣污染防制費的徵收機制為何？
①依車輛里程數計費 ②隨油品銷售徵收
③依牌照徵收 ④依照排氣量徵收。

38. ( 2 ) 室內裝潢時，若不謹慎選擇建材，將會逸散出氣狀污染物。其中會刺激皮膚、眼、鼻和呼吸道，也是致癌物質，可能為下列哪一種污染物？
①臭氧 ②甲醛 ③氟氯碳化合物 ④二氧化碳。

39. ( 1 ) 高速公路旁常見農田違法焚燒稻草，其產生下列何種汙染物除了對人體健康造成不良影響外，亦會造成濃煙影響行車安全？
①懸浮微粒 ②二氧化碳（$CO_2$） ③臭氧（$O_3$） ④沼氣。

40. ( 2 ) 都市中常產生的「熱島效應」會造成何種影響？
①增加降雨 ②空氣污染物不易擴散
③空氣污染物易擴散 ④溫度降低。

41. ( 4 ) 下列何者不是藉由蚊蟲傳染的疾病？
①日本腦炎 ②瘧疾 ③登革熱 ④痢疾。

42. ( 4 ) 下列何者非屬資源回收分類項目中「廢紙類」的回收物？
①報紙 ②雜誌 ③紙袋 ④用過的衛生紙。

43. ( 1 ) 下列何者對飲用瓶裝水之形容是正確的：A. 飲用後之寶特瓶容器為地球增加了一個廢棄物；B. 運送瓶裝水時卡車會排放空氣污染物；C. 瓶裝水一定比經煮沸之自來水安全衛生？

① AB ② BC ③ AC ④ ABC。

44. ( 2 ) 下列哪一項是我們在家中常見的環境衛生用藥？

①體香劑 ②殺蟲劑 ③洗滌劑 ④乾燥劑。

45. ( 1 ) 下列何者為公告應回收的廢棄物？ A. 廢鋁箔包 B. 廢紙容器 C. 寶特瓶

① ABC ② AC ③ BC ④ C。

46. ( 4 ) 小明拿到「垃圾強制分類」的宣導海報，標語寫著「分 3 類，好 OK」，標語中的分 3 類是指家戶日常生活中產生的垃圾可以區分哪三類？

①資源垃圾、廚餘、事業廢棄物
②資源垃圾、一般廢棄物、事業廢棄物
③一般廢棄物、事業廢棄物、放射性廢棄物
④資源垃圾、廚餘、一般垃圾。

47. ( 2 ) 家裡有過期的藥品，請問這些藥品要如何處理？

①倒入馬桶沖掉 ②交由藥局回收
③繼續服用 ④送給相同疾病的朋友。

48. ( 2 ) 台灣西部海岸曾發生的綠牡蠣事件是與下列何種物質污染水體有關？

①汞 ②銅 ③磷 ④鎘。

49. ( 4 ) 在生物鏈越上端的物種其體內累積持久性有機污染物（POPs）濃度將越高，危害性也將越大，這是說明 POPs 具有下列何種特性？

①持久性 ②半揮發性 ③高毒性 ④生物累積性。

50. ( 3 ) 有關小黑蚊的敘述，下列何者為非？

①活動時間以中午十二點到下午三點為活動高峰期
②小黑蚊的幼蟲以腐植質、青苔和藻類為食
③無論雄性或雌性皆會吸食哺乳類動物血液
④多存在竹林、灌木叢、雜草叢、果園等邊緣地帶等處。

51. ( 1 ) 利用垃圾焚化廠處理垃圾的最主要優點為何？

①減少處理後的垃圾體積 ②去除垃圾中所有毒物
③減少空氣污染 ④減少處理垃圾的程序。

52. ( 3 ) 利用豬隻的排泄物當燃料發電，是屬於下列哪一種能源？

①地熱能 ②太陽能 ③生質能 ④核能。

53. ( 2 ) 每個人日常生活皆會產生垃圾，有關處理垃圾的觀念與方式，下列何者不正確？

①垃圾分類，使資源回收再利用
②所有垃圾皆掩埋處理，垃圾將會自然分解
③廚餘回收堆肥後製成肥料
④可燃性垃圾經焚化燃燒可有效減少垃圾體積。

54. ( 2 ) 防治蚊蟲最好的方法是

①使用殺蟲劑 ②清除孳生源 ③網子捕捉 ④拍打。

55. ( 1 ) 室內裝修業者承攬裝修工程，工程中所產生的廢棄物應該如何處理？

①委託合法清除機構清運 ②倒在偏遠山坡地
③河岸邊掩埋 ④交給清潔隊垃圾車。

56. ( 1 ) 若使用後的廢電池未經回收，直接廢棄所含重金屬物質曝露於環境中可能產生哪些影響？ A. 地下水污染、B. 對人體產生中毒等不良作用、C. 對生物產生重金屬累積及濃縮作用、D. 造成優養化

① ABC ② ABCD ③ ACD ④ BCD。

57. ( 3 ) 哪一種家庭廢棄物可用來作為製造肥皂的主要原料？

①食醋 ②果皮 ③回鍋油 ④熟廚餘。

58. ( 3 ) 世紀之毒「戴奧辛」主要透過何者方式進入人體？

①透過觸摸 ②透過呼吸 ③透過飲食 ④透過雨水。

59. ( 1 ) 臺灣地狹人稠，垃圾處理一直是不易解決的問題，下列何種是較佳的因應對策？

①垃圾分類資源回收 ②蓋焚化廠 ③運至國外處理 ④向海爭地掩埋。

60. ( 3 ) 購買下列哪一種商品對環境比較友善？

①用過即丟的商品 ②一次性的產品
③材質可以回收的商品 ④過度包裝的商品。

61. ( 2 ) 下列何項法規的立法目的為預防及減輕開發行為對環境造成不良影響，藉以達成環境保護之目的？

①公害糾紛處理法 ②環境影響評估法 ③環境基本法 ④環境教育法。

62. ( 4 ) 下列何種開發行為若對環境有不良影響之虞者，應實施環境影響評估？
A. 開發科學園區；B. 新建捷運工程；C. 採礦

① AB ② BC ③ AC ④ ABC。

63. ( 1 ) 主管機關審查環境影響說明書或評估書，如認為已足以判斷未對環境有重大影響之虞，作成之審查結論可能為下列何者？
①通過環境影響評估審查　②應繼續進行第二階段環境影響評估
③認定不應開發　④補充修正資料再審。

64. ( 4 ) 依環境影響評估法規定，對環境有重大影響之虞的開發行為應繼續進行第二階段環境影響評估，下列何者不是上述對環境有重大影響之虞或應進行第二階段環境影響評估的決定方式？
①明訂開發行為及規模　②環評委員會審查認定
③自願進行　④有民眾或團體抗爭。

65. ( 2 ) 依環境教育法，環境教育之戶外學習應選擇何地點辦理？
①遊樂園　②環境教育設施或場所
③森林遊樂區　④海洋世界。

66. ( 2 ) 依環境影響評估法規定，環境影響評估審查委員會審查環境影響說明書，認定下列對環境有重大影響之虞者，應繼續進行第二階段環境影響評估，下列何者非屬對環境有重大影響之虞者？
①對保育類動植物之棲息生存有顯著不利之影響
②對國家經濟有顯著不利之影響
③對國民健康有顯著不利之影響
④對其他國家之環境有顯著不利之影響。

67. ( 4 ) 依環境影響評估法規定，第二階段環境影響評估，目的事業主管機關應舉行下列何種會議？
①研討會　②聽證會　③辯論會　④公聽會。

68. ( 3 ) 開發單位申請變更環境影響說明書、評估書內容或審查結論，符合下列哪一情形，得檢附變更內容對照表辦理？
①既有設備提昇產能而污染總量增加在百分之十以下
②降低環境保護設施處理等級或效率
③環境監測計畫變更
④開發行為規模增加未超過百分之五。

69. ( 1 ) 開發單位變更原申請內容有下列哪一情形，無須就申請變更部分，重新辦理環境影響評估？
①不降低環保設施之處理等級或效率
②規模擴增百分之十以上
③對環境品質之維護有不利影響
④土地使用之變更涉及原規劃之保護區。

70. ( 2 ) 工廠或交通工具排放空氣污染物之檢查，下列何者錯誤？
①依中央主管機關規定之方法使用儀器進行檢查
②檢查人員以嗅覺進行氨氣濃度之判定
③檢查人員以嗅覺進行異味濃度之判定
④檢查人員以肉眼進行粒狀污染物不透光率之判定。

71. ( 1 ) 下列對於空氣污染物排放標準之敘述，何者正確：A. 排放標準由中央主管機關訂定；B. 所有行業之排放標準皆相同？
①僅 A ②僅 B ③ AB 皆正確 ④ AB 皆錯誤。

72. ( 2 ) 下列對於細懸浮微粒（$PM_{2.5}$）之敘述何者正確：A. 空氣品質測站中自動監測儀所測得之數值若高於空氣品質標準，即判定為不符合空氣品質標準；B. 濃度監測之標準方法為中央主管機關公告之手動檢測方法；C. 空氣品質標準之年平均值為 15 $\mu g/m^3$？
①僅 AB ②僅 BC ③僅 AC ④ ABC 皆正確。

73. ( 2 ) 機車為空氣污染物之主要排放來源之一，下列何者可降低空氣污染物之排放量：A. 將四行程機車全面汰換成二行程機車；B. 推廣電動機車；C. 降低汽油中之硫含量？
①僅 AB ②僅 BC ③僅 AC ④ ABC 皆正確。

74. ( 1 ) 公眾聚集量大且滯留時間長之場所，經公告應設置自動監測設施，其應量測之室內空氣污染物項目為何？
①二氧化碳 ②一氧化碳 ③臭氧 ④甲醛。

75. ( 3 ) 空氣污染源依排放特性分為固定污染源及移動污染源，下列何者屬於移動污染源？
①焚化廠 ②石化廠 ③機車 ④煉鋼廠。

76. ( 3 ) 我國汽機車移動污染源空氣污染防制費的徵收機制為何？
①依牌照徵收 ②隨水費徵收 ③隨油品銷售徵收 ④購車時徵收。

77. ( 4 ) 細懸浮微粒（$PM_{2.5}$）除了來自於污染源直接排放外，亦可能經由下列哪一種反應產生？
①光合作用 ②酸鹼中和 ③厭氧作用 ④光化學反應。

78. ( 4 ) 我國固定污染源空氣污染防制費以何種方式徵收？
①依營業額徵收 ②隨使用原料徵收
③按工廠面積徵收 ④依排放污染物之種類及數量徵收。

79. ( 1 ) 在不妨害水體正常用途情況下，水體所能涵容污染物之量稱為
①涵容能力 ②放流能力 ③運轉能力 ④消化能力。

80. ( 4 ) 水污染防治法中所稱地面水體不包括下列何者？
①河川 ②海洋 ③灌溉渠道 ④地下水。

81. ( 4 ) 下列何者不是主管機關設置水質監測站採樣的項目？
①水溫 ②氫離子濃度指數 ③溶氧量 ④顏色。

82. ( 1 ) 事業、污水下水道系統及建築物污水處理設施之廢（污）水處理，其產生之污泥，依規定應作何處理？
①應妥善處理，不得任意放置或棄置
②可作為農業肥料
③可作為建築土方
④得交由清潔隊處理。

83. ( 2 ) 依水污染防治法，事業排放廢（污）水於地面水體者，應符合下列哪一標準之規定？
①下水水質標準 ②放流水標準
③水體分類水質標準 ④土壤處理標準。

84. ( 3 ) 放流水標準，依水污染防治法應由何機關定之：A. 中央主管機關；B. 中央主管機關會同相關目的事業主管機關；C. 中央主管機關會商相關目的事業主管機關？
①僅 A ②僅 B ③僅 C ④ ABC。

85. ( 1 ) 對於噪音之量測，下列何者錯誤？
①可於下雨時測量
②風速大於每秒 5 公尺時不可量測
③聲音感應器應置於離地面或樓板延伸線 1.2 至 1.5 公尺之間
④測量低頻噪音時，僅限於室內地點測量，非於戶外量測。

86. ( 4 ) 下列對於噪音管制法之規定，何者敘述錯誤？
①噪音指超過管制標準之聲音
②環保局得視噪音狀況劃定公告噪音管制區
③人民得向主管機關檢舉使用中機動車輛噪音妨害安寧情形
④使用經校正合格之噪音計皆可執行噪音管制法規定之檢驗測定。

87. ( 1 ) 製造非持續性但卻妨害安寧之聲音者，由下列何單位依法進行處理？
①警察局 ②環保局 ③社會局 ④消防局。

88. ( 1 ) 廢棄物、剩餘土石方清除機具應隨車持有證明文件且應載明廢棄物、剩餘土石方之：A 產生源；B 處理地點；C 清除公司

①僅 AB ②僅 BC ③僅 AC ④ ABC 皆是。

89. ( 1 ) 從事廢棄物清除、處理業務者，應向直轄市、縣（市）主管機關或中央主管機關委託之機關取得何種文件後，始得受託清除、處理廢棄物業務？

①公民營廢棄物清除處理機構許可文件
②運輸車輛駕駛證明
③運輸車輛購買證明
④公司財務證明。

90. ( 4 ) 在何種情形下，禁止輸入事業廢棄物：A. 對國內廢棄物處理有妨礙；B. 可直接固化處理、掩埋、焚化或海拋；C. 於國內無法妥善清理？

①僅 A ②僅 B ③僅 C ④ ABC。

91. ( 4 ) 毒性化學物質因洩漏、化學反應或其他突發事故而污染運作場所周界外之環境，運作人應立即採取緊急防治措施，並至遲於多久時間內，報知直轄市、縣（市）主管機關？

① 1 小時 ② 2 小時 ③ 4 小時 ④ 30 分鐘。

92. ( 4 ) 下列何種物質或物品，受毒性及關注化學物質管理法之管制？

①製造醫藥之靈丹 ②製造農藥之蓋普丹
③含汞之日光燈 ④使用青石綿製造石綿瓦。

93. ( 4 ) 下列何行為不是土壤及地下水污染整治法所指污染行為人之作為？

①洩漏或棄置污染物
②非法排放或灌注污染物
③仲介或容許洩漏、棄置、非法排放或灌注污染物
④依法令規定清理污染物。

94. ( 1 ) 依土壤及地下水污染整治法規定，進行土壤、底泥及地下水污染調查、整治及提供、檢具土壤及地下水污染檢測資料時，其土壤、底泥及地下水污染物檢驗測定，應委託何單位辦理？

①經中央主管機關許可之檢測機構 ②大專院校
③政府機關 ④自行檢驗。

95. ( 3 ) 為解決環境保護與經濟發展的衝突與矛盾，1992 年聯合國環境發展大會（UN Conference on Environment and Development, UNCED）制定通過：

①日內瓦公約 ②蒙特婁公約 ③ 21 世紀議程 ④京都議定書。

96. ( 1 ) 一般而言，下列哪一個防治策略是屬經濟誘因策略？
①可轉換排放許可交易 ②許可證制度
③放流水標準 ④環境品質標準。

97. ( 1 ) 對溫室氣體管制之「無悔政策」係指
①減輕溫室氣體效應之同時，仍可獲致社會效益
②全世界各國同時進行溫室氣體減量
③各類溫室氣體均有相同之減量邊際成本
④持續研究溫室氣體對全球氣候變遷之科學證據。

98. ( 3 ) 一般家庭垃圾在進行衛生掩埋後，會經由細菌的分解而產生甲烷氣體，有關甲烷氣體對大氣危機中哪一種效應具有影響力？
①臭氧層破壞 ②酸雨 ③溫室效應 ④煙霧(smog)效應。

99. ( 1 ) 下列國際環保公約，何者限制各國進行野生動植物交易，以保護瀕臨絕種的野生動植物？
①華盛頓公約 ②巴塞爾公約 ③蒙特婁議定書 ④氣候變化綱要公約。

100.( 2 ) 因人類活動導致哪些營養物過量排入海洋，造成沿海赤潮頻繁發生，破壞了紅樹林、珊瑚礁、海草，亦使魚蝦銳減，漁業損失慘重？
①碳及磷 ②氮及磷 ③氮及氯 ④氯及鎂。

# 90009 節能減碳共同科目 不分級

## 工作項目 04：節能減碳

1. ( 1 ) 依經濟部能源署「指定能源用戶應遵行之節約能源規定」，在正常使用條件下，公眾出入之場所其室內冷氣溫度平均值不得低於攝氏幾度？
① 26 ② 25 ③ 24 ④ 22。

2. ( 2 ) 下列何者為節能標章？

3. ( 4 ) 下列產業中耗能佔比最大的產業為
①服務業 ②公用事業 ③農林漁牧業 ④能源密集產業。

4. ( 1 ) 下列何者「不是」節省能源的做法？
①電冰箱溫度長時間設定在強冷或急冷
②影印機當 15 分鐘無人使用時，自動進入省電模式
③電視機勿背著窗戶，並避免太陽直射
④短程不開汽車，以儘量搭乘公車、騎單車或步行為宜。

5. ( 3 ) 經濟部能源署的能源效率標示中，電冰箱分為幾個等級？
① 1 ② 3 ③ 5 ④ 7。

6. ( 2 ) 溫室氣體排放量：指自排放源排出之各種溫室氣體量乘以各該物質溫暖化潛勢所得之合計量，以
①氧化亞氮（$N_2O$） ②二氧化碳（$CO_2$）
③甲烷（$CH_4$） ④六氟化硫（$SF_6$）當量表示。

7. ( 3 ) 根據氣候變遷因應法，國家溫室氣體長期減量目標於中華民國幾年達成溫室氣體淨零排放？
① 119 ② 129 ③ 139 ④ 149。

8. ( 2 ) 氣候變遷因應法所稱主管機關，在中央為下列何單位？
①經濟部能源署 ②環境部 ③國家發展委員會 ④衛生福利部。

9. ( 3 ) 氣候變遷因應法中所稱：一單位之排放額度相當於允許排放多少的二氧化碳當量
① 1 公斤 ② 1 立方米 ③ 1 公噸 ④ 1 公升。

10. ( 3 ) 下列何者「不是」全球暖化帶來的影響?
①洪水 ②熱浪 ③地震 ④旱災。

11. ( 1 ) 下列何種方法無法減少二氧化碳?
①想吃多少儘量點,剩下可當廚餘回收
②選購當地、當季食材,減少運輸碳足跡
③多吃蔬菜,少吃肉
④自備杯筷,減少免洗用具垃圾量。

12. ( 3 ) 下列何者不會減少溫室氣體的排放?
①減少使用煤、石油等化石燃料 ②大量植樹造林,禁止亂砍亂伐
③增高燃煤氣體排放的煙囪 ④開發太陽能、水能等新能源。

13. ( 4 ) 關於綠色採購的敘述,下列何者錯誤?
①採購由回收材料所製造之物品
②採購的產品對環境及人類健康有最小的傷害性
③選購對環境傷害較少、污染程度較低的產品
④以精美包裝為主要首選。

14. ( 1 ) 一旦大氣中的二氧化碳含量增加,會引起那一種後果?
①溫室效應惡化 ②臭氧層破洞 ③冰期來臨 ④海平面下降。

15. ( 3 ) 關於建築中常用的金屬玻璃帷幕牆,下列敘述何者正確?
①玻璃帷幕牆的使用能節省室內空調使用
②玻璃帷幕牆適用於臺灣,讓夏天的室內產生溫暖的感覺
③在溫度高的國家,建築物使用金屬玻璃帷幕會造成日照輻射熱,產生室內「溫室效應」
④臺灣的氣候濕熱,特別適合在大樓以金屬玻璃帷幕作為建材。

16. ( 4 ) 下列何者不是能源之類型?
①電力 ②壓縮空氣 ③蒸汽 ④熱傳。

17. ( 1 ) 我國已制定能源管理系統標準為
① CNS 50001 ② CNS 12681 ③ CNS 14001 ④ CNS 22000。

18. ( 4 ) 台灣電力股份有限公司所謂的三段式時間電價於夏月平日(非週六日)之尖峰用電時段為何?
① 9:00~16:00 ② 9:00~24:00
③ 6:00~11:00 ④ 16:00~22:00。

19. ( 1 ) 基於節能減碳的目標,下列何種光源發光效率最低,不鼓勵使用?
①白熾燈泡 ② LED 燈泡 ③省電燈泡 ④螢光燈管。

20. ( 1 ) 下列的能源效率分級標示，哪一項較省電？
①1 ②2 ③3 ④4。

21. ( 4 ) 下列何者「不是」目前台灣主要的發電方式？
①燃煤 ②燃氣 ③水力 ④地熱。

22. ( 2 ) 有關延長線及電線的使用，下列敘述何者錯誤？
①拔下延長線插頭時，應手握插頭取下
②使用中之延長線如有異味產生，屬正常現象不須理會
③應避開火源，以免外覆塑膠熔解，致使用時造成短路
④使用老舊之延長線，容易造成短路、漏電或觸電等危險情形，應立即更換。

23. ( 1 ) 有關觸電的處理方式，下列敘述何者錯誤？
①立即將觸電者拉離現場 ②把電源開關關閉
③通知救護人員 ④使用絕緣的裝備來移除電源。

24. ( 2 ) 目前電費單中，係以「度」為收費依據，請問下列何者為其單位？
① kW ② kWh ③ kJ ④ kJh。

25. ( 4 ) 依據台灣電力公司三段式時間電價（尖峰、半尖峰及離峰時段）的規定，請問哪個時段電價最便宜？
①尖峰時段 ②夏月半尖峰時段 ③非夏月半尖峰時段 ④離峰時段。

26. ( 2 ) 當用電設備遭遇電源不足或輸配電設備受限制時，導致用戶暫停或減少用電的情形，常以下列何者名稱出現？
①停電 ②限電 ③斷電 ④配電。

27. ( 2 ) 照明控制可以達到節能與省電費的好處，下列何種方法最適合一般住宅社區兼顧節能、經濟性與實際照明需求？
①加裝 DALI 全自動控制系統
②走廊與地下停車場選用紅外線感應控制電燈
③全面調低照明需求
④晚上關閉所有公共區域的照明。

28. ( 2 ) 上班性質的商辦大樓為了降低尖峰時段用電，下列何者是錯的？
①使用儲冰式空調系統減少白天空調用電需求
②白天有陽光照明，所以白天可以將照明設備全關掉
③汰換老舊電梯馬達並使用變頻控制
④電梯設定隔層停止控制，減少頻繁啟動。

29. ( 2 ) 為了節能與降低電費的需求，應該如何正確選用家電產品？
①選用高功率的產品效率較高
②優先選用取得節能標章的產品
③設備沒有壞，還是堪用，繼續用，不會增加支出
④選用能效分級數字較高的產品，效率較高，5 級的比 1 級的電器產品更省電。

30. ( 3 ) 有效而正確的節能從選購產品開始，就一般而言，下列的因素中，何者是選購電氣設備的最優先考量項目？
①用電量消耗電功率是多少瓦攸關電費支出，用電量小的優先
②採購價格比較，便宜優先
③安全第一，一定要通過安規檢驗合格
④名人或演藝明星推薦，應該口碑較好。

31. ( 3 ) 高效率燈具如果要降低眩光的不舒服，下列何者與降低刺眼眩光影響無關？
①光源下方加裝擴散板或擴散膜 ②燈具的遮光板
③光源的色溫 ④採用間接照明。

32. ( 4 ) 用電熱爐煮火鍋，採用中溫 50% 加熱，比用高溫 100% 加熱，將同一鍋水煮開，下列何者是對的？
①中溫 50% 加熱比較省電 ②高溫 100% 加熱比較省電
③中溫 50% 加熱，電流反而比較大 ④兩種方式用電量是一樣的。

33. ( 2 ) 電力公司為降低尖峰負載時段超載的停電風險，將尖峰時段電價費率 ( 每度電單價 ) 提高，離峰時段的費率降低，引導用戶轉移部分負載至離峰時段，這種電能管理策略稱為
①需量競價 ②時間電價 ③可停電力 ④表燈用戶彈性電價。

34. ( 2 ) 集合式住宅的地下停車場需要維持通風良好的空氣品質，又要兼顧節能效益，下列的排風扇控制方式何者是不恰當的？
①淘汰老舊排風扇，改裝取得節能標章、適當容量的高效率風扇
②兩天一次運轉通風扇就好了
③結合一氧化碳偵測器，自動啟動 / 停止控制
④設定每天早晚二次定期啟動排風扇。

35. ( 2 ) 大樓電梯為了節能及生活便利需求，可設定部分控制功能，下列何者是錯誤或不正確的做法？
①加感應開關，無人時自動關閉電燈與通風扇
②縮短每次開門 / 關門的時間
③電梯設定隔樓層停靠，減少頻繁啟動
④電梯馬達加裝變頻控制。

36. ( 4 ) 為了節能及兼顧冰箱的保溫效果，下列何者是錯誤或不正確的做法？

①冰箱內上下層間不要塞滿，以利冷藏對流
②食物存放位置紀錄清楚，一次拿齊食物，減少開門次數
③冰箱門的密封壓條如果鬆弛，無法緊密關門，應儘速更新修復
④冰箱內食物擺滿塞滿，效益最高。

37. ( 2 ) 電鍋剩飯持續保溫至隔天再食用，或剩飯先放冰箱冷藏，隔天用微波爐加熱，就加熱及節能觀點來評比，下列何者是對的？

①持續保溫較省電
②微波爐再加熱比較省電又方便
③兩者一樣
④優先選電鍋保溫方式，因為馬上就可以吃。

38. ( 2 ) 不斷電系統 UPS 與緊急發電機的裝置都是應付臨時性供電狀況；停電時，下列的陳述何者是對的？

①緊急發電機會先啟動，不斷電系統 UPS 是後備的
②不斷電系統 UPS 先啟動，緊急發電機是後備的
③兩者同時啟動
④不斷電系統 UPS 可以撐比較久。

39. ( 2 ) 下列何者為非再生能源？

①地熱能　②焦煤　③太陽能　④水力能。

40. ( 1 ) 欲兼顧採光及降低經由玻璃部分侵入之熱負載，下列的改善方法何者錯誤？

①加裝深色窗簾　②裝設百葉窗
③換裝雙層玻璃　④貼隔熱反射膠片。

41. ( 3 ) 一般桶裝瓦斯（液化石油氣）主要成分為丁烷與下列何種成分所組成？

①甲烷　②乙烷　③丙烷　④辛烷。

42. ( 1 ) 在正常操作，且提供相同暖氣之情形下，下列何種暖氣設備之能源效率最高？

①冷暖氣機　②電熱風扇　③電熱輻射機　④電暖爐。

43. ( 4 ) 下列何種熱水器所需能源費用最少？

①電熱水器　②天然瓦斯熱水器
③柴油鍋爐熱水器　④熱泵熱水器。

44. ( 4 ) 某公司希望能進行節能減碳，為地球盡點心力，以下何種作為並不恰當？
①將採購規定列入以下文字：「汰換設備時首先考慮能源效率 1 級或具有節能標章之產品」
②盤查所有能源使用設備
③實行能源管理
④為考慮經營成本，汰換設備時採買最便宜的機種。

45. ( 2 ) 冷氣外洩會造成能源之浪費，下列的入門設施與管理何者最耗能？
①全開式有氣簾 ②全開式無氣簾 ③自動門有氣簾 ④自動門無氣簾。

46. ( 4 ) 下列何者「不是」潔淨能源？
①風能 ②地熱 ③太陽能 ④頁岩氣。

47. ( 2 ) 有關再生能源中的風力、太陽能的使用特性中，下列敘述中何者錯誤？
①間歇性能源，供應不穩定 ②不易受天氣影響
③需較大的土地面積 ④設置成本較高。

48. ( 3 ) 有關台灣能源發展所面臨的挑戰，下列選項何者是錯誤的？
①進口能源依存度高，能源安全易受國際影響
②化石能源所占比例高，溫室氣體減量壓力大
③自產能源充足，不需仰賴進口
④能源密集度較先進國家仍有改善空間。

49. ( 3 ) 若發生瓦斯外洩之情形，下列處理方法中錯誤的是？
①應先關閉瓦斯爐或熱水器等開關
②緩慢地打開門窗，讓瓦斯自然飄散
③開啟電風扇，加強空氣流動
④在漏氣止住前，應保持警戒，嚴禁煙火。

50. ( 1 ) 全球暖化潛勢(Global Warming Potential, GWP)是衡量溫室氣體對全球暖化的影響，其中是以何者為比較基準？
① $CO_2$ ② CH4 ③ $SF_6$ ④ $N_2O$。

51. ( 4 ) 有關建築之外殼節能設計，下列敘述中錯誤的是？
①開窗區域設置遮陽設備
②大開窗面避免設置於東西日曬方位
③做好屋頂隔熱設施
④宜採用全面玻璃造型設計，以利自然採光。

52. ( 1 ) 下列何者燈泡的發光效率最高？
① LED 燈泡 ②省電燈泡 ③白熾燈泡 ④鹵素燈泡。

53. ( 4 ) 有關吹風機使用注意事項，下列敘述中錯誤的是？
①請勿在潮濕的地方使用，以免觸電危險
②應保持吹風機進、出風口之空氣流通，以免造成過熱
③應避免長時間使用，使用時應保持適當的距離
④可用來作為烘乾棉被及床單等用途。

54. ( 2 ) 下列何者是造成聖嬰現象發生的主要原因？
①臭氧層破洞 ②溫室效應 ③霧霾 ④颱風。

55. ( 4 ) 為了避免漏電而危害生命安全，下列「不正確」的做法是？
①做好用電設備金屬外殼的接地
②有濕氣的用電場合，線路加裝漏電斷路器
③加強定期的漏電檢查及維護
④使用保險絲來防止漏電的危險性。

56. ( 1 ) 用電設備的線路保護用電力熔絲（保險絲）經常燒斷，造成停電的不便，下列「不正確」的作法是？
①換大一級或大兩級規格的保險絲或斷路器就不會燒斷了
②減少線路連接的電氣設備，降低用電量
③重新設計線路，改較粗的導線或用兩迴路並聯
④提高用電設備的功率因數。

57. ( 2 ) 政府為推廣節能設備而補助民眾汰換老舊設備，下列何者的節電效益最佳？
①將桌上檯燈光源由螢光燈換為 LED 燈
②優先淘汰 10 年以上的老舊冷氣機為能源效率標示分級中之一級冷氣機
③汰換電風扇，改裝設能源效率標示分級為一級的冷氣機
④因為經費有限，選擇便宜的產品比較重要。

58. ( 1 ) 依據我國現行國家標準規定，冷氣機的冷氣能力標示應以何種單位表示？
① kW ② BTU/h ③ kcal/h ④ RT。

59. ( 1 ) 漏電影響節電成效，並且影響用電安全，簡易的查修方法為
①電氣材料行買支驗電起子，碰觸電氣設備的外殼，就可查出漏電與否
②用手碰觸就可以知道有無漏電
③用三用電表檢查
④看電費單有無紀錄。

60. ( 2 ) 使用了10幾年的通風換氣扇老舊又骯髒，噪音又大，維修時採取下列哪一種對策最為正確及節能？

①定期拆下來清洗油垢
②不必再猶豫，10 年以上的電扇效率偏低，直接換為高效率通風扇
③直接噴沙拉脫清潔劑就可以了，省錢又方便
④高效率通風扇較貴，換同機型的廠內備用品就好了。

61. ( 3 ) 電氣設備維修時，在關掉電源後，最好停留 1 至 5 分鐘才開始檢修，其主要的理由為下列何者？

①先平靜心情，做好準備才動手
②讓機器設備降溫下來再查修
③讓裡面的電容器有時間放電完畢，才安全
④法規沒有規定，這完全沒有必要。

62. ( 1 ) 電氣設備裝設於有潮濕水氣的環境時，最應該優先檢查及確認的措施是？

①有無在線路上裝設漏電斷路器　②電氣設備上有無安全保險絲
③有無過載及過熱保護設備　④有無可能傾倒及生鏽。

63. ( 1 ) 為保持中央空調主機效率，最好每隔多久時間應請維護廠商或保養人員檢視中央空調主機？

①半年　② 1 年　③ 1.5 年　④ 2 年。

64. ( 1 ) 家庭用電最大宗來自於

①空調及照明　②電腦　③電視　④吹風機。

65. ( 2 ) 冷氣房內為減少日照高溫及降低空調負載，下列何種處理方式是錯誤的？

①窗戶裝設窗簾或貼隔熱紙
②將窗戶或門開啟，讓屋內外空氣自然對流
③屋頂加裝隔熱材、高反射率塗料或噴水
④於屋頂進行薄層綠化。

66. ( 2 ) 有關電冰箱放置位置的處理方式，下列何者是正確的？

①背後緊貼牆壁節省空間
②背後距離牆壁應有 10 公分以上空間，以利散熱
③室內空間有限，側面緊貼牆壁就可以了
④冰箱最好貼近流理台，以便存取食材。

67. ( 2 ) 下列何項「不是」照明節能改善需優先考量之因素？

①照明方式是否適當　②燈具之外型是否美觀
③照明之品質是否適當　④照度是否適當。

68. ( 2 ) 醫院、飯店或宿舍之熱水系統耗能大，要設置熱水系統時，應優先選用何種熱水系統較節能？
①電能熱水系統 ②熱泵熱水系統 ③瓦斯熱水系統 ④重油熱水系統。

69. ( 4 ) 如右圖，你知道這是什麼標章嗎？
①省水標章 ②環保標章 ③奈米標章 ④能源效率標示。

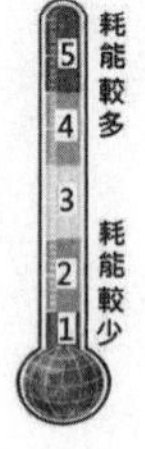


70. ( 3 ) 台灣電力公司電價表所指的夏月用電月份(電價比其他月份高)是為
① 4/1~7/31 ② 5/1~8/31 ③ 6/1~9/30 ④ 7/1~10/31。

71. ( 1 ) 屋頂隔熱可有效降低空調用電，下列何項措施較不適當？
①屋頂儲水隔熱
②屋頂綠化
③於適當位置設置太陽能板發電同時加以隔熱
④鋪設隔熱磚。

72. ( 1 ) 電腦機房使用時間長、耗電量大，下列何項措施對電腦機房之用電管理較不適當？
①機房設定較低之溫度 ②設置冷熱通道
③使用較高效率之空調設備 ④使用新型高效能電腦設備。

73. ( 3 ) 下列有關省水標章的敘述中正確的是？
①省水標章是環境部為推動使用節水器材，特別研定以作為消費者辨識省水產品的一種標誌
②獲得省水標章的產品並無嚴格測試，所以對消費者並無一定的保障
③省水標章能激勵廠商重視省水產品的研發與製造，進而達到推廣節水良性循環之目的
④省水標章除有用水設備外，亦可使用於冷氣或冰箱上。

74. ( 2 ) 透過淋浴習慣的改變就可以節約用水，以下選項何者正確？
①淋浴時抹肥皂，無需將蓮蓬頭暫時關上
②等待熱水前流出的冷水可以用水桶接起來再利用
③淋浴流下的水不可以刷洗浴室地板
④淋浴沖澡流下的水，可以儲蓄洗菜使用。

75. ( 1 ) 家人洗澡時，一個接一個連續洗，也是一種有效的省水方式嗎？
①是，因為可以節省等待熱水流出之前所先流失的冷水
②否，這跟省水沒什麼關係，不用這麼麻煩
③否，因為等熱水時流出的水量不多
④有可能省水也可能不省水，無法定論。

76. ( 2 ) 下列何種方式有助於節省洗衣機的用水量？
①洗衣機洗滌的衣物盡量裝滿，一次洗完
②購買洗衣機時選購有省水標章的洗衣機，可有效節約用水
③無需將衣物適當分類
④洗濯衣物時盡量選擇高水位才洗的乾淨。

77. ( 3 ) 如果水龍頭流量過大，下列何種處理方式是錯誤的？
①加裝節水墊片或起波器
②加裝可自動關閉水龍頭的自動感應器
③直接換裝沒有省水標章的水龍頭
④直接調整水龍頭到適當水量。

78. ( 4 ) 洗菜水、洗碗水、洗衣水、洗澡水等的清洗水，不可直接利用來做什麼用途？
①洗地板 ②沖馬桶 ③澆花 ④飲用水。

79. ( 1 ) 如果馬桶有不正常的漏水問題，下列何者處理方式是錯誤的？
①因為馬桶還能正常使用，所以不用著急，等到不能用時再報修即可
②立刻檢查馬桶水箱零件有無鬆脫，並確認有無漏水
③滴幾滴食用色素到水箱裡，檢查有無有色水流進馬桶，代表可能有漏水
④通知水電行或檢修人員來檢修，徹底根絕漏水問題。

80. ( 3 ) 水費的計量單位是「度」，你知道一度水的容量大約有多少？
① 2,000 公升 ② 3000 個 600cc 的寶特瓶
③ 1 立方公尺的水量 ④ 3 立方公尺的水量。

81. ( 3 ) 臺灣在一年中什麼時期會比較缺水(即枯水期)？
① 6 月至 9 月 ② 9 月至 12 月 ③ 11 月至次年 4 月 ④臺灣全年不缺水。

82. ( 4 ) 下列何種現象「不是」直接造成台灣缺水的原因？
①降雨季節分佈不平均，有時候連續好幾個月不下雨，有時又會下起豪大雨
②地形山高坡陡，所以雨一下很快就會流入大海
③因為民生與工商業用水需求量都愈來愈大，所以缺水季節很容易無水可用
④台灣地區夏天過熱，致蒸發量過大。

83. ( 3 ) 冷凍食品該如何讓它退冰，才是既「節能」又「省水」？
①直接用水沖食物強迫退冰
②使用微波爐解凍快速又方便
③烹煮前盡早拿出來放置退冰
④用熱水浸泡，每 5 分鐘更換一次。

84. ( 2 ) 洗碗、洗菜用何種方式可以達到清洗又省水的效果？
①對著水龍頭直接沖洗，且要盡量將水龍頭開大才能確保洗的乾淨
②將適量的水放在盆槽內洗濯，以減少用水
③把碗盤、菜等浸在水盆裡，再開水龍頭拼命沖水
④用熱水及冷水大量交叉沖洗達到最佳清洗效果。

85. ( 4 ) 解決台灣水荒（缺水）問題的無效對策是
①興建水庫、蓄洪（豐）濟枯　②全面節約用水
③水資源重複利用，海水淡化…等　④積極推動全民體育運動。

86. ( 3 ) 如下圖，你知道這是什麼標章嗎？

①奈米標章　②環保標章　③省水標章　④節能標章。

87. ( 3 ) 澆花的時間何時較為適當，水分不易蒸發又對植物最好？
①正中午　②下午時段　③清晨或傍晚　④半夜十二點。

88. ( 3 ) 下列何種方式沒有辦法降低洗衣機之使用水量，所以不建議採用？
①使用低水位清洗
②選擇快洗行程
③兩、三件衣服也丟洗衣機洗
④選擇有自動調節水量的洗衣機。

89. ( 3 ) 有關省水馬桶的使用方式與觀念認知，下列何者是錯誤的？
①選用衛浴設備時最好能採用省水標章馬桶
②如果家裡的馬桶是傳統舊式，可以加裝二段式沖水配件
③省水馬桶因為水量較小，會有沖不乾淨的問題，所以應該多沖幾次
④因為馬桶是家裡用水的大宗，所以應該儘量採用省水馬桶來節約用水。

90. ( 3 ) 下列的洗車方式，何者「無法」節約用水？
①使用有開關的水管可以隨時控制出水
②用水桶及海綿抹布擦洗
③用大口徑強力水注沖洗
④利用機械自動洗車，洗車水處理循環使用。

91. ( 1 ) 下列何種現象「無法」看出家裡有漏水的問題？

①水龍頭打開使用時，水表的指針持續在轉動
②牆面、地面或天花板忽然出現潮濕的現象
③馬桶裡的水常在晃動，或是沒辦法止水
④水費有大幅度增加。

92. ( 2 ) 蓮蓬頭出水量過大時，下列對策何者「無法」達到省水？

①換裝有省水標章的低流量（5~10L/min）蓮蓬頭
②淋浴時水量開大，無需改變使用方法
③洗澡時間盡量縮短，塗抹肥皂時要把蓮蓬頭關起來
④調整熱水器水量到適中位置。

93. ( 4 ) 自來水淨水步驟，何者是錯誤的？

①混凝 ②沉澱 ③過濾 ④煮沸。

94. ( 1 ) 為了取得良好的水資源，通常在河川的哪一段興建水庫？

①上游 ②中游 ③下游 ④下游出口。

95. ( 4 ) 台灣是屬缺水地區，每人每年實際分配到可利用水量是世界平均值的約多少？

① 1/2 ② 1/4 ③ 1/5 ④ 1/6。

96. ( 3 ) 台灣年降雨量是世界平均值的 2.6 倍，卻仍屬缺水地區，下列何者不是真正缺水的原因？

①台灣由於山坡陡峻，以及颱風豪雨雨勢急促，大部分的降雨量皆迅速流入海洋
②降雨量在地域、季節分佈極不平均
③水庫蓋得太少
④台灣自來水水價過於便宜。

97. ( 3 ) 電源插座堆積灰塵可能引起電氣意外火災，維護保養時的正確做法是？

①可以先用刷子刷去積塵
②直接用吹風機吹開灰塵就可以了
③應先關閉電源總開關箱內控制該插座的分路開關，然後再清理灰塵
④可以用金屬接點清潔劑噴在插座中去除銹蝕。

98. ( 4 ) 溫室氣體易造成全球氣候變遷的影響，下列何者不屬於溫室氣體？

①二氧化碳（$CO_2$） ②氫氟碳化物（HFCs）
③甲烷（$CH_4$） ④氧氣（$O_2$）。

99. ( 4 ) 就能源管理系統而言，下列何者不是能源效率的表示方式？
①汽車－公里 / 公升
②照明系統－瓦特 / 平方公尺（$W/m^2$）
③冰水主機－千瓦 / 冷凍噸（kW/RT）
④冰水主機－千瓦（kW）。

100.1(3 ) 某工廠規劃汰換老舊低效率設備，以下何種做法並不恰當？
①可考慮使用較高效率設備產品
②先針對老舊設備建立其「能源指標」或「能源基線」
③唯恐一直浪費能源，未經評估就馬上將老舊設備汰換掉
④改善後需進行能源績效評估。

chapter

# 術科重點暨試題解析

特別說明

術科題解中後加註之【　　】文字或提示，為法規之關鍵字及觀念，是作者群為使讀者較容易記憶、聯想及破題，因此標註其中，以利讀者參考運用。

# 5-1 職業安全衛生相關法規

## 壹、職業安全衛生法及勞動檢查法

### 本節提要及趨勢

一、102 年職業安全衛生法修法重點：

1. 擴大適用對象，並及於所有勞動場所。
2. 增訂一般責任條款。
3. 建構機械、設備源頭管理機制。
4. 建構化學品源頭管理機制。
5. 健全職業病預防體系 ( 化學品健康危害評估及分級管理制度 , CCB) 。
6. 強化勞工身心健康保護 ( 新興疾病預防、50 人以上事業勞工健康服務制度等 )。
7. 健全母性及少年勞工之健康保護措施 ( 母性保護兼顧就業平等權 ) 。
8. 強化高風險事業之定期製程安全評估監督機制。
9. 賦予勞工立即危險得緊急退避及勞工代表會同職災調查等基本權利。
10. 增訂職業安全衛生顧問服務、補助與獎助及跨機關合作等職業安全衛生文化促進規定。
11. 提高罰則一倍。

二、113 年 11 月 7 日公布之職業安全衛生法草案修法重點 ( 有可能會考新舊法的修法差異 )：

1. 增列申報登錄機械、設備及器具之查驗管理機制，並要求製造者及輸入者應依指定格式建立與保存產銷資料。( 修正條文第 9 條 )
2. 事業單位將其一定規模以上營造工程交付規劃設計及施工時，應分別使規劃設計者及施工者於事前，依工程特性分析潛在危害，並採取預防作為及編列安衛費用。( 修正條文第 15-1 條 )
3. 配合勞工健康保護事項之推動尚包含心理師等其他相關專業人員，將僱用或特約醫護人員修正為勞工健康服務人員或委託勞工健康服務專業機構，並增列勞工健康服務人員應辦理事項。( 修正條文第 22 條 )
4. 勞工操作經中央主管機關指定之其他特定機械，雇主應僱用經中央主管機關認可之訓練或經技能檢定之合格人員充任之，操作人員並負防止造成他人傷害之責，且其未遵守規定致發生職業災害時，應接受指定講習。( 修正條文 24 條 )

5. 事業單位將其工作場所、設備出租或出借他人使用時，應於事前告知相關危害因素等責任。(修正條文第 26 條)
6. 擴大事業單位與承攬人共同作業之認定，增列承攬人、再承攬人就其承攬部分再交付承攬時，亦應辦理工作連繫調整、巡視、教育訓練等防災事項，並應配合原事業單位之承攬管理。(修正條文第 27 條)
7. 事業單位將工程交付 2 個以上施工者施工時，應指定施工者之一負整體工程安全衛生統合管理責任。(修正條文第 27-1 條)
8. 增訂職業安全衛生訓練單位之認可管理機制。(修正條文第 32 條)
9. 提高違反情節重大者之刑事罰刑期及罰金上限額度。(修正條文第 40 條及第 41 條)
10. 提高行政罰鍰上限額度，並配合相關條文修正，增訂罰則。(修正條文第 43 條至第 46 條及第 48 條)
11. 基於保障工作者權益之公益上必要及讓社會大眾適時獲取正確資訊，針對違反本法規定者，公布事項增列處分期日、違反條文及罰鍰金額。(修正條文第 49 條)
12. 自營作業者於交付承攬業務時，準用危害告知及承攬管理之防災責任。(修正條文第 51 條)
13. 事業單位以數位方式經營商品交易，於交付無僱傭關係之個人親自履行外送作業，該事業單位準用本法相關規定。(修正條文第 51-1 條)

## 本節題型參考法規

### *機械、設備或器具源頭管理

「職業安全衛生法」第 7、8 條。

「職業安全衛生法施行細則」第 12 條。

### *立即發生危險之虞之情形

「職業安全衛生法施行細則」第 25 條。

「勞動檢查法第 28 條所定勞工有立即發生危險之虞認定標準」第 3、4 條。

## ＊承攬相關規定

「職業安全衛生法」第 27 條。

「職業安全衛生法施行細則」第 38 條。

## ＊職業安全衛生管理計畫

「職業安全衛生法施行細則」第 31 條。

## ＊安全衛生設備及措施

「職業安全衛生法」第 6 條。

## ＊職業災害調查、處理與統計

「職業安全衛生法」第 37 條。

「職業安全衛生法施行細則」第 46-1、51 條。

## ＊危險性工作場所

「勞動檢查法」第 26 條。

「勞動檢查法施行細則」第 28 條。

## 重點精華

一、職業安全衛生管理系統：

指事業單位依其規模、性質，建立包括規劃、實施、評估及改善措施之系統化管理體制。

二、型式檢定：

係指為使「職業安全衛生法施行細則」第 12 條所指定之機械、設備、器具之產品品質穩定、符合安全標準、安全功能維持等目的，特別辦理之法定檢查。(指定之機械、設備、器具包含動力衝剪機械、手推刨床、木材加工用圓盤鋸、動力堆高機、研磨機、研磨輪、防爆電氣設備、動力衝剪機械之光電式安全裝置、手推刨床之刃部接觸預防裝置、木材加工用圓盤鋸之反撥預防裝置及鋸齒接觸預防裝置及其他經中央主管機關指定者)

三、勞工代表：事業單位設有工會者，由工會推派之；無工會組織而有勞資會議者，由勞方代表推選之；無工會組織且無勞資會議者，由勞工共同推選之。

四、作業環境監測：

依據「職業安全衛生法施行細則」第 17 條：

指為掌握勞工作業環境實態與評估勞工暴露狀況，所採取之規劃、採樣、測定、分析及評估。

## ＊機械、設備或器具源頭管理

**參考題型**

依職業安全衛生法第 7 條第 1 項規定：「製造者、輸入者、供應者或雇主，對於中央主管機關指定之機械、設備或器具，其構造、性能及防護非符合安全標準者，不得產製運出廠場、輸入、租賃、供應或設置。」，請依據上述條文規定，簡答下列各小題：

一、本條明定列管產品之製造者，其產製品受法定安全規格之限制，若 A 廠是國內製造商，B 廠是設廠外國之台商，C 廠是廠址在他國之外商，各廠均為製造本條列管產品者，請問：

1. 各廠中何者受本條所定「製造者責任」強制拘束之法效力？(2 分)

2. 請說明上述認定所採之法理見解。(2 分)

二、某產品前經勞動部依法公告指定屬本條新增列管產品且自公告日生效在案，若 A、B、C、D 各廠均為國內合法立案工廠，現 A 廠因故委託 B 廠 OEM 代工製造該產品，B 廠再發包交 C 廠承攬其鋼料凹槽鉋製加工與供應部分零組件，B 廠另交 D 廠承攬同產品之熱處理與防蝕塗裝工程，產品最終組裝由 B 廠完成履約交貨予 A 廠，並以 A 廠品牌名義上市行銷該產品。請問：

1. 本條所定「製造者」之法定義務，應由何廠負責？(2 分)

2. 請說明上述認定所採之法理見解。(2 分)

三、本條規範輸入者之法定義務，若某列管產品自國外進口台灣事宜，由 A 公司委託 B 公司代辦輸入。請問何者應負本條所定「輸入者」之責任？(2 分)

四、本條某列管產品，若由 A 向 B 採購並約定依 A 開列之採購規格交貨，B 自行委託在國外設廠之台商 C 代工產製完成，由 B 辦理輸入後交付 A 履約驗收，產品標示以 A 之品牌商標上市。請問：

1. A 是否屬委託輸入者？(2 分)

2. 何者應負本條所定「輸入者」之法定義務？(2 分)

五、本條所定「…構造、性能及防護非符合安全標準…」，請說明所稱「安全標準」之全名。(2 分 )

六、請說明本條所稱「運出廠場」之涵義與實際樣態。(2 分 )

七、於本條生效日後，若某廠購置未符安全標準之列管產品，安裝於生產線竣事擬使用，然因經濟不景氣，該產品迄未運轉使用，請問本案有無構成違反雇主不得設置之法定禁止義務？ (2 分 ) 【99-03】

一、1. A 廠是國內製造商，故受本條所定「製造者責任」強制拘束之法效力。

2. 依據「職業安全衛生法修正條文對照表」第 7 條所載，製造者之定義為機械、設備或器具之生產製造者，包括由個別零組件予以組裝，或於進入市場前，為銷售目的而修改者。因 B 廠是設廠外國之台商，C 廠是廠址在他國之外商，均不受「職業安全衛生法」所定「製造者責任」強制拘束之法效力。

二、1. 本案所定「製造者」之法定義務，應由 A 廠負責。

2. 依據「職業安全衛生法修正條文對照表」第 7 條所載，製造者之定義為機械、設備或器具之生產製造者，包括由個別零組件予以組裝，或於進入市場前，為銷售目的而修改者，本案最終係以 A 廠品牌名義上市行銷該產品，故所定「製造者」之法定義務，應由 A 廠負責。

三、因本案某列管產品自國外進口台灣事宜，係由 A 公司委託 B 公司代辦輸入。故 A 公司應負本條所定「輸入者」之責任。

四、1. A 是屬委託輸入者，因係委託 B 辦理輸入後以 A 之品牌商標上市。

2. B 應負本條所定「輸入者」之法定義務。

五、「職業安全衛生法」第 7 條所稱之安全標準之全名為「機械設備器具安全標準」。

六、「職業安全衛生法」第 7 條所稱之「運出廠場」之涵義與實際樣態係指運出生產廠場或倉儲場所外，行販賣或出口銷售之行為。

七、本案某廠購置未符安全標準之列管產品，安裝於生產線竣事擬使用，雖該產品迄未運轉使用，惟仍構成違反雇主不得設置之法定禁止義務。

參考題型

依職業安全衛生法有關機械設備器具源頭管理制度之規定，試回答下列問題：

一、對於中央主管機關公告列入型式驗證之機械、設備或器具，請描述該規定如何實施管理？(9 分) 目前已公告列入型式驗證之機械、設備或器具為何者？(3 分)

二、對於衝剪機械、動力堆高機等，從源頭管制其構造、性能及防護確保符合安全標準，該規定之管制對象是哪些業者？(4 分) 符合安全標準者，應於職業安全衛生署機械設備器具安全資訊網登錄並於產品明顯處張貼安全標示，該規定之管制對象是哪些業者？(4 分)【85-01】、[90-02] 相似題型

答

一、1. 依據「職業安全衛生法」第 8 條規定，對於中央主管機關公告列入型式驗證之機械、設備或器具之管理如下列：

(1) 製造者或輸入者對於中央主管機關公告列入型式驗證之機械、設備或器具，非經中央主管機關認可之驗證機構實施型式驗證合格及張貼合格標章，不得產製運出廠場或輸入。

(2) 前項應實施型式驗證之機械、設備或器具，有下列情形之一者，得免驗證，不受前項規定之限制：

A. 依第 16 條或其他法律規定實施檢查、檢驗、驗證或認可。

B. 供國防軍事用途使用，並有國防部或其直屬機關出具證明。

C. 限量製造或輸入僅供科技研發、測試用途之專用機型，並經中央主管機關核准。

D. 非供實際使用或作業用途之商業樣品或展覽品，並經中央主管機關核准。

E. 其他特殊情形，有免驗證之必要，並經中央主管機關核准。

(3) 第 1 項之驗證，因產品構造規格特殊致驗證有困難者，報驗義務人得檢附產品安全評估報告，向中央主管機關申請核准採用適當檢驗方式為之。

(4) 輸入者對於第 1 項之驗證，因驗證之需求，得向中央主管機關申請先行放行，經核准後，於產品之設置地點實施驗證。

2. 依勞動部勞職授字第 10702004912 號公告，訂定「指定交流電焊機用自動電擊防止裝置列入職業安全衛生法第 8 條第 1 項之型式驗證設備」，並自中華民國 107 年 7 月 1 日生效。

二、1. 依據「職業安全衛生法」第 7 條第 1 項規定，製造者、輸入者、供應者或雇主，對於中央主管機關指定之機械、設備或器具，其構造、性能及防護非符合安全標準者，不得產製運出廠場、輸入、租賃、供應或設置。

2. 依據「職業安全衛生法」第 7 條第 3 項規定，製造者或輸入者對於第 1 項指定之機械、設備或器具，符合前項安全標準者，應於中央主管機關指定之資訊申報網站登錄，並於其產製或輸入之產品明顯處張貼安全標示，以供識別。

**參考題型**

**職業安全衛生法之規定，製造者或輸入者對於中央主管機關指定之機械、設備或器具，其構造、性能及防護符合安全標準者，應於中央主管機關指定之資訊申報網站登錄，並於其產製或輸入之產品明顯處張貼安全標示，以供識別。請說明目前經中央主管機關指定之機械、設備或器具為何？(20 分）【82-02】**

答

依據「職業安全衛生法施行細則」第 12 條規定，本法第 7 條第 1 項所稱中央主管機關指定之機械、設備或器具如下：

一、動力衝剪機械。

二、手推刨床。

三、木材加工用圓盤鋸。

四、動力堆高機。

五、研磨機。

六、研磨輪。

七、防爆電氣設備。

八、動力衝剪機械之光電式安全裝置。

九、手推刨床之刃部接觸預防裝置。

十、木材加工用圓盤鋸之反撥預防裝置及鋸齒接觸預防裝置。

十一、其他經中央主管機關指定公告者。〔交流電焊機用自動電擊防止裝置、車床 ( 含數值控制車床 ) 及加工中心機 ( 含非數值控制銑 / 鏜床 )〕

## ＊立即發生危險之虞之情形

參考題型

依勞動檢查法規定，請列舉 4 項勞工有立即發生墜落危險之虞之情事。(8 分)。 【96-03-03】

答

依據「勞動檢查法第 28 條所定勞工有立即發生危險之虞認定標準」第 3 條規定，有立即發生墜落危險之虞之情事如下：

一、於高差 2 公尺以上之工作場所邊緣及開口部分，未設置符合規定之護欄、護蓋、安全網或配掛安全帶之防墜設施。

二、於高差 2 公尺以上之處所進行作業時，未使用高空工作車，或未以架設施工架等方法設置工作臺；設置工作臺有困難時，未採取張掛安全網或配掛安全帶之設施。

三、於石綿板、鐵皮板、瓦、木板、茅草、塑膠等易踏穿材料構築之屋頂從事作業時，未於屋架上設置防止踏穿及寬度 30 公分以上之踏板、裝設安全網或配掛安全帶。

四、於高差超過 1.5 公尺以上之場所作業，未設置符合規定之安全上下設備。

五、高差超過 2 層樓或 7.5 公尺以上之鋼構建築，未張設安全網，且其下方未具有足夠淨空及工作面與安全網間具有障礙物。

六、使用移動式起重機吊掛平台從事貨物、機械等之吊升，鋼索於負荷狀態且非不得已情形下，使人員進入高度 2 公尺以上平台運搬貨物或駕駛車輛機械，平台未採取設置圍欄、人員未使用安全母索、安全帶等足以防止墜落之設施。

## 參考題型

在工作場所面臨迫在眉睫和嚴重危險的情況下退避的權利在防止工作場所死亡和嚴重傷害方面非常重要。現今許多勞工並不知道如國際勞工組織第 155 號職業安全衛生公約第 13 條「如果勞工已離開其有合理理由認為對其生命或健康構成迫在眉睫的嚴重危險的工作環境，則應根據國家條件和慣例保護其免受不當後果。」規定的這項權利，如果他們選擇將自己從迫在眉睫的嚴重危險中解脫出來，可能會擔心負面後果。此類後果可能包括解僱、減薪或取消其他工作場所福利和權利。重要的是，國家法律應反映這一權利，並明確規定行使這一權利的勞工不會因此受到不利行動。如同我國職業安全衛生法第 18 條「工作場所有立即發生危險之虞時，雇主或工作場所負責人應即令停止作業，並使勞工退避至安全場所。」。此外，在遏止或消除迫在眉睫的嚴重危害之前，雇主不得要求員工返回工作場所。請說明於職業安全衛生法第 18 條所稱有立即發生危險之虞時，指勞工處於何種需採取緊急應變或立即避難之情形？（得僅列舉 5 項，20 分）【99-01】

勞工執行職務發現有立即發生危險之虞時，得在不危及其他工作者安全情形下，自行停止作業及退避至安全場所，並立即向直屬主管報告。試列舉 5 項有立即發生危險之虞需採取緊急應變或立即避難之情形。另違反此規定時之處分為何？(10 分)。【79-01】

上述 2 種題型依據「職業安全衛生法施行細則」第 25 條規定，本法第 18 條所稱有立即發生危險之虞時，指勞工處於需採取緊急應變或立即避難之下列情形之一：

一、自設備洩漏大量危害性化學品，致有發生爆炸、火災或中毒等危險之虞時。

二、從事河川工程、河堤、海堤或圍堰等作業，因強風、大雨或地震，致有發生危險之虞時。

三、從事隧道等營建工程或管溝、沉箱、沉筒、井筒等之開挖作業，因落磐、出水、崩塌或流砂侵入等，致有發生危險之虞時。

四、於作業場所有易燃液體之蒸氣或可燃性氣體滯留，達爆炸下限值之 30% 以上，致有發生爆炸、火災危險之虞時。

五、於儲槽等內部或通風不充分之室內作業場所，致有發生中毒或窒息危險之虞時。

六、從事缺氧危險作業，致有發生缺氧危險之虞時。

七、於高度 2 公尺以上作業，未設置防墜設施及未使勞工使用適當之個人防護具，致有發生墜落危險之虞時。

八、於道路或鄰接道路從事作業，未採取管制措施及未設置安全防護設施，致有發生危險之虞時。

九、其他經中央主管機關指定公告有發生危險之虞時之情形。

提示

勞工從事「隧道」穿越「河川」的營建工程，因為「有機溶劑」從「設備洩漏」，導致「火災爆炸」產生「缺氧」及從「道路墜落」等「其他」危險，所以趕快要勞工退避！

參考題型

**使用攜帶式或移動式電動機具及使用交流電焊機作業時，有哪些情事為勞動檢查法第 28 條所定有立即發生感電之虞？(10 分)　【83-01-01、02】**

答

依據「勞動檢查法第 28 條所定勞工有立即發生危險之虞認定標準」第 4 條第 2 款規定，使用攜帶式或移動式電動機具時，有立即發生感電之虞之情事如下列：

一、使用對地電壓在 150 伏特以上移動式或攜帶式電動機具。

二、於含水或被其他導電度高之液體濕潤之潮濕場所。

三、金屬板上或鋼架上等導電性良好場所。

另依據「勞動檢查法第 28 條所定勞工有立即發生危險之虞認定標準」第 4 條第 3 款規定，作業時所使用之交流電焊機（不含自動式焊接者），未裝設自動電擊防止裝置時，有立即發生感電之虞之情事如下列：

一、於良導體機器設備內之狹小空間。

二、於鋼架等有觸及高導電性接地物之虞之場所。

## ＊承攬相關規定

參考題型

原事業單位與承攬人分別僱用勞工於局限空間共同作業時，依職業安全衛生法規規定，試回答下列問題：

一、事業單位與承攬人分別僱用勞工共同作業時，為防止職業災害，原事業單位應採取哪些必要措施？(8 分)

二、由原事業單位召集協議組織，請列舉 5 項應定期或不定期進行協議之事項。(10 分)　　【52-01】、【71-02-01】

答

一、依據「職業安全衛生法」第 27 條規定，事業單位與承攬人、再承攬人分別僱用勞工共同作業時，為防止職業災害，原事業單位應採取下列必要措施：

1. 設置協議組織，並指定工作場所負責人，擔任指揮、監督及協調之工作。
2. 工作之連繫與調整。
3. 工作場所之巡視。
4. 相關承攬事業間之安全衛生教育之指導及協助。
5. 其他為防止職業災害之必要事項。

二、依據「職業安全衛生法施行細則」第 38 條規定，由原事業單位召集之協議組織，應定期或不定期進行協議下列事項：

1. 安全衛生管理之實施及配合。【實施配合】
2. 勞工作業安全衛生及健康管理規範。【安衛規範】
3. 從事動火、高架、開挖、爆破、高壓電活線等危險作業之管制。【動火管制】
4. 對進入局限空間、危險物及有害物作業等作業環境之作業管制。【局限管制】
5. 機械、設備及器具等入場管制。【機器管制】
6. 作業人員進場管制。【人員管制】
7. 變更管理。【變更管理】
8. 劃一危險性機械之操作信號、工作場所標識(示)、有害物空容器放置、警報、緊急避難方法及訓練等。【警報標示】

9. 使用打樁機、拔樁機、電動機械、電動器具、軌道裝置、乙炔熔接裝置、氧乙炔熔接裝置、電弧熔接裝置、換氣裝置及沉箱、架設通道、上下設備、施工架、工作架台等機械、設備或構造物時，應協調使用上之安全措施。【營造措施】

10. 其他認有必要之協調事項。【其他事項】

可以簡化成 4 字句，然後再自行解釋

(1) 實施配合
(2) 安衛規範
(3) 動火管制
(4) 局限管制
(5) 機器管制
(6) 人員管制
(7) 變更管理
(8) 警報標示
(9) 營造措施
(10) 其他事項

## ＊職業安全衛生管理計畫

**雇主應依其事業規模、性質，訂定職業安全衛生管理計畫，依職業安全衛生法施行細則規定，請列出 10 項應執行事項。(20 分)　【66-05】、【56-02】**

答

依「職業安全衛生法施行細則」第 31 條規定，職業安全衛生管理計畫，包含下列事項：

一、工作環境或作業危害之辨識、評估及控制。【危害辨識】

二、機械、設備或器具之管理。【機械管理】

三、危害性化學品之分類、標示、通識及管理。【危害通識】

四、有害作業環境之採樣策略規劃及監測。【採樣監測】

五、危險性工作場所之製程或施工安全評估。【危險場所】

六、採購管理、承攬管理及變更管理。【採購管理】

七、安全衛生作業標準。【作業標準】

八、定期檢查、重點檢查、作業檢點及現場巡視。【檢查檢點】

九、安全衛生教育訓練。【安衛訓練】

十、個人防護具之管理。【防具管理】

十一、健康檢查、管理及促進。【健康管理】

十二、安全衛生資訊之蒐集、分享與運用。【安衛資訊】

十三、緊急應變措施。【緊急應變】

十四、職業災害、虛驚事故、影響身心健康事件之調查處理及統計分析。【職災調查】

十五、安全衛生管理紀錄及績效評估措施。【績效評估】

十六、其他安全衛生管理措施。【其他措施】

**口訣** 可以簡化成 4 字句，然後再自行解釋

| | |
|---|---|
| (一) 危害辨識 | (九) 安衛訓練 |
| (二) 機械管理 | (十) 防具管理 |
| (三) 危害通識 | (十一) 健康管理 |
| (四) 採樣監測 | (十二) 安衛資訊 |
| (五) 危險場所 | (十三) 緊急應變 |
| (六) 採購管理 | (十四) 職災調查 |
| (七) 作業標準 | (十五) 績效評估 |
| (八) 檢查檢點 | (十六) 其他措施 |

也可以記諧音，再自行展開

便 洩 通廁所 夠準 簡 訊防 李安 警 察 笑 他

(辨)(械) (測)(購)(檢)(訓) (理)(緊)(查)(效)(他)

## ＊安全衛生設備及措施

參考題型

職業安全衛生法第六條第一項規定，雇主對哪些危害事項應有符合標準之必要安全衛生設備，試列舉 8 項 (16 分 )。又同條第二項規定雇主應妥為規劃並採取必要之措施者係指哪些事項？亦請列舉之 (4 分 )。【49-01】

答

依「職業安全衛生法」第 6 條規定，雇主對下列事項應有符合規定之必要安全衛生設備及措施：

一、防止**機**械、設備或器具等引起之危害。【機械設備】

二、防止**爆**炸性或發火性等物質引起之危害。【火災爆炸】

三、防止**電**、熱及其他之能引起之危害。【電熱能源】

四、防止採**石**、採掘、裝卸、搬運、堆積或採伐等作業中引起之危害。【物料搬運】

五、防止有**墜**落、物體飛落或崩塌等之虞之作業場所引起之危害。【墜落崩塌】

六、防止**高**壓氣體引起之危害。【高壓氣體】

七、防止**原**料、材料、氣體、蒸氣、粉塵、溶劑、化學品、含毒性物質或缺氧空氣等引起之危害。【蒸氣粉塵】

八、防止**輻**射、高溫、低溫、超音波、噪音、振動或異常氣壓等引起之危害。【輻射高溫】

九、防止**監**視儀表或精密作業等引起之危害。【精密作業】

十、防止**廢**氣、廢液、殘渣等廢棄物引起之危害。【廢棄殘渣】

十一、防止**水**患、風災或火災等引起之危害。【風水火災】

十二、防止**動**物、植物或**微**生物等引起之危害。【生物病菌】

十三、防止**通**道、地板或階梯等引起之危害。【通道階梯】

十四、防止未採取充足通風、**採**光、照明、**保**溫或防**濕**等引起之危害。【通風照明】

雇主對下列事項，應妥為規劃及採取必要之安全衛生措施：

一、重複性作業等促發肌肉骨骼疾病之預防。【重複作業】

二、輪班、夜間工作、長時間工作等異常工作負荷促發疾病之預防。【異常負荷】

三、執行職務因他人行為遭受身體或精神不法侵害之預防。【不法侵害】

四、避難、急救、休息或其他為保護勞工身心健康之事項。【避難急救】

可以簡化成 4 字句，然後再進行解釋

| | | | | |
|---|---|---|---|---|
| 防止 | 物理性危害 | 機械設備<br>電熱能源<br>墜落崩塌 | 高壓氣體<br>輻射高溫<br>精密作業 | 風水火災<br>通道階梯<br>通風照明 |
| | 化學性危害 | 火災爆炸 | 蒸氣粉塵 | 廢棄殘渣 |
| | 生物性危害 | 生物病菌 | | |
| | 人因性危害 | 物料搬運 | 重複作業 | |
| | 心理性危害 | 異常負荷 | 不法侵害 | |
| 其他保護 | | 避難急救 | | |

## ＊職業災害調查、處理與統計

**依職業安全衛生法規定，中央主管機關指定之事業，雇主應依規定填載職業災害內容及統計，按月報請勞動檢查機構備查，並公布於工作場所。試問中央主管機關指定之事業為何？(4 分)　【100-05-01】**

答

依據「職業安全衛生法施行細則」第 51 條規定，中央主管機關指定之事業如下列：

一、勞工人數在 50 人以上之事業。

二、勞工人數未滿 50 人之事業，經中央主管機關指定，並由勞動檢查機構函知者。

參考題型

有一工廠僱用勞工請其更換廠房屋頂(約 3 公尺高)之鐵皮板，不慎踏穿採光罩墜落至地面受傷，送醫住院治療 20 日後回廠上班，其最近 1 個月之月領工資為新臺幣 3 萬 6 仟元(含加班費 6 仟元)，請回答下列問題：

一、依職業安全衛生法規定，工作場所發生職業災害，事業單位有那些義務與限制？(6 分) 【96-03-01】

二、承上，發生職業災害雇主應即採取必要之急救、搶救等措施，其措施尚須包含那些事項？(4 分) 【96-03-02】

答

一、依據「職業安全衛生法」第 37 條第 1、2 及 4 項規定，工作場所發生職業災害，事業單位之義務與限制如下列：

1. 事業單位工作場所發生職業災害，雇主應即採取必要之急救、搶救等措施，並會同勞工代表實施調查、分析及作成紀錄。
2. 事業單位勞動場所發生下列職業災害之一者，雇主應於 8 小時內通報勞動檢查機構：
   (1) 發生死亡災害。
   (2) 發生災害之罹災人數在 3 人以上。
   (3) 發生災害之罹災人數在 1 人以上，且需住院治療。
   (4) 其他經中央主管機關指定公告之災害。
3. 事業單位發生第 2 項之災害，除必要之急救、搶救外，雇主非經司法機關或勞動檢查機構許可，不得移動或破壞現場。

二、依據「職業安全衛生法施行細則」第 46-1 條規定，本法第 37 條第 1 項所定雇主應即採取必要之急救、搶救等措施，包含下列事項：

1. 緊急應變措施，並確認工作場所所有勞工之安全。
2. 使有立即發生危險之虞之勞工，退避至安全場所。

## ＊危險性工作場所

 參考題型

有一事業單位從事玻璃及玻璃製品製造僱用勞工人數 250 人，另其他受工作場所負責人指揮或監督從事勞動之勞工人數 60 人，且兩者之勞工在同期間、工作場所作業，因製程所需設置液氧儲槽（未設加壓蒸發器）、送氣蒸發器（1 座）出口常用壓力每平方公分 10 公斤，且其處理能力達 1,000 立方公尺。依勞動檢查法及其施行細則規定，該工作場所是否屬丙類工作場所？說明其理由及依據？ (4 分)

【99-04-02】

依據「勞動檢查法施行細則」第 28 條第 1 項第 1 款規定，本法第 26 條第 1 項第 4 款所稱容量，指蒸汽鍋爐之傳熱面積在 500 平方公尺以上，或高壓氣體類壓力容器一日之冷凍能力在 150 公噸以上或處理能力達 1,000 立方公尺以上之氧氣、有毒性或可燃性高壓氣體。故該工作場所屬丙類危險性工作場所。

# 貳、職業安全衛生設施規則

## 本節提要及趨勢

本節內容眾多，茲將常見考試題目分類如下：

一、 高壓氣體管理：先前曾發生多起高壓氣體搬運、儲放使用不當肇生爆炸事件，需特別留意。

二、 機械設備管理：需強制型式驗證的機械設備一直為熱門考題，需留意。

三、 局限空間危害預防：我國局限空間致死率，較先進國家偏高，且相關職災層出不窮，屬熱門考題。

四、 個人防護具管理：使用錯誤的防護具會使勞工面臨致危的困境，不同的情況需採用不同類型的防護具，目前有部分的職災為使用錯誤的防護具，例如：進入局限空間攜帶防毒面具等。

五、 吊掛 / 高架作業管理：此項為承攬人易肇生事故項目之一，需特別留意相關考題。

六、 火災爆炸預防：近年發生多起火災爆炸事故，此類題型一直為重要考題。

七、 感電：此類題目近期經常出題，需詳加留意，另外有關靜電等類型題目亦需特別留意。

八、戶外高氣溫的相關規定，包括採取那些設備 ( 職業安全衛生設施規則第 303-1 條 ) 及措施 ( 職業安全衛生設施規則第 324-6 條 )。

九、因「職業安全衛生設施規則」考試面向甚廣，且為出題比率高的法規，常出現實務與法規題型，令讀者難以準備，因此提供解題技巧及方向供讀者參考：

1. 認知：

(1) 勞工 ( 工作者 )：

教育訓練、危害告知、安全作業標準、工作守則、法定公告周知事項 ( 如：作業環境監測結果 )、危害通識、作業管制措施 ( 動火許可 )。

(2) 作業主管：

指揮監督事項、教育訓練、歷年事故分析、作業環境潛在風險。

2. 評估：

(1) 人員：

現場測試、專業證照、相關學經歷、課後測驗、技能檢定、自動檢查、人因工程風險評估 ( 如：KIM)。

(2) 機械：

型式檢驗、變更評估、安全防護、危害分級 ( 危險性機械或設備、指定機械設備、其它等 )。

(3) 材料：

危害評估 ( 化學 / 物理或生物危害 )、物料堆置、安全資料表、分級管理。

(4) 方法：

工作安全分析 (JSA)、風險評估 ( 如：失誤樹、事件樹、FMEA…)、ISO 12100 機械設備風險評估。

(5) 作業環境：

作業環境監測、通風評估、防火防爆、危險區域劃分。

3. 控制：

(1) 人員：

行政管理 ( 縮短工時、調換工作 )、健康管理 ( 健康促進、健康檢查 )、個人防護具。

(2) 機械：

危害隔離（如：動力捲夾點包覆）、動力遮斷（如：緊急遮斷、洩漏關斷等）、失效安全（防呆措施）、連鎖裝置（如：安全門未關妥，機械無法啟動）、異物偵測（如：光電裝置）、維護保養。

(3) 材料：

限制堆積高度、更換低毒性物質、洩漏阻隔、緊急應變、危害控制（局部排氣、整體換氣、其它工程改善）。

(4) 方法：

作業許可（動火 / 局限）、遙控、自動化、省力裝置、避免傳播。

(5) 作業環境：防護電氣設備、安全防護距離、消防滅火設備、洩漏偵測、火警預報系統、墜落防止措施等。

十、 與時事相關題目：

1. 暑氣逼近，高氣溫戶外作業危害預防專案，保護勞工遠離熱疾病（勞動部職業安全衛生署 112 年 6 月 2 日公告）。
2. 常見的職災事故，會輪流考，如：屋頂作業、施工架、局限空間缺氧。
3. 屏東明〇工廠爆炸 24 小時，4 消防員殉職、98 傷 (111 年 9 月 22 日）。
4. 勞動部針對北分署涉及職場霸凌事件重啟行政調查結果 (113 年 12 月 11 日新聞稿，網址：https://www.mol.gov.tw/1607/1632/1633/77282/post)。
5. 遠〇化學纖維廠爆炸，2 死，19 傷 (114 年 2 月 6 日）。

## 本節題型參考法規

### ＊高壓氣體管理

「職業安全衛生設施規則」第 17、106、107、108、189、190 條。

### ＊機械設備管理

「職業安全衛生設施規則」第 62、69 條。

### ＊局限空間危害預防

「職業安全衛生設施規則」第 19-1、29-1、29-2、29-6、29-7 條。

## ＊個人防護具管理

「職業安全衛生設施規則」第 281 條。

## ＊吊掛及高架作業管理

「職業安全衛生設施規則」第 37、98、99、128-1、128-2、128-6、155-1、227 條。

## ＊火災爆炸預防

「職業安全衛生設施規則」第 177、180、181、182、183、186、198 條。

## ＊感電

「職業安全衛生設施規則」第 3、248、249、250、256、257、258、259、260、261、262、263、264、268、276 條。

## ＊其他

「職業安全衛生設施規則」第 21-1、21-2、63-1、93、95、96、140 條。

## 重點精華

一、局限空間：

局限空間係指非供勞工在其內部從事經常性作業，勞工進出方法受限制，且無法以自然通風來維持充分、清淨空氣之空間。

二、氣體集合熔接裝置：

係指由氣體集合裝置、安全器、壓力調整器、導管、吹管等所構成，使用可燃性氣體供金屬之熔接、熔斷或加熱之設備。

三、氣體集合裝置：

係指由導管連接 10 個以上之可燃性氣體容器之裝置，或由導管連結 9 個以下之可燃性氣體容器之裝置中，其容器之容積之合計在氫氣或溶解性乙炔之容器為 400 公升以上，其他可燃性氣體之容器為 1,000 公升以上者。

四、高處作業：

是指在高度 2 公尺以上之作業，勞工有墜落之虞者，應使勞工確實使用安全帶、安全帽及其他必要之防止墜落之防護具。

五、 勞動部解釋：

電焊機及氬焊機非屬「職業安全衛生設施規則」第 16 條之「乙炔熔接裝置」及第 17 條之「氣體集合熔接裝置」。

## ＊高壓氣體管理

參考題型

依職業安全衛生設施規則規定，對於高壓氣體容器於

一、使用時，應依哪些規定辦理？(10 分) 【54-03-01】、【83-03-01】

二、搬運時，應依哪些規定辦理？(10 分) 【54-03-02】、【83-03-02】

三、貯存時，應依哪些規定辦理？(10 分) 【65-02】

答

一、依據「職業安全衛生設施規則」第 106 條規定，雇主使用於儲存高壓氣體之容器，不論盛裝或空容器，應依下列規定辦理：

1. 確知容器之用途無誤者，方得使用。
2. 容器應標明所裝氣體之品名，不得任意灌裝或轉裝。
3. 容器外表顏色，不得擅自變更或擦掉。
4. 容器使用時應加固定。
5. 容器搬動不得粗莽或使之衝擊。
6. 焊接時不得在容器上試焊。
7. 容器應妥善管理、整理。

二、依據「職業安全衛生設施規則」第 107 條規定，雇主搬運儲存高壓氣體之容器，不論盛裝或空容器，應依下列規定辦理：

1. 溫度保持在攝氏 40 度以下。
2. 場內移動儘量使用專用手推車等，務求安穩直立。
3. 以手移動容器，應確知護蓋旋緊後，方直立移動。
4. 容器吊起搬運不得直接用電磁鐵、吊鏈、繩子等直接吊運。
5. 容器裝車或卸車，應確知護蓋旋緊後才進行，卸車時必須使用緩衝板或輪胎。

6. 儘量避免與其他氣體混載，非混載不可時，應將容器之頭尾反方向置放或隔置相當間隔。
7. 載運可燃性氣體時，要置備滅火器；載運毒性氣體時，要置備吸收劑、中和劑、防毒面具等。
8. 盛裝容器之載運車輛，應有警戒標誌。
9. 運送中遇有漏氣，應檢查漏出部位，給予適當處理。
10. 搬運中發現溫度異常高昇時，應立即灑水冷卻，必要時，並應通知原製造廠協助處理。

三、依據「職業安全衛生設施規則」第 108 條規定，雇主對於高壓氣體之貯存，應依下列規定辦理：

1. 貯存場所應有適當之警戒標示，禁止煙火接近。
2. 貯存周圍 2 公尺內不得放置有煙火及著火性、引火性物品。
3. 盛裝容器和空容器應分區放置。
4. 可燃性氣體、有毒性氣體及氧氣之鋼瓶，應分開貯存。
5. 應安穩置放並加固定及裝妥護蓋。
6. 容器應保持在攝氏 40 度以下。
7. 貯存處應考慮於緊急時便於搬出。
8. 通路面積以確保貯存處面積 20% 以上為原則。
9. 貯存處附近，不得任意放置其他物品。
10. 貯存比空氣重之氣體，應注意低漥處之通風。

為何要規定攝氏 40°C ？

答：因為易燃氣體係指閃火點 38°C ( 華氏 100 度 ) 以下。

參考題型

依職業安全衛生設施規則規定，試回答下列問題：

一、雇主為金屬之熔接、熔斷或加熱等作業所須使用可燃性氣體及氧氣之容器，為防止勞工發生相關之危害，除保持容器溫度、護蓋外，請再列舉 6 項應辦理事項。（12 分）

二、如於通風或換氣不充分之工作場所，使用可燃性氣體及氧氣從事熔接、熔斷或金屬之加熱作業時，為防止該等氣體之洩漏或排出引起爆炸、火災，請列舉 4 項應辦理事項。（8 分）【93-03】

答

一、依據「職業安全衛生設施規則」第 190 條規定，對於雇主為金屬之熔接、熔斷或加熱等作業所須使用可燃性氣體及氧氣之容器，應依下列規定辦理：

1. 容器不得設置、使用、儲藏或放置於下列場所：
   (1) 通風或換氣不充分之場所。
   (2) 使用煙火之場所或其附近。
   (3) 製造或處置火藥類、爆炸性物質、著火性物質或多量之易燃性物質之場所或其附近。
2. 保持容器之溫度於攝氏 40 度以下。
3. 容器應直立穩妥放置，防止傾倒危險，並不得撞擊。
4. 容器使用時，應留置專用板手於容器閥柄上，以備緊急時遮斷氣源。
5. 搬運容器時應裝妥護蓋。
6. 容器閥、接頭、調整器、配管口應清除油類及塵埃。
7. 應輕緩開閉容器閥。
8. 應清楚分開使用中與非使用中之容器。
9. 容器、閥及管線等不得接觸電焊器、電路、電源、火源。
10. 搬運容器時，應禁止在地面滾動或撞擊。
11. 自車上卸下容器時，應有防止衝擊之裝置。
12. 自容器閥上卸下調整器前，應先關閉容器閥，並釋放調整器之氣體，且操作人員應避開容器閥出口。

二、依據「職業安全衛生設施規則」第 189 條規定，雇主對於通風或換氣不充分之工作場所，使用可燃性氣體及氧氣從事熔接、熔斷或金屬之加熱作業時，為防止該等氣體之洩漏或排出引起爆炸、火災，應依下列規定辦理：

1. 氣體軟管或吹管，應使用不因其損傷、摩擦導致漏氣者。
2. 氣體軟管或吹管相互連接處，應以軟管帶、軟管套及其他適當設備等固定確實套牢、連接。
3. 擬供氣於氣體軟管時，應事先確定在該軟管裝置之吹管在關閉狀態或將軟管確實止栓後，始得作業。
4. 氣體等之軟管供氣口之閥或旋塞，於使用時應設置標示使用者之名牌，以防止操作錯誤引起危害。
5. 從事熔斷作業時，為防止自吹管放出過剩氧氣引起火災，應有充分通風換氣之設施。
6. 作業中斷或完工離開作業場所時，氣體供氣口之閥或旋塞應予關閉後，將氣體軟管自氣體供氣口拆下，或將氣體軟管移放於自然通風、換氣良好之場所。

**參考題型**

**依職業安全衛生設施規則規定，說明「氣體集合熔接裝置」及「氣體集合裝置」。(8 分)** **【89-02】**

依據「職業安全衛生設施規則」第 17 條規定，本規則所稱氣體集合熔接裝置，係指由氣體集合裝置、安全器、壓力調整器、導管、吹管等所構成，使用可燃性氣體供金屬之熔接、熔斷或加熱之設備。

前項之氣體集合裝置，係指由導管連接 10 個以上之可燃性氣體容器之裝置，或由導管連結 9 個以下之可燃性氣體容器之裝置中，其容器之容積之合計在氫氣或溶解性乙炔之容器為 400 公升以上，其他可燃性氣體之容器為 1,000 公升以上者。

## ＊機械設備管理

 參考題型

請依職業安全衛生設施規則，列出四項研磨機使用之規定。(12 分 )

【85-05-01】

依據「職業安全衛生設施規則」第 62 條規定，雇主對於研磨機之使用，應依下列規定：

一、研磨輪應採用經速率試驗合格且有明確記載最高使用周速度者。

二、規定研磨機之使用不得超過規定最高使用周速度。

三、規定研磨輪使用，除該研磨輪為側用外，不得使用側面。

四、規定研磨機使用，應於每日作業開始前試轉 1 分鐘以上，研磨輪更換時應先檢驗有無裂痕，並在防護罩下試轉 3 分鐘以上。

參考題型

雇主對勞工從事動力衝剪機械金屬模之安裝、拆模、調整及試模時，為防止滑塊等突降之危害，列出雇主應確實提供之安全裝置種類。(6 分 ) 【79-05-01】

依據「職業安全衛生設施規則」第 69 條規定，雇主對勞工從事動力衝剪機械金屬模之安裝、拆模、調整及試模時，為防止滑塊等突降之危害應使勞工使用安全塊、安全插梢或安全開關鎖匙等之裝置。

## ＊局限空間危害預防

 參考題型

何謂局限空間？ (3~4 分 ) 【96-02-01】、【61-01-01】、【58-02】

依據「職業安全衛生設施規則」第 19-1 條規定，局限空間係指非供勞工在其內部從事經常性作業，勞工進出方法受限制，且無法以自然通風來維持充分、清淨空氣之空間。

**參考題型**

**雇主使勞工從事局限空間作業，有致其缺氧或中毒之虞者，如作業區域超出監視人員目視範圍時，雇主應採取那些措施？(2 分）【96-02-05】**

依據「職業安全衛生設施規則」第 29-7 條第 1 項第 1 款規定，作業區域超出監視人員目視範圍者，應使勞工佩戴符合國家標準 CNS 14253-1 同等以上規定之全身背負式安全帶及可偵測人員活動情形之裝置。

**參考題型**

**雇主使勞工於局限空間從事作業前，應先確認局限空間內有無可能引起勞工哪些危害？【71-02-02】**

依據「職業安全衛生設施規則」第 29-1 條第 1 項規定，雇主使勞工於局限空間從事作業前，應先確認局限空間內有無可能引起勞工缺氧、中毒、感電、塌陷、被夾、被捲及火災、爆炸等危害。

**參考題型**

**雇主使勞工於局限空間從事作業如有危害之虞者，應訂定危害防止計畫，請問該危害防止計畫應依作業可能引起之危害訂定哪些事項？**

**【96-02-02】、【84-03-01】、【71-02-03】、【63-01-02】**

依「職業安全衛生設施規則」第 29-1 條：雇主使勞工於局限空間從事作業前，應先確認該局限空間內有無可能引起勞工缺氧、中毒、感電、塌陷、被夾、被捲及火災、爆炸等危害，有危害之虞者，應訂定危害防止計畫，並使現場作業主管、監視人員、作業勞工及相關承攬人依循辦理。

前項危害防止計畫，應依作業可能引起之危害訂定下列事項：

一、局限空間內危害之確認。【危害確認】

二、局限空間內氧氣、危險物、有害物濃度之測定。【濃度測定】

三、通風換氣實施方式。【通風換氣】

四、電能、高溫、低溫與危害物質之隔離措施及缺氧、中毒、感電、塌陷、被夾、被捲等危害防止措施。【隔離措施】

五、作業方法及安全管制作法。【安全管制】

六、進入作業許可程序。【許可程序】

七、提供之測定儀器、通風換氣、防護與救援設備之檢點及維護方法。【防護設備】

八、作業控制設施及作業安全檢點方法。【安全檢點】

九、緊急應變處置措施。【緊急應變】

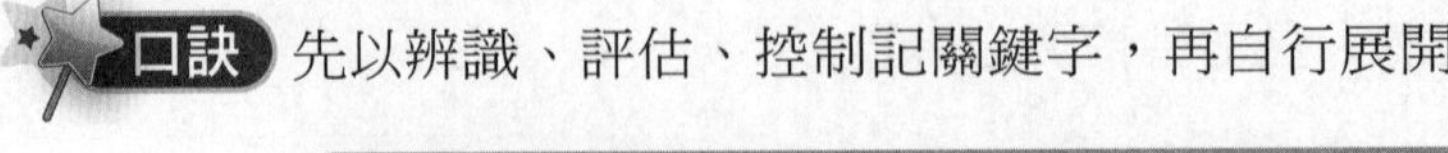


| 辨識 | 危害確認 | |
|---|---|---|
| 評估 | 濃度測定 | |
| 控制 | 工程控制 | (1) 通風換氣<br>(2) 隔離措施 |
| | 行政管理 | (1) 安全管制　(3) 安全檢點<br>(2) 許可程序　(4) 緊急應變 |
| | 個人防護具 | 防護設備 |

**參考題型**

**依職業安全衛生設施規則規定，雇主使勞工於局限空間從事作業，有危害勞工之虞時，應於作業場所入口顯而易見處所公告哪些注意事項，使作業勞工周知？(10 分)**

答

依據「職業安全衛生設施規則」第 29-2 條規定，雇主使勞工於局限空間從事作業，有危害勞工之虞時，應於作業場所入口顯而易見處所公告下列注意事項，使作業勞工周知：

一、作業有可能引起缺氧等危害時，應經許可始得進入之重要性。

二、進入該場所時應採取之措施。

三、事故發生時之緊急措施及緊急聯絡方式。

四、現場監視人員姓名。

五、其他作業安全應注意事項。

| 缺氧危險場所 | 局限空間作業場所 |
|---|---|
| 有罹患缺氧症之虞之事項 | 作業有可能引起缺氧等危害時，應經許可始得進入之重要性 |
| 進入該場所時應採取之措施 | 進入該場所時應採取之措施 |
| 事故發生時之緊急措施及緊急聯絡方式 | 事故發生時之緊急措施及緊急聯絡方式 |
| 空氣呼吸器等呼吸防護具、安全帶等、測定儀器、換氣設備、聯絡設備等之保管場所 | 現場監視人員姓名 |
| 缺氧作業主管姓名 | 其他作業安全應注意事項 |

**參考題型**

**一、雇主使勞工於有危害勞工之虞之局限空間從事作業時，其進入許可應由哪些人員簽署後，始得使勞工進入作業？【96-02-03】、【46-01-01】**

**二、前述進入許可，應載明哪些事項？【96-02-04】、【46-01-02】、【72-03-02】**

**三、雇主使勞工進入局限空間從事哪些作業時，應簽署動火許可後，始得作業？【84-03-03】、【46-01-03】**

答

依據「職業安全衛生設施規則」第 29-6 條規定：

一、雇主使勞工於有危害勞工之虞之局限空間從事作業時，其進入許可應由雇主、工作場所負責人或現場作業主管簽署後，始得使勞工進入作業。對勞工之進出，應予確認、點名登記，並作成紀錄保存 3 年。

二、前項進入許可，應載明下列事項：

1. 作業場所。
2. 作業種類。
3. 作業時間及期限。
4. 作業場所氧氣、危害物質濃度測定結果及測定人員簽名。
5. 作業場所可能之危害。
6. 作業場所之能源或危害隔離措施。
7. 作業人員與外部連繫之設備及方法。
8. 準備之防護設備、救援設備及使用方法。
9. 其他維護作業人員之安全措施。
10. 許可進入之人員及其簽名。

11. 現場監視人員及其簽名。

三、雇主使勞工進入局限空間從事焊接、切割、燃燒及加熱等動火作業時，除應依第 1 項規定外，應指定專人確認無發生危害之虞，並由雇主、工作場所負責人或現場作業主管確認安全，簽署動火許可後，始得作業。

參考題型

**工廠油槽油泥過多，需派勞工進入槽內清除油泥前，應如何採取哪些安全措施？請說明之。(20 分 )　【57-05】、【52-05】、【41-04】**

答

一、事前的確認：

1. 確認人員進入不致產生危險。
2. 進入作業勞工已具備可能吸入、接觸有害物質或易燃之虞的危險物質，所必要的知識。

二、作業開始前之手續：

1. 檢討與報告。
2. 作業用具之整備。
3. 主管人員的許可簽證：A. 要完成的工作；B. 要遵循的程序；C. 要使用的設備；D. 需遵守的注意事項；E. 工作人員資格條件；F. 油槽之準備事項。
4. 防護具整備。
5. 監督與監視人員之指定，例如指派具有預防缺氧或有機溶劑危害知識之合格人員從事監督與監視作業。
6. 確實將有機溶劑或其混存物自儲槽排出，並應有防止連接於儲槽之配管流入有機溶劑或其混存物之措施，相關閥、旋塞應予加鎖或設置盲板。
7. 作業開始前應全部開放儲槽之人孔及其他無虞流入有機溶劑或其混存物之開口部。
8. 以水、水蒸汽或化學藥品清洗儲槽之內壁，並將清洗後之水、水蒸氣或化學藥品排出儲槽。
9. 應送入或吸出 3 倍於儲槽容積之空氣，或以水灌滿儲槽後予以全部排出。
10. 應以測定方法確認儲槽之內部之氧氣濃度及有害物之濃度，該作業場所之空氣中氧氣含量未達 18% 或有害物 ( 有機溶劑 ) 濃度超過容許濃度 ( 如：一氧化碳的濃度超過 35ppm；硫化氫的濃度超過 10ppm 等 ) 時，不得使勞工在該場所作業。

三、防範對策：

1. 夥同作業（一人在油槽內，一人在油槽外）：A. 工作區域加以公告，有人在油槽內工作。B. 檢查是否有缺氧、爆炸性或有毒氣體。C. 送風、排氣。
2. 使用合適之呼吸設備及防護服裝，並供給從事該作業之勞工使用。
3. 作業勞工身繫安全索，並將安全索之另一端固定在油槽外。
4. 應置備適當的救難設施。
5. 加強工作前之安全衛生之教育及指示，以及預防災變的知識灌輸。
6. 要求作業勞工遵守安全衛生工作守則。
7. 依標準作業程序作業。
8. 最好設置氧氣含量及有害氣體濃度自動監測系統。
9. 勞工如被有機溶劑或其混存物污染時，應即使其離開儲槽內部，並使該勞工清洗身體除卻污染。

## ＊個人防護具管理

參考題型

列舉 4 項應採用背負式安全帶及捲揚式防墜器之高處作業。（4 分）

【76-01-02】

答

依據「職業安全衛生設施規則」第 281 條第 2 項規定，應採用符合國家標準 CNS 14253-1 同等以上規定之全身背負式安全帶及捲揚式防墜器之高處作業如下列：

一、鋼構懸臂突出物。

二、2 公尺以上未設護籠等保護裝置之垂直固定梯。

三、斜籬。

四、局限空間。

五、屋頂或施工架組拆。

六、工作台組拆。

七、管線維修作業。

## *吊掛及高架作業管理

參考題型

使勞工以捲揚機等吊運物料時，列舉 6 項應辦理事項。(12 分 )

【55-01】、【68-02-04】、【69-02】、【70-05-01】

答

依據「職業安全衛生設施規則」第 155-1 條規定，雇主使勞工以捲揚機等吊運物料時，應依下列規定辦理：

一、安裝前須核對並確認設計資料及強度計算書。【強度確認】

二、吊掛之重量不得超過該設備所能承受之最高負荷，並應設有防止超過負荷裝置。但設置有困難者，得以標示代替之。【標示負荷】

三、不得供人員搭乘、吊升或降落。但臨時或緊急處理作業經採取足以防止人員墜落，且採專人監督等安全措施者，不在此限。【不得乘人】

四、吊鉤或吊具應有防止吊舉中所吊物體脫落之裝置。【防脫裝置】

五、錨錠及吊掛用之吊鏈、鋼索、掛鉤、纖維索等吊具有異狀時應即修換。【吊具檢修】

六、吊運作業中應嚴禁人員進入吊掛物下方及吊鏈、鋼索等內側角。【人員管制】

七、捲揚吊索通路有與人員碰觸之虞之場所，應加防護或有其他安全設施。【通路防護】

八、操作處應有適當防護設施，以防物體飛落傷害操作人員，採坐姿操作者應設坐位。【人員防護】

九、應設有防止過捲裝置，設置有困難者，得以標示代替之。【過捲裝置】

十、吊運作業時，應設置信號指揮聯絡人員，並規定統一之指揮信號。【統一指揮】

十一、應避免鄰近電力線作業。【避免電線】

十二、電源開關箱之設置，應有防護裝置。【電源防護】

口訣 可以簡化成四字句，再自行解釋：

1. 【強度確認】
2. 【標示負荷】
3. 【不得乘人】
4. 【防脫裝置】
5. 【吊具檢修】
6. 【人員管制】
7. 【通路防護】
8. 【人員防護】
9. 【過捲裝置】
10. 【統一指揮】
11. 【避免電線】
12. 【電源防護】

**參考題型**

**依職業安全衛生設施規則規定，試回答下列問題：**

**一、使用高空工作車作業時，請列舉 6 項雇主應辦理之事項。（12 分）**

**【70-05-02】**

**二、高空工作車之駕駛於離開駕駛座時，除有勞工在工作台從事作業或將從事作業外，請列舉 2 項應使駕駛採取之措施。（4 分）**

**三、高空工作車行駛時，雇主不得使勞工搭載於該高空工作車之工作台上。但使高空工作車行駛於平坦堅固之場所，並採取那些措施時，不在此限。（4 分）**

**【91-04】**

答

一、依據「職業安全衛生設施規則」第 128-1 條規定，雇主對於使用高空工作車之作業，應依下列事項辦理：

1. 除行駛於道路上外，應事前依作業場所之狀況、高空工作車之種類、容量等訂定包括作業方法之作業計畫，使作業勞工周知，並指定專人指揮監督勞工依計畫從事作業。【指揮監督】

2. 除行駛於道路上外，為防止高空工作車之翻倒或翻落，危害勞工，應將其外伸撐座完全伸出，並採取防止地盤不均勻沉陷、路肩崩塌等必要措施。但具有多段伸出之外伸撐座者，得依原廠設計之允許外伸長度作業。【撐座伸出】

3. 在工作台以外之處所操作工作台時，為使操作者與工作台上之勞工間之連絡正確，應規定統一之指揮信號，並指定人員依該信號從事指揮作業等必要措施。【統一信號】

4. 不得搭載勞工。但設有乘坐席位及工作台者，不在此限。【禁載勞工】
5. 不得超過高空工作車之積載荷重及能力。【不得超載】
6. 不得使高空工作車為主要用途以外之用途。但無危害勞工之虞者，不在此限。【限制用途】
7. 使用高空工作車從事作業時，雇主應使該高空工作車工作台上之勞工佩戴安全帽及符合國家標準 CNS 14253-1 同等以上規定之全身背負式安全帶。【配戴護具】

二、依據「職業安全衛生設施規則」第 128-2 條規定，雇主對於高空工作車之駕駛離開駛座時，應使駕駛採取下列措施。但有勞工在工作台從事作業或將從事作業時，不在此限：

1. 將工作台下降至最低位置。
2. 採取預防高空工作車逸走之措施，如停止原動機並確實使用制動裝置制動等，以保持於穩定狀態。

三、依據「職業安全衛生設施規則」第 128-6 條規定，高空工作車行駛時，除有工作台可操作行駛構造之高空工作車外，雇主不得使勞工搭載於該高空工作車之工作台上。但使該高空工作車行駛於平坦堅固之場所，並採取下列措施時，不在此限：

1. 規定一定之信號，並指定引導人員，依該信號引導高空工作車。
2. 於作業前，事先視作業時該高空工作車工作台之高度及伸臂長度等，規定適當之速率，並使駕駛人員依該規定速率行駛。

參考題型

**對勞工於石綿板等材料構築之屋頂從事作業，除使作業勞工使用個人防護具外，應於屋架上設置哪些防止勞工踏穿墜落之安全設備？【69-01-01】**

答

依據「職業安全衛生設施規則」第 227 條規定，雇主對勞工於以石綿板、鐵皮板、瓦、木板、茅草、塑膠等易踏穿材料構築之屋頂及雨遮，或於以礦纖板、石膏板等易踏穿材料構築之夾層天花板從事作業時，為防止勞工踏穿墜落，應採取下列設施：

一、規劃安全通道，於屋架、雨遮或天花板支架上設置適當強度且寬度在 30 公分以上之踏板。

二、於屋架、雨遮或天花板下方可能墜落之範圍，裝設堅固格柵或安全網等防墜設施。

三、指定屋頂作業主管指揮或監督該作業。

**參考題型**

**雇主設置之固定梯，應符合那些規定？請列舉 6 項。(12 分)** 【73-03】

答

一、依據「職業安全衛生設施規則」第 37 規定，雇主設置之固定梯，應依下列規定：

1. 具有堅固之構造。
2. 應等間隔設置踏條。
3. 踏條與牆壁間應保持 16.5 公分以上之淨距。
4. 應有防止梯移位之措施。
5. 不得有妨礙工作人員通行之障礙物。
6. 平台用漏空格條製成者，其縫間隙不得超過 3 公分；超過時，應裝置鐵絲網防護。
7. 梯之頂端應突出板面 60 公分以上。
8. 梯長連續超過 6 公尺時，應每隔 9 公尺以下設一平台，並應於距梯底 2 公尺以上部分，設置護籠或其他保護裝置。但符合下列規定之一者，不在此限：
   (1) 未設置護籠或其它保護裝置，已於每隔 6 公尺以下設一平台者。
   (2) 塔、槽、煙囪及其他高位建築之固定梯已設置符合需要之安全帶、安全索、磨擦制動裝置、滑動附屬裝置及其他安全裝置，以防止勞工墜落者。
9. 前款平台應有足夠長度及寬度，並應圍以適當之欄柵。

「職業安全衛生設施規則」5 梯彙整表

| 梯名 / 法條 | 規定內容 |
|---|---|
| 工作用階梯<br>設規 §29 | 一、在原動機與鍋爐房中，或在機械四周通往工作台之工作用階梯，其寬度不得小於 56 公分。<br>二、斜度不得大於 60 度。<br>三、梯級面深度不得小於 15 公分。<br>四、應有適當之扶手。 |
| 固定梯<br>設規 §37 | 一、具有堅固之構造。<br>二、應等間隔設置踏條。<br>三、踏條與牆壁間應保持 16.5 公分以上之淨距。<br>四、應有防止梯移位之措施。<br>五、不得有妨礙工作人員通行之障礙物。<br>六、平台用漏空格條製成者，其縫間隙不得超過 3 公分；超過時，應裝置鐵絲網防護。<br>七、梯之頂端應突出板面 60 公分以上。<br>八、梯長連續超過 6 公尺時，應每隔 9 公尺以下設一平台，並應於距梯底 2 公尺以上部分，設置護籠或其他保護裝置。但符合下列規定之一者，不在此限：<br>（一）未設置護籠或其他保護裝置，已於每隔 6 公尺以下設一平台者。<br>（二）塔、槽、煙囪及其他高位建築之固定梯已設置符合需要之安全帶、安全索、磨擦制動裝置、滑動附屬裝置及其他安全裝置，以防止勞工墜落者。<br>九、前款平台應有足夠長度及寬度，並應圍以適當之欄柵。<br>前項第 7 款至第 8 款規定，不適用於沉箱內之固定梯。 |
| 移動梯<br>設規 §229 | 一、具有堅固之構造。<br>二、其材質不得有顯著之損傷、腐蝕等現象。<br>三、寬度應在 30 公分以上。<br>四、應採取防止滑溜或其他防止轉動之必要措施。 |
| 合梯<br>設規 §230 | 一、具有堅固之構造。<br>二、其材質不得有顯著之損傷、腐蝕等。<br>三、梯腳與地面之角度應在 75 度以內，且兩梯腳間有金屬等硬質繫材扣牢，腳部有防滑絕緣腳座套。<br>四、有安全之防滑梯面。<br>五、雇主不得使勞工以合梯當作二工作面之上下設備使用，並應禁止勞工站立於頂板作業。 |
| 梯式施工架<br>立木之梯子<br>設規 §231 | 一、具有適當之強度。<br>二、置於座板或墊板之上，並視土壤之性質埋入地下至必要之深度，使每一梯子之二立木平穩落地，並將梯腳適當紮結。<br>三、以一梯連接另一梯增加其長度時，該二梯至少應疊接 1.5 公尺以上，並紮結牢固。 |

參考題型

依現行職業安全衛生法規規定，請問：
雇主不得以何種情況下之吊鏈、鋼索作為起重升降機具吊掛用具？(10 分)
【57-01-01】、【68-02-03】

一、依據「職業安全衛生設施規則」第 98 條，雇主不得以下列任何一種情況之吊鏈作為起重升降機具之吊掛用具：

1. 延伸長度超過 5% 以上者。
2. 斷面直徑減少 10% 以上者。
3. 有龜裂者。

二、依據「職業安全衛生設施規則」第 99 條，雇主不得以下列任何一種情況之吊掛之鋼索作為起重升降機具之吊掛用具：

1. 鋼索一撚間有 10% 以上素線截斷者。
2. 直徑減少達公稱直徑 7% 以上者。
3. 有顯著變形或腐蝕者。
4. 已扭結者。

## ＊火災爆炸預防

參考題型

某鑄鐵工廠勞工於操作滑輪式熔鐵鐵桶時，因鐵桶內熔融鐵傾覆，碰及積水發生水蒸汽爆炸，致使正在操作鑄鐵容器的另一名勞工被炸到 5 公尺外罹災，且造成工廠屋頂炸開、廠區玻璃被震碎。試簡述回答前述熔融高熱物相關作業時，應採取防止與水接觸之 5 項預防措施，以確保高熱熔融金屬相關作業之安全性。(10 分)
【98-04-02】

依據「職業安全衛生設施規則」第 180~183 條規定：

一、第 180 條 - 雇主對於建築物中熔融高熱物之處理設備，為避免引起水蒸汽爆炸，該建築物應有地板面不積水及可以防止雨水由屋頂、牆壁、窗戶等滲入之構造。

二、第 181 條 - 雇主對於以水處理高熱礦渣或廢棄高熱礦渣之場所，應依下列規定：

1. 應有良好之排水設備及其他足以防止水蒸汽爆炸之必要措施。
2. 於廢棄高熱礦渣之場所，應加以標示高熱危險。

前項規定對於水碎處理作業，不適用之。

三、第 182 條 - 雇主使勞工從事將金屬碎屑或碎片投入金屬熔爐之作業時，為防止爆炸，應事前確定該金屬碎屑或碎片中未雜含水分、火藥類等危險物或密閉容器等，始得作業。

四、第 183 條 - 雇主對於鼓風爐、鑄鐵爐或玻璃熔解爐或處置大量高熱物之作業場所，為防止該高熱物之飛散、溢出等引起之灼傷或其他危害，應採取適當之防範措施，並使作業勞工佩戴適當之防護具。

**參考題型**

**對於作業場所有易燃液體之蒸氣、可燃性氣體或爆燃性粉塵以外之可燃性粉塵滯留，而有爆炸、火災之虞者，雇主除應依危險特性採取通風、換氣、除塵等措施外，應再依那 3 項規定辦理？(6 分 )**

**【81-04-02】、【89-02-03】相似題型**

答

依據「職業安全衛生設施規則」第 177 條規定，雇主對於作業場所有易燃液體之蒸氣、可燃性氣體或爆燃性粉塵以外之可燃性粉塵滯留，而有爆炸、火災之虞者，應依危險特性採取通風、換氣、除塵等措施外，並依下列規定辦理：

一、指定專人對於前述蒸氣、氣體之濃度，於作業前測定之。

二、蒸氣或氣體之濃度達爆炸下限值之 30% 以上時，應即刻使勞工退避至安全場所，並停止使用煙火及其他為點火源之虞之機具，並應加強通風。

三、使用之電氣機械、器具或設備，應具有適合於其設置場所危險區域劃分使用之防爆性能構造。

**參考題型**

**為防止火災爆炸災害，請依職業安全衛生設施規則規定回答下列問題：**

**雇主對於化學設備及其附屬設備之改善、修理、清掃、拆卸等作業，應指定專人辦理之事項為何？(10 分)　【75-01-01】**

答

依據「職業安全衛生設施規則」第 198 條規定，雇主對於化學設備及其附屬設備之改善、修理、清掃、拆卸等作業，應指定專人，依下列規定辦理：

一、決定作業方法及順序，並事先告知有關作業勞工。

二、為防止危險物、有害物、高溫液體或水蒸汽及其他化學物質洩漏致危害作業勞工，應將閥或旋塞雙重關閉或設置盲板。

三、應將前款之閥、旋塞等加鎖、鉛封或將把手拆離，使其無法擅動；並應設有不准開啟之標示或設置監視人員監視。

四、拆除第 2 款之盲板有導致危險物等或高溫液體或水蒸汽逸出之虞時，應先確認盲板與其最接近之閥或旋塞間有無第 2 款物質殘留，並採取必要措施。

**參考題型**

**雇主對於從事灌注、卸收或儲藏危險物於化學設備、槽車或槽體等作業，應依哪 4 項規定辦理？(8 分)　【73-03-02】**

答

依據「職業安全衛生設施規則」第 186 規定，雇主對於從事灌注、卸收或儲藏危險物於化學設備、槽車或槽體等作業，應依下列規定辦理：

一、使用軟管從事易燃液體或可燃性氣體之灌注或卸收時，應事先確定軟管結合部分已確實連接牢固始得作業。作業結束後，應確認管線內已無引起危害之殘留物後，管線始得拆離。

二、從事煤油或輕油灌注於化學設備、槽車或槽體等時，如其內部有汽油殘存者，應於事前採取確實清洗、以惰性氣體置換油氣或其他適當措施，確認安全狀態無虞後，始得作業。

三、從事環氧乙烷、乙醛或 1.2. 環氧丙烷灌注時，應確實將化學設備、槽車或槽體內之氣體，以氮、二氧化碳或氦、氬等惰性氣體置換之。

四、使用槽車從事灌注或卸收作業前，槽車之引擎應熄火，且設置適當之輪擋，以防止作業時車輛移動。作業結束後，並確認不致因引擎啟動而發生危害後，始得發動。

## ＊感電

參考題型

一、依職業安全衛生設施規則規定，為避免勞工誤操作，雇主對於啟斷馬達或其他電氣機具之裝置，應於該裝置做那些明顯標示？(6 分)【97-04-01】

二、依職業安全衛生設施規則規定，對於電氣設備及線路之敷設、建造、掃除、檢查、修理或調整等有導致感電之虞者，應停止送電，並為防止他人誤送電，應採那些措施？(6 分)【97-04-02】

答

一、依據「職業安全衛生設施規則」第 248 條規定，雇主對於啟斷馬達或其他電氣機具之裝置，應明顯標示其啟斷操作及用途。但如其配置方式或配置位置，已足顯示其操作及用途者，不在此限。

二、依據「職業安全衛生設施規則」第 276 條第 12 款規定，雇主為防止電氣災害，對於電氣設備及線路之敷設、建造、掃除、檢查、修理或調整等有導致感電之虞者，應停止送電，並為防止他人誤送電，應採上鎖或設置標示等措施。但採用活線作業及活線接近作業，符合第 256 條至第 263 條規定者，不在此限。

參考題型

一、依職業安全衛生設施規則規定，雇主對於 600 伏特以下之電氣設備前方，至少應有多少公分以上距離之水平工作空間？(4 分)【96-05-01】

二、依職業安全衛生設施規則規定，雇主對於裝有電力設備之工廠，屬低壓以下供電，其契約容量達多少瓩以上，應置初級電氣技術人員？(4 分)【96-05-02】

答

一、依據「職業安全衛生設施規則」第 268 條規定，雇主對於 600 伏特以下之電氣設備前方，至少應有 80 公分以上之水平工作空間。

二、依據「職業安全衛生設施規則」第 264 條第 1 項第 1 款規定，雇主對於裝有電力設備之工廠、供公眾使用之建築物及受電電壓屬高壓以上之用電場所，應依下列規定置專任電氣技術人員：

低壓：600 伏特以下供電，且契約容量達 50 瓩以上之工廠或供公眾使用之建築物，應置初級電氣技術人員。

**參考題型**

依職業安全衛生設施規則規定，低壓係指多少伏特 (V) 以下之電壓？(4 分)

【94-04-01】

依據「職業安全衛生設施規則」第 3 條規定，本規則所稱特高壓，係指超過 22,800 伏特之電壓；高壓，係指超過 600 伏特至 22,800 伏特之電壓；低壓，係指 600 伏特以下之電壓。

**參考題型**

如果你是一家金屬容器製造廠的職業安全衛生人員，該金屬容器之製造程序，係先使用水柱壓力達每平方公分 380 公斤之高壓水切割裝置（水刀）作為材料表面除鏽後，在容器內使用交流電焊機進行熔接作業，並以手提式照明燈作為容器內部照明，依職業安全衛生設施規則規定，回答下列問題：

一、於那 2 種場所作業時，所使用之交流電焊機應有自動電擊防止裝置？(4 分)

【86-04-01】、【92-03-01】相似題型

二、對於良導體機器設備內之檢修工作所用之手提式照明燈，除了導線須為耐磨損及有良好絕緣外，尚需符合那 2 種安全規定？(4 分)　【90-04-03】

一、依據「職業安全衛生設施規則」第 250 條規定，雇主對勞工於良導體機器設備內之狹小空間，或於鋼架等致有觸及高導電性接地物之虞之場所，作業時所使用之交流電焊機，應有自動電擊防止裝置。但採自動式焊接者，不在此限。

二、依據「職業安全衛生設施規則」第 249 條規定，雇主對勞工於良導體機器設備內之檢修工作所用之手提式照明燈，其使用電壓不得超過 24 伏特，且導線須為耐磨損及有良好絕緣，並不得有接頭。

參考題型

請回答勞工從事電氣設備或線路檢修、維護之活線作業相關問題：

一、何謂活線作業？(2 分) 【66-03-01】

二、雇主對勞工從事活線作業及活線接近作業，依職業安全衛生設施規則規定，請至少列舉 6 項應採取之安全措施。(18 分)

【67-02-02】、【66-03-02】

答

一、活線作業係指使勞工於通電中電路從事檢查、修理、油漆、清掃等作業。

二、

| 職業安全衛生設施規則條文 | 作業類型 | 應採取防護設施 |
|---|---|---|
| 第 256 條 | 低壓電路檢查、修理等活線作業 | 戴用絕緣用防護具或使用活線作業用器具 |
| 第 257 條 | 接近低壓電路或其支持物從事敷設、檢查、修理、油漆等 | 該電路裝置絕緣用防護裝備 |
| 第 258 條 | 高壓電路檢查、維修等活線作業 | 戴用絕緣用防護具，並於有接觸或接近該電路部分設置絕緣用防護裝備 |
| | | 使用活線作業用器具 |
| | | 勞工使用之活線作業用絕緣工作台及其他裝備，並不得使勞工與導電體接觸或接近發生感電之虞之電路或帶電體 |
| 第 259 條 | 接近高壓電路或高壓電路支持物從事敷設、檢查、修理、油漆等 | 在距離頭上、身側及腳下 60 公分內之高壓電路，在該電路設置絕緣用防護裝備 |
| 第 260 條 | 特高壓之充電電路或其支持礙子從事檢查、修理、清掃等 | 使勞工使用活線作業用器具或裝置，並使勞工身體或其使用中之金屬工具、材料等導電體，應保持接近界限距離 |
| 第 261 條 | 接近特高壓電路或特高壓電路支持物從事檢查、油漆、修理、清掃等電氣工程 | 使勞工使用活線作業用裝置，並使勞工身體或其使用中之金屬工具、材料等導電體，應保持接近界限距離 |
| 第 262 條 | 裝設、拆除或接近電路等絕緣用防護裝備 | 戴用絕緣用防護具或使用活線作業用器具 |
| 第 263 條 | 架空電線或電氣機具電路之接近場所從事工作物之裝設、解體、檢查、修理、油漆或使用車輛系營建機械、移動式起重機、高空工作車及其他有關作業時 | 應與帶電體保持接近界限距離外、並設置護圍或於該電路四周裝置絕緣用防護裝備或採取移開該電路之措施 |

## ＊其他

參考題型

**雇主對於升降機之升降路各樓出入口，應有安全裝置及連鎖裝置，其設置規定為何？(10 分)** 【64-01】

答

依據「職業安全衛生設施規則」規定，雇主對於升降機之升降路各樓出入口之安全裝置，其設置規定如下列：

一、第 93 條：雇主對於升降機之升降路各樓出入口，應裝置構造堅固平滑之門，並應有安全裝置，使升降搬器及升降路出入口之任一門開啟時，升降機不能開動，及升降機在開動中任一門開啟時，能停止上下。

二、第 95 條：雇主對於升降機之升降路各樓出入口門，應有連鎖裝置，使搬器地板與樓板相差 7.5 公分以上時，升降路出入口門不能開啟之。

三、第 96 條：雇主對於升降機，應設置終點極限開關、緊急剎車及其他安全裝置。

參考題型

**以高壓水切割裝置（水刀），從事沖蝕、剝離、切除、疏通及沖擊等作業，應依那 6 項事項辦理？(12 分)** 【90-03-03】

答

一、依據「職業安全衛生設施規則」第 63-1 條規定，雇主對於使用水柱壓力達每平方公分 350 公斤以上之高壓水切割裝置，從事沖蝕、剝離、切除、疏通及沖擊等作業，應依下列事項辦理：

1. 應於事前依作業場所之狀況、高壓水切割裝置種類、容量等訂定安全衛生作業標準，使作業勞工周知，並指定專人指揮監督勞工依安全衛生作業標準從事作業。【訂定標準】
2. 為防止高壓水柱危害勞工，作業前應確認其停止操作時，具有立刻停止高壓水柱施放之功能。【緊急停止】
3. 禁止與作業無關人員進入作業場所。【閒人勿入】
4. 於適當位置設置壓力表及能於緊急時立即遮斷動力之動力遮斷裝置。【緊急遮斷】

5. 作業時應緩慢升高系統操作壓力，停止作業時，應將壓力洩除。【壓力監控】

6. 提供防止高壓水柱危害之個人防護具，並使作業勞工確實使用。【配戴護具】

參考題型

勞工於車輛出入、使用道路作業、鄰接道路作業而有導致交通事故被撞之危害，請依職業安全衛生設施規則規定回答下列問題：【82-01-01】

一、依規定應如何設置適當交通號誌、標示或柵欄，請列舉 5 項。(10 分)【57-01-02】

二、為防止車輛突入等引起之危害，請列舉 5 項應辦理事項。(10 分)【66-01】、【93-02-01】

答

一、依據「職業安全衛生設施規則」第 21-1 規定，雇主對於有車輛出入、使用道路作業、鄰接道路作業或有導致交通事故之虞之工作場所，應依下列規定設置適當交通號誌、標示或柵欄：

1. 交通號誌、標示應能使受警告者清晰獲知。【警告清晰】

2. 交通號誌、標示或柵欄之控制處，須指定專人負責管理。【專人管理】

3. 新設道路或施工道路，應於通車前設置號誌、標示、柵欄、反光器、照明或燈具等設施。【事前設置】

4. 道路因受條件限制，永久裝置改為臨時裝置時，應於限制條件終止後即時恢復。【變更恢復】

5. 使用於夜間之柵欄，應設有照明或反光片等設施。【照明反光】

6. 信號燈應樹立在道路之右側，清晰明顯處。【樹立道右】

7. 號誌、標示或柵欄之支架應有適當強度。【支撐足夠】

8. 設置號誌、標示或柵欄等設施，尚不足以警告防止交通事故時，應置交通引導人員。【交通引導】

前項交通號誌、標示或柵欄等設施，道路交通主管機關有規定者，從其規定。

二、依據「職業安全衛生設施規則」第 21-2 規定，雇主對於使用道路作業之工作場所，為防止車輛突入等引起之危害，應依下列規定辦理：

1. 從事公路施工作業，應依所在地直轄市、縣（市）政府審查同意之交通維持計畫或公路主管機關所核定圖說，設置交通管制設施。【交維設施】

2. 作業人員應戴有反光帶之安全帽，及穿著顏色鮮明有反光帶之施工背心，以利辨識。【反光護具】
3. 與作業無關之車輛禁止停入作業場所。但作業中必須使用之待用車輛，其駕駛常駐作業場所者，不在此限。【車輛禁入】
4. 使用道路作業之工作場所，應於車流方向後面設置車輛出入口。但依周遭狀況設置有困難者，得於平行車流處設置車輛出入口，並置交通引導人員，使一般車輛優先通行，不得造成大眾通行之障礙。【引導疏通】
5. 於勞工從事道路挖掘、施工、工程材料吊運作業、道路或樹養護等作業時，應於適當處所設置交通安全防護設施或交通引導人員。【安全防護】
6. 前 2 款及前條第 1 項第 8 款所設置之交通引導人員如有被撞之虞時，應於該人員前方適當距離，另設置具有顏色鮮明施工背心、安全帽及指揮棒之電動旗手。【電動旗手】
7. 日間封閉車道、路肩逾 2 小時或夜間封閉車道、路肩逾 1 小時者，應訂定安全防護計畫，並指派專人指揮勞工作業及確認依交通維持圖說之管制設施施作。【安全防護】

**參考題型**

**雇主對於軌道沿線環境，應依規定實施保養內容為何？（20 分）**

**【111 年時事】**

答

依據「職業安全衛生設施規則」第 140 條規定，雇主對於軌道沿線環境，應依下列規定實施保養：

一、清除路肩及橋梁附近之叢草。

二、清除妨害視距之草木。

三、維護橋梁及隧道支架結構之良好。

四、清掃坍方。

五、清掃邊坡危石。

六、維護鋼軌接頭及道釘之完整。

七、維護路線號誌及標示之狀況良好。

八、維護軌距狀況良好。

九、維護排水系統良好。

十、維護枕木狀況良好。

# 參、職業安全衛生管理辦法
## （含工業機器人管理及勞工代表應參與事項）

### 本節提要及趨勢

職業安全衛生管理辦法，主要內容為職業安全衛生管理單位之設置規定及自動檢查等內容，其中防止車輛系營建機械、動力堆高機、乾燥設備、移動式起重機、減壓艙及營建用或載貨升降機之作業危害，並因應微型企業安全衛生現況，務實調整職業安全衛生業務主管擔任資格，及鼓勵事業單位健全職業安全衛生管理制度，強化自動檢查事項與範圍及明確資料保存方式等規定，有大幅的變更需要留意，另外，ISO / CNS 45001:2018 職業安全衛生管理系統相關內容，包括：變更管理、採購管理及承攬管理、緊急應變、外包管理等規定，需要特別留意。

近年職安衛管理辦法喜歡考試的類型，分為組織應設置的人數，目前尚無與醫護人數設置人數合併出題，要留意相關人數設置規定的複合性考題、另一項是自動檢查，但因項目太多，建議針對具有指標性意義的項目優先去背，如：化學設備及其附屬設備、起重機、營造等，但近期特定化學物質之局部排氣設計會是檢查重點，建議針對局部排氣有關的檢點檢查事項要留意。

### 本節題型參考法規

#### ＊職業安全衛生管理系統

「職業安全衛生管理辦法」第 11、12、12-2、12-3、12-4、12-5、12-6 條。

#### ＊自動檢查

「職業安全衛生管理辦法」第 17、19、20、22、26、30、39、40、60、67、80 條。

#### ＊職業安全衛生組織管理

「職業安全衛生管理辦法」第 3、5-1、6 條。

職業安全衛生管理系統績效審查及績效認可作業要點。

#### ＊工業用機器人

「工業用機器人危害預防標準」第 2、18、21、27、32 條。

## 重點精華

一、 自動檢查：是指事業單位就其設備或作業程序與方法，以經常性檢查的方式，在事先發現缺失，並加以改進及採取必要措施，以有效的防止職業災害發生。

二、 定期檢查：對工作場所之各種機械設備，按照其性質分別規定檢查期間，時間一到即予詳細檢查。

三、 重點檢查：機械設備於其安裝妥當，開始使用、拆卸、改裝或修理後，就其重要部份實施重點式之檢查。

四、 作業檢點：係作業主管或作業人員，對其本身管理或操作之機械設備或作業情形，於每日作業前或作業中經常檢點者。

五、 巡視：亦稱為一般性檢查，即負指導監督有關人員定期或不定期檢查機械設備及作業環境，並仔細觀察作業人員之行為動作是否符合安全衛生規定，發現有不符規定者應立即改善或糾正。

六、 安全作業程序(標準)：係對每一種作業經由工作安全分析，藉觀察、討論、修正等方法，逐步分析作業實況，以發現工作場所佈置與規劃設計中潛在危害，並找出製造過程中可能產生的事故，然後據以建立一套安全的標準的作業程序方法。

七、 工業用機器人(以下簡稱機器人)：指具有操作機及記憶裝置(含可變順序控制裝置及固定順序控制裝置)，並依記憶裝置之訊息，操作機可以自動作伸縮、屈伸、移動、旋轉或為前述動作之複合動作之機器。

> 註 因應工業 4.0 的時代，工業用機器人大幅度被使用，對於相關自動檢查及安全使用規定需特別留意。

八、 操作機：指具有類似人體上肢之功能，可以自動作伸縮、屈伸、移動、旋轉或為前述動作之複合動作，以從事下列作業之一者：

1. 使用設置於其前端之機器手或藉吸盤等握持物件，並使之作空間性移動之作業。
2. 使用裝設於其前端之噴布用噴槍、熔接用焊槍等工具，實施噴布、噴膠或熔接等作業。

九、 檢查相關作業：指從事機器人之檢查、修理、調整、清掃、上油及其結果之確認。

十、 協同作業：指使工作者與固定或移動操作之機器人，共同合作之作業。

十一、 協同作業空間：指使工作者與固定或移動操作之機器人，共同作業之安全防護特定範圍。

## *職業安全衛生管理系統

**參考題型**

依職業安全衛生管理辦法規定，試回答下列問題：【89-03】

一、請說明那 4 種事業單位應參照中央主管機關所定之職業安全衛生管理系統指引，建置適合該事業單位之職業安全衛生管理系統？(8 分)【80-01-02】

二、前述安全衛生管理之執行應作成紀錄，並保存幾年？(2 分)【80-02-02】

答

一、依據「職業安全衛生管理辦法」第 12-2 條第 1 項規定，下列事業單位，雇主應依國家標準 CNS 45001 同等以上規定，建置適合該事業單位之職業安全衛生管理系統，並據以執行：

1. 第一類事業勞工人數在 200 人以上者。
2. 第二類事業勞工人數在 500 人以上者。
3. 有從事石油裂解之石化工業工作場所者。
4. 有從事製造、處置或使用危害性之化學品，數量達中央主管機關規定量以上之工作場所者。

二、依據「職業安全衛生管理辦法」第 12-2 條第 2 項規定，前項安全衛生管理之執行，應作成紀錄，並保存 3 年。

**參考題型**

建置管理系統之事業單位在引進或修改製程、契約規範與履約要件、事業交付承攬且參與共同作業及事業潛在風險之緊急狀況預防等情形下，應分別採行何種管理或計畫？(4 分)【80-01-03】

答

依據「職業安全衛生管理辦法」第 12-3、12-4、12-5 及 12-6 條規定：

一、引進或修改製程：

應評估其職業災害之風險，並採取適當之預防措施。【變更管理】

二、契約規範與履約要件：

關於機械、設備、器具、物料、原料及個人防護具等之採購、租賃，其契約內容應有符合法令及實際需要之職業安全衛生具體規範，並於驗收、使用前確認其符合規定。【採購管理】

營繕工程之規劃、設計、施工及監造等交付承攬或委託者，其契約內容應有防止職業災害之具體規範，並列為履約要件。【採購管理】

三、事業交付承攬且參與共同作業：

應就承攬人之安全衛生管理能力、職業災害通報、危險作業管制、教育訓練、緊急應變及安全衛生績效評估等事項，訂定承攬管理計畫。【承攬管理】

四、事業潛在風險之緊急狀況預防：

訂定緊急狀況預防、準備及應變之計畫，並定期實施演練。【緊急準備與應變】

**參考題型**

**「員工參與」是職業安全衛生管理系統的基本要素之一，雇主應安排員工及其代表有時間和資源積極參與職業安全衛生管理系統的組織設計、規劃與實施、評估和改善措施等過程。假設您是事業單位的職業安全管理師，試回答下列問題：**

**一、依職業安全衛生管理辦法規定，事業單位設置之職業安全衛生委員會，勞工代表應佔委員人數多少比例以上？(2 分)**

**二、應每幾個月至少開會一次？(2 分)**

**三、列舉 5 項職業安全衛生委員會辦理事項。**

**四、列舉 4 項可使勞工參與職業安全衛生之事務。(8 分)**

**【79-03】、【58-03】**

答

一、依據「職業安全衛生管理辦法」第 11 條規定，職業安全衛生委員會之勞工代表，應佔委員人數 1/3 以上。

二、依據「職業安全衛生管理辦法」第 12 條規定，職業安全衛生委員會應每 3 個月至少開會 1 次。

三、依據「職業安全衛生管理辦法」第 12 條規定，職業安全衛生委員會應辦理之事項如下列：

1. 對雇主擬訂之職業安全衛生政策提出建議。【安衛政策】

2. 協調、建議職業安全衛生管理計畫。【管理計畫】
3. 審議安全、衛生教育訓練實施計畫。【教育訓練】
4. 審議作業環境監測計畫、監測結果及採行措施。【環境監測】
5. 審議健康管理、職業病預防及健康促進事項。【健康管理】
6. 審議各項安全衛生提案。【安衛提案】
7. 審議事業單位自動檢查及安全衛生稽核事項。【自動檢查】
8. 審議機械、設備或原料、材料危害之預防措施。【危害預防】
9. 審議職業災害調查報告。【職災調查】
10. 考核現場安全衛生管理績效。【管理績效】
11. 審議承攬業務安全衛生管理事項。【承攬管理】
12. 其他有關職業安全衛生管理事項。【其他事項】

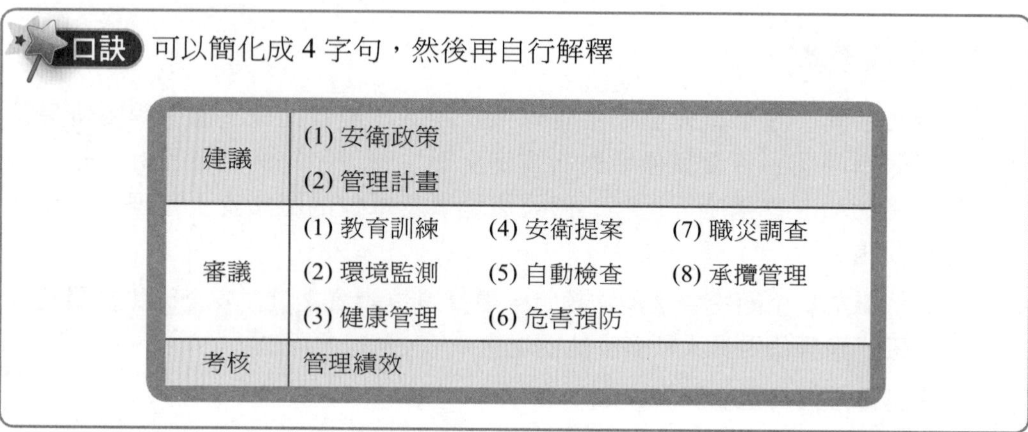
口訣 可以簡化成 4 字句，然後再自行解釋

| | |
|---|---|
| 建議 | (1) 安衛政策<br>(2) 管理計畫 |
| 審議 | (1) 教育訓練 (4) 安衛提案 (7) 職災調查<br>(2) 環境監測 (5) 自動檢查 (8) 承攬管理<br>(3) 健康管理 (6) 危害預防 |
| 考核 | 管理績效 |

四、依據「職業安全衛生法」相關法規規定，必須有勞工代表會同參與之事項如下列：

1. 參與安全衛生工作守則之訂定。
2. 參與職業災害調查、分析及作成紀錄之實施。
3. 參與安全衛生委員會之會議。
4. 參與作業環境監測計畫之訂定、實施及變更。

## ＊自動檢查

參考題型

依職業安全衛生管理辦法之規定，列出5項雇主對工業用機器人於每日作業前，應實施檢點之項目。(10分)　【76-02-02】

依據「職業安全衛生管理辦法」第60條規定，雇主對工業用機器人應於每日作業前依下列規定實施檢點；檢點時應儘可能在可動範圍外為之：

一、制動裝置之機能。

二、緊急停止裝置之機能。

三、接觸防止設施之狀況及該設施與機器人間連鎖裝置之機能。

四、相連機器與機器人間連鎖裝置之機能。

五、外部電線、配管等有無損傷。

六、供輸電壓、油壓及空氣壓有無異常。

七、動作有無異常。

八、有無異常之聲音或振動。

參考題型

某煉油廠於系統建壓查漏程序中。氫氣持續排放至廢氣燃燒 (Flare) 系統，疑似通往廢氣燃燒塔管線洩漏，造成氣爆著火；操作人員依緊急停爐標準作業程序 (SOP) 由緊急排放閥釋壓，氣體往廢氣燃燒塔管線排放，造成火勢持續延燒。操作人員依標準作業程序 (SOP) 緊急停爐，製程系統隔離。

請說明廢氣燃燒塔（屬化學設備及其附屬設備）依職業安全衛生管理辦法規定應進行的自動檢查項目及其內容？(10分)

【98-03-01】、【75-01-02】相似題型

依據「職業安全衛生管理辦法」第39條規定，雇主對化學設備及其附屬設備，應就下列事項，每2年定期實施檢查1次。

其檢查事項列舉如下：

一、內部是否有造成爆炸或火災之虞。

二、內部與外部是否有顯著之損傷、變形及腐蝕。

三、蓋板、凸緣、閥、旋塞等之狀態。

四、安全閥或其他安全裝置、壓縮裝置、計測裝置之性能。

五、冷卻裝置、攪拌裝置、壓縮裝置、計測裝置及控制裝置之性能。

六、預備電源或其代用裝置之性能。

七、其他防止爆炸或火災之必要事項。

**參考題型**

雇主對於機械、器具、設備及其作業應訂定自動檢查計畫實施自動檢查，請回答下列關於自動檢查之相關問題：

一、列出擬定自動檢查計畫應具備之要項。(9 分 )

二、列出定期檢查、重點檢查應記錄事項。(6 分 )

三、說明「固定式起重機過捲預防裝置」、「升降機緊急停止裝置」、「動力衝剪機械」、「高壓電氣設備」、「堆高機制動裝置」之各定期檢查頻率。(5 分 ) 【65-05】、【50-01】

答

一、擬定自動檢查計畫應具備之要項如下列：

1. 檢查對象：應先敘明欲檢查何種機械設備。
2. 檢查項目：各種機械設備之檢查項目應依法令規定辦理。
3. 檢查週期與時間：檢查對象應依法令規定時間及參考生產或維修計畫訂定檢查週期與時間。
4. 檢查程序：各種機械設備之檢查，應先決定如何檢查，依檢查程序執行。
5. 檢查方法：先要決定何種機械設備用何種方法檢查，需要用的工具儀器要事先備妥。
6. 檢查人員：實施自動檢查先要確定檢查人員。
7. 檢查安全對策：檢查程序中各項工作均屬非經常性之臨時工作，極易發生危險，故應事先考慮安全對策，以資防範。
8. 檢查紀錄之確定：檢查完畢後，檢查人員應作成紀錄，如設置有檢查小組，則小組召集人應召集小組成員共同會商檢討，確定檢查紀錄。
9. 檢查後應採措施：對檢查發現之不安全衛生狀況及行為，應提出建議並迅速改善。

二、依據「職業安全衛生管理辦法」第 80 條規定，實施之定期檢查、重點檢查應記錄事項如下：

1. 檢查年月日。
2. 檢查方法。
3. 檢查部分。
4. 檢查結果。
5. 實施檢查者之姓名。
6. 依檢查結果應採取改善措施之內容。

三、機械設備之「定期檢查」頻率如下列：

1. 「固定式起重機過捲預防裝置」：每月定期檢查。
2. 「升降機緊急停止裝置」：每月定期檢查。
3. 「動力衝剪機械」：每年定期檢查。
4. 「高壓電氣設備」：每年定期檢查。
5. 「堆高機制動裝置」：每月定期檢查。

**參考題型**

**依職業安全衛生管理辦法規定，對局部排氣裝置、空氣清淨裝置及吹吸型換氣裝置，應每年定期實施檢查一次，請列舉 6 項檢查項目以保持其性能。(12 分 )**

答

依據「職業安全衛生管理辦法」第 40 條之規定，雇主對局部排氣裝置、空氣清淨裝置及吹吸型換氣裝置應每年依下列規定定期實施檢查一次：

一、氣罩、導管及排氣機之磨損、腐蝕、凹凸及其他損害之狀況及程度。

二、導管或排氣機之塵埃聚積狀況。

三、排氣機之注油潤滑狀況。

四、導管接觸部分之狀況。

五、連接電動機與排氣機之皮帶之鬆弛狀況。

六、吸氣及排氣之能力。

七、設置於排放導管上之採樣設施是否牢固、鏽蝕、損壞、崩塌或其他妨礙作業安全事項。

八、其他保持性能之必要事項。

參考題型

某營造工地實施自動檢查，依職業安全衛生管理辦法規定，試回答下列問題：

一、雇主對移動式起重機，除每年就該機械之整體定期實施檢查 1 次外，請敘明 4 項每月應定期實施檢查之規定事項。(8 分 )

二、雇主對前項每月所實施之定期檢查，應記錄那 6 項事項，並保存 3 年。(6 分 )

三、雇主使勞工從事營造作業時，應就那些事項，使該勞工就其作業有關事項實施檢點？請列舉 6 項。(6 分 ) 【88-01】

答

一、依據「職業安全衛生管理辦法」第 20 條第 2 項規定，雇主對移動式起重機應每月依下列規定定期實施檢查一次：

1. 過捲預防裝置、警報裝置、制動器、離合器及其他安全裝置有無異常。
2. 鋼索及吊鏈有無損傷。
3. 吊鉤、抓斗等吊具有無損傷。
4. 配線、集電裝置、配電盤、開關及控制裝置有無異常。

二、依據「職業安全衛生管理辦法」第 80 條規定，雇主依規定實施之定期檢查、重點檢查應就下列事項記錄，並保存 3 年：

1. 檢查年月日。
2. 檢查方法。
3. 檢查部分。
4. 檢查結果。
5. 實施檢查者之姓名。
6. 依檢查結果應採取改善措施之內容。

三、依據「職業安全衛生管理辦法」第 67 條規定，雇主使勞工從事營造作業時，應就下列事項，使該勞工就其作業有關事項實施檢點：

1. 打樁設備之組立及操作作業。
2. 擋土支撐之組立及拆除作業。
3. 露天開挖之作業。
4. 隧道、坑道開挖作業。

5. 混凝土作業。

6. 鋼架施工作業。

7. 施工構台之組立及拆除作業。

8. 建築物之拆除作業。

9. 施工架之組立及拆除作業。

10. 模板支撐之組立及拆除作業。

11. 其他營建作業。

## *職業安全衛生組織管理

**參考題型**

**有一事業單位從事玻璃及玻璃製品製造僱用勞工人數 250 人，另其他受工作場所負責人指揮或監督從事勞動之勞工人數 60 人，且兩者之勞工在同期間、工作場所作業，因製程所需設置液氧儲槽（未設加壓蒸發器）、送氣蒸發器（1 座）出口常用壓力每平方公分 10 公斤，且其處理能力達 1,000 立方公尺。請問依職業安全衛生管理辦法規定，該事業單位職業安全衛生管理單位及管理人員如何設置及其理由何在？(4 分)　【99-04-01】**

答

依據「職業安全衛生管理辦法」第 3 條附表二及第 3-2 條規定，該事業之職業安全衛生人員設置說明如下：

一、該事業單位係從事玻璃及玻璃製品製造，故為第一類事業之營造業以外事業單位。

二、因事業單位勞工人數之計算，包含原事業單位及其承攬人、再承攬人之勞工及其他受工作場所負責人指揮或監督從事勞動之人員，於同一期間、同一工作場所作業時之總人數。因該事業單位勞工 250 人 + 60 人 = 310 人，故事業單位應置甲種職業安全衛生業務主管 1 人、職業安全（衛生）管理師及職業安全衛生管理員各 1 人。

## 參考題型

您如受聘於某營造股份有限公司(員工 30 人)擔任職業安全管理師工作，公司另於新竹科學園區工地設置工務所(員工 160 人，另有共同作業承攬人員工 170 人)及設置承攬南部某改建工程之工務所(員工 20 人，另有共同作業承攬人員工 140 人)試回答下列問題：

一、依法貴公司之職業安全衛生人員如何設置？【60-01】

一、依據「職業安全衛生管理辦法」相關規定，該公司之職業安全衛生人員設置應如下列：

1. 總機構(520 人 = 30+160+170+20+140 人)：應置營造業甲種職業安全衛生業務主管及職業安全衛生管理員各 1 人以上。(安管辦法第 6 條)
2. 新竹工務所(330 人＝ 160+170 人)：應置營造業甲種職業安全衛生業務主管 1 人、職業安全(衛生)管理師 1 人及職業安全衛生管理員 2 人以上。(安管辦法第 3 條)
3. 南部工務所(160 人＝ 20+140 人)：應置營造業甲種職業安全衛生業務主管及職業安全衛生管理員各 1 人以上。(安管辦法第 3 條)

### 補充資料

各類事業之總機構或綜理全事業職業安全衛生業務之事業單位
應置職業安全衛生人員表

| 事業 | 規模(勞工人數) | 應置之管理人員 |
|---|---|---|
| 壹、第一類事業(高度風險事業) | 一、500 人以上未滿 1,000 人 | 甲種職業安全衛生業務主管及職業安全衛生管理員各 1 人。 |
| | 二、1,000 人以上 | 甲種職業安全衛生業務主管、職業安全(衛生)管理師及職業安全衛生管理員各 1 人以上。 |
| 貳、第二類事業(中度風險事業) | 一、500 人以上未滿 1,000 人 | 甲種職業安全衛生業務主管及職業安全衛生管理員各 1 人。 |
| | 二、1,000 人以上 | 甲種職業安全衛生業務主管、職業安全(衛生)管理師及職業安全衛生管理員各 1 人以上。 |
| 參、第三類事業(低度風險事業) | 3,000 人以上 | 甲種職業安全衛生業務主管及職業安全衛生管理員各 1 人以上。 |

附註：本表為至少應置之管理人員人數，事業單位仍應依其事業規模及危害風險，增置管理人員。

## 各類事業之事業單位應置職業安全衛生人員表

| 行業別 | 事業單位 | 管理單位 | 勞工人數 | 管理人員 |
|---|---|---|---|---|
| 第一類事業（具顯著風險） | 營造業 | - | 29 以下 | 丙種主管 (1) |
| | | | 30-99 | 乙種主管 (1) + 管理員 (1) |
| | | 專責一級 | 100-299 | 甲種主管 (1) + 管理員 (1) |
| | | | 300-499 | 甲種主管 (1) + 安 ( 衛 ) 師 (1) + 管理員 (2) |
| | | | 500 以上 | 甲種主管 (1) + 安 ( 衛 ) 師 (2) + 管理員 (2) |
| | 營造業以外 | - | 29 以下 | 丙種主管 (1) |
| | | | 30-99 | 乙種主管 (1) |
| | | 專責一級 | 100-299 | 甲種主管 (1) + 管理員 (1) |
| | | | 300-499 | 甲種主管 (1) + 安 ( 衛 ) 師 (1) + 管理員 (1) |
| | | | 500~999 | 甲種主管 (1) + 安 ( 衛 ) 師 (1) + 管理員 (2) |
| | | | 1,000 以上 | 甲種主管 (1) + 安 ( 衛 ) 師 (2) + 管理員 (2) |
| 第二類事業（具中度風險者） | | - | 5 以下 | 丁種主管 (1) |
| | | | 6-29 | 丙種主管 (1) |
| | | | 30-99 | 乙種主管 (1) |
| | | | 100-299 | 甲種主管 (1) |
| | | 一級 | 300-499 | 甲種主管 (1) + 管理員 (1) |
| | | | 500 以上 | 甲種主管 (1) + 安 ( 衛 ) 師 (1) + 管理員 (1) |
| 第三類事業（具低度風險者） | | - | 5 以下 | 丁種主管 (1) |
| | | | 6-29 | 丙種主管 (1) |
| | | | 30-99 | 乙種主管 (1) |
| | | | 100-499 | 甲種主管 (1) |
| | | | 500 以上 | 甲種主管 (1) + 管理員 (1) |

● **備註：**

1. 營造業之事業單位對於橋梁、道路、隧道或輸配電等距離較長之工程，應於每 10 公里內增置營造業丙種職業安全衛生業務主管 1 人。
2. 依上述規定置職業安全（衛生）管理師 2 人以上者，其中至少 1 人應為職業衛生管理師。

## 參考題型

依職業安全衛生管理辦法規定，請說明下列組織及人員之職責。

一、職業安全衛生管理單位

二、職業安全衛生委員會

三、置有職業安全（衛生）管理師、職業安全衛生管理員事業單位之職業安全衛生業務主管

四、職業安全（衛生）管理師、職業安全衛生管理員

五、工作場所負責人及各級主管

**答**

依據「職業安全衛生管理辦法」第 5-1 條，職業安全衛生組織、人員、工作場所負責人及各級主管之職責如下：

一、職業安全衛生管理單位：擬訂、規劃、督導及推動安全衛生管理事項，並指導有關部門實施。

二、職業安全衛生委員會：對雇主擬訂之安全衛生政策提出建議，並審議、協調、建議安全衛生相關事項。

三、置有職業安全（衛生）管理師、職業安全衛生管理員事業單位之職業安全衛生業務主管：主管及督導安全衛生管理事項。

四、職業安全（衛生）管理師、職業安全衛生管理員：擬訂、規劃及推動安全衛生管理事項，並指導有關部門實施。

五、工作場所負責人及各級主管：依職權指揮、監督所屬執行安全衛生管理事項，並協調及指導有關人員實施。

**提示**

1. 未置有職業安全（衛生）管理師、職業安全衛生管理員事業單位之職業安全衛生業務主管：擬訂、規劃及推動安全衛生管理事項。
2. 一級單位之職業安全衛生人員：協助一級單位主管擬訂、規劃及推動所屬部門安全衛生管理事項，並指導有關人員實施。

參考題型

一、事業單位須符合哪些條件者，得申請職業安全衛生管理系統績效認可？（6 分）

二、認可有效期間審定之規定為何？（10 分）

一、依「職業安全衛生管理系統績效審查及績效認可作業要點」相關規定，事業單位或其總機構（以下簡稱申請單位）符合下列條件者，得申請職業安全衛生管理系統績效審查：

1. 通過臺灣職業安全衛生管理系統（以下簡稱 TOSHMS）驗證。
2. 工作場所（含承攬人及再承攬人）於績效審查申請期間（含申請日當年度 1 月 1 日至審查通過之日）及前 3 年度，未曾因發生因違反「職業安全衛生法」致發生同法第 37 條第 2 項第 1 款、第 2 款之職業災害，經主管機關裁處罰鍰、停工處分或因刑事罰移送司法機關。
3. 近 3 年總合傷害指數為同行業（本部公告前 3 年總合傷害指數之行業分類）1/2 或全產業 1/4 以下。
4. 已依法令規定設置職業安全衛生管理單位及人員。
5. 已依「職業安全衛生法」第 38 條規定填載職業災害內容及統計，統計期間滿 3 年。

申請單位為總機構者，其地區事業單位亦應符合前項第 2 款規定。

績效審查通過有效期間屆滿前再申請績效審查者，應符合第 1 項第 1 款至第 4 款規定。

二、績效認可申請單位之「職業安全衛生管理系統績效自評表」，經審查作業機構進行初審，其基本要項達成比率為 90% 以上，進階要項達成比率為 50% 以上者，由職安署通知其就下列事項進行現場簡報及詢答：

1. 整體職業安全衛生策略及制度。
2. 職業安全衛生管理之實施與運作。
3. 職業安全衛生管理之查（稽）核與績效量測。
4. 職業安全衛生管理持續改進情形。
5. 其他（如創新作法或特殊績效等）。

職安署為辦理前項之績效認可，得邀請學者專家進行評核，其推動績效良好者，經認可結果分成優良及特優二等第，有效期間為 3 年。

## ＊工業用機器人

參考題型

為預防操作工業用機器人不當會致發生捲夾、被撞等災害，請依工業用機器人危害預防標準回答下列問題：

一、用詞定義：

1. 可動範圍。
2. 教導相關作業。
3. 工業用機器人。
4. 協同作業空間。（每小題 3 分，共 12 分）【92-03-01】

二、雇主使勞工從事教導相關作業前，應確認哪些事項？(8 分)

三、雇主使勞工起動機器人前，應確認哪些事項？(6 分)【78-02】

答

一、依據「工業用機器人危害預防標準」第 2 條規定，本標準用詞定義如下：

1. 可動範圍：指依記憶裝置之訊息，操作機及該機器人之各部 ( 含設於操作機前端之工具 ) 在構造上可動之最大範圍。
2. 教導相關作業：指機器人操作機之動作程序、位置或速度之設定、變更或確認。
3. 工業用機器人：指具有操作機及記憶裝置 ( 含可變順序控制裝置及固定順序控制裝置 )，並依記憶裝置之訊息，操作機可以自動作伸縮、屈伸、移動、旋轉或為前述動作之複合動作之機器。
4. 協同作業空間：指使工作者與固定或移動操作之機器人，共同作業之安全防護特定範圍。

二、依據「工業用機器人危害預防標準」第 27 條規定，雇主使工作者從事教導相關作業前，應確認下列事項，如發現有異常時，應即改善並採取必要措施：

1. 外部電纜線之被覆或外套管有無損傷。
2. 操作機之動作有無異常。
3. 控制裝置及緊急停止裝置之機能是否正常。
4. 空氣或油有無由配管漏洩。

前項第 1 款之確認作業應於停止運轉後實施；第 2 款及第 3 款之確認作業應於可動範圍外側實施。

三、依據「工業用機器人危害預防標準」第 32 條規定，雇主使工作者起動機器人前，應先確認下列事項，並規定一定之聯絡信號：

1. 在可動範圍內無任何人存在。
2. 移動式控制面盤、工具等均已置於規定位置。
3. 機器人或關連機器之異常指示燈等均未顯示有異常。

**參考題型**

**近年來工業用機器人逐漸被使用而取代部分人力，通常應用於重複性或工作環境惡劣之工作場所，依工業用機器人危害預防標準之規定，列出 5 項雇主對機器人配置之規定。(10 分 )　【76-02-01】、【92-03-02】相似題型**

答

依據「工業用機器人危害預防標準」第 18 條規定，雇主對機器人之配置，應符合下列規定：

一、確保能安全實施作業之必要空間。

二、固定式控制面盤應設於可動範圍之外，且使操作工作者可泛視機器人全部動作之位置。

三、壓力表、油壓表及其他計測儀器應設於顯明易見之位置，並標示安全作業範圍。

四、電氣配線及油壓配管、氣壓配管應設於不致受到操作機、工具等損傷之處所。

五、緊急停止裝置用開關，應設置於控制面盤以外之適當處所。

六、於機器人顯明易見之位置，設置緊急停止裝置及指示燈等。

參考題型

近年來使用人、機共同作業之協同作業機器人為產業智慧化趨勢，並廣泛應用於半導體、面板、印刷電路板、電子組裝、工具機及汽車等產業，請依工業用機器人危害預防標準之規定，回答下列問題：

一、請敘明何謂協同作業？(3 分)

二、雇主於機器人可動範圍之外側，應依那些規定設置圍柵或護圍？(10 分)

三、雇主使用協同作業之機器人時，除應符合相關國家標準或國際標準之規定，並應就那些事項實施評估，製作安全評估報告留存後，得不受前項(二)規定之限制？(7 分) 【88-02】

答

一、依據「工業用機器人危害預防標準」第 2 條規定，協同作業係指使工作者與固定或移動操作之機器人，共同合作之作業。

二、依據「工業用機器人危害預防標準」第 21 條第 1 項規定，雇主於機器人可動範圍之外側，依下列規定設置圍柵或護圍：

1. 出入口以外之處所，應使工作者不易進入可動範圍內。
2. 設置之出入口應標示並告知工作者於運轉中禁止進入，並應採取下列措施之一：
   (1) 出入口設置光電式安全裝置、安全墊或其他具同等功能之裝置。
   (2) 在出入口應設置門扉或張設支柱穩定、從其四周容易識別之繩索、鏈條等，且於開啟門扉或繩索、鏈條脫開時，其緊急停止裝置應具有可立即發生動作之機能。

三、依據「工業用機器人危害預防標準」第 21 條第 2 項規定，雇主使用協同作業之機器人時，應符合國家標準 CNS 14490 系列、國際標準 ISO 10218 系列或與其同等標準之規定，並就下列事項實施評估，製作安全評估報告留存後，得不受前項規定之限制：

1. 從事協同作業之機器人運作或製程簡介。
2. 安全管理計畫。
3. 安全驗證報告書或符合聲明書。
4. 試運轉試驗安全程序書及報告書。
5. 啟始起動安全程序書及報告書。
6. 自動檢查計畫及執行紀錄表。
7. 緊急應變處置計畫。

雇主使用協同作業之機器人，應於其設計變更時及至少每 5 年，重新評估前項資料，並記錄、保存相關報告等資料 5 年。

## 肆、職業安全衛生教育訓練規則

### 本節提要及趨勢

提升依法設立職業訓練機構之訓練單位辦理教育訓練品質，齊一勞工健康服務護理人員及勞工健康服務相關人員之訓練體制，強化高空工作車操作人員的專業能力，並合宜調整部分職類教育訓練課程、時數及師資，重點如下：

一、勞工健康服務相關人員（包括心理師、職能治療師、物理治療師等）之教育訓練職類，以周全訓練體制；另明定該等人員之教育訓練及在職教育訓練課程、 時數及師資依勞工健康保護規則規定辦理，以齊一規範。

二、確保高空工作車操作人員之作業安全，雇主應使高空工作車操作人員接受特殊作業安全衛生教育訓練。

三、對使用中央主管機關指定之各職類安全衛生在職教育訓練網路教學課程取得認證時數，得採認該職類之在職教育訓練時數，以鼓勵勞工透過多元管道接受在職教育訓練。

四、雇主團體、勞工團體及事業單位有對外招生辦理一般安全衛生教育訓練時，應先依法設立職業訓練機構，以確保勞工受訓權益。

五、確保特定教育訓練職類之辦訓品質，授權中央主管機關得指定部分教育訓練職類，由已建立教育訓練自主管理制度且經認可之訓練單位辦理之。

六、掌握對外招生辦理一般安全衛生教育訓練及在職教育訓練之訓練單位辦訓狀況，規定該等訓練單位應辦理上網登錄作業。

七、本節較為冷門，若時間不足，可先跳過。

### 本節題型參考法規

「職業安全衛生教育訓練規則」第 11、23、25 條。

### 重點精華

一、 勞工健康服務相關人員：指具備心理師、職能治療師或物理治療師資格，並經相關訓練合格者。

二、 雇主應使其醫護人員及勞工健康服務相關人員，接受下列課程之在職教育訓練，其訓練時間每 3 年合計至少 12 小時，且每一類課程至少 2 小時：

1. 職業安全衛生相關法規。
2. 職場健康風險評估。
3. 職場健康管理實務。

前項之訓練得於中央主管機關建置之網路學習，其時數之採計，不超過 6 小時。

三、擔任下表所列工作之勞工，應依其工作性質使其接受在職教育訓練：

| 每 2 年至少 6 小時 | 職業安全衛生業務主管 |
|---|---|
| 每 2 年至少 12 小時 | 職業安全衛生管理人員 |
| 每 3 年至少 12 小時 | 勞工健康服務護理人員及勞工健康服務相關人員 |
| 每 3 年至少 6 小時 | 勞工作業環境監測人員 |
| | 施工安全評估人員及製程安全評估人員 |
| | 高壓氣體作業主管、營造作業主管及有害作業主管 |
| 每 3 年至少 3 小時 | 具有危險性之機械或設備操作人員 |
| | 特殊作業人員 (110 年新增：高空工作車操作人員 ) |
| | 急救人員 |
| | 各級管理、指揮、監督之業務主管 |
| | 職業安全衛生委員會成員 |
| | 營造作業、車輛系營建機械作業、起重機具吊掛搭乘設備作業、缺氧作業、局限空間作業、氧乙炔熔接裝置作業及製造、處置或使用危害性化學品之人員 |
| | 前述各款以外之一般勞工 |

**參考題型**

你是職業安全管理師，廠內有荷重在 1 公噸以上之堆高機 10 臺，經統計需接受堆高機操作人員特殊安全衛生教育訓練 25 人，如擬自行辦理該項教育訓練：

一、請說明申請該項訓練備查程序？(5 分 )　【61-01-03】、【59-03】

二、應檢附之文件？(5 分 )

三、其中教育訓練計畫應含有哪些項目？(7 分 )　【61-01-02】、【59-03】

答

一、依據「職業安全衛生教育訓練規則」相關規定，訓練單位辦理教育訓練者，報請主管機關備查程序計有：

1. 辦訓申請核備：依第 23 條規定，填具「教育訓練場所報備書」及相關文件報請當地主管機關核定。( 審查：辦訓資格、教育訓練場所之設施、術

科場所、實習機具及設備、安全衛生量測設備及個人防護具、符合各類場所消防安全設備設置標準之文件及建築主管機關核可有關訓練場所符合教學使用之建物用途證明等）

2. 開班申請核備：依第 25 條規定，應於開訓 15 日前檢附「教育訓練計畫報備書」及相關文件，報請當地主管機關備查。（審查：訓練計畫、課程表、講師概況、學員名冊、輔導員等）

二、依據「職業安全衛生教育訓練規則」第 25 條規定，訓練單位辦理此教育訓練者，應於 15 日前檢附下列文件，報請當地主管機關備查：

1. 教育訓練計畫報備書。
2. 教育訓練課程表。
3. 講師概況。
4. 學員名冊。
5. 負責之專責輔導員名單。

三、教育訓練計畫應含有項目如下列：

1. 訓練期間。
2. 訓練場所。
3. 受訓人數。
4. 專責輔導員。
5. 實習安排概況。
6. 使用之教學設備。
7. 教材。

**參考題型**

**哪些有害作業需接受有害作業主管安全衛生教育訓練？**

答

依據「職業安全衛生教育訓練規則」第 11 條規定，雇主對擔任下列作業主管之勞工，應於事前使其接受有害作業主管之安全衛生教育訓練：

一、**有**機溶劑作業主管。
二、**鉛**作業主管。
三、**四**烷基鉛作業主管。
四、**缺**氧作業主管。
五、**特**定化學物質作業主管。
六、**粉**塵作業主管。
七、**高**壓室內作業主管。
八、**潛**水作業主管。
九、**其**他經中央主管機關指定之人員。

口訣 特有四千 粉高缺歧　見
（鉛）　（其）(潛）

# 伍、危險性工作場所審查及檢查辦法（含製程安全評估定期實施辦法）

## 本節提要及趨勢

本節所規範內容為危險性工作場所，包括：甲、乙、丙、丁類危險性工作場所之管制標準及申請許可之規定，且此節為工安管理重要事項，需特別留意，另外，針對機械完整性等新興考題要特別留意，對於相關製程安全管理執行內容可能會愈考愈細。

## 本節題型參考法規

### *丁類危險性工作場所

「危險性工作場所審查及檢查辦法」第 2、17、18、19 條。

### *鍋爐等高壓容器

「危險性工作場所審查及檢查辦法」第 2、5、9、13 條。

### *製程安全評估場所

「職業安全衛生法」第 15 條。

「製程安全評估定期實施辦法」第 4、5、10 條。

## 重點精華

一、 甲類危險性工作場所：

1. 從事石油產品之裂解反應，以製造石化基本原料之工作場所。
2. 製造、處置、使用危險物、有害物之數量達勞動檢查法施行細則附表一及附表二規定數量之工作場所。

> **提示**
>
> 氯化氫及氟化氫是指氣體，若是使用鹽酸（液體）或氫氟酸（液體），要依其氣體溶解的比例，回推是否有超過有害規定數量，如：使用 20% 的氫氟酸 5 噸，則其規定數量為 5 噸 ×20% = 1 噸 = 1,000 公斤，故為甲類危險性工作場所。

二、 乙類危險性工作場所：

1. 使用異氰酸甲酯、氯化氫、氨、甲醛、過氧化氫或吡啶，從事農藥原體合成之工作場所。

提示

必需要使用異氰酸甲酯、氯化氫、甲醛、過氧化氫或吡啶之任一種化學品，從事農藥原體合成才算乙類危險性工作場所，考試時至少要列舉其中 2 個化學品以上，不能只寫農藥原體合成。

2. 利用氯酸鹽類、過氯酸鹽類、硝酸鹽類、硫、硫化物、磷化物、木炭粉、金屬粉末及其他原料製造爆竹煙火類物品之爆竹煙火工廠。
3. 從事以化學物質製造爆炸性物品之火藥類製造工作場所。

三、 丙類危險性工作場所：指蒸汽鍋爐之傳熱面積在 500 平方公尺以上，或高壓氣體類壓力容器一日之冷凍能力在 150 公噸以上或處理能力符合下列規定之一者：

1. 1,000 立方公尺以上之氧氣、有毒性及可燃性高壓氣體。
2. 5,000 立方公尺以上之前款以外之高壓氣體。

提示

1. 只有單一蒸汽鍋爐（貫流式不算因其危害較低）且其傳熱面積在 500 平方公尺以上，才是丙類危險性工作場所，若數個較小的蒸汽鍋爐合計 500 平方公尺以上，不是丙類危險性工作場所。
2. 處理能力係指處理設備之處理容積〔係指以壓縮、液化及其他方法一日可處理之氣體之容積（係指換算為溫度 $0^{\circ}C$、表壓力 $0\ kg/cm^2$ 之狀態者。）之謂〕之對應如下所求得者。
3. 有關以壓縮機為處理設備者，其處理能力之數值依下式計算：

   壓縮機之處理能力數值 ($m^3$ / 日 ) 等於壓縮機之能力之數值 ($m^3$ / 小時 ) 乘 24( 小時 / 日 )；式中「壓縮機之能力之數值」係指壓縮機之性能曲線於最大運轉時之吐出量之值，而該值可依原廠文件或銘牌所記載之吐出量作為計算依據（行政院勞工委員會 90 年 4 月 16 日台 90 勞檢 2 字 0013216 號函）。

四、 丁類危險性工作場所：

1. 建築物高度在 80 公尺以上之建築工程。
2. 單跨橋梁之橋墩跨距在 75 公尺以上或多跨橋梁之橋墩跨距在 50 公尺以上之橋梁工程。
3. 採用壓氣施工作業之工程。
4. 長度 1,000 公尺以上或需開挖 15 公尺以上豎坑之隧道工程。
5. 開挖深度達 18 公尺以上，且開挖面積達 500 平方公尺以上之工程。
6. 工程中模板支撐高度 7 公尺以上，且面積達 330 平方公尺以上者。

口訣 記憶方式：
甲類：假 ( 油 )，聯想油類
乙類：乙長得像鵝，聯想農藥、爆竹、火藥
丙類：燒餅 ( 丙 ) 的容器，聯想鍋爐、壓力容器
丁類：鐵釘 ( 丁 )，聯想建築、橋梁相關

五、 機械完整性：

對壓力容器與儲槽、管線 ( 包括管線組件如閥 )、釋放及排放系統、緊急停車系統、控制系統 ( 包括監測設備、感應器、警報及連鎖系統 )、泵浦等製程設備執行相關檢點檢查，以確保製程設備程序完整性。

六、 機械完整性需執行項目：

1. 建立並執行書面程序。
2. 針對維持設備持續完整性之勞工，提供製程概要與危害認知及適用於勞工作業相關程序之訓練。
3. 檢查及測試：
   (1) 製程設備須實施檢查及測試。
   (2) 檢查與測試程序、頻率須符合相關法令及工程規範。
   (3) 依照製程設備操作與維修保養經驗，定期檢討檢查及測試頻率。
   (4) 應有詳實之書面紀錄資料，內容至少載明檢查或測試日期、執行檢查或測試人員姓名、檢查或測試製程設備編號或其他識別方式、檢查或測試方式說明、檢查或測試結果等。
4. 未對超出製程操作或設備規範界限實施矯正前，不得繼續設備之操作。

5. 對設備之建造、組裝，應訂定品質保證計畫，以確保下列事項：
   (1) 採用正確之材質及備品，並確認適用於製程。
   (2) 執行適當之檢點及檢查，以確保設備之正確安裝，並符合原設計規格。
   (3) 確認維修材料、零組件及設備符合未來製程應用之需要。

## ＊丁類危險性工作場所

參考題型

一、危險性工作場所非經勞動檢查機構審查或檢查合格，不得使勞工在該作業場所作業，請列出有那些危險性工作場所類別？(4 分)

二、各類危險性工作場所請分別列舉兩種。(16 分) 【87-01】

一、依據「危險性工作場所審查及檢查辦法」第 2 條規定之危險性工作場所分類如下：甲類、乙類、丙類、丁類。

二、依據「危險性工作場所審查及檢查辦法」第 2 條規定之各類危險性工作場所說明如下：

1. 甲類：指下列工作場所：
   (1) 從事石油產品之裂解反應，以製造石化基本原料之工作場所。
   (2) 製造、處置、使用危險物、有害物之數量達本法施行細則附表一及附表二規定數量之工作場所。
2. 乙類：指下列工作場所或工廠：
   (1) 使用異氰酸甲酯、氯化氫、氨、甲醛、過氧化氫或吡啶，從事農藥原體合成之工作場所。
   (2) 利用氯酸鹽類、過氯酸鹽類、硝酸鹽類、硫、硫化物、磷化物、木炭粉、金屬粉末及其他原料製造爆竹煙火類物品之爆竹煙火工廠。
   (3) 從事以化學物質製造爆炸性物品之火藥類製造工作場所。
3. 丙類：指蒸汽鍋爐之傳熱面積在 500 平方公尺以上，或高壓氣體類壓力容器一日之冷凍能力在 150 公噸以上或處理能力符合下列規定之一者：
   (1) 1,000 立方公尺以上之氧氣、有毒性及可燃性高壓氣體。
   (2) 5,000 立方公尺以上之前款以外之高壓氣體。

4. 丁類：指下列之營造工程：

(1) 建築物高度在 80 公尺以上之建築工程。

(2) 單跨橋梁之橋墩跨距在 75 公尺以上或多跨橋梁之橋墩跨距在 50 公尺以上之橋梁工程。

(3) 採用壓氣施工作業之工程。

(4) 長度 1,000 公尺以上或需開挖 15 公尺以上之豎坑之隧道工程。

(5) 開挖深度達 18 公尺以上，且開挖面積達 500 平方公尺以上之工程。

(6) 工程中模板支撐高度 7 公尺以上、且面積達 330 平方公尺以上。

參考題型

請依危險性工作場所審查及檢查辦法規定，回答下列問題：

一、有一營造廠承造建築物高度在 100 公尺之建築工程，須向檢查機構申請丁類工作場所審查合格方得使勞工在該場所作業，其送審資料除申請書外，需檢附那些人員之簽章文件？(3 分)

二、呈上題之營造工程，事業單位於事前對其製訂之施工計畫書實施安全評估，其工程概要、職業安全衛生管理計畫及分項工程計畫內容為何？(14 分)

三、勞工如於地下室使用含甲苯成分之環氧樹酯從事地坪塗敷作業，其施工安全評估報告書中特有災害相對應之職業安全衛生計畫應具內容為何，請簡述之。(3 分) 【95-03】

答

一、依據「危險性工作場所審查及檢查辦法」第 17 條規定，事業單位向檢查機構申請審查丁類工作場所，應填具申請書，並檢附施工安全評估人員及其所僱之專任工程人員、相關執業技師或開業建築師之簽章文件。

二、依據「危險性工作場所審查及檢查辦法」第 17 條附件 14- 施工計畫書規定，工程概要、職業安全衛生管理計畫及分項工程計畫內容如下列：

1. 工程概要：

(1) 工程內容概要。

(2) 施工方法及程序。

(3) 現況調查。

2. 職業安全衛生管理計畫：

(1) 職業安全衛生組織、人員。

(2) 職業安全衛生協議計畫。

(3) 職業安全衛生教育訓練計畫。

(4) 自動檢查計畫。

(5) 緊急應變計畫及急救體系。

(6) 稽核管理計畫。

3. 分項工程作業計畫：

(1) 分項工程內容 ( 範圍 )。

(2) 作業方法及程序。

(3) 作業組織。

(4) 使用機具及設施設置計畫。

(5) 作業日程計畫 ( 依進度日程編列作業項目與需用之人員機具、材料等 )。

(6) 職業安全衛生設施設置計畫。

三、依據「危險性工作場所審查及檢查辦法」第 17 條附件 15- 施工安全評估報告書規定：

特有災害評估表：對施工作業潛在之特有災害 ( 如毒性氣體災害 )，應就詳細拆解之作業程序及計畫內容實施小組安全評估，有關評估過程及安全設施予以說明。

參考題型

某營造工地屬丁類工作場所，依危險性工作場所審查及檢查辦法規定，回答下列問題：【89-01】

一、事業單位向勞動檢查機構申請審查丁類工作場所時，對於那 3 種特殊狀況之營造工程，得報經勞動檢查機構同意後，分段申請審查。(3 分)

二、事業單位應於事前由那 5 類人員組成施工安全評估小組實施評估？(10 分)

三、對於丁類工場所審查結果，除可歸責於事業單位外，勞動檢查機構應於受理申請後幾日內，以書面通知事業單位。(1 分)

四、對於施工安全評估報告書之內容，請列舉 6 項。(6 分)【83-02-02】

答

一、依據「危險性工作場所審查及檢查辦法」第 17 條第 4 項規定，對於工程內容較複雜、工期較長、施工條件變動性較大等特殊狀況之營造工程，得報經檢查機構同意後，分段申請審查。

二、依據「危險性工作場所審查及檢查辦法」第 18 條規定，前條資料事業單位應於事前由下列人員組成評估小組實施評估：

1. 工作場所負責人。
2. 曾受國內外施工安全評估專業訓練或具有施工安全評估專業能力，具有證明文件，且經中央主管機關認可者（以下簡稱施工安全評估人員）。
3. 專任工程人員。
4. 依職業安全衛生管理辦法設置之職業安全衛生人員。
5. 工作場所作業主管（含承攬人之人員）。

三、依據「危險性工作場所審查及檢查辦法」第 19 條規定，第 17 條審查之結果，檢查機構應於受理申請後 30 日內，以書面通知事業單位。但可歸責於事業單位者，不在此限。

四、依據「危險性工作場所審查及檢查辦法」附件 15 規定，施工安全評估報告書之內容如下列：

1. 初步危害分析表。
2. 主要作業程序分析表。
3. 施工災害初步分析表。
4. 基本事項檢討評估表：就附件 14 所列施工計畫作業內容之施工順序逐項依職業安全衛生相關法規及工程經驗予以檢討評估。

5. 特有災害評估表：對施工作業潛在之特有災害（如倒塌、崩塌、落磐、異常出水、可燃性及毒性氣體災害、異常氣壓災害及機械災害等），應就詳細拆解之作業程序及計畫內容實施小組安全評估，有關評估過程及安全設施予以說明。

6. 施工計畫之修改：應依前 5 項評估結果修改、補充施工計畫。

7. 報告簽章：參與施工安全評估人員應於報告書中具名簽章（註明單位、職稱、姓名，其為開業建築師或執業技師者應簽章），及本辦法第 17 條規定之相關證明、資格文件。

## *鍋爐等高壓容器

**參考題型**

**事業單位丙類工作場所使勞工作業 45 日前應向當地勞動檢查機構申請審查及檢查，試列舉 2 類應申請審查之場所。(4 分)　【81-03-02】**

答

依據「危險性工作場所審查及檢查辦法」第 2 條規定，丙類工作場所係指蒸汽鍋爐之傳熱面積在 500 平方公尺以上，或高壓氣體類壓力容器一日之冷凍能力在 150 公噸以上或處理能力符合下列規定之一者：

一、1,000 立方公尺以上之氧氣、有毒性及可燃性高壓氣體。

二、5,000 立方公尺以上之前款以外之高壓氣體。

**參考題型**

**事業單位向檢查機構分別申請審查甲類工作場所、申請審查及檢查乙類工作場所與審查及檢查丙類工作場所，除填具申請書外，並應檢附哪些資料？(5 分)**
**【81-03-03】、【100-03-04】相似題型**

答

一、依據「危險性工作場所審查及檢查辦法」第 5 條規定，甲類工作場所應檢附資料如下：

1. 安全衛生管理基本資料。
2. 製程安全評估定期實施辦法第 4 條所定附表 1 至附表 14。

二、依據「危險性工作場所審查及檢查辦法」第 9、13 條規定，乙、丙類工作場所，應檢附資料，如下列：

1. 安全衛生管理基本資料。
2. 製程安全評估報告書。
3. 製程修改安全計畫。
4. 緊急應變計畫。
5. 稽核管理計畫。

## *製程安全評估場所

參考題型

某煉油廠於系統建壓查漏程序中。氫氣持續排放至廢氣燃燒 (Flare) 系統，疑似通往廢氣燃燒塔管線洩漏，造成氣爆著火；操作人員依緊急停爐標準作業程序 (SOP) 由緊急排放閥釋壓，氣體往廢氣燃燒塔管線排放，造成火勢持續延燒。操作人員依標準作業程序 (SOP) 緊急停爐，製程系統隔離。

假若該廠是適用「製程安全評估定期實施辦法」，請說明依製程安全評估報告及採取必要之預防措施中「機械完整性」之事項？(10 分 )　【98-03-02】

答

依據「製程安全評估定期實施辦法」附表 8 規定，對壓力容器與儲槽、管線 ( 包括管線組件如閥 )、釋放及排放系統、緊急停車系統、控制系統 ( 包括監測設備、感應器、警報及連鎖系統 )、泵浦等製程設備執行下列事項，以確保製程設備程序完整性：

一、建立並執行書面程序。

二、針對維持設備持續完整性之勞工，提供製程概要與危害認知及適用於勞工作業相關程序之訓練。

三、檢查及測試：

1. 製程設備須實施檢查及測試。
2. 檢查與測試程序、頻率須符合相關法令及工程規範。
3. 依照製程設備操作與維修保養經驗，定期檢討檢查及測試頻率。
4. 應有詳實之書面紀錄資料，內容至少載明檢查或測試日期、執行檢查或測試人員姓名、檢查或測試製程設備編號或其他識別方式、檢查或測試方式說明、檢查或測試結果等。

四、未對超出製程操作或設備規範界限實施矯正前，不得繼續設備之操作。

五、對設備之建造、組裝，應訂定品質保證計畫，以確保下列事項：

1. 採用正確之材質及備品，並確認適用於製程。
2. 執行適當之檢點及檢查，以確保設備之正確安裝，並符合原設計規格。
3. 確認維修材料、零組件及設備符合未來製程應用之需要。

**參考題型**

**依職業安全衛生法規定，具高風險之工作場所，事業單位每 5 年應實施製程安全評估，並製作製程安全評估報告，報請勞動檢查機構備查，請回答下列問題：**

**一、上述應實施製程安全評估之工作場所為何？(4 分)**

**二、上述製程安全評估方法為何？(6 分)**

**三、請依據「製程安全評估定期實施辦法」之規定，說明事業單位每 5 年應再實施製程安全評估的事項及評估報告的內容。(20 分)**

**【86-03】、【74-04】、【91-01-02】**

**四、評估報告中「機械完整性」，應針對那些製程設備確保其完整性，請列舉 5 項。(10 分)**

答

一、依據「職業安全衛生法」第 15 條第 1 項規定，有下列情事之一之工作場所，事業單位應依中央主管機關規定之期限，定期實施製程安全評估，並製作製程安全評估報告及採取必要之預防措施；製程修改時，亦同：

1. 從事石油裂解之石化工業。
2. 從事製造、處置或使用危害性之化學品數量達中央主管機關規定量以上。

二、依據「製程安全評估定期實施辦法」第 5 條規定，製程安全評估，應使用下列一種以上之安全評估方法，以評估及確認製程危害：

1. 如果 - 結果分析。
2. 檢核表。
3. 如果 - 結果分析 / 檢核表。
4. 危害及可操作性分析。
5. 失誤模式及影響分析。
6. 故障樹分析。
7. 其他經中央主管機關認可具有同等功能之安全評估方法。

三、依據「製程安全評估定期實施辦法」第 4 條規定，事業單位應每 5 年就下列事項，實施製程安全評估：

1. 製程安全資訊。
2. 製程危害控制措施。

實施前項評估之過程及結果，應予記錄，並製作製程安全評估報告及採取必要之預防措施，評估報告內容應包括下列各項：

1. 實施前項評估過程之必要文件及結果。
2. 勞工參與。
3. 標準作業程序。
4. 教育訓練。
5. 承攬管理。
6. 啟動前安全檢查。
7. 機械完整性。
8. 動火許可。
9. 變更管理。
10. 事故調查。
11. 緊急應變。
12. 符合性稽核。
13. 商業機密。

四、依據「製程安全評估定期實施辦法」附表 8 機械完整性之規定，係針對壓力容器與儲槽、管線(包括管線組件如閥)、釋放及排放系統、緊急停車系統、控制系統(包括監測設備、感應器、警報及連鎖系統)、泵浦等製程設備，以確保製程設備程序完整性。

**提示** 製程安全定期評估報告內容。

| | | |
|---|---|---|
| 製程安全管理 | 技術 | 製程安全資訊 |
| | | 製程危害控制措施 |
| | | 標準作業程序 |
| | | 動火許可 |
| | | 變更管理 |
| | 設備 | 啟動前安全檢查 |
| | | 機械完整性 |
| | 人員 | 教育訓練 |
| | | 承攬管理 |
| | | 事故調查 |
| | | 緊急應變 |
| | | 符合性稽核 |
| | | 勞工參與 |
| | | 商業機密 |

**事業單位之工作場所發生哪些情事時，應檢討修正其製程安全評估報告並留存備查？(5 分)**

依據「製程安全評估定期實施辦法」第 10 條規定，事業單位有工作場所發生下列情事之一者，應檢討並修正其製程安全評估報告後，留存備查：

一、職業安全衛生法第 37 條第 2 項規定之職業災害。

二、火災、爆炸、有害氣體洩漏。

三、其他認有製程風險之情形。

## 陸、營造安全衛生設施標準

### 本節提要及趨勢

營造安全常見考試內容包括：露天開挖、鋼構組配、施工架、工作場所等內容；營造法規經常會考，幾乎每次都會出 1 題，需要特別留意。

### 本節題型參考法規

#### *模板支撐

「營造安全衛生設施標準」第 131、132、135、142、157 條。

#### *露天開挖及擋土支撐

「營造安全衛生設施標準」第 1-1、62-2、63、65、66、69、71、73、74、75 條。

#### *緊水作業及汛期應變

「營造安全衛生設施標準」第 14、15、16 條。

#### *施工架、墜落及屋頂作業

「營造安全衛生設施標準」第 17、18、18-1、20、40、45、48、59 條。

「職業安全衛生設施規則」第 281 條。

## ＊鋼構組立、安全母索、安全網及吊運

「營造安全衛生設施標準」第 22、23、148、149、149-1、150 條。

## ＊倒崩塌及構造物拆除

「營造安全衛生設施標準」第 6、84、155、159、160、161、164 條。

## ＊其他(包含工作場所、施工構臺及設規組合題型等)

「營造安全衛生設施標準」第 4、28、42、45、62-2、65、75、82、96、129、135、157 條。

「職業安全衛生設施規則」第 226、230 條。

## 重點精華

一、露天開挖：指於室外採人工或機械實施土、砂、岩石等之開挖，包括土木構造物、建築物之基礎開挖、地下埋設物之管溝開挖與整地，及其他相關之開挖。

二、露天開挖作業：指使勞工從事露天開挖之作業。

三、露天開挖場所：指露天開挖區及與其相鄰之場所，包括測量、鋼筋組立、模板組拆、灌漿、管道及管路設置、擋土支撐組拆與搬運，及其他與露天開挖相關之場所。

## ＊模板支撐

**參考題型**

為防止發生模板倒塌災害，請依營造安全衛生設施標準規定，回答下列問題：

一、對於模板支撐支柱之基礎，依土質狀況，列舉 4 項應辦理事項。(8 分)

二、若以可調鋼管支柱為模板支撐之支柱時，列舉 2 項應辦理事項。(4 分)

三、對於混凝土澆置作業？列舉 4 項應辦理事項。(8 分)

四、使勞工於拆除擋土支撐等構造物時，為防止物體飛落災害，試列舉 4 項應辦理事項。(8 分)

五、為防止模板倒塌災害，於未完成模板支撐拆除前，應妥存備查之資料有哪些？(10 分)　【74-01】、【60-02】、【83-02-03】

答

一、依據「營造安全衛生設施標準」第 132 條規定，雇主對於模板支撐支柱之基礎，應依土質狀況，依下列規定辦理：

1. 挖除表土及軟弱土層。
2. 回填礫石、再生粒料或其他相關回填料。
3. 整平並滾壓夯實。
4. 鋪築混凝土層。
5. 鋪設足夠強度之覆工板。
6. 注意場撐基地週邊之排水，豪大雨後，排水應宣洩流暢，不得積水。
7. 農田路段或軟弱地盤應加強改善，並強化支柱下之土壤承載力。

二、依據「營造安全衛生設施標準」第 135 條規定，雇主以可調鋼管支柱為模板支撐之支柱時，應依下列規定辦理：

1. 可調鋼管支柱不得連接使用。
2. 高度超過 3.5 公尺者，每隔 2 公尺內設置足夠強度之縱向、橫向之水平繫條，並與牆、柱、橋墩等構造物或穩固之牆模、柱模等妥實連結，以防止支柱移位。
3. 可調鋼管支撐於調整高度時，應以制式之金屬附屬配件為之，不得以鋼筋等替代使用。
4. 上端支以梁或軌枕等貫材時，應置鋼製頂板或托架，並將貫材固定其上。

三、依據「營造安全衛生設施標準」第 142 條規定，雇主對於混凝土澆置作業，應依下列規定辦理：

1. 裝有液壓或氣壓操作之混凝土吊桶，其控制出口應有防止骨材聚集於桶頂及桶邊緣之裝置。
2. 使用起重機具吊運混凝土桶以澆置混凝土時，如操作者無法看清楚澆置地點，應指派信號指揮人員指揮。
3. 禁止勞工乘坐於混凝土澆置桶上，及位於混凝土輸送管下方作業。
4. 以起重機具或索道吊運之混凝土桶下方，禁止人員進入。
5. 混凝土桶之載重量不得超過容許限度，其擺動夾角不得超過 40 度。
6. 混凝土拌合機具或車輛停放於斜坡上作業時，除應完全剎車外，並應將機具或車輛墊穩，以免滑動。
7. 實施混凝土澆置作業，應指定安全出入路口。

8. 澆置混凝土前，須詳細檢查模板支撐各部份之連接及斜撐是否安全，澆置期間有異常狀況必須停止作業者，非經修妥後不得作業。

9. 澆置梁、樓板或曲面屋頂，應注意偏心載重可能產生之危害。

10. 澆置期間應注意避免過大之振動。

11. 以泵輸送混凝土時，其輸送管與接頭應有適當之強度，以防止混凝土噴濺及物體飛落。

四、依據「營造安全衛生設施標準」第 157 條規定，雇主拆除構造物時，應依下列規定辦理：

1. 不得使勞工同時在不同高度之位置從事拆除作業。但具有適當設施足以維護下方勞工之安全者，不在此限。【齊一拆除】

2. 拆除應按序由上而下逐步拆除。【逐步拆除】

3. 拆除之材料，不得過度堆積致有損樓板或構材之穩固，並不得靠牆堆放。【保持穩固】

4. 拆除進行中，隨時注意控制拆除構造物之穩定性。【控制穩定】

5. 遇強風、大雨等惡劣氣候，致構造物有崩塌之虞者，應立即停止拆除作業。【崩塌停止】

6. 構造物有飛落、震落之虞者，應優先拆除。【飛落拆除】

7. 拆除進行中，有塵土飛揚者，應適時予以灑水。【塵揚灑水】

8. 以拉倒方式拆除構造物時，應使用適當之鋼纜、纜繩或其他方式，並使勞工退避，保持安全距離。【保持安距】

9. 以爆破方法拆除構造物時，應具有防止爆破引起危害之設施。【防爆危害】

10. 地下擋土壁體用於擋土及支持構造物者，在構造物未適當支撐或以板樁支撐土壓前，不得拆除。【板樁支撐】

11. 拆除區內禁止無關人員進入，並明顯揭示。【閒人勿入】

五、依據「營造安全衛生設施標準」第 131 條第 1 項第 1 款第 3 目規定，設計、施工圖說、簽章確認紀錄、混凝土澆置計畫及查驗等相關資料，於未完成拆除前，應妥存備查。

## ＊露天開挖及擋土支撐

參考題型

依營造安全衛生設施標準規定，試回答下列問題：

一、為防止崩塌災害，對於擋土支撐之構築，應繪製詳細構築圖樣及擬訂施工計畫，請列舉 6 項施工計畫之內容。

二、施工構臺遭遇強風、大雨等惡劣氣候或四級以上地震後，使勞工於施工構臺上作業前，應確認主要構材之狀況或變化，請列舉 4 項應確認事項。

三、於擋土支撐設置後開挖進行中，因大雨等致使地層有急劇變化之虞，應針對構材及支撐桿實施哪些檢查？【77-01-02】

答

一、依據「營造安全衛生設施標準」第 73 條第 1 項第 2 款規定，構築圖樣及施工計畫應包括樁或擋土壁體及其他襯板、橫檔、支撐及支柱等構材之材質、尺寸配置、安裝時期、順序、降低水位之方法及土壓觀測系統等。

二、依據「營造安全衛生設施標準」第 62-2 條規定，雇主於施工構臺遭遇強風、大雨等惡劣氣候或 4 級以上地震後或施工構臺局部解體、變更後，使勞工於施工構臺上作業前，應依下列規定確認主要構材狀況或變化：

1. 支柱滑動或下沈狀況。
2. 支柱、構臺之梁等之損傷情形。
3. 構臺覆工板之損壞或舖設狀況。
4. 支柱、支柱之水平繫材、斜撐材及構臺之梁等連結部分、接觸部分及安裝部分之鬆動狀況。
5. 螺栓或鉚釘等金屬之連結器材損傷及腐蝕狀況。
6. 支柱之水平繫材、斜撐材等補強材之安裝狀況及有無脫落。
7. 護欄等有無被拆下或脫落。

前項狀況或變化，有異常未經改善不得使勞工作業。

三、依據「營造安全衛生設施標準」第 75 條規定，雇主於擋土支撐設置後開挖進行中，除指定專人確認地層之變化外，並於每週或於 4 級以上地震後，或因大雨等致使地層有急劇變化之虞，或觀測系統顯示土壓變化未按預期行徑時，依下列規定實施檢查：

1. 構材之有否損傷、變形、腐蝕、移位及脫落。
2. 支撐桿之鬆緊狀況。
3. 構材之連接部分、固定部分及交叉部分之狀況。

依前項認有異狀，應即補強、整修採取必要之設施。

**參考題型**

請依營造安全衛生設施標準規定說明下列事項：

一、露天開挖及露天開挖作業之定義？(4 分)　【80-03-01】、【72-02-01】

二、從事露天開挖作業，為防止崩塌災害，應事前依地質調查結果擬訂開挖計畫，其內容應包括哪些事項？(6 分)　【82-01-02】、【80-03-02】

三、從事露天開挖作業時，為防止地面之崩塌或土石之飛落，試列舉 4 項應採取措施。(12 分)　【77-01】、【72-02-03】、【58-02-01】

**答**

一、依據「營造安全衛生設施標準」第 1-1 條規定：

1. 露天開挖：指於室外採人工或機械實施土、砂、岩石等之開挖，包括土木構造物、建築物之基礎開挖、地下埋設物之管溝開挖與整地，及其他相關之開挖。
2. 露天開挖作業：指使勞工從事露天開挖之作業。

二、依據「營造安全衛生設施標準」第 63 條第 2 項規定，依前項調查結果擬訂開挖計畫，其內容應包括開挖方法、順序、進度、使用機械種類、降低水位、穩定地層方法及土壓觀測系統等。

三、依據「營造安全衛生設施標準」第 65 條規定，雇主僱用勞工從事露天開挖作業時，為防止地面之崩塌或土石之飛落，應採取下列措施：

1. 作業前、大雨或 4 級以上地震後，應指定專人確認作業地點及其附近之地面有無龜裂、有無湧水、土壤含水狀況、地層凍結狀況及其地層變化等情形，並採取必要之安全措施。
2. 爆破後，應指定專人檢查爆破地點及其附近有無浮石或龜裂等狀況，並採取必要之安全措施。
3. 開挖出之土石應常清理，不得堆積於開挖面之上方或與開挖面高度等值之坡肩寬度範圍內。
4. 應有勞工安全進出作業場所之措施。
5. 應設置排水設備，隨時排除地面水及地下水。

## 參考題型

請依營造安全衛生設施標準規定說明下列事項：

一、雇主使勞工從事露天開挖作業，為防止土石崩塌，應指定專人，於作業現場辦理哪些事項？【80-03】

二、使勞工以機械從事露天開挖作業，應辦理哪些事項？(10 分)
【58-02-02】、【87-02-01】、【93-02-02】相似題型

一、依據「營造安全衛生設施標準」第 66 條規定，雇主使勞工從事露天開挖作業，為防止土石崩塌，應指定專人，於作業現場辦理下列事項。但開挖垂直深度達 1.5 公尺以上者，應指定露天開挖作業主管：

1. 決定作業方法，指揮勞工作業。
2. 實施檢點，檢查材料、工具、器具等，並汰換其不良品。
3. 監督勞工確實使用個人防護具。
4. 確認安全衛生設備及措施之有效狀況。
5. 前 2 款未確認前，應管制勞工或其他人員不得進入作業。
6. 其他為維持作業勞工安全衛生所必要之設備及措施。

二、依據「營造安全衛生設施標準」第 69 條規定，雇主使勞工以機械從事露天開挖作業，應依下列規定辦理：

1. 使用之機械有損壞地下電線、電纜、危險或有害物管線、水管等地下埋設物，而有危害勞工之虞者，應妥為規劃該機械之施工方法。
2. 事前決定開挖機械、搬運機械等之運行路線及此等機械進出土石裝卸場所之方法，並告知勞工。
3. 於搬運機械作業或開挖作業時，應指派專人指揮，以防止機械翻覆或勞工自機械後側接近作業場所。
4. 嚴禁操作人員以外之勞工進入營建用機械之操作半徑範圍內。
5. 車輛機械應裝設倒車或旋轉之警示燈及蜂鳴器，以警示周遭其他工作人員。

## 參考題型

依營造安全衛生設施標準規定，雇主僱用勞工從事露天開挖作業時，試回答下列問題：

一、垂直開挖最大深度在多少公尺以上應設擋土支撐？(2 分)

二、列舉 3 項擋土支撐作業主管於作業現場應辦理事項。(6 分)

三、列舉 4 項擋土支撐之構築應辦理事項。(8 分)

四、該開挖作業現場如圖所示，其開挖深度為 2.5 公尺。請就圖示列舉 2 項該開挖作業現場之不安全狀況。(4 分) 【91-02】

答

一、依據「營造安全衛生設施標準」第 71 條規定，雇主僱用勞工從事露天開挖作業，其開挖垂直最大深度應妥為設計，其深度在 1.5 公尺以上，使勞工進入開挖面作業者，應設擋土支撐。

二、依據「營造安全衛生設施標準」第 74 條規定，雇主對於擋土支撐組配、拆除作業，應指派擋土支撐作業主管於作業現場辦理下列事項：

1. 決定作業方法，指揮勞工作業。【作業指揮】
2. 實施檢點，檢查材料、工具、器具等，並汰換其不良品。【檢點檢查】
3. 監督勞工確實使用個人防護具。【監督使用】
4. 確認安全衛生設備及措施之有效狀況。【確認有效】
5. 前 2 款未確認前，應管制勞工或其他人員不得進入作業。【管制作業】
6. 其他為維持作業勞工安全衛生所必要之設備及措施。【其他措施】

三、依據「營造安全衛生設施標準」第 73 條規定，雇主對於擋土支撐之構築，應依下列規定辦理：

1. 依擋土支撐構築處所之地質鑽探資料，研判土壤性質、地下水位、埋設物及地面荷載現況，妥為設計，且繪製詳細構築圖樣及擬訂施工計畫，並據以構築之。【地質研判】
2. 構築圖樣及施工計畫應包括樁或擋土壁體及其他襯板、橫檔、支撐及支柱等構材之材質、尺寸配置、安裝時期、順序、降低水位之方法及土壓觀測系統等。【構築規劃】
3. 擋土支撐之設置，應於未開挖前，依照計畫之設計位置先行打樁，或於擋土壁體達預定之擋土深度後，再行開挖。【擋撐足夠】
4. 為防止支撐、橫檔及牽條等之脫落，應確實安裝固定於樁或擋土壁體上。【防脫固定】
5. 壓力構材之接頭應採對接，並應加設護材。【接頭加護】
6. 支撐之接頭部分或支撐與支撐之交叉部分應墊以承鈑，並以螺栓緊接或採用焊接等方式固定之。【緊接固定】
7. 備有中間柱之擋土支撐者，應將支撐確實妥置於中間直柱上。【支撐中柱】
8. 支撐非以構造物之柱支持者，該支持物應能承受該支撐之荷重。【足以承載】
9. 不得以支撐及橫檔作為施工架或承載重物。但設計時已預作考慮及另行設置支柱或加強時，不在此限。【橫檔限制】
10. 開挖過程中，應隨時注意開挖區及鄰近地質及地下水位之變化，並採必要之安全措施。【開挖水位】
11. 擋土支撐之構築，其橫檔背土回填應緊密、螺栓應栓緊，並應施加預力。【回填緊密】

四、該圖示開挖作業現場之不安全狀況如下列：

1. 開挖深度在 1.5 公尺以上，未設置擋土支撐。
2. 開挖出之土石未經常清理，使之堆積於開挖面之上方或與開挖面高度等值之坡肩寬度範圍內。
3. 使用合梯做為二工作面之上下設備使用。

## *鄰水作業及汛期應變

 參考題型

因應防汛期來臨，請依營造安全衛生設施標準規定說明下列事項：

一、於有發生水位暴漲或土石流之地區作業，應選任專責警戒人員，辦理哪些事項？(8 分)　【85-03-02】、【81-01-01】、【78-01-01】、【75-04-03】

二、雇主使勞工鄰近溝渠、水道、埤池、水庫、河川、湖潭、港灣、堤堰、海岸或其他水域場所作業，致勞工有落水之虞者，應依那些規定辦理？(8 分)　【81-01-02】、【94-02-03】相似題型

三、於有遭受溺水或土石流淹沒危險之地區中作業，應依作業環境、河川特性擬訂緊急應變計畫，其內容應包括哪些事項？(6 分)　【81-01-03】

 答

一、依據「營造安全衛生設施標準」第 15 條第 1 項第 2 款規定：選任專責警戒人員，辦理下列事項：

1. 隨時與河川管理當局或相關機關連絡，了解該地區及上游降雨量。
2. 監視作業地點上游河川水位或土石流狀況。
3. 獲知上游河川水位暴漲或土石流時，應即通知作業勞工迅即撤離。
4. 發覺作業勞工不及撤離時，應即啟動緊急應變體系，展開救援行動。

二、依據「營造安全衛生設施標準」第 14 條規定，雇主使勞工鄰近溝渠、水道、埤池、水庫、河川、湖潭、港灣、堤堰、海岸或其他水域場所作業，致勞工有落水之虞者，應依下列規定辦理：

1. 設置防止勞工落水之設施或使勞工著用救生衣。
2. 於作業場所或其附近設置下列救生設備。但水深、水流及水域範圍等甚小，備置船筏有困難，且使勞工著用救生衣、提供易於攀握之救生索、救生圈或救生浮具等足以防止溺水者，不在此限：
   (1) 依水域危險性及勞工人數，備置足敷使用之動力救生船、救生艇、輕艇或救生筏；每艘船筏應配備長度 15 公尺，直徑 9.5 毫米之聚丙烯纖維繩索，且其上掛繫與最大可救援人數相同數量之救生圈、船鈎及救生衣。
   (2) 有湍流、潮流之情況，應預先架設延伸過水面且位於作業場所上方之繩索，其上掛繫可支持拉住落水者之救生圈。
   (3) 可通知相關人員參與救援行動之警報系統或電訊連絡設備。

三、依據「營造安全衛生設施標準」第 16 條第 1 項第 1 款規定：雇主使勞工於有遭受溺水或土石流淹沒危險之地區中作業，應依作業環境、河川特性擬訂緊急應變計畫，內容應包括通報系統、撤離程序、救援程序，並訓練勞工使用各種逃生、救援器材。

## ＊施工架、墜落及屋頂作業

**參考題型**

**有鑑於近來發生多起營造工程拆除作業事故，某一營造廠承攬某一廢棄磚窯工廠之拆除及新建工程，依據營造安全衛生設施標準的規定，如果新建之工廠廠房為鋼構建築，對於鋼構屋頂，勞工有遭受墜落危險之虞者，應依那二項規定辦理？(4 分)** 【96-01-03】

答

依據「營造安全衛生設施標準」第 18-1 條規定，雇主對於新建、增建、改建或修建工廠之鋼構屋頂，勞工有遭受墜落危險之虞者，應依下列規定辦理：

一、於邊緣及屋頂突出物頂板周圍，設置高度 90 公分以上之女兒牆或適當強度欄杆。

二、於易踏穿材料構築之屋頂，應於屋頂頂面設置適當強度且寬度在 30 公分以上通道，並於屋頂採光範圍下方裝設堅固格柵。

**參考題型**

**對於高度在二公尺以上之場所，勞工有墜落之虞者，雇主應採取何種措施以預防勞工之墜落？(10 分)** 【92-04-01】、【76-01】、【69-04-01】相似題型

答

依據「營造安全衛生設施標準」第 17 條，雇主對於高度 2 公尺以上之工作場所，勞工作業有墜落之虞者，應訂定墜落災害防止計畫，依下列風險控制之先後順序規劃，採取適當墜落災害防止設施：

一、經由設計或工法之選擇，儘量使勞工於地面完成作業，減少高處作業項目。

二、經由施工程序之變更，優先施作永久構造物之上下設備或防墜設施。

三、設置護欄、護蓋。

四、張掛安全網。

五、使勞工佩掛安全帶。

六、設置警示線系統。

七、限制作業人員進入管制區。

八、對於因開放邊線、組模作業、收尾作業等及採取第1款至第5款規定之設施致增加其作業危險者，應訂定保護計畫並實施。

口訣 先記諧音，並排列使其好記

地上護網帶警進入

提示

與 CNS 45001 所提到的風險評估控制順序相同，可搭配一起記憶：

1. 消除：不要在高處作業。
2. 替代：改變施工程序或方法。
3. 工程改善：設置護欄、護蓋、安全網。
4. 行政管理：設置警示線、限制人員進入、訂定保護計畫。
5. 個人防護具：安全帶。

### 參考題型

**雇主使勞工於高度二公尺以上之施工架上從事作業時，應依哪些規定辦理？(10分)** 【50-02-02】

答

一、依據「營造安全衛生設施標準」第48條，雇主使勞工於高度2公尺以上施工架上從事作業時，應依下列規定辦理：

1. 應供給足夠強度之工作臺。
2. 工作臺寬度應在40公分以上並舖滿密接之踏板，其支撐點至少應有二處以上，並應綁結固定，使其無脫落或位移之虞，踏板間縫隙不得大於3公分。
3. 活動式踏板如使用木板時，寬度應在20公分以上，厚度應在3.5公分以上，長度應在3.6公尺以上；寬度大於30公分時，厚度應在6公分以上，長度應在4公尺以上，其支撐點應有3處以上，且板端突出支撐點之長

度應在 10 公分以上，但不得大於板長 1/18，踏板於板長方向重疊時，應於支撐點處重疊，重疊部分之長度不得小於 20 公分。

4. 工作臺應低於施工架立柱頂點 1 公尺以上。

前項第 3 款之板長，於狹小空間場所得不受限制。

二、依據「職業安全衛生設施規則」第 281 條規定，對於施工架組拆高處作業，為防止勞工發生墜落災害，應採用符合國家標準 CNS 14253-1 同等以上規定之全身背負式安全帶及捲揚式防墜器。

**參考題型**

**雇主使勞工於屋頂作業，應依哪些規定辦理？(10 分)**

**【54-02-02】、【52-02-02】、【75-04】、【69-01-01】相似題型**

答

依據「營造安全衛生設施標準」第 18 條，雇主使勞工於屋頂從事作業時，應指派專人督導，並依下列規定辦理：

一、因屋頂斜度、屋面性質或天候等因素，致勞工有墜落、滾落之虞者，應採取適當安全措施。

二、於斜度大於 34 度，即高底比為 2：3 以上，或為滑溜之屋頂，從事作業者，應設置適當之護欄，支承穩妥且寬度在 40 公分以上之適當工作臺及數量充分、安裝牢穩之適當梯子。但設置護欄有困難者，應提供背負式安全帶使勞工佩掛，並掛置於堅固錨錠、可供鉤掛之堅固物件或安全母索等裝置上。

三、於易踏穿材料構築之屋頂作業時，應先規劃安全通道，於屋架上設置適當強度，且寬度在 30 公分以上之踏板，並於下方適當範圍裝設堅固格柵或安全網等防墜設施。但雇主設置踏板面積已覆蓋全部易踏穿屋頂或採取其他安全工法，致無踏穿墜落之虞者，不在此限。

**參考題型**

**針對易踏穿材料構築之屋頂作業，應指派屋頂作業主管於現場辦理那些事項？(請列舉 5 項) (10 分)　【92-04-02】**

答

依據「營造安全衛生設施標準」第 18 條第 2 項規定，於易踏穿材料構築屋頂作業時，雇主應指派屋頂作業主管於現場辦理下列事項：

一、決定作業方法，指揮勞工作業。

二、實施檢點，檢查材料、工具、器具等，並汰換不良品。

三、監督勞工確實使用個人防護具。

四、確認安全衛生設備及措施之有效狀況。

五、前 2 款未確認前，應管制勞工或其他人員不得進入作業。

六、其他為維持作業勞工安全衛生所必要之設備及措施。

**參考題型**

**為防止強風吹襲施工架造成倒崩塌危害，試依營造安全衛生設施標準規定說明下列事項：**

**一、施工架之設計、查驗有何規定？(8 分)**

**二、哪些施工架種類之構築，應由專任工程人員或指定專人事先就預期施工時之最大荷重，依結構力學原理妥為安全設計，並簽章確認強度計算書？其設置有何規定？應符合何種國家標準？(12 分) 試列舉 4 項。**

**三、為維持施工架及施工構臺之穩定，避免倒塌災害，試列舉 7 項應辦理事項。(14 分)**

**【99-02-04】、【79-02】、【73-02】、【71-04】、【62-02】相似題型**

答

一、依據「營造安全衛生設施標準」第 40 條規定，雇主對於施工構臺、懸吊式施工架、懸臂式施工架、高度 7 公尺以上且立面面積達 330 平方公尺之施工架、高度 7 公尺以上之吊料平臺、升降機直井工作臺、鋼構橋橋面板下方工作臺或其他類似工作臺等之構築及拆除，應依下列規定辦理：

1. 事先就預期施工時之最大荷重，應由所僱之專任工程人員或委由相關執業技師，依結構力學原理妥為設計，置備施工圖說及強度計算書，經簽章確認後，據以執行。

2. 建立按施工圖說施作之查驗機制。
3. 設計、施工圖說、簽章確認紀錄及查驗等相關資料，於未完成拆除前，應妥存備查。

有變更設計時，其強度計算書及施工圖說，應重新製作，並依前項規定辦理。

二、施工架之構築，除了依據上述第 40 條構築及拆除規定外，其設置規定與應符合之國家標準，依據「營造安全衛生設施標準」第 59 條規定，雇主對於鋼管施工架之設置，應依下列規定辦理：

1. 使用國家標準 CNS 4750 型式之施工架，應符合國家標準同等以上之規定；其他型式之施工架，其構材之材料抗拉強度、試驗強度及製造，應符合國家標準 CNS 4750 同等以上之規定。
2. 前款設置之施工架，於提供使用前應確認符合規定，並於明顯易見之處明確標示。
3. 裝有腳輪之移動式施工架，勞工作業時，其腳部應以有效方法固定之；勞工於其上作業時，不得移動施工架。
4. 構件之連接部分或交叉部分，應以適當之金屬附屬配件確實連接固定，並以適當之斜撐材補強。
5. 屬於直柱式施工架或懸臂式施工架者，應依下列規定設置與建築物連接之壁連座連接：

   (1) 間距應小於下表所列之值為原則：

| 鋼管施工架之種類 | 間距（單位：公尺） | |
|---|---|---|
| | 垂直方向 | 水平方向 |
| 單管施工架 | 5 | 5.5 |
| 框式施工架（高度未滿 5 公尺者除外） | 9 | 8 |

   (2) 應以鋼管或原木等使該施工架構築堅固。

   (3) 以抗拉材料與抗壓材料合構者，抗壓材與抗拉材之間距應在 1 公尺以下。

6. 接近高架線路設置施工架，應先移設高架線路或裝設絕緣用防護裝備或警告標示等措施，以防止高架線路與施工架接觸。
7. 使用伸縮桿件及調整桿時，應將其埋入原桿件足夠深度，以維持穩固，並將插銷鎖固。

前項第 1 款因工程施作需要，將內側交叉拉桿移除者，其內側應設置水平構件，並與立架連結穩固，提供施工架必要強度，以防止作業勞工墜落危害。

前項內側以水平構件替換交叉拉桿之施工架，替換後之整體施工架強度計算，除依第 40 條規定辦理外，其水平構件強度應與國家標準 CNS 4750 相當。

三、依據「營造安全衛生設施標準」第 45 條規定，雇主為維持施工架及施工構臺之穩定，應依下列規定辦理：

1. 施工架及施工構臺不得與混凝土模板支撐或其他臨時構造連接。
2. 對於未能與結構體連接之施工架，應以斜撐材或其他相關設施作適當而充分之支撐。
3. 施工架在適當之垂直、水平距離處與構造物妥實連接，其間隔在垂直方向以不超過 5.5 公尺，水平方向以不超過 7.5 公尺為限。但獨立而無傾倒之虞或已依第 59 條第 5 款規定辦理者，不在此限。
4. 因作業需要而局部拆除繫牆桿、壁連座等連接設施時，應採取補強或其他適當安全設施，以維持穩定。
5. 獨立之施工架在該架最後拆除前，至少應有 1/3 之踏腳桁不得移動，並使之與橫檔或立柱紮牢。
6. 鬆動之磚、排水管、煙囪或其他不當材料，不得用以建造或支撐施工架及施工構臺。
7. 施工架及施工構臺之基礎地面應平整，且夯實緊密，並襯以適當材質之墊材，以防止滑動或不均勻沉陷。

**參考題型**

**營造安全衛生設施標準中，有關護欄之設置規定為何？(20 分)　【43-02】**

依據「營造安全衛生設施標準」第 20 條，雇主依規定設置之護欄，應依下列規定辦理：

一、具有高度 90 公分以上之上欄杆、中間欄杆或等效設備（以下簡稱中欄杆）、腳趾板及杆柱等構材；其上欄杆、中欄杆及地盤面與樓板面間之上下開口距離，應不大於 55 公分。

二、以木材構成者，其規格如下：

1. 上欄杆應平整，且其斷面應在 30 平方公分以上。
2. 中欄杆斷面應在 25 平方公分以上。
3. 腳趾板寬度應在 10 公分以上，厚度在 1 公分以上，並密接於地盤面或樓板面舖設。
4. 杆柱斷面應在 30 平方公分以上，相鄰間距不得超過 2 公尺。

三、以鋼管構成者，其上欄杆、中欄杆及杆柱之直徑均不得小於 3.8 公分，杆柱相鄰間距不得超過 2.5 公尺。

四、採用前 2 款以外之其他材料或型式構築者，應具同等以上之強度。

五、任何型式之護欄，其杆柱、杆件之強度及錨錠，應使整個護欄具有抵抗於上欄杆之任何一點，於任何方向加以 75 公斤之荷重，而無顯著變形之強度。

六、除必須之進出口外，護欄應圍繞所有危險之開口部分。

七、護欄前方 2 公尺內之樓板、地板，不得堆放任何物料、設備，並不得使用梯子、合梯、踏凳作業及停放車輛機械供勞工使用。但護欄高度超過堆放之物料、設備、梯、凳及車輛機械之最高部達 90 公分以上，或已採取適當安全設施足以防止墜落者，不在此限。

八、以金屬網、塑膠網遮覆上欄杆、中欄杆與樓板或地板間之空隙者，依下列規定辦理：

1. 得不設腳趾板，但網應密接於樓板或地板，且杆柱之間距不得超過 1.5 公尺。
2. 網應確實固定於上欄杆、中欄杆及杆柱。
3. 網目大小不得超過 15 平方公分。
4. 固定網時，應有防止網之反彈設施。

## ＊鋼構組立、安全母索、安全網及吊運

參考題型

某營造工地因工作需求，須使勞工於高處作業，雇主應設置安全衛生設備及措施，依營造安全衛生設施標準規定，試回答下列問題：

一、安全母索其最小斷裂強度應在多少公斤以上？(2 分)

二、安全帶或安全母索繫固之錨錠，至少應能承受每人多少公斤之拉力？(2 分)

三、水平安全母索之設置高度應大於多少公尺？(2 分)

四、垂直安全母索之下端應有什麼設施？(2 分)

五、勞工作業或爬昇位置之水平間距在多少公尺以下，得二人共用一條垂直安全母索？(2 分)

六、除鋼構組配作業得依相關規定辦理外，工作面至安全網架設平面之攔截高度，不得超過多少公尺？(2 分)

七、除結構物外緣牆面設置垂直式安全網者，使用於結構物四周之安全網時，攔截高度超過三公尺者，至少應延伸多少公尺？(2 分)

【95-01-01~03、05~08】

答

依據「營造安全衛生設施標準」第 22 條及第 23 條規定：

一、安全母索其最小斷裂強度應在 2,300 公斤以上。

二、安全帶或安全母索繫固之錨錠，至少應能承受每人 2,300 公斤之拉力。

三、水平安全母索之設置高度應大於 3.8 公尺。

四、垂直安全母索之下端應有防止安全帶鎖扣自尾端脫落之設施。

五、勞工作業或爬昇位置之水平間距在 1 公尺以下，得二人共用一條垂直安全母索。

六、除鋼構組配作業得依相關規定辦理外，工作面至安全網架設平面之攔截高度，不得超過 7 公尺。

七、除結構物外緣牆面設置垂直式安全網者，使用於結構物四周之安全網時，攔截高度超過 3 公尺者，至少應延伸 4 公尺。

提示

安全索要使用直徑 14mm 以上尼龍繩或直徑 9mm 以上鋼索，不得使用棉繩或麻繩 ( 強度無法達到 2,300 公斤 )。

**參考題型**

某營造工地進行鋼構組配作業，請依營造安全衛生設施標準規定，回答下列問題：

一、雇主對於鋼構之組立、架設、爬升、拆除、解體或變更等作業，應指派鋼構組配作業主管辦理相關事項，請列舉 5 項前述所稱鋼構之範圍？(10 分)

二、雇主進行鋼構組配作業前，應擬訂包括那 4 種事項之作業計畫，並使勞工遵循？(8 分)

三、雇主於鋼構組配作業進行組合時，應逐次構築永久性之樓板，除設計上已考慮構造物之整體安全性者，最高永久性樓板上組合之骨架，不得超過幾層？(2 分) 【70-02-01】、【87-02】、【90-01】相似題型

答

一、依據「營造安全衛生設施標準」第 149 條第 3 項規定，第 1 項所定鋼構，其範圍如下：

1. 高度在 5 公尺以上之鋼構建築物。
2. 高度在 5 公尺以上之鐵塔、金屬製煙囪或類似柱狀金屬構造物。
3. 高度在 5 公尺以上或橋梁跨距在 30 公尺以上，以金屬構材組成之橋梁上部結構。
4. 塔式起重機或升高伸臂起重機。
5. 人字臂起重桿。
6. 以金屬構材組成之室外升降機升降路塔或導軌支持塔。
7. 以金屬構材組成之施工構臺。

二、依據「營造安全衛生設施標準」第 149-1 條規定，雇主進行鋼構組配作業前，應擬訂包括下列事項之作業計畫，並使勞工遵循：

1. 安全作業方法及標準作業程序。
2. 防止構材及其組配件飛落或倒塌之方法。
3. 設置能防止作業勞工發生墜落之設備及其設置方法。
4. 人員進出作業區之管制。

三、依據「營造安全衛生設施標準」第 150 條規定，雇主於鋼構組配作業進行組合時，應逐次構築永久性之樓板，於最高永久性樓板上組合之骨架，不得超過 8 層。

參考題型

**依營造安全衛生設施標準規定，對於鋼構組配作業，試列舉 3 項鋼構組配作業主管應辦理事項。(6 分)** 【70-02-02】

答

依據「營造安全衛生設施標準」第 149 條第 1 項規定，鋼構組配作業主管應辦理事項如下列：

一、決定作業方法，指揮勞工作業。

二、實施檢點，檢查材料、工具及器具等，並汰換不良品。

三、監督勞工確實使用個人防護具。

四、確認安全衛生設備及措施之有效狀況。

五、前 2 款未確認前，應管制勞工或其他人員不得進入作業。

六、其他為維持作業勞工安全衛生所必要之設備及措施。

參考題型

**試敘述雇主對於鋼構之吊運、組配作業應依哪些規定辦理？(20 分)** 【56-04】

答

依「營造安全衛生設施標準」第 148 條規定，雇主對於鋼構之吊運、組配作業，應依下列規定辦理：

一、吊運長度超過 6 公尺以上之構架時，應在適當距離之二端以拉索捆紮拉緊，保持平穩防止擺動，作業人員在其旋轉區內時，應以穩定索繫於構架尾端，使之穩定。【平穩防擺】

二、吊運之鋼料，應於卸放前，檢視其確實捆妥或繫固於安定之位置，再卸離吊掛用具。【捆妥固定】

三、安放鋼構時，應由側方及交叉方向安全支撐。【側叉支撐】

四、設置鋼構時，其各部尺寸、位置均須測定，且妥為校正，並用臨時支撐或螺栓等使其充分固定，再行熔接或鉚接。【測定校正】

五、鋼梁於最後安裝吊索鬆放前，鋼梁二端腹鈑之接頭處，應有 2 個以上之螺栓裝妥或採其他設施固定之。【接頭固定】

六、中空格柵構件於鋼構未熔接或鉚接牢固前，不得置於該鋼構上。【構件牢固】

七、鋼構組配進行中，柱子尚未於二個以上之方向與其他構架組配牢固前，應使用格柵當場栓接，或採其他設施，以抵抗橫向力，維持構架之穩定。【格柵栓接】

八、使用 12 公尺以上長跨度格柵梁或桁架時，於鬆放吊索前，應安裝臨時構件，以維持橫向之穩定。【構件維穩】

九、使用起重機吊掛構件從事組配作業，其未使用自動脫鉤裝置者，應設置施工架等設施，供作業人員安全上下及協助鬆脫吊具。【自動脫鉤】

## ＊倒崩塌及構造物拆除

**參考題型**

**111 年 4 月 1 日某水泥公司高塔拆除工程，承包商擅自變更工法致水泥高塔倒向非預期方向，並壓毀電塔，造成雙鐵停駛事故。依營造安全衛生設施標準規定，雇主使勞工於營造工程工作場所作業前，為防止職業災害之發生，應指派所僱之那些專業人員，實施危害調查、評估，並採適當防護設施。(6 分 )**

**【96-04-01】**

答

依據「營造安全衛生設施標準」第 6 條規定，雇主使勞工於營造工程工作場所作業前，應指派所僱之職業安全衛生人員、工作場所負責人或專任工程人員等專業人員，實施危害調查、評估，並採適當防護設施，以防止職業災害之發生。

參考題型

有鑑於近來發生多起營造工程拆除作業事故，某一營造廠承攬某一廢棄磚窯工廠之拆除及新建工程，依據營造安全衛生設施標準的規定，請回答下列問題：

一、於拆除結構物之牆、柱或其他類似構造物時，應依那些規定辦理？（請列舉 4 項，8 分）【96-01-01】

二、於拆除高煙囪時，應依那些規定辦理？（請列舉 4 項，8 分）【96-01-02】

答

一、依據「營造安全衛生設施標準」第 161 條規定，雇主於拆除結構物之牆、柱或其他類似構造物時，應依下列規定辦理：

1. 自上至下，逐次拆除。
2. 拆除無支撐之牆、柱或其他類似構造物時，應以適當支撐或控制，避免其任意倒塌。
3. 以拉倒方式進行拆除時，應使勞工站立於作業區外，並防範破片之飛擊。
4. 無法設置作業區時，應設置承受臺、施工架或採取適當防範措施。
5. 以人工方式切割牆、柱或其他類似構造物時，應採取防止粉塵之適當措施。

二、依據「營造安全衛生設施標準」第 164 條規定，雇主對於高煙囪、高塔等之拆除，應依下列規定辦理：

1. 指派專人負責監督施工。
2. 不得以爆破或整體翻倒方式拆除高煙囪。但四周有足夠地面，煙囪能安全倒置者，不在此限。
3. 以人工拆除高煙囪時，應設置適當之施工架。該施工架並應隨拆除工作之進行隨時改變其高度，不得使工作臺高出煙囪頂 25 公分及低於 1.5 公尺。
4. 不得使勞工站立於煙囪壁頂。
5. 拆除物料自煙囪內卸落時，煙囪底部應有適當開孔，以防物料過度積集。
6. 不得於上方拆除作業中，搬運拆下之物料。

某營造工地進行構造物之拆除工作，請依營造安全衛生設施標準規定，試回答下列問題：

一、雇主對於使用機具拆除構造物時，應依那 6 項規定辦理？(12 分 )

二、雇主受環境限制，未能依上題所列規定設置作業區時，應於預定拆除構造物之外牆邊緣，設置符合那 4 項規定之承受臺。(8 分 ) 【92-02】

一、依據「營造安全衛生設施標準」第 159 條規定，雇主對於使用機具拆除構造物時，應依下列規定辦理：

1. 使用動力系鏟斗機、推土機等拆除機具時，應配合構造物之結構、空間大小等特性妥慎選用機具。
2. 使用重力錘時，應以撞擊點為中心，構造物高度 1.5 倍以上之距離為半徑設置作業區，除操作人員外，禁止無關人員進入。
3. 使用夾斗或具曲臂之機具時，應設置作業區，其周圍應大於夾斗或曲臂之運行線 8 公尺以上，作業區內除操作人員外，禁止無關人員進入。
4. 機具拆除，應在作業區內操作。
5. 使用起重機具拆除鋼構造物時，其裝置及使用，應依起重機具有關規定辦理。
6. 使用施工架時，應注意其穩定，並不得緊靠被拆除之構造物。

二、依據「營造安全衛生設施標準」第 160 條規定，雇主受環境限制，未能依前條第 2 款、第 3 款設置作業區時，應於預定拆除構造物之外牆邊緣，設置符合下列規定之承受臺：

1. 承受臺寬應在 1.5 公尺以上。
2. 承受臺面應由外向內傾斜，且密舖板料。
3. 承受臺應能承受每平方公尺 600 公斤以上之活載重。
4. 承受臺應維持臺面距拆除層位之高度，不超過 2 層以上。但拆除層位距地面 3 層高度以下者，不在此限。

參考題型

**對於隧道、坑道作業，試列舉 4 項保護措施，以防止隧道、坑道進出口附近表土之崩塌或土石之飛落致危害勞工。(4 分 )** 【78-01】

答

依據「營造安全衛生設施標準」第 84 條規定，雇主對於隧道、坑道作業，為防止隧道、坑道進出口附近表土之崩塌或土石之飛落致有危害勞工之虞者，應設置擋土支撐、張設防護網、清除浮石或採取邊坡保護。如地質惡劣時應採用鋼筋混凝土洞口或邊坡保護等措施。

參考題型

**構造物於地震後傾斜須拆除，試列舉 4 項雇主於拆除構造物前應辦理事項，以防止倒塌或火災爆炸等災害。(8 分 )** 【77-01-03】

答

依據「營造安全衛生設施標準」第 155 條規定，雇主於拆除構造物前，應依下列規定辦理：

一、檢查預定拆除之各構件。

二、對不穩定部分，應予支撐穩固。

三、切斷電源，並拆除配電設備及線路。

四、切斷可燃性氣體管、蒸汽管或水管等管線。管中殘存可燃性氣體時，應打開全部門窗，將氣體安全釋放。

五、拆除作業中須保留之電線管、可燃性氣體管、蒸氣管、水管等管線，其使用應採取特別安全措施。

六、具有危險性之拆除作業區，應設置圍柵或標示，禁止非作業人員進入拆除範圍內。

七、在鄰近通道之人員保護設施完成前，不得進行拆除工程。

## ＊其他(包含工作場所、施工構臺及設規組合題型等)

參考題型

營造工地使用施工架（鷹架）、合梯及模板支撐等假設工程作業時常發生墜落及倒塌、崩塌等災害，請依營造安全衛生設施標準及職業安全衛生設施規則規定規定回答下列問題：

一、請列出施工架（含組立及拆除）作業時，防止發生墜落及倒崩塌之設備或措施（各 5 項）。(10 分)

二、請列出防止使用合梯作業時發生墜落之設備或措施（5 項）。(5 分)

三、請列出防止使用模板支撐作業（可調鋼管支柱）時發生倒崩塌之設備或措施（5 項）。(5 分)【98-02】

答

一、1. 依據「營造安全衛生設施標準」第 42 條規定，雇主使勞工從事施工架組配作業，應依下列規定辦理：

(1) 將作業時間、範圍及順序等告知作業勞工。

(2) 禁止作業無關人員擅自進入組配作業區域內。

(3) 強風、大雨、大雪等惡劣天候，實施作業預估有危險之虞時，應即停止作業。

(4) 於紮緊、拆卸及傳遞施工架構材等之作業時，設寬度在 20 公分以上之施工架踏板，並採取使勞工使用安全帶等防止發生勞工墜落危險之設備與措施。

(5) 吊升或卸放材料、器具、工具等時，要求勞工使用吊索、吊物專用袋。

(6) 構築使用之材料有突出之釘類均應釘入或拔除。

(7) 對於使用之施工架，事前依本標準及其他安全規定檢查後，始得使用。

2. 依據「營造安全衛生設施標準」第 45 條規定，雇主為維持施工架及施工構臺之穩定，應依下列規定辦理：

(1) 施工架及施工構臺不得與混凝土模板支撐或其他臨時構造連接。

(2) 對於未能與結構體連接之施工架，應以斜撐材或其他相關設施作適當而充分之支撐。

(3) 施工架在適當之垂直、水平距離處與構造物妥實連接，其間隔在垂直方向以不超過 5.5 公尺，水平方向以不超過 7.5 公尺為限。但獨立而無傾倒之虞或已依第 59 條第 5 款規定辦理者，不在此限。

(4) 因作業需要而局部拆除繫牆桿、壁連座等連接設施時，應採取補強或其他適當安全設施，以維持穩定。

(5) 獨立之施工架在該架最後拆除前，至少應有 1/3 之踏腳桁不得移動，並使之與橫檔或立柱紮牢。

(6) 鬆動之磚、排水管、煙囪或其他不當材料，不得用以建造或支撐施工架及施工構臺。

(7) 施工架及施工構臺之基礎地面應平整，且夯實緊密，並襯以適當材質之墊材，以防止滑動或不均勻沈陷。

二、依據「職業安全衛生設施規則」第 230 條規定，雇主對於使用之合梯，應符合下列規定：

1. 具有堅固之構造。
2. 其材質不得有顯著之損傷、腐蝕等。
3. 梯腳與地面之角度應在 75 度以內，且兩梯腳間有金屬等硬質繫材扣牢，腳部有防滑絕緣腳座套。
4. 有安全之防滑梯面。
5. 雇主不得使勞工以合梯當作二工作面之上下設備使用，並應禁止勞工站立於頂板作業。

三、依據「營造安全衛生設施標準」第 135 條規定，雇主以可調鋼管支柱為模板支撐之支柱時，應依下列規定辦理：

1. 可調鋼管支柱不得連接使用。
2. 高度超過 3.5 公尺者，每隔 2 公尺內設置足夠強度之縱向、橫向之水平繫條，並與牆、柱、橋墩等構造物或穩固之牆模、柱模等妥實連結，以防止支柱移位。
3. 可調鋼管支撐於調整高度時，應以制式之金屬附屬配件為之，不得以鋼筋等替代使用。
4. 上端支以梁或軌枕等貫材時，應置鋼製頂板或托架，並將貫材固定其上。

參考題型

試回答下列問題：

一、請依營造安全衛生設施標準規定，列出 5 種需於四級以上地震後確認其安全狀況之作業或裝置。(5 分)

二、承上題，就該 5 種作業或裝置各列舉其 3 項須確認或檢查事項。(15 分)

【97-02】

一、依據「營造安全衛生設施標準」相關規定，需於 4 級以上地震後確認其安全狀況之作業或裝置如下列：

1. 施工構臺 (§62-2)。
2. 露天開挖作業 (§65)
3. 擋土支撐設置後開挖進行中 (§75)。
4. 隧道、坑道開挖 (§82)。
5. 隧道、坑道設置之支撐 (§96)。

二、依據「營造安全衛生設施標準」相關規定，就該 5 種作業或裝置須確認或檢查事項如下列：

1. 雇主於施工構臺遭遇強風、大雨等惡劣氣候或 4 級以上地震後或施工構臺局部解體、變更後，使勞工於施工構臺上作業前，應依下列規定確認主要構材狀況或變化：
   (1) 支柱滑動或下沈狀況。
   (2) 支柱、構臺之梁等之損傷情形。
   (3) 構臺覆工板之損壞或舖設狀況。
   (4) 支柱、支柱之水平繫材、斜撐材及構臺之梁等連結部分、接觸部分及安裝部分之鬆動狀況。
   (5) 螺栓或鉚釘等金屬之連結器材之損傷及腐蝕狀況。
   (6) 支柱之水平繫材、斜撐材等補強材之安裝狀況及有無脫落。
   (7) 護欄等有無被拆下或脫落。

2. 雇主僱用勞工從事露天開挖作業時，為防止地面之崩塌或土石之飛落，於作業前、大雨或4級以上地震後，應指定專人確認作業地點及其附近之地面有無龜裂、有無湧水、土壤含水狀況、地層凍結狀況及其地層變化等情形，並採取必要之安全措施。
3. 雇主於擋土支撐設置後開挖進行中，除指定專人確認地層之變化外，並於每週或於4級以上地震後，或因大雨等致使地層有急劇變化之虞，或觀測系統顯示土壓變化未按預期行徑時，依下列規定實施檢查：
   (1) 構材之有否損傷、變形、腐蝕、移位及脫落。
   (2) 支撐桿之鬆緊狀況。
   (3) 構材之連接部分、固定部分及交叉部分之狀況。
4. 雇主對於隧道、坑道開挖作業，於每日或4級以上地震後，確認隧道、坑道等內部無浮石、岩盤嚴重龜裂、含水、湧水不正常之變化等事項。
5. 雇主對於隧道、坑道設置之支撐，應於每日或4級以上地震後，就下列事項予以確認，如有異狀時，應即採取補強或整補措施：
   (1) 構材有無損傷、變形、腐蝕、移位及脫落。
   (2) 構材緊接是否良好。
   (3) 構材之連接及交叉部分之狀況是否良好。
   (4) 腳部有無滑動或下沉。
   (5) 頂磐及側壁有無鬆動。

參考題型

**雇主應設置之安全衛生設備及措施，雇主應規定勞工遵守下列事項：**

【95-02-08】

答

依據「營造安全衛生設施標準」第4條規定：

本標準規定雇主應設置之安全衛生設備及措施，雇主應規定勞工遵守下列事項：

一、不得任意拆卸或使其失效，以保持其應有效能。

二、發現被拆卸或失效時，應即停止作業並應報告雇主或直屬主管人員。

**參考題型**

**四級以上地震後，雇主使勞工於施工構臺上作業前，應確認支柱或構臺梁等主要構材之狀況或變化情形，試列舉 4 項應確認之異常狀況或變化情形，以採取必要之改善措施。(8 分 )** 【85-02-02】

答

依據「營造安全衛生設施標準」第 62-2 條規定，雇主於施工構臺遭遇強風、大雨等惡劣氣候或 4 級以上地震後或施工構臺局部解體、變更後，使勞工於施工構臺上作業前，應依下列規定確認主要構材狀況或變化：

一、支柱滑動或下沈狀況。

二、支柱、構臺之梁等之損傷情形。

三、構臺覆工板之損壞或舖設狀況。

四、支柱、支柱之水平繫材、斜撐材及構臺之梁等連結部分、接觸部分及安裝部分之鬆動狀況。

五、螺栓或鉚釘等金屬之連結器材之損傷及腐蝕狀況。

六、支柱之水平繫材、斜撐材等補強材之安裝狀況及有無脫落。

七、護欄等有無被拆下或脫落。

前項狀況或變化，有異常未經改善前，不得使勞工作業。

**參考題型**

**依營造安全衛生設施標準之規定，雇主對於從事鋼筋混凝土之作業時，應規定辦理事項為何？**

答

依據「營造安全衛生設施標準」第 129 條規定，雇主對於從事鋼筋混凝土之作業時，應依下列規定辦理：

一、鋼筋應分類整齊儲放。【分類儲放】

二、使從事搬運鋼筋作業之勞工戴用手套。【戴用手套】

三、利用鋼筋結構作為通道時，表面應舖以木板，使能安全通行。【安全通道】

四、使用吊車或索道運送鋼筋時，應予紮牢以防滑落。【紮牢防落】

五、吊運長度超過 5 公尺之鋼筋時，應在適當距離之二端以吊鏈鉤住或拉索捆紮拉緊，保持平穩以防擺動。【平穩防擺】

六、構結牆、柱、墩基及類似構造物之直立鋼筋時，應有適當支持；其有傾倒之虞者，應使用拉索或撐桿支持，以防傾倒。【撐桿防傾】

七、禁止使用鋼筋作為拉索支持物、工作架或起重支持架等。【禁止支撐】

八、鋼筋不得散放於施工架上。【不得散放】

九、暴露之鋼筋應採取彎曲、加蓋或加裝護套等防護設施。但其正上方無勞工作業或勞工無虞跌倒者，不在此限。【加蓋防護】

十、基礎頂層之鋼筋上方，不得放置尚未組立之鋼筋或其他物料。但其重量未超過該基礎鋼筋支撐架之荷重限制並分散堆置者，不在此限。【禁堆他物】

**參考題型**

**全球氣候變遷下，強風、豪雨等極端氣候愈趨頻繁與嚴重，面對天然災害可能威脅，需強化各項高風險作業安全設施及應變作為，以避免發生職業災害，請依職業安全衛生設施規則及營造安全衛生設施標準等規定，回答下列問題。**

**遇強風、大雨等惡劣氣候需立即停止之作業為何？ (8 分 )　　【85-03-01】**

答

依據「營造安全衛生設施標準」及「職業安全衛生設施規則」規定，遇強風、大雨等惡劣氣候需立即停止之作業如下列：

一、投擲方式之運送物料作業。( 營標 - § 28)

二、施工架組配作業。( 營標 - § 42)

三、構造物拆除作業。( 營標 - § 157)

四、高度在 2 公尺以上之作業場所。( 設規 - § 226)

# 柒、高壓氣體勞工安全規則

## 本節提要及趨勢

高壓氣體近年的考題有與丙類危險性工作場所合併出題，近年與實務相關及複合型的題目出題頻率增加，要特別留意；另一個考試重點是液化石油氣串接的相關考題或其儲槽設置的規定及相關防護措施。

## 本節題型參考法規

「高壓氣體勞工安全規則」第 37、37-1、41、49、75 條。

## 重點精華

一、特定高壓氣體：係指高壓氣體中之壓縮氫氣、壓縮天然氣、液氧、液氨及液氯、液化石油氣。

二、毒性氣體：係指丙烯腈、丙烯醛、二氧化硫、氨、一氧化碳、氯、氯甲烷、氯丁二烯、環氧乙烷、氰化氫、二乙胺、三甲胺、二硫化碳、氟、溴甲烷、苯、光氣、甲胺、硫化氫及其他容許濃度(係指勞工作業場所容許暴露標準規定之容許濃度)在 200 ppm 以下之氣體。

> 註 可能會出狀況題，一些常見的物質要注意。

三、儲槽：係指固定於地盤之高壓氣體儲存設備。

四、高壓氣體如下：

1. 在常用溫度下，表壓力(以下簡稱壓力)達 10kg/cm$^2$ 以上之壓縮氣體或溫度在攝氏 35 度時之壓力可達 10kg/cm$^2$ 以上之壓縮氣體，但不含壓縮乙炔氣。
2. 在常用溫度下，壓力達 2kg/cm$^2$ 以上之壓縮乙炔氣或溫度在攝氏 15 度時之壓力可達 2kg/cm$^2$ 之壓縮乙炔氣。
3. 在常用溫度下，壓力達每 2kg/cm$^2$ 以上之液化氣體或壓力達 2kg/cm$^2$ 時之溫度在攝氏 35 度以下之液化氣體。
4. 前款規定者外，溫度在攝氏 35 度時，壓力超過 0kg/cm$^2$ 以上之液化氣體中之液化氰化氫、液化溴甲烷、液化環氧乙烷或其他中央主管機關指定之液化氣體。

第 4 款氣體只要有就算，0kg/cm$^2$ 是表壓力，係指 1 大氣壓狀況。

五、處理能力：係指處理設備或減壓設備以壓縮、液化或其他方法 1 日可處理之氣體容積（換算於溫度在攝氏零度、壓力為每平方公分零公斤狀態時之容積）值。

六、特定高壓氣體消費事業單位：係指設置之特定高壓氣體儲存設備之儲存能力適於下列之一或使用導管自其他事業單位導入特定高壓氣體者。

1. 壓縮氫氣之容積在 300 立方公尺以上者。
2. 壓縮天然氣之容積在 300 立方公尺以上者。
3. 液氧之質量在 3,000 公斤以上者。
4. 液氨之質量在 3,000 公斤以上者。
5. 液氯之質量在 1,000 公斤以上者。

提示 「消費」係指由高壓氣體變成低於 10kg/cm$^2$ 的狀況；液化氣體則是指氣化後的出口壓力未達 10kg/cm$^2$。

**參考題型**

某化學工廠因含有可燃性及毒性氣體之高壓氣體設備（常用壓力每平方公分 12 公斤）故障需進入該設備內進行修理，該設備具有自動進出料之功能，並設有進出料管線之開關閥及旋塞。依據高壓氣體勞工安全規則規定，請回答下列問題：

一、從事氣體設備之修理、清掃等作業，應依那些規定辦理？（請列舉 5 項，10 分）

二、因該設備之安全閥釋放管損壞亦需更新，依規定該釋放管開口部之位置應如何設置？（請依可燃性及毒性氣體分別論述，6 分）

三、如果該設備修復後，欲進行耐壓及氣密試驗，依一般規定其試驗壓力各應為多少以上？(4 分) 【97-03】

**答**

一、依據「高壓氣體勞工安全規則」第 75 條項規定，從事氣體設備之修理、清掃等作業（以下簡稱修理等相關作業），應依下列規定：

1. 從事修理等相關作業時，應於事前訂定作業計畫，並指定作業負責人，且應於該作業負責人監督下依作業計畫實施作業。【作業監督】

2. 從事可燃性氣體、毒性氣體或氧氣之氣體設備之修理等相關作業時，應於事前以不易與其內部氣體反應之氣體或液體置換其內部原有之氣體。【無毒置換】

3. 從事修理等相關作業而認有必要使勞工進入氣體設備內部時，前款置換用氣體或液體應另以空氣再度置換。【空氣置換】

4. 開放氣體設備從事修理等相關作業時，為防範來自其他部分之氣體流入該開放部分，應將該開放部分前後之閥及旋塞予以關閉，且設置盲板等加以阻隔。【關閉阻隔】

5. 依前款規定關閉之閥或旋塞（以操作按鈕等控制該閥或旋塞之開閉者，為該操作按鈕等。）或盲板，應懸掛「禁止操作」之標示牌並予以加鎖。【標示加鎖】

6. 於修理等相關作業終了後，非經確認該氣體設備已可安全正常動作前，不得供製造作業使用。【確認啟用】

二、依據「高壓氣體勞工安全規則」第 49 條規定，前條安全裝置（除設置於惰性高壓氣體設備者外）中之安全閥或破裂板應置釋放管；釋放管開口部之位置，應依下列規定：

1. 設於可燃性氣體儲槽者：應置於距地面 5 公尺或距槽頂 2 公尺高度之任一較高之位置以上，且其四周應無著火源等之安全位置。

2. 設於毒性氣體高壓氣體設備者：應置於該氣體之除毒設備內。

3. 設於其他高壓氣體設備者：應置於高過鄰近建築物或工作物之高度，且其四周應無著火源等之安全位置。

三、依據「高壓氣體勞工安全規則」第 41 條規定，高壓氣體設備應以常用壓力 1.5 倍以上之壓力實施耐壓試驗，並以常用壓力以上之壓力實施氣密試驗測試合格。

**參考題型**

**依高壓氣體勞工安全規則規定，其防液堤內側及堤外 L 公尺範圍內，除規定之設備及儲槽之附屬設備外，不得設置其他設備。L 值為何？(2 分 ) 但何種氣體儲槽防液堤外之距離範圍不受 L 公尺規定限制？(2 分 )　【99-04-04】**

**答**

依據「高壓氣體勞工安全規則」第 37-1 條規定，依前條規定設置防液堤者，其防液堤內側及堤外 10 公尺範圍內，除所列設備及儲槽之附屬設備外，不得設置其他設備。但液化毒性氣體儲槽防液堤外之距離範圍，應依第 37-2 規定辦理，不受 10 公尺規定限制。

# 捌、危險性機械及設備安全檢查規則

## 本節提要及趨勢

本節重點係危險性機械及設備的定義、檢查類型、期間、需檢附內容等，近年比較少考。

## 本節題型參考法規

### ＊危險性設備

「危險性機械及設備安全檢查規則」第 4、6、71、73、77、81、82、83、89、92、138 條。

### ＊危險性機械

「危險性機械及設備安全檢查規則」第 9、12、13、16、17 條。

## 重點精華

一、危險性機械定義如下：

1. 固定式起重機：吊升荷重在 3 公噸以上之固定式起重機或 1 公噸以上之斯達卡式起重機。
2. 移動式起重機：吊升荷重在 3 公噸以上之移動式起重機。
3. 人字臂起重桿：吊升荷重在 3 公噸以上之人字臂起重桿。
4. 營建用升降機：設置於營建工地，供營造施工使用之升降機。
5. 營建用提升機：導軌或升降路高度在 20 公尺以上之營建用提升機。
6. 吊籠：載人用吊籠。

二、危險性設備定義如下：

1. 鍋爐：
   (1) 蒸汽鍋爐：最高使用壓力 ( 表壓力，以下同 ) 超過每平方公分 1 公斤，或傳熱面積超過 1 平方公尺，或胴體內徑超過 300 公厘，長度超過 600 公厘。
   (2) 熱水鍋爐：水頭壓力超過 10 公尺，或傳熱面積超過 8 平方公尺，且液體使用溫度超過其在一大氣壓之沸點之熱媒鍋爐以外之熱水鍋爐。
   (3) 熱媒鍋爐：水頭壓力超過 10 公尺，或傳熱面積超過 8 平方公尺。

(4) 貫流式鍋爐：其最高使用壓力超過每平方公分 10 公斤，或其傳熱面積超過 10 平方公尺者。

> **提示** 內徑超過 150mm 之圓筒形集管器，或剖面積超過 177cm$^2$ 之方形集管器之多管式貫流鍋爐及具有汽水分離器者，且內徑在 300mm 以上，且其內容積在 0.07m$^2$ 以上的貫流式鍋爐 ( 特別列管原因係為較具爆炸風險，故即使壓力低於 10kg/cm$^2$ 且傳熱面積低於 10m$^2$ 仍要列管 )。

2. 第一種壓力容器：

(1) 最高使用壓力超過每平方公分 1 公斤，且內容積超過 0.2 立方公尺。

(2) 最高使用壓力超過每平方公分 1 公斤，且胴體內徑超過 500 公厘，長度超過 1,000 公厘。

(3) 以「每平方公分之公斤數」單位所表示之最高使用壓力數值與以「立方公尺」單位所表示之內容積數值之積，超過 0.2。

3. 高壓氣體特定設備：

指供高壓氣體之製造 ( 含與製造相關之儲存 ) 設備及其支持構造物 ( 供進行反應、分離、精鍊、蒸餾等製程之塔槽類者，以其最高位正切線至最低位正切線間之長度在 5 公尺以上之塔，或儲存能力在 300 立方公尺或 3 公噸以上之儲槽為一體之部分為限 )，其容器以「每平方公分之公斤數」單位所表示之設計壓力數值與以「立方公尺」單位所表示之內容積數值之積，超過 0.04 者。

下列容器不在此限：

(1) 泵、壓縮機、蓄壓機等相關之容器。

(2) 緩衝器及其他緩衝裝置相關之容器。

(3) 流量計、液面計及其他計測機器、濾器相關之容器。

(4) 使用於空調設備之容器。

(5) 溫度在攝氏 35 度時，表壓力在每平方公分 50 公斤以下之空氣壓縮裝置之容器。

(6) 高壓氣體容器。

(7) 其他經中央主管機關指定者。

提示 高壓氣體特定設備特色：

1. 供高壓氣體之製造，故出口壓力必超過 10kg/cm$^2$( 較高風險 )。
2. 係固定於廠內的設備。
3. 只要 pv 值大於 0.04 就列管，但有排除條款。

4. 高壓氣體容器：

指供灌裝高壓氣體之容器中，相對於地面可移動，其內容積在 500 公升以上者。但下列各款容器，不在此限：

(1) 於未密閉狀態下使用之容器。
(2) 溫度在攝氏 35 度時，表壓力在每平方公分 50 公斤以下之空氣壓縮裝置之容器。
(3) 其他經中央主管機關指定者。

提示 容器是指可移動的；設備則是指固定於地面某處的。

## ＊危險性設備

參考題型

**依危險性機械及設備安全檢查規則規定，高壓氣體特定設備及高壓氣體容器之定義為何？(8 分)** 【69-03-02】

答

一、高壓氣體特定設備：依據「危險性機械及設備安全檢查規則」第 4 條第 3 款規定，高壓氣體特定設備，係指供高壓氣體之製造 ( 含與製造相關之儲存 ) 設備及其支持構造物 ( 供進行反應、分離、精鍊、蒸餾等製程之塔槽類者，以其最高位正切線至最低位正切線間之長度在 5 公尺以上之塔，或儲存能力在 300 立方公尺或 3 公噸以上之儲槽為一體之部分為限 )，其容器以「每平方公分之公斤數」單位所表示之設計壓力數值與以「立方公尺」單位所表示之內容積數值之積，超過 0.04 者。

二、高壓氣體容器：依據「危險性機械及設備安全檢查規則」第 4 條第 4 款規定，高壓氣體容器，係指供灌裝高壓氣體之容器中，相對於地面可移動，其內容積在 500 公升以上者。

**參考題型**

依危險性機械及設備安全檢查規則規定，試回答下列問題：

一、請敘明哪 3 種特殊之危險性設備，因其構造或安裝方式特殊，事業單位應於事前將風險評估報告送中央主管機關審查，非經審查通過及確認檢查規範，不得申請各項檢查？(6 分)

二、前小題所述之風險評估報告，其內容應包括哪 5 項？(10 分)

三、雇主對鍋爐於下列情況時，應向檢查機構申請何種檢查？(4 分)

1. 鍋爐檢查合格證有效期限屆滿前 1 個月。
2. 鍋爐經修改致其燃燒裝置等有變動者。
3. 鍋爐設置完成時。
4. 擬變更鍋爐傳熱面積者。【72-04】

答

一、依據「危險性機械及設備安全檢查規則」第 6 條第 4 項規定，對於構造或安裝方式特殊之地下式液化天然氣儲槽、混凝土製外槽與鋼製內槽之液化天然氣雙重槽、覆土式儲槽等，事業單位應於事前將風險評估報告送中央主管機關審查，非經審查通過及確認檢查規範，不得申請各項檢查。

二、依據「危險性機械及設備安全檢查規則」第 6 條第 4 項第 3 款規定，對於風險評估報告之內容，應包括風險情境描述、量化風險評估、評估結果、風險控制對策及承諾之風險控制措施。

三、依據「危險性機械及設備安全檢查規則」相關規定，對於鍋爐於下列情況時，應向檢查機構申請檢查種類如下列：

1. 鍋爐檢查合格證有效期限屆滿前 1 個月：定期檢查【第 83 條】。
2. 鍋爐經修改致其燃燒裝置等有變動者：變更檢查【第 92 條】。
3. 鍋爐設置完成時：竣工檢查【第 81 條】。
4. 擬變更鍋爐傳熱面積者：重新檢查【第 89 條】。

 參考題型

**依危險性機械及設備安全檢查規則規定，高壓氣體特定設備有何種情事者，應由所有人或雇主向檢查機構申請重新檢查。(6 分 )** 【69-03】

依據「危險性機械及設備安全檢查規則」第 138 條規定，高壓氣體特定設備有下列各款情事之一者，應由所有人或雇主向檢查機構申請重新檢查：

一、從外國**進口**。

二、構造檢查、重新檢查、竣工檢查或定期檢查合格後，經**閒置** 1 年以上，擬裝設或恢復使用。但由檢查機構認可者，不在此限。

三、經**禁**止使**用**，擬恢復使用。

四、**遷移**裝置地點而重新裝設。

五、擬**提升**最高使用壓力。

六、擬**變更**內容物種類。

 可以簡化成 2 字句，再自行解釋：

(一) 進口 (二) 閒置 (三) 禁用

(四) 遷移 (五) 提升 (六) 變更

 參考題型

**某化學工廠擬於廠內增設汽電共生用鍋爐一座，若該鍋爐屬職業安全衛生法所列之「具有危險性之設備」請回答下列問題：**

**一、請列出該鍋爐於設計至使用前需申請之檢查項目，並簡要說明申請該檢查之時機。(12 分 )**

**二、該鍋爐檢查合格證之最長有效期限幾年？ (2 分 )；該合格證未到有效期限前應申請何項檢查？ (2 分 )**

**三、該鍋爐使用 2 年後，為提高其蒸汽產出量，修改鍋爐之燃燒裝置，該鍋爐應申請何項檢查？ (2 分 )**

**四、若因為市場需求不佳，停用該鍋爐超過 1 年，日後若欲使用該鍋爐，應申請何項檢查？ (2 分 )** 【66-02】

答

一、依據「危險性機械及設備安全檢查規則」相關規定，該鍋爐於設計至使用前需申請之檢查項目及申請該檢查之時機：

| 檢查項目 | 檢查時機 | 備註 |
| --- | --- | --- |
| 型式檢查 | 應於製造前申請 | 第 71 條 |
| 熔接檢查 | 以熔接製造之鍋爐應於施工前申請 | 第 73 條 |
| 構造檢查 | 製造鍋爐本體完成時 | 第 77 條 |
| 竣工檢查 | 於鍋爐設置完成時 | 第 81 條 |

二、(1) 鍋爐之檢查合格證，其有效期限最長為 1 年。【第 82 條】

(2) 於鍋爐檢查合格證有效期限屆滿前 1 個月，應申請定期檢查。【第 83 條】

三、鍋爐經修改燃燒裝置，所有人或雇主應向檢查機構申請變更檢查。【第 92 條】

四、該鍋爐停用超過 1 年，日後若欲使用該鍋爐，應申請重新檢查。【第 89 條】

## * 危險性機械

### 參考題型

某鋼鐵廠擬新設吊運車架空移動式起重機一座，其吊升荷重為 230 公噸，吊具重 20 公噸。試回答下列問題：

一、該固定式起重機之額定荷重為多少公噸？(2 分)

二、該吊運車架空移動式起重機於設計、製造及使用前，應向檢查機構申請哪些檢查？(4 分)

三、應以多少公噸之荷重實施荷重試驗？(2 分)

四、該吊運車架空移動式起重機取得合格證之最長有效期限為幾年？合格證有效期限屆滿前，應向檢查機構申請何種檢查？(4 分)

五、起重機具常發生物體飛落的原因為何？ 【62-06】

答

一、額定荷重＝吊升荷重－吊具重＝ 230 － 20 ＝ 210 公噸。

二、吊運車架空移動式起重機於設計、製造，應向檢查機構申請型式檢查，設置完成使用前，應向檢查機構申請竣工檢查。

三、荷重試驗：係將相當於該起重機額定荷重 1.25 倍之荷重（額定荷重超過 200 公噸者，為額定荷重加上 50 公噸之荷重）。

荷重試驗＝額定荷重（超過 200 公噸者）＋ 50 公噸＝ 210 ＋ 50 ＝ 260 公噸。

四、該吊運車架空移動式起重機取得合格證之最長有效期限為 2 年；合格證有效期限屆滿前 1 個月，應向檢查機構申請定期檢查。

五、起重機作業常發生物體飛落之原因如下列：

1. 吊具或吊索強度不足：吊索腐蝕劣化、斷絲、扭結等，致強度不足斷裂。
2. 作業區域管制不當：起重機運轉時，未採取防止吊物通過人員上方及人員進入吊物下方之設備或措施。
3. 吊掛不當：選用之吊掛用鋼索、繩索吊帶太小、吊掛角度過大或或吊物之吊掛點不當，致吊物飛落。
4. 吊具、吊鉤缺失：吊耳焊接不良斷裂、吊鉤無防脫裝置或已失效，吊具自吊鉤脫離，致吊物飛落。
5. 其他：過捲揚預防裝置失效及吊運旋轉不當等，都易造成物體飛落意外。

## 玖、缺氧症預防規則（含局限空間危害預防）

### 本節提要及趨勢

缺氧作業場所係指容易造成氧濃度未滿 18% 的作業場所，常見之作業類型包括：儲槽、密封之地下室、管線、人孔、地窖、冷凍庫、化糞池等 14 類作業場所，常見題型包括局限空間危害預防措施、缺氧及危害預防措施等，但已有一段時間沒出題過，仍需特別留意。

### 本節題型參考法規

「缺氧症預防規則」第 4、5、17、18、20、25 條。

### 重點精華

一、缺氧：指空氣中氧氣濃度未滿 18% 之狀態。

二、缺氧危險場所應將以下注意事項公告於作業場所入口顯而易見之處所：

1. 有罹患缺氧症之虞之事項。
2. 進入該場所時應採取之措施。
3. 事故發生時之緊急措施及緊急聯絡方式。

4. 空氣呼吸器等呼吸防護具、安全帶等、測定儀器、換氣設備、聯絡設備等之保管場所。
5. 缺氧作業主管姓名。

三、 局限空間危害防止計畫：

1. 局限空間內危害之確認。
2. 局限空間內氧氣、危險物、有害物濃度之測定。
3. 通風換氣實施方式。
4. 電能、高溫、低溫與危害物質之隔離措施及缺氧、中毒、感電、塌陷、被夾、被捲等危害防止措施。
5. 作業方法及安全管制作法。
6. 進入作業許可程序。
7. 提供之測定儀器、通風換氣、防護與救援設備之檢點及維護方法。
8. 作業控制設施及作業安全檢點方法。
9. 緊急應變處置措施。

**參考題型**

**請列舉 5 項缺氧危險作業應採取措施。(10 分 )** 【82-03-01】

答

缺氧危險作業應採取措施如下列：

一、依據「缺氧症預防規則」第 4 條規定，應置備測定空氣中氧氣濃度之必要測定儀器，並採取隨時可確認空氣中氧氣濃度、硫化氫等其他有害氣體濃度。

二、依據「缺氧症預防規則」第 5 條規定，應予適當換氣，以保持該作業場所空氣中氧氣濃度在 18% 以上，實施換氣時，不得使用純氧。

三、依據「缺氧症預防規則」第 25 條規定，未能實施換氣時，應置備適當且數量足夠之空氣呼吸器等呼吸防護具，並使勞工確實戴用。

四、依據「缺氧症預防規則」第 20 條規定，使勞工從事缺氧危險作業時，應於每一班次指定缺氧作業主管從事監督事項。

五、依據「缺氧症預防規則」第 17、18 條規定，於作業場所入口顯而易見之處所公告注意事項使作業勞工周知，並對進出該場所勞工應予確認或點名登記。

**參考題型**

**請列出缺氧危險作業決定直讀式儀器監測之 3 種位置。(6 分 )　【82-03-02】**

缺氧危險作業決定直讀式儀器監測之 3 種位置如下列：

一、有發生、侵入、停滯缺氧空氣之位置。

二、於上述位置之垂直方向與水平方向各選 3 個以上之定點。

三、勞工進入及可能滯留之位置。

**參考題型**

**派工進入缺氧作業場所，應確認氧氣濃度多少百分比以上及硫化氫濃度多少 ppm 以下？(4 分 )？　【82-03-03】**

派工進入缺氧作業場所，應確認氧氣濃度維持 18% 以上，硫化氫濃度保持 10ppm 以下。

提示 另還有一氧化碳濃度 35ppm 及易燃氣體或蒸氣的爆炸下限 (LEL)30%。這幾個數字要一起記。

# 拾、具有危險性之機械及設備安全規則
## （起重升降機具安全規則、鍋爐及壓力容器安全規則及其他相關法規）

### 本節提要及趨勢

起重升降機具有分為固定式起重機、移動式起重機、人字臂起重桿、升降機、營建用提升機、吊籠、簡易提升機等，本章重點在於起重機、升降機及鍋爐之定義、危害預防措施、相關檢查規定等。

本節近年常考，像吊掛起重相關的計算題需要特別留意，其它類似安全係數、負荷計算等題目亦需留意。

### 本節題型參考法規

#### ＊鍋爐

「鍋爐及壓力容器安全規則」第 15、16 條。

「職業安全衛生管理辦法」第 34 條。

「職業安全衛生教育訓練規則」第 13 條。

「危險性工作場所審查及檢查辦法」第 2 條。

#### ＊起重升降機具

「起重升降機具安全規則」第 21、29、32、63、65、67、68 條。

### 重點精華

一、固定式起重機：指在特定場所使用動力將貨物吊升並將其作水平搬運為目的之機械裝置。

二、移動式起重機：指能自行移動於非特定場所並具有起重動力之起重機。

三、人字臂起重桿：指以動力吊升貨物為目的，具有主柱、吊桿，另行裝置原動機，並以鋼索操作升降之機械裝置。

四、升降機：指乘載人員及（或）貨物於搬器上，而該搬器順沿軌道鉛直升降，並以動力從事搬運之機械裝置。但營建用提升機、簡易提升機及吊籠，不包括之。

五、營建用提升機：指於土木、建築等工程作業中，僅以搬運貨物為目的之升降機。但導軌與水平之角度未滿 80 度之吊斗捲揚機，不包括之。

六、吊籠：指由懸吊式施工架、升降裝置、支撐裝置、工作台及其附屬裝置所構成，專供人員升降施工之設備。

七、簡易提升機：指僅以搬運貨物為目的之升降機，其搬器之底面積在 1 平方公尺以下或頂高在 1.2 公尺以下者。但營建用提升機，不包括之。

八、吊升荷重：指依固定式起重機、移動式起重機、人字臂起重桿等之構造及材質，所能吊升之最大荷重。

九、額定荷重：在未具伸臂之固定式起重機或未具吊桿之人字臂起重桿，指自吊升荷重扣除吊鉤、抓斗等吊具之重量所得之荷重。

十、積載荷重：在升降機、簡易提升機、營建用提升機或未具吊臂之吊籠，指依其構造及材質，於搬器上乘載人員或荷物上升之最大荷重。

十一、容許下降速率：指於吊籠工作台上加予相當於積載荷重之重量，使其下降之最高容許速率。

十二、蒸汽鍋爐：指以火焰、燃燒氣體、其他高溫氣體或以電熱加熱於水或熱媒，使發生超過大氣壓之壓力蒸汽，供給他用之裝置及其附屬過熱器與節煤器。

十三、熱水鍋爐：指以火焰、燃燒氣體、其他高溫氣體或以電熱加熱於有壓力之水或熱媒，供給他用之裝置。

十四、第一種壓力容器：

1. 接受外來之蒸汽或其他熱媒或使在容器內產生蒸氣加熱固體或液體之容器，且容器內之壓力超過大氣壓。
2. 因容器內之化學反應、核子反應或其他反應而產生蒸氣之容器，且容器內之壓力超過大氣壓。
3. 為分離容器內之液體成分而加熱該液體，使產生蒸氣之容器，且容器內之壓力超過大氣壓。
4. 除前 3 目外，保存溫度超過其在大氣壓下沸點之液體之容器。

十五、傳熱面積：

1. 貫流鍋爐：以燃燒室入口至過熱器入口之水管，與火焰、燃燒氣體或他高溫氣體（以下簡稱燃燒氣體等）接觸面之面積。
2. 電熱鍋爐：以電力設備容量 20 瓩相當 1 平方公尺，按最大輸入電力設備容量換算之面積。
3. 貫流鍋爐以外之水管鍋爐，就水管及集管器部分依「鍋爐及及壓力容器安全規則」第 7 條第 1 項第 3 款第 1 目至第 8 目之規定測計面積之總和。

## ＊鍋爐

參考題型

為預防鍋爐安全管理不當，致發生火災、爆炸等災害，試依鍋爐及壓力容器安全規則與職業安全衛生管理辦法規定回答下列問題：

一、雇主對於同一鍋爐房內或同一鍋爐設置場所中，設有二座以上鍋爐者，應指派鍋爐作業主管，負責指揮、監督鍋爐之操作、管理及異常處置等相關工作，其資格之規定為何？(9 分)

二、雇主應使鍋爐操作人員實施之事項為何？試列舉 6 項。(6 分)

三、小型鍋爐每年定期實施檢查項目之內容為何？(5 分)　【77-02】

答

一、依據「鍋爐及壓力容器安全規則」第 15 條規定，雇主對於同一鍋爐房內或同一鍋爐設置場所中，設有 2 座以上鍋爐者，應依下列規定指派鍋爐作業主管，負責指揮、監督鍋爐之操作、管理及異常處置等有關工作：

1. 各鍋爐之傳熱面積合計在 500 平方公尺以上者，應指派具有甲級鍋爐操作人員資格者擔任鍋爐作業主管。但各鍋爐均屬貫流式者，得由具有乙級以上鍋爐操作人員資格者為之。
2. 各鍋爐之傳熱面積合計在 50 平方公尺以上未滿 500 平方公尺者，應指派具有乙級以上鍋爐操作人員資格者擔任鍋爐作業主管。但各鍋爐均屬貫流式者，得由具有丙級以上鍋爐操作人員資格為之。
3. 各鍋爐之傳熱面積合計未滿 50 平方公尺者，應指派具有丙級以上鍋爐操作人員資格者擔任鍋爐作業主管。

二、依據「鍋爐及壓力容器安全規則」第 16 條規定，雇主應使鍋爐操作人員實施下列事項：

1. 監視壓力、水位、燃燒狀態等運轉動態。
2. 避免發生急劇負荷變動之現象。
3. 防止壓力上升超過最高使用壓力。
4. 保持壓力表、安全閥及其他安全裝置之機能正常。
5. 每日檢點水位測定裝置之機能 1 次以上。
6. 確保鍋爐水質，適時化驗鍋爐用水，並適當實施沖放鍋爐水，防止鍋爐水之濃縮。

7. 保持給水裝置機能正常。
8. 檢點及適當調整低水位燃燒遮斷裝置、火焰檢出裝置及其他自動控制裝置，以保持機能正常。
9. 發現鍋爐有異狀時，應即採取必要措施。

三、依據「職業安全衛生管理辦法」第 34 條規定，雇主對小型鍋爐應每年依下列規定定期實施檢查 1 次：

1. 鍋爐**本體**有無損傷。
2. **燃燒**裝置有無異常。
3. 自動**控制**裝置有無異常。
4. **附屬**裝置及附屬品性能是否正常。
5. **其他**保持性能之必要事項。

口訣 可以簡化成 2 字句，再自行解釋：

(一) 本體　(四) 附屬
(二) 燃燒　(五) 其他
(三) 控制

參考題型

某工廠在一鍋爐房內設置 2 座煙管式蒸汽鍋爐，傳熱面積各為 200、400 平方公尺，試回答下列問題：

一、該工廠僱用鍋爐操作人員及指派鍋爐作業主管（不依規定減列計算傳熱面積），各應經何種等級以上之鍋爐操作人員訓練或鍋爐操作技能檢定合格者始可擔任？（6 分）

二、依危險性工作場所審查及檢查辦法規定，上述場所是否為危險性工作場所？（2 分）

三、雇主使鍋爐操作人員實施鍋爐之操作、管理及異常處置等事項，請依鍋爐及壓力容器安全規則規定列舉 6 項。（12 分） 【91-03】

答

一、依據「職業安全衛生教育訓練規則」附表十一、具有危險性設備操作人員安全衛生教育訓練課程、時數及「鍋爐及壓力容器安全規則」第 15 條規定：

1. 鍋爐操作人員：乙級鍋爐（傳熱面積在 50 平方公尺以上未滿 500 平方公尺者）操作人員訓練合格或乙級鍋爐操作技能檢定合格。
2. 鍋爐作業主管：各鍋爐之傳熱面積合計在 500 平方公尺以上者，應指派具有甲級鍋爐操作人員資格者擔任鍋爐作業主管。

二、依據「危險性工作場所審查及檢查辦法」第 2 條規定，蒸汽鍋爐之傳熱面積在 500 平方公尺以上者方為丙類危險性工作場所，因該工廠鍋爐房內兩座鍋爐之傳熱面積分別為 200 及 400 平方公尺，皆小於 500 平方公尺，故該場所非為危險性工作場所。

三、依據「鍋爐及壓力容器安全規則」第 16 條規定，雇主應使鍋爐操作人員依下列規定實施鍋爐操作、管理及異常處置等事項：

1. 監視壓力、水位、燃燒狀態等運轉動態。
2. 避免發生急劇負荷變動之現象。
3. 防止壓力上升超過最高使用壓力。
4. 保持壓力表、安全閥及其他安全裝置之機能正常。
5. 每日檢點水位測定裝置之機能一次以上。
6. 確保鍋爐水質，適時化驗鍋爐用水，並適當實施沖放鍋爐水，防止鍋爐水之濃縮。
7. 保持給水裝置機能正常。

8. 檢點及適當調整低水位燃燒遮斷裝置、火焰檢出裝置及其他自動控制裝置，以保持機能正常。

9. 發現鍋爐有異狀時，應即採取必要措施。

## *起重升降機具

參考題型

為防止起重機過負荷傾倒翻覆，使用具有外伸撐座之移動式起重機或擴寬式履帶起重機作業時，應將其外伸撐座或履帶伸至最大極限位置。但因作業場所狹窄或有障礙物等限制，致其外伸撐座或履帶無法伸至最大極限位置時，如能確認其吊掛之荷重較作業所對應之額定荷重為輕者，在那三種狀況之一時，不在此限？(9 分) 【95-04-01】

答

依據「起重升降機具安全規則」第 32 條規定，雇主使用具有外伸撐座之移動式起重機，或擴寬式履帶起重機作業時，應將其外伸撐座或履帶伸至最大極限位置。但因作業場所狹窄或有障礙物等限制，致其外伸撐座或履帶無法伸至最大極限位置時，具有下列各款之一，且能確認其吊掛之荷重較作業半徑所對應之額定荷重為輕者，不在此限：

一、過負荷預防裝置有因應外伸撐座之外伸寬度，自動降低設定額定荷重之機能者。

二、過負荷預防裝置有可輸入外伸撐座之外伸寬度演算要素，以降低設定額定荷重狀態之機能者。

三、移動式起重機之明細表或使用說明書等已明確記載外伸撐座無法最大外伸時，具有額定荷重表或性能曲線表提供外伸撐座未全伸時之對應外伸寬度之較低額定荷重者。

參考題型

請依起重升降機具安全規則規定，回答下列問題：

一、起重機具之吊掛用鋼索安全係數定義為何？(4 分)

二、如起重機具之吊掛用鋼索，其斷裂荷重為 10,000 牛頓，現要吊起重 5,000 牛頓的物品，如果鋼索安全係數為 6，請問至少要用多少條鋼索方可安全吊起？(請列出計算過程，4 分)

三、接續上題，如果安全係數提高為 12，請問至少要用多少條鋼索方可安全吊起？(4 分)

四、請列舉 4 種鋼索發生異常情形時，不得供起重吊掛作業使用。(4 分)

五、移動式起重機於鬆軟的地面進行起重吊升作業時，請列舉 3 種防止翻倒危害之補強作法。(4 分) 【93-04】

答

一、依據「起重升降機具安全規則」第 65 條規定，安全係數為鋼索之斷裂荷重值除以鋼索所受最大荷重值所得之值。安全係數 = 鋼索之斷裂荷重值 / 鋼索所受最大荷重值。

二、該鋼索之安全係數 = 10,000( 牛頓 ) / 5,000( 牛頓 ) = 2，如果鋼索安全係數為 6， 6 / 2 = 3，故至少要用 3 條鋼索方可安全吊起。

三、該鋼索之安全係數 =10,000( 牛頓 ) / 5,000( 牛頓 ) = 2，如果鋼索安全係數為 12， 12 / 2 = 6，故至少要用 6 條鋼索方可安全吊起。

四、依據「起重升降機具安全規則」第 68 條規定，雇主不得以有下列各款情形之一之鋼索，供起重吊掛作業使用：

1. 鋼索一撚間有 10% 以上素線截斷者。
2. 直徑減少達公稱直徑 7% 以上者。
3. 有顯著變形或腐蝕者。
4. 已扭結者。

五、依據「起重升降機具安全規則」第 29 條第 1 項第 2 款規定，雇主對於移動式起重機，為防止其作業中發生翻倒、被夾、感電等危害，應事前調查該起重機作業範圍之地形、地質狀況、作業空間、運搬物重量與所用起重機種類、型式及性能等，並適當決定下列事項及採必要措施：

1. 對軟弱地盤等承載力不足之場所採取地面舖設鐵板、墊料及使用外伸撐座等補強方法，以防止移動式起重機翻倒。

參考題型

依起重升降機具安全規則規定，回答下列問題：

一、雇主於起重機具作業時，為防止吊舉物落下造成人員傷亡，應採取那 2 項設施？但於吊舉物下方設有安全支撐設施、其他安全設施或使吊舉物不致掉落，而無危害勞工之虞者，不在此限。(4 分)

二、雇主對於使用起重機具從事吊掛作業之勞工，請列舉 6 項應使其辦理之規定事項。(12 分) 【97-05-03】相似題型

三、若起重機具所使用吊掛構件之吊鉤所承受最大荷重為 5 公噸，其斷裂荷重為 20 公噸，請問此吊鉤安全係數為何？是否符合法規要求？(4 分)

【90-04】

答

一、依據「起重升降機具安全規則」第 21 條第 1 項規定，雇主於固定式起重機作業時，應採取防止人員進入吊舉物下方及吊舉物通過人員上方之設備或措施。但吊舉物之下方已有安全支撐設施、其他安全設施或使吊舉物不致掉落，而無危害勞工之虞者，不在此限。

二、依據「起重升降機具安全規則」第 63 條規定，雇主對於使用起重機具從事吊掛作業之勞工，應使其辦理下列事項：

1. 確認起重機具之額定荷重，使所吊荷物之重量在額定荷重值以下。【確認荷重】
2. 檢視荷物之形狀、大小及材質等特性，以估算荷物重量，或查明其實際重量，並選用適當吊掛用具及採取正確吊掛方法。【吊掛評估】
3. 估測荷物重心位置，以決定吊具懸掛荷物之適當位置。【吊具選位】
4. 起吊作業前，先行確認其使用之鋼索、吊鏈等吊掛用具之強度、規格、安全率等之符合性；並檢點吊掛用具，汰換不良品，將堪用品與廢棄品隔離放置，避免混用。【不良隔離】
5. 起吊作業時，以鋼索、吊鏈等穩妥固定荷物，懸掛於吊具後，再通知起重機具操作者開始進行起吊作業。【通知起吊】
6. 當荷物起吊離地後，不得以手碰觸荷物，並於荷物剛離地面時，引導起重機具暫停動作，以確認荷物之懸掛有無傾斜、鬆脫等異狀。【不用手觸】
7. 確認吊運路線，並警示、清空擅入吊運路線範圍內之無關人員。【警示清空】

8. 與起重機具操作者確認指揮手勢，引導起重機具吊升荷物及水平運行。【手勢引導】

9. 確認荷物之放置場所，決定其排列、放置及堆疊方法。【確認堆疊】

10. 引導荷物下降至地面。確認荷物之排列、放置安定後，將吊掛用具卸離荷物。【引導安置】

11. 其他有關起重吊掛作業安全事項。【其他安全】

三、依據「起重升降機具安全規則」第 67 條規定，雇主對於起重機具之吊鉤，其安全係數應在 4 以上。

前項安全係數為吊鉤之斷裂荷重值除以吊鉤個別所受最大荷重值所得之值，依題意斷裂荷重 20 公噸除以最大荷重 5 公噸所得安全係數之值為 4，故符合法規要求。

## 拾壹、機械設備器具安全標準及相關法規

### 本節提要及趨勢

本節重點為機具設備的特殊防護措施之規定，如：衝剪機械之雙手起動式安全裝置、光電安全裝置、緊急停止裝置及研磨機或木材加工用圓盤鋸之危害防制措施等規定。

「機械設備器具安全標準」明確規範法定機械設備器具之安全規格，並使安全資訊申報網站登錄制度之施行有據可循。近期修正重點如下：

一、 衝壓機械之寸動構造之滑塊作動限度及防止滑塊等意外下降之適用安全裝置等規定。

二、 衝剪機械之防止滑塊等非預期起動、控制用電氣回路零件強度與耐久度、停止點角度限制、煞車系統之液氣壓控制單元超壓安全裝置。

三、 擴大液壓衝剪機械於電磁閥安全構造與液壓超壓安全裝置及新式螺旋刨刀於手推刨床之適用，新增研磨機之研磨輪固定方式與護罩類型，採用符合實務之盤形研磨輪尺寸與規格值等規定。

四、 增訂剪斷機械之標示，及增列圓盤鋸轉軸旋轉方向與研磨輪製造號碼或批號之標示等規定。

## 本節題型參考法規

### ＊衝剪機械

「機械設備器具安全標準」第 3、6、10、12 條。

### ＊其他指定機械設備

「機械設備器具安全標準」第 76、105、118 條。

## 重點精華

一、中央主管機關指定之機械、設備或器具：

1. 動力**衝**剪機械。
2. 手推**刨**床。
3. 木材加工用**圓**盤鋸。
4. 動力**堆**高機。
5. **研**磨機。
6. 研磨**輪**。
7. 防**爆**電氣設備。
8. 動力衝剪機械之**光**電式安全裝置。
9. 手推刨床之**刃**部接觸預防裝置。
10. 木材加工用圓盤鋸之反撥預防裝置及**鋸**齒接觸預防裝置。
11. **其**他經中央主管機關指定公告者。

    例如車床（含數值控制車床）及加工中心機。

> **口訣** 衝刨圓堆，研輪爆光，刃鋸其
>
> 故事記憶：用衝剪機械刨除的圓堆，用研磨輪研磨爆光後，利刃可以鋸斷一支旗子，所以需要指定機械設備。

二、 緊急停止裝置：指衝剪機械發生危險或異常時，以人為操作而使滑塊等動作緊急停止之裝置。

三、 可動式接觸預防裝置：指手推刨床之覆蓋可隨加工材之進給而自動開閉之刃部接觸預防裝置。

四、 快速停止機構：指衝剪機械檢出危險或異常時，能自動停止滑塊、刀具或撞錘(以下簡稱滑塊等)動作之機構。

五、 本節近年常考，像是光電式安全裝置及雙手操作(起動)式安全裝置的安全距離計算需特別留意。

## ＊衝剪機械

**參考題型**

依機械設備器具安全標準之規定回答下列問題：

一、快速停止機構 (2 分 )

二、緊急停止裝置 (2 分 )

三、可動式接觸預防裝置 (2 分 ) 【99-05-01】

答

依據「機械設備器具安全標準」第 3 條規定，定義如下：

一、快速停止機構：指衝剪機械檢出危險或異常時，能自動停止滑塊、刀具或撞錘（以下簡稱滑塊等）動作之機構。

二、緊急停止裝置：指衝剪機械發生危險或異常時，以人為操作而使滑塊等動作緊急停止之裝置。

三、可動式接觸預防裝置：指手推刨床之覆蓋可隨加工材之進給而自動開閉之刃部接觸預防裝置。

## 參考題型

依機械設備器具安全標準之規定，回答與計算下列問題：

一、列出四種動力衝剪機械之安全裝置。(8 分 )【79-05-02】、【77-05-01】、【93-01-03】、【94-01-02】、【98-05-01】、【99-05-02】相似題型

二、簡要說明光電式安全裝置之連續遮光幅測試方法 (2 分 )，該光電式安全裝置連續遮光幅之直徑應為多少毫米以下？ (2 分 )，具啟動控制功能之光電式安全裝置，其連續遮光幅之直徑應為多少毫米以下？ (2 分 )

【90-05-01】、【90-05-02】

答

一、依據「機械設備器具安全標準」第 6 條規定，衝剪機械之安全裝置，應具有下列機能之一：

1. 連鎖防護式安全裝置：滑塊等在閉合動作中，能使身體之一部無介入危險界限之虞。

2. 雙手操作式安全裝置：

   (1) 安全一行程式安全裝置：在手指按下起動按鈕、操作控制桿或操作其它控制裝置（以下簡稱操作部），脫手後至該手達到危險界限前，能使滑塊等停止動作。

   (2) 雙手起動式安全裝置：以雙手作動操作部，於滑塊等閉合動作中，手離開操作部時使手無法達到危險界限。

3. 感應式安全裝置：滑塊等在閉合動作中，遇身體之一部接近危險界限時，能使滑塊等停止動作。

4. 拉開式或掃除式安全裝置：滑塊等在閉合動作中，遇身體之一部介入危險界限時，能隨滑塊等之動作使其脫離危險界限。

二、依據「機械設備器具安全標準」第 12 條第 3 款規定，所謂連續遮光幅係指投光器及受光器之光軸數須具 2 個以上，且將遮光棒放在前款之防護高度範圍內之任意位置時，檢出機構能感應遮光棒之最小直徑 ( 簡稱連續遮光幅 ) 在 50 毫米以下。但具啟動控制功能之光電式安全裝置，其連續遮光幅為 30 毫米以下。

參考題型

**依機械器具安全防護標準規定，雙手操作式安全裝置應符合哪些規定？試列舉 5 項。(10 分 )【60-03】、【58-01-02】、【93-01-02】、【94-01-03】相似題型**

答

依據「機械設備器具安全標準」第 10 條規定，雙手操作式安全裝置應符合下列規定：

一、具有安全一行程式安全裝置。但具有一行程一停止機構之衝剪機械，使用雙手起動式安全裝置者，不在此限。

二、安全一行程式安全裝置在滑塊等動作中，當手離開操作部，有達到危險界限之虞時，具有使滑塊等停止動作之構造。

三、雙手起動式安全裝置在手指自離開該安全裝置之操作部時至該手抵達危險界限前，具有該滑塊等可達下死點之構造。

四、以雙手操控作動滑塊等之操作部，具有其左右手之動作時間差非在 0.5 秒以內，滑塊等無法動作之構造。

五、具有雙手未離開一行程操作部時，備有無法再起動操作之構造。

六、其一按鈕之外側與其他按鈕之外側，至少距離 300 毫米以上。但按鈕設有護蓋、擋板或障礙物等，具有防止以單手及人體其他部位操作之同等安全性能者，其距離得酌減之。

七、按鈕採用按鈕盒安裝者，該按鈕不得凸出按鈕盒表面。

八、按鈕內建於衝剪機械本體者，該按鈕不得凸出衝剪機械表面。

## ＊其他指定機械設備

參考題型

**依機械器具安全防護標準規定，研磨機應設置不離開作業位置即可操作之動力遮斷裝置，該裝置應具之性能為何？ (3 分 )　　【70-03-02】**

答

依據「機械設備器具安全標準」第 105 條規定，研磨機應設置不離開作業位置即可操作之動力遮斷裝置，該裝置應具之性能，應易於操作，且具有不致因接觸、振動等而使研磨機有意外起動之虞之構造。

**參考題型**

**依機械器具安全防護標準規定，請列出研磨機於明顯易見處應標示之事項。(7 分)　【70-03-03】**

答

依據「機械設備器具安全標準」第 118 條規定，研磨機應於明顯易見處標示下列事項：

一、製造者名稱。

二、製造年月。

三、額定電壓。

四、無負荷回轉速率。

五、適用之研磨輪之直徑、厚度及孔徑。

六、研磨輪之回轉方向。

七、護罩標示適用之研磨輪之最高使用周速度、厚度、直徑。

**參考題型**

**依機械器具安全防護標準規定，堆高機應於其左右各設一個方向指示器，但在何種情況下得免設方向指示器？(3 分)　【68-03-03】**

答

依據「機械設備器具安全標準」第 76 條規定，堆高機應於其左右各設一個方向指示器。但最高時速未達 20 公里之堆高機，其操控方向盤之中心至堆高機最外側未達 65 公分，且機內無駕駛座者，得免設方向指示器。

# 拾貳、 機械設備器具安全相關管理法規
## （含機械類產品型式驗證實施及監督管理辦法、機械設備器具安全資訊申報登錄辦法、機械設備器具監督管理辦法等）

### 本節提要及趨勢

本節重點在於機械設備的安全標準登錄及宣告佐證資料、申請型式檢定需檢附之資料等近年常考，需特別留意，會出一些與實務判斷有關的題目。

### 本節題型參考法規

「職業安全衛生法」第 7、8、9 條。

「機械類產品型式驗證實施及監督管理辦法」第 23 條 。

「安全標示與驗證合格標章使用及管理辦法」第 6、12 條。

「機械設備器具安全資訊申報登錄辦法」第 4、5 條。

「機械設備器具型式檢定作業要點」第 11 條。

### 重點精華

一、 產品監督：指對職業安全衛生法第 7 條第 1 項、第 3 項或第 8 條第 1 項所定產品，於生產廠場或倉儲場所，執行取樣檢驗、查核產銷紀錄完整性及製造階段產品安全規格一致性。

二、 市場查驗：指對職業安全衛生法第 7 條第 1 項、第 3 項或第 8 條第 1 項所定產品，執行其於經銷、生產、倉儲、勞動、營業之場所或其他場所之產品檢驗或調查。

三、 產製：指生產、製造、加工或修改，包括將機械類產品由個別零組件予以組裝銷售，及於進入市場前，為銷售目的而修改。

四、 指定應型式檢定之機械設備，包括：

指定機械設備之動力衝剪機械、動力堆高機、防爆電氣設備、木材加工用圓盤鋸、手推刨床、研磨機、研磨輪、手推刨床之刃部接觸預防裝置、木材加工用圓盤鋸之反撥預防裝置及鋸齒接觸預防裝置、動力衝剪機械之光電式安全裝置及 107 年 2 月 14 日公告之「交流電焊機用自動電擊防止裝置」需符合驗證標準 CNS 4782(交流電弧銲接電源用電擊防止裝置)等 11 項，其中自動電擊防止裝置之相關題目會變多，請再留意。

## 參考題型

依職業安全衛生法第 8 條第 1 項規定：「製造者或輸入者對於中央主管機關公告列入型式驗證之機械、設備或器具，非經中央主管機關認可之驗證機構實施型式驗證合格及張貼合格標章，不得產製運出廠場或輸入」。請依上開規定，據以簡答下列各小題。【100-04】

一、某雇主日前因設置未經型式驗證合格之列管產品，遭查處罰鍰在案，致當事人查閱職業安全衛生法第8條第1項及同法第44條第2項規定:「違反…第 8 條第 1 項…規定者，處新臺幣 20 萬元以上 200 萬元以下罰鍰…」，竟然發現該法第 8 條第 1 項規定僅針對「製造者或輸入者」之限制事項規範，並未明文涉及「雇主不得設置」之禁止義務，乃對雇主受罰衍生其法律責任主體疑義，心生不服處分之民怨，若台端擔任該公司職業安全管理師，本於職責對檢查機構裁罰「雇主」之執法依據與援引法條是否妥適，有將此一法理分析見解提供雇主審酌釐清之必要，爰請說明下列事項：

1. 處分之適法性有否疑義，繫於雇主援引上述法條之規定是否正確，否則滋生誤解，是以若能就雇主援引法條之文義內容不當之處予以導正，即可使本案裁罰處分於法有據，法理規範殆無疑義，請台端就本案爭點之處置，提供法制見解。(3 分 )
2. 承上，「交流電焊機自動電擊防止裝置」屬本法第 8 條第 1 項之列管產品，若雇主現今仍設置未經型式驗證合格之該產品者，實務上依法裁罰殆無疑義。對於依法裁罰處分「雇主」有否合宜性，請簡述本案中央主管機關已對法制面採取何項行政作為，方使本案裁罰具有正當性與適法性？ (4 分 )

二、依本法第 8 條所定驗證機構，須經中央主管機關認可，若有 A、B、C 等單位對外招攬客戶，宣稱具備資格條件如下表，並自稱將據以申請認可云云，請就表列 A、B、C 所述事項，分別依法定資格條件，列舉其各該於法不合之處。

| 單位 | 組織型態 | 對外宣稱資格條件 | ＊於法不合之處 |
|---|---|---|---|
| A | 財團法人 | 1. 檢測試驗室外包。<br>2. 具有從事型式驗證業務部門，可出具驗證合格證明書。 | 答案 1（2 分） |
| B | 某檢驗公證股份有限公司 | 1. 接受委託檢驗，出具檢驗證明文件。<br>2. 提供準確樣品檢測服務。 | 答案 2（2 分） |
| C | 某產業廠商聯誼會 | 1. 會員多為製造商與進口商，會務人員均具廠商身份。<br>2. 與民代及業界高層關係密切，執行面易於連絡配合。 | 答案 3（2 分） |

三、某公司採購本法第 8 條所定列管產品一批，因得標廠商交貨驗收之產品本體上未張貼驗證合格標章，經採購單位拒收後，得標廠商乃補付影印之驗證合格標章紙本若干及膠水數瓶供客戶自行張貼，若台端為驗收人員之一，能否接受此一改正措施予以驗收？請說明立場與上開標章製作之法定規格要件。(3 分 )

四、對於未經型式驗證合格之產品或型式驗證逾期者，不得使用驗證合格標章或易生混淆之類似標章揭示於產品，請說明下列事項：

1. 若對揭示於產品之驗證標章相關事項需了解更多資訊，且擬確認其是否屬已完成驗證合格之產品型式者，請說明目前具有方便與快速且能對外公開提供全年 24 小時免費瀏覽驗證合格產品清單等相關資訊之查詢管道？ (2 分 )
2. 承上，驗證合格標章，其格式由圖式及識別號碼組成；識別號碼應緊鄰圖式之右方或下方，且由字軌 TC、指定代碼及發證機構代號組成，若擬查悉張貼驗證合格標章之某產品之製造者名稱、廠址、系列型式或驗證有效期限等，請說明須查閱何種文件？ (2 分 )

一、1. 處分之適法性：依據「職業安全衛生法」第 8 條第 1 項規定，該條款確實僅針對製造者或輸入者對於中央主管機關公告列入型式驗證之機械、設備或器具有限制事項規範，並未明文涉及雇主不得設置的禁止義務。因此，若雇主被此條款處以罰鍰，可能存在法律責任主體疑義。然而，「職業安全衛生法」第 7 條第 1 項已規定「製造者、輸入者、供應者或雇主，對於中央主管機關指定之機械、設備或器具，其構造、性能及防護非符合安全標準者，不得產製運出廠場、輸入、租賃、供應或設置。」，因此若以此條款之規範內容，本案之裁罰處分則於法有據且法理規範殆無疑義。

2. 有關「交流電焊機自動電擊防止裝置」的設置：若雇主仍設置未經型式驗證合格的該產品，根據「職業安全衛生法」第 8 條第 1 項的規定，實務上對雇主的裁罰是合宜的。因為中央主管機關在法制面已採取行政作為，即於「職業安全衛生法」第 9 條第 1 項規定製造者、輸入者、供應者或雇主，對於未經型式驗證合格之產品或型式驗證逾期者，不得使用驗證合格標章或易生混淆之類似標章揭示於產品。因此，若雇主違反該規定，中央主管機關依法對其進行裁罰，係具有法律的正當性與適法性。

二、1. 依據「機械類產品型式驗證實施及監督管理辦法」第 23 條規定，行政機關、學術機構或公益法人符合下列資格條件者，得向中央主管機關申請認可為驗證機構：

(1) 具有從事型式驗證業務能力與公正性、固定辦公處所、組織健全且財務基礎良好。

(2) 已建立符合國際標準 ISO/IEC 17065 或其他同等標準要求之產品驗證制度，並取得經中央主管機關認可之我國認證機構相關領域之認證資格。

(3) 設有與型式驗證業務相關之專業檢測試驗室，並取得國際標準 ISO/IEC 17025 相關領域認證。

(4) 擬驗證之各項產品均置有 1 名以上之專業專職之驗證人員。

(5) 其他經中央主管機關公告之資格條件。

2. 單位 A 於法不合之處：

(1) 組織型態為財團法人不符申請資格。

(2) 未設有與型式驗證業務相關之專業檢測試驗室。

3. 單位 B 於法不合之處：

(1) 組織型態為某檢驗公證股份有限公司不符申請資格。

(2) 未取得經中央主管機關認可之我國認證機構相關領域之認證資格。

4. 單位 C 於法不合之處：

(1) 組織型態為某產業廠商聯誼會不符申請資格。

(2) 未向中央主管機關申請認可為驗證機構。

三、1. 依據「安全標示與驗證合格標章使用及管理辦法」第 12 條規定，對「職業安全衛生法」第 7 條或第 8 條所定應張貼安全標示或驗證合格標章之產品，製造者或輸入者至遲應於提供該產品予供應者或雇主前，完成張貼標示或標章。

故對於某公司採購的本法第 8 條所定列管產品，如果得標廠商交貨驗收的產品本體上未張貼驗證合格標章，並且得標廠商補付影印的驗證合格標章紙本及膠水供客戶自行張貼，作為驗收人員之一，應該不接受此改正措施予以驗收。

2. 依據「安全標示與驗證合格標章使用及管理辦法」第 6 條規定，安全標示及驗證合格標章之製作，應使用不易變質之材料、字體內容清晰可辨且不易磨滅，並以牢固之方式標示。

四、1. 目前具有方便與快速且能對外公開提供全年 24 小時免費瀏覽驗證合格產品清單等相關資訊之查詢管道：機械設備器具安全資訊網 ( https://tsmark.osha.gov.tw )。

2. 如需查閱張貼驗證合格標章的相關事項 ( 製造者名稱、廠址、系列型式或驗證有效期限等資訊 )，應查閱相關的文件，為形式驗證合格證明書或相關的驗證文件。

**參考題型**

**為加強機械、設備或器具之安全源頭管理，職業安全衛生法規規定製造者或輸入者對於指定之機械、設備或器具，應於資訊申報網站登錄，始得運出產製廠場或輸入，以阻絕不安全產品混入國內市場，請回答下列問題：**

**一、辦理資訊申報網站登錄宣告產品符合安全標準之佐證方式為何？(5 分 )**

**二、宣告安全產品之申報登錄資料為何？(10 分 )** 【74-03】

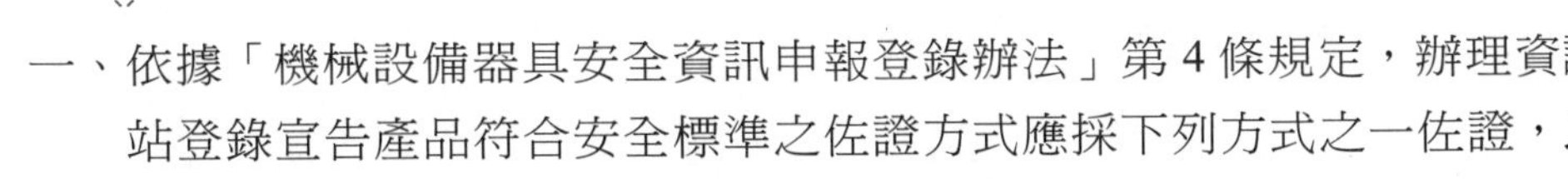

答

一、依據「機械設備器具安全資訊申報登錄辦法」第 4 條規定，辦理資訊申報網站登錄宣告產品符合安全標準之佐證方式應採下列方式之一佐證，以網路傳輸相關測試合格文件，並自行妥為保存備查：

1. 委託經中央主管機關認可之檢定機構實施型式檢定合格。
2. 委託經國內外認證組織認證之產品驗證機構審驗合格。
3. 製造者完成自主檢測及產品製程一致性查核，確認符合安全標準。

二、依據「機械設備器具安全資訊申報登錄辦法」第 5 條規定，宣告安全產品之申報登錄資料如下列：

1. 符合性聲明書：簽署該產品符合安全標準之聲明書。
2. 設立登記文件：工廠登記、公司登記、商業登記或其他相當設立登記證明文件。但依法無須設立登記，或申報者設立登記資料已於資訊網站登錄有案，且該資料記載事項無變更者，不在此限。
3. 能佐證具有 3 個月以上效期符合安全標準之下列測試證明文件：
   (1) 型式檢定合格證明書、審驗合格證明或產品自主檢測報告。
   (2) 產品製程符合一致性證明。
4. 產品基本資料：
   (1) 型式名稱說明書：包括型錄、產品名稱、產品外觀圖說、商品分類號列、主機台及控制台基本規格等資訊。
   (2) 產品安裝、操作、保養與維修之說明書及危險對策：包括產品安全裝置位置及功能示意圖。
5. 產品安全裝置及配備基本資料：
   (1) 品名、規格、安全構造、性能與防護及與符合性說明。
   (2) 重要零組件驗證測試報告及相關強度計算。但產品為經加工、修改後再銷售之單品，致取得相關資料有困難者，得以足供佐證之檢測合格文件替代之。
6. 其他中央主管機關要求交付之符合性評鑑程序資料及技術文件。

參考題型

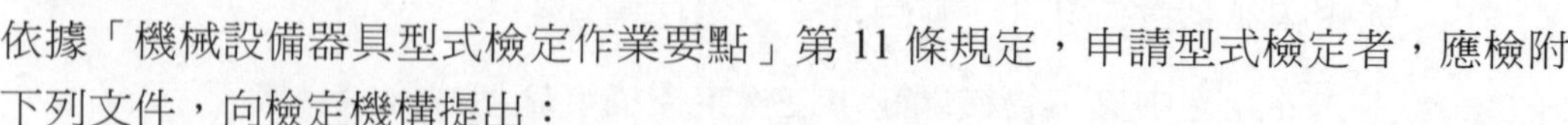
**依據機械設備器具型式檢定作業要點規定，申請型式檢定者，應檢附哪些文件，向檢定機構提出申請？**

答

依據「機械設備器具型式檢定作業要點」第 11 條規定，申請型式檢定者，應檢附下列文件，向檢定機構提出：

一、依法登記文件：工廠登記、公司登記、商業登記或其他相當設立登記證明文件影本。但有下列情形之一者，免附：

(1) 依法無須設立登記。

(2) 相關資料已登錄有案，且其記載事項無變更。

(3) 國外申請者，其無國內營業據點。

二、機械設備器具基本資料。

三、型式名稱說明書：包括型錄、產品名稱、產品外觀圖、商品分類號列、主機台及控制台基本規格等說明資訊。

四、歸類為同一型式之理由說明書。但為單品申請型式檢定者，免附。

五、主型式及系列型式清單。

六、構造圖，包括產品安全裝置性能示意圖及安裝位置。

七、有電氣、氣壓或液壓回路者，附各該回路圖。

八、性能說明書。

九、產品之安裝、操作、保養、維修說明書及危害之保護對策。

十、產品安全裝置及安全配備清單，包括相關裝置之品名、規格、安全構造、性能及防護與符合性說明、重要零組件驗證測試報告及相關強度計算。

十一、製程說明文件。

# 5-2 職業安全衛生計畫及管理

本節部分內容參考「中華民國工業安全衛生協會編列之職業安全管理師教育訓練教材」。

## 壹、職業安全衛生管理系統（含承攬管理、採購管理及變更管理）

### 本節提要及趨勢

本節職業安全衛生管理系統參考 ISO 45001:2018 / CNS 45001:2018 職業安全衛生管理系統標準內容、職業安全衛生管理辦法關於職業安全衛生系統相關要求、臺灣職業安全衛生管理系統 (TOSHMS) 特定稽核重點事項，以及實務作法為考題趨勢。

### 本節題型參考法規

「職業安全衛生法」第 5、25、26、27 條。

「職業安全衛生管理辦法」第 12-2、12-3、12-4、12-5 條。

臺灣職業安全衛生管理系統指引。

中華民國國家標準 CNS 45001:2018  Z2158。

承攬管理技術指引。

### 重點精華

一、 名詞定義

1. **稽核 (audit)**：系統化、獨立及文件化之程序，以獲得證據，並客觀地評估它，以決定滿足所定準則的程度。
2. **危害 (hazard)**：潛在會造成人員傷害或有礙健康的傷害之來源、情況或行為，或上述之組合。
3. **危害鑑別 (hazard identification)**：確認危害之存在，並定義其特性的過程。
4. **有礙健康 (ill health)**：可鑑別，有害身體或精神的狀態，因工作活動與工作相關情形提升或者惡化。
5. **事件 (incident)**：造成或可能造成傷害、有礙健康（不論嚴重程度）或死亡的工作相關情事；包含意外事故、虛驚事件或緊急情況。
6. **風險 (risk)**：係對於危害事件或暴露發生的可能性之組合，且傷害程度或有礙健康會因此危害事件或暴露而造成。

7. **風險評鑑 (risk assessment)**：考量任何現有管制措施的結果，評估因危害而造成的風險與決定此風險是否可接受的過程。

8. **主動式監督 (Proactive Supervision)**：檢查危害和風險的預防與控制措施，以實施職業安全衛生管理系統的作法，符合其所定準則的持續性活動。

9. **被動式監督 (Passive Supervision)**：對因危害和風險的預防與控制措施，職業安全衛生管理系統的失誤而引起的傷病、不健康和事故進行檢查、辨識之過程。

10. **持續改善 (Continuous Improvement)**：為達成改善整體的職業安全衛生績效及職業安全衛生政策的承諾，而不斷強化職業安全衛生管理系統的循環過程。

11. **矯正措施**：消除不符合或事故的原因，並防止再發之措施。

二、職業安全衛生管理系統：

1. 「職業安全衛生法施行細則」第 35 條，職業安全衛生管理系統，指事業單位依其規模、性質，建立包括規劃、實施、評估及改善措施之系統化管理體制。

2. 「職業安全衛生管理辦法」第 1-1 條，雇主應依其事業之規模、性質，設置安全衛生組織及人員，建立職業安全衛生管理系統，透過規劃、實施、評估及改善措施等管理功能，實現安全衛生管理目標，提升安全衛生管理水準。

三、應依國家標準 CNS 45001 或同等以上規定，建置適合該事業單位之職業安全衛生管理系統之事業單位：

1. 第一類事業勞工人數在 200 人以上者。
2. 第二類事業勞工人數在 500 人以上者。
3. 有從事石油裂解之石化工業工作場所者。
4. 有從事製造、處置或使用危害性之化學品，數量達中央主管機關規定量以上之工作場所者。

四、「職業安全衛生管理系統」在決定管制措施，或是考慮變更現有管制措施時，應依據下列順序 ( **應注意優先次序** ) 以考量降低風險。

1. 消除危害。
2. 以較低危害的過程、運作、材料或設備取代。
3. 使用工程管制及工作重組。
4. 使用行政管制，包括訓練。
5. 使用適當且足夠的個人防護具。

五、依 CNS 45001:2018 Z2158 條文標準，PDCA 融入職業安全衛生管理系統架構：

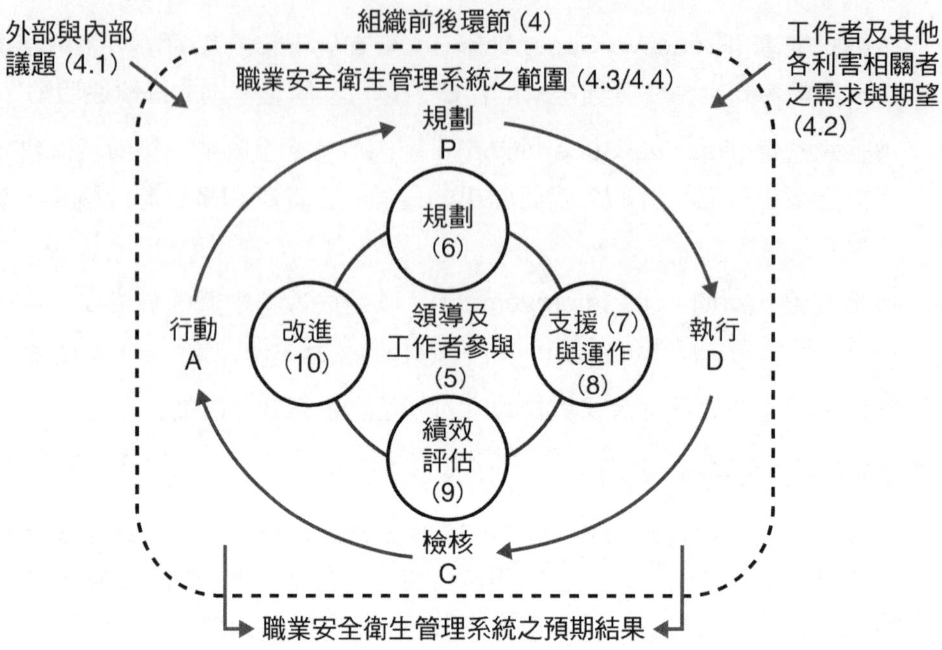


六、ISO/CNS 45001:2018 除了第 1 章適用範圍、第 2 章引用標準及第 3 章用語及定義之外，第 4 章至第 10 章部分標準內容如下圖所示：

**Plan**

| 4 組織前後環節 | 5 領導及工作者參與 | 6 規劃 |
|---|---|---|
| 4.1 瞭解組織及其前後環節 | 5.1 領導與承諾 | 6.1 處理風險與機會之措施 |
| 4.2 瞭解工作者及其他各利害相關者之需求與期望 | 5.2 職業安全衛生政策 | 6.1.1 一般 |
| 4.3 決定職業安全衛生管理系統之範圍 | 5.3 組織之角色、責任及職權 | 6.1.2 危害鑑別、風險及機會之評鑑 |
| 4.4 職業安全衛生管理系統 | 5.4 工作者之諮詢與參與 | 6.1.3 決定法規要求事項及其他要求事項 |
| | | 6.1.4 規劃措施 |
| | | 6.2 職業安全衛生目標及其達成規劃 |
| | | 6.2.1 職業安全衛生目標 |
| | | 6.2.2 達成職安衛目標之規劃 |

**Do**

| 7 支援 | 8 運作 |
|---|---|
| 7.1 資源 | 8.1 運作之規劃與管制 |
| 7.2 適任性 | 8.1.1 一般 |
| 7.3 認知 | 8.1.2 消除危害及降低職業安全衛生風險 |
| 7.4 溝通 | 8.1.3 變更管理 |
| 7.4.1 一般 | 8.1.4 採購 |
| 7.4.2 內部溝通 | 8.1.4.1 一般 |
| 7.4.3 外部溝通 | 8.1.4.2 承攬商 |
| 7.5 文件化資訊 | 8.1.4.3 外包 |
| 7.5.1 一般 | 8.2 緊急準備與應變 |
| 7.5.2 建立及更新 | |
| 7.5.3 文件化資訊之管制 | |

**Check**

| 9 績效評估 |
|---|
| 9.1 監督、量測、分析與績效評估 |
| 9.1.1 一般 |
| 9.1.2 守規性評估 |
| 9.2 內部稽核 |
| 9.2.1 一般 |
| 9.2.2 內部稽核方案 |
| 9.3 管理階層審查 |

**Act**

| 10 改進 |
|---|
| 10.1 一般 |
| 10.2 事故、不符合事項及矯正措施 |
| 10.3 持續改進 |

七、 依承攬管理技術指引，執行承攬管理的參考作業流程如下：

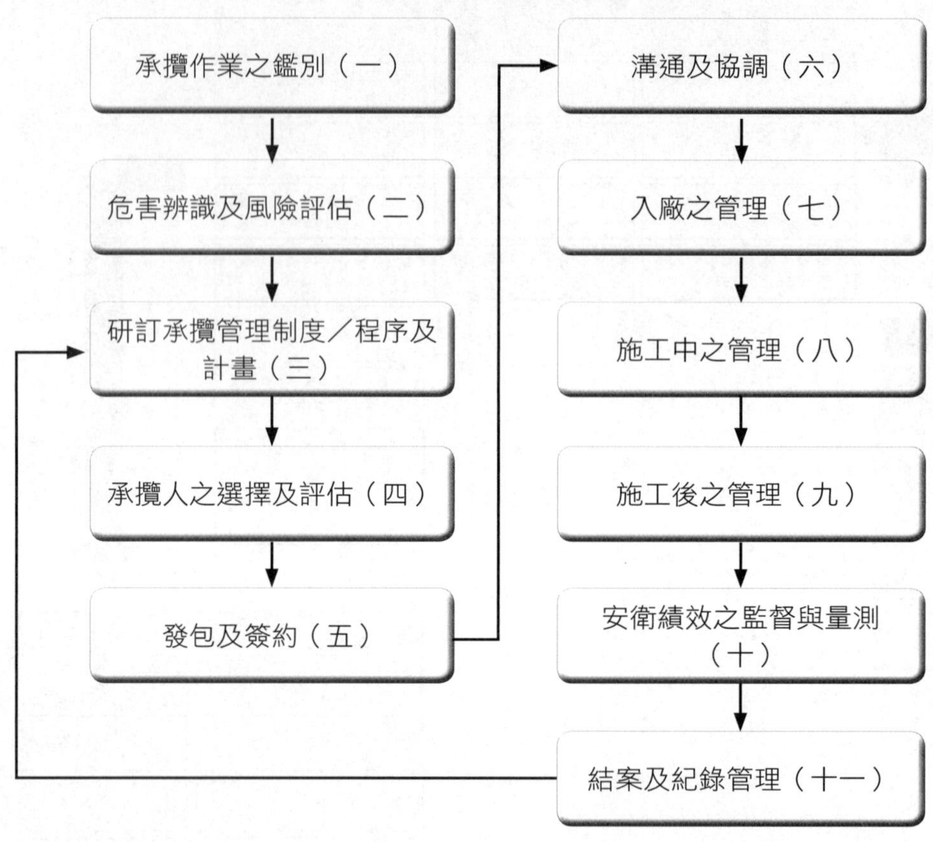


八、依採購管理技術指引，執行採購管理之參考作業流程如下：

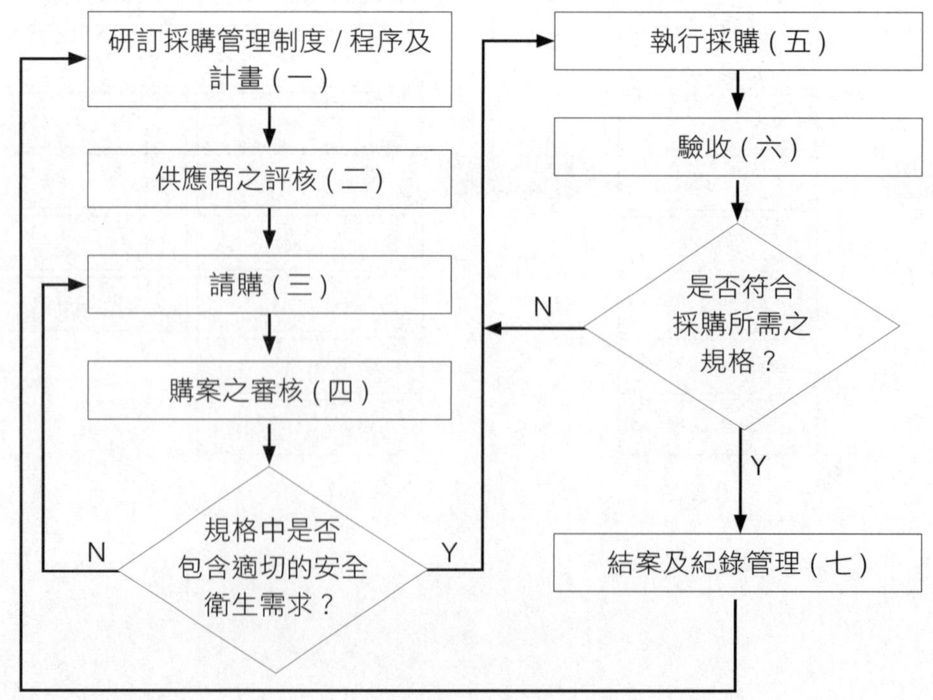

### 參考題型

A 公司為一家自行車零組件製造廠，B 公司為一家建築設計顧問商，C 公司為一家廠房營造商，D 公司為一家模板組拆商，E 公司為一家混凝土澆置商。A 公司為擴增產能新建一廠房，交由 B 公司設計，C 公司建造；C 公司再將該廠房建造所需之模板組拆工程發包給 D 公司，混凝土澆置工程發包給 E 公司。請依職業安全衛生法規定，回答下列問題：

一、C 公司、D 公司、E 公司之勞工共同作業時，為防止職業災害，所須之協議組織由那一家公司設置？(2 分)

二、續前題，請列述該公司應採取之必要措施。(10 分)

三、該廠房進行混凝土灌漿時，不幸發生 E 公司一位勞工墜落死亡職業災害。請問那一家公司雇主須負補償、賠償責任？(2 分)

四、續前題，那一家公司雇主須負連帶補償、賠償責任？(2 分)

五、C 公司交付 D 公司及 E 公司承攬時，請列述應於事前告知之事項。(3 分)

六、B 公司、C 公司在該廠房設計、施工規劃階段，請問應實施何項工作，以致力防止工程施工時，發生職業災害？(1 分) 【100-01】

答

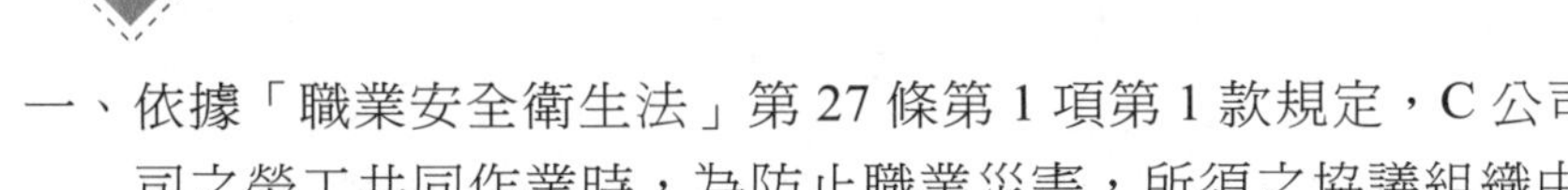

一、依據「職業安全衛生法」第 27 條第 1 項第 1 款規定，C 公司、D 公司、E 公司之勞工共同作業時，為防止職業災害，所須之協議組織由原事業單位即 C 公司設置。

二、依據「職業安全衛生法」第 27 條第 1 項規定，C 公司應採取之必要措施如下列：

1. 設置協議組織，並指定工作場所負責人，擔任指揮、監督及協調之工作。
2. 工作之連繫與調整。
3. 工作場所之巡視。
4. 相關承攬事業間之安全衛生教育之指導及協助。
5. 其他為防止職業災害之必要事項。

三、E 公司發生勞工墜落死亡職業災害，應由 E 公司雇主須負補償、賠償責任。

四、依據「職業安全衛生法」第 25 條規定，事業單位以其事業招人承攬時，其承攬人就承攬部分負本法所定雇主之責任；原事業單位就職業災害補償仍應與承攬人負連帶責任。再承攬者亦同。

原事業單位違反本法或有關安全衛生規定，致承攬人所僱勞工發生職業災害時，與承攬人負連帶賠償責任。再承攬者亦同。

因此，本題 A 公司非其專業能力所及，視為業主；而 A 公司委託給 C 公司，且 C 公司為營造業，故 C 公司為原事業單位，須負起連帶補償、賠償責任。

五、依據「職業安全衛生法」第 26 條第 1 項規定，C 公司交付 D 公司及 E 公司承攬時，應於事前告知之事項為有關其事業工作環境、危害因素暨本法及有關安全衛生規定應採取之措施。

六、依據「職業安全衛生法」第 5 條第 2 項規定，機械、設備、器具、原料、材料等物件之設計、製造或輸入者及工程之設計或施工者，應於設計、製造、輸入或施工規劃階段實施風險評估，致力防止此等物件於使用或工程施工時，發生職業災害。

**參考題型**

依職業安全衛生管理辦法第 12 條之 5（承攬管理）之規定，建置適合該事業單位之職業安全衛生管理系統之事業單位，以其事業之全部或一部分交付承攬或與承攬人分別僱用勞工於同一期間、同一工作場所共同作業時，除應依職業安全衛生法第 26 條或第 27 條規定辦理外，應就承攬人之安全衛生管理能力、職業災害通報、危險作業管制、教育訓練、緊急應變及安全衛生績效評估等事項，訂定承攬管理計畫，並促使承攬人及其勞工，遵守職業安全衛生法令及原事業單位所定之職業安全衛生管理事項。如參考職業安全衛生署「承攬管理技術指引」，請繪製說明承攬管理之作業流程。(20 分）【97-01】

答

依據「承攬管理技術指引」第 4 點規定，承攬管理之參考作業基本考量及流程如下：

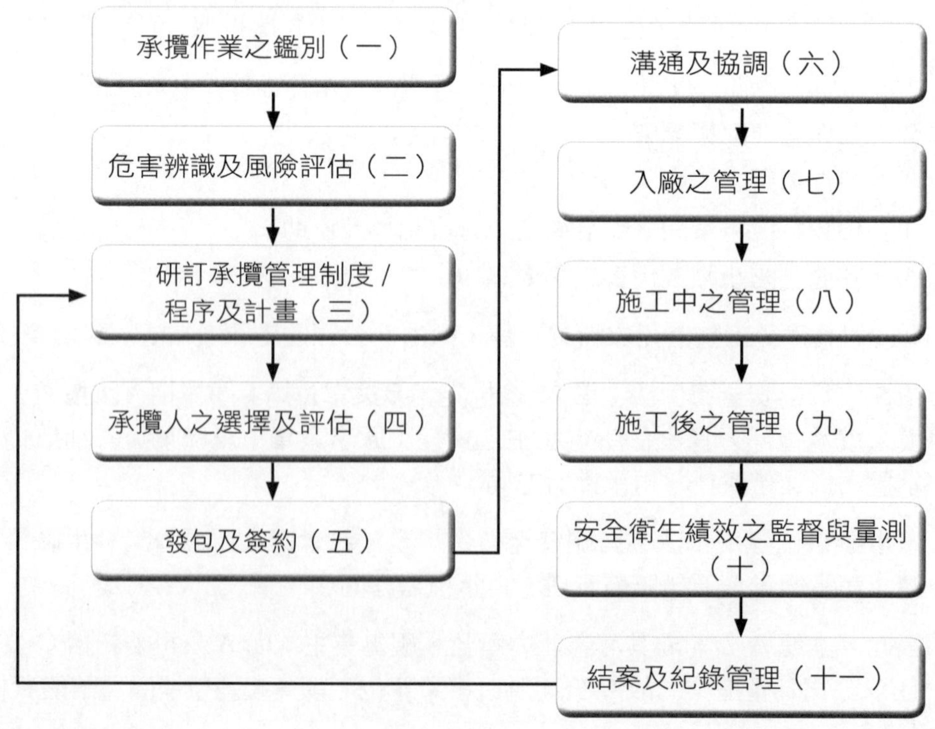

參考題型

**執行職業安全衛生管理系統之危害鑑別與風險評估時，應將哪些項目納入考量(請列舉5項)。(10分)** 【82-04-01】

答

組織應建立、實施並維持以持續及主動積極的方式執行危害鑑別之過程，此過程應納入考量下列事項，但不限於：

一、工作安排方式，社會因素(包括工作量、工作時數、欺騙、騷擾及霸凌)，組織的領導及文化。

二、例行性及非例行性的活動和情況，包括由下列事項造成之危害：

1. 工作場所的基礎設施、設備、物料、物質及物理條件。
2. 產品及服務之設計、研究、發展、測試、生產、組裝、建造、提供服務、維修及棄置等階段。
3. 人為因素。
4. 工作執行方式。

三、以往組織內部或外部之相關事故，包括緊急狀況及其原因。

四、潛在的緊急狀況。

五、人員，包括考慮：

1. 進入工作場所的人員及其活動，包括工作者、承攬商、訪客和其他人員。
2. 工作場所附近，可能受組織作業影響的人員。
3. 於非組織直接管制場所之工作者。

六、其他議題，包括考慮：

1. 工作區域、過程、裝置、機械/設備、操作程序及工作編組等之設計，對工作者需求及能力之調適。
2. 受組織管制之工作場所附近因工作相關活動引發的情況。
3. 非受組織管制但發生於工作場所附近，會造成工作場所人員受傷及健康妨害的狀況。

七、實際或提議之組織、運作、過程、活動及職安衛管理系統的變更。

八、危害相關之知識及資訊的改變。

參考題型

**請說明在 TOSHMS 管制作業中，實施採購與承攬作業之控制措施為何？(10 分)** 【54-05-02】

答

依據「臺灣職業安全衛生管理系統指引」所述：

一、 採購作業控制措施：

組織應訂定維持程序，確保在採購貨物與接受服務前確認符合國家法令規章及組織本身職業安全衛生的要求，且在使用前可達成各項安全衛生要求。

二、 承攬作業控制措施：

1. 組織應訂定維持程序，以確保組織的各項安全衛生要求適用於承攬商及其員工。
2. 組織應確保作業開始前，與承攬商在適當層級建立有效的溝通與協調機制，該機制包括危害溝通及其預防與控制措施。

參考題型

**請簡述 CNS 45001:2018 規定那些事項應諮詢非管理階層工作者？又非管理階層工作者應參與的事項為何？**

答

依據「CNS 45001:2018 條文標準」所述：

一、下述事項應諮詢非管理階層工作者：

1. 決定利害相關者之需求與期望。
2. 建立職業安全衛生政策。
3. 若適用，指派組織之角色、責任及職權。
4. 決定如何履行法令要求事項及其他要求事項。
5. 設定職安衛目標及規劃如何達成目標。
6. 決定適用於外包、採購及承攬商之管制措施。
7. 決定需監督、量測及評估之事項。
8. 規劃、建立、實施及維持稽核方案。
9. 確保持續改進。

二、非管理階層工作者應參與下述事項：

1. 決定其諮詢及參與之機制。
2. 鑑別危害及評鑑風險與機會。
3. 決定消除危害及降低職業安全衛生風險之措施。
4. 決定適任性要求、訓練需求、訓練及評估訓練。
5. 決定需溝通之事項及執行方式。
6. 決定管制措施及其有效的實施與使用。
7. 調查事故及不符合事項，並決定矯正措施。

**參考題型**

**依據「職業安全衛生管理辦法」，具高度風險 200 人以上事業單位之採購管理、承攬管理與變更管理，應辦理之安全衛生事項為何？(25 分)**

答

依據「職業安全衛生管理辦法」，高度風險 200 人以上事業單位之採購管理、承攬管理與變更管理，應辦理之安全衛生事項，相關規定如下：

一、第 12-3 條：於引進或修改製程、作業程序、材料及設備前，應評估其職業災害之風險，並採取適當之預防措施。

前項變更，雇主應使勞工充分知悉並接受相關教育訓練。

前 2 項執行紀錄，應保存 3 年。

二、第 12-4 條：關於機械、設備、器具、物料、原料及個人防護具等之採購、租賃，其契約內容應有符合法令及實際需要之職業安全衛生具體規範，並於驗收、使用前確認其符合規定。

前項事業單位將營繕工程之規劃、設計、施工及監造等交付承攬或委託者，其契約內容應有防止職業災害之具體規範，並列為履約要件。

前 2 項執行紀錄，應保存 3 年。

三、第 12-5 條：以其事業之全部或一部分交付承攬或與承攬人分別僱用勞工於同一期間、同一工作場所共同作業時，除應依本法第 26 條或第 27 條規定辦理外，應就承攬人之安全衛生管理能力、職業災害通報、危險作業管制、教育訓練、緊急應變及安全衛生績效評估等事項，訂定承攬管理計畫，並促使承攬人及其勞工，遵守職業安全衛生法令及原事業單位所定之職業安全衛生管理事項。

前項執行紀錄，應保存 3 年。

參考題型

**持續改善是安全衛生管理重要目的之一，請說明如何訂定事業單位「安全衛生政策」以達到持續改善安全衛生之目的。**

答

一、依據 CNS 45001:2018 標準內容，最高管理階層應建立、實施及維持職安衛政策：

1. 包括提供安全健康工作條件的承諾，以預防工作相關的傷害及不健康，其適合組織目的、規模和處境、職業安全衛生風險及職業安全衛生機會的特定性質。
2. 提供設定職業安全衛生目標的架構。
3. 包括履行法規要求事項及其他要求事項之承諾。
4. 包括消除危害及降低職業安全衛生風險的承諾。
5. 包括持續改進職業安全衛生管理系統的承諾。
6. 包括工作者及其代表參與及諮詢的承諾。

二、職業安全衛生政策應：

1. 以文件化資訊的方式取得。
2. 於組織內部溝通。
3. 使利害相關者可取得。
4. 是切題的及適當的。

參考題型

**CNS 45001 職業安全衛生管理系統提及組織應建立過程，以實施及管制所規劃但會影響職業安全衛生績效之臨時性及永久性的變更，試舉例變更管理包含之事項，並說明變更後應採取之必要措施。**

答

依據「CNS 45001:2018 條文標準」：

組織應建立過程，以實施及管制所規劃但會影響職業安全衛生績效之臨時性及永久性變更，包括：

一、新的產品、服務及過程，或修改既有的產品、服務及過程，包括：

1. 工作場所之位置及周遭環境。
2. 工作編組。
3. 工作條件。
4. 設備。
5. 人力。

二、法規要求事項及其他要求事項的變更。

三、與危害及職業安全衛生風險有關之知識或資訊的變更。

四、知識及技術的發展。

組織應審查非預期變更的後果，並採取必要措施，以消減任何負面效應。

# 貳、安全衛生管理規章及職業安全衛生管理計畫之製作

## 本節提要及趨勢

本節安全衛生管理規章及職業安全衛生管理計畫，事業單位應依本身管理制度規模、工作環境狀況、作業特性、使用原料設備及歷年職災等因素，訂定出可執行且有助於事業單位管理運作之規章制度；對計畫執行要定期實施稽核、檢討與反饋，透過 PDCA 管理循環，以逐年降低單位危害風險，達成零災害之最終目標。

## 本節題型參考法規

「職業安全衛生法施行細則」第 31 條。

「職業安全衛生管理辦法」第 12-1、12-2、12-3、12-4、12-5、12-6 條。

職業安全衛生管理規章及職業安全衛生管理計畫指導原則。

## 重點精華

一、「職業安全衛生管理辦法」第 12-1 條規定，雇主應依其事業單位之規模、性質，訂定職業安全衛生管理計畫，要求各級主管及負責指揮、監督之有關人員執行；勞工人數 30 人以下之事業單位，得以安全衛生管理執行紀錄或文件代替職業安全衛生管理計畫。

勞工人數在 100 人以上之事業單位，應另訂定職業安全衛生管理規章。

二、依據「職業安全衛生管理規章及職業安全衛生管理計畫指導原則」，事業單位應依其規模及性質等，訂定並實施安全衛生管理規章，各類規章包含：

1. 政策與組織。

2. 承攬人(含工程及勞務等)管理。

3. 獎懲激勵。

4. 教育訓練及宣導。

5. 稽核督導。

6. 安全衛生管控(應含危害辨識後,主要危害之控制作業程序、標準、要點、辦法等)。

7. 防護具管理。

8. 健康管理。

9. 事故處理。

10. 交通安全。

三、 依據「職業安全衛生管理規章及職業安全衛生管理計畫指導原則」,其職業安全衛生管理計畫之架構包含下類要項:

1. 政策。

2. 目標。

3. 計畫項目。

4. 實施細目。

5. 計畫時程。

6. 實施方法。

7. 實施單位及人員。

8. 完成期限。

9. 經費編列。

10. 績效考核。

11. 其他規定事項。

其中「計畫項目」依「職業安全衛生法施行細則」第 31 條規定,職安衛管理計畫至少包括下列事項:

1. 工作環境或作業危害之辨識、評估及控制。

2. 機械、設備或器具之管理。

3. 危害性化學品之分類、標示、通識及管理。

4. 有害作業環境之採樣策略規劃及監測。

5. 危險性工作場所之製程或施工安全評估。

6. 採購管理、承攬管理及變更管理。

7. 安全衛生作業標準。

8. 定期檢查、重點檢查、作業檢點及現場巡視。

9. 安全衛生**教育訓練**。

10. 個人**防護具**之管理。

11. **健康**檢查、管理及促進。

12. 安全衛生**資訊**之蒐集、分享及運用。

13. 緊**急應變**措施。

14. **職業**災害、虛驚事故、影響身心健康事件之調查處理及統計分析。

15. 安全衛生管理**紀錄**及**績效**評估措施。

16. 其**他**安全衛生管理措施。

危機危境危險所
採購承變 SOP
檢巡教訓防護具
健康資訊急應變
職業紀錄績效他

**參考題型**

**職業安全衛生管理計畫應至少包含幾個要項，始構成完整的計畫架構，試說明之。**

一、政策：

應依據事業單位規模及性質，並諮詢員工及其代表之意見，訂定書面的職業安全衛生政策，以展現符合適用法令規章、預防與工作有關的傷病及持續改善之承諾。安全衛生政策應傳達給員工、承攬人及利害相關者。

二、目標：

依據安全衛生政策及利害相關者關切之課題，訂定符合相關安全衛生法令規章，以及具體、可量測且能達成的目標。目標著重持續改善員工的安全與衛生保護措施，以達到最佳的職業安全衛生績效。

三、計畫項目：

政策與計畫目標確定後，應擬出完成此目標所需要實施計畫項目及製作相關執行表單，該計畫項目應包括事業單位內各部門與階層為達成目標之權責分工，以及達成目標之方法與時程。計畫項目並應依規劃執行情形定期審查，必要時應加以修正。

四、實施細目：

依據工作項目欲訂定能切合現場實際狀況的實施細目，宜先確實掌握工作場所之問題點及本質之問題重點，研擬出最有效果的改善對策，然後具體條列化成為實施細部項目。

五、計畫時程：

計畫可以是長期計畫，亦可為短期計畫，惟通常均係訂定年度計畫為宜，可由事業單位或工作場所按實際情況加以決定。

六、實施方法：

每一個計畫項目應訂定實施方法，按照實施方法來完成該項工作，含實施程序或實施的週期等。

七、實施單位及人員：

每一個安全衛生管理計畫項目應規定實施單位，並規定監督或執行人員。因為事先規定了負責單位及人員，他們就必須要負責完成，計畫的工作事項才能落實。

八、完成期限：

每一個計畫項目應訂定其完成期限，促使負責實施單位知所遵循並如期達成任務。

九、經費編列：

任何工作均需經費支應，因此每一個安全衛生管理計畫項目均需列出其經費預算。

十、績效考核：

績效考核之目的在於增進員工的績效，訂定適當的計畫目標、工作項目及任務是整個績效考核最重要的關鍵，依據計畫的執行如有缺失部份，應隨時修正；績效指標必須明確，可以是定性或定量的；另依目標達成狀況給予相對應的獎勵或處分。

十一、其他規定事項：

凡是在前述各要項內無法詳述或有特殊情形者，均可在其他規定事項補充說明。

口訣 先記諧音再自行展開：「側標詳細時、法人其　飛　機」
(策)(項)　　　(期)(費)(績)

參考題型

請說明不同事業種類及規模應執行之職業安全衛生管理事項。

答

| 30 人<br>以下之事業 | 31-99 人<br>之事業 | 100 人<br>以上之事業 | 一、第一類事業勞工人數在 200 人以上者。<br>二、第二類事業勞工人數在 500 人以上者。<br>三、有從事石油裂解之石化工業工作場所者。<br>四、有從事製造、處置或使用危害性之化學品，數量達中央主管機關規定量以上之工作場所者。 |
|---|---|---|---|
| 職業安全衛生管理執行紀錄或文件 | 訂定職業安全衛生管理計畫 | | |
| | | 訂定職業安全衛生管理規章 | |
| | | | 1. 事業單位應依國家標準 CNS 45001 同等以上規定，建立適合該事業單位之職業安全衛生管理系統，並據以執行。<br>2. 於引進或修改製程、作業程序、材料及設備前，應評估其職業災害之風險，並採取適當之預防措施。<br>前項變更，雇主應使勞工充分知悉並接受相關教育訓練。<br>3. 關於機械、設備、器具、物料、原料及個人防護具等之採購、租賃，其契約內容應有符合法令及實際需要之職業安全衛生具體規範，並於驗收、使用前確認其符合規定。<br>前項事業單位將營繕工程之規劃、設計、施工及監造等交付承攬或委託者，其契約內容應有防止職業災害之具體規範，並列為履約要件。<br>4. 事業單位，以其事業之全部或一部分交付承攬或與承攬人分別僱用勞工於同一期間、同一工作場所共同作業時，除應依「職業安全衛生法」第 26 條或第 27 條規定辦理外，應就承攬人之安全衛生管理能力、職業災害通報、危險作業管制、教育訓練、緊急應變及安全衛生績效評估等事項，訂定承攬管理計畫，並促使承攬人及其勞工，遵守職業安全衛生法令及原事業單位所定之職業安全衛生管理事項。<br>5. 應依事業單位之潛在風險，訂定緊急狀況預防、準備及應變之計畫，並定期實施演練。 |

提示

一、 勞工應盡三個義務：

1. 遵守安全衛生工作守則
2. 接受安全衛生教育訓練
3. 接受健康檢查

二、 勞工代表如何成立順序：

1. 工會推派
2. 勞資會議推選
3. 勞工共同推選

三、 勞工代表法定權利：

1. 職業災害調查權
2. 作業環境監測監督權
3. 安全衛生工作守則訂定權
4. 職業安全衛生委員會參與權

## 參、安全衛生工作守則之製作

### 本節提要及趨勢

本節安全衛生工作守則之製定，得依事業單位之實際需要，訂定適用於全部或一部份事業，做為安全衛生管理之準據。因一個好的制度，仍貴在執行，所以工作守則在製定完成後，應依計畫 (Plan) 公布實施，在執行 (Do) 過程可能會發現一些問題或困難存在，管理單位則應經常與執行部門溝通協調或實施教育訓練；使管理工作經由查核 (Check) 和矯正行動 (Action) 能夠更為落實執行。

### 本節題型參考法規

「職業安全衛生法施行細則」第 41 條。

## 重點精華

安全衛生工作守則：雇主應會同勞工代表，訂定安全衛生工作守則，需報經檢查機構備查，公告實施，其效力及於全體在職勞工；其中，屬於雇主責任不得轉嫁給勞工。訂定內容包含：

一、事業之安全衛生管理及各級之權責。

二、機械、設備或器具之維護及檢查。

三、工作安全及衛生標準。

四、教育及訓練。

五、健康指導及管理措施。

六、急救及搶救。

七、防護設備之準備、維持及使用。

八、事故通報及報告。

九、其他有關安全衛生事項。

### 參考題型

**安全衛生工作守則之內容應考慮許多因素，試依職業安全衛生法規定，有關事業單位訂定安全衛生工作守則之規定說明五項應參酌之內容。**

答

依據「職業安全衛生法施行細則」第 41 條規定：本法第 34 條第 1 項所定安全衛生工作守則之內容，參酌下列事項定之：

一、事業之安全衛生管理及各級之權責。

二、機械、設備或器具之維護及檢查。

三、工作安全及衛生標準。

四、教育及訓練。

五、健康指導及管理措施。

六、急救及搶救。

七、防護設備之準備、維持及使用。

八、事故通報及報告。

九、其他有關安全衛生事項。

# 肆、工作安全分析與安全作業標準之製作

## 本節提要及趨勢

本節「工作安全分析」與「安全作業標準」之製定，應考量事業單位本身特性、實際工作環境作業狀況與作業人員的安衛需求妥為量身訂製流程，始能真正將安衛管理措施落實至工作、現場，以達提升工作效率、預防災害事故的目的。「工作安全分析 (JSA)」源於科學管理之「工作分析」，而「安全作業標準 (SOP)」係對每一種作業經由工作安全分析，藉觀察、討論、修正等方法，逐步分析作業實況，以發現工作中之潛在危害與風險，據以建立一套安全的標準作業方法，故兩者是安衛自主管理的綜合展現。

## 本節題型參考法規

「職業安全衛生法施行細則」第 41 條。

## 重點精華

一、 工作分析 (Job Analysis)：分析完成作業步驟，活動所需知識、技術、能力、經驗、體能與所負責任的程度，並確定工作相關之人、事、時、地、物等。工作安全分析 (JSA) 為工作分析 (JA) ＋預知危險，以策安全 (Safety) 之組合，屬自主管理的一環。JSA 的方法包含：觀察、面談、問卷、測驗、實作、文件分析、特殊事件或綜合運用等。

二、 安全作業標準 (SOP)：與標準作業流程 (Standard Operation Procedure) 縮寫相同，但第 1 字改為安全 (Safety)，經由 JSA 發現不安全狀況與不安全行為，進而消弭與改善，並據以建立一套安全作業標準。

三、 依「職業安全衛生法施行細則」第 41 條規定，職場安全衛生工作守則之內容，包含下列事項：

1. 事業之安全衛生管理及各級之權責。
2. 機械、設備或器具之維護及檢查。
3. 工作安全及衛生標準。
4. 教育及訓練。
5. 健康指導及管理措施。
6. 急救及搶救。
7. 防護設備之準備、維護及使用。

8. 事故通報及報告。
9. 其他有關安全衛生事項。

其中前述第 3 款工作安全及衛生標準，需先經由工作安全分析程序，來建立正確的作業步驟並消除不安全的因素，以確保勞工作業之安全。另工作安全分析應包含：工作內容 (What) 的確定、作業人員 (Who) 的名單、作業地點 (Where) 或工作場所、作業時間 (When)、作業程序 (How) 或工作方法，以及必須說明為何應如此做的原因 (Why) 等；而通常為了達到上述的目的，工作安全分析可能採用的方法如下：

1. 現場觀察法。
2. 實際面談法。
3. 調查問卷法。
4. 量表測驗法。
5. 特殊事件法。
6. 親臨實作法。
7. 文件分析法。

安全作業標準之功能包含下列幾項：

1. 預防工作場所的職災事故或職業病的發生。
2. 確定工作過程所需的設備、機械、器具及個人防護具等。
3. 選擇適當的工作人員來從事操作。
4. 作為單位從業人員的教育訓練教材。
5. 作為單位主管執行安全觀察的參考。
6. 作為職災事故調查的參考。
7. 提升工作效率並維護工作的品質。
8. 促使操作人員的參與感。
9. 符合職安法規的規範等其它功能。

四、 工作安全分析其作業過程中的潛在危害根源，可區分為四大類：

1. 人為因素：人是不安全的主體，人的知識技能、工作態度、行為特質、經驗習性、身心狀態、人際關係及家庭背景等，都可能是造成人為失誤的主因；所以，作業前應選擇合適人員，以減少不安全行為的發生。

2. 設備因素：在於降低不安全狀況的發生，應於作業前確認所需設備、器具甚至個人使用之安全防護具等，是否具備本質安全，避免機械設備造成人員作業過程之職業傷害。
3. 材料因素：產品生產的原物料之進料管制、搬運儲存及加工處理過程，如有不當均可能對人員造成傷害。
4. 環境因素：為維護工作品質，提昇作業效率，工作環境如作業場所的照明、噪音、通道及作業環境的 6S 等，若不注意不僅影響產品品質，亦可能因此造成職業傷害或職業病。

其工作安全分析的程序，如下：

1. 擬訂工作安全分析計畫：事先規劃擬訂計畫，讓工作有明確的目標，將所需的人力與資源先行備妥，促使計畫時效如期如質達成。
2. 決定要分析的工作：以工作導向為分析途徑，優先選擇傷害頻率高的工作、傷害嚴重性高的工作、曾經發生意外事故的工作、具有潛在嚴重危害性的工作、臨時性的任務工作、新製程或製程有所變更的工作、經常性但非生產性的工作等。
3. 將工作步驟拆解：將要分析的工作，按實施先後順序分成幾個主要步驟，如此無論如何複雜的工作均可一目瞭然，便於掌握。拆解時不宜過於瑣碎，避免不必要之步驟。
4. 辨識出潛在的危險：仔細找出每一個基本步驟之潛在危險及可能發生之事故。
5. 找出危險關鍵：進行工作步驟錯誤時，容易導致嚴重後果之關鍵步驟。
6. 決定安全工作方法：針對關鍵之潛在危險，工作安全分析人員應仔細的逐一尋求防止事故之對策，可運用正確的經驗及討論方式或參考有關安全衛生法令規定、文獻或依據專家之專業意見擬定安全有效確切可行的對策。

## 參考題型

請回答下列施工架相關問題：

一、就下列圖 A 至圖 E，依據施工架拆除安全步驟（扶手先行工法），請依序寫出拆除之作業順序（只要依序寫出英文字母即可）。(2 分)

二、就圖 F，簡述該施工架不安全狀況 2 項。(2 分)

三、就圖 G，簡述該施工架不安全狀況 2 項。(2 分)

圖 A 附工作板橫架拆除

圖 B 立架拆除

圖 C 組立設置之施工架

圖 D 先行扶手框拆除

圖 E 交叉拉桿及下拉桿拆除

【99-02-01】~【99-02-03】

圖 F

圖 G

一、 施工架拆除安全步驟（扶手先行工法）拆除之作業順序如下列：

1. 圖 C 組立設置之施工架。
2. 圖 E 交叉拉桿及下拉桿拆除。
3. 圖 B 立架拆除。
4. 圖 A 附工作板橫架拆除。
5. 圖 D 先行扶手框拆除。

二、 圖 F 施工架不安全狀況如下列：

1. 施工架之立柱柱腳變形，影響施工架之強度。
2. 立柱柱腳未依土壤性質，埋入適當深度或襯以墊板、座鈑等以防止滑動或下沈。

三、 圖 G 施工架不安全狀況如下列：

1. 在施工架上使用梯子、合梯或踏凳等從事作業。
2. 工作臺未低於施工架立柱頂點 1 公尺以上。

## 參考題型

請敘述安全觀察之意義及安全觀察的對象？(15 分)

【44-02-01】、【37-02-01】

一、安全觀察的意義：安全觀察是利用工作抽樣原理，觀察各項作業是否合乎安全作業規定，實際上就是由安全觀察員注視作業人員工作，並查明他們是否在安全的工作。

二、安全觀察的對象：

1. **無經驗的人**：查明無經驗的人對安全工作知道多少的方法。
2. **累遭意外的人**：有些人會遭遇多次的意外，常常需要安全觀察知道原因，以如何保護他免於再遭意外。
3. **以不安全出名的人**：有些人總是要冒不必要的危險，主管藉安全觀察糾正指導，以記錄做為懲處之理由。
4. **在身體或心智上不能安全地工作的人**：主管藉安全觀察證明這種人，對他自己與旁人是否危險而能有安全工作的能力。
5. **其他需要安全觀察的人**：如長期生病或心緒不穩的人，需要安全觀察以如何保護他免於意外。

## 參考題型

【解釋名詞】工作安全分析。

工作安全分析可以說是「**工作分析**」與「**預知危險**」的結合。因為工作分析讓主管人員清楚每件工作的詳細步驟、方法、內容、規範；而預知危險則是將每件工作之中所存在的潛在危險與可能危害，事先加以預知，再經溝通、討論而決定最佳的行動目標或工作方法，以確保安全工作。

## 參考題型

工廠製程區儲槽年度設備內部設備檢查作業，需在完成清洗後，先入槽實施勘查。而入槽勘查作業為局限空間作業，試以入槽勘查作業為題製作一份安全作業標準。

答

安全作業標準

作業項目：入槽勘查作業　　項目編號：001
作業方式：團隊作業　　編定日期：114 年 1 月 18 日
處理物品：儲槽　　製作人：蕭 × ×
使用器具：手電筒、梯子
防護器具：氣體偵測器、送風機、安全帶、空氣呼吸器等安全設備。

| 工作步驟 | 工作方法 | 不安全因素 | 安全措施 | 事故處理 |
|---|---|---|---|---|
| 1. 準備 | 1.1 實施氧氣、危險物、有害物濃度之測定。<br>1.2 作業用具及防護具之整備。 | 中毒、缺氧。 | 1.1 使用送風機將新鮮空間灌入儲槽內，以置換原有的有害氣體。<br>1.2 使用氣體偵測器，確認作業環境無危害。 | 盡速將事故狀況報告主管並將傷者送醫治療。 |
| 2. 入槽檢查 | 2.1 作業勞工攀爬進入儲槽內。<br>2.2 使用手電筒實施儲槽內部之檢查。 | 中毒、缺氧、感電及墜落。 | 2.1 作業勞工身繫安全帶，並將安全索之另一端固定在油槽外。<br>2.2 設置氧氣含量及有害氣體濃度自動監視、偵測系統。<br>2.3 檢查空氣呼吸器防護具是否配戴適當。<br>2.4 監視員，隨時監視內部工作人員情形且不得擅離現場。 | 盡速將事故狀況報告主管並將傷者送醫治療。 |
| 3. 出槽 | 作業勞工攀爬離開儲槽。 | 墜落。 | 3.1 確實配戴安全索，並小心攀爬梯子。<br>3.2 作業結束後，將出入口封閉。 | 壓傷、擦傷、扭傷者報告主管並送醫治療。 |

【完整參考版】

局限空間標準作業程序

作業種類：入槽勘查作業　　分類編號：XXXXX-001
單位作業名稱：入槽工作　　訂定日期：112 年 1 月 18 日
作業方式：協同作業　　修定日期：　年　月　日
使用器具工具：　　修定次數：　次

可燃性氣體及有害氣體濃度偵測器、電源線輪座、通風機、手電筒、PVC 管、警告標示牌、梯子、鋼索、驗電筆、撬棒等。

防護器具：安全鞋、安全帽、安全帶、安全母索、棉質手套、空氣呼吸器（備用）、手提式滅火器（備用）。

| 工作步驟 | 工作方法 | 不安全因素 | 安全措施 | 事故處理 |
|---|---|---|---|---|
| 1. 作業前準備 | 1-1 準備所需之防護器具及工具。<br>1-2 確認作業孔位置。<br>1-3 作業範圍設置警告標示牌。<br>1-4 作業人員事先教育訓練。 | | | |
| 2. 打開人孔及測試 | 2-1 用撬棒打開人孔蓋（須兩人）。<br>2-2 使用偵測器測試人孔內 $O_2$、可燃性及有害氣體濃度。<br>2-3 機械通風、換氣 | 2-1-1 有害氣體溢出。<br>2-1-2 手腳被夾傷、人員墜落。<br>2-2 可燃性氣體、缺氧、有害氣體。<br>2-3 吸入缺氧及有毒氣體。 | 2-1-1 人員禁煙並站在上風。<br>2-1-2 穿著安全鞋、安全帽、及安全帶等，安全護具及棉質手套，採適當位置及姿勢並繫掛安全母索。<br>2-2 在人孔外側測試，若需進入人孔應使用防護具（空氣呼吸器及安全帶）。<br>2-3 吸氣口設置於適當安全位置。 | 2-1-1 人員中毒立刻急救送醫。<br>2-1-2 夾傷人員立刻急救治療。<br>2-2 及 2-3 同 2-1-1 及 2-1-2。 |

| 工作步驟 | 工作方法 | 不安全因素 | 安全措施 | 事故處理 |
|---|---|---|---|---|
| 3. 入槽作業 | 3-1 指派監視人員。<br>3-2 人員繫妥安全帶或救生索。<br>3-3 置妥人孔用之梯子。<br>3-4 清點進入人孔人數。<br>3-5 缺氧作業主管監督作業。<br>3-6 人孔內置放連續偵測器及驗電。<br>3-7 持續機械通風、換氣。 | 3-3 梯子滑動。<br>3-6 感電。<br>3-7 吸入缺氧及有毒氣體。 | 3-3 使用合格梯子並確實固定之。<br>3-6 穿著絕緣護具及接地。<br>3-7 吸氣口設置於適當安全位置。 | 3-3 人員墜落受傷立刻送醫急救。<br>3-6 感電者隔離電源急救送醫。 |
| 4. 槽內作業 | 4-1 將材料吊入孔內。<br>4-2 清除雜物。<br>4-3 作業完成後整理作業現場。 | 4-1 物料掉落擊傷人員。<br>4-2 攪動雜物產生可燃性、有害氣體。 | 4-1 繫妥吊物站在安全位置。<br>4-2 加強通風、人員使用空氣呼吸器。 | 4-1 受傷者急救送醫治療。 |
| 5. 出槽作業 | 5-1 全部工具及剩餘材料吊出人孔並清點。<br>5-2 工作人員離開人孔並清點人數。<br>5-3 撤除機械通風設備並蓋妥人孔蓋。<br>5-4 撤除警告標誌。<br>5-5 恢復現場。 | 5-1 物料掉落擊傷人員。<br>5-3 手腳被夾傷。 | 5-1 繫妥吊物站在安全位置。<br>5-3 同 2-1-2。 | 5-1 同 4-1。<br>5-3 同 2-1-2。 |
| 圖解 | 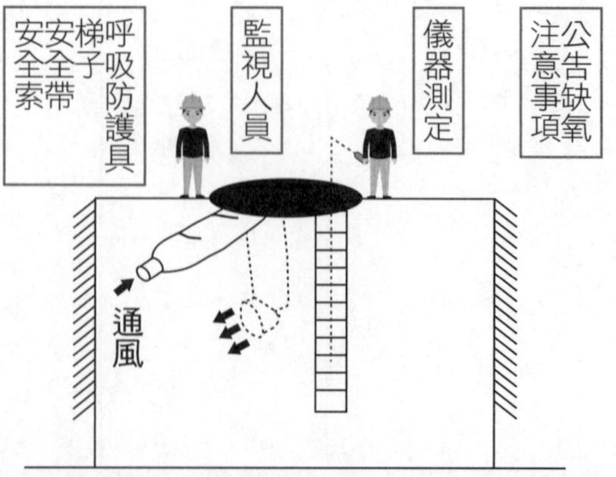  | | | |

## 參考題型

搬運作業往往會造成背部傷害，為防止此類職業災害，試製作一份以雙手搬運一箱 15 公斤重物品之安全作業標準，以教導人員安全作業？(20 分)

【48-03】、【41-02】

答

作業項目：人力搬運作業　　項目編號：001
作業方式：個人作業　　編定日期：112 年 1 月 18 日
處理物品：紙箱　　製作人：蕭 × ×
使用器具：無
防護器具：安全帽、安全鞋、棉質手套。

| 工作步驟 | 工作方法 | 不安全因素 | 安全措施 | 事故處理 |
| --- | --- | --- | --- | --- |
| 1. 準備 | 預估荷重物考量體力。 | | | |
| 2. 檢查 | 2.1 檢查荷重物包裝易受損之處是否產生傷害。<br>2.2 清查搬運區域環境狀況。是否路面不平或有障礙物、狹窄通道、跳板階梯、欄杆有無缺失。<br>3.3 檢查防護具(安全鞋、安全帽及棉質手套)是否配戴適當。 | | | |
| 3. 搬運 | 3.1 站立於持重物位置目視荷重物手沿荷重物並持住。<br>3.2 提舉荷重物兩腳左右分半步以穩實姿勢。<br>3.3 提運。 | 3.1 未確認持住重心位置失衡傾倒。<br>3.2 提舉要領姿勢不當會傷筋骨。<br>3.3 疏於注意提運方式及步調、易受傷害。 | 3.1 確認重心位置。<br>3.2 以背直、兩臂貼身姿勢握住保持平衡。<br>3.3 力求自然之穩定步調。 | 壓傷、擦傷、扭傷者報告主管並赴醫治療。 |
| 4. 卸放 | 放下重物。 | 放下時大意仍會發生事故。 | 確認置放位置，小心放下。 | 同上 |

| 圖解 | 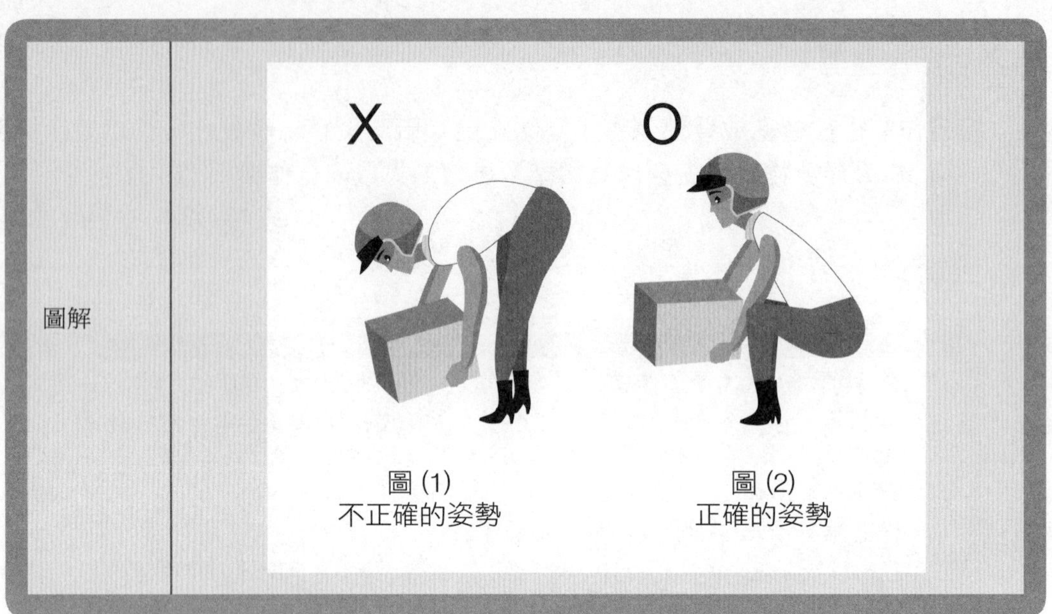 |
|---|---|



## 5-3 專業課程

### 壹、職業安全概論

#### 本節提要及趨勢

隨著經濟的發展，企業使用機械設備及危險物或有害物，將使勞工暴露於各種不同的潛在危害環境中。因為工作場所的不安全狀況及人員的不安全行為，每年仍持續發生墜落、感電、被夾、被捲、被撞、火災、爆炸、缺氧及中毒等事故。依據過去職業災害統計顯示，其職災的類型分析，以墜落、滾落、感電、物體倒塌、崩塌等為主。可見職場勞工的安全與職業傷害預防問題應積極改善，速謀對策以確保職業安全。

本節學習重點：

1. 能應用職業安全理論。
2. 能瞭解事故之種類、原因及損失。
3. 能應用防止事故之基本方法。

## 本節題型參考法規

「職業安全衛生設施規則」第 116 條。

## 重點精華

一、職業安全之範圍：舉凡能夠避免工作者造成傷害事故之相關作為等事項，均可被認定為職業安全之範圍，如考量作業過程中可能會引起勞工危害之因子，包括設備、製程、機械、器具、化學品、環境條件、作業程序及作業方法等，甚至工作場所的設計規劃、人因工程的人機介面調合等。

二、職業災害發生原因

1. 直接原因：工作者接觸或暴露於不安全的能量、危險物或有害物。
2. 間接原因：
   (1) 不安全的動作或行為：
      a. 不知：不知安全的操作方法，不會使用防護器具。
      b. 不顧：缺乏安全意願，或為圖舒適、方便、不遵守安全守則或不使用防護器具。
      c. 不能：智力、體能或技能不能配合所從事的工作。
      d. 不理：不聽信安全管理人員之教導，拒絕使用規定的防護具，或不遵守安全守則。
      e. 粗心：工作時粗心大意、動作粗魯、漫不經心、旁若無人。
      f. 遲鈍：反應不夠靈敏，當一項災害發生時，不能預感或不能及時控制或逃避。
      g. 失檢：工作中嬉戲、行為粗暴、不服從、生活不正常，致影響其正常的動作與行為。

   (2) 不安全的狀況：
      a. 不安全的機器設備：包含保養不當，未實施定期安全檢查、不適當的防護或安全裝置、過度的噪音與振動等。
      b. 未提供適當的個人防護裝備。
      c. 不安全的環境：例如不充分或不適當的照明、通風不良、廠房建築設施規劃不當、廠房不整理、機器設備等佈置不當。

3. 基本原因：

(1) 雇主缺乏安全政策與決心：

a. 未訂定書面的安全衛生政策與工作守則。

b. 未實施工作安全分析。

c. 發生災害，未徹底檢討、分析並作成紀錄。

d. 未實施安全衛生自動檢查。

e. 未實施預防性保養。

f. 未提供必要的安全衛生器材。

(2) 對工作者方面：

a. 僱用勞工未作適當選擇。

b. 未作適當的安全衛生教育及訓練。

c. 未安排適當的工作。

d. 未實施安全觀察。

e. 未確定其責任。

參考題型

試回答下列有關堆高機安全問題：

一、職場中跟堆高機有關之職業災害類型，可分為：被撞（人員被堆高機撞擊）、墜落或滾落（人員自堆高機上墜落或滾落）、倒崩塌（堆高機造成物件倒崩塌）、翻覆（堆高機翻覆）及被捲被夾（人員遭受堆高機夾壓）等 5 種災害類型。簡述前述 5 種堆高機職業災害類型之發生原因。

【80-04-01】、【68-03-01】

二、簡要列舉 5 項堆高機在行進間，勞工應注意之安全事項。【80-04-02】

答

一、堆高機導致勞工發生職業災害之 5 種災害類型及其發生原因與預防對策如下表：

| 災害類型 | 發生原因 | 預防對策 |
|---|---|---|
| 被撞 | 1. 貨物堆積過高視野不良。<br>2. 行駛、倒車或迴轉速度過快。<br>3. 倒車或行駛時未使用警示裝置、方向燈、前照燈、後照燈或其他訊號。<br>4. 周遭勞工未注意堆高機之動向。<br>5. 工作環境如轉彎處、出入口、照明不足、噪音、下雨等因素。 | 1. 在通道交叉口及視線不良的地方，應減速並按鳴喇叭。<br>2. 盡可能使堆高機行進路線與現場勞工分離。 |
| 墜落或滾落 | 1. 高處作業時，未設置工作臺。<br>2. 未使用安全帶等防護具，卻使用堆高機之貨叉、棧板或其他物體將勞工托高，使其從事高處作業，因重心不穩而墜落於地面。 | 1. 人員不得藉由站立在堆高機貨叉上，上下移動位置。<br>2. 禁止利用堆高機進行載人作業。 |
| 倒、崩塌 | 1. 物料搬運方法不適當，貨物堆積過高重心不穩。<br>2. 行駛時桅桿過度傾斜，致搬運物倒塌。<br>3. 堆高機撞擊工作場所中附近堆積之物料，致物料倒塌掉落。 | 1. 維修及保養載貨平臺、通道、及其他作業表面之破裂、毀壞邊緣及其他損傷。<br>2. 正確搬運物料：不逞快、不過份堆高、較重物應擺於下方，必要時可以束帶、膠膜固定。 |
| 翻覆 | 1. 堆高機行駛時，因倒車或迴轉速度過快。<br>2. 因上下坡、地面不平、地面濕滑或鬆軟。<br>3. 貨叉升舉過高或搬運物過重，重心不穩。 | 1. 操作堆高機應繫上安全帶。<br>2. 當堆高機翻覆時，不要跳出車外，緊握車內並向車身翻覆的反方向傾斜。 |
| 被捲、被夾 | 1. 包括維修或保養時，被夾壓於堆高機之貨叉、桅桿或輪胎間。<br>2. 因操作勞工要調整堆高機貨叉上之搬運物，未先將堆高機熄火或下車到堆高機前方調整，卻直接站在駕駛臺前儀表板旁之車架處調整，當不慎誤觸桅桿操作桿，致桅桿後傾，造成頭部或胸部被夾於桅桿與頂棚間。 | 1. 堆高機行進間及啟動時皆不得以人身穿越後扶架調整桅桿及物料，避免發生危害。<br>2. 規定調整貨叉之上積載物，需熄火、下車。 |

二、堆高機在行進間，勞工應注意之安全事項簡要列舉如下：

1. 除非具有堆高機操作合格證，否則不得駕駛操作堆高機。
2. 操作堆高機應使擔任駕駛之勞工確實使用駕駛座安全帶。

3. 當堆高機翻覆時不要跳出車外，緊握車內把手或方向盤並向車身翻覆的反方向傾斜。

4. 當路面有坡度、階梯、斜坡時，應特別注意操作及駕駛安全。

5. 堆高機不得堆舉移動超過其最大荷重之物料。

6. 堆高機速度不得超過能使其安全停止之速度。

7. 在通道交叉口及視線不良的地方，應減速並按鳴喇叭。

8. 維持堆高機行駛及操作之清楚視線，並保持注意力及注視行進路線狀況。

9. 除非堆高機另設有座位，否則不可載人。

10. 不得使勞工搭載於堆高機之貨叉所承載貨物之托板、撬板及其他堆高機(乘坐席以外)部分。

### 參考題型

試回答下列問題：

一、請就以下安全防護原則，依其使用之優先性？排列順序(只需列出英文代號，例 A>B>C...)。

A: 低危害替代高危害　B: 工程控制　C: 消除危害　D: 使用個人防護具　E: 行政管理控制

二、請就勞工進行下述作業可能面臨之事故類型，以前述 5 種安全防護原則，各列舉 1 項實務作法(以 " 防護原則：實務作法 " 方式作答，例使用個人防護具：安全帽)。

1. 進行高樓外牆鋪設作業時發生墜落事故。
2. 操作打釘槍時發生感電事故。
3. 進行鋼板裁切、鑽孔作業時發生切割捲夾事故。【78-04】

一、C ＞ A ＞ B ＞ E ＞ D。

二、1. 進行高樓外牆鋪設作業時發生墜落事故：

(1) 消除危害：經由設計或工法之選擇，儘量使勞工於地面完成作業，減少高處作業項目。

(2) 工程控制：規劃設置完善的安全防護措施。(護欄、護蓋、安全網等等)

2. 操作打釘槍時發生感電事故：

   (1) 消除危害：以氣動打釘槍取代電動打釘槍。

   (2) 工程控制：設置漏電斷路器。

3. 進行鋼板裁切、鑽孔作業時發生切割捲夾事故：

   (1) 工程控制：鋼板裁切時設置護罩或護圍。

   (2) 行政管理控制：鑽孔作業時禁止戴用手套。

**參考題型**

**一、何謂防呆設計 (Fail-proof Designs)？**

**二、何謂失效安全設計 (Fail-safe Designs)？**

**三、電器插座之插孔以不同幾何形狀及長度設計，請簡述說明屬何種安全設計。**

**四、熱水爐溫度超過設定溫度即自動切斷電源之設計，請簡述屬何種安全設計。**

**五、公司製程需要氣體：氫氣、氧氣及氮氣進行作業，為避免槽車加氣時，發生接錯快速接頭而加錯氣體情形，請簡述您如何依防呆設計原則規劃各種氣體之供氣快速接頭設計。【61-04】**

答

一、防呆設計 (Fail-proof Designs)：

為避免使用者因不了解而錯誤安裝或使用，造成損害或危險，而以不用動腦操作，減少人為失誤的形狀、顏色、大小、排列區分操作使用的方式。

二、失效安全設計 (Fail-safe Designs)：

設備失誤通常會造成較大的災害，因此，失誤安全之設計主要為防止因設備失誤，使人員、設備造成的損壞，失誤安全設計主要確定失誤發生時，讓系統失效或轉換至不會對人或設備產生損壞的安全狀態。

三、電器插座之插孔：

電器插座之插孔以不同幾何形狀及長度設計，例如：現行 110V 及 220V 電器用品之插座及插頭即是以不同形狀，來避免不同電壓之電器產生誤插，係屬於防呆設計類型之安全設計。

四、熱水爐：

熱水爐溫度超過設定溫度即自動切斷電源之設計，屬於被動式失效安全設計；如果熱水爐溫度低於某一設定溫度又能夠自動恢復電源開始加熱之設計，即屬於調節式失效安全設計。

五、1. 以形狀、顏色、大小、排列區分使用的方式。

2. 以文字、圖說或標示提供給操作人員以有效的防止錯插、混插的產生。

3. 氫氣快速接頭：接頭與管線【紅色】、尺寸【1"】、標示 H 氣管。

4. 氧氣快速接頭：接頭與管線【藍色】、尺寸【2"】、標示 O 氣管。

5. 氮氣快速接頭：接頭與管線【白色】、尺寸【3"】、標示 N 氣管。

參考題型

**職業災害預防理論中，失誤安全設計 (Fail-Safe Designs) 區分為幾種型態？**

**【52-04】、【49-04】**

答

失誤安全設計可區分為下列三種型態：

**一、被動式失誤安全設計 (Passive fail-safe design)：**

失誤發生時，減少系統運作功能，或中止作業系統的方式來達到防止災害發生，如迴路開關電流過載時，保險絲熔斷，使系統保持安全狀態，欲重新啟動時，需將保險絲修復，才能作業。

**二、主動式失誤安全設計 (Active fail-safe design)：**

失誤發生時，將系統維持在一安全操作狀態直到狀況解除，或驅動一替代系統，來消除可能發生之危害，例如設計一個預備作動系統，當危害發生時，自動啟動來維護系統之安全。通常主動式失誤安全設計會包括監測或警報系統，當狀況異常時，會以連續閃爍或不同顏色、輔助燈光聲音等加以防制處理。

**三、調節式失誤安全設計 (Adjustable fail-safe design)：**

設計一調節系統，當系統發生異常時，調節系統能發揮調節功能，使系統自動回復安全之正常作業狀況，而該種系統不會造成功能之損失。如鍋爐之進水閥需要一個方向調節式失誤安全設計，進水必需由下流過並不得越過閥盤，閥盤分離管徑，允許水壓推升閥盤，使鍋爐中之流量保持在正常狀況，如果進料超過，分離器將會關閉該閥，將停止進流並釋放水於鍋爐，以防止因缺水而導致蒸氣壓上升，產生鍋爐爆裂。

# 貳、風險評估

## 本節提要及趨勢

適當的執行風險評估，可協助事業單位建置完整且適當的職業安全衛生管理計畫或職業安全衛生管理系統，有效控制危害及風險，預防或消減災害發生的可能性或後果嚴重度，並提昇安全衛生管理績效，進而達到永續經營之目的。相關指引所稱的風險評估為辨識、分析及評量風險之程序。主要依據職業安全衛生法規及 TOSHMS 或 ISO / CNS 45001:2018 的要求說明風險評估應有的基本原則，作為事業單位規劃執行風險評估的參考。惟事業單位在規劃及執行風險評估相關工作時，應先考量職業安全衛生法規的要求。

本節簡單扼要介紹風險管理，期望達成下列目的：

一、 引導企業實施風險管理、辨識工作場所危害並予以消弭或有效控制，以降低職災。

二、 提升企業風險評估技術及安全衛生自主管理能力，確保企業永續發展。

三、 推動職業安全衛生管理系統及風險評估概念，定期檢討追蹤安全衛生措施，持續改善以達到零災害。

本節學習重點：

1. 能瞭解風險理念。
2. 能瞭解風險評估之概念。
3. 能應用風險評估實施之步驟。
4. 能正確建立風險評估計畫。

## 本節題型參考文獻

風險評估技術指引。

營造工程風險評估技術指引。

## 重點精華

風險評估的參考作業流程如下：

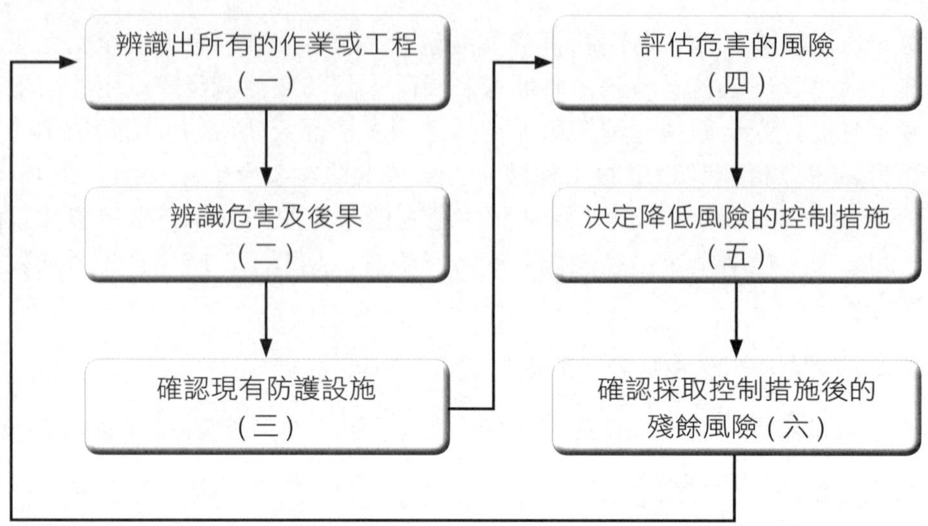


### 參考題型

111 年 4 月 1 日某水泥公司高塔拆除工程，承包商擅自變更工法致水泥高塔倒向非預期方向，並壓毀電塔，造成雙鐵停駛事故。前述高塔拆除工程，承包商變更施工方法應實施變更管理，就各該變更部分，施工方法順序、主要機具設備、安全衛生設施等變更狀況（含因應現地情況差異之變更），實施變更施工風險評估，據以修正施工計畫。變更施工風險評估，應就變更施工計畫進行作業拆解，逐一辨識潛在危害、分析可能出現之風險情境，評估現有措施之防護效果，以評量其風險。對不可接受之風險，擬定風險對策，據以修正變更施工計畫之內容，並應採行那些因應措施（請列出 7 種）。(14 分）【96-04-02】

答

依據「營造工程風險評估技術指引」6.3 工程變更施工風險評估及管理之規定，對不可接受之風險，擬定風險對策，據以修正變更施工計畫之內容，並採行下列因應措施：

一、變更施工計畫文件管制：

制定變更施工圖說分送各相關單位及人員，並制定文件分送清單，以管制變更圖說之分送及舊版文件收回（或註記「僅供參考」）狀況，製作紀錄，以確認變更施工計畫之正確執行。

二、施工機具設備、安全衛生設施調整、修正：

依據修正後變更施工計畫檢查、調整施工機具設備，修改或增設施工安全衛生設施。

三、變更計畫教育訓練：

實施變更計畫教育訓練，以使作業人員清楚了解變更施工計畫之執行方式。

四、修改管理制度：

依據變更施工計畫修改、調整管理制度，包括：作業資格、作業編組、安全衛生作業標準、自主檢查及稽查等。

五、個人防護具：

因應變更施工計畫施工需要，提供作業人員適當之個人防護具，並指導正確穿戴使用。

六、其他必要設施：

依據變更施工計畫施工需要採行其他必要之設施。

七、啟用變更前檢查：

指派資深人員檢查確認上述各項因應措施均已完成，可有效控制該等變更之風險，方得啟用該項變更計畫之施工。

**參考題型**

**工作場所風險評估是用來辨識和瞭解工作環境及作業活動過程可能出現的危害，並降低這些危害對人員造成職業災害之風險。如以一家勞工超過 1,000 人以上之汽車生產工廠而言，試回答下列問題：**

**一、其執行風險評估的適當時機為何？(4 分)**

**二、請協助該工廠訂出記錄風險評估結果所需的表單？(6 分)**

**(請參考中央主管機關發布之「風險評估技術指引」作答)　【62-02】**

答

一、參考「風險評估技術指引補充說明」內容，執行風險評估的適當時機如下列：

1. 建立職業安全衛生管理計畫或職業安全衛生管理系統時。
2. 新的化學物質、機械、設備、或作業活動等導入時。
3. 機械、設備、作業方法或條件等變更時。

二、參考「風險評估技術指引補充說明」內容，適用於勞工人數 300 人以上之事業單位記錄風險評估結果所需的表單應為「系統版」之風險評估表如下列：

風險評估表(系統版)

<table>
<tr><td>公司名稱</td><td>部門</td><td>評估日期</td><td>評估人員</td><td rowspan="2">審核者</td><td></td><td></td></tr>
<tr><td></td><td></td><td></td><td></td><td></td><td></td></tr>
</table>

<table>
<tr><td colspan="2">1. 作業編號及名稱</td><td colspan="7">2. 辨識危害及後果</td><td colspan="3">3. 現有防護設施</td><td colspan="3">4. 評估風險</td><td rowspan="3">5. 降低風險所採取之控制措施</td><td colspan="3">6. 控制後預估風險</td></tr>
<tr><td rowspan="2">編號</td><td rowspan="2">作業名稱</td><td colspan="5">作業條件</td><td rowspan="2">危害類型</td><td rowspan="2">危害可能造成後果之情境描述</td><td rowspan="2">工程控制</td><td rowspan="2">管理控制</td><td rowspan="2">個人防護具</td><td rowspan="2">嚴重度</td><td rowspan="2">可能性</td><td rowspan="2">風險等級</td><td rowspan="2">嚴重度</td><td rowspan="2">可能性</td><td rowspan="2">風險等級</td></tr>
<tr><td>作業週期</td><td>作業環境</td><td>機械/設備/工具</td><td>能源/化學物質</td><td>作業資格</td></tr>
<tr><td></td><td></td><td></td><td></td><td></td><td></td><td></td><td></td><td></td><td></td><td></td><td></td><td></td><td></td><td></td><td></td><td></td><td></td><td></td></tr>
<tr><td></td><td></td><td></td><td></td><td></td><td></td><td></td><td></td><td></td><td></td><td></td><td></td><td></td><td></td><td></td><td></td><td></td><td></td><td></td></tr>
<tr><td></td><td></td><td></td><td></td><td></td><td></td><td></td><td></td><td></td><td></td><td></td><td></td><td></td><td></td><td></td><td></td><td></td><td></td><td></td></tr>
</table>

參考題型

**何謂風險評估？請說明實施步驟及各步驟扼要內容。** 【83-02】

答

一、依據「風險評估技術指引」所稱的風險評估為辨識、分析及評量風險之程序。

二、參考「風險評估技術指引」扼要說明風險評估之作業流程如下列：

1. **辨識出所有的作業或工程：**

   事業單位應依安全衛生法規及職業安全衛生管理系統相關規範等要求，建立、實施及維持風險評估管理計畫或程序，以有效執行工作環境或作業危害的辨識、評估及控制，並依其工作環境或作業危害（製程、活動或服務）之特性項目列出所有的作業或工程。

2. **辨識危害及後果：**

   事業單位應事先依其工作環境或作業(製程、活動或服務)的危害特性，界定潛在危害的分類或類型，作為危害辨識、統計分析及採取相關控制措施的參考，事業單位應針對作業的危害源，辨識出所有的潛在危害、及其發生原因與合理且最嚴重的後果。

3. **確認現有防護設施：**

   事業單位應依所辨識出的危害及後果，確認現有可有效預防或降低危害發生原因之可能性及減輕後果嚴重度的防護設施。必要時，對所確認出的現有防護設施，得分為工程控制、管理控制及個人防護具等，以利於後續的分析及應用。

4. **評估危害的風險：**

   事業單位對所辨識出的潛在危害，應依風險等級判定基準分別評估其風險等級。風險為危害事件之嚴重度及發生可能性的組合，評估時不必過於強調須有精確數值的量化分析，事業單位可自行設計簡單的風險等級判定基準，以相對風險等級方式，作為改善優先順序的參考。

5. **決定降低風險的控制措施：**

   事業單位應訂定不可接受風險的判定基準，作為優先決定採取降低風險控制措施的依據。

   對於不可接受風險項目應依消除、取代、工程控制、管理控制及個人防護具等優先順序，並考量現有技術能力及可用資源等因素，採取有效降低風險的控制措施。

6. **確認採取控制措施後的殘餘風險：**

   事業單位對預計採取降低風險的控制措施，應評估其控制後的殘餘風險，並於完成後，檢討其適用性及有效性，以確認風險可被消減至預期成效。對於無法達到預期成效者，應適時予以修正，必要時應採取其他有效的控制措施。

# 參、營造作業安全

## 本節提要及趨勢

鑑於傳統營造工地管理只注重工程進度及品質，卻忽略了施工過程的安全問題，致職業災害發生機率較一般行業為高，工地一旦發生職業災害，因處理災害現場及接受調查等導致作業之停頓，將造成工期延宕；另需支付罹災者的補償，事業主或其代理人（包括執行業務之人、工作場所負責人等）也將面臨法律責任之追究，其後果往往是當初所料想不及的。為協助營造業落實安全衛生管理工作，透過安全衛生規劃、執行、檢核與行動(P、D、C、A)的管理循環機制，實現安全衛生管理目標，達到保護工作者之目的。

本節學習重點：

1. 能瞭解營造作業安全理論。
2. 能應用營造作業災害防止措施。

## 本節題型參考法規

營造安全衛生設施標準。

職業安全衛生設施規則。

## 重點精華

一、 局限空間作業安全。

二、 屋頂作業安全。

三、 開挖作業安全。

四、 施工架（含移動式）作業安全。

五、 高空工作車作業安全。

六、 模板支撐安全。

七、 鋼構作業安全。

八、 起重吊掛作業安全。

九、 車輛系營建機械安全。

**參考題型**

一、為防止職業災害的發生，請依採行的優先順序，列出安全防護的5個原則。

二、屋頂作業墜落是我國發生重大職災最嚴重的作業及災害類型之一，請依上述安全防護的5個原則，就防止屋頂作業之墜落危害，各舉一例說明其可行作法。【61-03】

**答**

一、為防止職業災害的發生，依採行的優先順序之安全防護原則如下列：

1. 消除危害。
2. 以較低危害的過程、運作或設備取代。
3. 使用工程管制及工作重組。
4. 使用行政管制，如標示、警告、教育訓練與管理。
5. 使用適當且足夠的個人防護具。

二、防止屋頂作業之墜落危害可行作法如下列：

1. 消除危害：

   (1) 有遇強風、大雨等惡劣氣候致勞工有墜落危險時，應使勞工停止作業。

   (2) 經由設計或工法之選擇，儘量使勞工於地面完成作業以減少高處作業項目。

   (3) 經由施工程序之變更，優先施作永久構造物之上下設備或防墜設施。

2. 以較低危害的過程、運作或設備取代：

   以施工架取代合梯、以高空工作車取代屋頂作業。

3. 使用工程管制及工作重組：

   (1) 於高差超過 1.5 公尺以上之場所作業時，設置能使勞工安全上下之設備。

   (2) 於屋架上設置適當強度，且寬度在 30 公分以上之踏板。

   (3) 對於新建、增建、改建或修建工廠之鋼構屋頂，應依下列規定辦理：

      A. 於邊緣及屋頂突出物頂板周圍，設置高度 90 公分以上之女兒牆或適當強度欄杆。

      B. 於易踏穿材料構築之屋頂，應於屋頂頂面設置適當強度且寬度在 30 公分以上通道，並於屋頂採光範圍下方裝設堅固格柵。

4. 使用行政管制，如標示、警告、教育訓練與管理：

(1) 標示：圖示、警語。

(2) 警告：設置警戒線。

(3) 管理措施：如上鎖、巡檢、專人監視、區域管制等等。

5. 使用適當且足夠的個人防護具：

使勞工確實使用安全帶、安全帽及其他防止墜落必要之防護具。

**參考題型**

**近年來對於橋梁工程多已採支撐先進工法、懸臂工法等以工作車推進方式施工，試辨識該施工之主要危害有哪些？為預防工作車推進方式施工之危害，請說明可採取之對策有那些？【59-02】**

答

一、支撐先進工法、懸臂工法等以工作車推進方式施工之潛在危害計有：

1. 工作車倒塌。2、節塊倒塌。3、物體飛落。4、墜落。5、感電等。

二、預防工作車推進方式施工之危害，可採取之對策分列如下：

1. 工作車倒塌：工作車於組立、推進移動與拆除過程中，可能因作業不慎、工作車重量失去平衡、工作車導軌固定不牢、移動速度過速、或鋼棒鎖固不良等問題，而使工作車倒塌。

防止對策：

(1) 工作車組立推進移動、與拆除時應依據相關作業規定執行(如移動速度控制等)。

(2) 於施作前應進行試車，確實掌握正確的作業流程。

2. 節塊倒塌：整個工作車推至定位後固定不良致無法承受澆置節塊重量，或施預力不足、預力錨定等不良致節塊斷裂而倒塌。

防止對策：

(1) 工作車推至定位後之固定確實，澆置前檢核無誤。

(2) 依設計施加預力，預力錨定確定。

3. 物體飛落：懸臂施工係高空作業，其於懸臂工作車組立、懸臂節塊施工、懸臂工作車拆除、甚至橋面附屬工程進行，皆可能發生構件、物料等飛落之可能。

防止對策：

(1) 對於手工具等應繫牢，或置於工具袋以防止脫落，相關零件(如螺絲等)應集中放置。

(2) 吊掛作業應依據相關規定執行。

(3) 工作車周邊與開口處應設置防護網與護欄等以防止物體飛落。

4. 墜落：懸臂式施工係高空作業，因此可能因施工不慎、安全措施不良等因素發生人員墜落，而致人員傷亡。

防止對策：

(1) 懸臂施工工作面應設置護欄、安全網與警告標誌，並限制非工作人員進入工作範圍。

(2) 若因作業因素暫無法設置護欄，則應確實使用安全帶。

5. 感電：懸臂施工過程中使用工具機、電焊機等，可能因使用不慎與相關保護設施不佳而致人員感電。

防止對策：

(1) 懸臂施工所使用之供電設備應設置漏電斷路器。

(2) 定期檢查所使用之電氣設備，如有故障或破損應立即檢修。

(3) 電動機具使用時接地與設備周邊應設置明顯之警告標誌。

(4) 交流電焊機應裝置自動電擊防止裝置。

# 肆、電氣安全

## 本節提要及趨勢

「電」是今日工商業及家庭不可或缺的能源，使用得當，則電能供照明、空調、轉換熱能， 還能轉動機械，使家庭、工商活動及生產事業順利運轉。電氣設備是否有「漏電」情事，無法簡單的利用人體所具有之視覺(眼)、聽覺(耳)、嗅覺(鼻)、觸覺(皮膚)等方式測知。常因不知「電」之危險，過於接近或觸及帶電物體，發生感電、觸電事故，造成人員受到傷害。作業場所必須使用電氣設備，現場四周即會存有「電」之危害。如何辨識「電」、避免及預防感電災害，是我們必須明瞭且確實遵行，才能達成防災目的。

本節學習重點：

1. 能瞭解電氣安全理論。
2. 能應用電氣災害防止措施。

## 本節題型參考法規

「職業安全衛生設施規則」第 243、244、276 條。

電業法規之「用戶用電設備裝置規則」第 59 條。

中華民國國家標準 CNS 4782( 交流電弧銲接電源用電擊防止裝置 )。

## 重點精華

一、 考題趨勢

1. 感電危害預防。
2. 電氣火災。
3. 防爆電氣或電器。
4. 靜電危害預防。

二、 解題技巧

1. 危害辨識：
   (1) 人的因素。
   (2) 設備因子。
   (3) 環境因子。
   (4) 製程因子。
2. 危害評估：
   (1) 電流大小。
   (2) 流經路徑。
   (3) 接觸時間。
   (4) 電流種類。
   (5) 人體電阻。
3. 危害控制：
   (1) 工程控制：
      a. 隔離，如護欄區隔人員與帶電部位。
      b. 絕緣，如絕緣帶電部位。
      c 雙重絕緣。
      d. 低電壓法。
      e. 系統接地或設備接地。
      f 漏電斷路器。
      g. 自動電擊防止裝置。
      h. 遙控，如使用工具，避免直接接觸。
   (2) 行政管制：
      a. 維護保養斷電上鎖標示。
      b. 現場主管在場監督。

c. 標準作業程序。

d. 教育訓練。

e. 禁止非作業人員操作。

(3) 個人防護具：

使用電氣安全防護具，如驗電筆、驗電棒、電工安全帽、電工用絕緣橡膠手套。

**參考題型**

試回答下列問題：

一、依職業安全衛生設施規則及用戶用電設備裝置規則規定，對於使用之電氣設備之非帶電金屬部分應施行接地，接地種類為第三種接地者，其適用處所有那些？當對地電壓改變之第三種接地相對接地電阻大小有何規定？(10 分)

二、從用戶配電箱把設備接地線接到電動機插座，如下圖示意，包括有設備接地插孔、系統接地、系統兼設備接地、設備接地、中性線插孔、火線插孔等設置，其中 ①、②、③、④、⑤ 正確名稱為何？(10 分) 【97-01】

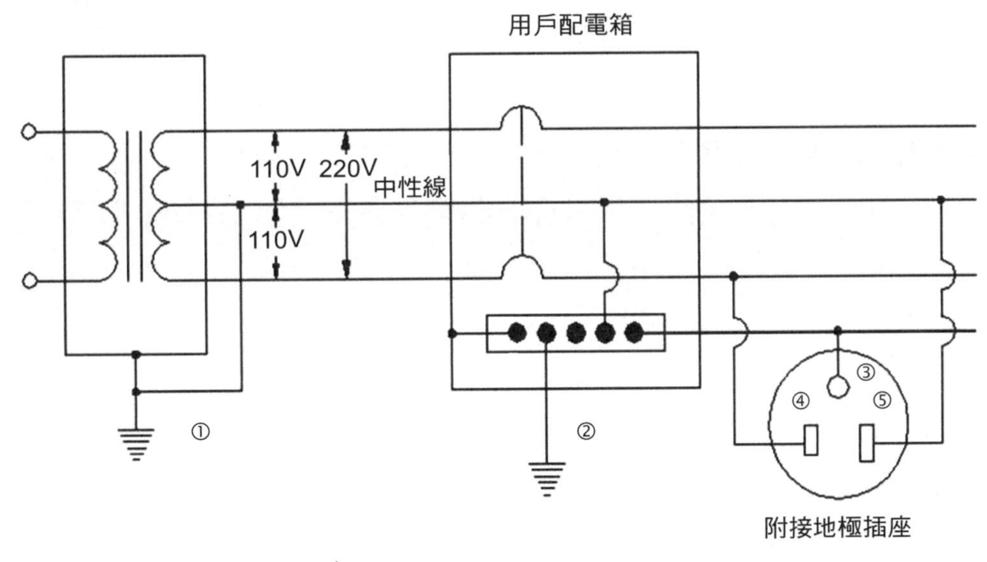


答

一、依據「用戶用電設備裝置規則」第 25 條規定，接地之種類及其接地電阻值依表 25 規定。

1. 第三種接地適用處所如下列：

(1) 用戶用電設備之低壓用電設備接地。

(2) 用戶用電設備之內線系統接地。

(3) 用戶用電設備之變比器二次線接地。

(4) 用戶用電設備之支持低壓用電設備之金屬體接地。

2. 第三種接地對地電壓改變之第三種接地相對接地電阻大小規定如下列：

(1) 對地電壓 150V 以下：100Ω 以下。

(2) 對地電壓 151V 至 300V：50Ω 以下。

(3) 對地電壓 301V 以上：10Ω 以下。

二、① 系統接地。 ④ 火線插孔。

② 系統兼設備接地。 ⑤ 中性線插孔。

③ 設備接地插孔。

**解說**

1. 以考試題目而言，⑤ 中性線為連接電路的中性線；③ 設備接地則連接 ② 系統兼設備接地。

2. 以考試題目對照實際生活的插座，G 為接地 (Ground wire)，N 為中性線 (Naught wire)。

**補充資料** 表 25 接地種類

| 種類 | 適用處所 | 電阻值 |
|---|---|---|
| 特種接地 | 電業三相四線多重接地系統供電地區，用戶變壓器之低壓電源系統接地，或高壓用電設備接地。 | 10Ω 以下 |
| 第一種接地 | 電業非接地系統供電地區，用戶高壓用電設備接地。 | 25Ω 以下 |
| 第二種接地 | 電業三相三線式非接地系統供電地區，用戶變壓器之低壓電源系統接地。 | 50Ω 以下 |
| 第三種接地 | 用戶用電設備：<br>低壓用電設備接地。<br>內線系統接地。<br>變比器二次線接地。<br>支持低壓用電設備之金屬體接地。 | 1. 對地電壓 150V 以下：100Ω 以下<br>2. 對地電壓 151V 至 300V：50Ω 以下<br>3. 對地電壓 301V 以上：10Ω 以下 |

註：裝用漏電斷路器，其接地電阻值可按表 62 ~ 2 辦理。

## 參考題型

以下示意圖罹災者於鋼架上從事電焊作業引起感電災害，罹災者右手臂腋下夾住電焊機二次側電線（絕緣破損），下半身接觸鋼架，發生電擊情形，則可能造成感電迴路路徑為何？(7 分) 【96-05-04】

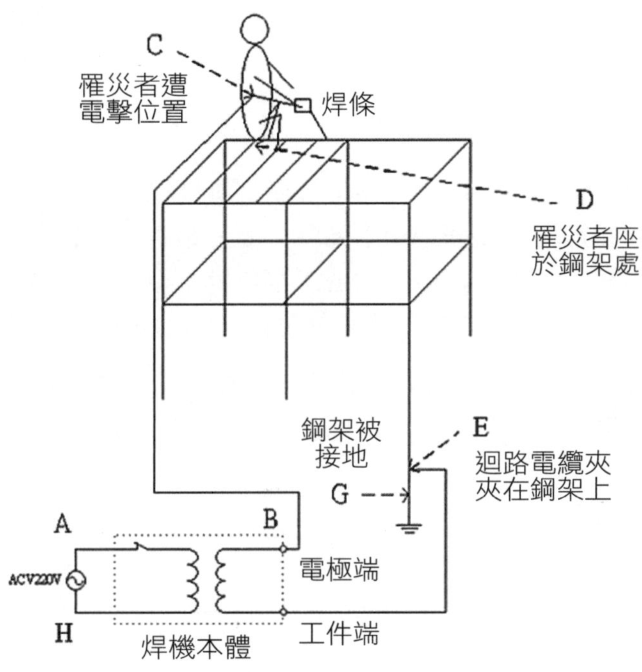


罹災者於鋼架上從事電焊作業引起感電災害示意圖

答

研判發生災害當時罹災者於屋頂鋼架上進行焊接作業時，電流經電焊機電極端 (B) 至焊接電線、焊接電線絕緣被覆破損處、身體右手臂腋下處 (C)、身體下半身與鋼架接觸位置 (D)、鋼架傳至回路電纜夾工件端 (E) 而形成電流迴路。

## 參考題型

一、使用交流電焊機作業依規定所設置自動電擊防止裝置，其功能請簡述之。【83-01-03】

二、依國家標準 CNS 4782，自動電擊防止裝置延遲時間 (delay time)( 使焊接電源於無負載電壓發生到切換至安全電壓為止之時間 ) 之規定區間為何？【83-01-04】

答

一、自動電擊防止裝置原理是利用一輔助變壓器輸出安全低電壓，在沒有進行焊接時取代電焊機變壓器之輸出電壓，偵測是否正進行焊接之工作是由電流或電壓檢測單元，將所獲得之信號送至自動電擊防止裝置之控制電路，再由控制電路決定開關之切換，使電焊機輸出側輸出適量之電壓。

二、依據 CNS 4782 交流電弧銲接電源用電擊防止裝置載明裝設電壓指示錶，安全電壓不應大於 25V，延遲時間應在 1.0 ± 0.3 秒以內。

提示 延遲時間在 1 秒內，就算自動電擊防止裝置安全電壓失效，工作者遭電擊致死風險低。

## 參考題型

漏電斷路器為電氣迴路中常見之安全防護裝置，請回答下列相關問題：

一、簡要說明裝置漏電斷路器之目的。【68-05-01】、【82-04-02】

二、以圖形與文字說明漏電斷路器之動作原理。【68-05-02】、【82-04-03】

三、依職業安全衛生設施規則之規定 ( 電業法規除外 )，雇主應於哪些場所裝設漏電斷路器？【68-05-03】、【89-02-02】相似題型

四、簡要說明漏電斷路器之最小動作電流。【68-05-04】

答

一、電器設備、電氣迴路裝置漏電斷路器之主要目的，是為了防止電器設備、電氣迴路裝置因漏電而生成之感電危害。

二、電器接往電源之兩條線路之電流量在正常時應相同，如下圖中 $I_1=I_2$。

漏電時電流透過故障點傳至人體，並通往大地，該電流為 $I_3$，亦即 $I_1-I_2$。

電驛感應 $I_1$ 與 $I_2$ 間有差異，當此差異造成之訊號 ( 或感應電流 ) 之強度足以使電驛發生跳脫動作時，即時讓電源造成斷路而達保護人體之作用。

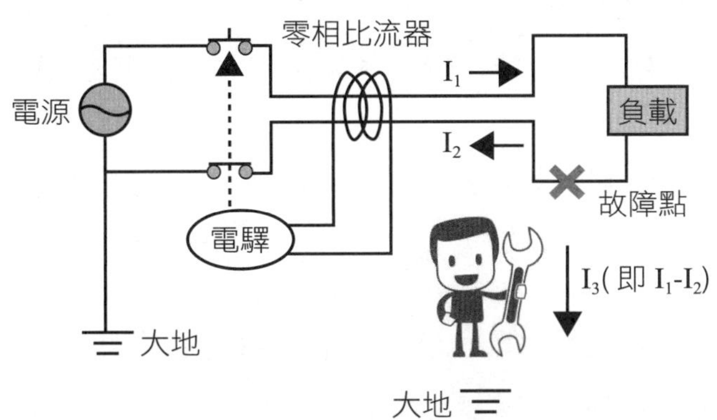


**漏電斷路器示意圖**

三、「職業安全衛生設施規則」第 243 條規定，雇主為避免漏電而發生感電危害，應依下列狀況，於各該電動機具設備之連接電路上設置適合其規格，具有高敏感度、高速型，能確實動作之防止感電用漏電斷路器：

1. 使用對地電壓在 150 伏特以上移動式或攜帶式電動機具。
2. 於含水或被其他導電度高之液體濕潤之潮濕場所、金屬板上或鋼架上等導電性良好場所使用移動式或攜帶式電動機具。
3. 於建築或工程作業使用之臨時用電設備。

四、漏電斷路器之最小動作電流，係額定感度電流 50% 以上之電流值。

**參考題型**

**請回答靜電危害之相關問題：**

**一、靜電形成之原因 ( 產生的方式 ) 為何？**

**二、靜電造成之危害種類？**

**三、請列出 4 種防止靜電危害措施並簡要說明之。**

**【79-04】、【64-04】、【62-03】、【44-03】**

答

一、一般物質皆帶有等量的正負電荷，因此在電氣上呈現中性體，但兩種不同物質從接觸狀態分離時，會使一方發生帶正電荷，而另一方帶負電荷，而此分布在物體上並不自由移動的電荷，稱之為靜電，一般靜電產生的方式有**磨擦帶電**、**剝離帶電**、**流體噴射噴出**、**液體流動**、**液體攪拌帶電**、**液體內的沉降帶電**以及**靜電感應**。

二、靜電造成之危害種類如下列：

1. 靜電電擊：靜電放電時，對人體所產生之電擊，使人產生震驚而引起之二次傷害，如墜落。

2. 火災及爆炸：靜電放電所產生之火花可能引起易燃氣體、液體或粉塵之起火燃燒爆炸。

3. 產品品質不良：靜電衝擊使電腦錯誤動作，電子零件破損等。

4. 絕緣設備破壞：絕緣輸送管所傳送之液體或電氣絕緣材料所支持之固體在累積電荷後，對地電壓亦會逐漸升高，當電壓到達一定程度後即可能穿透絕緣體進行放電，使絕緣材料發生針孔現象，而引發進一步的災害。

三、防止靜電危害措施之簡要說明如下列：

1. **接地及搭接 (bonding)：**

   減少金屬物體之間以及物體和大地之間的電位差，使其電位相同，不致產生火花放電的現象。

2. **增加濕度：**

   採用加濕器、地面撒水、水蒸氣噴出等方法，維持環境中相對濕度約 65%，可有效減低親水性物質的靜電危害產生。

3. **使用抗靜電材料：**

   在絕緣材料的表面塗佈抗靜電物質 ( 如碳粉、抗靜電劑等 )、在絕緣材料製造過程中加入導電或抗靜電物質 ( 如碳粉、金屬、抗靜電劑、導電性纖維等 )。

4. **使用靜電消除器：**

   利用高壓電將空氣電離產生帶電離子，由於異性電荷會互相吸引而中和，可使帶靜電物體的電荷被中和，達成電荷蓄積程度至最低，因此不會發生危害的靜電放電。

5. **降低流速：**

   若易燃性液體中未含有不相容物，則液體流速應限制小於 7m/s，在一般的工業製程中都能依據此原則進行製程設計與生產操作。

 參考題型

**列舉 5 項電氣危害之主要類型，並簡要說明之。** 【71-03-03】

電氣危害之主要類型，簡要說明如下列：

一、電弧灼傷：人體因電擊本身而直接受害灼傷 ( 燒傷 )。

二、接觸高溫物：電氣火花、電弧所致的高溫燙傷等。

三、爆炸：可燃性氣體或粉塵因電氣火花、電弧、靜電等而著火爆炸，斷路器因啟斷容量不足而爆炸，金屬導線流通大電流 ( 例如短路 ) 時，金屬急激氧化而爆炸 ( 導線爆炸 )，其他電氣設備本身爆炸。

四、火災：電氣火花、電弧、電弧熔接的火花、靜電等造成火災、漏電電流等造成火災，爆炸所引起的火災。

五、其他：如因電擊的衝擊而產生墜落、跌倒等二次災害等。

參考題型

**一、何謂電氣火災？(2 分 )**

**二、請列舉四種電氣火災之發生原因。(8 分 )**

**三、請說明電氣火災之防制對策為何？(10 分 )** 【69-05】、【50-05】

一、電氣火災是與電有關之設備或通電之設備，因某種原因使正常之迴路發生異常生熱，致著火成災謂之；電氣火災又稱 C 類火災，指通電中之電氣設備發生之火災。

二、電氣火災發生的原因：

1. 過電流：短路、接地 ( 漏電 )、電路過負載。
2. 電氣火花電弧閃絡：高壓放電火花、短時間之電弧放電、接點動作接觸時之微小火花。
3. 接觸不良：電器迴路之接觸不良、短路、斷路。
4. 電熱器、電氣乾燥箱等使用或裝置不良。

5. 半斷線：電源內部的銅線，常因被拉扯或重壓而發生部分斷裂，當電流流經時，因電路突然變窄而產生高熱，容易燒熔絕緣被覆，造成短路導致起火。

6. 積污導電：固體絕緣物表面，因放電與電解污染物之複合作用，緩慢形成碳化導電通路之現象。

三、電氣火災之防制對策：

1. 電線不超過其安全電流。
2. 電線與器具之連接應牢靠確實。
3. 電動機不可超載使用。
4. 電動機、變壓器等電氣機械應定期檢查其絕緣電阻，確定在安全限度內。
5. 檢查絕緣電線、電氣器具有無損傷、包紮有無不良。
6. 電氣開關周圍不得放置易燃品。
7. 電氣配線與建築物間應保持充份安全距離。
8. 有引起火災爆炸之虞之危險場所應使用適於該場所之防爆型電氣設備。
9. 電熱器應注意不得接觸易燃物品，電氣乾燥爐（箱）內乾燥物不得過熱，若含有易燃性成份時，應設有良好排氣措施。
10. 不得擅自使用銅絲、鐵絲等其他材質搭接代替保險絲使用。

**參考題型**

**試說明電氣設備裝置漏電斷路器之目的為何？(2 分 ) 及應設置漏電斷路器之場所為何？試列舉 8 項。【58-04-02】**

答

一、漏電保護之漏電斷路器以安裝於分路為原則，電氣設備裝置漏電斷路器之主要目的是為了**防止感電事故發生**，當電氣設備或線路發生絕緣不良造成漏電情形，漏電斷路器內部之零相比流器檢出洩漏電流，使開關動作而切斷電源。

二、依據電業法規之「用戶用電設備裝置規則」第 59 條規定，應裝置漏電斷路器之用電設備或線路場所如下列：

1. 建築或工程興建之臨時用電設備。
2. 游泳池、噴水池等場所水中及周邊用電器具。
3. 公共浴室等場所之過濾或給水電動機分路。

4. 灌溉、養魚池及池塘等用電設備。
5. 辦公處所、學校和公共場所之飲水機分路。
6. 住宅、旅館及公共浴室之電熱水器及浴室插座分路。
7. 住宅場所陽台之插座及離廚房水槽 1.8 公尺以內之插座分路。
8. 住宅、辦公處所、商場之沉水式用電器具。
9. 裝設在金屬桿或金屬構架或對地電壓超過 150 伏之路燈、號誌燈、廣告招牌。
10. 人行地下道、路橋用電設備。
11. 慶典牌樓、裝飾彩燈。
12. 由屋內引至屋外裝設之插座分路及雨線外之用電器具。
13. 遊樂場所之電動遊樂設備分路。
14. 非消防用之電動門及電動鐵捲門之分路。
15. 公共廁所之插座分路。

**參考題型**

**試列舉說明電氣接地之種類及其目的。** 【67-02-01】、【57-03】

答

一、電氣接地種類概分如下：

1. **設備接地**：用電設備非帶電金屬部份之接地。包括金屬管、匯流排槽、電纜之鎧甲、出線匣、開關箱、馬達外殼等。
2. **內線系統接地**：屋內線路中被接地線之再行接地。其接地位置通常在接戶開關之電源側與瓦時計之負載側間，可以防止電力公司中性線斷路時電器設備被燒毀，亦能防止雷擊或接地故障時發生異常電壓。
3. **低壓電源系統接地**：配電變壓器之二次側低壓線或中性線之接地，目的在穩定線路電壓。
4. **設備與系統共同接地**：內線系統接地與設備接地，共用一條地線或同一接地電極。

二、電氣設備接地的主要目的如下：

1. **防止感電**：用電設備之帶電部份與外殼間，若因絕緣不良或劣化而使外殼對地間有了電位差，稱為漏電，嚴重漏電時可能使工作人員受到傷害。

防止感電的最簡單方法，便是將設備的非帶電金屬外殼實施接地，使外殼的電位接近大地或與大地相等。由於人體的電阻、鞋子電阻及地板電阻的差異，所以能夠承受的電壓隨著人、地而不同，通常人類不致感電死亡的電壓界限約為 24~65 伏特。

2. **防止電氣設備損壞**：由於雷擊、開關突波、接地故障及諧振等原因而使線路發生異常電壓，此等異常電壓可能導致電氣設備之絕緣劣化，形成短路而燒毀。但若系統實施接地，則可抑制此類異常電壓。

3. **提高系統之可靠度**：若系統實施接地時，可使電壓穩定；另可使接地保護電驛迅速隔離故障電路，讓其他電路能夠繼續正常供電。

4. **防止靜電感應**：若電氣設備上累積靜電荷時，可利用接地線引導至大地釋放。

**參考題型**

**雇主為防止電氣災害，應依何種規定辦理？**

答

依據「職業安全衛生設施規則」第 276 條規定，雇主為防止電氣災害，應依下列規定辦理：

一、對於工廠、供公眾使用之建築物及受電電壓屬高壓以上之用電場所，電力設備之裝設及維護保養，非合格之電氣技術人員不得擔任。

二、為調整電動機械而停電，其開關切斷後，須立即上鎖或掛牌標示並簽章。復電時，應由原掛簽人取下鎖或掛牌後，始可復電，以確保安全。但原掛簽人因故無法執行職務者，雇主應指派適當職務代理人，處理復電、安全控管及聯繫等相關事宜。

三、發電室、變電室或受電室，非工作人員不得任意進入。

四、不得以肩負方式攜帶竹梯、鐵管或塑膠管等過長物體，接近或通過電氣設備。

五、開關之開閉動作應確實，有鎖扣設備者，應於操作後加鎖。

六、拔卸電氣插頭時，應確實自插頭處拉出。

七、切斷開關應迅速確實。

八、不得以濕手或濕操作棒操作開關。

九、非職權範圍，不得擅自操作各項設備。

十、遇電氣設備或電路著火者，應用不導電之滅火設備。

十一、對於廣告、招牌或其他工作物等拆掛作業，應事先確認從事作業無感電之虞，始得施作。

十二、對於電氣設備及線路之敷設、建造、掃除、檢查、修理或調整等有導致感電之虞者，應停止送電，並為防止他人誤送電，應採上鎖或設置標示等措施。但採用活線作業及活線接近作業，符合「職業安全衛生設施規則」第 256 條至第 263 條規定者，不在此限。

**參考題型**

依職業安全衛生設施規則規定，勞工使用攜帶式電鑽從事廠內作業，試說明下列供電狀況，那些場所環境之構成要件，於 110 伏特或 220 伏特電鑽之連接電路上，皆須設置防止感電用漏電斷路器。

一、圖 1 供電電路，使用 110 伏特電鑽。(10 分 )

二、圖 2 供電電路，使用 220 伏特電鑽。(10 分 )　【92-01】

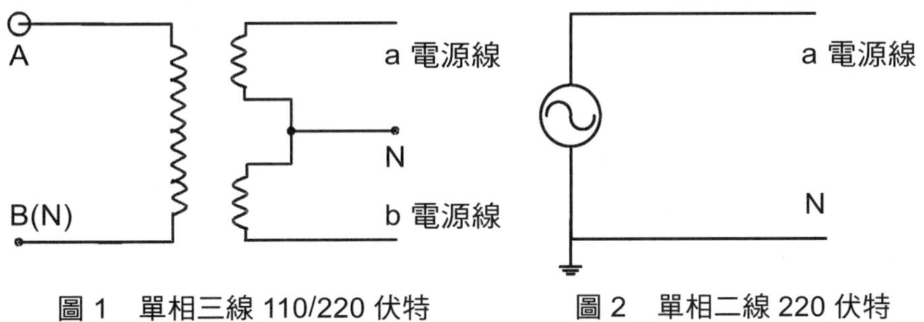


圖 1　單相三線 110/220 伏特　　圖 2　單相二線 220 伏特

一、圖 1 該供電電路為單相三線式，其中 N 為接地線，aN 及 bN 之間的電壓為 110V，ab 間電壓為 220V，不論使用移動式或攜帶式電動機具所需電源為 110V 或 220V，對地電壓均為 110V，依據「職業安全衛生設施規則」第 244 條第 1 款規定，電動機具合於下列之一者，不適用前條之規定：

連接於非接地方式電路（該電動機具電源側電路所設置之絕緣變壓器之二次側電壓在 300 伏特以下，且該絕緣變壓器之負荷側電路不可接地者）中使用之電動機具。

故連接之電路上無需設置防止感電用漏電斷路器。

二、圖 2 該供電電路為單相二線式，N 為接地線，aN 間對地電壓為 220V，使用 220V 移動式或攜帶式電動機具，依據「職業安全衛生設施規則」第 243 條第 2、3 款規定如下列：

1. 於含水或被其他導電度高之液體濕潤之潮濕場所、金屬板上或鋼架上等導電性良好場所使用移動式或攜帶式電動機具。
2. 於建築或工程作業使用之臨時用電設備。

   故該連接之電路上均需設置防止感電用漏電斷路器。

## 伍、機械安全防護

### 本節提要及趨勢

機械，係指由相互連結的零組件組合而成，具有適當的啟動、停止、控制及電氣等系統，可進行特定的用途或功能，尤其是用來作為材料的製造、處理、搬運、包裝或類似的製程。而機械安全係指機械在指定的條件和環境下，執行其設計的製造、運送、安裝、維修或拆卸等特定功能時，不會造成人員的傷害或機械的損壞。本節針對機械潛在危害型態、安全防護措施、作業環境安全衛生設施、機械作業災害原因及災害防止對策等，來論述一般機械安全管理。將針對各類危害典型的機械與常見缺失進行檢視與彙整，避免機械作業過程中，因潛在的危害因子引起職業災害，造成人員傷亡或機械損壞。

本節學習重點：

1. 能瞭解機械之危險性。
2. 能應用一般防護措施。
3. 能應用機械防護之原理。

### 本節題型參考法規

「機械設備器具安全標準」第 5 條。

### 重點精華

一、 考題趨勢：

1. 「機械設備器具安全標準」之規定。
2. 動力衝剪機械之防護。
3. 型式檢定。
4. 雙手起動式安全裝置，按鈕與危險界限間之距離計算（請參考「第 5 章計算題精華彙整」）。
5. 各類機械應裝設（置）何種安全防護裝置。

二、 解題技巧：

| 工程控制 | 行政管制 | 健康管理 |
| --- | --- | --- |
| 1. 防護式安全裝置<br>2. 護蓋、護圍<br>3. 雙手操作式安全裝置<br>4. 光電式(感應式)安全裝置<br>5. 拉開式安全裝置<br>6. 掃除式安全裝置<br>7. 使用手工具送料<br>8. 自動進出料裝置<br>9. 安全連鎖<br>10. 緊急停止開關 | 1. 型式檢定<br>2. 上鎖標示<br>3. 停機作業<br>4. 自動檢查<br>5. 安全作業標準<br>6. 教育訓練<br>7. 現場主管在場監督<br>8. 禁止非作業人員操作 | 體格檢查，選工派工 |

**參考題型**

機械本身不安全、缺乏妥善的安全防護裝置，以及人為疏忽或缺乏安全意識是發生捲夾職業災害之主要因素。試就預防機械捲夾職業災害，回答下列問題：

一、列舉 2 項勞工自身頭髮、穿著及衣飾等應注意之安全事項。

二、列舉 5 項勞工於操作機械前或操作機器中，應使勞工落實之安全事項。

三、列舉 6 項雇主應設置之安全裝置或實施之安全措施。 【77-03】

答

一、勞工自身頭髮、穿著及衣飾等應注意之安全事項如下列：

1. 頭髮梳理整齊、綁好、盤起或藏於帽中。
2. 不穿著寬鬆衣褲、連帽上衣。
3. 不穿戴披覆領帶、圍巾、絲巾。
4. 外套拉鍊應拉上。

二、勞工於操作機械前或操作機器中，應使勞工落實之安全事項如下列：

1. 不操作不熟悉機械。
2. 作業時與機械保持安全距離。
3. 注意衣服飾物及頭髮，避免捲入機械。
4. 維修保養務必確實做好斷電和使機械停止運轉。

5. 機械運轉時應避免進入危險區域。

6. 不隨意移除安全裝置，遵守安全作業標準。

三、雇主應設置之安全裝置或實施之安全措施如下列：

1. 捲入點應裝置安全護罩及連鎖裝置。
2. 作業點應裝置安全護罩。
3. 機械位置安排應符合人因工程。
4. 使用便於檢查、潤滑、維護之機械。
5. 加強安全衛生教育訓練。
6. 注意操作員衣飾和長髮避免捲入轉動機械。
7. 維修保養時，確實做好停機斷電管理。

**參考題型**

**試回答下列機械防護之相關問題：**

**一、理想的機械安全設計之目的為何？(3 分)**

**二、機械防護之目的為何？(10 分)**

**三、良好的機械防護物須具備哪些條件？(7 分)** 【63-04】

答

一、理想的機械安全設計之目的如下列：

1. 保護人員安全。
2. 維護正常作業。
3. 減少財產損失。

二、具體而言，機械防護的目的如下列：

1. 防止人體直接與機械的危害部位接觸而造成傷害。
2. 防止人員被機械操作產生的飛屑、火花或其他可能斷裂的物料與零件擊傷。
3. 防止機械失效或電氣失效時所可能造成的傷害。
4. 防止機械操作人員可能因為個人的因素如疲倦或疏忽等而導致的傷害。
5. 掃除工作人員的不安與恐懼心理，而間接提高工作品質與生產效率。

三、良好的機械防護物須具備之條件如下列：

1. 符合職業安全衛生法令及國家標準規定。
2. 應為機器上的一項永久設備裝置。
3. 能提供最大(佳)之防護功能，防止身體接觸。
4. 不會因而減弱機器本體之強度。
5. 不致妨礙生產或造成不便。
6. 便利檢查、調整、維護及潤滑。
7. 不易著火、腐蝕，堅固耐用。
8. 本身不會造成新的傷害之危險。

**參考題型**

**一、試舉出三種機械上，為防止人員或其身體之一部分進入危險區域所裝設之防護罩，並簡單說明之。**

**二、這些防護罩應具有何種一般性之功能？【51-05】**

答

一、機械上，為防止人員或其身體之一部分進入危險區域所裝設之防護罩可分為下列：

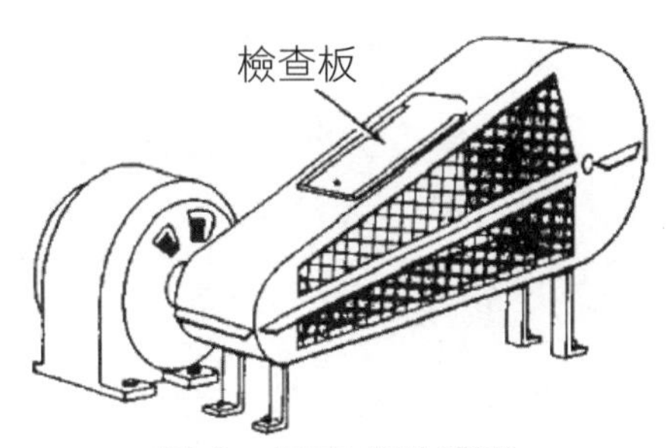

圖 1　固定式防護罩

1. **固定式**防護罩：固定式防護罩可以固定在機器的機架上或是加工具上，使操作者無法從防護罩的上、下、側邊，或者穿過防護罩表面，進入危險的操作點。如圖 1。
2. **可調式**防護罩：可調式防護罩與固定式防護罩都是永久的固定在機器的機架上，必須使用工具才能將防護罩拆除。兩者最大的差別，在於可調式防護罩的防護面可以在一定的範圍內任意調整，以方便操作時的進退料及殘料排除。如圖 2。
3. **互鎖式**防護罩：防護罩的互鎖型式可分為機械式、電子電路式、氣壓式、液壓式和上述各種型式的相互組合。當互鎖裝置啟動時，應立即停止機器的運轉。當互鎖裝置復歸時，不可以直接啟動機器運轉，一定要由操作人員經過正常的操作程序，才可以使機器運轉。如圖 3。

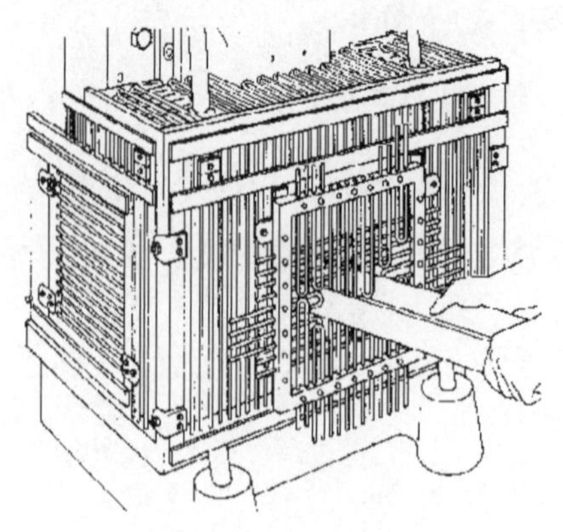

圖 2　可調式防護罩

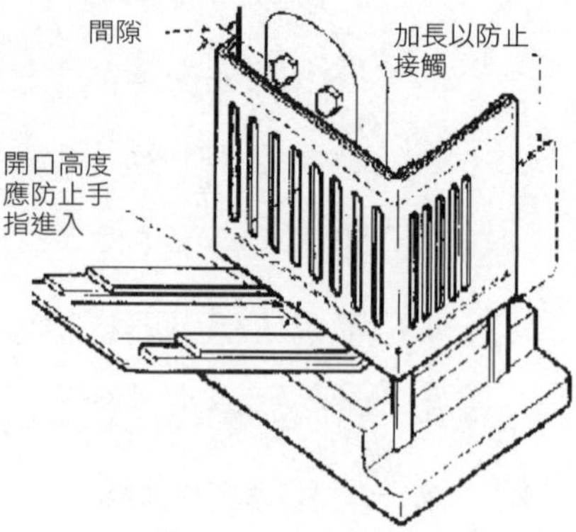

間隙
加長以防止接觸
開口高度應防止手指進入

圖 3　互鎖式防護罩

二、依據「機械設備器具安全標準」第 5 條所述，安全護圍等之性能，應符合下列規定：

1. 安全護圍：具有使手指不致通過該護圍或自外側觸及危險界限之構造。
2. 安全模：下列各構件間之間隙應在 8 毫米以下：
   (1) 上死點之上模與下模之間。
   (2) 使用脫料板者，上死點之上模與下模脫料板之間。
   (3) 導柱與軸襯之間。
4. 特定用途之專用衝剪機械：具有不致使身體介入危險界限之構造。
5. 自動衝剪機械：具有可自動輸送材料、加工及排出成品之構造。

**參考題型**

**為避免機械災害之發生，機械應有妥善之防護，試將機械防護之十大基本原理列明，並簡要說明之。【38-04】**

答

一、**一般性原理：**

設定之安全裝置非有關人員不得進入，有關作業人員必須有特別防護措施，方可進入。

二、**非依存性原理：**

作業過程中之安全措施操作及控制，不應依存於作業人員的注意力及不懈精神。

三、**機械化原理：**

應用機械化或自動化，能減少災害發生。

**四、經濟性原理：**

安全裝置不可阻礙工作或增加工時。

**五、關閉原理：**

危險區域或危險時間，應予閉鎖，非有關人員不得進入。

**六、保證原理：**

高信賴度，效能維持長久。

**七、全體性原理：**

一次安全裝置後，不得引起相關危害。

**八、複合原理：**

在搬運、組合、拆卸、保養、修護間也應同時考慮安全。

**九、輕減原理：**

不可因採取安全措施使作業者之勞動量超過生理正常負荷。

**十、結合原理：**

將機械起動裝置與安全裝置強制結合，安全裝置發生效用後，機械始可動作。

**參考題型**

**依職業安全衛生設施規則規定，對於具有捲入點危險之捲胴作業機械、磨床或龍門刨床之刨盤之衝程部分、電腦數值控制或其他自動化機械具有危險之部分…等機械部分，其作業有危害勞工之虞者，應設置護罩、護圍或具有連鎖性能之安全門等設備，其中「連鎖性能」(即安全連鎖 Safety Interlock)，應具備那 3 項性能要點？(6 分)** 【94-01-01】

**答**

「連鎖性能」(即安全連鎖 Safety Interlock)，應具備下列 3 項性能要點：

一、只要開啟安全護圍，就會觸發停機指令。

二、在關閉安全護圍之前無法執行機器功能，必須個別的啟動命令，才能執行機器的功能。

三、在安全護圍開啟的情況下，無法執行機器的功能。

# 陸、工作場所設計與佈置

## 本節提要及趨勢

工作場所設計與佈置之主要著眼點，在於將事業單位人力、物料、場地、設備和設施等資源做最有效安排與佈置。若配置不佳，工件與物品流動不順、半成品與成品堆積、浪費過多人力於物料搬運作業，易導致低生產效率、高生產成本及不安全作業環境。

## 本節題型參考法規

無

## 重點精華

以人、機、料、法、環之角度使事業單位：

一、 能瞭解工作場所佈置之重要性。

二、 能瞭解工作場所佈置之原則。

三、 能應用工作場所佈置之形式。

四、 能正確應用工作場所佈置設計程序。

五、 能正確瞭解及應用搬運方式。

六、 能營造快樂舒適的工作環境。

**參考題型**

**有許多工廠的事故災害發生在搬運作業，請依據專業擬定搬運事故預防對策。**

答

一、使用最有效率的搬運方法，盡量減少搬運次數。

二、採用最短搬運路線，並確保搬運路線通暢及搬運視野良好。

三、合理安排生產流程，縮短物料搬運時間。

四、改善搬運設備，並以機器搬運代替人力搬運。

五、搬運時應遵照原先規劃動線，不得隨意更換。

六、人力搬運需採用符合人因工程之姿勢搬運。

七、機器搬運設備的防護設施必須符合標準，並注意避免碰撞行人、設備、高壓電線等。

# 柒、系統安全與失控反應控制

## 本節提要及趨勢

系統安全即為系統完全依循設計目的工作，不會產生任何故障或損失。

為達系統安全須對系統可靠度，及其異常後之後果於設計階段或運轉管理期間加以評估，以便藉由必要之工程改善或安全管理，以達可接受程度之系統安全。

系統安全分析應決定的的事項及相關係數：

一、 危害辨識。

二、 由於失誤傳播或失誤組合導致意外事件發生的原因。

三、 估計各單一事件的發生機率。

四、 預測潛在危害造成的後果。

五、 估計最壞的後果，及其發生原因與發生機率。

失控反應常發生於反應器或儲存不安定化學物質之容器，主要原因是當反應放熱速率大於(冷卻)熱移除速率時，會導致溫度及壓力快速上升，超過反應器或儲槽可承受的材料強度範圍，而引起安全閥之開啟、破裂片之破裂或熱爆炸，使壓力氣體得以釋放。後續再引起火災、爆炸或有毒化學品外洩逸散，造成事業單位、社會與環境之損失傷害。

本節學習重點：

1. 能瞭解系統安全與失控反應控制的概念。
2. 能瞭解系統安全與失控反應控制的意義。
3. 能瞭解系統安全分析的目的。
4. 能應用各種系統安全分析方法。

## 本節題型參考法規

無

## 重點精華

一、 系統安全分析方法種類(計算題型請參考「第5章計算題精華彙整」)：

1. 檢核表 (Checklist)：

   (1) 開放式。

   (2) 封閉式。

(3) 混合式。

2. 故障(失誤)樹分析 (FTA, Fault Tree Analysis)：

(1) 布林代數。

(2) 找出最小切集合或最小分割集合。

3. 事件樹分析 (ETA, Event Tree Analysis)。

4. 初步危害分析 (PHA, Preliminary Hazard Analysis)。

二、失控反應

1. 自加速分解溫度 (SADT, Self-Accelerating Decomposition Temperature)：

有機物質含有兩價之 -O-O- 結構，可視為過氧化氫之衍生物，其中一個或二個氫原子為有機氧基所取代，另其反應性質非常不穩定，常自行產生放熱分解反應。

當儲存溫度超過其自加速分解溫度後，內部(自分解)與外部(如火災)的雙重熱源，會造成有機過化物非常劇烈的快速分解，導致火災、爆炸或有毒化學品外洩逸散的危害發生，故應避免外部熱源影響使有機過氧化物儲存溫度超過安全建議溫度。

2. 沸騰液體膨脹蒸氣爆炸 (Boiling Liquid Expanding Vapor Explosion, BLEVE)：

是可燃性液體(如：液化石油氣等)於容器外部持續受熱，而導致槽體內部的液化幾乎全數氣化成氣體，急速增加內在壓力，導致容器爆裂氣體高速外洩，遇火源、空氣作用產生爆炸之失控反應。

**參考題型**

試述五種化學反應失控的原因？【59-05-01】

答

化學反應失控的原因如下列：

一、物質：反應特性知識不足、物質純度不足。

二、容量：設備洩漏、容量空間不足。

三、溫度：放熱速率過快、溫度控制系統異常、冷卻能力不足。

四、壓力：超壓、壓力排放不及。

五、操作：操作時間延誤、投料數量或順序錯誤、量測儀器錯誤、操作條件變更等等。

**參考題型**

**一、系統安全分析的目的為何？**

**二、除失誤樹分析外，請列舉五種系統安全分析的方法。**

**【59-04-01】、【59-04-02】**

答

一、系統安全分析的目的有二：預防與消滅，是在於預防危害的發生或減少其發生後的損失。

二、1. 初步危害分析 (PHA)。

2. 檢核表分析 (Checklist)。

3. 危害及操作性分析 (HAZOP)。

4. 事件樹分析 (Event Tree Analysis)。

5. 相對危害等級分析法 (Relative Ranking)。

**參考題型**

**一、何謂失誤樹分析 (Fault Tree Analysis，FTA) ？**

**二、此分析方法具有哪些功效？**

**【50-03】、【46-05】、【65-06-01】**

**三、失誤樹分析與事件樹分析 (Event Tree Analysis，ETA) 有何不同？**

**四、實施失誤樹分析之步驟為何？請分別列出說明。【59-04-03】**

答

一、失誤樹分析 (Fault Tree Analysis) 為一種將各種不欲發生之故障情況 ( 如：製程偏離、反應失控 )，以推理及圖解，逐次分析的方法，主要應用在系統安全分析時欲評估其可靠度的系統或次系統。

二、失誤樹分析具有下列功效：

1. 它強迫分析者應用推理的方法，努力地思考可能造成故障的原因。

2. 它提供明確的圖示方法，以使設計者以外的人，亦可很容易地明瞭導致系統故障的各種途徑。

3. 它指出了系統較脆弱的環節。

4. 它提供了評估系統改善策略的工具。

三、失誤樹分析與事件樹分析差異如下：

1. 失誤樹是由上而下式的方式，回溯 (Backward) 發展模式，演繹 (Deductively) 或推論後果 (Effect) 至其原因 (Causes)。

2. 事件樹是由下而上式的方法，前向 (Forward) 發展模式，歸納 (Inductively) 或引導原因 (Cause) 至其後果 (Effects)。

四、失誤樹分析實施步驟：

1. 系統定義：

   (1) 定義分析範圍及分析邊界。

   (2) 定義起始條件。

   (3) 定義 TOP EVENT。

2. 系統邏輯模型建構：

   建立失誤樹。

3. 共同原因失誤模式分析 (Common Cause Failure Analysis)。

4. 定性分析 (Qualitative Analysis)：

   (1) 布林代數 (Boolean Algebra) 化簡。

   (2) 找出最小切集合 (Minimal Cut Set, MCS)。

5. 由失誤率資料庫 (Generic Data Bank) 搜尋基本事件失誤率 (Failure Rate)。

6. 依製程條件、環境因素等修正基本事件失誤率。

7. 建立失誤率資料庫 / 資料檔。

8. 定量分析 (Quantitative Analysis)：

   求出 TOP EVENT/MCS 之失誤率及機率，包括：不可靠度 (Unreliability)、不可用度 (Unavailability)、失誤期望值 (Expected Number of Failure) 等。

9. 最小切集合 (MCS) 排序、相對重要性分析 (Importance Analysis)。

# 捌、損失控制與風險管理

## 本節提要及趨勢

損失控制乃是指防止、減少或消除企業體風險所做的一切有計畫的管理行動。損失控制管理包括下列各項工作：(1) 危害暴露的辨識。(2) 風險的量度和分析。(3) 對現存或可能使用的損失控制技術或行為有影響的風險暴露的決定。(4) 基於有效性和經濟彈性兩大原則所做的最適度損失控制行動的選擇。(5) 當受經濟限制時對計畫執行最有效方式的管理。

損失控制的範疇大於損害控制，而損害控制又大於專為人員安全著想的安全管理，所以說損失控制與風險管理均為減少企業損失，增進效益的策略管理。

本節學習重點：

1. 能瞭解損失控制與風險管理的基本概念。
2. 能瞭解全面損失控制與風險管理制度。
3. 能瞭解各級人員之損失控制與風險管理職責。
4. 能應用損失控制與風險管理。

## 本節題型參考法規

「職業安全衛生法」第 34 條。

「職業安全衛生法施行細則」第 41 條。

## 重點精華

一、 事故定義 ( 必須 )：

1. 一種不期望事件。
2. 導致人的傷害或財物損失。
3. 經常係人或結構物接觸到超出恕限量的能量引起。
4. 降低企業的運作效率。

二、 Heinrich 骨牌理論 ( 事故發生因素 )：

1. 遺傳及社會環境。
2. 不適當人員。
3. 不安全行為及不安全設備。
4. 意外。
5. 傷害事故。

三、 Heinrich 事故機率三角形：

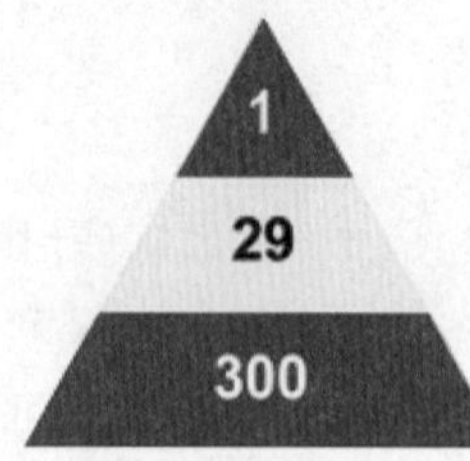


重傷害 ( 失能傷害 )：輕傷害：非傷害意外事故 = 1：29：300

四、 Frank. E. Bird 骨牌理論：

1. 管理上缺少控制。
2. 事故基本原因 ( 啟始 )。
3. 事故直接原因 ( 徵象 )。
4. 接觸危害而發生意外。
5. 人及財產之損失。

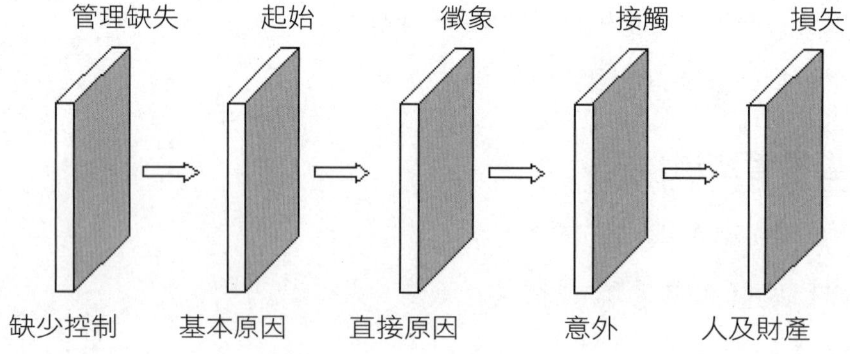


五、 Frank. E. Bird 統計的損失類型比例：

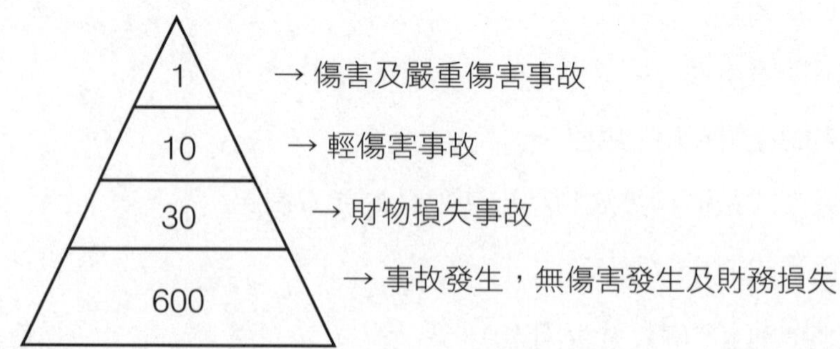

六、 Frank. E. Bird 冰山理論：

防止損失必須不能忽視虛驚事件 (Near Miss)，否則損失控制僅能顧及冰山一角，海平面下的冰山其占有部分 ( 虛驚事件 ) 比海平面上的更多。

七、 損失控制策略：

1. 人員：人員選任、配置、訓練、溝通、激勵、績效及控制。
2. 設備：工程、採購、操作、維護、損害控制、能源節約。
3. 材料：預測、採購、規劃、處理、品管、搬運、廢棄物管理、安全。
4. 環境：污染控制、職業衛生、人際關係、法令政策、危害管制、災害管制。

八、 損失控制評量 ( 公式 )：

1. 失能傷害頻率。
2. 失能傷害嚴重率。
3. 發生率。
4. 公餘傷害頻率。
5. 財物損害嚴重率。

**參考題型**

**工作場所實施風險管理有助於降低意外事故之發生，提升職場安全，為安全管理工作重要一環，試回答下列風險管理之相關問題：**

**一、列舉 5 項工作場所風險管理之主要步驟。**

**二、列舉 5 種風險評估方法。**

**三、請依本質安全 ( 列舉 2 項 )、工程控制 ( 列舉 2 項 ) 與行政管理 ( 列舉 1 項 ) 之風險控制方法，並各舉 1 例說明之。 【70-04】**

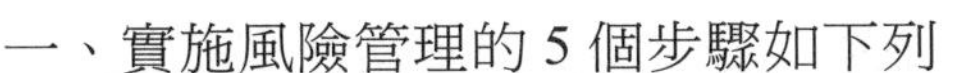

答

一、實施風險管理的 5 個步驟如下列：

1. 危害辨識：尋找每個工作場所有可能造成傷害的潛在因子，列出工作場所全部的危害。
2. 風險評估：依據每個工作場所之特性，選擇適當的風險評估方法及分析風險的等級去評估危害而產生的風險。

3. 風險控制：決定控制方法以預防或減低風險，控制方法包括消除危害、取代、工程控制、隔離、行政管理、監督、訓練、標示、個人防護具…等。

4. 控制方法的實施：實施控制方法包括發展作業程序、溝通、提供訓練及指導、監督、維持…等。

5. 監督與審查：監督與審查控制方法的有效性並適時給予修正。

二、風險評估方法如下列：

1. 檢核表 (Checklist)。

2. 如果 - 結果分析 (What If)。

3. 如果 - 結果分析 / 檢核表 (What If / Checklist)。

4. 危害及可操作性分析 (Hazard and Operability Studies)。

5. 失誤樹分析 (Fault Tree Analysis)。

6. 失誤模式與影響分析 (Failure Modes and Effects Analysis)。

7. 事件樹分析 (Event Tree Analysis)。

三、風險控制方法：

1. 本質安全：

(1) 消除危害：石綿對人體有害，製造過程完全不使用石綿。

(2) 取代危害：可燃性溶劑易產生火災爆炸之風險，所以水性溶劑代替可燃性溶劑使用。

2. 工程控制：

(1) 重新設計：修改製程重新改變作業程序，減少危險之步驟來降低風險。

(2) 安全設備：改變安全設備類型、安全閥的種類，以提高安全可靠度。

3. 行政管理：

(1) 教育訓練：藉由人員之專業訓練，提高操作熟練度，以降低風險。

(2) 警示標示：化學品的 SDS 準備及危害標示等等。

## 參考題型

**一般風險控制的方法有①代替，②隔離，③監督，④標示、資訊提供，⑤消除危害，⑥重新設計，⑦行政管理，⑧訓練，⑨個人防護具等：**

**一、請列出上述最優先及最後考慮之風險控制方法。**

**二、假如一個製程設備風險評估的結果為不能忍受的風險，請列舉上述三種可行之風險控制方法以降低其風險。**

**三、某一工地進行吊掛作業，雇主指派吊掛指揮人員指揮作業屬上述何種風險控制方法？**

**四、以遙控的方式處理危險物質或程序屬上述何種風險控制方法？**

**【62-05】**

答

一、1. 最優先之風險控制方法，為**消除危害**或風險之潛在根源，這是最有效的方法。

2. 最後考慮之風險控制方法，使用**個人防護具**來降低危害發生對人員所造成之衝擊。

二、1. 消除危害：石綿對人體致癌，製程設備完全不用石綿。

2. 代替：以低毒性物質代替高毒性物質。

3. 重新設計：重新改變作業程序以減少危險步驟，例如優先施作上下設備。

三、吊掛指揮人員指揮作業屬**監督**類型之風險控制方法。

四、以遙控的方式處理危險物質或程序屬**隔離**類型之風險控制方法。

## 參考題型

**一、何謂損失控制五大功能？**

**二、何謂損失控制管理制度的八大工具為何？試簡單說明之。**

**【48-05】、【42-04】**

答

一、損失控制管理制度是對人員、設備、材料及環境實施全面性的一項安全管理制度，因此必須具備下列 5 種基本功能：

1. **鑑定**：損失控制首先要鑑定的工作是事故原因，用於鑑定工作的程序有下列數種：

(1) 安全檢查。

(2) 作業環境監測。

(3) 工作安全觀察。

(4) 工作安全分析。

(5) 事故調查。

2. **標準**：在損失控制管理制度方面，下列各項也具有標準或規範之功能：

(1) 安全法規與安全守則。

(2) 安全政策聲明。

(3) 安全檢查基準、判定基準。

(4) 安全分析。

(5) 安全作業標準。

3. **量度**：在損失控制管理制度下，各項事故費用之損失費用均應予以計算與統計，以資警惕加強控制管理。

(1) 失能傷害事故費用＝

「人力費用」 +「醫療費用」+「補償給付」+「生產時間工資損失」。

(2) 財物損害事故費用＝

「機械費用」+「材料費用」+「設施費用」+「其他費用」。

4. **評估**：事業單位「損失控制管理」推行績效是否良好及有進步，亦需要計算其頻率及嚴重率，俾評估推行績效，以求改善。

5. **改正**：事故發生之後，我們必須發掘根源性原因，採取防止重演之一切措施，而在平常更應改正缺失、修補疏漏、加強管理。

二、損失控制管理制度的 8 大工具及說明如下：

1. 工作守則：

參酌「職業安全衛生法施行細則」第 41 條規定之項目訂定公布適合其事業單位需要之安全衛生工作守則，因為依「職業安全衛生法」第 34 條第 2 項之規定，勞工有遵守之義務。

2. 自動檢查：

事業單位應依據「職業安全衛生管理辦法」，依事業之規模、性質，實施安全衛生管理；並依設備及其作業訂定自動檢查計畫實施自動檢查。

3. 教育訓練：

對於勞工應施以從事工作及預防災變所必要之安全衛生教育訓練，而勞工對於安全衛生教育訓練有接受之義務。

4. 事故調查：

事故調查為防止事故重演的最佳工具，調查目的為尋找事故之根源性原因，採取防範措施，而非調查事故責任。事故應在發生之後儘快加以調查，延遲時間越少越好，查核意外現場之前歷時愈久，人們會很快忘記意外的細節，也很可能會「發明事實」，誤導事實經過。意外現場應迅速查核以免證據改變或消失，更別忘了對受傷當事人(清醒時)及證人加以詢問調查，以免扭曲了事實。調查的範圍應包括輕傷害、失能傷害、財物損害及無損傷事件。同時對於防範對策應予以協調，迅速採取改善措施，防止事故重演。

5. 安全分析：

工作安全分析的目的為將工作分解成若干步驟、工作方法及鑑定一切潛在的危險，經分析後採取防範措施，如再加上事故處理就成了一份完整的安全衛生作業標準。

6. 安全觀察：

安全觀察係由各級主管實施臨時性的、有意性的、計畫性的觀察勞工不安全行為或不安全的環境或設備。

7. 安全訪談：

安全訪談是從員工本身為了他自己、使用之設備及公司財物，發展出健全的安全態度並防止意外的有力工具。安全訪談的內容可包括法規宣導與違規事項的檢討，有時也可以檢討安全事項或意見或建議等；要常與屬下安全訪談、討論並指導在工作上的安全事項。

8. 安全激勵：

激勵勞工安全地工作，應先了解勞工不安全工作的個人因素，瞭解不安全的個人因素之後，主管人員應當設法如何激勵員工安全工作。因為適當的激勵，往往可以增強安全行為，激勵士氣，增加工作效率。

參考題型

**事業單位為防止職業災害，必須在整個工作過程中實施風險管理，請從危害辨識、風險評估、風險控制三方面說明如何實施風險管理。【41-03】**

答

一、危害辨識：擬實施不同種類或性質之危害辨識時，必須先蒐集相關資訊，辨識事業單位所面臨之各種潛在危害，方能進一步評估損失之幅度，並擬訂因應對策；危害辨識時應採用系統方法最為合適，故應發展出一套辨識架構為宜。

1. 資訊來源：

(1) 包括：社會、政治、法律、經濟、作業、實例、理念等多種不同環境。譬如，化學工廠有安全資料表 (Safety Data Sheet, SDS)、製程與廠務、機械設備等資料。

(2) 收集方法：檢核表分析、作業流程分析、財務分析、問卷調查、法律責任分析、事故統計分析、實地安全稽核 ( 經驗法則 ) 等。

2. 資訊範圍：

(1) 現行經營業務：內部條件、外部環境、產業競爭與服務範圍等。

(2) 作業範疇。

二、風險評估：風險評估時應採用系統方法最為合適，故應發展出一套架構為之，其評估方法可依循下述兩種方法實施之：

1. 財務統計評估法：

(1) 重大損失檢核表法。

(2) 流程表法。

(3) 財務報表分析法。

(4) 損害防阻專業實地查勘。

2. 危害分析技術法：

(1) 如果 - 結果分析 (What If)：乃屬歸納法，自可能存在之失誤或變異推測其可能造成之影響。

(2) 檢核表法 (Checklist)：

藉由具經驗之專業人員，針對製造或工作場所之危害特性訂定表格式之檢點項目，供設計、評估等相關人員查核用。

(3) 危害與可操作性評估 (HAZOP)：

將工作場所細分成許多小製程區域後，再以引導詞（guide-word）配合製程參數（溫度、壓力等）為基礎的定性危害分析技術，由一組專業人員 (5 至 7 人 ) 腦力激盪法找出其中之各種潛在危害之地毯式評估法。

(4) 失誤模式與影響分析 (FMEA)：

乃對系統或工作場所內之設備失誤以表格化之方式，找出各種失效可能造成之影響而進行診斷之方式，可由 2 位或多位具經驗之分析人員組成辦理之。

(5) 失誤樹分析 (FTA)：

對工作場所內可能造成之各種重大災害以演繹法推導出造成失誤之各個因子之方法。

三、風險控制：

風險經過仔細之辨認與評估其潛在損失之可能幅度後、即應採取相對預防與控制策略，始能有效預防損失事件之發生，且於一旦仍發生損失事件後，能夠及時抑制損失之幅度，降至可接受風險範圍內。風險控制包括損失控制、非財務型風險移轉、風險分散以及風險之避免等四大類，在執行上大略分為：

1. 工程控制：以修改製程系統或增加安全設備的方式來降低危害的風險，例如：改變設備類型、管件閥種類，以提高可靠度。
2. 管理控制：藉由人員之管理、專業訓練與工廠作業方式來改善製程安全，例如：修改操作方法與操作條件。

## 玖、火災爆炸危害預防

### 本節提要及趨勢

近年來，人類科學文明的蓬勃發展，化學品的使用量與日俱增，雖然為人類帶來舒適與便利的生活，但化學品的大量使用，所帶來的災害也隨之增加，其中最具殺傷力的兩種災害，即是火災與爆炸。火災與爆炸為一種燃燒現象，就是一種能產生光與熱的激烈氧化反應，兩者間最主要的差異，在於能量釋放的速率。火災係可燃物在空氣中，違反人的意志燃燒所造成的傷害。爆炸係在密閉的室內或容器內進行燃燒，大量氣體因此而膨脹並產生高壓，以致破壞四周的器物或建築物。本節針對火災爆炸潛在危害型態、安全防護措施、作業環境安全衛生設施、作業災害原因及災害防止對策等，來論述火災爆炸危害的預防。

本節學習重點：

1. 能瞭解及應用燃燒及火災之分類、起因及防範設施。
2. 能應用危險物品之分類、特性及防火設施。
3. 能瞭解及應用失控反應與爆炸之發生原因及防止方法。
4. 能應用危險物之分類、特性及防爆設施。

## 本節題型參考法規

「職業安全衛生設施規則」第 13、177、188 條。

「危險性工作場所審查及檢查辦法」第 3 條。

「高壓氣體勞工安全規則」第 28 條。

中華民國國家標準 CNS 3376 爆炸性氣體環境用電機設備。

液化石油氣容器串接氣體供應裝置使用作業指引。

## 重點精華

一、 計算題，公式熟記 ( 計算題型請參考「第 5 章計算題精華彙整」)。

二、 解釋名詞：閃火點、著火點、塵爆、沸騰液體膨脹蒸氣爆炸 (BLEVE)、火災分類、燃燒四面體、滅火方法、滅火劑種類。

| 火災分類 | A 類火災 | B 類火災 | C 類火災 | D 類火災 |
|---|---|---|---|---|
| | 普通火災 | 油類火災 | 電氣火災 | 金屬火災 |
| 燃燒四面體 | 燃料 | 氧氣 | 熱能 | 連鎖反應 |
| 滅火方法 | 隔離 | 窒息 | 冷卻 | 抑制 |
| 常用滅火設備 | 水霧 | 泡沫 | 二氧化碳 | 乾粉 |

ABCD、普油電金、燃氧熱連、隔窒冷抑、水泡二乾

三、 易燃性液體之蒸氣及可燃性氣體與空氣混合後遇到能量產生爆炸「最低 LEL」至「最高 UEL」的體積百分比 ( 爆炸界限 )。

參考題型

**為防止該壓縮氣體發生洩漏而發生火災爆炸危害，試列舉 5 種可應用於儲存該壓縮氣體容器之安全裝置及其作用方式，以降低其爆炸危害。(10 分)**

【95-05-02】

可應用於儲存該壓縮氣體容器之安全裝置及其作用方式如下列：

一、安全閥：

安全閥係當高壓氣體特定設備的壓力超過設計壓力時，安全閥能自動地動作以釋除設備的壓力，故需永保安全閥的動作有效確實。

二、破裂板：

破裂板係使用於所處置內容物固化或因具顯著腐蝕性致安全閥之動作有困難之情況，並被使用於放出量多的情況或必須作瞬間放出的情況。

三、止回閥(又稱逆止閥)：

止回閥為防止流體逆流的裝置。

四、吹洩閥：

吹洩閥係以手動或自動的方式將高壓氣體特定設備內的流體(壓力)釋放出來。

五、自動警報裝置：

自動警報裝置係具有當運轉條件超出事先設定範圍時，有發出蜂鳴或指示燈號之功能，促使操作員注意，並採取必要之控制措施。

六、緊急遮斷閥：

緊急遮斷裝置係用於當設備發生漏洩、火災等異常事態時，為防止災害擴大，將送入設備之原物料，以遮斷閥緊急停止輸入之安全裝置。

七、連鎖裝置系統：

經由感測裝置的連續監控(如溫度值)，達其設定值時，系統自動啟動冷卻系統，避免該壓縮氣體容器壓力持續上升。

## 參考題型

依高壓氣體勞工安全規則第 191-1 條規定：

消費事業單位將液化石油氣容器串接供廠場使用，依下列規定辦理：

一、使用及備用容器串接總容量不得超過 1,000 公斤，並應訂定容器串接供應使用管理計畫。

二、容器及氣化器應設置於室外。

三、容器及配管應採取防止液封措施。

四、連接容器與配管之軟管或可撓性管（以下簡稱撓管），連結容器處應加裝防止氣體噴洩裝置。

五、接用撓管之液化石油氣配管應設逆止閥。

六、撓管及配管之選用及安裝，應符合對應流體性質使用環境之 CNS 國家標準或 ISO 國際標準。

七、應設置漏洩及地震偵測自動緊急遮斷裝置。

八、應於明顯易見處標示緊急聯絡人姓名及電話。

前項消費事業單位將液化石油氣容器串接供廠場使用，依消防法有關規定設置必要之消防設備。

請就上述條文規定，簡答下列各子題：

(一) 本條文適用於消費事業單位，請針對法令用語，何謂「消費」？釋明「高壓氣體消費」之涵義 (3 分)

(二) 本條文所稱「液化石油氣」，請說明其主成分與主要用途？(3 分)

(三) 本條文第 1 項第 1 款規定消費事業單位串接液化石油氣容器使用者，應訂定容器串接供應使用管理計畫，查中央主管機關曾提供某行政命令供訂定該計畫有所遵循，請說明該行政命令之名稱？(2 分)

(四) 同項第 2 款規定，容器及氣化器應設置於室外，請說明其應設置於室外之立法目的？(2 分)

(五) 承上，所稱「室外」之設置場所，除應搭蓋防止陽光直射液化石油氣容器及氣化器之頂棚外，請說明其他遮蔽物有何條件限制，始不致有構成適法性疑慮之虞？(3 分)

(六) 請說明同項第 3 款所稱容器及配管之「液封」現象發生原因為何？(3 分)

(七) 同項第 4 款所稱「防止氣體噴洩裝置」，請說明其設置目的？並任舉一例提出前揭裝置之常見產品類型？(4 分) 【98-01】

答

（一）所謂「消費」係指是一種直接使用商品之行為；另依據「高壓氣體勞工安全規則」第 28 條規定，所謂「高壓氣體消費」係指使用導管自其他事業單位導入特定高壓氣體者。

（二）「液化石油氣」（Liquefied Petroleum Gas；簡稱 LPG），依據「危險性工作場所審查及檢查辦法」第 3 條規定，所謂「液化石油氣」係指混合 3 個碳及 4 個碳之碳氫化合物，主要成分是烴類 ( 丙烷和丁烷 ) 混合物氣體，主要用途在加熱器和交通工具中作為燃料。

（三）111 年 9 月 15 日勞動部公布「液化石油氣容器串接氣體供應裝置使用作業指引」供事業單位訂定容器串接供應使用管理計畫。

（四）該條文第 2 款要求容器及氣化器應設置於室外之立法目的為考量容器及氣化器如設置於室內，一旦漏洩會發生蓄積。

（五）其他遮蔽物之條件限制為不被柱、壁及窗等所包圍之直接對外開口，其總面積逾總牆面面積之處所，且無他物有礙氣流流通者。

（六）該條文第 1 項第 3 款所稱容器及配管之「液封」現象發生原因為日光或壓力變化之溫差。

（七）該條文第 1 項第 4 款所稱「防止氣體噴洩裝置」其設置目的為保護容器及撓管分離時，使液化石油氣不致外洩；另防止氣體噴洩裝置，常見有超流關斷閥、張力關斷閥或防止氣體釋出型高壓軟管等不同設計。

提示 液化石油氣容器串接供應使用管理計畫，其內容應包含：

1. 現有現場設備風險。
2. 使用其他供應方式可行性評估。
3. 液化石油氣之儲存、歧管系統位置、場地平面圖及供應系統示意圖，顯示各類管、閥、氣化器及其他附屬設備，與液化石油氣容器附近結構，例如圍欄、隔間壁、門、窗、排水管、檢修孔等。
4. 通風及危險區域劃分評估。

**參考題型**

**試回答下列粉塵爆炸相關問題：**

**一、請列舉 4 項影響粉塵爆炸之因素。**

**二、請列舉 3 項引起粉塵爆炸之可能火源。**

**三、請列舉 3 項防止粉塵爆炸之對策。** 【76-03】

答

一、影響粉塵爆炸性質的因素與情境，可歸納為下列：

1. 化學組成：粉塵的化學性質，對其爆炸性質影響很大，如已氧化的粉塵，反應性較小；但若粉塵為過氧化物或硝化物，則因粉塵本身即含有活化性的氧，不需外界來提供反應所需的氧，故較易起激烈的爆炸。
2. 粒徑：粉塵爆炸係發生於粉塵表面之燃燒現象，因此，粉體粒子愈小，即比表面積愈大，愈容易發火，發生爆炸的可能性愈大。
3. 爆炸界限：粒子愈小爆炸下限愈低，危險性愈大，點火源為高熱物之爆炸下限較電氣火花低。
4. 氧氣的濃度：氧的濃度愈高，粉塵愈容易爆炸，因此降低氧的濃度，可提高粉塵爆炸下限，防止粉塵爆炸。
5. 可燃性氣體：粉塵中若有可燃性氣體共存，將降低粉塵爆炸的下限，增加粉塵爆炸的危險。
6. 發火溫度：粉塵個體的粒徑愈小，濃度愈高，發火溫度愈低，不過發火溫度與火源種類有關，不是該粉體的物理定數。
7. 發火能量：粒子愈小發火能量愈低，在氧氣中的最小發火能量，較在空氣中者低。水分影響亦大，含水量愈多最小發火能量愈高，濃度低時，其值愈高。
8. 壓力、溫度：壓力愈大、溫度愈高，最小發火能量變低，爆炸界限變廣，危險性愈大。

二、香菸、切割、電焊、電氣火花、機械火花、熱表面、炙熱物質等。

三、防止粉塵爆炸的對策，如下列：

1. 減少粉塵飛揚：例如，依據操作量選擇適當設備，以減少粉塵飛揚的自由空間；以濕式混拌取代乾式混拌；經常清除濾網、濾布及作業場所，以避免粉塵的堆積。
2. 可燃物質的濃度控制：在製程中可燃物的使用難以避免，但可利用通風換氣設備控制，使可燃物的濃度不在爆炸範圍內。
3. 惰化設計：製程中以惰性氣體吹洩，以避免新鮮的氧氣進入，如此可以減低氧的分壓，減少爆炸的危險。
4. 粉塵作業場所盡量遠離可能產生火源或靜電的場所。

參考題型

一、試列舉並簡要說明 4 種預防火災爆炸的方法。

二、請簡要列舉 4 種動火作業許可管制的工作項目。

三、某一化學公司儲槽區發生火災爆炸，該槽區有數座儲槽。事故發生後，化學儲槽相繼爆炸，產生蕈狀雲的爆燃火焰直沖天空。經調查，本案第一次起爆點係為內裝有易燃液體槽體炸飛，其原因為切割金屬管線後，管線內易燃液體起火。因為儲槽氮封系統關閉，導致儲槽內氮氣濃度逐漸降低，氧氣濃度逐漸上升直到爆炸範圍，所以切割管線後，經過大約十分鐘後引爆。導致易燃液體槽體飛離，該火災引發其他槽體 BLEVE 連續爆炸。根據以上案例背景，為防止類似火災爆炸再度發生，試回答下列問題：

1. 列舉 3 項工作場所操作注意要點。
2. 列舉 3 項動火作業安全注意事項。【74-02】

答

一、預防火災爆炸的方法如下列：

1. 惰化處理 ( 消除助燃物 - 氧氣 )。
2. 著火源的預防或消除。
3. 可燃物的濃度控制。
4. 易燃、易爆高危險化學品之管制。
5. 建立化學設備本質安全。
6. 耐爆、洩爆、抑爆等措施。

二、動火作業許可管制的工作項目如下列：

1. 火焰切割、氣焊、電焊、錫焊等金屬焊接作業。
2. 使用鋼絲刷、砂輪機、研磨機等金屬研磨作業。
3. 使用電鑽 ( 電錘 )、鋼鋸等金屬切割作業。
4. 操作有可能產生火焰、火花及赤熱表面設備作業。

三、1. 工作場所操作注意要點如下列：

(1) 確實遵守動火作業許可之申請。
(2) 派遣人員進行動火作業之監視。
(3) 與控制製程人員緊密聯繫，確保氮封及水霧設備正常運作。

(4) 採取清槽等安全措施。

(5) 時常演練緊急應變訓練。

(6) 於作業區設置緊急處理步驟告示和緊急連絡電話。

2. 動火作業安全注意事項如下列：

(1) 動火作業前，相關管線或設備需清洗加裝盲板；另公共管線設備，也應考慮易燃物可能經由製程倒灌入系統中，而需加以隔離、盲封。

(2) 修改管路前，應確認管線殘存量，並確定管線內殘餘氣體低於爆炸下限或已無易燃物、易爆流體。

(3) 管線拆離前，必須確認兩端閥門已緊閉，以確保化學品不會流入管線中，而產生洩漏。

(4) 施工現場應配置手提滅火器或易操作之消防用水。

(5) 動火作業區域遇有易燃物洩漏或聞到易燃物，則不論有無警報或主管指示，應主動立即停工，並通知主管處理。

**參考題型**

**為降低爆炸危害，常於設備中選用設置破裂片、洩爆門、釋放口、抑爆系統、爆炸阻隔等 5 種安全裝置，請說明上列 5 種安全裝置之作用方式。**

【73-04】

答

一、破裂片 (Rupture discs)：

一種開放性的裝置，用以保護在壓力突然高增情況或可能造成危險的真空狀態下的壓力槽、裝置或系統，爆炸發生時、薄膜因壓力而破裂，型式有圓頂狀拉張型、複合型。

二、洩爆門 (Explosion vent)：

與破裂片功能相同，但洩爆效果較弱，藉由加大洩放面積或加強設備強度來改善，為防止洩爆門於洩壓時破損或飛射出而造成傷害，故常加裝鏈條或磁鐵式、彈簧式的裝置連接。

三、釋放口 (Release port)：

爆炸壓力釋放口是安裝於粉體 ( 尤其是小粒徑之可燃性粉體 )、氣體、乾燥器、脫臭裝置等具有爆炸危險之設備上，用於爆炸發生時釋放爆炸壓力。

四、抑爆系統 (Explosion suppression system)：

利用爆炸的初期階段，壓力的上昇緩和，可由檢測器檢測出此階段的微小壓力變化，隨後快速的噴射散佈燃燒抑制劑，於初期階段消滅火焰，抑制壓力上升之裝置。

五、爆炸阻隔 (Explosion isolation)：

一般爆炸隔離系統係於設備與設備間的管路中，安裝感知器、控制閥與隔離閥所組成，一旦其中某設備發生爆燃時，在互相連接之管線中的隔離閥將立即關閉，可防止爆炸發生後產生之火焰傳播至其他設備中，以降低火災爆炸所造成的連鎖效應損失。

**參考題型**

今在處理二乙基醚(燃點170℃，最大安全間隙MESG＝0.55mm)之作業場所，欲設置耐壓及增加安全型防爆電氣，請依照下列溫昇等級判定表及物料等級與MESG判定表，規劃所需安全規格。【53-04】

溫昇等級判定表

| 物質燃點 (℃) | 溫昇等級 |
|---|---|
| 85~100 | G6(T6) |
| 100~135 | G5(T5) |
| 135~200 | G4(T4) |
| 200~300 | G3(T3) |
| 300~450 | G2(T2) |
| ≧ 450 | G1(T1) |

物料等級與 MESG 判定表

| 物料等級 | | 最大安全間隙 (mm) (MESG) |
|---|---|---|
| 我國 | 歐盟 | |
| 1 | II A | ≧ 0.6 |
| 2 | II B | 0.6~0.4 |
| 3 | II C | ＜ 0.4 |

答

作業場所所需之電氣種類與可燃物之自燃溫度和安全間隙值等特性選用適當防爆規格標示 (CNS 標準 ) 為：

Ex d IIB T4：耐壓防爆 ( 燃點 170°C，最大安全間隙 MESG ＝ 0.55mm) 或
Ex e IIB T4：安全增加 ( 燃點 170°C，最大安全間隙 MESG ＝ 0.55mm)

補充資料

一、構造代號：

1. d（耐壓防爆外殼構造）：當在容器內發生爆炸時，能耐其壓力且不會產生形變，而火焰無法穿透，故不會引起外部可燃性氣體爆炸燃燒。
2. o（油浸構造）：器殼內填入高燃絕緣油，除可有效散熱避免熱表面之形成外，亦能避免可燃物與能量直接接觸而發生危險。
3. p（正壓外殼構造）：全密構造，導入一較高壓氣體（惰性氣體）或充入新鮮空氣（或不燃氣體），以避免外氣溢入而形成可燃之環境。
4. e（增加安全構造）：僅做氣密結構，無耐壓能力。只能裝置正常下不會發生危險之作業場所。
5. i（本質安全）：在正常或異常狀況下，其所產生之能量都不會令周圍的危險氣體發生爆炸。如電路、低能量電氣等設計，控制其輸出、入的能量在不足以引爆 $H_2$ 以下。
6. q（填粉防爆構造）：殼內充填物質（如細砂），除可避免可燃物與能量直接接觸，以及阻絕熱量之傳導而發生危險以達防爆目的。
7. m（模鑄防爆構造）：殼內注入聚酯，使整體模注器的表面，不會產生火花，過熱現象，以達防爆目的。
8. s（特殊防爆）：除前面所述之種類外，配合特殊電氣組合或控制方式，而能防止外部氣體燃燒，並經試驗確認無誤者。

二、物料等級代號：

在器殼內直接引爆，在器殼外充滿易燃混合氣體，若殼內火焰不會引燃殼外的氣體。而其中器殼的接面間隙與深度依物質爆發等級而異，區分如下：

1. 第 1 級 – 間隙 > 0.6mm
2. 第 2 級 – 0.6mm > 間隙 > 0.4mm
3. 第 3 級 – 間隙 <0.4mm

三、防爆電氣選用參考：

防爆電氣選用參考表

| 種類 | 項次 | 代號 | 名稱 | 使用之危險區域 |
|---|---|---|---|---|
| 特殊構造 | 1 | d | 耐壓防爆外殼構造 | 1.2 |
| | 2 | m | 模鑄防爆構造 | 1.2 |
| | 3 | e | 增加安全構造 | 1( 接線箱 ).2 |
| | 4 | n | 保護型式 | 2 |
| | 5 | p | 正壓外殼構造 | 1.2 |
| | 6 | q | 填粉防爆構造 | 1.2 |
| | 7 | o | 油浸構造 | 1.2 |
| | 8 | s | 特殊防爆構造 | 0.1.2 |
| 特殊電氣 | 1 | ia/ib | 本質安全防爆 | 0(ia)<br>1.2(ia/ib) |

在了解以上系統代號後，便可以輕易的選擇適宜的材質裝備。如：Ex d IIB T4 的裝置，表示它是耐壓防爆構造，物料等級 IIB ，接面間隙在 0.4~0.6mm 之間，可引燃自燃溫度在 135~200°C 之間的可燃物；相對的，如果有一物質其自燃溫度 120°C，物料等級 IIB，在這可能發生意外的場所的電源開關便可以配合適切的防爆構造，選用 Ex d IIB T5…等。

**參考題型**

**一、試定義「爆炸範圍」。** 【61-05-01】

**二、試說明氧氣濃度對爆炸範圍之影響為何。** 【61-05-02】

答

一、爆炸範圍：係指易燃性液體之蒸氣及可燃性氣體與空氣混合後，遇到火源可以爆炸最低與最高之體積百分比，其界限謂之爆炸範圍。

要發生燃燒或爆炸，一定要使可燃物質在適當之濃度範圍，特別是氣體或蒸氣，如果濃度太濃或太稀薄，都不會發生燃燒或爆炸，充其量只發生化學反應，這適當之濃度範圍就稱之為爆炸範圍。

二、氧氣濃度和爆炸範圍關係：氧氣為物質燃燒必要氣體，混合氣體在密閉情況下燃燒即產生爆炸現象，一般常見之易燃性液體之蒸氣及可燃性氣體有很廣泛的燃燒界限，但如其百分比低於下限，混合氣體中可燃性氣體濃度太低則不能燃燒；其百分比高於上限，混合氣體中可燃性氣體之濃度過高，氧氣不足，也不能燃燒或爆炸。

參考題型

**請說明處理易燃液體之防火防爆安全措施為何？至少 5 項。(10 分)**

**【58-05-03】**

答

處置易燃液體之防火防爆安全措施如下列：

一、 遠離明火及發生火源之設備及物料、禁止煙火。

二、 準備適當之消防滅火設備。

三、 處置工作場所應保持良好通風換氣，以免揮發氣體濃度蓄積達到爆炸範圍。

四、 處置工作場所應設置靜電消除設施。

五、 上述物質之儲存須保持密封以免氣體揮發外洩。

六、 設置氣體濃度監測設備或指定專人於作業前實施作業環境濃度測定。

七、 標示嚴禁煙火並禁止無關人員進入。

參考題型

**一、何謂易燃液體？**

**二、易燃液體為何其危險性較高？**

**三、易燃液體在工業界使用上對於防火防爆應注意哪些事項？ 【51-04】**

答

一、易燃液體 (Flammable Liquid) 係指常溫下可以蒸發，遇到火源即可引火燃燒之液體物質。

依據「職業安全衛生設施規則」第 13 條規定，本規則所稱易燃液體，指下列危險物：

1. 乙醚、汽油、乙醛、環氧丙烷、二硫化碳及其他閃火點未滿攝氏零下 30 度之物質。

2. 正己烷、環氧乙烷、丙酮、苯、丁酮及其他閃火點在攝氏零下 30 度以上，未滿攝氏 0 度之物質。

3. 乙醇、甲醇、二甲苯、乙酸戊酯及其他閃火點在攝氏 0 度以上，未滿攝氏 30 度之物質。

4. 煤油、輕油、松節油、異戊醇、醋酸及其他閃火點在攝氏 30 度以上，未滿攝氏 65 度之物質。

 易燃性液體本身不會自燃，然而液體所形成的蒸氣則會自燃。

二、易燃液體因本身具有可燃性，在長溫下又具有流動性，故易燃液體物質火災中，液態物質若於開口容器內發生火災時，較易處理，但若容器破裂時將因燃燒液體之流動而擴大其危險性，可能導致難以收拾之後果，加上液體於燃燒時與固體相似，需先於表面揮發產生一層可燃性氣體，該氣體接觸火源後即引燃。在一般之情況下，易燃液體揮發成為氣體較固體受熱產生氣體容易，因此液體也較固體容易引燃而引起蒸氣火災爆炸的危險。

三、依據「職業安全衛生設施規則」第 177 條規定，雇主對於作業場所有易燃液體之蒸氣、可燃性氣體或爆燃性粉塵以外之可燃性粉塵滯留，而有爆炸、火災之虞者，應依危險特性採取通風、換氣、除塵等措施外，並依下列規定辦理：

1. 指定專人對於前述蒸氣、氣體之濃度，於作業前測定之。
2. 蒸氣或氣體之濃度達爆炸下限值之 30% 以上時，應即刻使勞工退避至安全場所，並停止使用煙火及其他為點火源之虞之機具，並應加強通風。
3. 使用之電氣機械、器具或設備，應具有適合於設置場所危險區域劃分使用之防爆性能構造。

另依第 188 條規定，雇主對於存有易燃液體之蒸氣、可燃性氣體或可燃性粉塵，致有引起爆炸、火災之虞之工作場所，應有通風、換氣、除塵、去除靜電等必要設施。

雇主依前項規定所採設施，不得裝置或使用有發生明火、電弧、火花及其他可能引起爆炸、火災危險之機械、器具或設備。

**參考題型**

**一、請列舉滅火劑種類及滅火原理。**

**二、何謂閃火點、爆炸範圍？並敘述其與火災的關係為何？ 【44-04】**

答

一、1. 滅火劑種類：

(1) 消防水：適用 A 類 ( 普通 ) 火災。

(2) 泡沫：適用 A 類 ( 普通 )、B 類 ( 油類 ) 火災。

(3) 二氧化碳：主要適用 B 類 ( 油類 )、C 類 ( 電氣 ) 火災，但用在 A 類 ( 普通 ) 火災也可但需要長時間使用，且有人員窒息風險。

(4) ABC 類乾粉：適用 A 類 ( 普通 )、B 類 ( 油類 )、C 類 ( 電氣 ) 火災。

(5) BC 類乾粉：適用 B 類 ( 油類 )、C 類 ( 電氣 ) 火災。

(6) D 類乾粉：適用 D 類 ( 金屬 ) 火災。

(7) 鹵化烷：適用 B 類 ( 油類 )、C 類 ( 電氣 ) 火災。

2. 滅火原理：

(1) 隔離法：將燃燒中的物質移開或斷絕其供應，使受熱面積減少，以削弱火勢或阻止延燒以達滅火的目的。

(2) 冷卻法：將燃燒物冷卻，使其熱能減低，亦能使火自然熄滅。

(3) 窒息法：使燃燒中的氧氣含量減少，可以達到窒息火災的效果。

(4) 抑制法：在連鎖反應中的游離基，可用化學乾粉或鹵化碳氫化合物除去。

| 滅火劑<br>滅火原理 | 消防水 | 泡沫 | 二氧化碳 | ABC 乾粉 | BC 乾粉 | D 類乾粉 | 鹵化劑 |
|---|---|---|---|---|---|---|---|
| 隔離法 | ○ | ○ | | | | | |
| 冷卻法 | ○ | ○ | | ○ | ○ | ○ | ○ |
| 窒息法 | ○ | ○ | ○ | ○ | ○ | ○ | ○ |
| 抑制法 | | | | ○ | ○ | ○ | ○ |

二、1. 閃火點：易燃性液體表面蒸發作用釋出的蒸氣，在空氣中擴散成為可燃的混合氣體，其濃度相當爆炸下限，此時與火源接觸下產生閃火 ( 一閃即逝 ) 的液體最低溫度稱為閃火點。

2. 爆炸範圍：係指易燃性液體之蒸氣及可燃性氣體與空氣混合後，遇到火種可以爆炸最低與最高之體積百分比，其界限謂之爆炸範圍。

3. 閃火點、爆炸範圍與火災的關係：可以燃燒之最低百分比稱為燃燒下限 ( 或爆炸下限 )，其最高百分比稱為燃燒上限 ( 或爆炸上限 )。如混合氣體在密閉情況下燃燒即產生爆炸現象，一般常見之易燃性液體，可燃性氣體有很廣泛的燃燒界限，如其百分比低於下限，混合氣體中可燃性氣體濃度太低則不能燃燒；其百分比高於上限，混合氣體中可燃性氣體之濃度高，氧氣不足，也不能燃燒或爆炸。

**提示** 著火點與閃火點的比較：相同處易燃性液體表面蒸發作用釋出的蒸氣，在空氣中擴散成為可燃的混合氣體，其濃度相當爆炸下限；差異處著火點為該物質點燃後可持續燃燒 5 秒以上之最低溫度，而閃火點為與火源接觸下產生閃火 ( 一閃即逝 ) 的液體最低溫度，故著火點的溫度高於閃火點。

## 參考題型

依職業安全衛生設施規則及機械設備器具安全標準規定，用於氣體類之防爆電氣設備，其危險區域劃分應符合國家標準 CNS 3376 系列、國際標準 IEC 60079 系列或與其同等之標準規定，試問：

一、CNS 3376-10 對危險場所分：0 區 (Zone0)、1 區 (Zone1)、2 區 (Zone2) 之定義為何？ 【83-04】、【66-04】

二、下圖汽油槽灌裝作業之 A、B、C、D 各處危險區域劃分屬何區？ 【87-4】

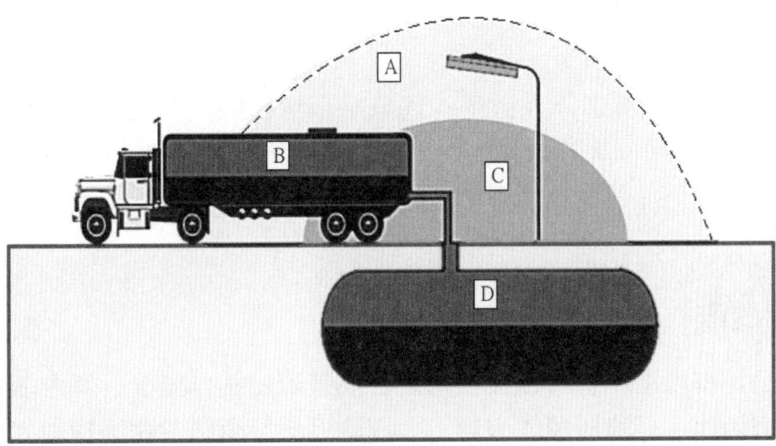

答

一、 危險場所分類之定義，如下列：

1.「0 區」

(1) 爆炸性氣體環境連續存在之場所。

(2) 爆炸性氣體環境長時間存在之場所。

2. 「1 區」

(1) 爆炸性氣體環境在正常操作時可能存在之場所。

(2) 因為修護、保養作業或洩漏而使爆炸性氣體環境經常存在之場所。

(3) 設備操作或運作中，因其特性在設備停機或錯誤操作時可能造成爆炸性氣體環境洩漏，並同時造成電氣設備之失效而成為引火之場所。

(4) 鄰近 0 區，以致爆炸性氣體環境可能與其相通之場所。但以充足正壓通風防止其相通，並附有效防護裝置，以防止通風失效者除外。

3. 「2 區」

(1) 爆炸性氣體環境在正常操作下不太可能存在，如果存在，也只存在一段短時間之場所。

(2) 揮發性易燃液體、易燃性氣體或易燃性蒸氣在處理、製造或使用時，通常在密閉容器或密閉系統中以防其洩漏，只有在容器或系統意外破裂或失效或設備不正常操作時，液體或氣體才可能洩漏，而造成爆炸性氣體環境存在之場所。

(3) 已使用正壓機械通風方式，防止爆炸性氣體環境存在，但因通風設備有可能失效或不正常操作之結果，而造成爆炸性氣體環境可能存在之場所。

(4) 鄰近 1 區，以致爆炸性氣體環境可能與其相通之場所。但以充足正壓通風之防止其相通，並附有效防護裝置，以防止通風失效者除外。

二、 A：2 區、B：0 區、C：1 區、D：0 區。

## 參考題型

某化學公司儲槽區，進行連接儲槽之金屬管線切割作業後，管內液態丙二醇甲醚就不斷流出，並隨即發生火災，造成附近一座有機溶劑儲槽受火災影響，槽內溫度及壓力急遽上升，進而發生爆炸事故，該儲槽爆炸後並炸飛、移位到遠處。試回答下列問題：

一、該有機溶劑儲槽之爆炸事故，屬何種爆炸類型？

二、前述(一)之爆炸類型的發生機制(現象)為何？

三、為確保管線切割、焊接等之動火作業安全，請簡述 3 項「火源的管制」之安全注意事項。

四、同前述(三)進行動火作業時，請簡述 3 項「易燃物的管制」之安全注意事項。【88-4】

一、該有機溶劑儲槽之爆炸事故，屬沸騰液體膨脹蒸氣爆炸（Boiling Liquid Expanding Vapor Explosion, BLEVE）爆炸類型。

二、沸騰液體膨脹蒸氣爆炸之爆炸類型的發生機制為液體受熱沸騰後成氣體，容器爆裂後，氣體洩出而產生爆炸的情況。

三、為確保管線切割、焊接等之動火作業安全，「火源的管制」之安全注意事項如下列：

1. 確實遵守動火作業許可之申請。
2. 派遣人員進行動火作業之監視。
3. 施工現場應配置手提滅火器或易操作之消防水。

四、進行動火作業時，「易燃物的管制」之安全注意事項如下列：

1. 動火作業前，相關管線或設備需清洗加裝盲板加以隔離、盲封。
2. 修改管路前，應確認管線殘存量，並確定管線內殘餘氣體低於爆炸下限或已無易燃物、易爆流體。
3. 管線拆離前，必須確認兩端閥門已緊閉，以確保化學物質不會流入管線中，而產生洩漏。

## 拾、職業衛生與職業病預防概論

### 本節提要及趨勢

隨著科學之進展，工業之發達，雖然科技帶來不少舒適及便利，但同時也製造出不少自然界原先所不存在之新環境，造成許多潛在危害因子；使得現今勞工在工作環境中與危害接觸機會更大。事業單位在面對工業化所帶來的環境污染及工業災害和職業病，應以預防重於治療的精神，做好預先工作的防範要比事後改善來得重要。因為職業安全衛生的工作目標，消極而言係預防職業病之發生，積極而言則在促進工作環境之改善，使勞工在其工作環境中的危害因子能夠降至最低，達到職業病預防之目標。

本節學習重點：

1. 能瞭解職業病之意義。
2. 能瞭解生物性之危害。
3. 能瞭解異常氣壓之危害。
4. 能正確認知、評估及管制危害。

### 本節題型參考法規

「勞工作業場所容許暴露標準」第 2 條。

「勞工職業災害保險及保護法」第 75 條。

「勞工職業災害保險職業病鑑定作業實施辦法」第 3 條。

## 重點精華

一、名詞定義：

1. 熱中暑：例如熱浪來襲時，因長時間暴露於濕熱環境中，體溫上升使體溫調節功能嚴重受損，喪失排汗功能。剛開始患者會感頭痛、嘔吐、無力，接著產生意識錯亂、皮膚乾紅，體溫高達 40 度以上，嚴重者陷入半昏迷狀態。

2. 熱衰竭：在高溫下激烈運動或因為空氣流通不良而造成過度流汗，而使水份與電解質隨症狀類似輕度中暑，出現無精打采，倦怠無力、大量流汗、皮膚濕冷、蒼白、頭暈、頭痛、嘔心、視力模糊、激躁與肌肉抽筋，嚴重者會意識不清。如果不盡快處理就會進入神智不清和熱中暑的休克狀況。

3. 熱痙攣：大多發生於運動員，因在濕熱的環境下從事劇烈的運動，並且大量的飲用水份，且因為大量的流汗而使水份與電解質隨汗流失，引起小腿或腹部肌肉強烈抽筋，可能持續長達 15 分鐘，常合併大量流汗、頭暈、倦怠、甚至昏倒。

4. 作業場所環境監測頻率及項目與紀錄保存：

| 作業場所 | 監測頻率 | 監測項目 | 紀錄保存 |
|---|---|---|---|
| 設有中央管理方式之空氣調節設備之建築物室內作業場所 | 應每 6 個月監測 1 次以上 | 二氧化碳 (Carbon Dioxide,$CO_2$) 濃度 | 3 年 |
| 勞工噪音暴露工作日 8 小時日時量平均音壓級在 85 分貝以上之作業場所 | 應每 6 個月監測 1 次以上 | 噪音 (Noise) | 3 年 |
| 法定之高溫作業場所，其勞工工作日時量平均綜合溫度熱指數超過中央主管機關規定值以上者 | 應每 3 個月監測 1 次以上 | 綜合溫度熱指數 (WBGT) | 3 年 |

二、職業衛生的宗旨：在於促進和保持各行業勞工身體、心理和社會安寧達最高程度，防止勞工因工作條件欠缺而影響健康，保護勞工免於因受僱而遭受有危害健康因素的風險中，安置和維持勞工於一個為其生理和心理能力所能適應的職業環境。

三、職業災害包含傷害、疾病、失能及死亡，其中疾病即可稱為職業病；其職業病的判定為相當專業之過程，至少必須滿足下列條件：

1. 勞工確實有病因。

2. 必須曾暴露於存在危害因子的環境。

3. 發病期間與症狀及有害因子之暴露等有時序之相關。

4. 非相關因素已排除。

5. 文獻上有記載。

 病暴時非文→鑑別→補償

四、由 3 出發 ( 認知、評估、控制或發生源、傳播途徑、接受者 )

1. 認知：5 大危害 ( 要會各舉二例 )

(1) 物理性危害：噪音 ( 設施規則第 300，300-1 條 )、溫濕度 (WBGT)、振動、採光照明、異常氣壓、游離輻射等。

(2) 化學性危害：特定化學物質、有機溶劑、粉塵作業、鉛作業等。

(3) 生物性危害：COVID-19、SARS、微生物、細菌、動物、植物等。

(4) 人因性危害：下背痛、網球肘、腕隧道症侯群等。

(5) 心理性危害：職場霸凌、壓力、性騷擾等。

 5 字訣：物、化、生、人、心

2. 評估：兩種方法

(1) 作業環境監測定義：為掌握勞工作業環境實態與評估勞工暴露狀況，所採取之規劃、採樣、測定及分析之行為。其包含：監測場所、監測項目、監測頻率、紀錄保存期限等。

 監測頻率：鉛 1 年、高溫 3 個月、其他半年

(2) 生物偵測定義：連續採集生物檢體（如：血液、尿液、毛髮、呼氣等），分析檢體中某化學物質或其代謝物的濃度，並與已經設定的標準比對，來評估人員的化學性危害暴露與健康損害，並於必要時提出改善建議。

 血尿、毛吸

(3) 劑量 ( 濃度計算：單一物質或多物質 ) 公式。

3. 控制：4 類方式

(1) 工程控制：

a. 取代。

b. 密閉。

c. 隔離。

d. 抑制。

e. 整體換氣裝置。

f. 局部排氣裝置。

g. 製程變更。

h. 廠房設計佈置。

i. 適當保養維護計畫。

(2) 行政管理：

a. 縮短工時、輪班工作、輪換工作職務等減少暴露時間。

b. 危害通識制度建立。

c. 安全衛生教育訓練的實施。

(3) 健康管理：

健康檢查 ( 職前一般 ( 特殊 ) 體格檢查、在職一般 ( 特殊 ) 健康檢查 ) → 健康管理 ( 四級管理 ) →健康促進→職業病預防。

(4) 個人防護具：

大約有 9 類 ( 安全帽、安全眼鏡、呼吸防護具、聽力防護具、安全面罩、安全手套、安全鞋、防護衣、安全帶 )。

五、 職業衛生工作可歸納成下列 5 個重要原則：

1. 預防原則：預防工作之職業危害。

2. 保護原則：保護工作者工作之健康。

3. 適應原則：工作及工作環境適合工作者能力。

4. 健康促進原則：增進工作者身體的、心理的及社會的福祉。

5. 治療復健原則：治療及復健工作者職業傷害和疾病。

## 參考題型

請依所從事職業特性、暴露與可能導致之危害來源，根據勞動部公布之職業病種類表，請將以下職業代號（下列左欄）配對最常見可能引發之職業病（下列右欄）。

| 職業代號 | 『職業病』或『執行職務所致疾病』 |
|---|---|
| A. 游離輻射暴露作業 | 1. H5N1 感染 |
| B. 醫學檢驗作業 | 2. 肝細胞癌 |
| C. 日光燈管回收作業 | 3. 腰椎椎間盤突出 |
| D. 氯乙烯暴露作業 | 4. 甲狀腺癌 |
| E. 用力抓緊或握緊物品之作業 | 5. 塵肺症 |
| F. 物流貨運搬運作業 | 6. 過敏性接觸性皮膚炎 |
| G. 地板地毯鋪設作業 | 7. 間皮細胞瘤 |
| H. 陶瓷廠粉塵作業 | 8. 腕隧道症候群 |
| I. 船舶拆卸作業 | 9. 膝關節半月狀軟骨病變 |
| J. 養雞場作業 | 10. 急性腎衰竭 |

答

A-4、B-6、C-10、D-2、E-8、F-3、G-9、H-5、I-7、J-1。

## 參考題型

一、作業環境監測結果與導致職業病具有相當因果關係，請就下圖 A、B、C 三種狀態判定是否合法？並請簡要說明雇主是否應採取因應措施。（註：$LCL_{95\%}$ 可信度下限、$UCL_{95\%}$ 可信度上限）

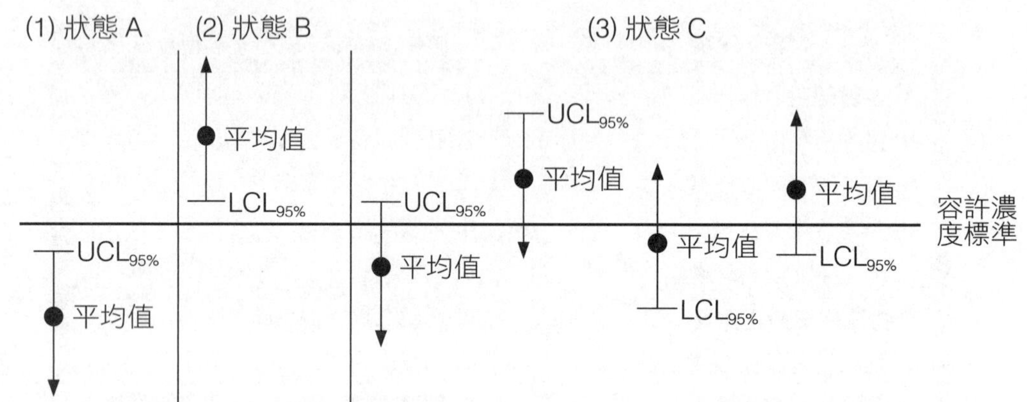


二、依勞工作業場所容許暴露標準「空氣中粉塵容許濃度表」粉塵種類分 4 種。何謂第三種粉塵？試說明採樣該類粉塵有效樣本之規定。

### 答

一、$UCL_{95\%} \leqq 1$ 不違反；$LCL_{95\%} > 1$ 違反；$LCL_{95\%} \leqq 1$ 及 $UCL_{95\%} > 1$ 可能過暴露。

狀態 A：應視為合法（不違反），應維持現行安全衛生水準。

狀態 B：視為絕對非合法（違反），應立即採取改善措施。

狀態 C：可能不足以保障勞工之健康，仍應考量採取適當的措施為宜。

二、依粉塵分類及採樣有效規定，說明如下：

1. 第三種粉塵為石綿纖維。
2. 採樣該類粉塵有效樣本之規定如下：每組樣本至少準備 2 組現場對照樣本，或樣本總數 10% 以上，且需設備在正常操作下的採樣，才算是有效樣品。

## 參考題型

下列左欄為職業病，右欄為致病原。請分別說明每項職業病之致病原。

| 職業病 |
| --- |
| (一)痛痛病 |
| (二)氣喘 |
| (三)肝癌 |
| (四)鼻中膈穿孔 |
| (五)間皮癌(瘤) |
| (六)龐帝亞克熱 |
| (七)陰囊癌 |
| (八)白血病(血癌) |
| (九)水俁病 |
| (十)骨內瘤 |

| 致病原 | |
| --- | --- |
| A. 砷 | H. 鎘 |
| B. 真菌 | I. 苯 |
| C. 聚乙烯 (PE) | J. 聚氯乙烯 (PVC) |
| D. 鐳鹽 | K. 水泥 |
| E. 石綿 | L. 有機汞 |
| F. 煤焦油 | M. 鉻 |
| G. 退伍軍人菌 | |

答

(一)H、(二)B、(三)J、(四)M、(五)E、(六)G、(七)F、(八)I、(九)L、(十)D。

## 參考題型

試回答下列問題：

國際癌症研究中心 (IARC) 針對許多物質，依據其流行病學、動物毒理實驗證據，區分其致癌等級為 1 級、2A 級、2B 級、3 級、4 級，試說明各級別所代表之意義。

答

依據國際癌症中心對癌症之分類方法，區分其致癌等級所代表之意義說明如下列：

| 分類級別 | 級別説明 |
| --- | --- |
| 1 級(確定為致癌因子) | 流行病學證據充分。 |
| 2A 級(極有可能為致癌因子) | 流行病學證據有限或不足，但動物實驗證據充分。 |
| 2B 級(可能為致癌因子) | 流行病學證據有限，且動物實驗證據有限或不足。 |
| 3 級(無法歸類為致癌因子) | 流行病學證據不足，且動物實驗證據亦不足或無法歸入其他類別。 |
| 4 級(極有可能為非致癌因子) | 人類及動物均欠缺致癌性或流行病學證據不足，且動物致癌性欠缺。 |

參考題型

一、何謂職業病？

二、試說明認定或鑑定為職業病的基本原則？

三、勞工、資方申請職業疾病認定或鑑定時，應檢送哪些資料？

四、試述職業疾病之鑑定程序？

答

一、職業病：是因為工作場所發生之物理性、化學性、生物性、人因性、心理性等危害因子的程度受損，導致正常性生理機能受影響及勞工的健康之一種狀況，職業病可能是身體或一系統器官功能失常，而有特殊的症狀，其原因為暴露於工作場所之危害因子所導致。因此如工作中導致疾病和執行之職業具有因果關係則屬於職業病。

二、要判斷職業病必須滿足下列條件：

1. 勞工確實有病徵。
2. 必須曾暴露於存在有害因子之環境。
3. 發病期間與症狀及有害因子之暴露期間有時序之相關。
4. 排除其他可能致病的因素。
5. 文獻上曾記載症狀與有害因子之關係。

三、勞工職業災害保險及保護法（簡稱災保法）自 111 年 5 月 1 日施行日起，職業災害勞工保護法不再適用。依災保法第 75 條規定，原職業疾病鑑（認）定改由中央主管機關鑑定單軌一級制。依「勞工職業災害保險職業病鑑定作業實施辦法」第 3 條規定，保險人依災保法第 75 條第 1 項向中央主管機關申請職業病鑑定時，應備具下列書件：

1. 勞工職業災害保險給付申請書。
2. 被保險人之傷病診斷書、失能診斷書、診斷證明書、死亡證明書或檢察官相驗屍體證明書。
3. 被保險人就醫紀錄。
4. 保險人特約職業醫學科專科醫師之醫理意見。

保險人依災保法第 75 條第 2 項，向中央主管機關申請職業病鑑定時，除前項書件外，並應備具下列書件：

1. 被保險人之爭議審議申請書件。
2. 職業病給付案件之核定文件。

3. 被保險人經災保法第 73 條第 1 項認可醫療機構之職業醫學科專科醫師診斷罹患職業病之診斷證明書。

四、職業疾病之鑑定程序：

1. 保險人於審核職業病給付案件認有必要時，得向中央主管機關申請職業病鑑定。
2. 保險人向中央主管機關申請職業病鑑定時，應備具申請書件。
3. 中央主管機關得派員或請勞動檢查機構派員，會同職災預防及重建中心人員，至被保險人工作場所或與該職業病暴露有關之場所，蒐集相關事證。職災預防及重建中心，作成職業醫學證據調查報告書。
4. 中央主管機關為鑑定職業病，依鑑定案件疾病類型，分別組成職業病鑑定會，辦理職業病鑑定。
5. 書面鑑定若未達相同意見者 2/3 之人數，召開分組 ( 共同 ) 鑑定會鑑定。函復鑑定結果。

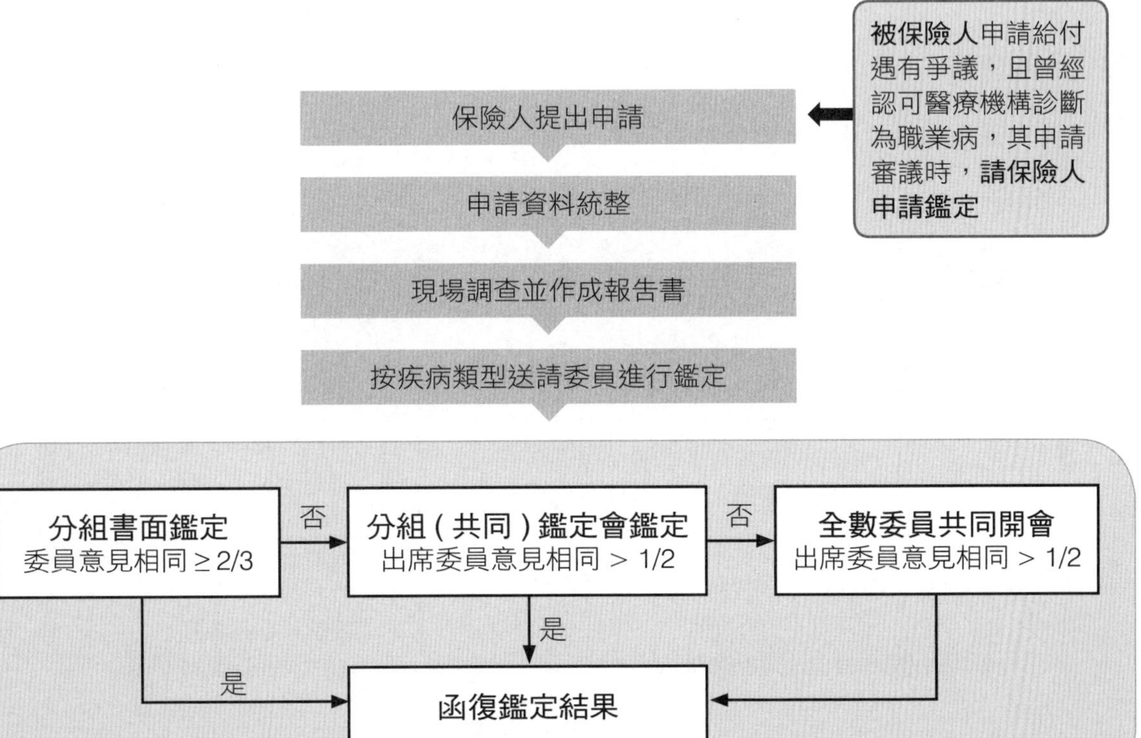


職業病鑑定流程

# 拾壹、危害性化學品危害評估及管理

## 本節提要及趨勢

因國際間工業發展迅速，各產業使用之化學品數量及種類劇增，勞工於工作場所受到化學品危害之風險日增；危害化學品數量龐大，職業暴露限值 (OELs) 建置速度不及，且超出各國政府及廠商的能力範圍，因此國際組織與各國政府或民間機構透過不同研究或調查，針對化學品健康風險議題，致力發展出具經濟有效且易懂、易執行的工作場所共通性評估方法，使危害性化學品危害評估及管理可以更為落實可行。

本節學習重點：能有效推動危害性化學品危害評估管理制度。

## 本節題型參考法規

「危害性化學品評估及分級管理辦法」第 4、10 條。

「危害性化學品評估及分級管理技術指引」第 5 點。

化學品分級管理運用手冊。

## 重點精華

一、 化學品分級原則及分級管理措施等。

| 暴露評估分級管理 | 評估方法 | 實施期程 | 控制方法 |
|---|---|---|---|
| 第一級管理 | 暴露濃度 <1/2 容許濃度 | 至少每 3 年評估 1 次 | 持續維持原有之控制或管理措施外，製程或作業內容變更時，並採行適當之變更管理措施。 |
| 第二級管理 | 1/2 容許濃度 ≤ 暴露濃度 < 容許濃度 | 至少每年評估 1 次 | 應就製程設備、作業程序或作業方法實施檢點，採取必要之改善措施。 |
| 第三級管理 | 容許濃度 ≤ 暴露濃度 | 至少每 3 個月評估 1 次 | 應即採取有效控制措施，並於完成改善後重新評估，確保暴露濃度低於容許暴露標準。 |

請回答下列有關我國化學品健康危害分級管理 (Chemical Control Banding, CCB) 工具之問題：

一、何謂 CCB 工具？

二、扼要說明 CCB 各步驟及其內容。

三、CCB 工具有何限制或不足之處？

一、我國化學品分級管理 (Chemical Control Banding, CCB) 工具主要係利用化學品本身的健康危害特性，加上使用時潛在暴露的程度（如使用量、散布狀況），透過風險矩陣的方式來判斷出風險等級及建議之管理方法，進而採取相關風險減緩或控制措施來加以改善。

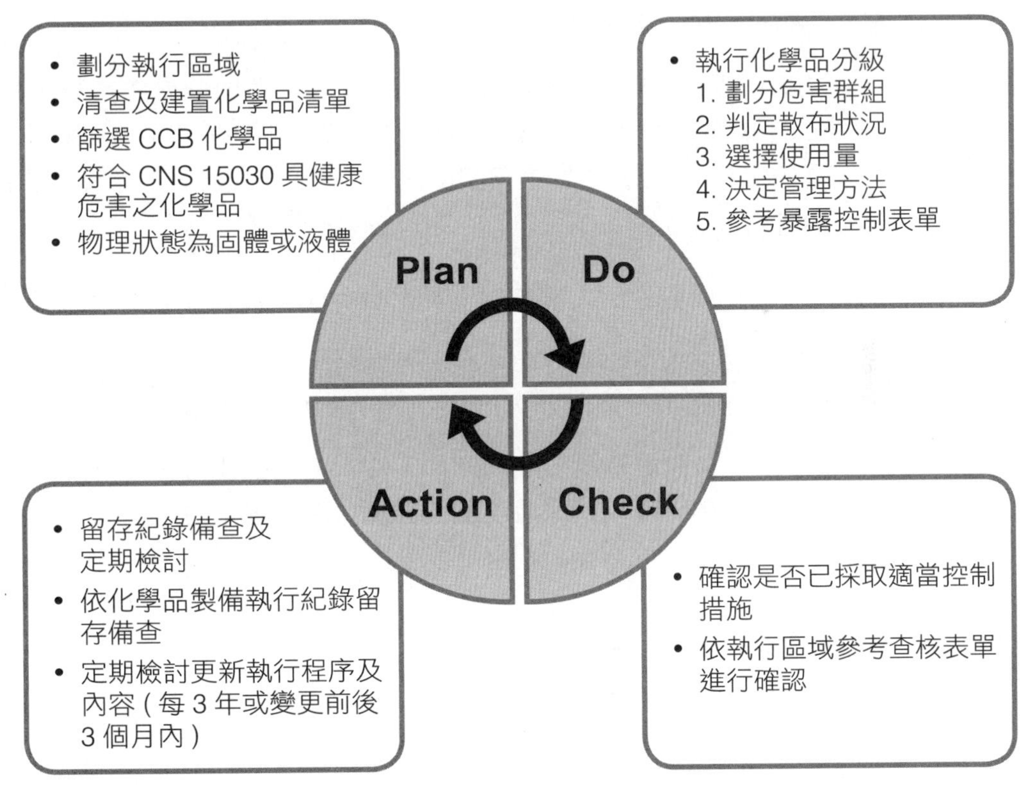


化學品分級管理 (CCB)

二、CCB 各步驟及其內容說明如下：

1. 步驟一：劃分危害群組。

根據化學品的 GHS 健康危害分類及分級，利用 GHS 健康危害分類與危害群組對應表找出相對應的危害群組，以進行後續的危害暴露及評估程序。

2. 步驟二：判定散布狀況。

   化學品的物理型態會影響其散布到空氣中的狀況，此階段是利用固體的粉塵度及液體的揮發度來決定其散布狀況。粉塵度或揮發度愈高的化學品，表示愈容易散布到空氣中。

3. 步驟三：選擇使用量。

   由於化學品的使用量多寡會影響到製程中該化學品的暴露量，故將製程中的使用量納入考量，可依其中之附表判定化學品的使用量為小量、中量或大量。

4. 步驟四：決定管理方法。

   利用前面步驟一～三的結果，根據化學品的危害群組、使用量、粉塵度或揮發度，對照的風險矩陣，即可判斷出該化學品在設定的環境條件下的風險等級。

5. 步驟五：參考暴露控制表單。

   依據步驟四判斷出風險等級 / 管理方法後，可對照暴露控制表單，依據作業型態來選擇適當的暴露控制表單。所提供的管理措施包括整體換氣、局部排氣、密閉操作、暴露濃度監測、呼吸防護具、尋求專家建議等。

三、CCB 工具限制或不足之處如下列：

1. 無法取代或去除個人暴露監測的必要性，應與傳統暴露監測及 OELs 適度搭配運用。
2. 並非所有職業危害種類 ( 如切割夾捲 ) 皆可用分級管理策略解決。
3. 分級管理為快速初篩的簡易評估方法，將危害性物質分級後採取不同管控措施，必要時或特殊情況下，仍應採用較複雜的工具或方法來評估勞工健康風險。

參考題型

一、請說明依危害性化學品評估及分級管理辦法及技術指引規定，雇主使勞工製造、處置、使用符合何條件化學品，應採取分級管理措施？

二、使用之化學品依勞工作業場所容許暴露標準已定有容許暴露標準者，如何實施分級管理措施（請就事業單位勞工人數達 500 人規模說明）？

三、又請說明依風險等級，分別採取控制或管理措施為何？

答

一、依據「危害性化學品評估及分級管理辦法」第 4 條規定，雇主使勞工製造、處置或使用之化學品，符合國家標準 CNS 15030 化學品分類，具有健康危害者，應評估其危害及暴露程度，劃分風險等級，並採取對應之分級管理措施。

二、依風險等級，分別採取控制或管理措施如下：

依據「危害性化學品評估及分級管理技術指引」第 5 點規定，雇主使勞工製造、處置、使用定有容許暴露標準化學品，而事業單位規模符合本辦法第 8 條第 1 項規定者，應依附件 3 所定之流程（如下列），實施作業場所暴露評估，並依評估結果分級。

1. 作業場所及相關資訊蒐集。
2. 建立相似暴露族群。
3. 選擇相似暴露族群執行暴露評估。
4. 作業環境監測、直讀式儀器、暴露推估模式或其他相關推估方法。
5. 與容許暴露標準比較後評估結果分級。

三、依據「危害性化學品評估及分級管理辦法」第 10 條規定，雇主對於前二條化學品之暴露評估結果，應依下列風險等級，分別採取控制或管理措施：

1. 第一級管理：暴露濃度低於容許暴露標準 1/2 者，除應持續維持原有之控制或管理措施外，製程或作業內容變更時，並採行適當之變更管理措施。
2. 第二級管理：暴露濃度低於容許暴露標準但高於或等於其 1/2 者，應就製程設備、作業程序或作業方法實施檢點，採取必要之改善措施。
3. 第三級管理：暴露濃度高於或等於容許暴露標準者，應即採取有效控制措施，並於完成改善後重新評估，確保暴露濃度低於容許暴露標準。

# 拾貳、個人防護具

## 本節提要及趨勢

雖然在工作職場以工程或技術方法消除工作場所潛在危險因素，仍為預防災害最經濟有效之原則及目標。然而因限於科技發展均日趨提高增大，常導致生產因素與安全防護問題間之矛盾而難以取捨，在此情況下作業，則難免被迫採取使用配戴個人防護具以保護勞工之做法，此即為個人防護具乃職業安全衛生防護最後一道防線之來源。個人防護具乃為供在危害作業環境中工作者配戴，以直接保護工作者身體上之全部或某些部位，使其免於與有害因素接觸，消除或盡量降低其傷害程度，同時亦可增進工作者心理上之安全感。通常在比較危險的作業環境中，工作者心理上難免會產生恐懼感，如能使用適當之個人防護具，必然會提高其安全感，進而促進作業安全及工作效率。

本節學習重點：能正確選擇、使用及保管防護具。

## 本節題型參考法規

「職業安全衛生設施規則」第 277 條。

呼吸防護具選用參考原則。

呼吸防護計畫及採行措施指引。

## 重點精華

一、 防護具的種類

1. 個人防護具 (PPE) 為最後一道防護。
2. 個人防護具種類思考邏輯：

可由頭部往下想，大約有 9 類，安全帽、安全眼鏡、呼吸防護具 ( 淨氣式、供氣式 )、聽力防護具、安全面罩、安全手套、安全鞋、防護衣 (A、B、C、D 級 )、安全帶 ( 全身背負式 ) 等，由各安全防護具往下細分及相關注意事項。

N95 口罩所代表的意義為防護以非油性微粒為主且最易穿透粒徑微粒的穿透效率達 95% 以上。

根據 42 CFR part84 方法中將無動力式防塵口罩濾材分成 N、R、P 三類：N 為 Not resistant to oil，即不適用於含有油性氣膠的環境；而 R 與 P 則分別為 Resistant to oil 以及 Oil Proof，這兩類濾材對於非油性或油性微粒均適用。此外，

又將每一類濾材的效率分成 95%、99%、99.97% 等 3 個不同等級，於是在此三類三級的分類下便有 N95、N99、N100、R95、R99、R100、P95、P99、P100 等 9 種不同種類之濾材。

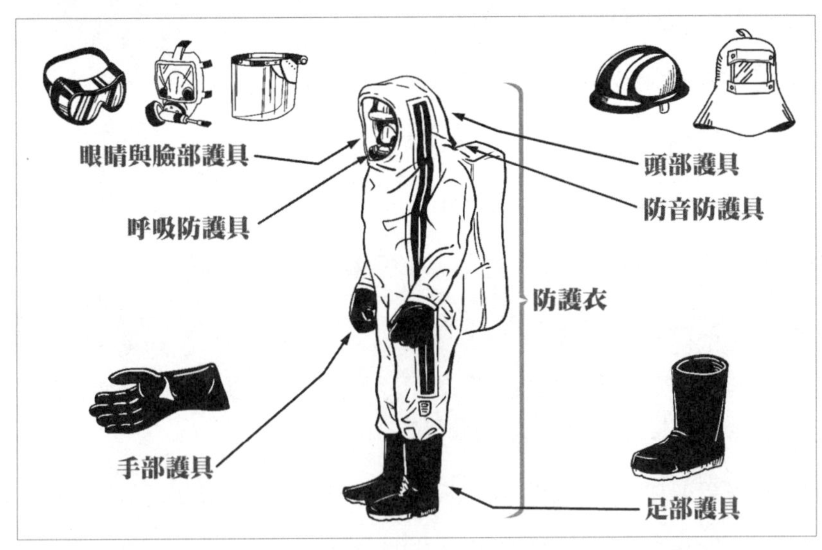


個人防護具示意圖

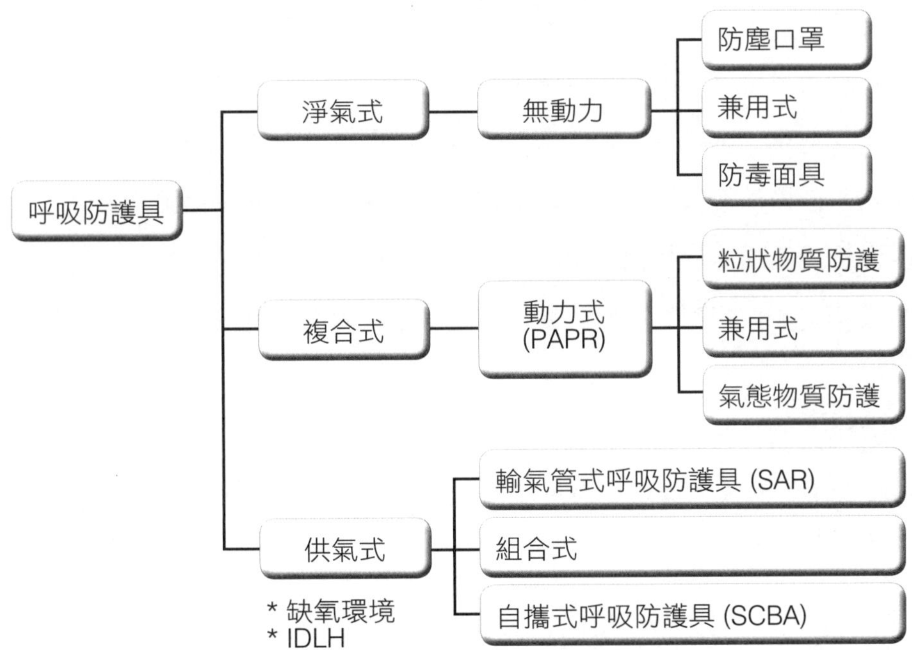


呼吸防護具之分類

二、 職場欲防範災害於未然，可依序採行下述四項事故預防措施：

1. 利用工程和技術，消除機械設備、製造程序、原物料及工廠各項措施等作業環境中可能潛存之危害因素。

2. 若工程或技術上，無法消除該類危害因素時，則應採取封閉或防護之方法以防阻其發生源。

3. 實施工作教導與安全訓練，以提高員工之工作安全意識與警覺，使能完全遵照安全工作程序作業。

4. 最後則可採取配戴個人防護設備之方式，以保護勞工。

三、呼吸防護具選用前請先確認以下事項：

1. 要防護何種污染物，代號？化學名(化學式)？
2. 污染物的狀態，毒氣？有害蒸氣？粉塵？霧滴？燻煙？上述狀態的組合？
3. 污染環境含氧量是否足夠？
4. 污染物在空氣中濃度是否超過 IDLH 值 ( 對生命或健康造成立即危害值 (immediately dangerous to life and health)) ？
5. 污染物在空氣中容許濃度是多少？ PEL 值？是否超過容許濃度？
6. 此種污染物是否具有能被感知的特性？(例如：刺激性臭味)
7. 在此濃度下是否對眼睛有刺激性？
8. 此種污染物會經由皮膚吸收嗎？
9. 在一天或一週之內，工作人員有多少時間會暴露於受污染的環境之內？
10. 污染的區域附近可能有其他亦會產生其他污染物的製程嗎？
11. 工作場所的溫度？相對濕度？
12. 工作場所是開闊的區域或是密閉區域？是否有通風系統？效果如何？

**參考題型**

**對於安全帶等個人防護具，為使其功能保持正常，並供勞工使用，請列舉 3 項雇主應辦理之事項。【69-04-03】**

答

依據「職業安全衛生設施規則」第 277 條規定，雇主供給勞工使用之個人防護具或防護器具，應依下列規定辦理：

一、保持清潔，並予必要之消毒。

二、經常檢查，保持其性能，不用時並妥予保存。

三、防護具或防護器具應準備足夠使用之數量，個人使用之防護具應置備與作業勞工人數相同或以上之數量，並以個人專用為原則。

四、如對勞工有感染疾病之虞時，應置備個人專用防護器具，或作預防感染疾病之措施。

**參考題型**

**防塵口(面)罩之主要用途為何？說明其應具備之性能？檢點時應確認之要項為何，請列出。何種狀況下應考慮廢棄？【39-05】**

答

一、防塵口(面)罩之主要用途：防止人體吸入有害粉塵、霧滴等，保護其呼吸系統免受害的防護具。

二、防塵口(面)罩應具備的性能：

1. 與臉部接觸部分之材料，對皮膚應不具傷害性。
2. 使用對人體無害的濾材。
3. 不易破損。
4. 過濾材、吸氣閥、排氣閥及繫帶應容易更換。
5. 使用者容易檢查臉面與面體的密接性。
6. 可簡單配戴，配戴時不致有壓迫感或苦痛。
7. 累積應適合面體種類之值。
8. 吸(排)氣閥應可靈敏動作。
9. 排氣閥於內部與外部壓力平衡時，應能保持閉鎖狀態。
10. 繫帶應具充分彈性且長短應容易調節。

三、防塵口(面)罩檢點時應確認之要項：

1. 確認過濾材是否乾燥，放置於一定場所，有否污穢、收縮、破損或變形。
2. 確認面體有否破損、污穢或老化。
3. 確認繫帶是否尚有彈性，有否破損，長度是否適當。
4. 確認排氣閥的動作是否正常，有否龜裂或附著異物。

四、應考慮廢棄狀況如下：

1. 濾材為防塵口罩中之靈魂，其壽命究竟多長頗難決定，一般為在呼吸側已漏出粉塵時。

2. 粉塵濃度在平均 10mg/m$^3$ 程度時，大致為 3 個月程度（仍需視現場的粉塵濃度及環境溫、濕度及各濾材品牌規格等條件進行評估管理）。

3. 吸氣壓損增大，致不易吸氣時就應加以廢棄。

**參考題型**

**依勞動部公告之「呼吸防護具選用參考原則」試回答下列問題：**

**一、名詞說明：**

**1. 危害比 (HR)。**

**2. 防護係數 (PF，並列出計算式 )。**

**二、試列舉 2 項呼吸防護具使用時機。**

**三、呼吸防護具之選用首重工作環境之「危害辨識」，請列舉 4 項危害辨識之內容。**

答

依據「呼吸防護具選用參考原則」規定：

一、名詞說明：

1. 危害比 (HR)：空氣中有害物濃度 / 該污染物之容許暴露標準。

2. 防護係數 (PF)：用以表示呼吸防護具防護性能之係數。

   防護係數 (PF)=1/( 面體洩漏率 + 濾材洩漏率 )。

二、呼吸防護具使用時機如下列：

1. 採用工程控制及管理措施，仍無法將空氣中有害物濃度降低至勞工作業場所容許暴露標準之下。

2. 進行作業場所清掃及設備 ( 裝置 ) 之維修、保養等臨時性作業或短暫性作業。

3. 緊急應變之處置 ( 消防除外 )。

三、工作環境之「危害辨識」內容如下列：

1. 暴露空氣中有害物之名稱及濃度。

2. 該有害物在空氣中之狀態 ( 粒狀或氣狀 )。

3. 作業型態及內容。
4. 其他狀況(例如：作業環境中是否有易燃、易爆氣體、不同大氣壓力或高低溫影響)。

**參考題型**

**試回答下列有關呼吸防毒面具(罩)之問題：**

**一、試述呼吸防毒面具(罩)之面體與顏面間的定性密合檢點方法。**

**二、何謂濾毒罐的防護係數？**

答

一、定性測試是依靠受測者對測試物質的味覺、嗅覺或是刺激等自覺反應。而密合檢點包括正壓與負壓兩種方式：

1. 正壓檢點：佩戴者將出氣閥以手掌或其他適當方式封閉後，再緩慢吐氣，若面體內的壓力能達到並維持正壓，空氣無向外洩漏的現象，即表示面體與臉頰密合良好。
2. 負壓檢點：佩戴者使用適當的方式阻斷進氣(可使用手掌遮蓋吸收罐或濾材進氣位置，或取下吸收罐再遮蓋進氣口，也可使用不透氣的專用罐取代正常使用的吸收罐)，再緩慢吸氣，使得面體輕微凹陷。若在 10 秒鐘內面體仍保持輕微凹陷，且無空氣內洩的跡象，即可判定防護具通過檢點。

二、濾毒罐的防護係數 PF(Protection Factor) 為空氣中有害物的濃度與特定有害物容許濃度值 PEL(Permissible Exposure Limits) 之比值，亦即濾毒罐的最大使用濃度 (Maximum Use Concentration) MUC=PF × PEL。

例如：使用 PF ＝ 10 之濾毒罐，防護對象為甲苯 (PEL ＝ 100ppm)，其可適用之工作環境濃度為 1,000ppm 以下。

# 拾參、人因工程

## 本節提要及趨勢

人因工程又稱為人體工學，是一門探討人與機械系統間之互動的科學，包含人體計測、人機介面、肌肉骨骼傷害預防等，其互動因子如工作、機械、工具、產品及作業環境等；透過應用人體工學的理論、原則、數據和方法，設計出人類與機械系統間最適化的績效，目的在於促進人類生活與工作時之安全衛生、效率及舒適度。

本節學習重點：

1. 能瞭解及應用人因工程及其危害預防。
2. 能瞭解骨骼肌肉傷害及其預防對策。

## 本節題型參考法規

人因性危害預防計畫指引。

## 重點精華

一、法規：職安法第 6 條第 2 項，雇主對下列事項，應妥為規劃及採取必要之安全衛生措施：

1. 重複性作業等促發肌肉骨骼疾病之預防。
2. 輪班、夜間工作、長時間工作等異常工作負荷促發疾病之預防。
3. 執行職務因他人行為遭受身體或精神不法侵害之預防。
4. 避難、急救、休息或其他為保護勞工身心健康之事項。

前 2 項必要之安全衛生設備與措施之標準及規則，由中央主管機關定之。

二、「職業安全衛生設施規則」第 324-1 條第 1 項：

為避免勞工因姿勢不良、過度施力及作業頻率過高等原因，促發肌肉骨骼疾病，應採取下列危害預防措施，作成執行紀錄並留存 3 年：

1. 分析作業流程、內容及動作。
2. 確認人因性危害因子。
3. 評估、選定改善方法及執行。
4. 執行成效之評估及改善。
5. 其他有關安全衛生事項。

> 提示 記憶方法：最後 2 項類似 4 字訣 PDCA 中 C 及 A，前幾項則用 3 字訣認知、評估、控制的邏輯去記憶。

三、 重複性作業等促發肌肉骨骼疾病預防：

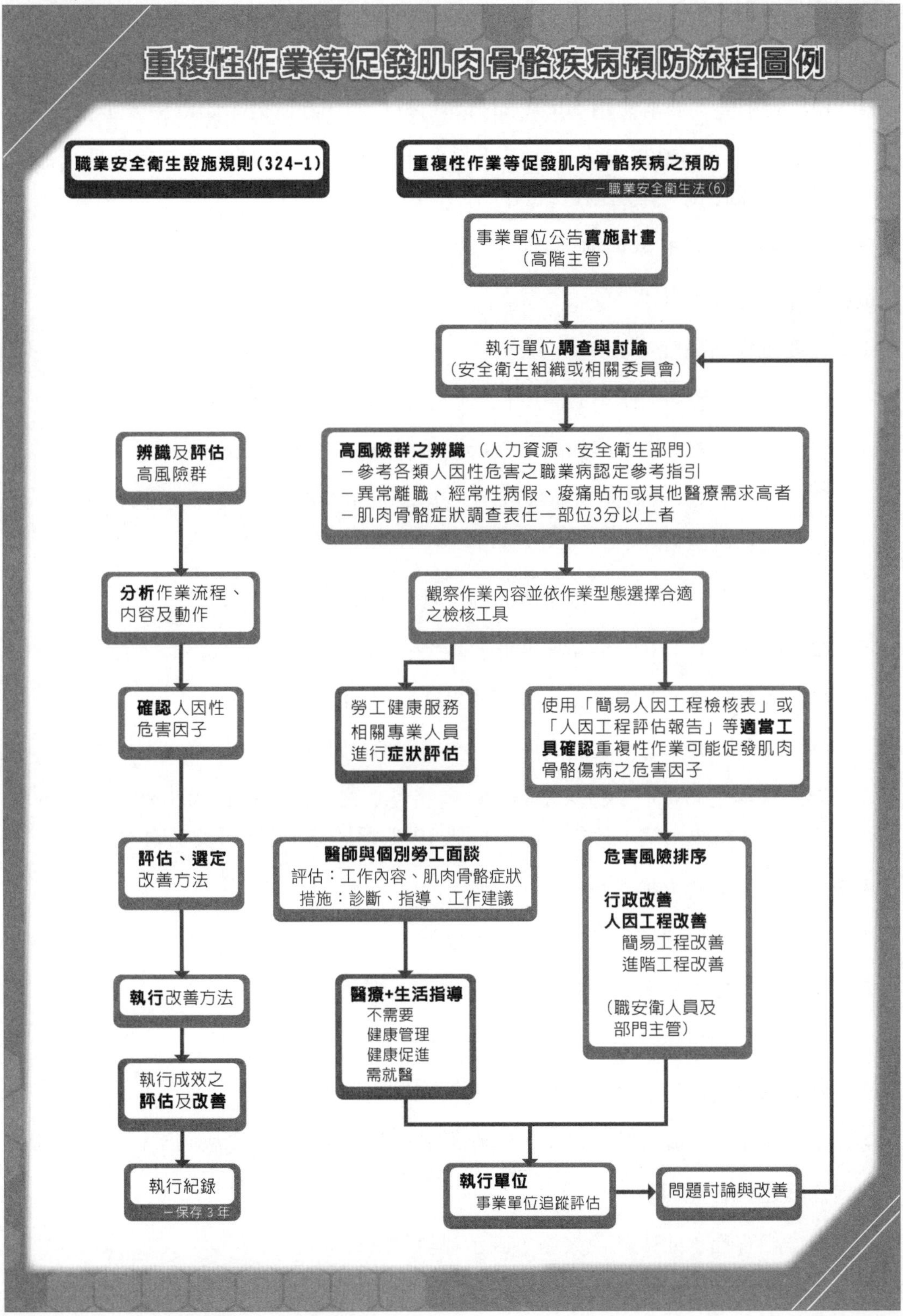

資料來源：勞動部職業安全衛生署

四、 人體計測值之運用原則：

1. **極值設計：**

(1) 極大值：通常使用 95th%( 即第 95 百分位數 ) 計測值，如床長。

(2) 極小值：通常使用 5th%( 即第 5 百分位數 ) 計測值，如電梯按鈕。

2. **可調設計**：調整範圍通常在男性的 95th% 與女性的 5th% 計測值之間，該設計最為人性化，但造價也較貴。

3. **平均設計**：使用 50th%( 即第 50 百分位數 ) 計測值，如郵局櫃台高度。

五、 電腦工作站空間設計：

1. 立姿工作站高度：

(1) 粗重作業：工作桌面高度在低於手肘高度約 15-20 公分。

(2) 輕度作業：工作桌面高度在低於手肘高度約 10-15 公分。

(3) 精密作業：因眼睛負荷較高，工作桌面高度應高於手肘高度約 5-10 公分。

2. 坐姿工作站高度：

(1) 粗重或中度作業：工作桌面高度低於坐姿肘高約 15-20 公分。

(2) 輕度作業：工作桌面高度低於坐姿肘高約 10 公分。

(3) 精密作業：工作桌面高度高於坐姿肘高約 5 公分。

(4) 細小作業：工作桌面高度高於坐姿肘高約 15 公分。

3. 手部水平工作區域：以握拳時的前臂長及握拳時的手臂長的 5th% ( 即第 5 百分位數 ) 為決定值，使得大多數的人 (95%) 皆能輕易地可及範圍內工作。

六、 人機介面控制裝置之輸入操作的考量原則：

1. 易辨認：控制面板彼此間應極易辨認。

2. 相容性：如方向盤向左轉動，車輛則向左彎。

3. 標準化：如車輛之煞車踏板皆以右腳控制。

4. 分散負荷：如由手部來操控方向盤，由腳來踩煞車踏板。

5. 多功能組合：如汽車雨刷與噴灑清潔劑的控制裝置，組合於同一根操作桿上。

七、 人機介面之相容性類型：

1. 概念相容性：如以紅色火焰，表示易燃物。

2. 移動相容性：如音響設備的音量鈕，以漸寬的三角形表示音量會漸大。

3. 空間相容性：如辦公室的日光燈與其電源開關的相對位置之一致性。

4. 感覺型式相容性：如用文字來形容聲音的高低較困難，但若以聲音播放型式，便能容易理解。

八、骨骼肌肉的傷害類型：

1. 急性傷害：如割傷、切傷、撞傷、骨折、扭傷、拉傷等。

2. 慢性傷害：

(1) 肌腱累積性傷害：如肌腱炎、腱鞘炎、扳機指等。

(2) 神經累積性傷害：如腕隧道症候群、下背痛等。

(3) 神經血管累積性傷害：如胸口症候群、白指症等。

**參考題型**

試回答下列人因工程問題：

一、造成肌肉骨骼傷害的 5 大成因為何？(5 分)

二、下列圖 A~ 圖 D 四種作業中，請辨識其造成人因工程危害之主要不良姿勢為何？(4 分)

三、續前題，圖 A~ 圖 D 四種作業，請簡述其人因工程改善方案？(8 分)

四、某勞工的作業是將放置在地面棧板上重 15 公斤的工作物，搬上 100 公分高的機台研磨，研磨後再搬回棧板。該勞工每天必須重複這個作業 150 次，總共重複 300 次彎腰抬舉。這是一個在作業現場相當常見、典型的作業，勞工長久這樣工作極易造成肌肉骨骼傷害。如您是職業安全（衛生）管理師，在不變更其搬運次數及重量下，試簡述提出一個簡易、可行之改善方案。(3 分)　【94-03】

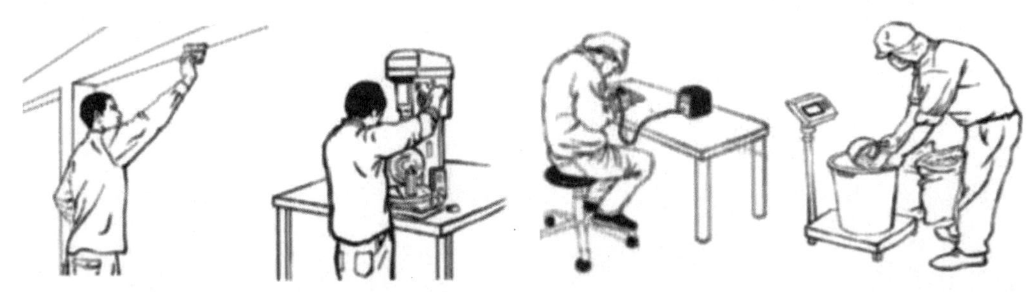

圖 A　油漆作業　圖 B　鑽孔作業　圖 C　電銲作業　圖 D　配料作業

一、依據「人因性危害預防計畫指引」所載，造成肌肉骨骼傷害的 5 大成因為：

1. 作業負荷。
2. 作業姿勢。
3. 重複性。
4. 作業排程。
5. 休息配置等。

二、依據「人因性危害預防計畫指引」所載，圖 A~ 圖 D 四種作業中，造成人因工程危害之主要不良姿勢分別為：

1. 圖 A 油漆作業 ~ 手舉過頭。
2. 圖 B 鑽孔作業 ~ 手肘過肩。
3. 圖 C 電焊作業 ~ 頭部彎曲。
4. 圖 D 配料作業 ~ 腰部彎曲。

三、依據「人因性危害預防計畫指引」所載，圖 A~ 圖 D 四種作業，其人因工程改善方案分別為：

1. 圖 A 油漆作業 ~ 使用長柄工具。
2. 圖 B 鑽孔作業 ~ 可調高站台。
3. 圖 C 電焊作業 ~ 使用傾斜架，調整工作點高度。
4. 圖 D 配料作業 ~ 使用墊高台，調整工作點高度。

四、依據「人因性危害預防計畫指引」所載，這個作業的人因性危害是彎腰抬舉，只要將棧板提高至 100 公分（與研磨機台同樣高）則可以避免彎腰和降低抬舉的負荷。

請依人因工程學，試回答下列問題：

一、相容性 (compatibility) 包括哪 4 種類型？並說明其意義。

二、解釋下列名詞：

1. 靜態人體計測。 2. 動態人體計測。 3. 極端設計。 4. 平均設計。

【71-05】

一、相容性 (compatibility) 類型說明如下：

1. 概念相容性 (conceptual compatibility)：係指所使用的編碼和符號等的刺激與人們概念聯想相一致的程度。例如：在地圖上，以飛機形狀表示飛機場遠比使用一種顏色代表地區更能讓人們所明瞭。

2. 移動相容性 (movement compatibility)：係指控制器或顯示器的移動與其所控制或顯示的系統之反應相一致的程度。例如：汽車方向盤向右轉動，汽車便偏向右側移動。

3. 空間相容性 (spatial compatibility)：係指控制器及其相關的顯示器在空間安排或配置上相一致的程度。例如：數個顯示器水平由左而右排列時，各控制器的位置亦應水平由左而右排列，且個別直接裝置在其相對應的顯示器下方。

4. 感覺型式相容性 (modality compatibility)：係指各類作業均有其適用的刺激 / 反應的感覺型式組合。例如：需使用口語的作業，刺激方面以聽覺方式顯示，而反應方面則以口頭回應為較佳；聽覺警笛比視覺警燈更具催促人們採取行動的作用，而適用於緊急通報的場合。

二、相關名詞解釋如下：

1. 靜態人體計測：為受測者在靜止的標準化穩定姿勢下，依事前設定的測定點所測得的人體各部位尺寸、質量、體積、形狀等。

2. 動態人體計測：為人體執行各種操作或進行各種活動時，處於活動狀態下的各部位角度、活動範圍、施力程度等。

3. 極端設計：以兩極端的測計值作為設計基準。例如：大門、逃生口的高度、寬度；控制器與操作員間之距離。

4. 平均設計：以人體計測相關尺寸參考多數「平均人」的數據為設計依據，使其能夠適合大多數的人。例如：銀行、超市的櫃檯。

設計大眾化物件之尺寸時，一般會針對該物件發揮功能之需求目的，根據人因工程設計原則，使大部分的勞工達到作業方便進行設計。試回答下列問題：

一、何謂極端設計？(5 分)

二、何謂平均設計？(5 分)

三、請根據人因工程設計原則，針對下列物件尺寸設計，就括號內勞工人體計測資料，分別應該選擇 A、B 或 C 進行設計？其中，A：第 5 百分位 (5th percentile) 尺寸、B：第 50 百分位 (50th percentile) 尺寸、C：第 95 百分位 (95th percentile) 尺寸。(答案請以 "1A、2B..." 方式回答)(10 分)

1. 門的高度 (人的高度)
2. 辦公桌子的高度 (肘部高度)
3. 緊急停止鈕與操作員位置的距離 (手臂長度)
4. 人孔直徑 (肩膀或髖部寬度)
5. 防護柵之間隙 (手指寬度)

【85-03-04】

一、極端設計係指以兩極端的測計值 (最大母群體值和最小母群體值) 作為設計的基準，以使母群體的最大部分能適合此一設計，因為若以平均數為設計基準時，會有低於此值的 50% 的人觸碰不到。

二、平均設計係指人體測計相關尺寸參考多數「平均人」的數據為依據，能夠適合大多數的人，但是在某些情況卻不得以平均值來作為設計參考標準的必要，尤其極端與可調兩類設計原則均不適用的時候 (例如：銀行或超級市場結帳櫃檯)。

三、1C、2B、3A、4C、5A。

參考題型

**在執行人因工程危害評估過程中，請說明危害監測方式之種類？及如何進行工作分析？【55-03】、【47-04】**

答

一、危害監測方式可分為「主動式監測」及「被動式監測」，說明如下：

1. 主動式監測：對工作場所中勞工之生理狀況進行調查訪視，以了解勞工是否有不適的症狀，內容可分為以下兩種：

   (1) 疲勞及症狀調查：勞工身體疲勞情形與肢體不適症狀調查。

   (2) 現場訪查：調查哪些工作容易造成勞工身體疲勞與肢體不適。

2. 被動式監測：收集工作場所中勞工受傷害情形而加以分析其原因，由於所收集的資料多為正式的書面報告，一般而言與真實情況比較大多有低估的現象，內容可分為以下三種：

   (1) 意外傷害報告：工作意外傷害事故報告資料或職業災害統計申報資料。

   (2) 職業傷害補償：勞工保險給付資料。

   (3) 請假紀錄：人事單位員工請假原因統計資料。

二、不同事業其工作型態不盡相同，執行人因工程危害評估過程中必須針對其特性予以分析及評估，以了解其真正危害的原因，「工作分析」方法說明如下：

1. 確認工作上之問題點：

   可依據醫療紀錄、現場訪談紀錄、出勤紀錄、人因工程檢核表等紀錄資料，確認工作上之問題點。

2. 評估危險因子：

   針對工作場所中可能危害勞工安全衛生的因素，加以分析與評估，其內容包括：確認暴露量及找出可能的因果關係等等。

3. 使用一般性的危險因子檢核表：

   所謂一般性係指已證實會對不同的作業及勞工造成傷害增加的要素，因此對所有的工作場所而言是普遍性的。檢核表提供一個快速的方法，來識別工作所引起傷害之之重要危害因子，亦即以檢核表來判別哪些需要立即改善或者做更深入的分析。

# 拾肆、勞動生理

## 本節提要及趨勢

勞動生理除了探討勞工從事工作勞動時的生理反應之基本知識外，更希望配合勞動生理需求，可以研究發展出勞工舒適合宜的工作條件及作業環境；同時也能研發一些預防醫學的方法，來進一步的保護勞工之健康，例如聽力、肺功能檢查或勞工體適能檢查、疲勞測定等，使勞工更認識自己的身心生理體能等狀態，以增進勞工之健康、加強其體力，防止疾病傷害之發生，達到勞動醫學之目標。

本節學習重點：

1. 能瞭解勞動生理及其與工作之關係。
2. 能正確預防勞動引起之危害。

## 本節題型參考法規

無

## 重點精華

一、 勞動疲勞的原因：

1. 工作環境：如照明、噪音、高低溫或有害物等暴露環境。
2. 工作時間：如不規則上班、工時過長、輪班或休假等產生的生理及心理影響。
3. 工作條件：可能對肉體強度或精神負荷造成壓力。

   (1) 肉體強度的疲勞 - 如動態肌肉負荷、重物上舉的靜態肌肉負荷、保持固定姿勢的身體負荷或不自然的強迫姿勢體位等。

   (2) 精神負荷的疲勞 - 如精神緊張、注意力集中、努力於責任或迴避危險、對工作的不愉快感或作業過於單調所產生的厭倦感、精神散漫等疲勞。

4. 適應能力：會隨個人基礎體力與營養狀態、心理適應、知識技能及工作熟練度等有所差異，對個人的疲勞顯現程度也會不同。
5. 其他因素：包括年齡、性別、工作滿意度、價值觀、生活條件及人際關係等。

二、 勞工在職場之工作壓力來源：

1. 心理壓力類型：

   (1) 公司組織內部之衝突。

   (2) 個人職涯之發展規劃。

(3) 個人角色之衝突或模糊。

2. 生理壓力類型：

(1) 工作負荷程度過於艱難。

(2) 工作環境之衛生狀況之危害度過高。

(3) 輪班工作或長期加班等。

三、勞動生理測定評估類型：

1. 一般健康檢查。
2. 肺功能檢查。
3. 聽力檢查。
4. 體適能檢查。
5. 工作壓力及疲勞測定。

四、一般常用的肺功能測定項目：

1. 用力肺活量 (FVC)：指最大吸氣至總肺量後，以最大努力最快速度呼氣至殘氣量的容量，至少測 3 次，其較高的兩次必須差別在 5% 內。
2. 一秒鐘用力呼氣容積 (FEV1)：指最大吸氣至肺總量後，1 秒內快速呼出量。
3. 靜態肺量測量：包括肺餘容積 (RV：指深呼氣後肺內存留的氣量)、肺總量 (TLC：指最大吸氣後肺內所含之氣量 )。
4. 一氧化碳擴散功能：用於測試肺臟氣體交換功能。
5. 氣道激發試驗：用於診斷職業性氣喘或過敏性肺炎。
6. 運動後肺功能測驗：用於診斷鑑別心臟病或氣喘。

五、基礎體適能之一般健康檢查要素：

1. 心肺耐力。
2. 肌力與耐肌力。
3. 柔軟度。
4. 體脂肪率或身體質量指數 (BMI)。
5. 平衡協調反應。

參考題型

試述影響勞動疲勞之主要因素？

答

一、工作環境：照明、噪音、換氣、高溫或寒冷條件，有害物暴露等皆屬之。尤其溫熱環境隨季節而不同，影響身體之作業強度大小，較具重要意義。作業空間、活動區域、作業台、座椅、作業工具等皆為與作業內容相關之環境條件。

二、工作時間：上班工作是被約束的，工作時間長短、工作時段、每次連續作業時間與休息時間之長短及分配、作業餘暇與實際工作效率、休假、休假制、輪班交替制等等皆屬之。尤其不規則上班、輪流上班，以及工作種類之轉換、輪班方式產生等對生理及心理之影響頗大，因此工作時間在勞動負擔上影響很大。

三、工作條件：有關各工作條件，以肉體上強度、精神上負荷兩方面來考量。前者如動態肌肉負荷、重物的靜態肌肉負荷、保持姿勢之靜態負荷、不自然的強迫姿勢體位等問題。後者如精袖上緊張度、注意力集中、努力於責任或迴避危險、對工作不愉快感、作業速度或作業精密度之提高、作業方式或控制度不適切、負荷過少或作業單調亦會招致厭倦或精神散漫，形成疲勞因素。

四、適應能力：勞動者每個人的適應能力，尤其基礎體力與營養狀態、心理適應、知識、技能、熟練度等條件各不相同，由於這些差異，影響了個人的疲勞顯現程度。

五、其他因素：包括工作者本身條件（如年齡、性別）、報酬率（如工作滿意度、價值感）、生活條件（包括通勤條件、居住、家庭生活、生活水準、睡眠、休閒方式、自由時間使用法、兼職）、人際關係等。

參考題型

疲勞測定的方法有哪些？

答

疲勞測定的方法如下列：

一、自覺症狀調查法：藉由「自覺疲勞問卷調查表」來實施測定，測定結果可分為勞力工作型、精神工作型以及一般工作型(如事務工作者)三種典型的工作類別疲勞症狀。

二、生理測定法：經常被用來測定疲勞變化之生理測定項目有：心臟血管機能、呼吸機能、肌肉機能及眼球運動測定。倘若能夠進行連續測定，則可以同時反應作業負荷量及漸進而持續的疲勞變化型態。

三、生理心理機能測定法：這是對應於作業負荷之質與量所形成之疲勞狀態來掌握其生理、心理機能之低下或工作成果之質量變化。包括：認知能力測定法、辨別能力測定法、反應能力測定法、注意力集中與維持能力檢查、動作協調能力檢查。

四、生化學檢查：一直被利用於疲勞調查，所使用的材料有人體的血液、尿液、唾液和汗液，進行成分分析。生化學檢查可以有效地評價內分泌及代謝變化，應用在工作壓力或輪班制之生理規律變動之評估上，具有一定的價值。血液試料可以獲得全血比重、紅血球數、白血球數、血漿蛋白質等資料，血漿皮質激素和兒茶酚胺可作為壓力的指標，尿液蛋白在勞動作業的評估中非常重要，尿中 17-OHCS 則是長期壓力負荷的指標。

五、動作時間研究：這是藉著長時間、持續而客觀地記述作業者的行動、動作及產出，作為疲勞判定的資料。

## 拾伍、職場健康管理概論(含菸害防制、愛滋病防治)

### 本節提要及趨勢

人們一生中最精華的歲月(25-65 歲)是在職場中渡過，幾乎每天有 1/3 的時間會在工作場所中，所以職場環境對健康的影響不容雇主忽視。職業安全衛生除著重於降低職業災害事故外，另一重點在於減少職業病的發生；事業單位應以「預防勝於治療」的原則，必須重視職場健康管理，推動健康促進以防範職業病於未然。將健康促進計畫與職業衛生管理計畫整合，以積極的培養健全身心的勞工，可隨時適應工作或市場的轉變與需求。

本節學習重點：

1. 能瞭解辦理推動勞工身心健康保護措施。
2. 能瞭解辦理母性健康危害之虞之工作，採取危害評估、控制及分級管理措施。

## 本節題型參考法規

異常工作負荷促發疾病預防指引。

## 重點精華

一、 常用公式：

身體質量指數 (BMI) ＝體重 ( 公斤 ) 除以身高 ( 公尺 ) 的平方

＝體重 (kg) / [ 身高 (m)]$^2$

二、 三段五級疾病預防策略：

| 促進健康 | 特殊保護 | 早期診斷和適切治療 | 限制殘障 | 復健 |
| --- | --- | --- | --- | --- |
| 1. 衛生教育<br>2. 適當營養攝取<br>3. 注意個性發展<br>4. 提供合適的工作<br>5. 婚姻座談和性教育<br>6. 遺傳優生保健<br>7. 定期體康檢查 | 1. 實施預防注射<br>2. 健全生活習慣<br>3. 改進環境衛生<br>4. 避免職業危害<br>5. 預防事故傷害<br>6. 攝取特殊營養<br>7. 去除致癌物質<br>8. 慎防過敏來源 | 1. 找尋病例<br>2. 篩選檢定<br>3. 特殊體檢，目的：<br>(1) 治療和預防疾病惡化<br>(2) 避免疾病的蔓延<br>(3) 避免併發和續發症<br>(4) 縮短殘障期間 | 1. 適當治療以遏止疾病的惡化，並避免進一步併發和續發疾病<br>2. 提供限制殘障和避免死亡的設備 | 1. 心理、生理和職能復健<br>2. 提供適宜的復健醫院、設備和就業機會<br>3. 醫院的工作治療<br>4. 療養院的長期照護 |
| 第一段 | | 第二段 | 第三段 | |

三、女性勞工母性健康保護之實施流程：

# 女性勞工母性健康保護之實施流程圖例

危害評估（環境及個人健康）

女性勞工危險性或有害性工作
職安法（30）、母性保護辦法（4,5）

妊娠中或分娩後未滿一年女性勞工危險性或有害性工作
職安法（30）、危害工作認定標準（3,4）

→ 不得從事之工作類別

→ 雇主採取母性健康保護措施，經當事人書面同意後可從事之工作類別

女性勞工從事可能影響母嬰健康之工作
職安法（31）、母性保護辦法（3,4）

100人以上事業單位，勞工於保護期間從事可能影響母嬰健康之下列工作：

- CNS 15030生殖毒性第1級、生殖細胞致突變性第1級或其他對哺乳功能不良影響
- 勞工作業姿勢、人力提舉、搬運、推拉重物、輪班、夜班、單獨工作及工作負荷等

具有鉛作業之事業中，雇主使女性勞工從事鉛及其化合物散布場所之工作者
職安法（31）、母性保護辦法（3,4）

風險分級

風險分級及採取控制措施
母性保護辦法（9,10,11）

面談指導

雇主應使從事勞工健康服務醫護人員與保護期間勞工面談，並提供健康指導及管理；勞工應提供健康情形自我評估表及孕婦健康手冊予醫護人員
母性保護辦法（7）

勞工健康狀況異常，需進一步評估或追蹤檢查，應轉介婦產科專科醫師或其他專科醫師，並請其註明臨床診斷與應處理及注意事項
母性保護辦法（7）

適性評估

勞工健康服務醫師或職業醫學科專科醫師適性評估，有疑慮時應再請職醫進行現場訪視，提供綜合適性評估及母性健康保護建議
母性保護辦法（12）

預防控制

風險分級 第一級

風險分級 第二級

風險分級 第三級

雇主應使從事勞工健康服務醫師提供勞工個人面談指導，並採取危害預防措施
母性保護辦法（11）

雇主應即採取工作環境改善及有效控制措施，完成改善後重新評估
母性保護辦法（11）

適性安排

應經醫師評估可繼續從事原工作，並向當事人說明危害資訊，經當事人書面同意後，方可繼續從事原工作
職安法（30）、母性保護辦法（11）

雇主應依醫師適性評估建議，採取變更工作條件、調整工時、調換工作等母性健康保護，並應使從事勞工健康服務醫師與勞工面談，及聽取勞工與單位主管意見
母性保護辦法（11,13）

紀錄留存
保存3年

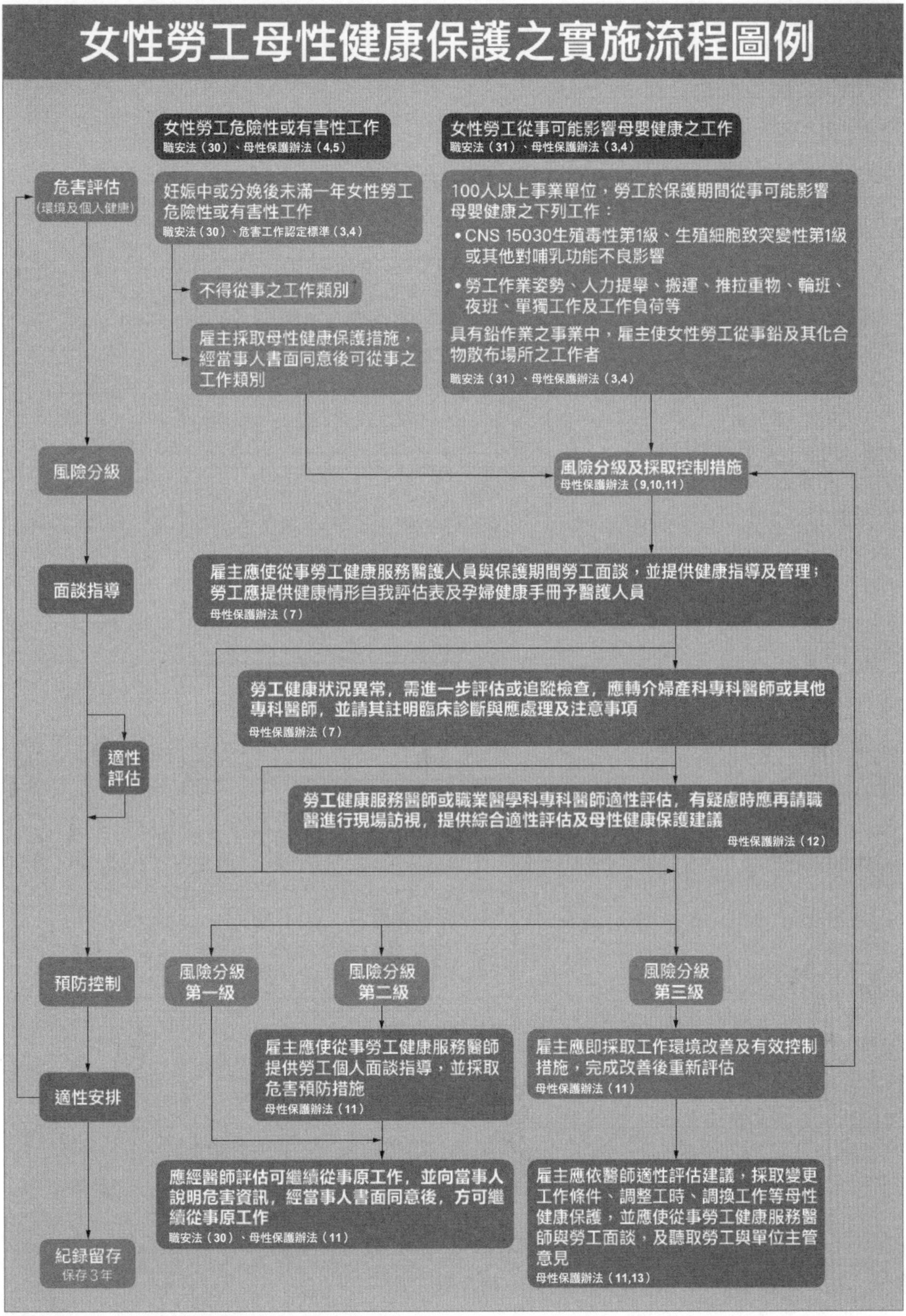

資料來源：勞動部職業安全衛生署

四、 職場不法侵害預防流程：

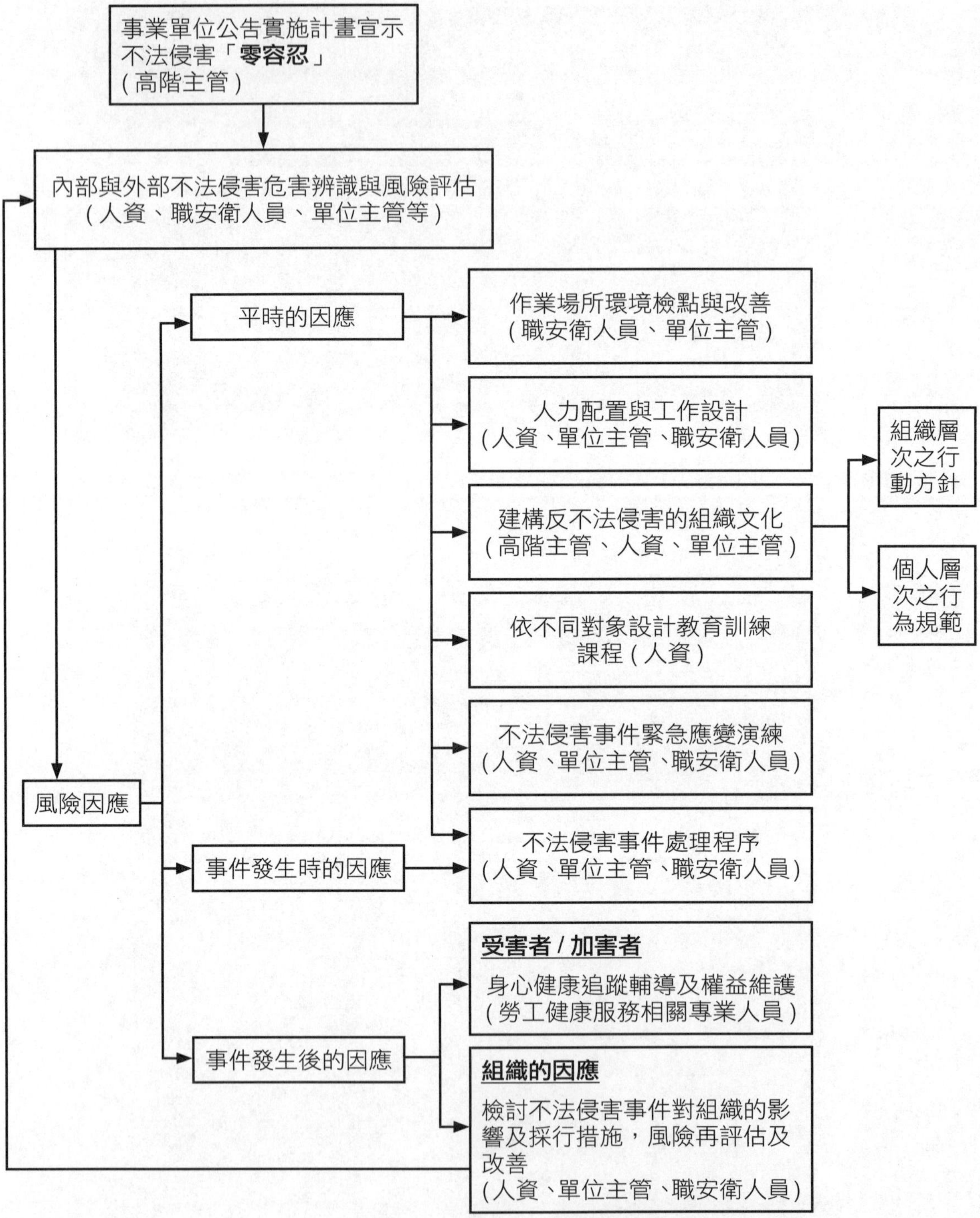

事業單位公告實施計畫宣示不法侵害「**零容忍**」(高階主管)

↓

內部與外部不法侵害危害辨識與風險評估(人資、職安衛人員、單位主管等)

↓

風險因應

- 平時的因應
  - 作業場所環境檢點與改善(職安衛人員、單位主管)
  - 人力配置與工作設計(人資、單位主管、職安衛人員)
  - 建構反不法侵害的組織文化(高階主管、人資、單位主管)
    - 組織層次之行動方針
    - 個人層次之行為規範
  - 依不同對象設計教育訓練課程(人資)
  - 不法侵害事件緊急應變演練(人資、單位主管、職安衛人員)
  - 不法侵害事件處理程序(人資、單位主管、職安衛人員)
- 事件發生時的因應
  - 不法侵害事件處理程序(人資、單位主管、職安衛人員)
- 事件發生後的因應
  - **受害者 / 加害者**：身心健康追蹤輔導及權益維護(勞工健康服務相關專業人員)
  - **組織的因應**：檢討不法侵害事件對組織的影響及採行措施，風險再評估及改善(人資、單位主管、職安衛人員) → 回到「內部與外部不法侵害危害辨識與風險評估」

註： 1. 括號內為建議執行人員
2. 不法侵害事件緊急應變演練可依照事業單位之人力資源選擇辦理

資料來源：執行職務遭受不法侵害預防指引(第 3 版)

五、 職場健康促進的益處：

1. 企業組織方面：

    (1) 提升工作效率及服務品質。

    (2) 降低健康照護與醫療保險支出。

    (3) 減少罰款與訴訟之風險。

    (4) 降低病假率。

    (5) 降低員工流動率。

    (6) 提振員工士氣。

    (7) 正面企業形象。

2. 勞工個人方面：

    (1) 促進健康。

    (2) 提升工作效率及士氣。

    (3) 維持勞動力、延長工作年限。

    (4) 增加就業滿意度。

    (5) 增加維護健康的技巧與知識。

    (6) 健康的家庭與和樂的社區。

六、 健康的職場工作環境應包括項目：

1. 工作場所環境：應注意物理性、化學性、生物性、人因性及心理性等危害。
2. 工作方法：包含人力調配、工作流程、工作姿勢、作息時間表等。
3. 組織管理：包含人際關係、主管部屬關係、領導風格、團隊互助、人事管理、升遷管道、教育訓練及生涯規劃等。
4. 健康服務：包含健康管理、預防注射、疾病篩檢、復健及復職計畫、疲勞管理、壓力管理及女性健康照護等。
5. 健康生活及工作型態：如飲食習慣、體適能、輪班工作及日常生活休閒型態等。
6. 影響外部環境。

七、 職場健康促進計畫實施步驟：

1. 單位最高主管的支持 - 政策之形成。

2. 成立正式組織或委員會。

3. 執行職場健康促進計畫：

(1) 計畫期 (Plan)。

(2) 執行期 (Do)。

(3) 評估期 (Check)。

(4) 修正期 (Action)。

**參考題型**

**同業最近曾發生過勞死 ( 職業促發腦血管及心臟疾病 ) 案例，促發該疾病之危險因子包括氣溫、運動及工作負荷，試列舉出 5 項於職場可能造成過勞之工作負荷型態。【62-01-03】**

答

職場可能造成過勞之工作負荷型態如下列：

一、不規律的工作。

二、工作時間長的工作。

三、經常出差的工作。

四、輪班工作或夜班工作。

五、作業環境 ( 異常溫度環境、噪音、時差 )。

六、伴隨精神緊張的工作。

**參考題型**

**促進職場勞工健康的手段之一為增強勞工體適能。試回答下列問題：**

**一、請說明何謂體適能。**

**二、請列舉 4 項基礎體適能之評量要素。**

答

一、體適能是指人的器官組織如心臟、肺臟、血管、肌肉等都能發揮功能，而使身體同時具有勝任日常工作、享受休閒娛樂生活及應付突發狀況的能力，亦即身體能力是健康的。

二、基礎體適能之評量要素如下列：

1. 心肺耐力：是體能評量的最重要指標，簡易的評估方法為登階測驗，受測者以每分鐘 96 拍之速度上下木箱 3 分鐘後，測其運動後第 1、2、3 分鐘之 30 秒的恢復心跳率。

2. 肌力與肌耐力：指肌肉的最大力量，評估方法為握力、功能性腿肌力試驗、屈膝仰臥起坐、俯臥仰體動作。

3. 柔軟度：代表人體關節可以活動的最大範圍，可使用量角器來記錄各關節的活動角度，如測量頸部、腰部活動度、立姿體前彎、直膝抬腿測試。

4. 身體脂肪百分比：評估的方法有腰臀圍比、肱三頭肌皮脂厚度、身體質量指數等。

5. 協調平衡反應：以閉眼、單腳站立於海綿墊上之維持時間來測量平衡反應，或以令受測者之慣用手之手臂支撐於桌上，施測者將測試棒從受測者之指圈中落下時，令受測者儘快以手抓住。

## 拾陸、作業環境控制工程

### 本節提要及趨勢

就職業衛生領域而言，雇主應執行之三大工作為：危害認知、危害評估及危害控制；而就風險的管控對策而言，能夠從危害的發生源或傳播途徑來執行控制作為，舉如生產技術的調整（如取代或密閉發生源）或作業環境改善技術的提升（如製程的隔離），一般常見的作業環境控制工程，像是整體通風換氣、局部排氣控制與設計等，設法提升勞工良好的作業環境，以避免勞工職業傷病的發生。

本節學習重點：

1. 能應用作業環境危害因子之控制方法。
2. 能應用作業環境監測儀器之基本原理及校正方法。
3. 能擬定作業環境控制採樣策略。
4. 能正確評估作業環境控制結果及如何進行作業環境改善及管理。

### 本節題型參考法規

無

## 重點精華

一、 作業環境控制的方法可以從三方面執行管控：

1. 有害物發生源 (source)：

(1) 以低危害物料替代。

(2) 變更製程。

(3) 密閉製程。

(4) 隔離製程。

(5) 加濕作業。

(6) 局部排氣裝置。

(7) 維護管理等。

2. 傳輸路徑 (path)：

(1) 環境整理整頓。

(2) 整體換氣。

(3) 稀釋通風。

(4) 拉長距離。

(5) 環境監測。

(6) 維護管理等。

3. 暴露者 (receiver)：

(1) 接受教育訓練。

(2) 輪班。

(3) 包圍作業員。

(4) 個人監測系統。

(5) 個人防護具。

(6) 維護管理等。

二、 整體換氣裝置與局部排氣裝置之使用時機

1. 使用整體換氣裝置之時機：

(1) 作業場所含有害物之空氣產生量不超過稀釋用空氣量時。

(2) 有害物進入空氣中的速率比較慢且具有規律性時。

(3) 有害物產生量少且毒性比較低，可允許散布在作業環境空氣中時。

(4) 勞工與有害物發生源距離比較遠，可使勞工暴露濃度不致於超過容許濃度標準時。

(5) 工作場所的區域較大，且不是隔離的空間環境。

(6) 有害物發生源分布區域大，且不易設置局部排氣裝置時。

2. 使用局部排氣裝置之時機：

(1) 製程會產生大量有害物的工作場所。

(2) 有害物的毒性較高或為放射性物質。

(3) 有害物進入空氣中的速率快且無規律性。

(4) 製程為隔離的工作場所或有限的工作範圍時。

**參考題型**

**進行感染性微生物操作作業時，為預防及控制生物氣膠及病原體之暴露，可選擇使用安全經檢測合格之生物安全櫃 (biological safety cabinet，BSC)，以進行生物安全控制，請說明 BSC 之基本保護原理。**

答

生物安全櫃 (biological safety cabinet, BSC) 之基本保護原理：

一、物理性阻隔：金屬或玻璃板、固定式手套。

二、空氣屏障：入口風速、下吹氣流。

三、空氣過濾系統：高效濾網 (High-Efficiency Particulate Air, HEPA)。

四、紫外線滅菌燈：波長、強度。

## 拾柒、組織協調與溝通

### 本節提要及趨勢

組織之協調與溝通其目的在於提供安全資訊、達成安全共識、激勵安全紀律、建立安全行為與提升單位安全績效等；透過良性的溝通協調，使單位內部的安全資訊能夠流通公開化，讓事業單位所有勞工均可參考別人的安全衛生經驗或教訓，學習到良好的安全衛生知識及技能，進而能夠降低職場災害事故與職業傷病。

本節學習重點：能應用組織協調與溝通，並指導有關部門實施。

## 本節題型參考法規

無

## 重點精華

一、 良好的溝通模式：其傳送者與接收者之間，透過講述、傾聽、發問及確認瞭解來達到雙向溝通；在溝通協調過程應朝向正面思考模式，以創造雙贏格局，通常態度及同理心會決定其溝通的成效，所以應建立坦誠、合作及互敬的人際關係，會是良好溝通的重要基石。

二、 有效溝通的基本原則：

1. 設身處地原則。
2. 尊重對方原則。
3. 心胸開放原則。
4. 就事論事原則。
5. 組織目標原則。
6. 合法合理原則。
7. 公開公正原則。

**參考題型**

**請就協議組織設立之（一）目的、（二）成員、（三）會議召開方式、（四）主要討論事項及（五）行政支援事宜等要項，訂定一份營造工地共同作業協議組織運作規範。** **【51-03】、【47-03】**

答

一、本協議組織設立之**目的**為協調、溝通、解決各承攬商間相關安全衛生事項，進而召開協議組織會議。

二、本工程之協議組織由下列**成員**組成：

1. 本工程之工地主任、副主任、各部門主管。
2. 本工程之安全（衛生）管理師（員）。
3. 本工程各承攬商。
4. 其他必要人員。

三、本工程協議組織會議，依**召開方式**為：

1. 正式會議：由全體成員參加，原則上每月召開 1 次，必要時得召開臨時會議。
2. 非正式會議：以討論事項相關之成員參加為主，由工地主任主動或應成員之請求而召開。
3. 本工程協議組織會議主席，由工地主任(亦為工地負責人)擔任，因故無法主持時由副主任、施工組組長依序代理。
4. 本工程協議組織正式、非正式會議之召開必要時，得邀請業主或其代表、設計監造單位、平行承攬單位及其他相關單位或勞工出席。
5. 本工程開工前應召開第 1 次協議組織之正式會議，向組織成員宣示本工程安全衛生管理及承攬管理相關規定之書面資料。
6. 本工程開工後，陸續加入之承攬商，由本工程工務所安全衛生管理員提供前項之書面資料，並予以解說。
7. 本工程協議組織之成員出席會議應簽到，非經請准不得缺席。工地主任對於組織會議成員之請假，如該成員與擬召開之會議討論事項有關者，應駁回其申請。

四、本工程協議組織會議**主要討論事項**如下：

1. 有關本工程安全衛生管理、承攬管理項目之修正案。
2. 共同作業之危害防止事項。
3. 職業安全衛生法所定之協調事項。
4. 平行承攬單位請求配合之相關安全衛生管理事項。
5. 安全衛生自主管理檢查及施工安全循環相關事項。
6. 其他與本工程相關之安全衛生事項。

五、本工程協議組織會議**行政支援事宜**如下：

協議組織會議召開之行政作業，由本工務所安全衛生管理人員負責，會前應備妥會議討論資料連同會議通知送達出席人員，會議紀錄應於會議後 1 日內送達出(列)席人員，3 日內送公司備查。

非正式會議如受限於準備時間，得免備會議討論資料，並得以電話通知取代書面會議通知單。

參考題型

**組織中溝通的流程有垂直及橫向兩種，試述組織協調與溝通的目的。**

答

組織協調與溝通的目的，乃為達成組織管理、激勵、建立共識與資訊流通等功能，其目的有四項：

一、建立共識的功能：人有情緒、感覺，有不同的觀念、思想、思考模式；人的挫折、衝突、緊張、角色的混淆會阻礙安全衛生工作之推行。透過溝通與協調，讓員工知道這些情緒、感覺是否合理，進一步加以紓解，並達成意見的妥協。

二、激勵員工工作安全的功能：主管人員在組織中訂定安全作業標準，指導屬下依安全作業標準作業，確保工作安全及身體健康及提高工作效率及生產力。

三、資訊公開流通的功能：溝通與協調的目的在提供充份而必需的資訊，以便全體成員參考別人的安全衛生經驗與教訓，與學習良好的安全衛生知識技能，並採取正確的作業方式。

四、達成組織安全管理的功能：主管人員的責任在於透過有效的組織設計，實施有效的溝通與協調，使責任澄清，俾利績效控制。

## 拾捌、職業災害調查處理與統計

### 本節提要及趨勢

職災調查的目的是希望藉由完整的調查辦法，使職業安全事故調查更有效率，並確認事實和情況、鑑定原因和決定改善行動，以降低事故再發生之機率。而所謂職災事故通常是指一種未預期之狀況，已造成對人員安全或健康有不良影響者、財務損失或工程中斷，以及造成環境污染者。依職業安全衛生法第 37 條第 2 項規定，事業單位勞動場所發生重大職業災害時，雇主應於 8 小時內通報勞動檢查機構。

本節學習重點：

1. 能瞭解職業災害之定義及其發生之緣由。
2. 能應用職業災害發生時之緊急應變措施。
3. 能進行職業災害原因調查、分析及報告。
4. 能正確應用職業災害統計分析方法。

## 本節題型參考法規

「職業安全衛生法」第 32、34 條。

「職業安全衛生管理辦法」第 20、58 條。

「職業安全衛生設施規則」第 186 條。

「高壓氣體勞工安全規則」第 41、67、92、154、159 條。

## 重點精華

一、 職業災害原因調查。

二、 失能傷害頻率 (FR)、失能傷害嚴重率 (SR)、總合傷害指數 (FSI)、失能傷害平均損失日數、年死亡千人率…等之計算 ( 計算題型請參考「第 5 章計算題精華彙整」)。

三、 解題技巧

1. 失能傷害包括下列四種：

(1) 死亡：死亡係指因職業災害致使勞工喪失生命而言，不論罹災至死亡時間之長短。

(2) 永久全失能：永久全失能係指除死亡外之任何足使罹災者造成永久全失能，或在一次事故中損失下列各項之一，或失去其機能者：

a. 雙目。

b. 一隻眼睛及一隻手，或手臂或腿或足。

c. 不同肢中之任何下列兩種：手、臂、足或腿。

(3) 永久部分失能：永久部分失能係指除死亡及永久全失能以外之任何足以造成肢體之任何一部分完全失去，或失去其機能者。不論該受傷之肢體或損傷身體機能之事前有無任何失能。下列各項不能列為永久部分失能：

a. 可醫好之小腸疝氣。

b. 損失手指甲或足趾甲。

c. 僅損失指尖。而不傷及骨節者。

d. 損失牙齒。

e. 體形破相。

f. 不影響身體運動之扭傷或挫傷。

g. 手指及足趾之簡單破裂及受傷部分之正常機能不致因破裂傷害而造成機障或受到影響者。

(4) 暫時全失能：暫時全失能係指罹災人未死亡，亦未永久失能。但不能繼續其正常工作，必須休班離開工作場所，損失時間在 1 日 ( 含 ) 以上 ( 包括星期日、休假日或事業單位停工日 )，暫時不能恢復工作者。

2. 失能傷害損失日數：失能傷害損失日數係指單一個案所有傷害發生後之總損失日數。

(1) 死亡：應按損失 6,000 日登記。

(2) 永久全失能：每次應按損失 6,000 日登記。

(3) 暫時全失能：受傷後不能工作時，其暫時全失能之損失日數，應按受傷後所經過之損失總日數登記，此項總日數不包括受傷當日及恢復工作當日。但應包括經過之星期日、休假日，或事業單位停工日，及復工後，由該次傷害所引起之其他全日不能工作之日數。

3. 「總經歷工時」：係指資料時間當月全體勞工實際經歷之工作時數。

**補充資料 直接、間接與基本原因**

1. 職業災害的原因

(1) 直接原因：直接危害之能量或危險物、有害物等加害物。

(2) 間接原因：

A. 不安全之動作：引起或構成災害之行為或動作，包括無意識或故意為之有意識的不安全動作，通常被認為人的缺陷或稱災害之人為因素。

B. 不安全之狀況：引起或構成災害之物理狀態、設備或環境。

(3) 基本原因：為管理的缺陷，如：

A. 高層不重視。

B. 不完善之管理制度。

C. 缺乏教育訓練。

D. 未訂定作業標準程序。

E. 未實施機械設備的保養及檢查。

**參考題型**

**請列出四種失能傷害類型，並簡要說明之。(8 分 )** 【100-05-02】

答

依據勞動部職業安全衛生署之安全衛生履歷智能雲「職災填表說明」失能傷害類型簡要說明如下列：

一、死亡：死亡係指因職業災害致使工作者喪失生命而言，不論罹災至死亡時間之長短。

二、永久全失能，係指除死亡外之任何足使罹災者造成永久全失能，或在一次事故中損失下列各項之一，或失去其機能者：

1. 雙目。
2. 一隻眼睛及一隻手，或手臂或腿或足。
3. 不同肢體中之任何下列兩種：手、臂、足或腿。

三、永久部分失能，係指除死亡及永久全失能以外之任何足以造成肢體之任何一部分完全失去，或失去其機能者。不論該受傷之肢體或損傷身體機能之事前有無任何失能 ( 但填表說明所列 7 項不能列為永久部分失能 )。

四、暫時全失能，指罹災人未死亡亦未永久失能，但不能繼續其正常工作，必須離開工作場所，損失時間在 1 日以上 ( 包括星期日、休假日或事業單位停工日 )，暫時不能恢復工作者。

**參考題型**

**○○縣○○鄉某化工廠於民國 98 年 7 月 20 日進行年度管路換修工作，以移動式起重機吊掛直徑 50 公分，長 6 公尺之鋼管，於距離地面 20 公尺處進行管路之更換，吊掛過程中，因鋼索斷裂，造成鋼管落下，不幸擊中地面作業人員張三，經緊急送醫治療後，仍不治死亡，且鋼管嚴重變形無法使用。經意外事故調查後，發現該吊運路線未設警示與人員淨空，且選用之鋼索銹蝕，致使鋼索斷裂而發生災害。請就本意外事故，撰寫意外事故之調查報告。** 【60-04】

答

一、災害概況：

災害日期：98.07.20

災害類型：物體飛落

災害媒介物：移動式起重機之吊掛鋼索

罹災程度：死亡 1 人

罹災者基本資料：張三，( 以下略 )

二、災害經過：

○○縣○○鄉某化工廠於民國 98 年 7 月 20 日進行管路換修工作，以移動式起重機吊掛直徑 50 公分、長 6 公尺之鋼管，於距離地面 20 公尺處進行管路之更換，吊掛過程中，因鋼索斷裂，造成鋼管落下，不幸擊中地面作業人員張三，經緊急送醫治療後，仍不治死亡，且鋼管嚴重變形無法使用。

三、災害原因：

- 直接原因：鋼管飛落，擊中致死。
- 間接原因：

  不安全的狀況：

  (1) 該吊運路線未設警示與保持人員淨空。

  (2) 選用之鋼索鏽蝕。

  不安全的行為：在吊運路線下方作業。
- 基本原因：

  (1) 安全作業標準：未確實遵守鋼索使用之標準作業程序。

  (2) 自動檢查：未定期對所使用之鋼索實施自動檢查及維護保養。

  (3) 安全衛生教育訓練：未落實使用起重機具從事吊掛作業人員特殊安全衛生訓練課程。

四、災害預防對策：

1. 吊掛作業時採取防止吊掛物通過人員上方及人員進入吊掛物下方之設備或措施。
2. 對於起重升降機具所使用之吊掛用具，應制定自動檢查計畫，實施自動檢查。
3. 對於工作場所有物體飛落之虞者，應設置防止物體飛落之設備，並供給安全帽等防護具，使作業勞工戴用。
4. 使用起重機具從事吊掛作業人員應接受特殊安全衛生訓練。
5. 訂定吊掛作業之安全作業標準，使作業勞工遵行。

## 參考題型

某工廠自液化石油氣槽車卸收液化石油氣 (L.P.G) 至球型槽，操作人員 ( 均依規定接受從事工作及預防災變所必要之安全衛生教育訓練 ) 因原作業人員不在現場，司機代為操作。幫浦運轉後不久，液相高壓軟管接頭鬆脫，L.P.G. 漏洩成一片白霧，五分鐘後起火爆炸，造成現勞工三人重傷，槽車爆燬，假如你是該工廠職業安全管理師，試就本職業災害可能原因列出，說明其理由，並提出可行之改善建議。( 該槽車設有超流閥及手動式緊急遮斷閥 )。

【57-04】、【54-04】

答

一、本職業災害可能發生原因如下：

1. 直接原因：

(1) 液相高壓軟管接頭鬆脫，L.P.G. 漏洩成一片白霧。

(2) 5 分鐘後 L.P.G. 起火爆炸，造成現場勞工 3 人重傷，槽車爆燬。

2. 間接原因：

(1) 不安全動作

A. 現場未指派液化石油氣類作業主管接受高壓氣體作業主管安全衛生教育訓練，擔任指揮、監督工作。

B. 原作業人員不在現場，司機代為操作。

C. 未檢查液相高壓軟管接頭是否接妥。

D. 灌裝前，未確認槽車之超流閥及手動式緊急遮斷閥是否安全無虞。

E. L.P.G. 漏洩後未立即啟動手動式緊急遮斷閥，切斷洩漏源。

(2) 不安全設備

A. 超流閥及手動式緊急遮斷閥失效。

B. 軟管連接部份接頭老舊。

C. 槽車未設置擋車裝置並予以固定。

D. 槽車未設置接地線。

(3) 不安全環境

A. 現場未設置消防設備。

B. 工作場所未有明確之境界線，且場所外面也未設置容易辨識之警戒標示。

3. 基本原因：

   (1) 未實施自動檢查。

   (2) 未訂定安全衛生工作守則。

   (3) 未落實安全衛生教育訓練。

   (4) 未實施工作安全分析及未訂定安全作業標準。

   (5) 未實施安全教導。

二、改善建議：

1. 液化石油氣體 (L.P.G) 之灌裝，應使用符合現行法令規定之合格之容器或儲槽。
2. 灌裝時，應於事前確認承注之容器或儲槽已設有超流閥及手動式緊急遮斷閥。
3. 將液化石油氣槽車卸收液化石油氣至球型槽時，應控制該液化氣體之容量不得超過在常用溫度下該槽內容積之 90%。
4. 將液化石油氣體灌注於固定在車輛之內容積在 5,000 公升以上之容器或自該容器抽出液化石油氣體時，應在該車輛設置擋車裝置並予以固定。
5. 應在事前確認灌注液化石油氣於容器或受注自該容器之製造設備之軟管與容器之軟管連接部份無漏洩液化石油氣之虞，且於灌注或抽出並將此等軟管內之氣體緩緩排洩至無虞危險後，始得拆卸該軟管。
6. 灌裝時，應採取防止該設備之原動機產生的火花。
7. 灌裝時，應採取去除該設備可能產生靜電之措施。
8. 事業場所應有明確之境界線，並於該場所外面設置容易辨識之警戒標示。
9. 可燃性氣體之製造設備，應依消防法有關規定設置必要之消防設備。
10. 高壓氣體設備 ( 容器及中央主管機關規定者外 ) 應經以常用壓力 1.5 倍以上壓力實施之耐壓試驗及以常用壓力以上壓力實施之氣密試驗或經中央主管機關認定具有同等以上效力之試驗合格者。
11. 高壓氣體設備 ( 容器及中央主管機關規定者外 ) 應具有以常用壓力 2 倍以上壓力加壓時，不致引起降伏變形之厚度或經中央主管機關認定具有同等以上強度者。
12. 從事自液化石油氣槽車卸收液化石油氣至球型槽作業時，應指派液化石油氣類作業主管接受高壓氣體作業主管安全衛生教育訓練，擔任指揮、監督工作。

13. 落實操作人員接受工作及預防災變所必要之安全衛生教育訓練。
14. 應訂定適合事業單位需要之液化石油氣灌注作業之安全衛生工作守則。
15. 應訂定液化石油氣灌注作業之工作安全作業標準。
16. 多舉辦災害實例宣導。

**參考題型**

**一、事業單位應如何實施職業災害調查，請將實施職業災害調查主要之四步驟及其主要事項列出？**

**二、又災害調查時應留意事項為何？**

答

一、職業災害調查主要之四步驟及其主要事項：

1. $R_1$ 掌握災害狀況(確認事實)：

   掌握災害發生狀況有關之人、物、管理及從作業開始經由時間序列到災害發生之經過。

2. $R_2$ 發現問題點(掌握災害要因)：

   災害要因指不安全動作、不安全狀態及安全衛生管理缺陷，決定發生災害之因素或問題點。

3. $R_3$ 決定根本問題點(決定災害原因)：

   依據 $R_2$ 掌握之災害要因相互關係或災害之影響程度，經充分檢討後決定直接原因，從構成直接原因之不安全動作、不安全狀態分析間接原因，至於形成間接原因之安全衛生管理缺陷為災害之基本原因。

4. $R_4$ 樹立對策：

   類似災害防止方針。

二、災害調查時應留意事項：

1. 盡早實施調查。
2. 參與調查人員通常在 2 人以上，以災害相關管理系統之管理、監督(作業主管)、作業人員為中心及職業安全衛生管理人員等幕僚組成。必要時，也邀請對防止災害具有經驗者協助調查。
3. 聽取罹災者、目擊者、發生災害現場之作業主管，設備養護及檢點人員對災害的說明及意見。但應注意區別該等人員提出時之心理狀態，有否臆測或道聽途說，以決定參考程度。

4. 客觀詳細的掌握自作業開始到災害發生的經過，以文書或併用照相錄音錄影等有效方式記錄下列事項：
    (1) 何時？
    (2) 何人？
    (3) 何處？
    (4) 從事何種作業？
    (5) 有何不安全之狀態或作業者有何不安全動作？
    (6) 發生了何種災害？
5. 對於災害現場之狀況製作現場相片、目測繪圖外，應實施必要之測量、測定及檢查等。
6. 對於災害認有關之物件，應加以保管至原因決定後，必要時應採集試料並進行化驗。
7. 調查者應秉持公正之立場，避免造成所謂之誤判斷；對災害關係人不論其親疏或壓力等影響，使負責者負起應負之責任，謹慎從事災害調查。
8. 調查重點於造成災害之原始原因，避免無關事項之調查。
9. 災害當日狀況外，著手收集平時工作場所之習慣、耳語、虛驚經驗、故障、異常事態之徵兆或發生狀況等相關資訊。
10. 與災害有直接關係之不安全狀態或不安全動作外，調查管理、監督者管理上之缺陷。
11. 有二次災害發生時，應調查災害發生時之緊急處理措施及其內容是否適當。
12. 依據調查結果，從人、物、管理等方面分析、檢討災害要因，務必探究出真正災害原因。

# 拾玖、安全衛生監測儀器

## 本節提要及趨勢

職業衛生領域的三大工作為危害認知、評估及控制，其中危害評估可透過勞工作業環境監測或生物性偵測等方式，找出環境中的危害因子濃度或是勞工體內某些指標的定性或定量分析，將分析結果與職安法規之法定容許暴露值進行比較，以決定事業單位後續之改善方向。

作業環境監測之出發點乃在預防物理性或化學性因子所導致之慢性職業病危害或作業中安全性問題，可顯示外在環境中危害因子的暴露強度，是一種評估手段或方法。

本節學習重點：

1. 能應用安全衛生監測儀器之基本原理。
2. 能正確評估測量結果。
3. 各式安全衛生測定儀器測定原理。
4. 各式安全衛生測定儀器適用範圍。

## 本節題型參考法規

無

## 重點精華

一、 常用公式：

氣體濃度＝爆炸下限 (LEL) 濃度 × 可燃性氣體測定器讀值

二、 濾紙種類及採樣場合：

| 濾紙種類 | 可使用之採樣場合 |
|---|---|
| 纖維素酯薄膜 | 石綿計數、微粒計數、金屬燻煙及其氧化合物、酸霧滴。 |
| 鐵氟龍薄膜 | 鹼性粉塵、有機粒狀物、酸霧滴、煤焦油瀝青揮發物、 高溫粒狀物。 |
| 聚氯乙烯薄膜 | 總粉塵量、游離二氧化矽、油霧滴、農藥、殺蟲劑。 |
| 銀膜 | 氯、溴、以 X 光繞射法測定游離二氧化矽。 |
| 玻璃纖維 | 總粉塵量、有機粒狀物、煤焦油瀝青揮發物、油霧滴。 |

三、 1. 化學性作業環境監測其量測方法在選擇時應考量因素：

(1) 量測方法的可靠性。 (4) 儀器設備的回應時間。

(2) 量測過程的靈敏度。 (5) 測定方法的可行性。

(3) 量測方法的專屬性。 (6) 設備操作的方便性及經濟性。

2. 執行化學性作業環境監測之內涵包括：

(1) 採樣計畫之規劃。

(2) 選擇合適之採樣儀器設備。

(3) 執行採樣與數據分析。

四、 作業環境監測的方法可分為採樣後分析及直讀式儀器測定：

1. 採樣後分析方法：

(1) 從某一已知採樣空氣量中移走有害物，再行定量分析。

(2) 捕集作業環境中之定量空氣後再行濃度分析。

2. 直讀式儀器測定：針對環境中之二氧化碳、二硫化碳、二氯聯苯胺及其鹽類、次乙亞胺、二異氰酸甲苯、硫化氫、汞及其無機化合物等，可以直讀式儀器執行量測。

五、 直讀式儀器測定的優點：

1. 可迅速估計出作業環境中之有害污染源之濃度。

2. 可提供 24 小時連續監測有害物濃度之永久記錄。

3. 可降低相同採樣時必要之人工測試操作次數。

4. 可結合警報裝置執行連續性監測以達到危險警示功能。

5. 能夠減少實驗分析之次數。

6. 可降低每次獲得測定濃度數據之費用。

7. 可作為訴訟爭議時之環境監測佐證。然直讀式儀器須採集一定量之空氣，以利後續定量分析，在應用上若作業環境中的危害物濃度太低，將無法測定出；所以對低濃度測定之限制為其缺點。

六、 執行直讀式化學因子作業環境監測時，應注意事項：

1. 可檢測之濃度範圍。

2. 儀器之精確性。

3. 可能受到的干擾因素。
4. 儀器的暖機時間。
5. 何時需校準及校準之容易度。
6. 檢測的穩定性。
7. 儀器的回應時間。
8. 回應是否呈線性。
9. 電池的使用時間。
10. 數據呈現的特異性。
11. 作業環境的條件(溫濕及壓力等)。
12. 其他外在條件(如輻射或無線電波)等影響。

七、粒狀有害物之採集原理：

1. 過濾捕集法。
2. 慣性捕集法。
3. 離心分離法。
4. 平行板分離。
5. 靜電集塵法。
6. 溫度梯度沉降法。
7. 噴布技術捕集法。

八、作業環境監測應保存紀錄之目的：

1. 職安法令之查核備考。
2. 選擇防範危害措施之參考依據。
3. 規劃下次環測之參考。
4. 作為環境是否改善之追蹤。
5. 作為勞工職業病治療之參考。
6. 加強對危害因子之認知。
7. 作為事業單位安全衛生政策之參考。
8. 作為政府制定職業安全衛生政策之參考。

一、試述燃燒式可燃性氣體測定器之測定原理。

二、當可燃性氣體濃度，如高達 95% 時，以燃燒式可燃性氣體測定器予以測定時，請說明此型式測定器不能正確顯示作業環境實況之原因。

三、在某一場所以此可燃性氣體測定器測定時，如其測定值讀取值為 60% 時，其所顯示之意義為何？請說明。【37-02-02】

一、燃燒式可燃性氣體測定器之測定原理如下：

當混有可燃性氣體的空氣進入儀器時，在特殊活性的絲極 ( 觸媒 ) 表面發生氧化作用，產生熱能而升高絲極的溫度，結果電阻增加。此電阻的改變與可燃性氣體的濃度成比例，可由惠斯頓電橋 ( 下圖 ) 顯示在儀錶上，即可知可燃性氣體濃度為安全或危險範圍。

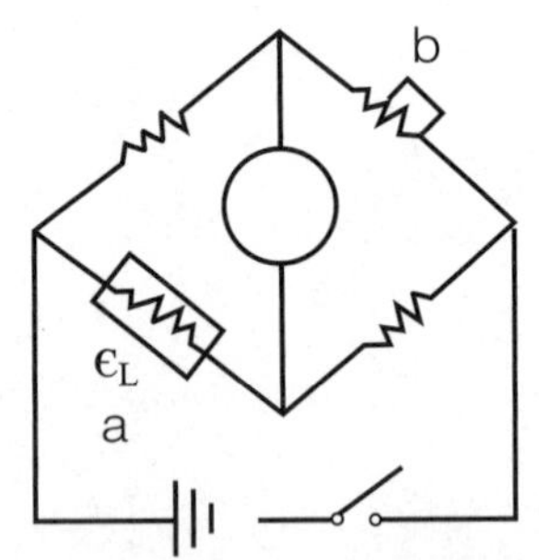


a. 燃燒室　b. 可變電阻

二、當可燃性氣體濃度，如高達 95% 時，以燃燒式可燃性氣體測定器予以測定時，雖儀器及電池均可正常操作但讀數可能為零，代表無可燃性氣體或蒸氣，亦可能暗示濃度太高致超過爆炸上限，因沒有足夠的氧促成燃燒。指針指不為零時，若將探測針取出移至空氣新鮮處，要是發現指針經過 LEL 進入爆炸範圍，然後再回到零點，則這種現象代表濃度太高，超過爆炸上限。

三、在某一場所以此可燃性氣體測定器測定時，如其測定值讀取值為 60% 時，其所顯示之意義為可燃性 ( 爆炸 ) 氣體體積在 60%。

# 計算題精華彙整

# 壹、爆炸下限與可燃性氣體危險指標

## 本節提要及趨勢

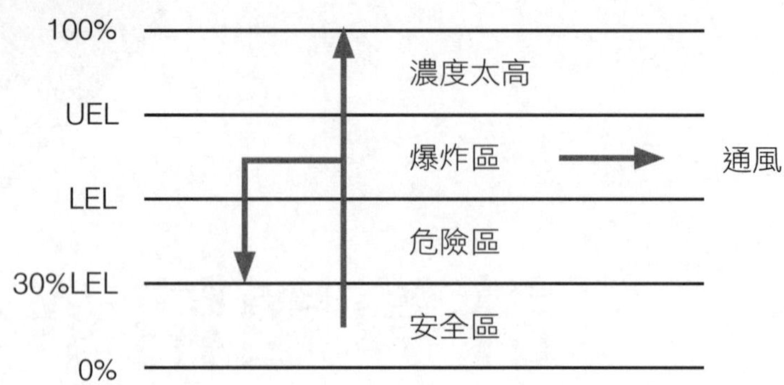


易燃液體之蒸氣及可燃性氣體與空氣混合後遇到能量產生爆炸「爆炸下限 LEL」至「爆炸上限 ULE」的體積百分比 ( 爆炸界限 )。

本節計算題，需熟記各項公式。

## 本節題型參考法規

「職業安全衛生設施規則」第 177 條。

「高壓氣體勞工安全規則」第 4 條。

## 重點精華

可燃性氣體危險指數 (H)：

**危險指數** $H = \frac{(UEL - LEL)}{LEL}$ (H 愈大愈危險 )

單位解析：

- 危險指數 (H)：無單位
- 爆炸上限 (UEL)：%
- 爆炸下限 (LEL)：%

勒沙特列定律：

**混合氣體之爆炸上限** $UEL = \frac{100}{\frac{V_1}{U_1} + \frac{V_2}{U_2} + \cdots + \frac{V_n}{U_n}}$

單位解析：

- 混合氣體之爆炸上限 (UEL)：%
- 某氣體之組成濃度 ($V_1$、$V_2$、…、$V_n$)：%
- 某氣體之爆炸上限 ($U_1$、$U_2$、…、$U_n$)：%

**混合氣體之爆炸下限** $LEL = \dfrac{100}{\dfrac{V_1}{L_1}+\dfrac{V_2}{L_2}+\cdots+\dfrac{V_n}{L_n}}$

單位解析：

- 混合氣體之爆炸下限 (LEL)：%
- 某氣體之組成濃度 ($V_1$、$V_2$、…、$V_n$)：%
- 某氣體之爆炸下限 ($L_1$、$L_2$、…、$L_n$)：%

> 註 無論是 UEL 或是 LEL，其混合氣體的組成濃度必為 100%。

碳氫氣體完全燃燒化學平衡方程式

1. 參考公式：$C_xH_yO_z+\dfrac{4x+y-2z}{4}O_2 \rightarrow xCO_2+\dfrac{y}{2}H_2O$
2. 觀察法：

   以丙酮 ($C_3H_6O$) 為例

   (1) 先列出物質與氧氣氧化 ( 燃燒 ) 產生二氧化碳及水之方程式

   例：$C_3H_6O + O_2 \rightarrow CO_2 + H_2O$

   (2) 先平衡碳及氫原子數量 ( 使方程式右方之碳及氫原子數量與方程式左方相同 )

   例：$C_3H_6O + O_2 \rightarrow \boxed{3}CO_2 + \boxed{3}H_2O$

   (3) 平衡氧原子之數量 ( 使方程式左方之氧原子數量與方程式右方相同 )

   例：$C_3H_6O + \boxed{4}O_2 \rightarrow \boxed{3}CO_2 + \boxed{3}H_2O$

   此時方程式左方與右方均為 3 個碳、6 個氫及 9 個氧，符合化學反應式質量守恆定律。

理論混合比：

$$Cst = \frac{1}{1+\dfrac{n}{V_{O_2}}}$$

單位解析：

- 理論混合比 (Cst)：%
- 氧 ($O_2$) 的需求係數 (n)：無單位
- 氧 ($O_2$) 的空氣中體積佔比 ($V_{O_2}$)：%

氣體之爆炸下限 LEL：

$LEL = 0.55 \times Cst$

氣體之爆炸上限 UEL：

$UEL = 3.5 \times Cst$

$\text{莫耳數} = \dfrac{\text{質量 (g)}}{\text{原 ( 分 ) 子量}}$

C: 原子量 12、H: 原子量 1、O: 原子量 16

理論防爆換氣量：

$$Q = \frac{24.45 \times 10^3 \times W}{60 \times LEL \times 10^4 \times M.W.}$$

單位解析：

- 某氣體的防爆換氣量 (Q)：$m^3/min$
- 某氣體的每小時消費量 (W)：g/hr
- 某氣體的爆炸下限 (LEL)：%
- 某氣體分子量 (M.W.)：g/mole

**1**

某液化石油氣之組成為乙烷 10% ($C_2H_6$，LEL=3%，UEL=12.5%)；丙烷 50% ($C_3H_8$，LEL=2.2%，UEL=9.5%)；丁烷 40% ($C_4H_{10}$，LEL=1.8%，UEL=8.4%)，請依勒沙特列 (Le Chatelier) 定律估算此液化石油氣之爆炸上限與爆炸下限。【61-05-03】

解 一、依勒沙特列 (Le Chatelier) 定律此混合氣體在空氣中的爆炸下限 (LEL) 計算如下：

$$LEL = \frac{100}{\frac{V_1}{L_1}+\frac{V_2}{L_2}+\frac{V_3}{L_3}} = \frac{100}{\frac{10}{3.0}+\frac{50}{2.2}+\frac{40}{1.8}} = \frac{100}{3.33+22.73+22.22}$$

$$= \frac{100}{48.28} = 2.07\%$$

二、依勒沙特列 (Le Chatelier) 定律此混合氣體在空氣中的爆炸上限 (UEL) 計算如下：

$$UEL = \frac{100}{\frac{V_1}{U_1}+\frac{V_2}{U_2}+\frac{V_3}{U_3}} = \frac{100}{\frac{10}{12.5}+\frac{50}{9.5}+\frac{40}{8.4}} = \frac{100}{0.8+5.26+4.76}$$

$$= \frac{100}{10.82} = 9.24\%$$

**2**

下表為混合可燃性氣體之組成百分比與其組成三種可燃性氣體之爆炸界限，請回答下列問題：

一、計算表中三種可燃性氣體之危險指數，並由計算結果排列該三種可燃性氣體之危險性。

二、由該混合可燃性氣體之組成百分比，以勒沙特列定律 (Le Chatelier's Equation) 計算混合氣體之爆炸下限與爆炸上限。

| 可燃性氣體種類 | 爆炸界限 (%) | 組成百分比 (%) |
|---|---|---|
| A | 1.8~8.4 | 45 |
| B | 1.0~7.1 | 10 |
| C | 3.0~12.4 | 45 |

【80-05】

解 一、危險度 ( 指數 ) = ( 爆炸上限 - 爆炸下限 ) ÷ 爆炸下限

可燃性氣體 A 之危險度 = (8.4 - 1.8) ÷ 1.8 = 3.67

可燃性氣體 B 之危險度 = (7.1 - 1) ÷ 1 = 6.1

可燃性氣體 C 之危險度 = (12.4 - 3) ÷ 3 = 3.13

相對危險度之大小順序為 B ＞ A ＞ C

二、1. 依勒沙特列 (Le Chatelier) 定律此混合氣體在空氣中的爆炸下限 (LEL) 計算如下：

$$LEL = \frac{100}{\frac{V_1}{L_1}+\frac{V_2}{L_2}+\frac{V_3}{L_3}} = \frac{100}{\frac{45}{1.8}+\frac{10}{1.0}+\frac{45}{3.0}} = \frac{100}{25+10+15}$$

$$= \frac{100}{50} = 2\%$$

2. 依勒沙特列 (Le Chatelier) 定律此混合氣體在空氣中的爆炸上限 (UEL) 計算如下：

$$UEL = \frac{100}{\frac{V_1}{U_1}+\frac{V_2}{U_2}+\frac{V_3}{U_3}} = \frac{100}{\frac{45}{8.4}+\frac{10}{7.1}+\frac{45}{12.4}} = \frac{100}{5.36+1.41+3.63}$$

$$= \frac{100}{10.40} = 9.62\%$$

**3**

試回答下列火災爆炸問題：

某混合可燃性氣體由丙烷 ($C_3H_8$, LEL=2.2%, UEL=9.5%)、丁烷 ($C_4H_{10}$, LEL=1.8%, UEL=8.4%)，以及丙酮 ($C_3H_6O$, LEL=2.1%, UEL=13%)3 種可燃性氣體組成，請問：

一、丁烷及丙酮的危險度為何？(四捨五入至小數點後第 2 位，4 分)

二、該混合可燃性氣體由 10% 丙烷、5% 丁烷及 85% 丙酮組成，依勒沙特列定律，該混合可燃性氣體 LEL 為何？(四捨五入至小數點後第 2 位，2 分)

三、續上題，該混合可燃性氣體 UEL 為何？(四捨五入至小數點後第 2 位，2 分)

四、依據上述計算結果，該混合可燃性氣體是否屬於高壓氣體勞工安全規則所稱之可燃性氣體？(2 分)　【98-04-01】

解 一、1. 丁烷及丙酮之危險度計算如下：

(1) 危險指數＝（爆炸上限－爆炸下限）÷ 爆炸下限

丁烷之危險指數＝（8.4% － 1.8%）÷ 1.8% ＝ 3.67

(2) 危險指數＝（爆炸上限－爆炸下限）÷ 爆炸下限

丙酮之危險指數＝（13% － 2.1%）÷ 2.1% ＝ 5.19

二、依勒沙特列 (Le Chatelier) 定律此混合可燃性氣體的爆炸下限 (LEL) 計算如下：

$$LEL = \frac{100}{\frac{V_1}{L_1}+\frac{V_2}{L_2}+\frac{V_3}{L_3}} = \frac{100}{\frac{10}{2.2}+\frac{5}{1.8}+\frac{85}{2.1}} = \frac{100}{4.55+2.78+40.48}$$

$$= \frac{100}{47.81} = 2.09\%$$

三、依勒沙特列 (Le Chatelier) 定律此混合可燃性氣體的爆炸上限 (UEL) 計算如下：

$$LEL = \frac{100}{\frac{V_1}{U_1}+\frac{V_2}{U_2}+\frac{V_3}{U_3}} = \frac{100}{\frac{10}{9.5}+\frac{5}{8.4}+\frac{85}{13}} = \frac{100}{1.05+0.6+6.54}$$

$$= \frac{100}{8.19} = 12.21\%$$

四、依據「高壓氣體勞工安全規則」第 4 條規定，本規則所稱可燃性氣體，係指丙烯腈、丙烯醛、乙炔、乙醛、氨、一氧化碳、乙烷、乙胺、乙苯、乙烯、氯乙烷、氯甲烷、氯乙烯、環氧乙烷、環氧丙烷、氰化氫、環丙烷、二甲胺、氫、三甲胺、二硫化碳、丁二烯、丁烷、丁烯、丙烷、丙烯、溴甲烷、苯、甲烷、甲胺、二甲醚、硫化氫及其他爆炸下限在 10% 以下或爆炸上限與下限之差在 20% 以上之氣體。

此混合可燃性氣體的爆炸下限 (LEL) 為 2.09%，符合爆炸下限在 10% 以下之規定，故屬於「高壓氣體勞工安全規則」所稱之可燃性氣體。

**4** 某可燃性氣體之組成百分比與其爆炸界限如下表所示，請回答下列問題：

一、計算表中乙烷、丙烷與丁烷之爆炸危險性(指數)，並依計算結果將前述三種可燃性氣體之爆炸危險性，由低至高排列順序。

二、依勒沙特列 (Le Chatelier) 定律計算混合可燃性氣體之爆炸上限 (UEL) 與爆炸下限 (LEL)。

| 組成物質名稱 | 爆炸界限 (%) | 組成體積百分比 (%) |
|---|---|---|
| 乙烷 ($C_2H_6$) | 3.0-12.4 | 30 |
| 丙烷 ($C_3H_8$) | 2.1-10.1 | 30 |
| 丁烷 ($C_4H_{10}$) | 1.6-8.4 | 40 |

【87-05】

**解** 一、爆炸危險性(指數)=(爆炸上限－爆炸下限)÷ 爆炸下限

乙烷氣體之危險度=(12.4 － 3)÷ 3 = 3.13

丙烷氣體之危險度=(10.1 － 2.1)÷ 2.1 = 3.81

丁烷氣體之危險度=(8.4 － 1.6)÷ 1.6 = 4.25

相對爆炸危險性由低至高排列順序為乙烷 < 丙烷 < 丁烷

二、1. 依勒沙特列 (Le Chatelier) 定律此可燃性氣體在空氣中的爆炸下限 (LEL) 計算如下：

$$LEL = \frac{100}{\frac{V_1}{L_1}+\frac{V_2}{L_2}+\frac{V_3}{L_3}} = \frac{100}{\frac{30}{3}+\frac{30}{2.1}+\frac{40}{1.6}} = \frac{100}{10 + 14.29 + 25}$$

$$= \frac{100}{49.29} = 2.03\%$$

2. 依勒沙特列 (Le Chatelier) 定律此混合氣體在空氣中的爆炸上限 (UEL) 計算如下：

$$UEL = \frac{100}{\frac{V_1}{U_1}+\frac{V_2}{U_2}+\frac{V_3}{U_3}} = \frac{100}{\frac{30}{12.4}+\frac{30}{10.1}+\frac{40}{8.4}} = \frac{100}{2.42 + 2.97 + 4.76}$$

$$= \frac{100}{10.15} = 9.85\%$$

**5** 請以計算法估算出丙酮 ($C_3H_6O$) 的爆炸下限值。

解 【假設理論空氣當中的氧濃度為 21%】

丙酮 ($C_3H_6O$) 之燃燒化學式：$C_3H_6O + 4O_2 \rightarrow 3CO_2 + 3H_2O$

$$Cst = \frac{1}{1+\frac{4}{0.21}} = \frac{1}{1+19} = \frac{1}{20} = 5\%$$

丙酮 ($C_3H_6O$) 之理論爆炸下限 = 0.55 × Cst = 0.55 × 5% = 2.75%

丙酮 ($C_3H_6O$) 之理論爆炸上限 = 3.5 × Cst = 3.5 × 5% = 17.5%

以觀察法平衡燃燒化學方程式。

**6** 依據 Jone's 理論可燃性物質之爆炸下限為其理論混合比例值 Cst 之 0.55 倍，亦即 LEL=0.55 Cst，請估算 ( 詳列計算過程 ) 丙烷 ($C_3H_8$)，苯乙烯 ($C_8H_8$) 及乙醇 ($C_2H_5OH$) 之爆炸下限為何？【45-04】

解 爆炸下限之計算公式 LEL = 0.55 × Cst

Cst 為完全燃燒的化學理論混合比值，爆炸下限之計算如下：

一、丙烷 $C_3H_8$

$$C_xH_y + \frac{4x+y}{4} O_2 \rightarrow X\ CO_2 + \frac{y}{2} H_2O$$

$$C_3H_8 + 5O_2 \rightarrow 3CO_2 + 4H_2O$$

$$Cst = \frac{1}{1+\frac{5}{0.21}} = \frac{1}{1+23.81} = 0.04 = 4\%$$

LEL = 0.55 × 4 = 2.2%

二、苯乙烯 $C_8H_8$

$$C_xH_y + \frac{4x+y}{4} O_2 \rightarrow X\ CO_2 + \frac{y}{2} H_2O$$

$$C_8H_8 + 10O_2 \rightarrow 8CO_2 + 4H_2O$$

$$Cst = \frac{1}{1+\frac{10}{0.21}} = \frac{1}{1+47.62} = 0.02 = 2\%$$

$$LEL = 0.55 \times 2 = 1.1\%$$

三、乙醇 $C_2H_5OH$

$$C_2H_5OH + 3O_2 \rightarrow 2CO_2 + 3H_2O$$

$$Cst = \frac{1}{1+\frac{3}{0.21}} = \frac{1}{1+14.29} = 0.0654 = 6.54\%$$

$$LEL = 0.55 \times 6.54 = 3.60\%$$

提示 以觀察法平衡燃燒化學方程式。

**7**

一碳氫混合氣體，其組成與其體積百分比分別為乙烷 ($C_2H_6$) 80%、丙烷 ($C_3H_8$) 10%、丁烷 ($C_4H_{10}$) 10%，燃燒過程中空氣之氧氣體積百分此為 21%，請依題意回答下列問題：

一、列出完全燃燒之化學平衡方程式並計算乙烷、丙烷、丁烷個別氣體之理論混合比 (Cst) 。(9 分 )

二、計算乙烷、丙烷、丁烷個別氣體之爆炸下限 (LEL)。

三、依勒沙特列 (Le Chatelier) 定律，計算該混合氣體之爆炸下限 (LEL)。

參考公式：碳氫氣體完全燃燒之化學平衡方程式：

$$C_xH_Y + \frac{4x+y}{4} O_2 \rightarrow xCO_2 + \frac{y}{2} H_2O$$

LEL ( 爆炸下限 ) = 0.55 Cst ( 理論混合比 ) 【78-05-03】

解 一、乙烷、丙烷、丁烷個別氣體之理論混合比 (Cst)【假設理論空氣當中的氧濃度為 21%】：

1. 乙烷 ($C_2H_6$) 之燃燒化學式：$C_2H_6 + 3.5O_2 \rightarrow 2CO_2 + 3H_2O$

$$Cst = \frac{1}{1+\frac{3.5}{0.21}} = \frac{1}{1+16.67} = \frac{1}{17.67} = 5.66\%$$

2. 丙烷 ($C_3H_8$) 之燃燒化學式：$C_3H_8 + 5O_2 \rightarrow 3CO_2 + 4H_2O$

$$Cst = \frac{1}{1+\frac{5}{0.21}} = \frac{1}{1+23.81} = \frac{1}{24.81} = 4.03\%$$

3. 丁烷 ($C_4H_{10}$) 之燃燒化學式：$C_4H_{10} + 6.5O_2 \rightarrow 4CO_2 + 5H_2O$

$$Cst = \frac{1}{1+\frac{6.5}{0.21}} = \frac{1}{1+30.95} = \frac{1}{31.95} = 3.13\%$$

二、個別氣體之爆炸下限 (LEL)：

1. 乙烷 ($C_2H_6$) 之理論爆炸下限 = $0.55 \times Cst = 0.55 \times 5.66\% = 3.11\%$
2. 丙烷 ($C_3H_8$) 之理論爆炸下限 = $0.55 \times Cst = 0.55 \times 4.03\% = 2.22\%$
3. 丁烷 ($C_4H_{10}$) 之理論爆炸下限 = $0.55 \times Cst = 0.55 \times 3.13\% = 1.72\%$

三、依勒沙特列 (Le Chatelier) 定律此混合氣體在空氣中的爆炸下限 (LEL) 計算如下：

$$LEL = \frac{100}{\frac{V_1}{L_1}+\frac{V_2}{L_2}+\frac{V_3}{L_3}} = \frac{100}{\frac{80}{3.11}+\frac{10}{2.22}+\frac{10}{1.72}} = \frac{100}{25.72+4.50+5.81}$$

$$= \frac{100}{36.03} = 2.78\%$$

**8**

某科技股份有限公司以丙烷 ($C_3H_8$) 作為燃料，用以加熱潮濕粉末，若其每天 8 小時之消耗量為 40 公斤，回答下列問題：

一、請列出丙烷完全燃燒之化學反應式。

二、若大氣環境為 1 大氣壓、溫度 25°C、每莫耳體積 24.5 升、氧氣濃度 21%，為使丙烷完全燃燒，請計算所需之理論空氣量，以每小時立方米 ($m^3/hr$) 表示之。

三、丙烷之理論爆炸下限為 0.55 Cst (Cst：理論混合比)，請計算丙烷之爆炸下限。

四、若丙烷之爆炸上限為 9.5%，請計算丙烷之危險性 ( 指數 )。【74-05】

解 一、丙烷之燃燒化學反應式如下列：

$$C_xH_y + \frac{4x+y}{4} O_2 \rightarrow X\ CO_2 + \frac{y}{2} H_2O$$

丙烷 ($C_3H_8$) 之燃燒化學反應式：$C_3H_8 + 5O_2 \rightarrow 3CO_2 + 4H_2O$

二、$C_3H_8$ 每小時消耗量 W 為 $\frac{40\ kg \times 1{,}000\ g/kg}{8hr} = 5{,}000\ g/hr$

$$莫耳數 = \frac{質量 (g)}{原(分)子量}$$

C 的原子量 = 12、H 的原子量 = 1

$C_3H_8$ 的分子量 = $(12 \times 3)+(1 \times 8) = 44$

$C_3H_8$ 的莫耳數 = $\frac{5{,}000\ g/hr}{44} = 113.64\ mole/hr$

$C_3H_8 + 5O_2 \rightarrow 3CO_2 + 4H_2O$

完全燃燒化學反應式莫耳數比 = 係數比

燃燒 1 莫耳 $C_3H_8$ 需要 5 莫耳 $O_2$

$O_2$ 的莫耳數 $113.64\ mole/hr \times 5 = 568.20\ mole/hr$

1 大氣壓 25°C 時，1 莫耳氣體體積 24.5 L，$1m^3 = 10^{-3}L$

$O_2$ 體積 $=568.20\ mole/hr \times 24.5\ L/mole \times 10^{-3}\ m^3/L = 13.92\ m^3/hr$

因空氣中氧氣含量為 21%，

$$\frac{13.92\ m^3/hr}{21\%} = 66.29\ m^3/hr$$

$C_3H_8$ 完全燃燒所需理論空氣量為 $66.29\ m^3/hr$

三、丙烷 ($C_3H_8$) 之理論爆炸下限：

$$Cst = \frac{1}{1+\frac{5}{0.21}} = \frac{1}{1+23.81} = \frac{1}{24.81} = 4.03\%$$

丙烷 ($C_3H_8$) 之理論爆炸下限 = $0.55 \times Cst = 0.55 \times 4.03\% = 2.22\%$

四、丙烷之危險指數：

丙烷之危險指數 = ( 爆炸上限 - 爆炸下限 ) ÷ 爆炸下限

丙烷之危險指數 = $(9.5\% - 2.22\%) \div 2.22\% = 3.28$

**9**

所謂理論空氣量係指可燃性物質完全燃燒所需要的空氣量，以正己烷為例其完全燃燒反應式為 $C_6H_{14} + 9.5O_2 \rightarrow 6CO_2 + 7H_2O$。現有正己烷(分子量86，LEL = 1.1%)每天8小時消費48kg(大氣條件：25°C、一大氣壓、氧氣濃度21%)，試回答下列問題？

一、正己烷每小時之燃燒理論空氣量 ($m^3/hr$) 為何？

二、為防止火災爆炸發生，正己烷作業之最低換氣量 ($m^3/min$) 為何？

【58-05-01】、【58-05-02】

解 一、$C_6H_{14}$ 每小時消耗量 W 為 $\dfrac{48\ kg \times 1{,}000\ g/kg}{8\ hr} = 6{,}000g/hr$

$$莫耳數 = \frac{質量(g)}{原(分)子量}$$

C 的原子量 = 12、H 的原子量 = 1

$C_6H_{14}$ 的分子量 = (12×6)+(1×14) = 86

$$C_6H_{14}\ 的莫耳數 = \frac{6{,}000\ g/hr}{86} = 69.77\ mole/hr$$

$C_6H_{14} + 9.5O_2 \rightarrow 6CO_2 + 7H_2O$

完全燃燒化學反應式莫耳數比 = 係數比

燃燒1莫耳 $C_6H_{14}$ 需要9.5莫耳 $O_2$

$O_2$ 的莫耳數 69.77 mole/hr × 9.5 = 662.82 mole/hr

1大氣壓25°C時，1莫耳氣體體積24.5 L，$1m^3 = 10^{-3}L$

$O_2$ 體積 = 662.82 mole/hr × 24.5 L/ mole × $10^{-3}$ $m^3$/ L = 16.24 $m^3$/hr

因空氣中氧氣含量為21%，

$$\frac{16.24\ m^3/\ hr}{21\%} = 77.33\ m^3/hr$$

$C_6H_{14}$ 完全燃燒所需理論空氣量為 77.33 $m^3$/hr

二、每小時使用之正己烷量 W 為 (48kg×1,000g/kg)/8hr = 6,000g/hr

為避免火災爆炸之理論最低防爆換氣量：

$$Q = \frac{24.45 \times 10^3 \times W}{60 \times LEL \times 10^4 \times M.W.} \rightarrow Q = \frac{24.45 \times 10^3 \times 6{,}000}{60 \times 1.1 \times 10^4 \times 86} = 2.58m^3/min$$

故為避免火災爆炸之理論最低防爆換氣量 Q = 2.58$m^3$/min

若考慮「職業安全衛生設施規則」規定易燃性液體之蒸氣，濃度達爆炸下限值之 30% 以上時，應即刻使勞工退避至安全場所，並應加強通風，則其換氣量應為

$$2.58\ m^3/min \times \frac{1}{30\%} = 8.62\ m^3/min$$

**10**

正己烷 ($C_6H_{14}$) 與氧氣完全燃燒之完全燃燒反應式為 $mC_6H_{14}+nO_2 \rightarrow pCO_2 + qH_2O$，上列反應式中 m、n、p、q 均為正整數。若正己烷 10 小時共消費 86Kg，空氣相關條件為 25℃、1 大氣壓、氧氣濃度 21%、每莫耳體積 24.5 公升，試回答下列問題：

一、 平衡上列完全燃燒反應式後，m、n、p、q 之值為何（最簡單整數）？(4 分 )

二、 正己烷完全燃燒所須每小時之空氣流量為多少 ($m^3/h$) ？ (6 分 )

三、 若正己烷之爆炸下限為 0.55 倍理論混合比例值 (LEL=0.55Cst)，正己烷之爆炸下限為多少？ (5 分 )

四、 若正己烷之爆炸上限為 7.5%，正己烷之危險度為何？ (5 分 )【94-05】

解 一、 $mC_6H_{14} + nO_2 \rightarrow pCO_2 + qH_2O$

正己烷之燃燒化學式如下列：

$$C_xH_y + \frac{4x+y}{4} O_2 \rightarrow X\ CO_2 + \frac{y}{2} H_2O$$

$$1\ C_6H_{14} + 9.5\ O_2 \rightarrow 6\ CO_2 + 7\ H_2O$$

反應式中 m、n、p、q 之正整數值為 $2\ C_6H_{14} + 19\ O_2 \rightarrow 12\ CO_2 + 14\ H_2O$

反應式中 m、n、p、q 之最簡單整數值 m = 2、n = 19、p = 12、q = 14

二、 $C_6H_{14}$ 每小時消耗量 W 為 $\frac{86\ kg \times 1{,}000\ g/kg}{10\ hr} = 8{,}600 g/hr$

$$莫耳數 = \frac{質量(g)}{原(分)子量}$$

C 的原子量 = 12、H 的原子量 = 1

$C_6H_{14}$ 的分子量 = $(12\times6)+(1\times14) = 86$

$C_6H_{14}$ 的莫耳數 $= \frac{8{,}600\ g/hr}{86} = 100\ mole/hr$

$$C_6H_{14} + 9.5O_2 \rightarrow 6CO_2 + 7H_2O$$

完全燃燒化學反應式莫耳數比 = 係數比

燃燒 1 莫耳 $C_6H_{14}$ 需要 9.5 莫耳 $O_2$

$O_2$ 的莫耳數 100 mole/hr × 9.5 = 950 mole/hr

1 大氣壓 25°C 時，1 莫耳氣體體積 24.5 L，$1m^3 = 10^{-3}L$

$O_2$ 體積 = 950 mole/hr × 24.5 L/ mole × $10^{-3}$ $m^3$/ L = 23.28 $m^3$/hr

因空氣中氧氣含量為 21%，

$$\frac{23.28\ m^3/hr}{21\%} = 110.86\ m^3/hr$$

$C_6H_{14}$ 完全燃燒所需理論空氣量為 110.86 $m^3$/hr

三、正己烷（$C_6H_{14}$）之燃燒化學式　　$C_6H_{14} + 9.5O_2 \rightarrow 6CO_2 + 7H_2O$

$$Cst = \frac{1}{1+\frac{9.5}{0.21}} = \frac{1}{1+45.24} = \frac{1}{46.24} = 2.16\%$$

正己烷（$C_6H_{14}$）之理論爆炸下限 = 0.55 × Cst = 0.55 × 2.16% = 1.19%

四、 正己烷之相對危險指數計算如下：

正己烷之危險指數 = ( 爆炸上限 − 爆炸下限 ) ÷ 爆炸下限

正己烷之危險指數 = (7.5% − 1.19%) ÷ 1.19% = 5.3

**11**

所謂理論空氣量係指可燃性物質完全燃燒所需要的空氣量，如碳氫化合物完全燃燒產物為 $CO_2$ 及 $H_2O$，以丙烷為例，其完全燃燒反應式為 $C_3H_8+5O_2 \rightarrow 3CO_2+4H_2O$。現有四種物質其分別為：丙烷 ($C_3H_8$，分子量 44g/mole)、丙酮 ($CH_3COCH_3$，分子量 58g/mole)、異丙醇 ($CH_3CHOHCH_3$，分子量 60g/mole)、甲乙醚 ($CH_3OC_2H_5$，分子量 60g/mole)

試問當上述四種物質質量相等時，何者燃燒時具最低之理論空氣量？

【55-05-01】

**解** 設上述四種物質質量均為 1kg，其所需之理論「**需氧**」量 ( 以重量表示 ) 計算如下：

1. 丙烷

$C_3H_8 + 5O_2 \rightarrow 3CO_2 + 4H_2O$

丙烷分子量 44 g/mole，氧氣分子量 32 g/mole

氧氣重量 X kg

$$\frac{44}{1kg}=\frac{5\times 32}{Xkg}\Rightarrow 44\times Xkg=160\times 1kg\Rightarrow Xkg=\frac{160}{44}=3.64kg$$

氧氣重量百分率 $=20.9\times 32/[(78.1\times 28)+(20.9\times 32)+(1\times 40)]\times 100\%$

$=23.10\%$

因空氣中氧含量為 23.10%（重量比），故所需之理論「空氣」量（以重量表示）計算如下：

理論空氣量 Y kg

$$\frac{23.10}{100}=\frac{3.64}{Ykg}\Rightarrow Y=\frac{3.64\times 100}{23.10}=15.76kg$$

2. 丙酮

$CH_3COCH_3+4O_2\rightarrow 3CO_2+3H_2O$

提示 以觀察法平衡燃燒化學方程式。

氧氣重量 X kg

$$\frac{58}{1kg}=\frac{4\times 32}{Xkg}\Rightarrow 58\times Xkg=128\times 1kg\Rightarrow Xkg=\frac{128}{58}=2.21kg$$

理論空氣量 Y kg

$$\frac{23.10}{100}=\frac{2.21kg}{Ykg}\Rightarrow Y=\frac{2.21\times 100}{23.10}=9.57kg$$

3. 異丙醇

$CH_3CHOHCH_3+4.5O_2\rightarrow 3CO_2+4H_2O$

氧氣重量 X kg

$$\frac{60}{1kg}=\frac{4.5\times 32}{Xkg}\Rightarrow 60\times Xkg=144\times 1kg\Rightarrow Xkg=\frac{144}{60}=2.4kg$$

理論空氣量 Y kg

$$\frac{23.10}{100}=\frac{2.4kg}{Ykg}\Rightarrow Y=\frac{2.4\times 100}{23.10}=10.39kg$$

4. 甲乙醚

$CH_3OC_2H_5+4.5O_2\rightarrow 3CO_2+4H_2O$

氧氣重量 X kg

$$\frac{60}{1kg}=\frac{4.5\times32}{Xkg}\Rightarrow 60\times Xkg=144\times1kg\Rightarrow Xkg=\frac{144}{60}=2.4kg$$

理論空氣量 Y kg

$$\frac{23.10}{100}=\frac{2.4kg}{Ykg}\Rightarrow Y=\frac{2.4\times100}{23.10}=10.39kg$$

上述四種物質質量相等時，丙酮燃燒時具最低之理論空氣量。

## 貳、 事件樹分析 (Event Tree Analysis, ETA)

### 本節提要及趨勢

事件樹 (Event Tree Analysis, ETA) 是一種歸納 (Inductively) 方法的安全評估工具，從引起意外事故的起始事件開始分析。這個事件通常是系統中的某個組件發生故障。起始事件與安全系統有關，分析過程中，各個安全系統依事件發展的順序，置於事件樹最上層。在分析時會考慮每個安全系統的正常與故障情況，並根據事件間的因果關係，逐一分析直到意外事故發生。如果故障機率數據完整，則可以求得不同事件發展順序的機率，計算每一分支的條件機率，進而得到整個系統故障的機率。

### 重點精華

事件樹分析圖。

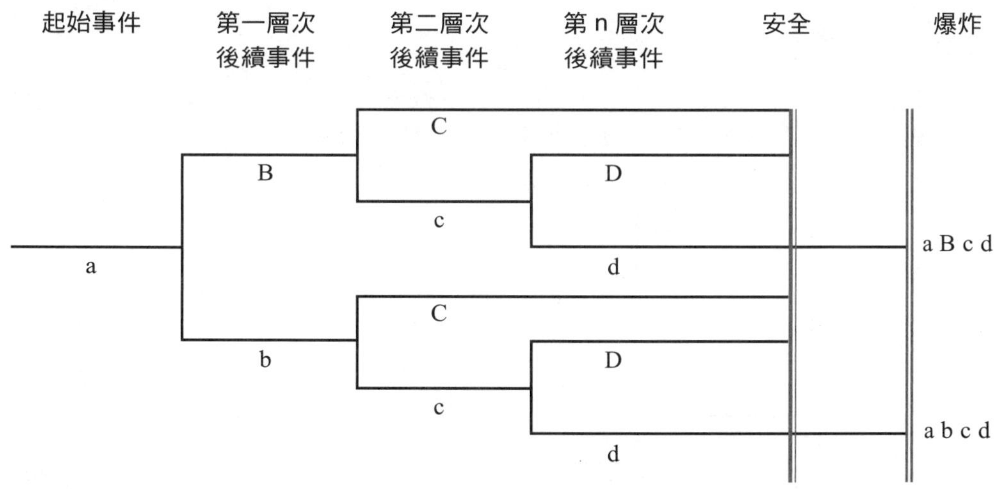


提示 B+b = 1；C+c = 1；D+d = 1

事件樹實施步驟：

1. 自起始事件開始，再依應變時間先後，依序排列安全裝置或措施。然後在各事件或裝置、措施畫對應的事件樹分支。通常每一應變的裝置或措施皆分正常與故障兩個分支，正常在上，故障在下，以 A、B、C、D 表示正常，以 a、b、c、d 表示故障。
2. 檢視事件樹各個分支，以簡化此事件樹，找出失控反應的事件樹。
3. 將各零組件的故障率或人為失誤率相乘即得分支的機率。

**1**

某一架橋劑 ( 過氧化物 ) 製程，其為放熱反應 (exothermic reaction)。在此反應中須添加冷卻水以防止溫度過高而引發失控反應。此外，另設有高溫警報器，當操作員聽到警報器會將冷卻水飼入反應器，以及自動停機系統停止反應。現在冷卻水系統失效的情況之下，試畫出事件樹，並求反應器失控反應 (Runaway reaction) 的機率 (probability)，其相關條件如下：

一、起始事件 ( 冷卻水系統失效 ) 發生機率為 $2.5\times10^{-2}$/ 年

二、在溫度 T1 時，高溫警報器警告操作員 ( 故障率 = $5\times10^{-2}$/ 年 )

三、操作員聽到警報後將冷卻水飼入反應器 ( 故障率 = $10^{-1}$/ 年 )

四、在溫度達 T2 時，自動停機系統停止反應 ( 故障率 = $10^{-2}$/ 年 )

【59-05-02】

解 一、事件樹

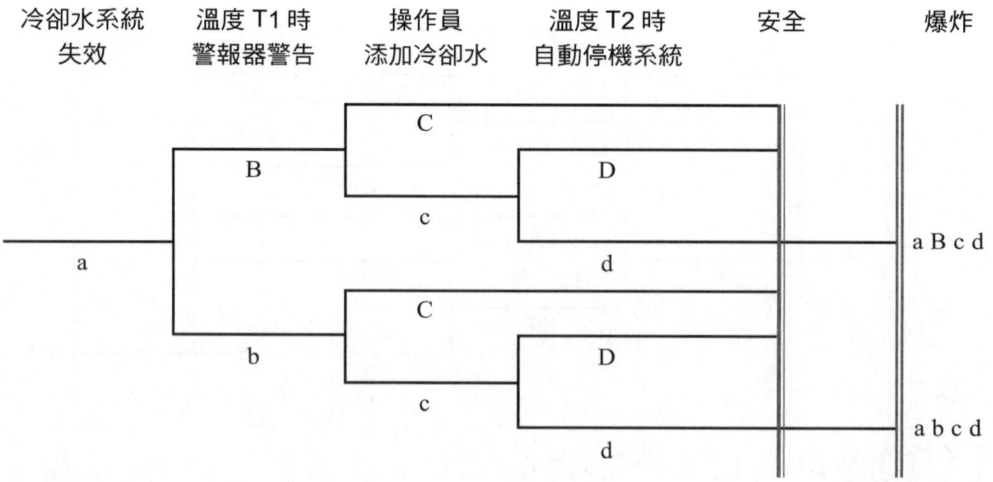

冷卻水系統失效　溫度 T1 時警報器警告　操作員添加冷卻水　溫度 T2 時自動停機系統　安全　爆炸

a
B
C
D
c
d
a B c d
b
C
D
c
d
a b c d

二、反應器失控反應 (Runaway reaction) 的機率 P：

$P = a\times B\times c\times d + a\times b\times c\times d$

a：$2.5\times10^{-2}$/ 年

b：$5\times10^{-2}$/ 年

B：$[1-(5\times10^{-2})]$ / 年

c：$10^{-1}$/ 年

d：$10^{-2}$/ 年

$P = (2.5\times10^{-2})\times[1-(5\times10^{-2})]\times(10^{-1})\times(10^{-2}) + (2.5\times10^{-2})\times(5\times10^{-2})\times(10^{-1})\times(10^{-2})$

$= 2.5\times10^{-5}$/ 年

三、計算機操作範例：

計算式：$(2.5\times10^{-2})\times[1-(5\times10^{-2})]\times(10^{-1})\times(10^{-2}) + (2.5\times10^{-2})\times(5\times10^{-2})\times(10^{-1})\times(10^{-2}) = 2.5\times10^{-5}$

| 計算機機型 | 計算機操作說明 |
| --- | --- |
| CASIO fx82SOLAR | [(… 2.5 × 10 x^Y 2 +/- …)] × [(… 1 - 5 × 10 x^Y 2 +/- …)] × 10 x^Y 1 +/- × 10 x^Y 2 +/- + [(… [(… 2.5 × 10 x^Y 2 +/- …)] × [(… 5 × 10 x^Y 2 +/- …)] × 10 x^Y 1 +/- × 10 x^Y 2 +/- …)] = $2.5\times10^{-5}$ |
| CASIO fx-82SOLAR II | [(… 2.5 × 10 x^Y 2 +/- …)] × [(… 1 - 5 × 10 x^Y 2 +/- …)] × 10 x^Y 1 +/- × 10 x^Y 2 +/- + [(… [(… 2.5 × 10 x^Y 2 +/- …)] × [(… 5 × 10 x^Y 2 +/- …)] × 10 x^Y 1 +/- × 10 x^Y 2 +/- …)] = $2.5\times10^{-5}$ |
| E-MORE fx-330s | [(… 2.5 × 10 SHIFT x^Y 2 +/- …)] × [(… 1 - 5 × 10 SHIFT x^Y 2 +/- …)] × 10 SHIFT x^Y 1 +/- × 10 SHIFT x^Y 2 +/- + [(… [(… 2.5 × 10 SHIFT x^Y 2 +/- …)] × [(… 5 × 10 SHIFT x^Y 2 +/- …)] × 10 SHIFT x^Y 1 +/- × 10 SHIFT x^Y 2 +/- …)] = $2.5\times10^{-5}$ |
| E-MORE fx-127 | ( 2.5 EXP +/- 2 × ( 1 - 5 EXP +/- 2 ) × 1 EXP +/- 1 × 1 EXP +/- 2 + ( 2.5 EXP +/- 2 × 5 EXP +/- 2 × 1 EXP +/- 1 × 1 EXP +/- 2 ) = 0.000025 |
| AURORA SC600 | ( 2.5 EXP +/- 2 × ( 1 - 5 EXP +/- 2 ) × 1 EXP +/- 1 × 1 EXP +/- 2 + ( 2.5 EXP +/- 2 × 5 EXP +/- 2 × 1 EXP +/- 1 × 1 EXP +/- 2 ) = 0.000025 |
| LIBERTY LB-217CA | [(… 2.5 × 10 SHIFT x^Y 2 +/- …)] × [(… 1 - 5 × 10 SHIFT x^Y 2 +/- …)] × 10 SHIFT x^Y 1 +/- × 10 SHIFT x^Y 2 +/- + [(… [(… 2.5 × 10 SHIFT x^Y 2 +/- …)] × [(… 5 × 10 SHIFT x^Y 2 +/- …)] × 10 SHIFT x^Y 1 +/- × 10 SHIFT x^Y 2 +/- …)] = $2.5\times10^{-5}$ |

**2** 某反應器中有氧化劑與還原劑進行放熱反應 (exothermic reaction)。在此反應中，除了添加觸媒之外，尚須添加冷卻水，以防止溫度過高。今假設冷卻水未於需要時進入反應器 ( 此為起始事件 )，而產生正常操作之偏離情況，則該操作系統需實施下列應變措施，並啟動相關安全裝置：

一、在溫度 T1 時，高溫警報器警告操作員 ( 故障率 = $5\times10^{-4}$/hr)。

二、操作員將冷卻水添加至反應器，溫度回復正常 ( 故障率 = $10^{-2}$/hr)。

三、在溫度 T2 時，自動停機系統停止反應 ( 故障率 = $10^{-4}$/hr)。

起始事件 ( 冷卻水系統失效 ) 發生的機率為 $2.5\times10^{-3}$。

試依前述條件繪製事件樹；並求反應器失控反應 (Runaway reaction) 的機率 (probability)。【47-05】

解 一、事件樹

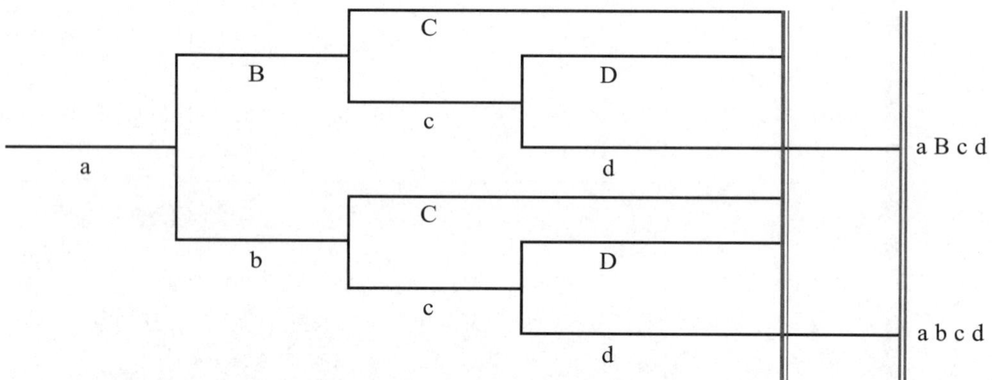


二、反應器失控反應 (Runaway reaction) 的機率 P：

$P = a\times B\times c\times d + a\times b\times c\times d$

a：$2.5\times10^{-3}$/hr

b：$5\times10^{-4}$/hr

B：$[1-(5\times10^{-4})]$ /hr

c：$10^{-2}$/hr

d：$10^{-4}$/hr

$$P = a\times B\times c\times d + a\times b\times c\times d$$
$$= (2.5\times10^{-3})\times[1-(5\times10^{-4})]\times(10^{-2})\times(10^{-4}) + (2.5\times10^{-3})\times(5\times10^{-4})\times(10^{-2})\times(10^{-4})$$
$$= 2.5\times10^{-9}/hr$$

**3**

某一反應器因冷卻水流失，使反應器之溫度升高，此時應發出警報，以示操作人員再加冷卻水入反應器，若警報系統故障，或操作員人為疏忽而未聽到警報系統之警報，致未及時補充冷卻水，使反應器之溫度升高，此時在正常情況下，自動 Shutdown System 將發揮作用，使反應器停機，但若此自動 Shutdown System 亦故障，則導致反應器將因失控而爆炸。

一、試繪出事件樹 (Event Tree Analysis, ETA)。

二、設每次操作冷卻水流失機率為 $a = 10^{-3}$，警報系統故障之機率 $b = 9\times10^{-3}$，操作員疏忽未能加冷卻水之機率 $c = 5\times10^{-2}$，自動停機系統故障之機率 $d = 2\times10^{-2}$ 試計算其失控爆炸之機率？

解 一、事件樹



二、反應器失控反應 (Runaway reaction) 的機率 P：

$P = a\times B\times c\times d + a\times b\times c\times d$

a：$10^{-3}$

b：$9\times10^{-3}$

B：$[1-(9\times10^{-3})]$

c：$5\times10^{-2}$

d：$2\times10^{-2}$

$P = a\times B\times c\times d + a\times b\times c\times d$

$= (10^{-3})\times[1-(9\times10^{-3})]\times(5\times10^{-2})\times(2\times10^{-2}) + (10^{-3})\times(9\times10^{-3})\times(5\times10^{-2})\times(2\times10^{-2})$

$= 10^{-6}$

**4** 某一反應器因冷卻水流失，使反應器之溫度升至 T1，此時應發出警報，以示操作員再加冷卻水入反應器，若警報系統故障，或操作員人為疏忽而未聽到警報系統之警報，致未及時補充冷卻水，使反應器之溫度升至 T2，此時在正常情況下，自動 shutdown system 將發揮其作用，使反應器停機，但若此自動 shutdown system 亦故障，則導致反應器因失控 (runaway) 而爆炸。試繪出 Event Tree (ET)。

設每次操作冷卻水流失機率為 a = $1\times10^{-5}$，警報系統故障之機率 b = $2\times10^{-4}$，操作員疏忽未能加冷卻水之機率 c =$3\times10^{-3}$，自動停機系統故障之機率 d =$1\times10^{-5}$，試計算其失控爆炸之機率？

解 一、事件樹

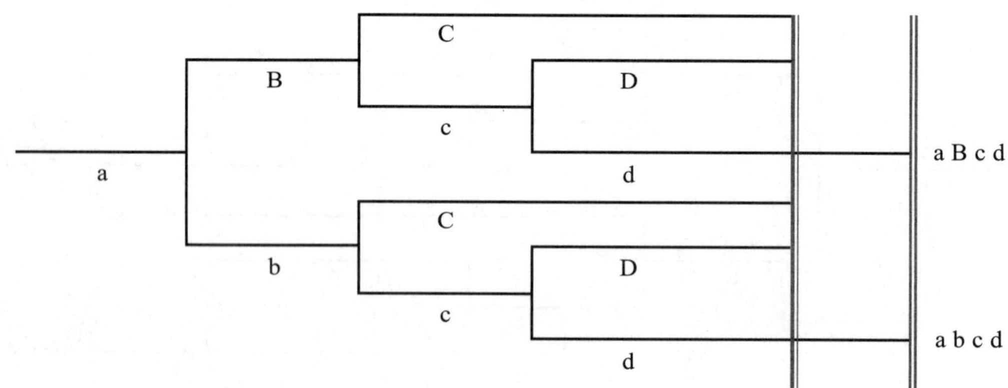


二、反應器失控反應 (Runaway reaction) 的機率 P：

$P = a\times B\times c\times d + a\times b\times c\times d$

a：$1\times10^{-5}$

b：$2\times10^{-4}$

B：$[1-(2\times10^{-4})]$

c：$3\times10^{-3}$

d：$1\times10^{-5}$

$$P = a\times B\times c\times d + a\times b\times c\times d$$
$$= (1\times10^{-5})\times[1-(2\times10^{-4})]\times(3\times10^{-3})\times(1\times10^{-5}) + (1\times10^{-5})\times(2\times10^{-4})\times(3\times10^{-3})\times(1\times10^{-5})$$
$$= 3\times10^{-13}$$

# 參、失誤樹分析 (Fault Tree Analysis, FTA)

## 本節提要及趨勢

本節所述失誤樹 (Fault Tree Analysis, FTA)，亦為法規之故障樹，計算題通常以失誤樹來說明。

首先依且閘(AND Gate)與或閘(OR Gate)來建構失誤樹頂端事件，再應用布林代數簡化失誤樹，求出其之最小分割集合 (Minimal cut set)。最後，計算此失誤樹頂端事件 (Top Event) 發生之機率。

## 重點精華

失誤樹分析流程圖：

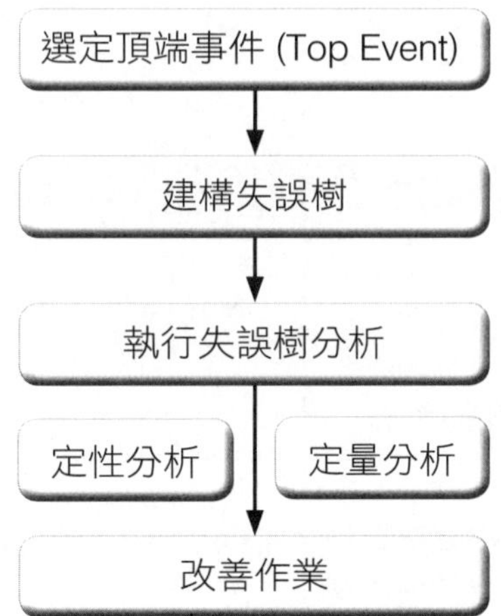


失誤樹實施步驟：

1. 系統定義：

   (1) 定義分析範圍及分析邊界。

   (2) 定義起始條件。

   (3) 定義頂端事件 (Top Event)。

2. 系統邏輯模型建構：

   建立失誤樹 (Fault Tree Analysis, FTA)。

3. 共同原因故障模式分析。

4. 定性分析 (Qualitative Analysis)：

    (1) 布林代數 (Boolean Algebra) 化簡。

    (2) 找出最小切集合 (Minimal Cut Set, MCS)。

5. 由故障率資料庫搜尋基本事件故障率 (Failure Rate)。

6. 依製程條件、環境因素等修正基本事件故障率。

7. 建立故障率資料庫 / 資料檔。

8. 定量分析 (Quantitative Analysis)：

    求出頂端事件 (Top Event)/ 最小分割集合 (MCS) 之故障率及機率，包括：不可靠度 (Unreliability)、不可用度 (Unavailability)、失誤期望值 (Expected Number of Failure) 等。

9. 最小切集合 (MCS) 排序、相對重要性分析 (Importance Analysis)。

失誤樹邏輯符號說明：

| 名詞 | 說明 | 名詞 | 說明 |
|---|---|---|---|
| 頂端事件 (top event) | 指重大危害或嚴重事件；如火災、爆炸、外洩、塔槽破損等，是**失誤樹分析中邏輯演譯推論的起始**。 | 中間事件 (intermediate event) | 失誤樹分析中邏輯演譯**過程中之任一事件**。 |
| 基本事件 (basic event) | **失誤樹分析中邏輯演譯的末端**，通常是設備或元件故障或人為失誤。 | 未發展事件 (undeveloped event) | 失誤樹分析中因系統邊界或分析範圍之**限制，未繼續分析下去之事件**；或總括指人為失誤，而不再深究人為失誤的原因。 |
| 「或」邏輯閘 (or gate) | 失誤樹分析中兩個 (含) 以上原因，**其中之一發生**，就會導致某一中間事件或頂端事件發生。 | 外部事件 (external event/ house event) | **不期望發生的事件，但並非製程系統定義邊界內的失誤或故障**。如冷卻水系統失常，不需在本失誤樹中分析。<br>(隨時存在，機率 =1) |
| 「且」邏輯閘 (and gate) | 失誤樹分析中兩個 (含) 以上原因**同時發生**，才會導致某一中間事件或頂端事件發生。 | 轉頁號 (transfer symbols)<br>out in | 失誤樹結構很大，一張紙印不下，**可轉接其他報表**。Transfer out 為由其他報表轉下來的事件，Transfer in 為轉出至其他報表的事件。 |

**建立失誤樹所使用之符號及名詞**

## 名詞解釋：

1. 切集合 (Cut Set)：

   各種可能發生的狀況或組合，確保頂端事件會發生的集合。

2. 最小切集合 (Minimal Cut Set, MCS)：

   任何一個切集合中最少基本事件的組合，這組合中所有基本事件發生即會使頂端事件發生。

3. 邏輯補數 (NOT gate)：

   A 集合的補集合 A'，則 A' = 1-A。

4. 互補律 (complementarity law)：

   令 A' 為 A 的補集合則，如：

   (1) $A \times A' = 0$

   (2) $A+A' = 1$

5. 冪等律 (idempotent law)：

   任何事件在切割集合組合中無需出現 2 次，因為事件的自我交集是沒有意義的 ( 也可理解為，集合的自我交集等於集合本身 )，如：

   (1) $A \times A = A$

   (2) $A+A = A$

   (3) $A \times B \times A \times B \times B = A \times B$

   (4) $A \times B \times A \times B \times B \times X \times Y = A \times B \times X \times Y$

6. 吸收律 (absorption law)：

   當一個集合是另一集合的子集合時，該子集合應該被吸收，以免機率重覆計算，如：

   (1) $A+A \times B = A$

   (2) $A \times B + A \times B \times C = A \times B$

   (3) $A+A \times B+X \times Y = A+X \times Y$

7. 笛摩根第一定律：

   「和的補數等於各補數之積」，如：

   (1) $(A \cup B)'=A' \cap B'$

   (2) $(A \cup B \cup C)'=A' \cap B' \cap C'$

## 布林代數化簡法規則：

布林代數用於集合運算，與普通代數運算法則不同。它可用於失誤樹分析 (Fault Tree Analysis, FTA)，幫助將事件表達為基本事件的組合，並將系統失效表示為基本元件失效的組合。演算這些方程式即可求出導致系統失效的基本元件失效組合 ( 即最小切集合 )，進而根據元件失效概率，計算出系統失效的概率。

布林代數規則如下 (A、B 代表兩個集合 )：

1. 交集與聯集

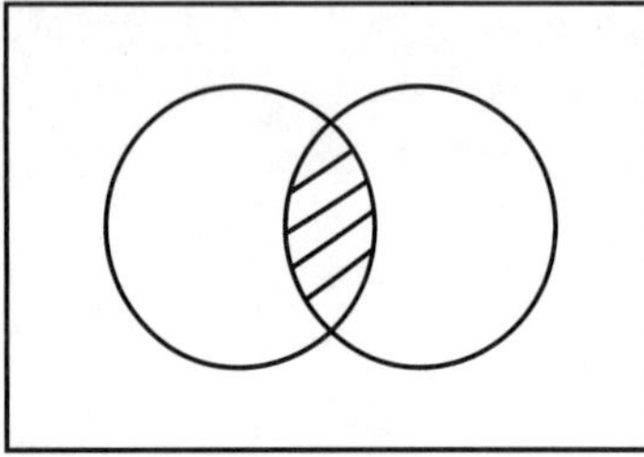

A · B

事件 A 與 B 是獨立的同時發生
( 集合交集 )

A 與 B 事件同時發生時才會發生的事件，即
$P_{A \cdot B} = P_A \cdot P_B$

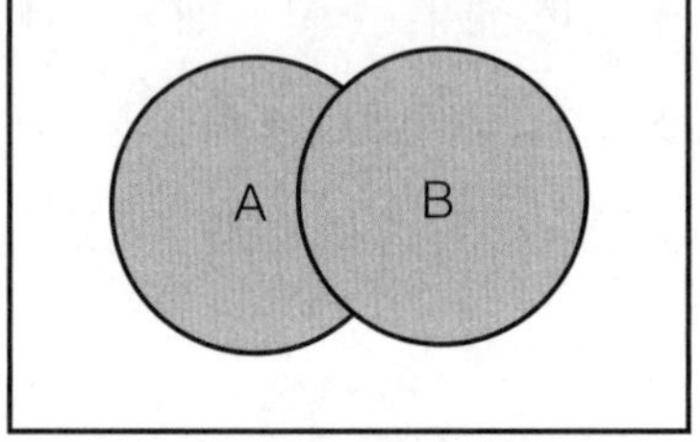


A + B

事件 A 與 B 任一發生
( 集合聯集 )

A、B 聯集的機率則應扣除交集部份重覆計算的機率
$P_{A+B} = P_A + P_B - P_A \cdot P_B$

2. 布林代數規則：

| 布林代數 | 規則 |
|---|---|
| 冪等律 | $A \times A = A$<br>$A + A = A$ |
| 吸收律 | $A \times (A + B) = A$<br>$A + (A \times B) = A$ |
| 交換律 | $A \times B = B \times A$<br>$A + B = B + A$ |
| 結合律 | $A \times (B \times C) = (A \times B) \times C$<br>$A + (B + C) = (A + B) + C$ |
| 分配律 | $A \times (B + C) = A \times B + A \times C$<br>$A + (B \times C) = (A + B) \times (A + C)$ |

| 布林代數 | 規則 |
|---|---|
| 互補律 | A + A' = 1<br>A × A' = 0( 表示空集 ) |
| 笛摩根定律 | (A × B)' = A' + B'<br>(A + B)'=A' × B' |
| 對合律 | (A')' = A |
| 重疊律 | A + A'B= A + B=B + B'A |

頂端事件包含「或閘 (OR Gate)」的發生率：若一頂端事件之組成 ( 即最小切集合 ) 至少包含一個「或閘」時，則各部分集合先以「笛摩根第一定律」計算之 ( 即各部分集合先以「1- 故障率」計算之，並且再互乘 )，此時得出的結果是「頂端事件的不發生率」，計算至此即可以「1- 頂端事件的不發生率」再計算之，即可得到「頂端事件的發生率」，如：

假設某一頂端事件 T 之最小切集合為 A+B，若 A 事件的發生機率為 a，B 事件的發生機率為 b，則頂端事件 T 的發生率計算應為：

$$P(T) = 1-[1-P(A)] \times [1-P(B)]$$

$$= 1-(1-a) \times (1-b)$$

**1**

請計算下圖失誤樹 (Fault Tree Analysis, FTA) 頂端事件 Z 的發生故障機率。其中 A、B、C 基本事件的故障率分別為 $1 \times 10^{-6}$、$2 \times 10^{-3}$、$3 \times 10^{-3}$。



【60-05-02】

 失誤樹頂端事件 Z 的發生故障機率計算如下：

$Z = X \times Y$

$= (A + B) \times (A + C)$

$= (A \times A) + (A \times C) + (B \times A) + (B \times C)$

冪等律

$Z = A + (A \times C) + (B \times A) + (B \times C)$

$= [(A) \times (1 + C + B)] + (B \times C)$

吸收律

$Z = (A) + (B \times C)$

失誤樹頂端事件 P(Z) 之故障機率

$P(Z) = 1 - [1 - P(A)] \times [1 - P(B \times C)]$

將故障率代入

$P(Z) = 1 - [1 - P(A)] \times [1 - P(B \times C)]$

$= 1 - \{ (1 - 1 \times 10^{-6}) \times [1 - (2 \times 10^{-3} \times 3 \times 10^{-3})] \}$

$= 1 - [(1 - 1 \times 10^{-6}) \times (1 - 6 \times 10^{-6})]$

$= 1 - [(0.999999) \times (0.999994)]$

$= 1 - 0.999993$

$\fallingdotseq 7 \times 10^{-6}$

> 提示
> AND Gate 相乘
> OR Gate 相加
> 先冪等律
> 再吸收律

計算機操作範例：

計算式：$1 - \{ (1 - 1 \times 10^{-6}) \times [1 - (2 \times 10^{-3} \times 3 \times 10^{-3})] \} \fallingdotseq 7 \times 10^{-6}$

| 計算機機型 | 計算機操作說明 |
|---|---|
| CASIO fx82SOLAR | 1 [-] [[(…] [[(…] 1 [-] 1 [×] 10 [$x^Y$] 6 [+/-] […)]] [×] [[(…] 1 [-] [[(…] 2 [×] 10 [$x^Y$] 3 [+/-] [×] 3 [×] 10 [$x^Y$] 3 [+/-] […)]] […)]] […)]] [=] $7 \times 10^{-6}$ |
| CASIO fx-82SOLAR II | 1 [-] [[(…] [[(…] 1 [-] 1 [×] 10 [$x^Y$] 6 [+/-] […)]] [×] [[(…] 1 [-] [[(…] 2 [×] 10 [$x^Y$] 3 [+/-] [×] 3 [×] 10 [$x^Y$] 3 [+/-] […)]] […)]] […)]] [=] $7 \times 10^{-6}$ |
| E-MORE fx-330s | 1 [-] [[(…] [[(…] 1 [-] 1 [×] 10 [SHIFT] [$x^Y$] 6 [+/-] […)]] [×] [[(…] 1 [-] [[(…] 2 [×] 10 [SHIFT] [$x^Y$] 3 [+/-] [×] 3 [×] 10 [SHIFT] [$x^Y$] 3 [+/-] […)]] […)]] […)]] [=] $6.999994 \times 10^{-6}$ |
| E-MORE fx-127 | 1 [-] [(] [(] 1 [-] 1 [EXP] [+/-] 6 [)] [×] [(] 1 [-] [(] 2 [EXP] [+/-] 3 [×] 3 [EXP] [+/-] 3 [)] [)] [)] [=] 0.000006999 |

| 計算機機型 | 計算機操作說明 |
|---|---|
| AURORA SC600 | 1 - ( ( 1 - 1 EXP +/- 6 ) × ( 1 - ( 2 EXP +/- 3 × 3 EXP +/- 3 ) ) ) = 0.000006999 |
| LIBERTY LB-217CA | 1 - [(··· [(··· 1 - 1 × 10 SHIFT $x^Y$ 6 +/- ···)] × [(··· 1 - [(··· 2 × 10 SHIFT $x^Y$ 3 +/- × 3 × 10 SHIFT $x^Y$ 3 +/- ···)] ···)] ···)] = $6.999994 \times 10^{-6}$ |

**2**

請回答下列問題：

一、如發生頂端事件 K 之布林方程式為 K=B+CD，其中 B、C、D 為基本事件，請繪製該布林方程式之失誤樹圖 (Fault Tree Analysis, FTA)。(10 分)

二、請列出計算式並計算下列失誤樹圖 (Fault Tree Analysis, FTA) 之頂端事件 K 之故障機率值，基本事件 B、C、D 的故障率分別為 $\lambda_B=1.5\times10^{-3}$，$\lambda_C=4\times10^{-4}$，$\lambda_D=2\times10^{-4}$。【81-05】

**解** 一、頂端事件 K=B+CD 之失誤樹圖

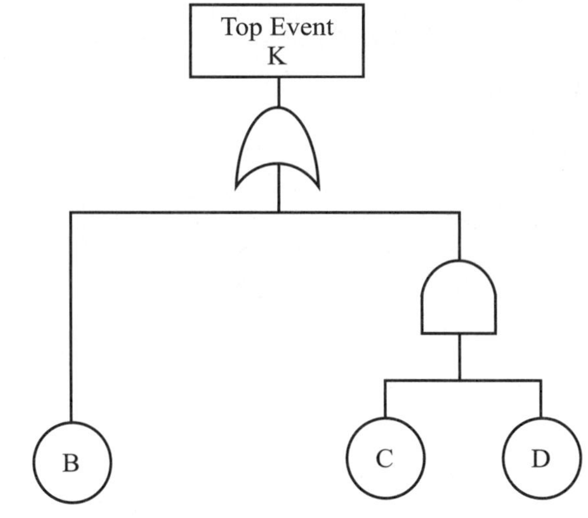


提示

AND Gate 相乘

OR Gate 相加

二、K=B+CD

失誤樹頂端事件 P(K) 之故障機率

$$P(K) = 1 - [1 - P(B)]\times[1 - P(C\times D)]$$

將故障率代入

$$
\begin{aligned}
P(K) &= 1 - [1 - P(B)]\times[1 - P(C\times D)] \\
&= 1 - \{ (1 - 1.5\times 10^{-3})\times[1 - (4\times 10^{-4}\times 2\times 10^{-4})] \} \\
&= 1 - [(1 - 1.5\times 10^{-3})\times(1-8\times 10^{-8})] \\
&= 1 - [(0.9985)\times(0.99999992)] \\
&= 1 - 0.99849992 \\
&\fallingdotseq 1.50008\times 10^{-3}
\end{aligned}
$$

**3**

一化學反應器之相關安全裝置如下圖所示，反應槽內部壓力達到設定壓力時，高壓警報器即發出警報，反應器內裝有壓力開關連接到警報器；此反應器又安裝一套自動 ( 高壓 ) 停機警報系統，當反應器內壓大於警報 (alarm) 設定的壓力時，則停止進料閥入料 ( 壓力指示控制器 (PIC) 將關閉進料閥 )。

一、試繪出此反應器超壓 (over pressure) 之失誤樹 (Fault Tree Analysis, FTA)。

二、計算此反應器發生超壓之最小切集合 (minimum cut set)。

三、計算反應器發生超壓之機率 (probability)。

壓力指示警報器 (PIA) 故障機率：$10^{-4}$；

警報裝置 (Alarm device) 故障機率：$6\times 10^{-4}$；

壓力指示控制器 (PIC) 故障機率：$10^{-4}$；

進料閥故障機率：$4\times 10^{-2}$。

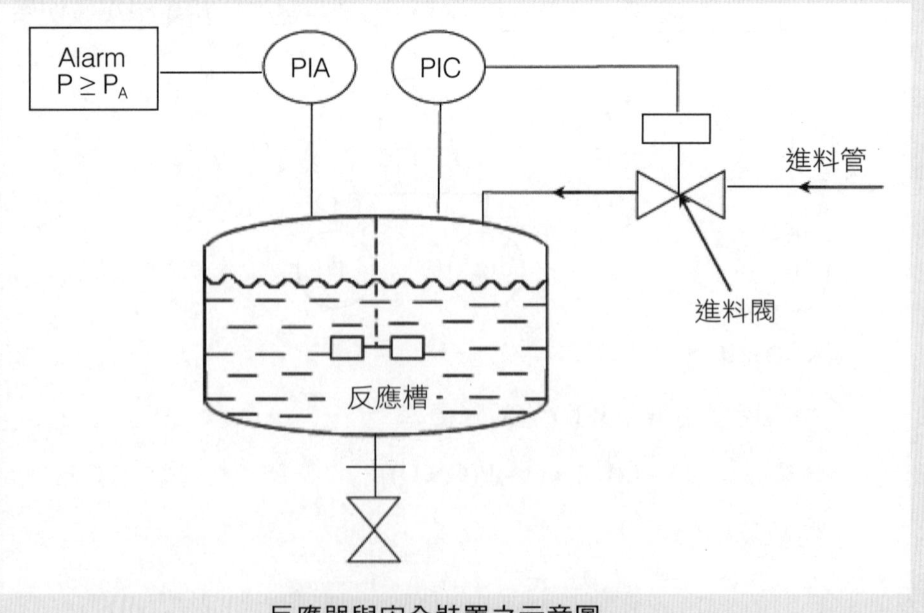


反應器與安全裝置之示意圖

【76-05】

 一、此反應器超壓 (over pressure) 之失誤樹如下圖：

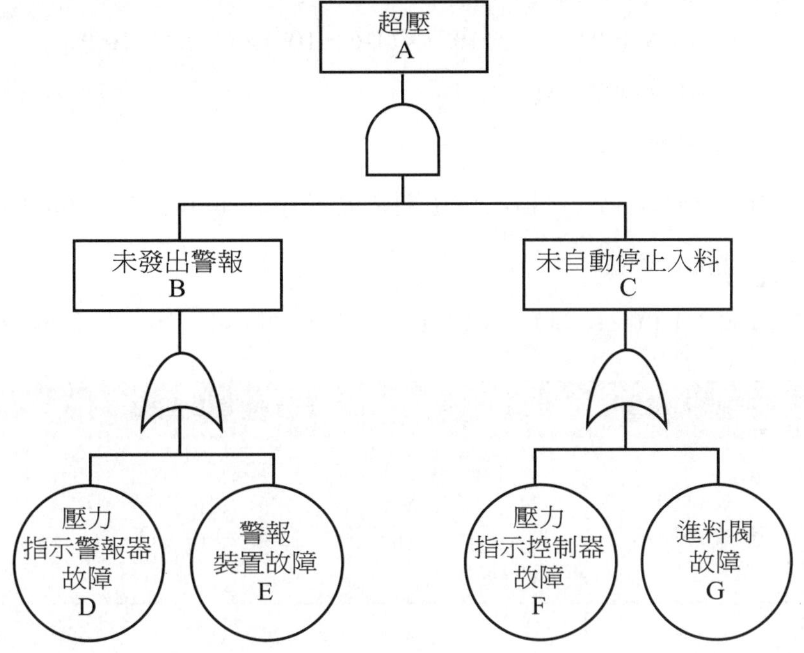


二、反應器發生超壓之最小切集合：

A =B × C

=(D+E) × (F+G)

=D × F+D × G+E × F+E × G

經計算後得知此反應器發生超壓之最小切集合 (minimum cut set)A 為：DF+DG+EF+EG

三、反應器發生超壓之機率：

D：壓力指示警報器 (PIA) 故障機率：$10^{-4}$

E：警報裝置 (Alarm device) 故障機率：$6 \times 10^{-4}$

F：壓力指示控制器 (PIC) 故障機率：$10^{-4}$

G：進料閥故障機率：$4 \times 10^{-2}$

$P_1 = D \times F = 10^{-4} \times 10^{-4} = 10^{-8}$

$P_2 = D \times G = 10^{-4} \times 4 \times 10^{-2} = 4 \times 10^{-6}$

$P_3 = E \times F = 6 \times 10^{-4} \times 10^{-4} = 6 \times 10^{-8}$

$P_4 = E \times G = 6 \times 10^{-4} \times 4 \times 10^{-2} = 2.4 \times 10^{-5}$

A：反應器發生超壓之機率

$P(A) = 1-[(1-P_1)\times(1-P_2)\times(1-P_3)\times(1-P_4)]$

$= 1-[(1-10^{-8})\times(1-4\times10^{-6})\times(1-6\times10^{-8})\times(1-2.4\times10^{-5})]$

$= 1-(0.99997193)$

$= 2.8069\times10^{-5}$

經計算後得知此反應器發生超壓之機率 (probability) 為 $2.8069\times10^{-5}$

計算機操作範例：

計算式：$1-[(1-10^{-8})(1-4\times10^{-6})(1-6\times10^{-8})(1-2.4\times10^{-5})] = 2.8069\times10^{-5}$

| 計算機機型 | 計算機操作說明 |
|---|---|
| CASIO fx82SOLAR | 1 [-] [[(…] [[(…] 1 [-] 1 [×] 10 [$x^Y$] 8 [+/-] […)]] [×] [[(…] 1 [-] 4 [×] 10 [$x^Y$] 6 [+/-] […)]] [×] [[(…] 1 [-] 6 [×] 10 [$x^Y$] 8 [+/-] […)]] [×] [[(…] 1 [-] 2.4 [×] 10 [$x^Y$] 5 [+/-] […)]] […)]] [=] $2.8069\times10^{-5}$ |
| CASIO fx-82SOLAR II | 1 [-] [[(…] [[(…] 1 [-] 1 [×] 10 [$x^Y$] 8 [+/-] […)]] [×] [[(…] 1 [-] 4 [×] 10 [$x^Y$] 6 [+/-] […)]] [×] [[(…] 1 [-] 6 [×] 10 [$x^Y$] 8 [+/-] […)]] [×] [[(…] 1 [-] 2.4 [×] 10 [$x^Y$] 5 [+/-] […)]] […)]] [=] $2.8069\times10^{-5}$ |
| E-MORE fx-330s | 1 [-] [[(…] [[(…] 1 [-] 1 [×] 10 [SHIFT] [$x^Y$] 8 [+/-] […)]] [×] [[(…] 1 [-] 4 [×] 10 [SHIFT] [$x^Y$] 6 [+/-] […)]] [×] [[(…] 1 [-] 6 [×] 10 [SHIFT] [$x^Y$] 8 [+/-] […)]] [×] [[(…] 1 [-] 2.4 [×] 10 [SHIFT] [$x^Y$] 5 [+/-] […)]] […)]] [=] $2.8069\times10^{-5}$ |
| E-MORE fx-127 | 1 [-] [(] [(] 1 [-] 1 [EXP] [+/-] 8 [)] [×] [(] 1 [-] 4 [EXP] [+/-] 6 [)] [×] [(] 1 [-] 6 [EXP] [+/-] 8 [)] [×] [(] 1 [-] 2.4 [EXP] [+/-] 5 [)] [=] 0.000028069 |
| AURORA SC600 | 1 [-] [(] [(] 1 [-] 1 [EXP] [+/-] 8 [)] [×] [(] 1 [-] 4 [EXP] [+/-] 6 [)] [×] [(] 1 [-] 6 [EXP] [+/-] 8 [)] [×] [(] 1 [-] 2.4 [EXP] [+/-] 5 [)] [=] 0.000028069 |
| LIBERTY LB-217CA | 1 [-] [[(…] [[(…] 1 [-] 1 [×] 10 [SHIFT] [$x^Y$] 8 [+/-] […)]] [×] [[(…] 1 [-] 4 [×] 10 [SHIFT] [$x^Y$] 6 [+/-] […)]] [×] [[(…] 1 [-] 6 [×] 10 [SHIFT] [$x^Y$] 8 [+/-] […)]] [×] [[(…] 1 [-] 2.4 [×] 10 [SHIFT] [$x^Y$] 5 [+/-] […)]] […)]] [=] $2.8069\times10^{-5}$ |

**4** 假設一機電設備之失誤樹 (Fault Tree Analysis, FTA) 如下圖，各基本事件發生之機率顯示於下表。

一、應用布林代數運算分析，找出最小分割集合；以及

二、求出頂端事件發生之機率。

| 基本事件 | A | B | C | D |
|---|---|---|---|---|
| 機率 | 0.01 | 0.02 | 0.1 | 0.2 |

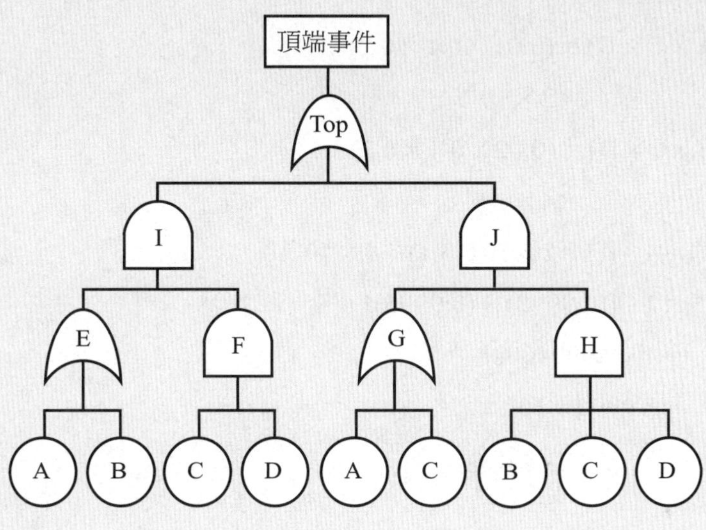

 一、此機電設備之失誤樹最小分割集合運算分析如下：

$T = I + J$

$= (E \times F) + (G \times H)$

$= [(A + B) \times (C \times D)] + [(A + C) \times (B \times C \times D)]$

$= A \times C \times D + B \times C \times D + A \times B \times C \times D + B \times C \times C \times D$

冪等律

$T = A \times C \times D + B \times C \times D + A \times B \times C \times D + B \times C \times D$

冪等律

$T = A \times C \times D + B \times C \times D + A \times B \times C \times D$

吸收律

$T = A \times C \times D + B \times C \times D$

失誤樹之頂端事件 T 的最小切集合 = ACD + BCD

二、頂端事件 T 之發生機率計算如下：

$T = ACD + BCD$

失誤樹頂端事件 P(T) 之發生機率：

$P(T) = 1 - [1 - P(A \times C \times D)] \times [1 - P(B \times C \times D)]$

P(A)：0.01

P(B)：0.02

P(C)：0.1

P(D)：0.2

$P(A \times C \times D) = (0.01 \times 0.1 \times 0.2)$

$= 2 \times 10^{-4}$

$P(B \times C \times D) = (0.02 \times 0.1 \times 0.2)$

$= 4 \times 10^{-4}$

$P(T) = 1 - [(1 - 2 \times 10^{-4}) \times (1 - 4 \times 10^{-4})]$

$= 1 - [(0.9998) \times (0.9996)]$

$= 1 - 0.99940008$

$= 5.9992 \times 10^{-4}$

**5** 安全化設計要求系統至少發生兩個獨立的功能性失效 (malfunctions)、兩個獨立的人為失誤 (errors)，或同時發生一個獨立的功能性失效及一個獨立的人為失誤，才會造成系統異常事件，且失誤樹 (Fault Tree Analysis, FTA) 是安全化設計常用的風險分析方法。一系統風險分析如下列失誤樹圖所示，試回答下列問題：

一、試就失誤樹圖計算該系統發生頂端事件 A 之失誤率。

二、該系統是否符合安全化設計要求？理由為何？

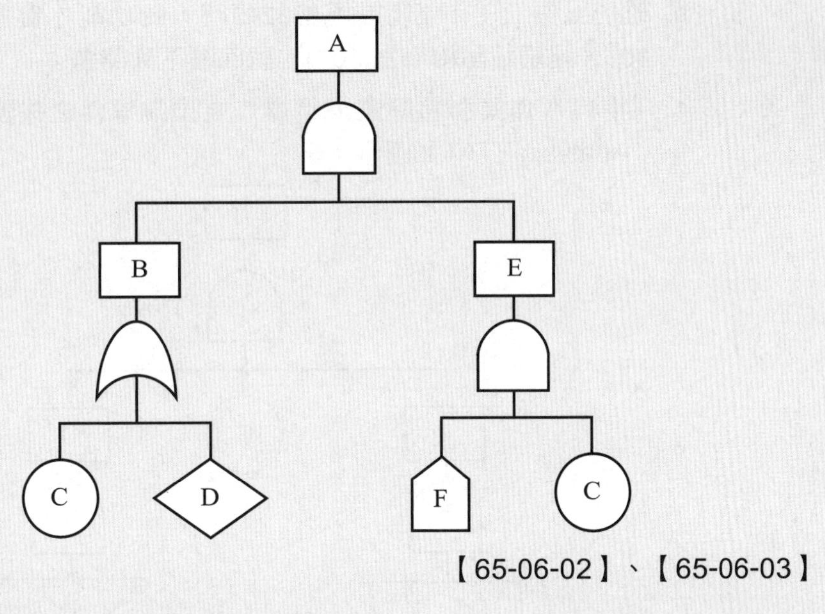


【65-06-02】、【65-06-03】

 一、頂端事件 A 之失誤率計算如下：

$A = B \times E$

$= (C + D) \times (F \times C)$

$= C \times F \times C + D \times F \times C$

依據冪等律

$A = C \times F + C \times F \times D$

依據吸收律

$A = C \times F$

二、經過最小分割集合化簡之後得知，此頂端事件 A，係由「基本事件 C」與「外部事件 F」同時發生才導致頂端事件 A 的異常事件，符合同時發生一個獨立的功能性失效及一個獨立的人為失誤，才會造成系統異常事件之安全化設計要求，故該系統符合安全化設計要求。

**6**

某製程常發生物料 A( 閃火點 20°C) 在注料作業中，因靜電火花而引發火災爆炸，業者為防制此危害 ( 靜電火災爆炸 )，採取下列安全措施：

一、物料 A 注料前先經冷凍機降溫至 5°C( 冷凍機只有停電時才會失效，停電機率為 $10^{-3}$，環境溫度高於 20°C 機率為 0.9)。

二、反應時採氮封設計 ( 只有氮氣不足才會失效，氮氣不足的機率為 $2\times10^{-3}$)

三、靜電火源控制措施為：

a. 接地 / 等電位連結 ( 接地 / 等電位連結失效機率為 $10^{-3}$)

b. 離子風扇 ( 只有停電或風扇故障時，此功能才會失效，停電機率為 $10^{-3}$，風扇故障機率為 $10^{-4}$)。試回答下列問題：

1. 物料 A 作業引發靜電火災爆炸為頂端事件之失誤樹圖 (Fault Tree Analysis,FTA) 如圖示。

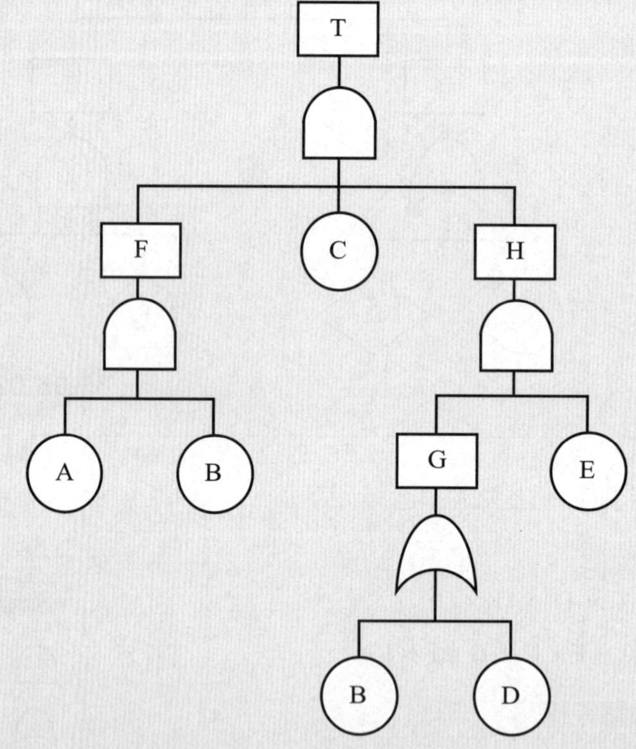


各事件分別為氮氣不足、靜電火災爆炸、物料降溫失效、離子風扇故障、停電、靜電火源控制失效、接地 / 等電位連結失效、環境溫度高於 20°C、風扇故障，請分別將前述事件與失誤樹圖 (Fault Tree Analysis, FTA) 中英文字母配對。

2. 請求出靜電火源控制失效機率。

3. 請求出靜電火災爆炸頂端事件之發生機率。 【63-05】

1. 事件與失誤樹圖中英文字母配對如下列：

A：環境溫度高於 20℃　B：停電　C：氮氣不足

D：風扇故障　E：接地 / 等電位連結失效　F：物料降溫失效

G：離子風扇故障　H：靜電火源控制失效　T：靜電火災爆炸

2. 靜電火源控制失效機率之計算如下：

$P(H) = G \times E = (B + D) \times E = (B \times E) + (D \times E)$

P(A)：0.9

P(B)：$10^{-3}$

P(C)：$2 \times 10^{-3}$

P(D)：$10^{-4}$

P(E)：$10^{-3}$

$P\ (B \times E) = (10^{-3} \times 10^{-3}) = 10^{-6}$

$P\ (D \times E) = (10^{-4} \times 10^{-3}) = 10^{-7}$

失效機率 $P(H) = 1 - [1 - P(B \times E)] \times [1 - P(D \times E)]$

$= 1 - [(1 - 10^{-6}) \times (1 - 10^{-7})]$

$= 1 - (0.999999 \times 0.9999999)$

$= 1 - 0.9999989$

$= 1.1 \times 10^{-6}$

> 提示
>
> AND Gate 相乘
>
> OR Gate 相加

3. 靜電火災爆炸頂端事件之發生機率之計算如下：

Top Equation $= (F) \times C \times (H)$

$= (F) \times C \times (G \times E)$

$= (A \times B) \times C \times [\ (B + D) \times E]$

$= (A \times B \times C \times E \times B) + (A \times B \times C \times E \times D)$

**依據冪等律**

Top Equation $= (A \times B \times C \times E) + (A \times B \times C \times E \times D)$

**依據吸收律**

Top Equation $= A \times B \times C \times E$

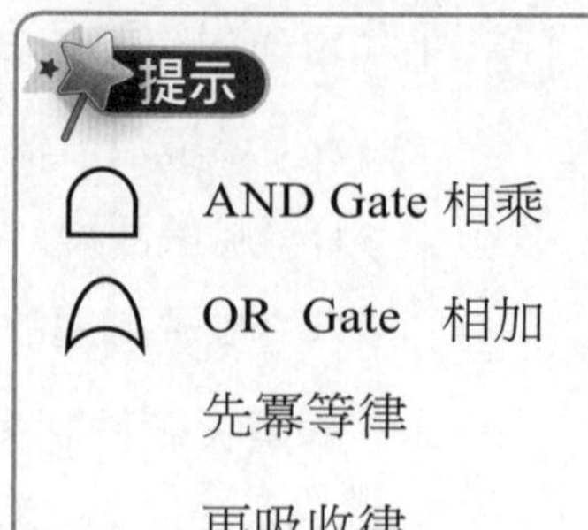


將機率代入

P(A)：0.9

P(B)：$10^{-3}$

P(C)：$2\times10^{-3}$

P(D)：$10^{-4}$

P(E)：$10^{-3}$

$$P(T) = A\times B\times C\times E$$
$$= 0.9\times10^{-3}\times2\times10^{-3}\times10^{-3}$$
$$= 1.8\times10^{-9}$$

**7**

有一批次反應常因物料 A 注料作業中靜電火花引發爆炸，今業者為防制此危害採取下列安全措施：

一、物料 A( 其閃火點為 20°C) 注料前先經由冷凍機降溫至 5°C ( 唯有停電時冷凍機才會失效 )

二、反應時採氮封設計 ( 為有氮氣不足才會失效 )

三、靜電火源控制措施為 a. 接地等電位連結 b. 離子風扇 ( 停電或風扇故障此功能才會失效 )

| 系統 | 機率 |
|---|---|
| 環境溫度低於 20℃ | 0.1 |
| 停電 | $10^{-3}$ |
| 氮氣不足 | $2\times10^{-3}$ |
| 離子風扇故障 | $10^{-4}$ |
| 接地 / 等電位連結失效 | $10^{-3}$ |

1. 請畫出與物料 A 作業引發爆炸為頂端事件之失誤樹圖 (Fault Tree Analysis, FTA)。
2. 請求出最小切集合 (Minimum Cut Set)。
3. 請求出頂端事件之發生機率。 【53-05】

 1. 失誤樹圖

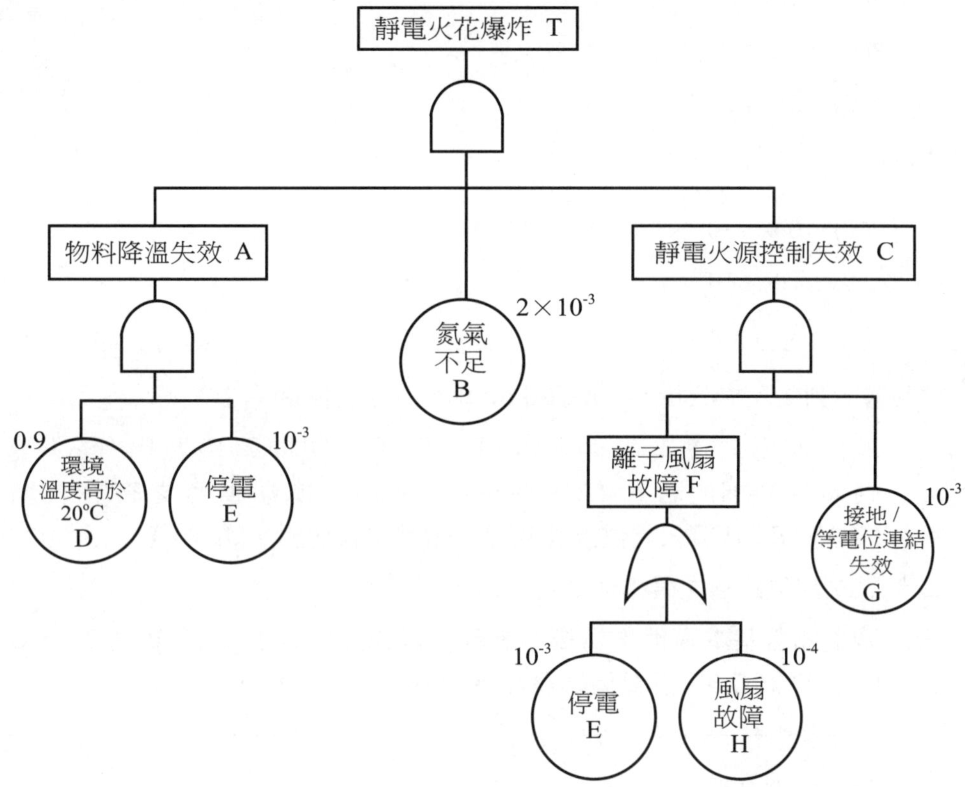


2. 最小切集合 (Minimum Cut Set)

$T = A\times B\times C$

$= (D\times E) \times B\times (F\times G)$

$= (D\times E) \times B\times [ (E + H)\times G]$

$= (D\times E\times B\times G\times E) + (D\times E\times B\times G\times H)$

**依據冪等律**

$T = (D\times E\times B\times G) + (D\times E\times B\times G\times H)$

**依據吸收律**

$T = D\times E\times B\times G$

最小切集合：DEBG

3. 頂端事件之發生機率

$P(T) = D\times E\times B\times G$

將機率代入

P(D)：0.9

P(E)：$10^{-3}$

P(B)：$2\times10^{-3}$

P(G)：$10^{-3}$

$$
\begin{aligned}
P(T) &= 0.9\times10^{-3}\times2\times10^{-3}\times10^{-3} \\
&= 1.8\times10^{-9}
\end{aligned}
$$

**8**

請回答下列失誤樹分析 (fault tree analysis) 之相關問題：

一、若失誤樹之基本事件為 A、B、C、D，中間事件為 E、F、G，頂端事件為 H，若 E=AB、F=BC、G=CD，頂端事件之布林代數為 H=AB+BC+CD，請依上述條件，繪製失誤樹圖。(10 分 )

二、試求該失誤樹之最小切集合。(5 分 )

三、若上述各基本事件均為獨立事件，其或然率 A 為 0.2、B 為 0.3、C 為 0.4、D 為 0.5，計算頂端事件 H 之或然率。(5 分 )

解 一、失誤樹圖繪製

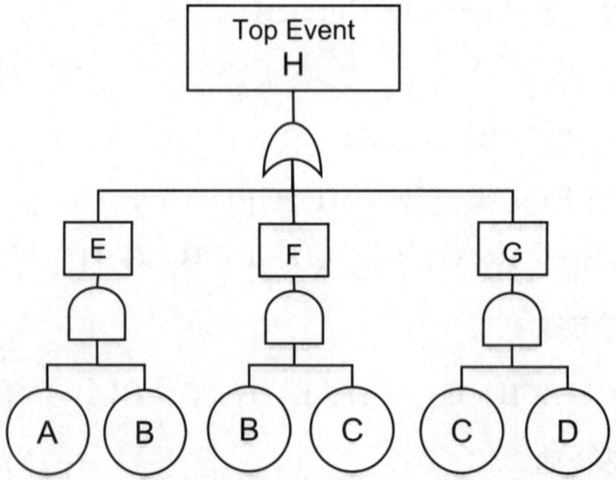


二、該失誤樹頂端事件之布林代數式為 H=AB+BC+CD，經觀察後因無法再化簡，故該失誤樹頂端事件邏輯閘組合之最小切集合為 H=AB+BC+CD。

三、該失誤樹頂端事件 H 之或然率

$P(H) = P(E) + P(F) + P(G) = 1 - \{[1 - P(E)]\times[1 - P(F)]\times[1 - P(G)]\}$

$P(E) = P(A\times B) = 0.2\times0.3 = 0.06$

$P(F) = P(B\times C) = 0.3\times0.4 = 0.12$

$P(G) = P(C\times D) = 0.4\times0.5 = 0.2$

$$P(H) = 1 - [(1-0.06)\times(1-0.12)\times(1-0.2)]$$
$$= 1 - (0.94\times0.88\times0.8) = 1 - 0.66176 = 0.33824 = 3.3824\times10^{-1}$$

經計算後得知失誤樹頂端事件 H 之或然率為 $3.3824\times10^{-1}$

**9** 下圖所示為動力衝剪機控制迴路失效 (failure) 之串並聯電路系統，請回答下列問題：

一、繪出該動力衝剪機控制迴路失效之失誤樹圖。

二、以布林代數求出失誤樹頂端事件邏輯閘組合之最小切集合。

三、若 $B_1$、$B_2$ 與 $B_3$ 之失誤機率分別為 $1\times10^{-6}$、$2\times10^{-3}$、$3\times10^{-3}$，計算該失誤樹頂端事件之失誤機率。

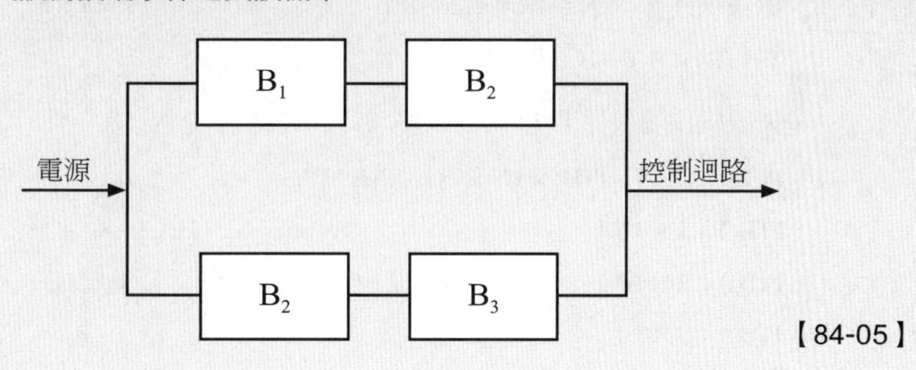


【84-05】

解 一、該動力衝剪機控制迴路失效之失誤樹圖如下：

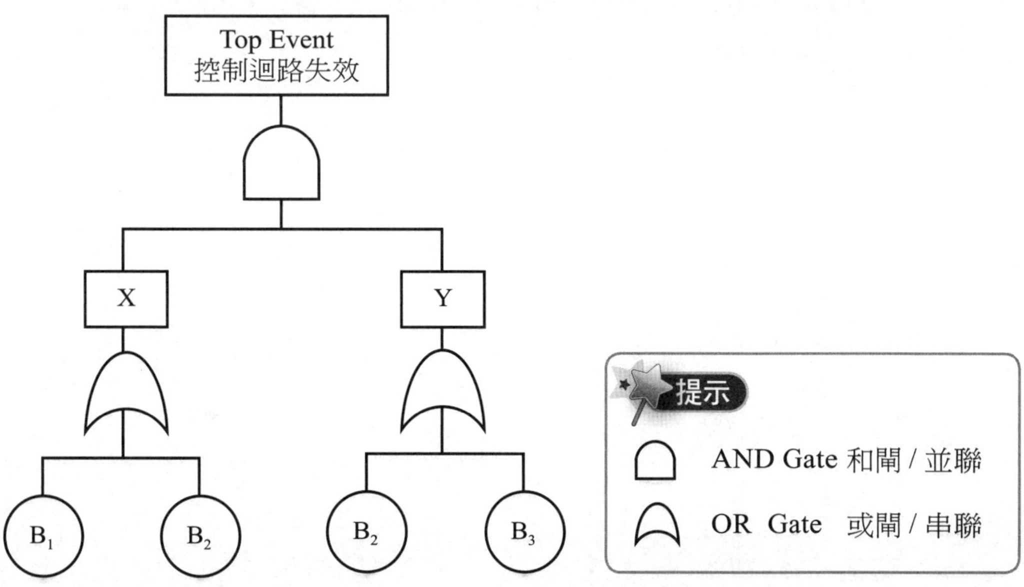

二、最小切集合 (Minimum Cut Set)：

$T = X \times Y$

$= (B_1 + B_2) \times (B_2 + B_3)$

$= (B_1 \times B_2) + (B_1 \times B_3) + (B_2 \times B_2) + (B_2 \times B_3)$

依據冪等律

$T = (B_1 \times B_2) + (B_1 \times B_3) + B_2 + (B_2 \times B_3)$

依據吸收律

$T = (B_1 \times B_3) + B_2$

最小切集合：$(B_1 \times B_3) + B_2$

提示

AND Gate 相乘

OR Gate 相加

先冪等律

再吸收律

三、頂端事件 T 之失誤機率計算如下：

$T = (B_1 \times B_3) + B_2$

失誤樹頂端事件 P(T) 之失誤率：

$P(T) = 1 - [1 - P(B_1 \times B_3)] \times [1 - P(B_2)]$

$P(B_1)$：$1 \times 10^{-6}$

$P(B_2)$：$2 \times 10^{-3}$

$P(B_3)$：$3 \times 10^{-3}$

$P(B_1 \times B_3) = (1 \times 10^{-6} \times 3 \times 10^{-3})$

$= 3 \times 10^{-9}$

$P(T) = 1 - [(1 - 3 \times 10^{-9}) \times (1 - 2 \times 10^{-3})]$

$= 2.000003 \times 10^{-3}$

**10** 下圖為某一反應槽壓力過高之失誤樹，回答與計算下列問題：

一、以直接消去法或矩陣法並應用布林代數簡化此失誤樹，求該失誤樹頂端事件之最小切集合。(10 分)

二、計算此失誤樹頂端事件之機率，列出計算式並計算至小數點後第三位。(10 分)

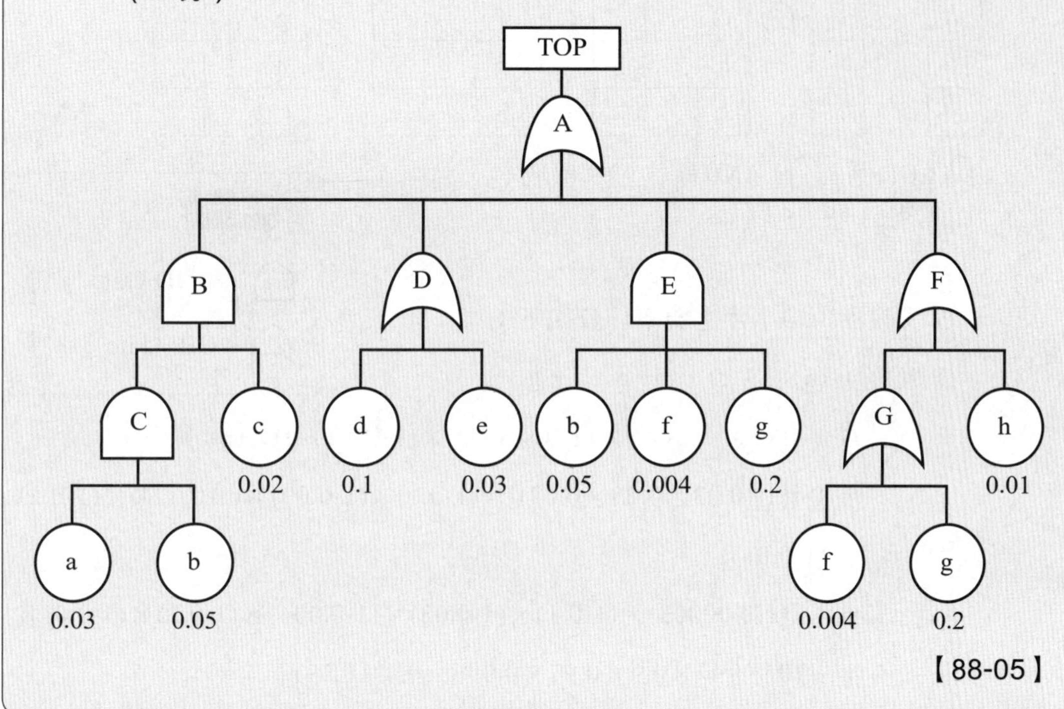


【88-05】

解 一、失誤樹頂端事件邏輯閘組合之最小切集合化簡 ( 直接消去法 ) 如下：

Top Equation A $= B + D + E + F$

$= (C \times c) + (d + e) + (b \times f \times g) + (G + h)$

$= (a \times b \times c) + (d + e) + (b \times f \times g) + (f + g) + (h)$

依據吸收率

Top Equation A

$= (a \times b \times c) + (d + e) + (f + g) + (h)$

$= (a \times b \times c) + d + e + f + g + h$

失誤樹頂端事件邏輯閘組合之最小切集合化簡 ( 矩陣法 ) 如下：

| | | | | | | | | | | | | | | |
|---|---|---|---|---|---|---|---|---|---|---|---|---|---|---|
| A | OR | B | AND | C | c | | AND | a | b | c | | a | b | c |
| | | D | OR | d | | | | d | | | | d | | |
| | | | | e | | | | e | | | | e | | |
| | | E | AND | b | f | g | | b | f | g | 吸收率 | f | | |
| | | F | OR | G | | | OR | f | | | | g | | |
| | | | | h | | | | g | | | | h | | |
| | | | | | | | | h | | | | | | |

OR：OR 閘、AND：AND 閘、吸收率：吸收率
$=(a\times b\times c)+d+e+f+g+h$

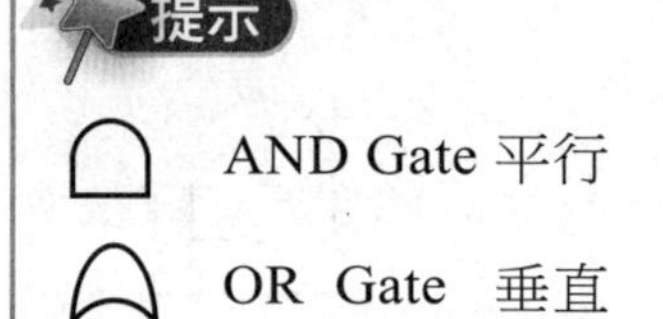


二、失誤樹頂端事件之機率計算如下：

$$P(T) = (a\times b\times c) + d + e + f + g + h$$

$$= 1-\{[1-(a\times b\times c)]\times(1-d)\times(1-e)\times(1-f)\times(1-g)\times(1-h)\}$$

$$= 1-\{[1-(0.03\times 0.05\times 0.02)]\times(1-0.1)\times(1-0.03)\times(1-0.004)\times(1-0.2)\times(1-0.01)\}$$

$$= 1-\{(1-0.00003)\times(1-0.1)\times(1-0.03)\times(1-0.004)\times(1-0.2)\times(1-0.01)\}$$

$$= 1-(0.99997\times 0.9\times 0.97\times 0.996\times 0.8\times 0.99)$$

$$= 1-0.689$$

$= 0.311$ ( 依題意計算至小數點後第三位 )

**11**

某機械設備發生故障事件 T 與其組件 A、B、C、D、E 之關係可以布林代數式表示：T = AB+C+DE，若

(a) 故障事件 T 造成之損失為 500 萬

(b) 零件組每年之故障率分別為 P(A) = 0.04、P(B) = 0.05、P(C) = 0.04、P(D) = 0.02、P(E) = 0.03

(c) 假設各零組件皆為獨立事件，依上述資料：試求

一、故障事件 T 之發生率為多少？

二、每年因故障事件 T，而損失金額為多少？

三、試以「成本／效益」分析下列兩個改善方案，何者為優？

方案一：每年花費 10,000 元，將 A 與 B 之故障率降低為 P(A) = P(B) = 0.03

方案二：每年花費 50,000 元，將 C 之故障率降低為 P(C) = 0.02 【55-04】

解

一、$P(AB) = 0.04\times0.05 = 2\times10^{-3}$/ 年

$P(C) = 0.04$/ 年

$P(DE) = 0.02\times0.03 = 6\times10^{-4}$/ 年

故障事件 P(T) 之發生率：

$P(T) = 1 - [1 - P(AB)] \times[1-P(C)] \times[1 - P(DE)]$

$= 1 - [(1 - 2\times10^{-3})\times(1 - 0.04)\times(1 - 6\times10^{-4})]$

$= 1 - (0.998)\times(0.96)\times(0.9994)$

$= 1 - 0.9575$

$= 0.0425$/ 年

二、每年因故障事件 T 而損失之金額

= 500 萬 ×P(T)

= 500 萬 ×0.0425/ 年

= 212,500 元

三、**方案一**：每年花費 10,000 元，將 A 與 B 之故障率降低為 P(A) = P(B) = 0.03

$P(AB) = 0.03\times0.03 = 9\times10^{-4}$/ 年

故障事件 P(T1) 之發生率：

$P(T1) = 1 - [1 - P(AB)]\times[1-P(C)] \times[1 - P(DE)]$

$= 1 - [(1 - 9\times10^{-4})\times(1 - 0.04)\times(1 - 6\times10^{-4})]$

$= 1 - (0.9991) \times (0.96) \times (0.9994)$

$= 1 - 0.9586$

$= 0.0414$/ 年

每年因故障事件 P(T1) 而損失之金額

= 500 萬 ×P(T1) = 500 萬 ×0.0414 = 207,000 元

方案一每年花費 10,000 元，降低損失金額

= 212,500 - 207,000 = 5,500 元

改善方案一之成本／效益

= 10,000/5,500

= 1.8182

**方案二**：每年花費 50,000 元，將 C 之故障率降低為 P(C) = 0.02

故障事件 P(T2) 之發生率：

$P(T2) = 1 - [1 - P(AB)] \times [1-P(C)] \times [1 - P(DE)]$

$= 1 - [(1 - 2 \times 10^{-3}) \times (1 - 0.02) \times (1 - 6 \times 10^{-4})]$

$= 1 - (0.998) \times (0.98) \times (0.9994)$

$= 1 - 0.9774$

$= 0.0226$/ 年

每年因故障事件 P(T2) 而損失之金額

= 500 萬 ×P(T2)

= 500 萬 ×0.0226/ 年

= 113,000 元

方案二每年花費 50,000 元，降低損失金額

= 212,500 - 113,000 = 99,500 元

改善方案二之成本／效益

= 50,000/99,500

= 0.5025

因此改善方案二之成本／效益，小於改善方案一之成本／效益，故改善方案二較優。

# 肆、 機械、設備或器具安全防護

## 本節提要及趨勢

本節需特別注意法規針對機械、設備、器具潛在危害型態之安全防護措施要求，旨在避免機械作業過程中，因潛在的危害因子引起職業災害，導致人員傷亡或機械損壞。

準備重點在於蒐集法規中對於機械、設備、器具安全防護之相關公式，並熟練掌握計算方法。

## 本節題型參考法規

「職業安全衛生設施規則」第 62 條。

「營造安全衛生設施標準」第 23 條。

「高壓氣體勞工安全規則」第 2、4、6、8、18、37-2 條。

「移動式起重機安全檢查構造標準」第 15、45 條。

「機械設備器具安全標準」第 8、86 條。

「起重升降機具安全規則」第 35、36、65 條。

「危險性工作場所審查及檢查辦法」第 2 條。

## 重點精華

- 毒性氣體中之可燃性氣體，不得設置其他設備之安全距離 (L)

$$L = \frac{4}{995}(X - 5) + 6$$

- 可燃性氣體以外之毒性氣體，不得設置其他設備之安全距離 (L)

$$L = \frac{4}{995}(X - 5) + 4$$

- 依據「高壓氣體勞工安全規則」第 18 條規定，該容器之儲存能力為：

液化氣體儲存設備：$W = 0.9 \times w \times V_2$

W ( 公斤 )：儲存設備之儲存能力值。

w ( 公斤 / 公升 )：儲槽於常用溫度時液化氣體之比重值。

$V_2$ ( 公升 )：儲存設備之內容積值。

- 「高壓氣體勞工安全規則」第 35 條規定，自儲存能力在 300 立方公尺或 3,000 公斤以上之可燃性氣體儲槽外面至其他可燃性氣體或氧氣儲槽間應保持 1 公尺或以該儲槽、其他可燃性氣體儲槽或氧氣儲槽之最大直徑和之 1/4 以上較大者之距離。

  S = (A 槽直徑 +B 槽直徑 ) ×1/4。

- 理想氣體狀態方程式：

  $$\frac{P_1V_1}{T_1} = \frac{P_2V_2}{T_2}$$

  式中 P 為氣體的壓力，V 為氣體的體積，T 為氣體絕對溫度。

- 額定荷重 = 吊升荷重 - 吊具重。

- 荷重試驗 = 額定荷重 ( 超過 200 公噸者 ) + 50 公噸。

- 研磨機之研磨輪周速度 (V) = π×D×N。

  V：周速度 ( 公尺 / 分 )。

  D：直徑 ( 公尺 )。

  N：最大安全轉速 (rpm)。

- 研磨機：速率試驗的周速度 = 最高使用周速度 ×1.5。

- 研磨輪：最高測試周速度 = 最高使用周速度 ×1.5。

- 光電式安全裝置安全距離：

  D = 1.6×(Tl + Ts) + C

  D：安全距離，以毫米表示。

  Tl：手指介入光電式安全裝置之感應域至快速停止機構開始動作之時間，以毫秒表示。

  Ts：快速停止機構開始動作至滑塊等停止之時間，以毫秒表示。

  C：追加距離，以毫米表示。

- 雙手起動式安全裝置：

  D = 1.6×Tm。

  D：安全距離，以毫米表示。

  Tm：手指離開操作部至滑塊抵達下死點時之最大時間，以毫秒表示。

  Tm = (1/2+1/ 離合器之嚙合處之數目 )× 曲柄軸旋轉一周所需時間。

- 安全一行程雙手操作式安全裝置：

  D = 1.6 (Tl ＋ Ts)

  D ：安全距離，以毫米表示。

  Tl：手指離開安全一行程雙手操作式安全裝置之操作部至快速停止機構開始動作之時間，以毫秒表示。

  Ts：快速停止機構開始動作至滑塊等停止之時間，以毫秒表示。

- 歐姆定律 V = I×R。

  V：電壓，單位：伏特 (V)。

  I： 電流，單位：安培 (A)。

  R：電阻，單位：歐姆 (Ω)。

- 水平安全母索相鄰 2 錨錠點間最大間距，其計算值超過 10 公尺者，以 10 公尺計：

  L = 4×(H - 3)

  L：母索錨錠點間距≦ 10 ( 單位：公尺 )。

  H：垂直淨空高度≧ 3.8 ( 單位：公尺 )。

- 框式鋼管施工架構築之移動式施工架計算：

  H = 框架高 × 層數 + 腳輪高

  15.4X ( 水平距離 ) ≧ H ( 頂層工作臺高度 ) + 5-7.7W ( 短邊寬度 )

- H ≦ 7.7L-5 (H：腳輪下端至工作臺之高度、L：輔助支撐之有效距離；單位：公尺 )

  L = 輔助支撐 ( 左 ) + 框架寬 + 輔助支撐 ( 右 ) = $X_R$ + W + $X_L$ = 2X + W

  (X：輔助撐材之有效距離、7.7W( 短邊寬度 )；單位：公尺 )

- 載貨用或病床用升降機之搬器之積載荷重值公式 ω = 250×A。

  積載荷重值 ω ( 公斤 )，搬器底面積 A ( 平方公尺 )

- 鋼索與搭乘設備之水平夾角為 45°

  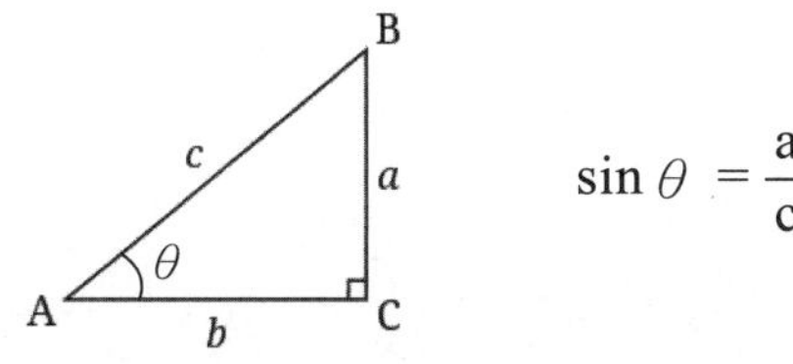
  

  $$\sin\theta = \frac{a}{c}$$

  式中 a、b、c 分別為角 A 的對邊、鄰邊和斜邊。

「危險性工作場所審查及檢查辦法」第 2 條所定義之「丙類危險性工作場所」，處理能力之計算：

一、泵：泵出口側之高壓氣體處理能力計算公式：

一日處理能力 $(m^3/day) = L \times \rho \times (22.4(m^3/kg\text{-}mole)/M) \times 24hr/day$

式中：L：液泵吐出口側之高壓氣體量 (l/hr)

$\rho$：液態氣體 $0^oC$ 時之液體比重 (kg/l)

M：氣體之莫耳分子量 (kg/kg-mole)

二、壓縮機：壓縮機吐出口側之高壓氣體處理能力計算公式：

一日之處理能力 $(m^3/day) = \pi/4 \times d^2 \times S \times n \times N \times 60(min/hr) \times 24(hr/day) \times P$

式中：d：氣缸直徑 (cm)

S：活塞衝程 (cm)

n：每分鐘回轉數 (rpm)

N：氣缸數

P：使用狀態下壓力 ( 絕對壓力 $kgf/cm^2$)

三、氣化器：可氣化高壓氣體之能力計算公式：

一日之處理能力 $(m^3/day) = C \times 24(hr/day) \times 22.4(m^3/kg\text{-}mole)/M$

式中：C：保證公稱能力加以計算 (kg/hr)

M：氣體之分子量 (kg/kg-mole)

**1**

為避免高壓氣體設備操作不當造成危害，請依高壓氣體勞工安全規則規定回答下列問題：

儲存能力 5 公噸之液化溴甲烷儲槽，其防液堤內側及堤外 L 公尺範圍內，除規定之設備及儲槽之附屬設備外，不得設置其他設備，請計算 L 值。

- 參考公式：$L = \frac{4}{995}(X - 5) + 6$ ( 適用毒性氣體之可燃性氣體 )
- $L = \frac{4}{995}(X - 5) + 4$ ( 適用前述以外之毒性氣體 ) 【75-02-02】

解 依據「高壓氣體勞工安全規則」第 4 條及第 6 條規定，溴甲烷為毒性氣體中之可燃性氣體，故其防液堤與防液堤外側應維持之距離：

$$L = \frac{4}{995}(X - 5) + 6$$

X：儲存能力 ( 公噸 )

L：距離 ( 公尺 )

$$L = \frac{4}{995} \times (5 - 5) + 6$$

$= 0 + 6$

$= 6$ ( 公尺 )

**2**

一、某一液化槽車容器之內容積為 20 立方公尺，灌裝比重為 0.67( 公斤 / 公升 ) 之液氨 5,000 公斤，計算該儲存容器之儲存能力為多少公斤 ( 請列出計算過程，6 分 )？

二、另此儲存容器須再灌裝多少公斤以上，才屬灌氣容器？( 請列出計算過程，6 分 ) 【93-05-02】

解 一、依據「高壓氣體勞工安全規則」第 18 條規定，儲存設備可儲存之高壓氣體之數量，其計算式如下：

1. 液化氣體儲存設備：$W = 0.9 \times w \times V_2$
2. 液化氣體容器：$W = V_2/C$

算式中：

W：儲存設備之儲存能力 ( 單位：公斤 ) 值。

w：儲槽於常用溫度時液化氣體之比重 ( 單位：每公升之公斤數 ) 值。

$V_2$：儲存設備之內容積 ( 單位：公升 ) 值。

C：中央主管機關指定之值

依題意，液化槽車容器應屬「液化氣體容器」

假設中央主管機關指定之值 ( 充填常數 ) 為 1.86 公升 / 公斤 ( 參照勞動部 94.8.12 勞安 2 字第 0940044516 號函指定「液氨容器」適用日本「容器保安規則」標準 )

W = (20 × 1,000) / 1.86 = 10,753 公斤

二、依據「高壓氣體勞工安全規則」第 8 條規定，本規則所稱灌氣容器，係指灌裝有高壓氣體之容器，而該氣體之質量在灌裝時質量之 1/2 以上者。

因此儲存容器現僅灌裝 5,000 公斤，故須再灌裝 376.5 {(10,753 / 2)-5,000} 公斤以上，才屬灌氣容器。

**3** 某壓縮氣體遵循理想氣體狀態方程式，且該設備之運轉溫度為零下 30°C，若該壓縮氣體（非為乙炔氣體）之表壓力為 8.5 kg/cm²，判斷該壓縮氣體是否屬高壓氣體勞工安全規則所稱之高壓氣體？請列出計算結果並簡要說明判斷依據。(10 分) 【95-05-01】

解 一、依據「高壓氣體勞工安全規則」第 2 條第 1 項第 1 款規定，在常用溫度下，表壓力（以下簡稱壓力）達每平方公分 10 公斤以上之壓縮氣體或溫度在攝氏 35 度時之壓力可達每平方公分 10 公斤以上之壓縮氣體，但不含壓縮乙炔氣。

二、依題意，$P_1 = 8.5 = 8.5 + 1 = 9.5(kg/cm^2)$、$T_1 = 273 + (-30°C) = 243(K)$、$T_2 = 273 + (35°C) = 308(K)$、$V_1 = V_2$

將上列數值帶入理想氣體狀態方程式計算如下列：

$$\frac{P_1V_1}{T_1} = \frac{P_2V_2}{T_2} = \frac{9.5\times V_1}{243} = \frac{P_2\times V_2}{308} \rightarrow P_2 = \frac{9.5\times 308}{243} = 12.04(kg/cm^2)$$

三、經計算後得知該壓縮氣體於 35°C 時，表壓力約為 11.04 kg/cm²(12.04-1)，故該壓縮氣體屬「高壓氣體勞工安全規則」所稱之高壓氣體。

**4**

一移動式起重機之吊升荷重能力為4公噸，為確保該移動式起重機作業安全，試回答下列問題：

一、若該起重機吊鉤之斷裂荷重為20公噸，承受之最大荷重為4公噸，試說明該吊鉤強度是否符合移動式起重機安全檢查構造標準規定？

二、若該起重機捲揚用鋼索之斷裂荷重為15公噸，承受之最大荷重為4公噸，試說明該鋼索強度是否符合移動式起重機安全檢查構造標準規定？

【68-02-01】、【68-02-02】、【90-04-03】相似題型

解 一、依據「移動式起重機安全檢查構造標準」第15條規定，吊鉤之斷裂荷重與所承受之最大荷重比，應為4以上。

該起重機吊鉤之斷裂荷重為20公噸，承受之最大荷重為4公噸，(20噸/4噸 = 5 > 4) 該吊鉤強度**符合**「移動式起重機安全檢查構造標準」規定。

二、依據「移動式起重機安全檢查構造標準」第45條規定，捲揚用鋼索之安全係數為4.5以上。該捲揚用鋼索之斷裂荷重為15公噸，承受之最大荷重為4公噸，計算後得知安全係數為：

$$\frac{15\text{ 公噸}}{4\text{ 公噸}} = 3.75$$

故該鋼索**不符合**「移動式起重機安全檢查構造標準」規定。

**5**

一、下圖為移動式起重機以搭乘設備乘載或吊升勞工作業，如果搭乘設備自重 400 公斤、所能乘載之最大荷重為 200 公斤，搭乘設備係使用 4 條相同材質及規格尺寸之懸吊用鋼索進行吊掛，考量規定之安全係數，試問每條懸吊用鋼索應可承受多少公斤？(6 分，未列計算式不給分，鋼索與搭乘設備之水平夾角 θ 為 45°，提示：sin45° = 0.707，計算結果取整數值）【95-04-02】

二、承上題，如果搭乘設備自重 400 公斤、搭乘者體重 100 公斤、積載物 50 公斤，該起重機作業半徑所對應之額定荷重應至少為多少公斤？方符合規定。(5 分，不考慮其他環境或操作所造成之荷重，另未列計算式不給分）【95-04-03】

 一、依據「起重升降機具安全規則」第 36 條第 1 項第 3 款規定，對於移動式起重機所定搭乘設備，應依規定辦理：搭乘設備之懸吊用鋼索或鋼線之安全係數應在 10 以上。

1. 搭乘設備自重 400(kg) 加上承載最大荷重 200(kg) 之最大荷重為 600(kg)。
2. 最大荷重為 600(kg) 由 4 條鋼索懸吊，得每條鋼索需要承受之垂直荷重為 150(kg)。
3. 因鋼索與搭乘設備之水平夾角為 45°，故可得鋼索需要承受之荷重約為 212.2(kg)。

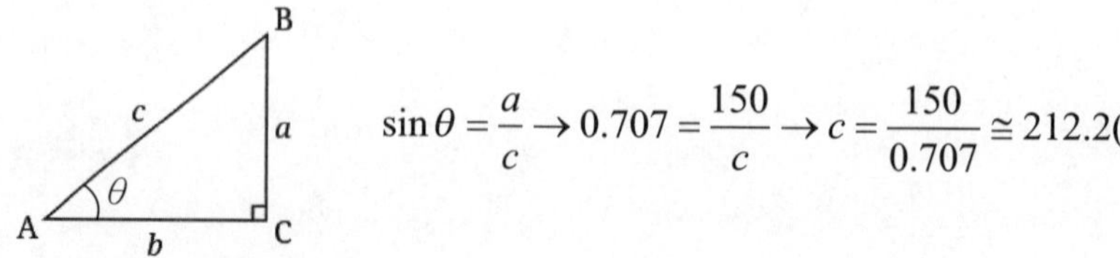


$$\sin\theta = \frac{a}{c} \rightarrow 0.707 = \frac{150}{c} \rightarrow c = \frac{150}{0.707} \cong 212.2(\text{kg})$$

4. 考量規定之安全係數 (10)，故得知每條懸吊用鋼索應可承受 2,122 公斤 (212.2kg×10)。

二、依據「起重升降機具安全規則」第 35 條第 2 項第 4 款規定，搭乘設備自重加上搭乘者、積載物等之最大荷重，不得超過該起重機作業半徑所對應之額定荷重之 50%。

1. 搭乘設備自重 400(kg) 加上搭乘者 100(kg)、積載物 50(kg) 之最大荷重為 550(kg)。

2. 該起重機作業半徑所對應之額定荷重應至少為 1,100 公斤。

   $550 \div 0.5 = 1{,}100(kg)$

**6**

請計算與回答下列問題：

一、如下圖所示，某一固定式起重機以兩條相同規格鋼索，吊掛一支質量為 2,000 公斤之均勻鋼管，兩鋼索與水平之夾角均為 30 度，請計算於平衡條件下，每條鋼索之受力負荷為多少牛頓 (N)？(5 分，重力加速度為 9.8 $m/s^2$) 【97-05-01】

二、依起重升降機具安全規則之規定，吊掛用鋼索之安全係數應在多少以上 (2 分)，承上題 (一) 每一條鋼索受力之計算結果，應選用至少能承受多少牛頓 (N) 之鋼索？(3 分) 【97-05-02】

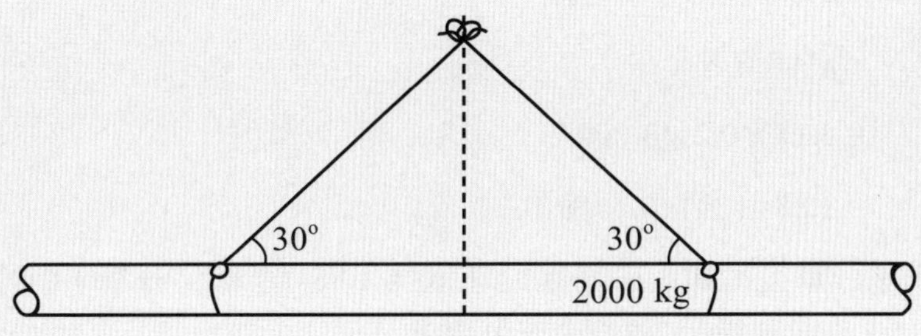


解 一、三角函數之直角三角形中 $sin\theta = \frac{a}{c}$

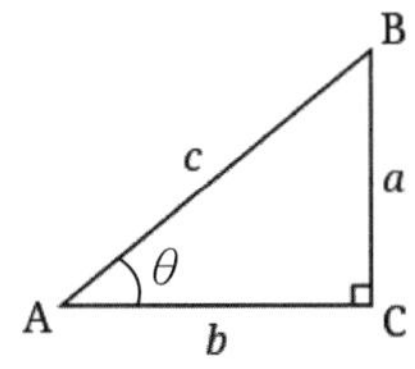


直角三角形，∠C 為直角，∠A 的角度為 $\theta$

依題意，$\theta$=30°、a=19,600 牛頓 (2,000kg×9.8$m/s^2$)

$$\sin\theta = \frac{a}{c} \rightarrow \sin 30^{\circ} = \frac{19,600}{c} \rightarrow 0.5 = \frac{19,600}{c} \rightarrow c = \frac{19,600}{0.5} \rightarrow c = 39,200(N)$$

因兩條鋼索係相同規格，故每條鋼索之受力負荷為 39,200 牛頓 (N) /2 =19,600 牛頓 (N)

二、1. 依據「起重升降機具安全規則」第 65 條第 1 項規定，雇主對於起重機具之吊掛用鋼索，其安全係數應在 6 以上。

2. 依據「起重升降機具安全規則」第 65 條第 2 項規定，安全係數為鋼索之斷裂荷重值除以鋼索所受最大荷重值所得之值。

因安全係數為 6、鋼索所受最大荷重值為 19,600 牛頓 (N)、鋼索之斷裂荷重值為 117,600 牛頓 (6×19,600)

故應選用至少能承受 117,600 牛頓 (N) 之鋼索。

**7**

**一、若研磨機使用之研磨輪最高速度為 2,800( 公尺 / 分鐘 )，研磨輪之直徑為 200 公厘，當轉速為每分鐘 3,000 轉，試問此研磨輪之速度 ( 公尺 / 分鐘 ) 為何？**

**二、此一研磨輪之速度是否合乎安全要求？ 【70-03-04】**

解 一、研磨輪之速度計算公式 $V = \pi \times D \times N$

其中 V：周速度 ( 公尺 / 分 )，D：直徑 ( 公尺 )，N：最大安全轉速 (rpm)

D = 200 公厘 = 0.2 公尺

$V = \pi \times D \times N$

$= 3.14 \times 0.2 \times 3{,}000$

= 1,884 ( 公尺 / 分鐘 )

二、經計算後得知，研磨輪之速度為 1,884( 公尺 / 分鐘 ) 小於最高速度 2,800 ( 公尺 / 分鐘 )，故符合安全要求。

**8** 若研磨機的最高使用周速度為 2,500 公尺 / 分，則速率試驗的周速度為何？

解 依據「職業安全衛生設施規則」第 62 條規定，研磨機之速率試驗，應按最高使用周速度增加 50% 為之。

故當研磨機的最高使用周速度為 2,500 公尺 / 分，則速率試驗的周速度計算如下：

速率試驗的周速度 = 最高使用周速度 ×1.5

= 2,500 公尺 / 分 × 1.5

= 3,750 公尺 / 分

**9** 一、若研磨輪之直徑為 10 公分、轉速為 1,200 rpm，計算該研磨輪之周速度，請以公尺 / 秒之單位表示。

二、試問該研磨輪之最高測試周速度應為多少？請以公尺 / 秒之單位表示。

【85-05-02】、【85-05-03】

解 一、研磨輪之速度計算公式 $V = \pi \times D \times N$

其中 V：周速度 ( 公尺 / 分 )，D：直徑 ( 公尺 )，N：最大安全轉速 (rpm)

D = 10 公分 = 0.1 公尺

$V = \pi \times D \times N$

$= 3.14 \times 0.1 \times 1,200$

= 377 ( 公尺 / 分鐘 )

V = 377 ÷ 60 ( 秒 / 分鐘 )

= 6.28 ( 公尺 / 秒 )

二、依據「機械設備器具安全標準」第 86 條規定，直徑在 100 毫米以上之研磨輪，每批製品應具有就該研磨輪以最高使用周速度值乘 1.5 倍之速度實施旋轉試驗合格性能。

故最高測試周速度 = 最高使用周速度 ×1.5

= 6.28 公尺 / 秒 × 1.5

= 9.42 公尺 / 秒

**10** 依機械設備器具安全標準之相關規定，回答與計算下列問題：

若手指離開安全一行程雙手操作式安全裝置的操作部至快速停止機構開始動作之時間為 60 毫秒，快速停止機構開始動作至滑塊等停止之時間為 40 毫秒，計算該安全裝置所需之安全距離為多少毫米？

【77-05-03】、【98-05-02】相似題型

解 依據「機械設備器具安全標準」第 8 條規定，雙手操作式安全裝置或感應式安全裝置之停止性能，其作動滑塊等之操作部至危險界限間，或其感應域至危險界限間之距離，應超過下列計算之值：

安全一行程雙手操作式安全裝置：

$D = 1.6 \times (Tl + Ts)$

式中

D：安全距離，以毫米表示。

Tl：手指離開安全一行程雙手操作式安全裝置之操作部至快速停止機構開始動作之時間，以毫秒表示。

Ts：快速停止機構開始動作至滑塊等停止之時間，以毫秒表示。

$D = 1.6 \times (60+40)$

$= 160$ (毫米)

**11**

某一衝剪機械之光電式安全裝置，其手指介入光電式安全裝置之感應域至快速停止機構開始動作之時間為 120 毫秒，快速停止機構開始動作至滑塊等停止之時間為 150 毫秒，連續遮光幅為 40 毫米，請回答下列問題：

一、請計算安全距離？

二、若手指介入光電式安全裝置之感應域至快速停止機構開始動作之時間為 100 毫秒，快速停止機構開始動作至滑塊等停止之時間為 120 毫秒，該裝置之連續遮光幅為 30 毫米以下，請計算最小安全距離並以毫米表示之。

計算公式：D = 1.6(Tl + Ts)+C

| 連續遮光幅：毫米 | 追加距離：毫米 |
|---|---|
| 30 以下 | 0 |
| 超過 30，35 以下 | 200 |
| 超過 35，45 以下 | 300 |
| 超過 45，50 以下 | 400 |

【83-05-02】、【90-05-03】、【99-05-03】相似題型但數字會變

**解** 一、光電式安全裝置安全距離計算如下：

$D = 1.6 \times (Tl + Ts) + C$

D：安全距離，以毫米表示。

Tl：手指介入光電式安全裝置之感應域至快速停止機構開始動作之時間，以毫秒表示。

Ts：快速停止機構開始動作至滑塊等停止之時間，以毫秒表示。

C：追加距離，以毫米表示

連續遮光幅為 40 毫米，查表 C：300 毫米

$D = 1.6 \times (120 + 150) + 300$

$= 1.6 \times 270 + 300$

$= 432 + 300$

$= 732$ ( 毫米 )

二、光電式安全裝置安全距離計算如下：

$D = 1.6 \times (T_1 + T_s) + C$

D：安全距離，以毫米表示。

Tl：手指介入光電式安全裝置之感應域至快速停止機構開始動作之時間，以毫秒表示。

Ts：快速停止機構開始動作至滑塊等停止之時間，以毫秒表示。

C：追加距離，以毫米表示。

連續遮光幅為 30 毫米以下，查表 C：0 毫米

$D = 1.6 \times (100 + 120) + 0$

$= 1.6 \times 220 + 0$

$= 352 + 0$

$= 352$ ( 毫米 )

**12**

**動力衝剪機械廣泛應用於金屬加工製造業，若未提供適當之安全裝置，易對操作者造成傷害，請依職業安全衛生設施規則與機械設備器具安全標準回答下列問題：**

**若一動力衝剪機械採用雙手起動式安全裝置，其離合器之嚙合處數目為 20，曲柄軸旋轉一周所需時間為 500 毫秒，請計算該安全裝置所需之最小安全距離為多少毫米？【79-05-03】**

解 依據「機械設備器具安全標準」第 8 條規定：

雙手操作式安全裝置或感應式安全裝置之停止性能，其作動滑塊等之操作部至危險界限間，或其感應域至危險界限間之距離，應超過下列計算之值：

$D = 1.6 \times Tm$

D：安全距離，以毫米表示。

Tm：手指離開操作部至滑塊等抵達下死點之最大時間，以毫秒表示，並以下列公式計算：

$$Tm = \left(\frac{1}{2} + \frac{1}{\text{離合器之嚙合處之數目}}\right) \times \text{曲柄軸旋轉一周所需時間}$$

1. $Tm = \left(\frac{1}{2} + \frac{1}{\text{離合器之嚙合處之數目}}\right) \times \text{曲柄軸旋轉一周所需時間}$

$= \left(\frac{1}{2} + \frac{1}{20}\right) \times 500$

$= 275$ (msec) 或 ( 毫秒 )

經計算後得知，此手指離開操作部至滑塊達下死點時之最大時間為 275 毫秒。

2. $D = 1.6 \times Tm$

$= 1.6\ (mm/msec) \times 275\ (msec)$

$= 440\ (mm)$

經計算後得知，此雙手起動式安全裝置之最小安全距離為 440 毫米。

**13** **請依機械設備器具安全標準之規定，回答下列衝剪機械安全防護之相關問題：若裝設雙手起動式安全裝置之衝床，其離合器之嚙合數為 4，曲柄軸旋轉一周所需時間為 0.2 秒，試問手指離開操作部至滑塊達下死點時之最大時間為多少毫秒？此一安全裝置之安全距離為多少毫米？【73-05-02】**

解 依據「機械設備器具安全標準」第 8 條規定：

雙手操作式安全裝置或感應式安全裝置之停止性能，其作動滑塊等之操作部至危險界限間，或其感應域至危險界限間之距離，應超過下列計算之值：

$D = 1.6 \times Tm$

D：安全距離，以毫米表示。

Tm：手指離開操作部至滑塊等抵達下死點之最大時間，以毫秒表示，並以下列公式計算：

$$Tm = \left(\frac{1}{2} + \frac{1}{\text{離合器之嚙合處之數目}}\right) \times \text{曲柄軸旋轉一周所需時間}$$

1. $Tm = \left(\frac{1}{2} + \frac{1}{\text{離合器之嚙合處之數目}}\right) \times \text{曲柄軸旋轉一周所需時間}$

$= (1/2 + 1/4) \times 0.2 \times 1{,}000(ms/s)$

$=150\ (msec)$ 或 ( 毫秒 )

經計算後得知，此手指離開操作部至滑塊等抵達下死點時之最大時間為 150 毫秒。

2. $D = 1.6 \times Tm$

$= 1.6\ (mm/msec) \times 150\ (msec)$

$= 240\ (mm)$

經計算後得知，此雙手起動式安全裝置之安全距離為 240 毫米。

**14** 當感電電氣迴路之電壓源 220 伏特，接觸之人體感電電阻 440 歐姆，則感電電流為多少安培？(5 分) 【96-05-03】

解 當感電電氣迴路之電壓源 220 伏特，接觸之人體感電電阻 440 歐姆，則感電電流為 0.5 安培。

$V = I \times R$ (V：電壓、I：電流、R：電阻)

220 伏特 = I×440 歐姆，I = 220 伏特 /440 歐姆 = 0.5 安培

**15** 人體會因觸電而產生感電危害，若在 110V、60Hz 下，人體之不可脫逃電流為 16mA，一般人在皮膚乾燥時約相當 100kΩ 電阻，在全身溼透約相當 5kΩ 電阻，試計算作業勞工在皮膚乾燥與汗流浹背時接觸 110V、60Hz 電源，其感電電流各為何 ( 不考慮地板電阻 )？並比較其危害後果？ 【58-04-01】

解 $V = I \times R$

$$\rightarrow I = \frac{V}{R}$$

V：電壓，單位：伏特 (V)

I：電流，單位：安培 (A)

R：電阻，單位：歐姆 (Ω)

1. 乾燥時電流 I = 110V / 100 kΩ = 1.1 mA

   濕透時電流 I = 110V / 5 kΩ = 22 mA

2. 乾燥電流 I = 1.1 mA，於感電分類當中屬於「**感知電流值**」，人體感覺有電流通過，稍感刺痛。

   濕透電流 I = 22 mA，於感電分類當中屬於「**休克電流值**」，會導致肌肉硬化，呼吸困難，因此嚴重損害呼吸功能，導致缺氧、呼吸急促，此症狀稱為呼吸衰竭。大約一分鐘後就會失去知覺，數分鐘後死亡。

歐姆定律 (Ohm's Law) 為電學基本的定律，該定律說明電路中電壓 (V)、電流 (I) 與電阻 (R) 三者間的關係，以數學式表示如下：

$V = I \times R \quad I = \frac{V}{R} \quad R = \frac{V}{I}$

V：電壓，單位：伏特 (V) I：電流，單位：安培 (A) R：電阻，單位：歐姆 (Ω)

在不改變電壓大小的情況下，電路中的電流大小與電阻值成反比。如人體電阻 (R) 減少，通過我們身體的電流 (I) 便會增強，人的受傷程度亦會更嚴重。

**16**

試回答下列問題：

一、當電氣迴路之電壓源 100 伏特，電流 10 安培 (A)，則負載電阻為多少歐姆 (Ω)？(4 分) 【94-04-02】

二、許多的電氣設備與共通的接地線相連接並與接地電極共用。如下圖所示，設備接地電阻為 2 歐姆，過電流斷路器之額定電流為 125 安培，C 設備發生接地故障電流無法斷電。因各負載電氣設備共用同一機座，則 A、B 設備外殼帶電電壓 a、b 為多少伏特？(各 4 分)；短路電流 c 為多少安培？(4 分) 【94-04-03】

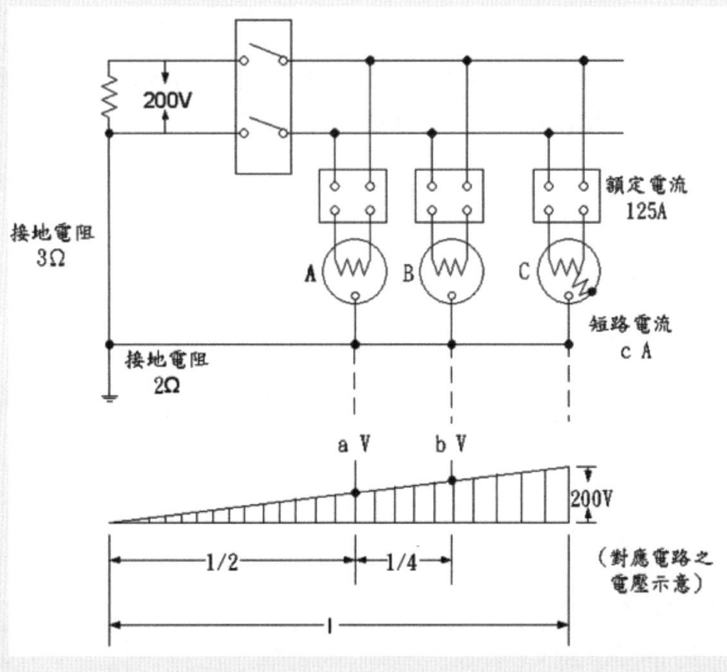

解 一、電壓源 100 伏特 (V)，電流 10 安培 (A)，

依據歐姆定律 R=V/I，R=100( 伏特 ) / 10( 安培 )=10( 歐姆 )，

經計算得知負載電阻為 10 歐姆 (Ω)。

二、1. 題目所提供之電路為並聯系統，故簡化如圖 1，

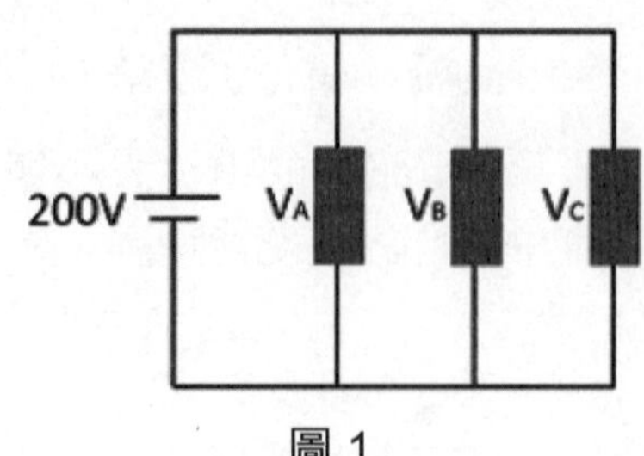


圖 1

在並聯電路的電壓：由於各個支路一端連接在一起，另一端也連接在一起，承受同一電源的電壓，所以各支路的電壓是相同的，故得知

$V_A = V_B = V_C = 200(V)$

A 設備的外殼帶電電壓為 $V_A$ 減對應電路之電壓 100V

= 200 - 100 = 100(V)。

B 設備的外殼帶電電壓為 $V_B$ 減對應電路之電壓 150V

= 200 - 150 = 50(V)。

經計算得知，A 與 B 設備的外殼帶電電壓分別為 100(V) 與 50(V)

2. 因電流特性會以阻抗較小的路徑進行優先選擇，故簡化如圖 2，所以計算短路電流時，僅考量其接地電阻即可。

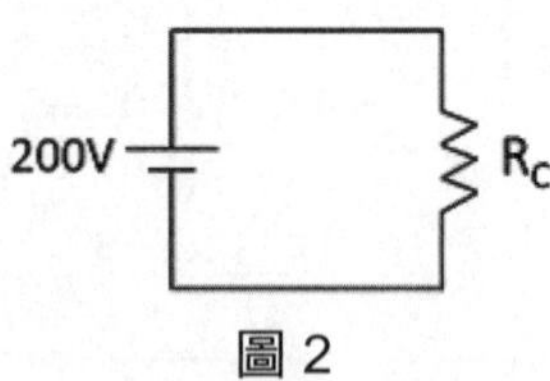


圖 2

總電流 $I = V / R_C$，將電阻 2(Ω) 帶入，I = 200 / 2 = 100(A)

經計算後得知，短路電流 $I_C$ 為 100(A)

**17** 依營造安全衛生設施標準規定，回答下列問題：

對於高度 2 公尺以上之鋼梁，應設置安全母索供作業勞工繫掛安全帶，若垂直淨空高度 4 公尺，請計算水平安全母索相鄰之支柱間最大間距為幾公尺？【70-02-03】

解 依據「營造安全衛生設施標準」第 23 條之規定：

$L = 4 \times (H - 3)$

H：重直淨空高度≧ 3.8 ( 單位：公尺 )

L：母索錨錠點間距≦ 10 ( 單位：公尺 )

$L = 4 \times (4 - 3) = 4$ ( 公尺 )

經計算後得知，水平安全母索相鄰 2 錨錠點間最大間距為 4 ( 公尺 )。

**18** 當垂直淨空高度為 5 公尺，水平安全母索之設置相鄰二錨錠點間之最大間距為多少公尺？ (2 分 )【95-01-04】

解 依據「營造安全衛生設施標準」第 23 條之規定：

當垂直淨空高度為 5 公尺，水平安全母索之設置相鄰二錨錠點間之最大間距為 8 公尺。

$L = 4 \times (H-3) = 4 \times (5-3) = 4 \times 2 = 8$( 公尺 )

**19**

某化工廠設置一座丙烷儲槽（儲存能力為 3,000 公斤，儲槽直徑 2 公尺，槽頂距地面高度為 4 公尺）及一座氧氣儲槽（直徑 4 公尺），請依高壓氣體勞工安全規則、危險性工作場所審查及檢查辦法規定，回答下列問題：

一、請問儲槽區內丙烷儲槽外面至氧氣儲槽應至少保持多少公尺以上之距離？（未設有水噴霧裝置或具有同等以上有效防火及滅火能力之設施的情況下）(3 分) 【100-03-01】

二、丙烷儲槽之安全閥釋放管開口部之位置應至少距地面多少公尺以上？且其四周應無著火源等之安全位置。(3 分) 【100-03-02】

三、為保持該丙烷儲槽一定之低溫，設置一座使用離心式壓縮機之冷凍機（高壓氣體類壓力容器），該壓縮機之原動機額定輸出為 240 瓩，請問其一日冷凍能力為多少公噸？(2 分) 屬於那一類危險性工作場所？(2 分) 【100-03-03】

 一、依據「高壓氣體勞工安全規則」第 35 條規定，自儲存能力在 300 立方公尺或 3,000 公斤以上之可燃性氣體儲槽外面至其他可燃性氣體或氧氣儲槽間應保持 1 公尺或以該儲槽、其他可燃性氣體儲槽或氧氣儲槽之最大直徑和之四分之一以上較大者之距離。

1. 可燃性氣體儲槽外面至其他可燃性氣體或氧氣儲槽間應保持 1 公尺。
2. （丙烷儲槽直徑 2 公尺 + 氧氣儲槽直徑 4 公尺）÷ 4 = 1.5 公尺。

依規定取較大者之距離，丙烷儲槽外面至氧氣儲槽應至少保持 1.5 公尺以上之距離。

二、依據「高壓氣體勞工安全規則」第 49 條規定，設於可燃性氣體儲槽之釋放管開口部之位置，應置於距地面 5 公尺或距槽頂 2 公尺高度之任一較高之位置以上。

依規定釋放管開口部取較高者之位置，所以丙烷儲槽之安全閥釋放管開口部之位置應至少距地面 6 公尺以上，且其四周應無著火源等之安全位置（丙烷儲槽槽頂距地面高度 4 公尺 +2 公尺）。

三、依據「高壓氣體勞工安全規則」第 20 條規定，使用離心式壓縮機之製造設備，以該壓縮機之原動機額定輸出 1.2 瓩為一日冷凍能力 1 公噸。

1. 因該壓縮機之原動機額定輸出為 240 瓩，故其一日冷凍能力為 200 公噸。

   240 瓩 ÷ 1.2 瓩 / 公噸 =200 公噸。

2. 另依據「危險性工作場所審查及檢查辦法」第 2 條第 3 項規定，蒸汽鍋爐之傳熱面積在 500 平方公尺以上，或高壓氣體類壓力容器一日之冷凍能力在 150 公噸以上或處理能力符合下列規定之一者：

   (1) 1,000 立方公尺以上之氧氣、有毒性及可燃性高壓氣體。

   (2) 5,000 立方公尺以上之前款以外之高壓氣體。

3. 依題意，該丙烷儲槽為一日冷凍能力為 200 公噸之可燃性高壓氣體，故分類為丙類危險性工作場所。

# 伍、 職業災害調查處理與統計

## 本節提要及趨勢

本節需熟悉「CNS 1467　Z1006 工作傷害記錄及計算方法」之各項定義及計算公式並熟練計算方法。

## 本節題型參考法規

職業災害統計網路填報系統填表說明。

CNS 1467 Z1006 工作傷害記錄及計算方法。

## 重點精華

$$\text{失能傷害頻率 (FR)} = \frac{\text{失能傷害人 ( 次 ) 數} \times 10^6}{\text{總經歷工時}}$$

※ 取至小數點第 2 位數，小數點第 3 位以下不計

$$\text{失能傷害嚴重率 (SR)} = \frac{\text{總損失日數} \times 10^6}{\text{總經歷工時}}$$

- 取至整數，小數點以下不計。
- 損失日數未滿 1 日之事件人次不列入。
- 受傷當日及復工當日不列入計算。

$$\text{失能傷害平均損失日數} = \frac{\text{總損失日數}}{\text{總計失能傷害人 ( 次 ) 數}} = \frac{SR}{FR}$$

$$\text{年度之總合傷害指數 (FSI)} = \sqrt{\frac{FR \times SR}{1{,}000}}$$

※ 取至小數點第 2 位數，小數點第 3 位以下不計

- 死亡年千人率 $= \dfrac{\text{年間死亡勞工人數} \times 1{,}000}{\text{平均勞工人數}} = 2.1\times$ 死亡傷害頻率

  $= 2.1\times FR$ (※ 以年平均工作時間 2,100 小時計算 )

- 傷害損失日數：傷害損失日數係指對於死亡、永久全失能或永久部分失能而特定之損失日數。此項傷害損失日數之計算方法：

  死亡：應按損失 6,000 日登記。

  永久全失能：每次應按損失 6,000 日登記。

- 安全抽樣技術公式：$N = \dfrac{4(1-P)}{Y^2P}$

  N = 隨機安全觀察最少需要次數

  P = 不安全行為百分比 = $\dfrac{\text{不安全行為次數}}{\text{初步觀察次數}}$

  Y = 預期精確程度 ( 相對誤差 )

- 月薪制工資補償

  1 日工資 = $\dfrac{\text{最近 1 個月正常工作時間所得之工資}}{30}$

  工資補償 =1 日工資 × 公傷病假日數

**1**

**某一事業於 111 年之總工時為 750,000 小時，失能傷害頻率與失能傷害嚴重率分別為 4.00、120，試問該年之失能傷害人次數與失能傷害損失日數各為多少？ ( 請列出計算式，8 分 ) 【100-05-03】**

解

一、失能傷害頻率 $FR = \dfrac{\text{失能傷害人 ( 次 ) 數} \times 10^6}{\text{總經歷工時}}$

$$\text{失能傷害人次數} = \frac{\text{失能傷害頻率 FR} \times \text{總經歷工時}}{10^6}$$

$$= \frac{4.00 \times 750{,}000}{10^6}$$

$$= 3$$

二、失能傷害嚴重率 $SR = \dfrac{\text{失能傷害損失日數} \times 10^6}{\text{總經歷工時}}$

失能傷害損失日數 $= \dfrac{\text{失能傷害嚴重率 SR} \times \text{總經歷工時}}{10^6}$

$= \dfrac{120 \times 750{,}000}{10^6}$

$= 90$

三、經計算後得知，111 年之失能傷害人次數為 3 人次，失能傷害損失日數為 90 日。

**2**

下表為某事業單位年度職業災害統計表，試回答下列問題：

一、計算該事業單位於該年度之失能傷害人數。

二、列出 A、B、C、D 四位勞工之傷害損失日數。

三、計算該事業單位之年度總經歷工時。

四、計算該事業單位於該年度之失能傷害頻率 (F.R.)。

五、計算該事業單位於該年度之失能傷害嚴重率 (S.R.)。

六、計算該事業單位於該年度之失能傷害平均損失日數。

| | 1月 | 2月 | 3月 | 4月 | 5月 | 6月 | 7月 | 8月 | 9月 | 10月 | 11月 | 12月 |
|---|---|---|---|---|---|---|---|---|---|---|---|---|
| 經歷工時 | 62,500 | 55,250 | 62,000 | 61,250 | 63,500 | 61,000 | 64,500 | 64,000 | 63,500 | 52,550 | 61,550 | 61,000 |
| 傷害情形 | A 勞工 | | B 勞工 | | | C 勞工 | | | | D 勞工 | | |

A 勞工於該年 1 月 10 日手指受傷療養至同年 2 月 16 日上班；B 勞工於該年 3 月 20 日雙眼遭化學藥品噴濺，治療至同年 3 月 27 日經醫師判定為雙眼失明，無法回復視力；C 勞工於該年 6 月 10 日受傷治療至同年 7 月 11 日上班；D 勞工於該年 10 月 8 日上午受傷，經治療後並於該天恢復上班。【82-05】

**解** 一、扣除 D 勞工當天恢復上班，失能傷害人數應為 3 人，即 A、B、C 三位勞工。

二、傷害損失日數分別為下列：

1. A 勞工 [(31 -10)+16] -1 = 36 日
2. B 勞工 ( 雙眼失明屬永久全失能 ) = 6 ,000 日
3. C 勞工 [(30 -10)+11] -1 = 30 日

4. D 勞工當日恢復上班，故失能傷害損失日數為 0 日

經計算合計傷害總損失日數為：

A + B + C + D = 36 + 6,000 + 30 + 0 = 6,066 日。

三、總經歷工時計算如下述：

62,500 + 55,250 + 62,000 + 61,250 + 63,500 + 61,000 + 64,500 + 64,000 + 63,500 + 52,550 + 61,550 + 61,000 = 732,600 小時

四、失能傷害頻率 (F.R.)

$$= \frac{\text{失能傷害人(次)數} \times 10^6}{\text{總經歷工時}} = \frac{3 \times 10^6}{732{,}600} = 4.09$$

(※ 取至小數點第 2 位數，小數點第 3 位以下不計 )

五、失能傷害嚴重率 (S.R.)

$$= \frac{\text{總損失日數} \times 10^6}{\text{總經歷工時}} = \frac{6{,}066 \times 10^6}{732{,}600} = 8{,}280$$

(※ 取至整數，小數點以下不計 )

六、失能傷害平均損失日數

$$= \frac{\text{總損失日數}}{\text{總計失能傷害人(次)數}} = \frac{\text{S.R}}{\text{F.R}} = \frac{8{,}280}{4.09} \fallingdotseq 2{,}024 \text{ (日)}$$

七、計算機操作範例：

計算式：$\frac{3 \times 10^6}{732{,}600} = 4.09$

| 計算機機型 | 計算機操作說明 |
|---|---|
| CASIO fx82SOLAR | 3 [×] 10 [x^Y] 6 [÷] 732,600 [=] 4.09 |
| CASIO fx-82SOLAR II | 3 [×] 10 [x^Y] 6 [÷] 732,600 [=] 4.09 |
| E-MORE fx-330s | 3 [×] 10 [SHIFT] [x^Y] 6 [÷] 732,600 [=] 4.09 |
| E-MORE fx-127 | 3 [EXP] 6 [÷] 732,600 [=] 4.09 |
| AURORA SC600 | 3 [EXP] 6 [÷] 732,600 [=] 4.09 |
| LIBERTY LB-217CA | 3 [×] 10 [SHIFT] [x^Y] 6 [÷] 732,600 [=] 4.09 |

**3** 某公司全年之總經歷工時為2,800,000小時，該年度總共發生4件職業災害，分別為吳姓勞工自高處墜落身亡；林姓勞工手部骨折，損失日數20日；陳姓勞工於3月4日下午3點受傷回家休養，於隔日(3月5日)準時入廠上班；鄭姓勞工則於5月5日上班時受傷住院治療，於5月15日恢復工作，請計算某公司此一年度之失能傷害頻率(FR)、失能傷害嚴重率(SR)及失能傷害平均損失日數。【75-05-03】

解 一、總經歷工時 = 2,800,000 小時

二、失能傷害人(次)數包括暫時全失能事件(林姓勞工、鄭姓勞工)、死亡事件(吳姓勞工)。合計3人次。

三、傷害損失日數分別為下列：

1. 吳姓勞工(死亡) = 6,000 日
2. 林姓勞工 = 20 日
3. 鄭性勞工 (15 - 5) -1 = 9 日

經計算合計總損失日數 = 6,000 + 20 + 9 = 6,029 日

四、失能傷害頻率(FR) = $\frac{\text{失能傷害人(次)數} \times 10^6}{\text{總經歷工時}}$

$$FR = \frac{3 \times 10^6}{2,800,000}$$

= 1.07 (※ 取至小數點第2位數，小數點第3位以下不計)

五、失能傷害嚴重率(SR) = $\frac{\text{總損失日數} \times 10^6}{\text{總經歷工時}}$

$$SR = \frac{6,029 \times 10^6}{2,800,000}$$

= 2,153 (※ 取至整數，小數點以下不計)

六、失能傷害平均損失日數 = (SR)失能傷害嚴重率 ÷(FR)失能傷害頻率

失能傷害平均損失日數 = 2,153 ÷ 1.07

≒ 2,012 日

**4** 某工程公司在一年內發生職業災害情形如下：

損失日數未滿 1 日之事件：40 件，45 人次。

暫時全失能事件：30 件，35 人次，損失日數共 300 天。

永久部份失能事件：共 10 人受傷，損失日數共 10,000 天。

永久全失能事件：2 人，永久性傷殘。死亡事件：1 人。

以上永久失能及死亡事件，在 2 次嚴重的意外事故中發生。若該公司全部員工共 250 人，週休二日，假設全勤且無延長工時情形 (1 年以 52 週計 )。試計算：

一、該公司全年失能傷害頻率 (F.R.)。

二、失能傷害嚴重率 (S.R.)。

三、失能傷害平均損失日數。

四、年死亡千人率。

五、總合傷害指數。 【64-05】

 一、1. 工作日數 = 52( 週 )×5( 日 / 週 ) = 260 日

2. 總經歷工時 = 250 人 ×260 日 / 人年 ×8 時 / 日 = 520,000 小時

3. 失能傷害人次數包括暫時全失能事件、永久部份失能事件、永久全失能事件、死亡事件。合計 35 + 10 + 2 + 1 = 48 人次。

4. 失能傷害損失總日數 = 死亡 + 永久全失能 + 永久部份失能 + 暫時全失能

$$= 6{,}000 + (2\times 6{,}000) + 10{,}000 + 300$$

$$= 28{,}300 \text{ 日}$$

二、1. 失能傷害頻率 (FR) = $\dfrac{\text{失能傷害人(次)數} \times 10^6}{\text{總經歷工時}}$

$FR = \dfrac{48\times 10^6}{520{,}000} = 92.30$ (※ 取至小數點第 2 位數，小數點第 3 位以下不計 )

2. 失能傷害嚴重率 (SR) = $\dfrac{\text{總損失日數} \times 10^6}{\text{總經歷工時}}$

$SR = \dfrac{28{,}300\times 10^6}{520{,}000} = 54{,}423$ (※ 取至整數，小數點以下不計 )

3. 失能傷害平均損失日數 = $\dfrac{\text{總損失日數}}{\text{總計失能傷害人(次)數}} = \dfrac{SR}{FR}$

失能傷害平均損失日數 = 54,423 ÷ 92.30 ≒ 590 日

4. 年死亡千人率 $= \dfrac{\text{年間死亡勞工人數} \times 1{,}000}{\text{平均勞工人數}}$

$$= \frac{1 \times 1{,}000}{250} = 4$$

5. 總合傷害指數 (FSI) = 失能傷害頻率 (FR) 與失能傷害嚴重率 (SR) 相乘積除以 1,000 的平方根。

$$\sqrt{\frac{\text{失能傷害頻率 (FR)} \times \text{失能傷害嚴重率 (SR)}}{1{,}000}} = \sqrt{\frac{92.30 \times 54{,}423}{1{,}000}} = 70.87$$

計算機操作範例：

計算式：$\sqrt{\dfrac{92.30 \times 54{,}423}{1{,}000}} = 70.87$

| 計算機機型 | 計算機操作說明 |
|---|---|
| CASIO fx82SOLAR | [(··· 92.30 × 54,423 ÷ 1,000 ···)] SHIFT √ = 70.87 |
| CASIO fx-82SOLAR II | [(··· 92.30 × 54,423 ÷ 1,000 ···)] SHIFT √ = 70.87 |
| E-MORE fx-330s | [(··· 92.30 × 54,423 ÷ 1,000 ···)] √ = 70.87 |
| E-MORE fx-127 | ( 92.30 × 54,423 ÷ 1,000 ) √ = 70.87 |
| AURORA SC600 | ( 92.30 × 54,423 ÷ 1,000 ) √x = 70.87 |
| LIBERTY LB-217CA | [(··· 92.30 × 54,423 ÷ 1,000 ···)] √ = 70.87 |

**5** 某公司對其員工實施安全觀察，已知觀察勞工 200 次作業中有 30 次不安全動作，若預期精確度 (Y) 為 10%，求最少安全觀察次數應為若干？【44-02-02】

解 安全抽樣技術公式：$N = \frac{4(1-P)}{Y^2P}$

N：安全觀察的總次數

P：不安全行為百分比 = $\frac{\text{不安全行為次數}}{\text{初步觀察次數}}$

Y：預期精確程度 ( 相對誤差 )

P = 30/200 = 0.15

Y = 10% = 0.1

$N = \frac{4(1-P)}{Y^2P} = \frac{4(1-0.15)}{0.1^2 \times 0.15} = 2{,}267$ 次

∴其安全觀察的總次數 2,267 次。

計算機操作範例：

計算式：$N = \frac{4(1-P)}{Y^2P} = \frac{4(1-0.15)}{0.1^2 \times 0.15} = 2{,}267$

| 計算機機型 | 計算機操作說明 |
|---|---|
| CASIO fx82SOLAR | 4 [×] [[(⋯] 1 [-] 0.15 [⋯)]] [÷] [[(⋯] 0.1 [$x^2$] [×] 0.15 [⋯)]] [=] 2,267 |
| CASIO fx-82SOLAR II | 4 [×] [[(⋯] 1 [-] 0.15 [⋯)]] [÷] [[(⋯] 0.1 [$x^2$] [×] 0.15 [⋯)]] [=] 2,267 |
| E-MORE fx-330s | 4 [×] [[(⋯] 1 [-] 0.15 [⋯)]] [÷] [[(⋯] 0.1 [SHIFT] [$x^2$] [×] 0.15 [⋯)]] [=] 2,267 |
| E-MORE fx-127 | 4 [×] [(] 1 [-] 0.15 [)] [÷] [(] 0.1 [$x^2$] [×] 0.15 [)] [=] 2,267 |
| AURORA SC600 | 4 [×] [(] 1 [-] 0.15 [)] [÷] [(] 0.1 [$x^2$] [×] 0.15 [)] [=] 2,267 |
| LIBERTY LB-217CA | 4 [×] [[(⋯] 1 [-] 0.15 [⋯)]] [÷] [[(⋯] 0.1 [SHIFT] [$x^2$] [×] 0.15 [⋯)]] [=] 2,267 |

**6**

有一工廠僱用勞工請其更換廠房屋頂（約 3 公尺高）之鐵皮板，不慎踏穿採光罩墜落至地面受傷，送醫住院治療 20 日後回廠上班，其最近 1 個月之月領工資為新臺幣 3 萬 6 仟元（含加班費 6 仟元），依勞動基準法規定，該名受傷勞工之補償除醫療費用外，在醫療中不能工作應給與多少金額（新臺幣）之補償。(2 分）【96-03-04】

解 依據「勞動基準法」第 59 條第 2 款規定，勞工在醫療中不能工作時，雇主應按其原領工資數額予以補償；另依據「勞動基準法施行細則」第 31 條第 1 項規定，本法第 59 條第 2 款所稱原領工資，係指該勞工遭遇職業災害前 1 日正常工作時間所得之工資。其為計月者，以遭遇職業災害前最近 1 個月正常工作時間所得之工資除以 30 所得之金額，為其 1 日之工資。綜上，該名受傷勞工之補償除醫療費用外，在醫療中不能工作應給與新臺幣 2 萬元之補償。

一、正常工作時間所得之工資為 3 萬元 (3 萬 6 仟元減加班費 6 仟元）。

二、1 日原領工資為 1 仟元 (3 萬元除以 30)。

三、在醫療中不能工作之補償金額為 2 萬元 (1 仟元乘以 20）。

# 計算題公式集與計算機操作說明

# A-1 職業安全管理師計算題公式集

| 項次 | 項目 | 公式 |
|---|---|---|
| 1 | 可燃性氣體危險指數 (H) | **危險指數** $H = \frac{(UEL - LEL)}{LEL}$<br>單位解析：<br>危險指數 (H)：無單位<br>爆炸上限 (UEL)：%<br>爆炸下限 (LEL)：% |
| 2 | 勒沙特列定律 | **混合氣體之爆炸上限** $UEL = \frac{100}{\frac{V_1}{U_1} + \frac{V_2}{U_2} + \cdots + \frac{V_n}{U_n}}$<br>單位解析：<br>混合氣體之爆炸上限 (UEL)：%<br>某氣體之組成濃度 ($V_1$、$V_2$、…、$V_n$)：%<br>某氣體之爆炸上限 ($U_1$、$U_2$、…、$U_n$)：%<br>**混合氣體之爆炸下限** $LEL = \frac{100}{\frac{V_1}{L_1} + \frac{V_2}{L_2} + \cdots + \frac{V_n}{L_n}}$<br>單位解析：<br>混合氣體之爆炸下限 (LEL)：%<br>某氣體之組成濃度 ($V_1$、$V_2$、…、$V_n$)：%<br>某氣體之爆炸下限 ($L_1$、$L_2$、…、$L_n$)：% |
| 3 | 碳氫氣體完全燃燒化學平衡方程式 | $C_xH_yO_z + \frac{4x + y - 2z}{4} O_2 \rightarrow xCO_2 + \frac{y}{2} H_2O$ |
| 4 | 理論混合比 | $Cst = \frac{1}{1 + \frac{n}{V_{O_2}}}$<br>單位解析：<br>理論混合比 (Cst)：%<br>氧 ($O_2$) 的需求係數 (n)：無單位<br>氧 ($O_2$) 的空氣中體積佔比 ($V_{O_2}$)：% |
| 5 | 氣體之爆炸下限 LEL | $LEL = 0.55 \times Cst$ |
| 6 | 氣體之爆炸上限 UEL | $UEL = 3.5 \times Cst$ |
| 7 | 莫耳數 | 莫耳數 = $\frac{質量 (g)}{原(分)子量}$<br>C：原子量 12<br>H：原子量 1<br>O：原子量 16 |

| 項次 | 項目 | 公式 |
| --- | --- | --- |
| 8 | 理論防爆換氣量 | $Q=\dfrac{24.45\times10^{3}\times W}{60\times LEL\times10^{4}\times M.W.}$<br>單位解析：<br>某氣體的防爆換氣量 (Q)：$m^3$/min<br>某氣體的每小時消費量 (W)：g/hr<br>某氣體的爆炸下限 (LEL)：%<br>某氣體分子量 (M.W.)：g/mole |
| 9 | 冪等律 | $A\times A=A$<br>$A+A=A$ |
| 10 | 吸收律 | $A\times(A+B)=A$<br>$A+(A\times B)=A$ |
| 11 | 頂端事件 T 的發生率 | $P(T)=1-[1-P(A)]\times[1-P(B)]$ |
| 12 | 毒性氣體之可燃性氣體，不得設置其他設備之安全距離 (L) | $L=\dfrac{4}{995}(X-5)+6$ |
| 13 | 可燃性氣體以外之毒性氣體，不得設置其他設備之安全距離 (L) | $L=\dfrac{4}{995}(X-5)+4$ |
| 14 | 液化氣體儲存設備 | $W=0.9\times w\times V_2$<br>W( 公斤 )：儲存設備之儲存能力值。<br>w( 公斤 / 公升 )：儲槽於常用溫度時液化氣體之比重值。<br>$V_2$ ( 公升 )：儲存設備之內容積值。 |
| 15 | 液化氣體容器 | $W=\dfrac{V_2}{C}$<br>W：儲存設備之儲存能力 ( 單位：公斤 ) 值。<br>$V_2$：儲存設備之內容積 ( 單位：公升 ) 值。<br>C：中央主管機關指定之值。 |
| 16 | 可燃性氣體儲槽安全距離 | S = (A 槽直徑 +B 槽直徑 ) ×1/4 |
| 17 | 額定荷重 | 吊升荷重 - 吊具重 |
| 18 | 荷重試驗 | 額定荷重 ( 超過 200 公噸者 ) + 50 公噸 |

| 項次 | 項目 | 公式 |
|---|---|---|
| 19 | 研磨機之研磨輪周速度 (V) | V = π×D×N<br>V：周速度 ( 公尺 / 分 )<br>D：直徑 ( 公尺 )<br>N：最大安全轉速 (rpm) |
| 20 | 研磨機，速率試驗的周速度 | 最高使用周速度 × 1.5 |
| 21 | 研磨輪 ( 直徑 100 mm 以上 )，最高測試周速度 | 最高使用周速度 × 1.5 |
| 22 | 光電式安全裝置之安全距離 | D = 1.6×(Tl + Ts) + C<br>D：安全距離，以毫米表示。<br>Tl：手指介入光電式安全裝置之感應域至快速停止機構開始動作之時間， 以毫秒表示。<br>Ts：快速停止機構開始動作至滑塊等停止之時間，以毫秒表示。<br>C：追加距離，以毫米表示。 |
| 23 | 雙手起動式安全裝置之安全距離 | D = 1.6×Tm。<br>D：安全距離，以毫米表示。<br>Tm：手指離開操作部至滑塊抵達下死點時之最大時間，以毫秒表示。<br>Tm = ( $\frac{1}{2}$+1/ 離合器之嚙合處之數目 )× 曲柄軸旋轉一周所需時 間。 |
| 24 | 安全一行程雙手操作式安全裝置之安全距離 | D ＝ 1.6（Tl ＋ Ts）<br>D ：安全距離，以毫米表示。<br>Tl：手指離開安全一行程雙手操作式安全裝置之操作部至快速停止機構開始動作之時間，以毫秒表示。<br>Ts：快速停止機構開始動作至滑塊等停止之時間，以毫秒表示。 |
| 25 | 歐姆定律 | V = I×R<br>V：電壓，單位：伏特 (V)<br>I：電流，單位：安培 (A)<br>R：電阻，單位：歐姆 (Ω) |
| 26 | 水平安全母索相鄰 2 錨錠點間最大間距，其計算值超過 10 公尺者，以 10 公尺計 | L = 4×(H - 3)<br>L ：母索 2 錨錠點間距≦ 10 ( 單位：公尺 )<br>H：重直淨空高度≧ 3.8 ( 單位：公尺 ) |
| 27 | 載貨用或病床用升降機之搬器之積載荷重值公式 | ω= 250 × A<br>積載荷重值 ω ( 公斤 )，搬器底面積 A ( 平方公尺 ) |

| 項次 | 項目 | 公式 |
|---|---|---|
| 28 | 施工架高度計算 | H = 框架高 × 層數 + 腳輪高<br>15.4X( 水平距離 ) ≧ H( 頂層工作臺高度 ) + 5-7.7W( 短邊寬度 ) |
| 29 | | H ≦ 7.7L-5<br>(H：腳輪下端至工作臺之高度、L：輔助支撐之有效距離；單位：公尺 )<br>L = 輔助支撐 ( 左 ) + 框架寬 + 輔助支撐 ( 右 ) = $(X_R + W + X_L)$ = (2X + W)<br>(X：輔助撐材之有效距離、7.7W( 短邊寬度 )；單位：公尺 ) |
| 30 | 失能傷害頻率 (FR) | 失能傷害頻率 (FR) = $\frac{\text{失能傷害人(次)數} \times 10^6}{\text{總經歷工時}}$<br>(※ 取至小數點第 2 位數，小數點第 3 位以下不計 ) |
| 31 | 失能傷害嚴重率 (SR) | 失能傷害嚴重率 (SR) = $\frac{\text{總損失日數} \times 10^6}{\text{總經歷工時}}$<br>(※ 取至整數，小數點以下不計 ) |
| 32 | 失能傷害平均損失日數 | 失能傷害平均損失日數 = $\frac{\text{總損失日數}}{\text{總計失能傷害人(次)數}} = \frac{SR}{FR}$ |
| 33 | 總合傷害指數 (FSI) | 總合傷害指數 (FSI) = $\sqrt{\frac{FR \times SR}{1,000}}$<br>(※ 取至小數點第 2 位數，小數點第 3 位以下不計 ) |
| 34 | 隨機安全觀察最少次數 | $N = \frac{4(1 - P)}{Y^2P}$<br>N = 隨機安全觀察最少需要次數<br>P = 不安全行為百分比 = $\frac{\text{不安全行為次數}}{\text{初步觀察次數}}$<br>Y = 預期精確程度 ( 相對誤差 ) |
| 35 | 理想氣體狀態方程式 | $\frac{P_1V_1}{T_1} = \frac{P_2V_2}{T_2}$<br>式中 p 為氣體的壓力，V 為氣體的體積，T 為氣體絕對溫度。 |
| 36 | 鋼索與搭乘設備之水平夾角為 45° | (直角三角形 A、B、C；邊 a、b、c；角 θ) $sin\theta = \frac{a}{c}$<br>式中 a、b、c 分別為角 A 的對邊、鄰邊和斜邊 |

| 項次 | 項目 | 公式 |
| --- | --- | --- |
| 37 | 月薪制工資補償 | $1\text{日工資}=\dfrac{\text{最近 1 個月正常工作時間所得之工資}}{30}$<br>工資補償 =1 日工資 × 公傷病假日數 |
| 38 | 電功率 | $P = I \times V$<br>式中 P：電功率 ( 瓦特 )、I：電流 ( 安培 )、V：電壓 ( 伏特 ) |
| 39 | 泵處理能力 | 一日處理能力 ($m^3$/day) = $L \times \rho \times$ (22.4($m^3$/kg-mole)/M) × 24(hr/day)<br>式中<br>L：液泵吐出口側之高壓氣體量 (l/hr)<br>$\rho$：液態氣體 0°C 時之液體比重 (kg/l)<br>M：氣體之莫耳分子量 (kg/kg-mole) |
| 40 | 壓縮機處理能力 | 一日之處理能力 ($m^3$/day) = $\pi/4 \times d^2 \times S \times n \times N \times$ 60(min/hr) × 24(hr/day) × P<br>式中<br>d：氣缸直徑 (cm)<br>S：活塞衝程 (cm)<br>n：每分鐘回轉數 (rpm)<br>N：氣缸數<br>P：使用狀態下壓力 ( 絕對壓力 kgf/$cm^2$) |
| 41 | 氣化器處理能力 | 一日之處理能力 ($m^3$/day) = C × 24(hr/day) × 22.4($m^3$/kg- mole)/M<br>式中<br>C：保證公稱能力加以計算 (kg/hr)<br>M：氣體之分子量 (kg/kg-mole) |

# A-2 計算機案例操作說明

## 廠牌：CASIO FX82SOLAR

| 計算案例 | 操作 | 顯示 |
|---|---|---|
| $(2.5\times10^{-2})\times[1-(5\times10^{-2})]\times(10^{-1})\times(10^{-2})+(2.5\times10^{-2})\times(5\times10^{-2})\times(10^{-1})\times(10^{-2})=2.5\times10^{-5}$ | [(… 2.5 × 10 x^y 2 +/- …)] × [(… 1 - 5 × 10 x^y 2 +/- …)] × 10 x^y 1 +/- × 10 x^y 2 +/- + [(… [(… 2.5 × 10 x^y 2 +/- …)] × [(… 5 × 10 x^y 2 +/- …)] × 10 x^y 1 +/- × 10 x^y 2 +/- …)] = | $2.5\times10^{-5}$ |
| $1-\{(1-1\times10^{-6})\times[1-(2\times10^{-3}\times3\times10^{-3})]\}=7\times10^{-6}$ | 1 − [(… [(… 1 − 1 × 10 x^y 6 +/- …)] × [(… 1 − [(… 2 × 10 x^y 3 +/- × 3 × 10 x^y 3 +/- …)] …)] …)] = | $7\times10^{-6}$ |
| $1-[(1-10^{-8})(1-4\times10^{-6})(1-6\times10^{-8})(1-2.4\times10^{-5})]=2.8069\times10^{-5}$ | 1 − [(… [(… 1 − 1 × 10 x^y 8 +/- …)] × [(… 1 − 4 × 10 x^y 6 +/- …)] × [(… 1 − 6 × 10 x^y 8 +/- …)] × [(… 1 − 2.4 × 10 x^y 5 +/- …)] …)] = | $2.8069\times10^{-5}$ |
| $\dfrac{3\times10^{6}}{732,600}=4.09$ | 3 × 10 x^y 6 ÷ 732,600 = | 4.09 |
| $\sqrt{\dfrac{92.31\times54,423}{1,000}}=70.87$ | [(… 92.31 × 54,423 ÷ 1,000 …)] SHIFT √ = | 70.87 |
| $\dfrac{4(1-0.15)}{0.1^{2}\times0.15}=2,267$ | 4 × [(… 1 − 0.15 …)] ÷ [(… 0.1 x² × 0.15 …)] = | 2,267 |

## 廠牌：CASIO FX82SOLAR II

| 計算案例 | 操作 | 顯示 |
|---|---|---|
| $(2.5\times10^{-2})\times[1-(5\times10^{-2})]\times(10^{-1})\times(10^{-2})+(2.5\times10^{-2})\times(5\times10^{-2})\times(10^{-1})\times(10^{-2})=2.5\times10^{-5}$ | [(… 2.5 × 10 x^y 2 +/- …)] × [(… 1 − 5 × 10 x^y 2 +/- …)] × 10 x^y 1 +/- × 10 x^y 2 +/- + [(… [(… 2.5 × 10 x^y 2 +/- …)] × [(… 5 × 10 x^y 2 +/- …)] × 10 x^y 1 +/- × 10 x^y 2 +/- …)] = | $2.5\times10^{-5}$ |

| 計算案例 | 操作 | 顯示 |
|---|---|---|
| $1-\{(1-1\times10^{-6})\times[1-(2\times10^{-3}\times3\times10^{-3})]\}=7\times10^{-6}$ | 1 [−] [(⋯] [(⋯] 1 [−] 1 [×] 10 [$x^y$] 6 [+/-] [⋯)] [×] [(⋯] 1 [−] [(⋯] 2 [×] 10 [$x^y$] 3 [+/-] [×] 3 [×] 10 [$x^y$] 3 [+/-] [⋯)] [⋯)] [⋯)] [=] | $7\times10^{-6}$ |
| $1-[(1-10^{-8})(1-4\times10^{-6})(1-6\times10^{-8})(1-2.4\times10^{-5})]=2.8069\times10^{-5}$ | 1 [−] [(⋯] [(⋯] 1 [−] 1 [×] 10 [$x^y$] 8 [+/-] [⋯)] [×] [(⋯] 1 [−] 4 [×] 10 [$x^y$] 6 [+/-] [⋯)] [×] [(⋯] 1 [−] 6 [×] 10 [$x^y$] 8 [+/-] [⋯)] [×] [(⋯] 1 [−] 2.4 [×] 10 [$x^y$] 5 [+/-] [⋯)] [⋯)] [=] | $2.8069\times10^{-5}$ |
| $\frac{3\times10^{6}}{732,600}=4.09$ | 3 [×] 10 [$x^y$] 6 [÷] 732,600 [=] | 4.09 |
| $\sqrt{\frac{92.31\times54,423}{1,000}}=70.87$ | [(⋯] 92.31 [×] 54,423 [÷] 1,000 [⋯)] [SHIFT] [√] [=] | 70.87 |
| $\frac{4(1-0.15)}{0.1^{2}\times0.15}=2,267$ | 4 [×] [(⋯] 1 [−] 0.15 [⋯)] [÷] [(⋯] 0.1 [$x^2$] [×] 0.15 [⋯)] [=] | 2,267 |

## 廠牌：E-MORE FX-330S

| 計算案例 | 操作 | 顯示 |
|---|---|---|
| $(2.5\times10^{-2})\times[1-(5\times10^{-2})]\times(10^{-1})\times(10^{-2})+(2.5\times10^{-2})\times(5\times10^{-2})\times(10^{-1})\times(10^{-2})=2.5\times10^{-5}$ | [(⋯] 2.5 [×] 10 [SHIFT] [$x^y$] 2 [+/-] [⋯)] [×] [(⋯] 1 [−] 5 [×] 10 [SHIFT] [$x^y$] 2 [+/-] [⋯)] [×] 10 [SHIFT] [$x^y$] 1 [+/-] [×] 10 [SHIFT] [$x^y$] 2 [+/-] [+] [(⋯] [(⋯] 2.5 [×] 10 [SHIFT] [$x^y$] 2 [+/-] [⋯)] [×] [(⋯] 5 [×] 10 [SHIFT] [$x^y$] 2 [+/-] [⋯)] [×] 10 [SHIFT] [$x^y$] 1 [+/-] [×] 10 [SHIFT] [$x^y$] 2 [+/-] [⋯)] [=] | $2.5\times10^{-5}$ |
| $1-\{(1-1\times10^{-6})\times[1-(2\times10^{-3}\times3\times10^{-3})]\}=7\times10^{-6}$ | 1 [−] [(⋯] [(⋯] 1 [−] 1 [×] 10 [SHIFT] [$x^y$] 6 [+/-] [⋯)] [×] [(⋯] 1 [−] [(⋯] 2 [×] 10 [SHIFT] [$x^y$] 3 [+/-] [×] 3 [×] 10 [SHIFT] [$x^y$] 3 [+/-] [⋯)] [⋯)] [⋯)] [=] | $6.999994\times10^{-6}$ |
| $1-[(1-10^{-8})(1-4\times10^{-6})(1-6\times10^{-8})(1-2.4\times10^{-5})]=2.8069\times10^{-5}$ | 1 [−] [(⋯] [(⋯] 1 [−] 1 [×] 10 [SHIFT] [$x^y$] 8 [+/-] [⋯)] [×] [(⋯] 1 [−] 4 [×] 10 [SHIFT] [$x^y$] 6 [+/-] [⋯)] [×] [(⋯] 1 [−] 6 [×] 10 [SHIFT] [$x^y$] 8 [+/-] [⋯)] [×] [(⋯] 1 [−] 2.4 [×] 10 [SHIFT] [$x^y$] 5 [+/-] [⋯)] [⋯)] [=] | $2.8069\times10^{-5}$ |

| 計算案例 | 操作 | 顯示 |
|---|---|---|
| $\frac{3\times10^{6}}{732,600}=4.09$ | 3 [×] 10 [SHIFT] [$x^y$] 6 [÷] 732,600 [=] | 4.09 |
| $\sqrt{\frac{92.31\times54,423}{1,000}}=70.87$ | [[(…] 92.31 [×] 54,423 [÷] 1,000 […)]] [SHIFT] [√] [=] | 70.87 |
| $\frac{4(1-0.15)}{0.1^{2}\times0.15}=2,267$ | 4 [×] [[(…] 1 [−] 0.15 […)]] [÷] [[(…] 0.1 [SHIFT] [$x^2$] [×] 0.15 […)]] [=] | 2,267 |

## 廠牌：E-MORE FX-127

| 計算案例 | 操作 | 顯示 |
|---|---|---|
| $(2.5\times10^{-2})\times[1-(5\times10^{-2})]\times(10^{-1})\times(10^{-2})+(2.5\times10^{-2})\times(5\times10^{-2})\times(10^{-1})\times(10^{-2})=2.5\times10^{-5}$ | [(] 2.5 [EXP] [+/-] 2 [×] [(] 1 [−] 5 [EXP] [+/-] 2 [)] [×] 1 [EXP] [+/-] 1 [×] 1 [EXP] [+/-] 2 [+] [(] 2.5 [EXP] [+/-] 2 [×] 5 [EXP] [+/-] 2 [×] 1 [EXP] [+/-] 1 [×] 1 [EXP] [+/-] 2 [)] [=] | 0.000025 |
| $1-\{(1-1\times10^{-6})\times[1-(2\times10^{-3}\times3\times10^{-3})]\}=7\times10^{-6}$ | 1 [−] [(] [(] 1 [−] 1 [EXP] [+/-] 6 [)] [×] [(] 1 [−] [(] 2 [EXP] [+/-] 3 [×] 3 [EXP] [+/-] 3 [)] [)] [)] [=] | 0.000007 |
| $1-[(1-10^{-8})(1-4\times10^{-6})(1-6\times10^{-8})(1-2.4\times10^{-5})]=2.8069\times10^{-5}$ | 1 [−] [(] [(] 1 [−] 1 [EXP] [+/-] 8 [)] [×] [(] 1 [−] 4 [EXP] [+/-] 6 [)] [×] [(] 1 [−] 6 [EXP] [+/-] 8 [)] [×] [(] 1 [−] 2.4 [EXP] [+/-] 5 [)] [)] [=] | 0.000028069 |
| $\frac{3\times10^{6}}{732,600}=4.09$ | 3 [EXP] 6 [÷] 732,600 [=] | 4.09 |
| $\sqrt{\frac{92.31\times54,423}{1,000}}=70.87$ | [(] 92.31 [×] 54,423 [÷] 1,000 [)] [√] [=] | 70.87 |
| $\frac{4(1-0.15)}{0.1^{2}\times0.15}=2,267$ | 4 [×] [(] 1 [−] 0.15 [)] [÷] [(] 0.1 [$x^2$] [×] 0.15 [)] [=] | 2,267 |

## 廠牌：AURORA SC600

| 計算案例 | 操作 | 顯示 |
|---|---|---|
| $(2.5\times10^{-2})\times[1-(5\times10^{-2})]\times(10^{-1})\times(10^{-2})+(2.5\times10^{-2})\times(5\times10^{-2})\times(10^{-1})\times(10^{-2})=2.5\times10^{-5}$ | ( 2.5 EXP +/- 2 × ( 1 − 5 EXP +/- 2 ) × 1 EXP +/- 1 × 1 EXP +/- 2 + ( 2.5 EXP +/- 2 × 5 EXP +/- 2 × 1 EXP +/- 1 × 1 EXP +/- 2 ) = | 0.000025 |
| $1-\{(1-1\times10^{-6})\times[1-(2\times10^{-3}\times3\times10^{-3})]\}=7\times10^{-6}$ | 1 − ( ( 1 − 1 EXP +/- 6 ) × ( 1 − ( 2 EXP +/- 3 × 3 EXP +/- 3 ) ) ) = | 0.000006999 |
| $1-[(1-10^{-8})(1-4\times10\text{-}^{6})(1-6\times10^{-8})(1-2.4\times10^{-5})]=2.8069\times10^{-5}$ | 1 − ( ( 1 − 1 EXP +/- 8 ) × ( 1 − 4 EXP +/- 6 ) × ( 1 − 6 EXP +/- 8 ) × ( 1 − 2.4 EXP +/- 5 ) ) = | 0.000028069 |
| $\dfrac{3\times10^{6}}{732{,}600}=4.09$ | 3 EXP 6 ÷ 732,600 = | 4.09 |
| $\sqrt{\dfrac{92.31\times54{,}423}{1{,}000}}=70.87$ | ( 92.31 × 54,423 ÷ 1,000 ) √x = | 70.87 |
| $\dfrac{4(1-0.15)}{0.1^{2}\times0.15}=2{,}267$ | 4 × ( 1 − 0.15 ) ÷ ( 0.1 $x^2$ × 0.15 ) = | 2,267 |

## 廠牌：LIBERTY LB-217CA

| 計算案例 | 操作 | 顯示 |
|---|---|---|
| $(2.5\times10^{-2})\times[1-(5\times10^{-2})]\times(10^{-1})\times(10^{-2})+(2.5\times10^{-2})\times(5\times10^{-2})\times(10^{-1})\times(10^{-2})=2.5\times10^{-5}$ | [(··· 2.5 × 10 SHIFT $x^y$ 2 +/- ···)] × [(··· 1 − 5 × 10 SHIFT $x^y$ 2 +/- ···)] × 10 SHIFT $x^y$ 1 +/- × 10 SHIFT $x^y$ 2 +/- + [(··· [(··· 2.5 × 10 SHIFT $x^y$ 2 +/- ···)] × [(··· 5 × 10 SHIFT $x^y$ 2 +/- ···)] × 10 SHIFT $x^y$ 1 +/- × 10 SHIFT $x^y$ 2 +/- ···)] = | $2.5\times10^{-5}$ |
| $1-\{(1-1\times10^{-6})\times[1-(2\times10^{-3}\times3\times10^{-3})]\}=7\times10^{-6}$ | 1 − [(··· [(··· 1 − 1 × 10 SHIFT $x^y$ 6 +/- ···)] × [(··· 1 − [(··· 2 × 10 SHIFT $x^y$ 3 +/- × 3 × 10 SHIFT $x^y$ 3 +/- ···)] ···)] ···)] = | $6.999994\times10^{-6}$ |

| 計算案例 | 操作 | 顯示 |
|---|---|---|
| $1-[(1-10^{-8})(1-4\times10^{-6})(1-6\times10^{-8})(1-2.4\times10^{-5})] = 2.8069\times10^{-5}$ | 1 [−] [[(…] [[(…] 1 [−] 1 [×] 10 [SHIFT] [$x^y$] 8 [+/-] […)]] [×] [[(…] 1 [−] 4 [×] 10 [SHIFT] [$x^y$] 6 [+/-] […)]] [×] [[(…] 1 [−] 6 [×] 10 [SHIFT] [$x^y$] 8 [+/-] […)]] [×] [[(…] 1 [−] 2.4 [×] 10 [SHIFT] [$x^y$] 5 [+/-] […)]] […)]] [=] | $2.8069\times10^{-5}$ |
| $\frac{3\times10^6}{732,600} = 4.09$ | 3 [×] 10 [SHIFT] [$x^y$] 6 [÷] 732,600 [=] | 4.09 |
| $\sqrt{\frac{92.31\times54,423}{1,000}} = 70.87$ | [[(…] 92.31 [×] 54,423 [÷] 1,000 […)]] [√] [=] | 70.87 |
| $\frac{4(1-0.15)}{0.1^2\times0.15} = 2,267$ | 4 [×] [[(…] 1 [−] 0.15 […)]] [÷] [[(…] 0.1 [SHIFT] [$x^2$] [×] 0.15 […)]] [=] | 2,267 |

appendix

# 易寫錯字整理

技能檢定術科考試時間為下午時段，很多用字都不好寫，考生們如習慣使用 3C 產品而疏於手寫，很多字當場會寫不出來或寫錯字，分數很可能因此就被扣掉了，筆者們以多年考試經驗了解到，唯有不斷反覆的練習才能正確寫出（特別是法規用語）。因此筆者整理歷年考試經常出現易錯字供考生們手寫練習，如下表所示，期望考生們於考試時別因為一分之差飲恨！

| 易寫錯字 | 依據 | 備註 |
|---|---|---|
| 鑿岩機 | 職業安全衛生法 ( 第 29、30 條 ) | |
| 圖式、標示 | 危害性化學品標示及通識規則 ( 第 5 條 ) | |
| 侷限空間 | 職業安全衛生設施規則 ( 第 19-1 條 ) | |
| 搪瓷、燒窯 | 高溫作業勞工作息時間標準 ( 第 2 條 ) | |
| 墜落 | 營造安全衛生設施標準 ( 第 17 條 ) | |
| 腕隧道症狀群 | | 人因性危害 |
| 熱衰竭、熱痙攣、熱暈厥 | | 熱危害 |
| 承攬、工作之連繫與調整 | 職業安全衛生法 ( 第 27 條 ) | |
| 租賃 | 職業安全衛生法 ( 第 7 條 ) | |
| 鍋爐 | 職業安全衛生法施行細則 ( 第 23 條 ) | |
| 打樁機、拔樁機 | 職業安全衛生法施行細則 ( 第 38 條 ) | |
| 鋼梁 | 營造安全衛生設施標準 ( 第 19 條 ) | |
| 事業廢棄物 | 危害性化學品標示及通識規則 ( 第 4 條 ) | |
| 醫護人員 | 勞工健康保護規則 ( 第 3 條 ) | |
| 致癌物質 | | |
| 食鹽水 | 職業安全衛生設施規則 ( 第 324-6 條 ) | |
| 40 歲，65 歲 | 勞工健康保護規則 ( 第 17 條 ) | |
| 罹災 | 職業安全衛生法 ( 第 37 條 ) | |
| 鏟、掘、推 ( 重工作 ) | 高溫作業勞工作息時間標準 ( 第 4 條 ) | |
| 肌肉骨骼疾病 | 職業安全衛生法 ( 第 6 條 ) | |

| 易寫錯字 | 依據 | 備註 |
|---|---|---|
| 異氰酸甲酯、甲醛、吡啶、氯酸鹽類、鍋爐、隧道、橋墩… | 危險性工作場所審查及檢查辦法（第 2 條） | |
| 煙囪、欄柵 | 職業安全衛生設施規則（第 37 條） | |
| 石綿板 | 職業安全衛生設施規則（第 227 條） | |
| 腐蝕 | 職業安全衛生設施規則（第 229 條） | |
| 護欄、護蓋 | 職業安全衛生設施規則（第 224 條） | |
| 龜裂 | 職業安全衛生設施規則（第 98 條） | |
| 積載荷重 | 職業安全衛生設施規則（第 128-1 條） | |
| 錨錠、纖維索 | 職業安全衛生設施規則（第 155-1 條） | |
| 繩索捆綁、擋樁 | 職業安全衛生設施規則（第 153 條） | |
| 鋼構懸臂突出物、斜籬、2 公尺以上未設護籠 | 職業安全衛生設施規則（第 281 條） | |
| 電纜 | 營造安全衛生設施標準（第 69 條） | |
| 襯板、承鈑 | 營造安全衛生設施標準（第 73 條） | |
| 鋼筋 | 營造安全衛生設施標準（第 129 條） | |
| 使用 12 公尺以上長跨度格柵梁或桁架 | 營造安全衛生設施標準（第 148 條） | |
| 防爆電氣設備 | 職業安全衛生法施行細則（第 12 條） | |
| 平台、床台、工作台、輸材台、升降台、車台、載貨台 | 職業安全衛生設施規則 | |
| 平臺、橋臺、工作臺、承受臺、施工構臺、臨時性構臺 | 營造安全衛生設施標準 | |
| 焊接、試焊、電焊機、焊接柄、氣焊 | 職業安全衛生設施規則<br>營造安全衛生設施標準 | |

| 易寫錯字 | 依據 | 備註 |
|---|---|---|
| 騷擾 | 職業安全衛生管理系統<br>執行職務遭受不法侵害預防指引 | |
| 蒸汽鍋爐 | 危險性工作場所審查及檢查辦法 | |

appendix

# 名詞解釋

1. **雇主：**

   指事業主或事業之經營負責人。【職業安全衛生法第 2 條】

2. **工作者：**

   指勞工、自營作業者及其他受工作場所負責人指揮或監督從事勞動之人員。【職業安全衛生法第 2 條】

3. **勞工：**

   指受僱從事工作獲致工資者。【職業安全衛生法第 2 條】

4. **自營作業者：**

   指獨立從事勞動或技藝工作，獲致報酬，且未僱用有酬人員幫同工作者。【職業安全衛生法施行細則第 2 條】

5. **其他受工作場所負責人指揮或監督從事勞動之人員：**

   指與事業單位無僱傭關係，於其工作場所從事勞動或以學習技能、接受職業訓練為目的從事勞動之工作者。【職業安全衛生法施行細則第 2 條】

6. **工作場所負責人：**

   指雇主或於該工作場所代表雇主從事管理、指揮或監督工作者從事勞動之人。【職業安全衛生法施行細則第 3 條】

7. **職業災害：**

   指因勞動場所之建築物、機械、設備、原料、材料、化學品、氣體、蒸氣、粉塵等或作業活動及其他職業上原因引起之工作者疾病、傷害、失能或死亡。【職業安全衛生法第 2 條】

8. **共同作業：**

   指事業單位與承攬人、再承攬人所僱用之勞工於同一期間、同一工作場所從事工作。【職業安全衛生法施行細則第 37 條】

9. **局限空間：**

   指非供勞工在其內部從事經常性作業，勞工進出方法受限制，且無法以自然通風來維持充分、清淨空氣之空間。【職業安全衛生設施規則第 19-1 條】

10. **勞動場所：**指下列場所之一【職業安全衛生法施行細則第 5 條】

    (1) 於勞動契約存續中，由雇主所提示，使勞工履行契約提供勞務之場所。

    (2) 自營作業者實際從事勞動之場所。

    (3) 其他受工作場所負責人指揮或監督從事勞動之人員，實際從事勞動之場所。

11. **工作場所：**

    指勞動場所中，接受雇主或代理雇主指示處理有關勞工事務之人所能支配、管理之場所。【職業安全衛生法施行細則第 5 條】

12. **作業場所：**

    指工作場所中，從事特定工作目的之場所。【職業安全衛生法施行細則第 5 條】

13. **職業上原因：**

    指隨作業活動所衍生，於勞動上一切必要行為及其附隨行為而具有相當因果關係者。【職業安全衛生法施行細則第 6 條】

14. **合理可行範圍：**

    指依職業安全衛生法及有關安全衛生法令、指引、實務規範或一般社會通念，雇主明知或可得而知勞工所從事之工作，有致其生命、身體及健康受危害之虞，並可採取必要之預防設備或措施者。【職業安全衛生法施行細則第 8 條】

15. **風險評估：**

    指辨識、分析及評量風險之程序。【職業安全衛生法施行細則第 8 條】

16. **型式驗證：**

    指由驗證機構對某一型式之機械、設備或器具等產品，審驗符合安全標準之程序。【職業安全衛生法施行細則第 13 條】

17. **特殊危害作業：**

    係指高溫作業、異常氣壓作業、高架作業、精密作業、重體力勞動或其他對於勞工具有特殊危害之作業。【職業安全衛生法第 19 條】

18. **應於 8 小時內通報勞動檢查機構：**

    指事業單位明知或可得而知已發生規定之職業災害事實起 8 小時內，應向其事業單位所在轄區之勞動檢查機構通報。【職業安全衛生法施行細則第 47 條】

19. **危害性之化學品：**指下列之危險物或有害物【職業安全衛生法施行細則第 14 條】

    (1) 危險物：符合國家標準 CNS 15030 分類，具有物理性危害者。

    (2) 有害物：符合國家標準 CNS 15030 分類，具有健康危害者。

20. **危害性化學品之清單：**

    指記載化學品名稱、製造商或供應商基本資料、使用及貯存量等項目之清冊或表單。【職業安全衛生法施行細則第 15 條】

21. **危害性化學品之安全資料表：**

指記載化學品名稱、製造商或供應商基本資料、危害特性、緊急處理及危害預防措施等項目之表單。【職業安全衛生法施行細則第 16 條】

22. **優先管理化學品：**【優先管理化學品之指定及運作管理辦法第 2 條】

(1) 本法第 29 條第 1 項第 3 款及第 30 條第 1 項第 5 款規定所列之危害性化學品。

(2) 依國家標準 CNS 15030 分類，屬下列化學品之一，並經中央主管機關指定公告者：

A、致癌物質、生殖細胞致突變性物質、生殖毒性物質。

B、呼吸道過敏物質第 1 級。

C、嚴重損傷或刺激眼睛物質第 1 級。

D、特定標的器官系統毒性物質屬重複暴露第 1 級。

(3) 依國家標準 CNS 15030 分類，具物理性危害或健康危害之化學品，並經中央主管機關指定公告。

(4) 其他經中央主管機關指定公告者。

23. **管制性化學品：**

指職業安全衛生法施行細則第 19 條規定之化學品。【管制性化學品之指定及運作許可管理辦法第 2 條】

24. **作業環境監測：**

指為掌握勞工作業環境實態與評估勞工暴露狀況，所採取之規劃、採樣、測定、分析及評估。【職業安全衛生法施行細則第 17 條】

25. **管理審查：**

為高階管理階層依預定時程及程序，定期審查計畫及任何相關資訊，以確保其持續之適合性與有效性，並導入必要之變更或改進。【作業環境監測指引】

26. **職業安全衛生管理系統：**

指事業單位依其規模、性質，建立包括規劃、實施、評估及改善措施之系統化管理體制。【職業安全衛生法施行細則第 35 條】

27. **製程安全評估：**

指利用結構化、系統化方式，辨識、分析勞動檢查法第 26 條第 1 項第 1 款或第 5 款所定之工作場所潛在危害，而採取必要預防措施之評估。
【製程安全評估定期實施辦法第 3 條】

28. **製程修改：**

指危險性工作場所既有安全防護措施未能控制新潛在危害之製程化學品、技術、設備、操作程序或規模之變更。【危險性工作場所審查及檢查辦法第 3 條】

29. **審查：**

指勞動檢查機構對工作場所有關資料之書面審查。【危險性工作場所審查及檢查辦法第 3 條】

30. **檢查：**

指勞動檢查機構對工作場所有關資料及設施之現場檢查。【危險性工作場所審查及檢查辦法第 3 條】

31. **虛驚事件 (near miss)：**

未發生受傷及健康妨害但有可能發生受傷及健康妨害之事故。【職業安全衛生管理系統（CNS 45001:2018）】

32. **不安全狀態：**

引起或構成危害及事故之狀態或環境。

33. **第三者認證機構：**

指取得國際實驗室認證聯盟相互認可協議，並經中央主管機關公告之認證機構。【勞工作業環境監測實施辦法第 2 條】

34. **主動式績效指標：**

主動式是在意外事故、職業病或事件發生前，所執行的安全衛生管理業務進行量測，提供有關執行成效的重要回饋資料。主動式績效量測檢查績效標準的符合度與特定目標的達成度，其主要用途在於量測達成度，並透過獎勵方式鼓勵良好表現而非懲罰。

35. **火焰點、著火點 (fire point)：**

當易燃液體表面之蒸氣濃度達到爆炸下限，於火源靠近其表面時，會使其產生持續燃燒之最低液體溫度。

36. **閃火點 (flash point)：**

係指能使易燃性液體蒸發或揮發性固體昇華所產生的混合空氣一接觸火源就產生小火的最低液面溫度。

37. 爆炸界限 (explosive limit)：

可分為爆炸下限及爆炸上限，係指若氣體或蒸氣或可燃性粉塵在空氣中的濃度介於此二者之間，一旦有火源，便可能引起火焰燃燒，在密閉空間或特殊條件下可能引起爆炸，因此，爆炸界限亦即燃燒界限。

38. 自燃溫度 (autoignition temperature)：

係指物質不接觸火焰而能自行燃燒的最低溫度。

39. 沸騰液體膨脹蒸氣爆炸 (Boiling Liquid Expanding Vapor Explosion, BLEVE)：

液體受熱沸騰後成氣體，容器爆裂後，氣體洩出而產生爆炸的情況。

40. 化學文摘社登記號碼 (CAS No.)：

美國化學文摘社 (Chemical Abstracts Service) 在編製化學摘要 (CA) 時，為便於確認同一種化學物質，故對每一個化學品編訂註冊登記號碼 (CAS. NO.)，一個號碼只代表一種化合物，若有異構物則給予不同編號，已通用於國際上，故查詢之正確性高，極適合作為資料查詢的索引號碼，因其一個號碼只代表一種化合物，故對化學品的確認與資料查詢的索引有很大的用處。

41. 熱適應：

所謂熱適應係依一般健康的人首次暴露於熱環境下工作，身體會因受熱的影響，而產生心跳速率增加或不能忍受之症狀，但經過幾天之重複性熱暴露後，這些現象會減輕而逐漸適應的調適過程稱之。

42. 自然濕球溫度：

係指溫度計外包濕紗布且未遮蔽外界氣動所得之溫度，代表溫度、濕度、風速等之綜合效應。

43. 露天開挖：

指於室外採人工或機械實施土、砂、岩石等之開挖，包括土木構造物、建築物之基礎開挖、地下埋設物之管溝開挖與整地，及其他相關之開挖。【營造安全衛生設施標準第 1-1 條】

44. 露天開挖作業：

指使勞工從事露天開挖之作業。【營造安全衛生設施標準第 1-1 條】

45. 露天開挖場所：

指露天開挖區及與其相鄰之場所，包括測量、鋼筋組立、模板組拆、灌漿、管道及管路設置、擋土支撐組拆與搬運，及其他與露天開挖相關之場所。【營造安全衛生設施標準第 1-1 條】

46. **吊升荷重：**【起重升降機具安全規則第 5 條】

(1) 指依固定式起重機、移動式起重機、人字臂起重桿等之構造及材質，所能吊升之最大荷重。

(2) 具有伸臂之起重機之吊升荷重，應依其伸臂於最大傾斜角、最短長度及於伸臂之支點與吊運車位置為最接近時計算之。

(3) 具有吊桿之人字臂起重桿之吊升荷重，應依吊桿於最大傾斜角時計算之。

47. **額定荷重：**【起重升降機具安全規則第 6 條】

(1) 在未具伸臂之固定式起重機或未具吊桿之人字臂起重桿，指自吊升荷重扣除吊鉤、抓斗等吊具之重量所得之荷重。

(2) 具有伸臂之固定式起重機及移動式起重機之額定荷重，應依其構造及材質、伸臂之傾斜角及長度、吊運車之位置，決定其足以承受之最大荷重後，扣除吊鉤、抓斗等吊具之重量所得之荷重。

(3) 具有吊桿之人字臂起重桿之額定荷重，應依其構造、材質及吊桿之傾斜角，決定其足以承受之最大荷重後，扣除吊鉤、抓斗等吊具之重量所得之荷重。

48. **積載荷重：**【起重升降機具安全規則第 7 條】

(1) 在升降機、簡易提升機、營建用提升機或未具吊臂之吊籠，指依其構造及材質，於搬器上乘載人員或荷物上升之最大荷重。

(2) 具有吊臂之吊籠之積載荷重，指於其最小傾斜角狀態下，依其構造、材質，於其工作台上乘載人員或荷物上升之最大荷重。

49. **額定速率：**【起重升降機具安全規則第 8 條】

(1) 在固定式起重機、移動式起重機或人字臂起重桿，指在額定荷重下使其上升、直行、迴轉或橫行時之各該最高速率。

(2) 升降機、簡易提升機、營建用提升機或吊籠之額定速率，指搬器在積載荷重下，使其上升之最高速率。

50. **容許下降速率：**

指於吊籠工作台上加予相當於積載荷重之重量，使其下降之最高容許速率。【起重升降機具安全規則第 9 條】

51. **荷重試驗：**

指將相當於該起重機額定荷重 1.25 倍之荷重置於吊具上，實施吊升、直行、旋轉及吊運車之橫行等動作試驗。【起重升降機具安全規則第 11 條】

52. **教導相關作業：**

指機器人操作機之動作程序、位置或速度之設定、變更或確認。【工業用機器人危害預防標準第 2 條】

53. **檢查相關作業：**

指從事機器人之檢查、修理、調整、清掃、上油及其結果之確認。【工業用機器人危害預防標準第 2 條】

54. **協同作業：**

指使工作者與固定或移動操作之機器人，共同合作之作業。【工業用機器人危害預防標準第 2 條】

55. **協同作業空間：**

指使工作者與固定或移動操作之機器人，共同作業之安全防護特定範圍。【工業用機器人危害預防標準第 2 條】

56. **危害性化學品濃度表示方法：**

(1) %：氣狀有害物所佔之體積百分率。

(2) ppm：指溫度在攝氏 25 度、一大氣壓條件下，每立方公尺空氣中氣狀有害物之立方公分數。【勞工作業場所容許暴露標準第 5 條】

(3) $mg/m^3$：指溫度在攝氏 25 度、一大氣壓條件下，每立方公尺空氣中粒狀或氣狀有害物之毫克數。【勞工作業場所容許暴露標準第 6 條】

(4) f/cc：指溫度在攝氏 25 度、一大氣壓條件下，每立方公分纖維根數。【勞工作業場所容許暴露標準第 7 條】

57. **灌氣容器：**

係指灌裝有高壓氣體之容器，而該氣體之質量在灌裝時質量之 1/2 以上者。【高壓氣體勞工安全規則第 8 條】

58. **殘氣容器：**

係指灌裝有高壓氣體之容器，而該氣體之質量未滿灌裝時質量之 1/2 者。【高壓氣體勞工安全規則第 9 條】

59. **處理設備：**

係指以壓縮、液化及其他方法處理氣體之高壓氣體製造設備。【高壓氣體勞工安全規則第 16 條】

60. **靜態人體計測：**

    係指受測者在靜止的標準化穩定姿勢下，依事前設定的測定點所測得的人體各部位尺寸。

61. **動態人體計測：**

    又稱為機能人體計測，係指人體執行各種操作或進行各種活動時處於活動狀態的各部位尺寸之測量。

62. **極端設計：**

    係指針對特殊體位的人所設計，是以兩極端之測計值作為設計的基準，以使母群體的最大或最小部分能適合此一設計。

63. **平均設計：**

    係指人體計測相關尺寸參考多數「平均人」的數據為依據，能夠適合大多數的人，但是在某些情況卻不得不以平均值來作為設計參考標準的必要，尤其極端與可調兩類設計原則均不適用的時候(例如，超級市場結帳櫃臺)。

64. **失能傷害：**

    損失工作日 1 日以上之傷害。

65. **非失能傷害：**

    損失工作日未達 1 日之傷害，即輕傷害。

66. 常考 2 個感電預防安全裝置：

    (1) **漏電斷路器** (Ground-Fault Circuit Interrupter)：

    一種靈敏的器具，以防止感電為目的。當漏電流至接地的電流足以傷害人員，但卻尚不至起動該系統之過電流保護裝置時，此漏電斷路器即在數分之一秒的時間內作動，使電線或部分電路切斷，亦稱為感電保護器。

**補充資料** **漏電斷路器**

將漏電檢出裝置、跳脫裝置及開閉裝置等組成一體，裝於絕緣容器內之斷路器，漏電斷路器依其動作原理可分為電壓型和電流型兩種，而目前使用上以電流型漏電斷路器為主，其動作原理為設備器具因絕緣劣化等原因產生漏電流，遂使原來供電線路之電流失去平衡，而在檢出裝置(零相比流器之二次側)便可檢出此漏電流值，當此值超過額定感度電流時，跳脫線圈激磁而切斷電源之主接點。

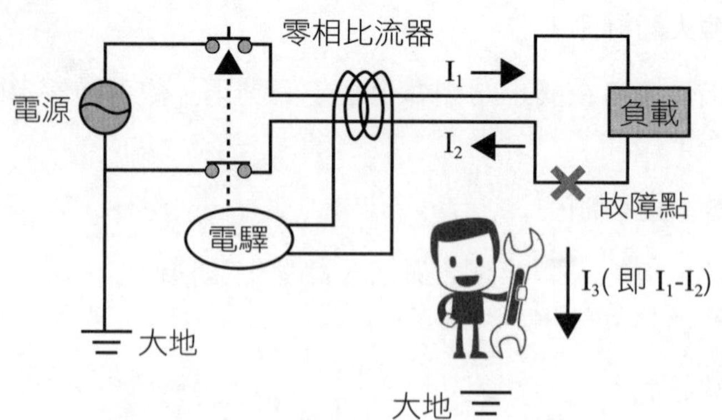


(2) 自動電擊防止裝置：

自動電擊防止裝置原理是利用一輔助變壓器輸出安全低電壓，在沒有進行焊接時取代電焊機變壓器之輸出電壓。偵測是否正進行焊接之工作是由電流或電壓檢測單元，將所獲得之信號送至自動電擊防止裝置之控制電路，再由控制電路決定開關之切換，使電焊機輸出側輸出適量之電壓。

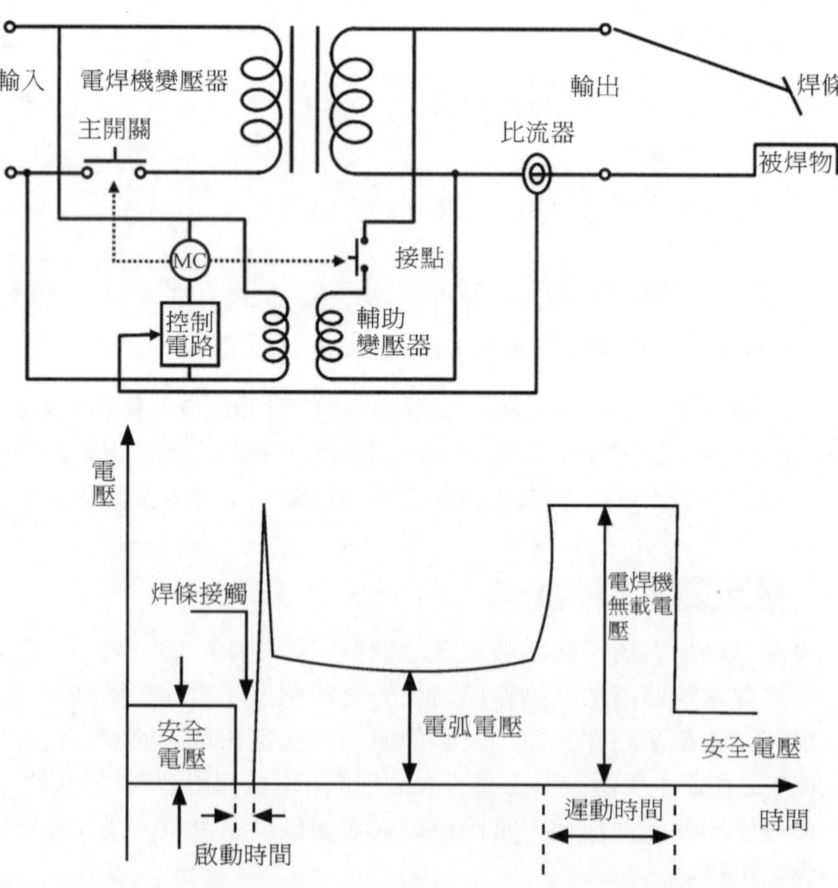

appendix

# 最新術科試題及解析

**特別說明**

本書收錄 113 年度之術科試題。惟更早期之學術科試題及解析置放於職安一點通服務網 - 考古題下載區 (www.osh-soeasy.com/exam) 供讀者下載，歡迎多加利用。

# 113-1 術科題解

**1**

某公司取得供應商之安全資料表，於「三、成分辨識資料」中某成分化學品名稱載為「商業機密」且化學文摘社登記號碼欄為空白、含量為重量百分比 1.1%。請回答下列問題：

（一）該雇主欲依危害性化學品標示及通識規則辦理：

1. 其供應商應如何辦理保留揭示？（10 分）
2. 前小題勞動部職業安全衛生署訂定之行政指導名稱為何？（2 分）

（二）另其危害警告訊息所載「遇熱可能起火」，該物質為混合物，應依其混合後之危害性予以標示，其危害性之認定方式為何？（8 分）

解 （一）1. 依「危害性化學品標示及通識規則」第 18 條規定，製造者、輸入者或供應者為維護國家安全或商品營業秘密之必要，而保留揭示安全資料表中之危害性化學品成分之名稱、化學文摘社登記號碼、含量或製造者、輸入者或供應者名稱時，應檢附下列文件，向中央主管機關申請核定：

(1) 認定為國家安全或商品營業秘密之證明。

(2) 為保護國家安全或商品營業秘密所採取之對策。

(3) 對申請者及其競爭者之經濟利益評估。

(4) 該商品中危害性化學品成分之危害性分類說明及證明。

2. 勞動部職業安全衛生署訂定之行政指導名稱為「安全資料表資訊保留揭示技術指引」。

（二）依「危害性化學品標示及通識規則」第 6 條第 2 項規定，危害性之認定方式如下：

1. 混合物已作整體測試者，依整體測試結果。
2. 混合物未作整體測試者，其健康危害性，除有科學資料佐證外，應依國家標準 CNS 15030 分類之混合物分類標準，對於燃燒、爆炸及反應性等物理性危害，使用有科學根據之資料評估。

**2** 某公司欲在營造工地設置 1 座自有之塔式起重機(吊升荷重 6.384 公噸),請依營造安全衛生設施標準、危險性機械及設備安全檢查規則等規定回答下列問題:

(一)雇主應事先擬定之作業計畫內容應包含那 4 項?(8 分)

(二)在組拆起重機作業時,應指派具何種資格之作業主管於作業現場指揮監督?(2 分)

(三)於設置完成或變更設置位置時,除填具固定式起重機竣工檢查申請書外,應檢附那些文件資料,向所在地檢查機構申請竣工檢查?(8 分)

(四)設置完成後,為避免伸臂起伏及吊掛物移動造成重心偏移翻覆災害,依規定應實施何種性能檢查?(2 分)

解 (一)依「營造安全衛生設施標準」第 149-1 條規定,雇主進行前條鋼構組配作業前,應擬訂包括下列事項之作業計畫,並使勞工遵循:

1. 安全作業方法及標準作業程序。
2. 防止構材及其組配件飛落或倒塌之方法。
3. 設置能防止作業勞工發生墜落之設備及其設置方法。
4. 人員進出作業區之管制。

(二)在組拆起重機作業時,應指派鋼構組配作業主管於作業現場指揮監督。

(三)依「危險性機械及設備安全檢查規則」第 12 條規定,雇主於固定式起重機設置完成或變更設置位置時,應填具固定式起重機竣工檢查申請書(附表三),檢附下列文件,向所在地檢查機構申請竣工檢查:

1. 製造設施型式檢查合格證明(外國進口者,檢附品管等相關文件)。
2. 設置場所平面圖及基礎概要。
3. 固定式起重機明細表(附表四)。
4. 強度計算基準及組配圖。

(四)設置完成後,為避免伸臂起伏及吊掛物移動造成重心偏移翻覆災害,依規定應實施安定性試驗項目。

**3**

某化學工廠屬於勞動檢查法所稱之甲類危險性工作場所，想要對其中一條化學品產線進行製程修改，因該製程有高溫高壓之高壓氣體流通，如果製程設計及運轉部門詢問你下列問題，請依高壓氣體勞工安全規則、製程安全評估定期實施辦法規定，回答之：

（一）因台灣位處地震帶，製程設計部門詢問產線中因有塔（供進行反應、分離、精煉、蒸餾等製程之高壓氣體設備）、儲槽、冷凝器（豎式圓胴型）及承液器及支撐各該設備之支持構築物與基礎之結構，法規規定各該等設備尺寸或容量多少以上應有能承受地震影響之耐震構造？（8分）

（二）承上題，高壓氣體設備，除配管、泵、壓縮機之部分外，其基礎不得有不均勻沈陷致使該設備發生有害之變形；儲存能力在多少容量以上之儲槽之支柱（未置支柱之儲槽者為其底座。）應置於同一基礎，並緊密結合？（1分）

（三）承上題，設置於內容積在 5,000 公升以上之那三類液化氣體儲槽之配管，應於距離該儲槽外側 5 公尺以上之安全處所設置可操作之緊急遮斷裝置？（3分）

（四）當該製程設計建造完竣後，運轉部門詢問對新建設備及製程單元重大修改，於製程引入危害性化學品前，須執行啟動前安全檢查，包含那些事項？（8分）

**解**（一）依「高壓氣體勞工安全規則」第 46 條規定，塔（供進行反應、分離、精煉、蒸餾等製程之高壓氣體設備，以其最高位正切線至最低位正切線間之長度在 5 公尺以上者。）、儲槽（以儲存能力在 300 立方公尺或 3 公噸以上之儲槽。）、冷凝器（豎式圓胴型者，以胴部長度在 5 公尺以上者為限。）及承液器（以內容積在 5,000 公升以上者為限。）及支撐各該設備之支持構築物與基礎之結構，應能承受地震影響之耐震構造。

（二）依「高壓氣體勞工安全規則」第 45 條規定，高壓氣體設備，除配管、泵、壓縮機之部分外，其基礎不得有不均勻沈陷致使該設備發生有害之變形；儲存能力在 100 立方公尺或 1 公噸以上之儲槽之支柱（未置支柱之儲槽者為其底座。）應置於同一基礎，並緊密結合。

（三）依「高壓氣體勞工安全規則」第 53 條第 1 項規定，設置於內容積在 5,000 公升以上之可燃性氣體、毒性氣體或氧氣等之液化氣體儲槽之配管，應於距離該儲槽外側 5 公尺以上之安全處所設置可操作之緊急遮斷裝置。

（四）依「製程安全評估定期實施辦法」附表七啟動前安全檢查規定，對新建設備及製程單元重大修改，於製程引入危害性化學品前，須執行啟動前安全檢查，包含下列事項：

1. 建造及設備均符合設計規範。
2. 完成安全、操作、維修及緊急應變程序。
3. 完成製程危害分析及變更管理，相關建議事項已改善。
4. 已對相關勞工實施教育訓練。

**4**

**墜落是營造業常見之災害類型，請回答下列問題：**

**(一) 依據營造安全衛生設施標準規定，高度 2 公尺以上之工作場所，勞工作業有墜落之虞者，應訂定墜落災害防止計畫，請列述該計畫之 8 項管理作為或設施。（16 分）**

**(二) 為使工廠鋼構屋頂設置永久性防墜設備，依據營造安全衛生設施標準第 18-1 條規定，對於新建、增建、改建或修建工廠之鋼構屋頂，勞工有遭受墜落危險之虞者，雇主應辦理事項為何？（4 分）**

解 (一) 依「營造安全衛生設施標準」第 17 條規定，雇主對於高度 2 公尺以上之工作場所，勞工作業有墜落之虞者，應訂定墜落災害防止計畫，依下列風險控制之先後順序規劃，並採取適當墜落災害防止設施：

1. 經由設計或工法之選擇，儘量使勞工於地面完成作業，減少高處作業項目。
2. 經由施工程序之變更，優先施作永久構造物之上下設備或防墜設施。
3. 設置護欄、護蓋。
4. 張掛安全網。
5. 使勞工佩掛安全帶。
6. 設置警示線系統。
7. 限制作業人員進入管制區。
8. 對於因開放邊線、組模作業、收尾作業等及採取第 1 款至第 5 款規定之設施致增加其作業危險者，應訂定保護計畫並實施。

(二) 依「營造安全衛生設施標準」第 18-1 條第 1 項規定，雇主對於新建、增建、改建或修建工廠之鋼構屋頂，勞工有遭受墜落危險之虞者，應依下列規定辦理：

1. 於邊緣及屋頂突出物頂板周圍，設置高度 90 公分以上之女兒牆或適當強度欄杆。
2. 於易踏穿材料構築之屋頂，應於屋頂頂面設置適當強度且寬度在 30 公分以上通道，並於屋頂採光範圍下方裝設堅固格柵。

**5** 請依起重升降機具安全規則之規定，回答與計算下列問題：

（一）雇主對於起重機具之吊掛用鋼索，其安全係數應在多少以上？若某一鋼索吊掛作業之負荷為 12,000 牛頓（N），選用鋼索之斷裂負荷至少應為多少牛頓（N）？（6 分）

（二）請列舉鋼索不得供起重吊掛作業使用之 4 種缺陷情形。（8 分）

（三）若某一鋼索之公稱直徑為 20 毫米（mm），經使用一段時間後，其直徑為 18 毫米（mm），試問該鋼索可否繼續使用？請列出計算與敘明原因。（6 分）

**解**（一）1. 依「起重升降機具安全規則」第 65 條規定，雇主對於起重機具之吊掛用鋼索，其安全係數應在 6 以上。

前項安全係數為鋼索之斷裂荷重值除以鋼索所受最大荷重值所得之值。

2. $\text{安全係數} = \dfrac{\text{鋼索之斷裂荷重}}{\text{鋼索所受最大荷重值所得之值}}$

$\rightarrow 6 = \dfrac{\text{鋼索之斷裂荷重值}}{12{,}000\ \text{牛頓（N）}}$

→鋼索之斷裂荷重值＝ 12,000 牛頓（N）×6 ＝ 72,000 牛頓（N）

（二）依「起重升降機具安全規則」第 68 條規定，雇主不得以有下列各款情形之一之鋼索，供起重吊掛作業使用：

1. 鋼索一撚間 10% 以上素線截斷者。
2. 直徑減少達公稱直徑 7% 以上者。
3. 有顯著變形或腐蝕者。
4. 已扭結者。

（三）此鋼索之公稱直徑為 20 毫米 (mm），經使用一段時間後，其直徑為 18 毫米（mm），該鋼索不可繼續使用。

原因說明：當鋼索直徑減少達公稱直徑 7% 以上者，不得使用。

∵ 20 毫米 (mm）×(1-7%) ＝ 18.6 毫米 (mm）

∴ 經使用一段時間後，其直徑為 18 毫米 (mm）小於 18.6 毫米 (mm），故不可繼續使用，應立即更換。

# 113-2 術科題解

1

某機械設備製造及販賣公司，其營業項目包括機械設備製造及進口買賣，如果你是該公司的職業安全衛生管理人員，試回答下列機械設備器具安全及管理問題：

一、依據職業安全衛生法施行細則規定，公司所製造之下列表 1 產品中，那些屬其構造、性能及防護非符合安全標準，不得產製運出廠場、輸入、租賃、供應或設置者(含截至中華民國 112 年底以前中央主管機關指定公告者)？(4 分，請回答產品代號且需全部答對才給分，多答即不給分)

表 1 某公司所製造之產品清單

| 產品代號 | 產品名稱 |
|---|---|
| A | 牛頭刨床（金屬加工用） |
| B | 數值控制車床（金屬加工用） |
| C | 銑床（木材加工用） |
| D | 鑽孔機 |
| E | 研磨機（使用鋁氧質系研磨輪） |
| F | 動力堆高機 |
| G | 木材加工用圓盤鋸 |
| H | 動力衝剪機械之光電式安全裝置 |
| I | 拋光用研磨布輪 |
| J | 捲揚機 |

二、近來發生多起因研磨輪破裂造成之職業災害，生產製造機械設備時，依據職業安全衛生設施規則規定，對於研磨機之使用，應依那 4 項規定辦理，以降低研磨輪破裂風險？(8 分，每項 2 分)

三、依據職業安全衛生法第 7 條規定，製造者或輸入者對於中央主管機關指定之機械、設備或器具，符合安全標準者，應於中央主管機關指定之資訊申報網站登錄，並於其產製或輸入之產品明顯處張貼安全標示，以供識別。請依機械設備器具安全資訊申報登錄辦法規定，列出 4 種得免申報登錄之情形？(8 分，每項 2 分)

解 一、 B. 數值控制車床（金屬加工用）

E. 研磨機（使用鋁氧質系研磨輪）

F. 動力堆高機

G. 木材加工用圓盤鋸

H. 動力衝剪機械之光電式安全裝置

二、 依「職業安全衛生設施規則」第 62 條規定，雇主對於研磨機之使用，應依下列規定：

(一) 研磨輪應採用經速率試驗合格且有明確記載最高使用周速度者。

(二) 規定研磨機之使用不得超過規定最高使用周速度。

(三) 規定研磨輪使用，除該研磨輪為側用外，不得使用側面。

(四) 規定研磨機使用，應於每日作業開始前試轉 1 分鐘以上，研磨輪更換時應先檢驗有無裂痕，並在防護罩下試轉 3 分鐘以上。

三、 依「機械設備器具安全資訊申報登錄辦法」第 2 條規定，本法第 7 條第 1 項所定中央主管機關指定之機械、設備或器具（以下簡稱產品），有下列情形之一者，得免申報登錄：

(一) 依其他法律有實施檢查、檢驗、驗證、認可或管理之規定。

(二) 供國防軍事用途使用，並有國防部或其直屬機關出具證明。

(三) 限量製造或輸入僅供科技研發、測試用途之專用機型，並經中央主管機關核准。

(四) 非供實際使用或作業用途之商業樣品或展覽品，並經中央主管機關核准。

(五) 輸入供加工、組裝後輸出或原件再輸出，並經中央主管機關核准。

(六) 其他特殊情形，有免申報登錄之必要，並經中央主管機關核准。

**2**

某電廠近千名勞工，導入混燒氫氣與天然氣的技術，將成為台灣近年來持續導入的燃氣機組的示範作為，後續燃氣電廠的排碳量應可持續降低，同時又可在再生能源佈建的過程中持續扮演基載電力的角色。如該電廠係屬有從事製造、處置或使用氫及氨，數量達勞動檢查法第 26 條及勞動檢查法施行細則附表一或二規定量以上之工作場所者。試回答下列問題：

一、 請依勞動檢查法施行細則第 24 條說明所指工作場所之定義為何？(4 分)

二、 依職業安全衛生管理辦法規定，該工作場所之雇主應該根據何種標準建置職業安全衛生管理？(4 分)

三、 承上題，依職業安全衛生管理辦法簡要說明其中 4 項。(8 分)

四、 該電廠依前述辦法欲另訂定職業安全衛生管理規章，請說明職業安全衛生管理規章之定義。(4 分)

解 一、 依「勞動檢查法施行細則」第 24 條規定，本法第 26 條至第 28 條所稱工作場所，指於勞動契約存續中，勞工履行契約提供勞務時，由雇主或代理雇主指示處理有關勞工事務之人所能支配、管理之場所。

二、 依「職業安全衛生管理辦法」第 12-1 規定，雇主應依其事業單位之規模、性質，訂定職業安全衛生管理計畫，要求各級主管及負責指揮、監督之有關人員執行，以及依「職業安全衛生管理辦法」第 12-2 規定，下列事業單位，雇主應依國家標準 CNS 45001 同等以上規定，建置適合該事業單位之職業安全衛生管理系統，並據以執行：

(一) 第一類事業勞工人數在 200 人以上者。

(二) 第二類事業勞工人數在 500 人以上者。

(三) 有從事石油裂解之石化工業工作場所者。

(四) 有從事製造、處置或使用危害性之化學品，數量達中央主管機關規定量以上之工作場所者。

三、 承上題，依「職業安全衛生管理辦法」簡要說明其中 4 項：

(一) 依「職業安全衛生管理辦法」第 12-3 條規定，第 12-2 條第 1 項之事業單位，於引進或修改製程、作業程序、材料及設備前，應評估其職業災害之風險，並採取適當之預防措施。

(二) 依「職業安全衛生管理辦法」第 12-4 條規定，第 12-2 條第 1 項之事業單位，關於機械、設備、器具、物料、原料及個人防護具等之採購、租賃，其契約內容應有符合法令及實際需要之職業安全衛生具體規範，並於驗收、使用前確認其符合規定。

(三) 依「職業安全衛生管理辦法」第 12-5 條規定，第 12-2 條第 1 項之事業單位，以其事業之全部或一部分交付承攬或與承攬人分別僱用勞工於同一期間、同一工作場所共同作業時，除應依本法第 26 條或第 27 條規定辦理外，應就承攬人之安全衛生管理能力、職業災害通報、危險作業管制、教育訓練、緊急應變及安全衛生績效評估等事項，訂定承攬管理計畫，並促使承攬人及其勞工，遵守職業安全衛生法令及原事業單位所定之職業安全衛生管理事項。

(四) 依「職業安全衛生管理辦法」第 12-6 條規定，第 12-2 條第 1 項之事業單位，應依事業單位之潛在風險，訂定緊急狀況預防、準備及應變之計畫，並定期實施演練。

四、 職業安全衛生管理規章：指事業單位為有效防止職業災害，促進勞工安全與健康，所訂定要求各級主管及管理、指揮、監督等有關人員執行與職業安全衛生有關之內部管理程序、準則、要點或規範等文件，於實質上對員工具強制性規範，但不可違反法令。

**3**

某工廠若所設鍋爐不具完整機能之自動控制裝置，試依鍋爐及壓力容器安全規則回答問題：

一、 廠內原設置一座傳熱面積 500 平方公尺之貫流式鍋爐，因應地震爐管破裂檢查及搶修，須使其勞工進入鍋爐內部，從事修繕等作業，依規定辦理事項為何？(10 分)

二、 承上題，因所使用之蒸氣容量不足及場所用地之限制，研擬再增設 2 座鍋爐，經安全衛生室研擬以下方案：

(一) 如增設 1 座傳熱面積 200 平方公尺之爐筒式煙管鍋爐及 1 座傳熱面積 300 平方公尺之廢熱鍋爐，則在同一設置場所中，依規定應指派何種資格以上之鍋爐作業主管？(5 分，需列出傳熱面積計算式說明始完整得分)

(二) 增設 2 座貫流式鍋爐，其傳熱面積 2,500 平方公尺，則在同一設置場所中，依規定應指派何種資格以上之鍋爐作業主管？(5 分，需列出傳熱面積計算式說明始完整得分)

**解** 一、 依「鍋爐及壓力容器安全規則」第 23 條規定，雇主對於勞工進入鍋爐或其燃燒室、煙道之內部，從事清掃、修繕、保養等作業時，應依下列規定辦理：

(一) 將鍋爐、燃燒室或煙道適當冷卻。

(二) 實施鍋爐、燃燒室或煙道內部之通風換氣。

(三) 鍋爐、燃燒室或煙道內部使用之移動電線，應為可撓性雙重絕緣電纜或具同等以上絕緣效力及強度者；移動電燈應裝設適當護罩。

(四) 與其他使用中之鍋爐或壓力容器有管連通者，應確實隔斷或阻斷。

(五) 置監視人員隨時保持連絡，如有災害發生之虞時，立即採取危害防止、通報、緊急應變及搶救等必要措施。

二、(一) 依「鍋爐及壓力容器安全規則」第 15 條第 2 項規定，鍋爐之傳熱面積合計方式，得依規定減列計算傳熱面積：

1. 貫流鍋爐：為其傳熱面積乘 1/10 所得之值。

2. 對於以火焰以外之高溫氣體為熱源之廢熱鍋爐：為其傳熱面積乘 1/2 所得之值。

3. 具有自動控制裝置，其機能應具備於壓力、溫度、水位或燃燒狀態等發生異常時，確能使該鍋爐安全停止，或具有其他同等安全機能設計之鍋爐：為其傳熱面積乘 1/5 所得之值。

∵原設置 1 座貫流式鍋爐：$500\text{m}^2 \times \dfrac{1}{10} = 50\text{m}^2$

增設置 1 座廢熱鍋爐：$300\text{m}^2 \times \dfrac{1}{2} = 150\text{m}^2$

增設置 1 座不具完整自動控制裝置之爐筒式煙管鍋爐：$200\text{m}^2$

∴各鍋爐之傳熱面積合計：$50\text{m}^2+150\text{m}^2+200\text{m}^2 = 400\text{m}^2$

依「鍋爐及壓力容器安全規則」第 15 條第 1 項第 2 款規定，各鍋爐之傳熱面積合計在 50 $\text{m}^2$ 以上未滿 500 $\text{m}^2$ 者，應指派具有乙級以上鍋爐操作人員資格者擔任鍋爐作業主管。

(二) 依「鍋爐及壓力容器安全規則」第 15 條第 2 項第 1 款規定，貫流鍋爐傳熱面積合計方式，為其傳熱面積乘 1/10 所得之值。

∵原設置 1 座貫流式鍋爐：$500\text{m}^2 \times \dfrac{1}{10} = 50\text{m}^2$

增設 2 座貫流式鍋爐：$2{,}500\text{m}^2 \times \dfrac{1}{10} = 250\text{m}^2$

∴各鍋爐之傳熱面積合計：$50\text{m}^2+250\text{m}^2 = 300\text{m}^2$

依「鍋爐及壓力容器安全規則」第 15 條第 1 項第 2 款規定，各鍋爐之傳熱面積合計在 50 $m^2$ 以上未滿 500 $m^2$ 者，且各鍋爐均屬貫流式者，得由具有丙級以上鍋爐操作人員資格者擔任鍋爐作業主管。

**4**

勞動部職業安全衛生署將 113 年定為營造業墜落打擊年。根據統計，最易發生墜落之 4 大媒介物為屋頂、開口、施工架及梯子。

一、 請分別就圖 1 屋頂、圖 2 電梯開口、圖 3 施工架及圖 4 梯子之作業現場狀況，簡述其不合規定事項 ( 與墜落危害相關者 )。(16 分 )

二、 營造工地依法令規定，各於何種條件下需設置屋頂作業主管及施工架組配作業主管？ (4 分 )

圖 1 屋頂作業

圖 2 電梯開口作業

圖 3 施工架作業

圖 4 梯子作業

解 一、(一) 圖 1 屋頂作業不合事項規定：

1. 未於易踏穿材料構築屋頂之屋架上設置適當強度，且寬度在 30 公分以上之踏板。
2. 未於易踏穿材料構築之屋頂下方適當範圍裝設堅固格柵或安全網等防墜設施。

(二) 圖 2 電梯開口作業不合事項規定：

1. 電梯開口可開啟的之柵門未上鎖管制。
2. 使用電梯井從事物料吊運未採取防墜落措施。

(三) 圖 3 施工架作業不合事項規定：

1. 施工架未確實使用交叉拉桿與欄杆。
2. 高度 2 公尺以上之施工架工作臺與構造物間之開口寬度超過 20 公分時，未設置具有防墜強度之補助踏板或長條型防墜網。

(四) 圖 4 梯子作業不合事項規定：

1. 移動梯未確實固定、頂端未突出板面 60 公分以上。
2. 合梯以鐵管組成非為防滑構造，其兩梯腳間未能以堅固之金屬等硬質繫材扣牢（使用布繩）、腳部缺少防滑絕緣腳座套及未有安全之梯面。

二、（一）依「營造安全衛生設施標準」第 18 條第 2 項規定，易踏穿材料構築屋頂作業時，雇主應指派屋頂作業主管，於現場辦理規定事項。

（二）依「營造安全衛生設施標準」第 41 條第 1 項規定，雇主對懸吊式施工架、懸臂式施工架及高度 5 公尺以上施工架之組配及拆除（以下簡稱施工架組配）作業，應指派施工架組配作業主管於作業現場辦理相關事項。

**5**

某一混合氣體種類、爆炸上下限與體積百分比如表 2，請回答與計算下列問題：

一、計算表列 3 種氣體之危險性指標，並由大至小排列 3 種氣體之危險性。(6 分，需列出計算式，否則不予計分)

二、以勒沙特列定律估算混合氣體之爆炸上限與爆炸下限。(10 分，需列出計算式，否則不予計分)

三、承上題，作業場所之可燃性混合氣體滯留，測得其爆炸下限為 1.2%，試問依職業安全衛生法之規定，該作業場所勞工是否需採取緊急應變或立即避難？(4 分，需列出計算式，否則不予計分)

表 2 混合氣體種類、爆炸上下限與體積百分比彙總表

| 氣體種類 | 爆炸下限 (%) | 爆炸上限 (%) | 混合體積百分比 (Vol%) |
|---|---|---|---|
| 甲烷 | 4.7 | 14 | 30 |
| 乙烷 | 3.0 | 12.4 | 25 |
| 丙烷 | 2.1 | 9.5 | 45 |

解 一、危險性指數 $H = \frac{(\text{爆炸上限} - \text{爆炸下限})}{\text{爆炸下限}} = \frac{(UEL-LEL)}{LEL}$

H 為危險性指數 (H 愈大愈危險)

UEL(%) 為爆炸上限。

LEL(%) 為爆炸下限。

甲烷 ($CH_4$) 危險性指數 $H = \frac{(14-4.7)}{4.7} = 1.98$

乙烷 ($C_2H_6$) 危險性指數 $H = \frac{(12.4-3.0)}{3.0} = 3.13$

丙烷 ($C_3H_8$) 危險性指數 $H = \frac{(9.5-2.1)}{2.1} = 3.52$

∴危險性指數 H 愈大愈危險，由大至小之排列如下：

丙烷 ($C_3H_8$) > 乙烷 ($C_2H_6$) > 甲烷 ($CH_4$)

二、 依勒沙特列定律此混合氣體在空氣中的爆炸上限 (UEL) 計算如下：

$$UEL=\frac{100}{\frac{V_1}{U_1}+\frac{V_2}{U_2}+\frac{V_3}{U_3}}=\frac{100}{\frac{30}{14}+\frac{25}{12.4}+\frac{45}{9.5}}=11.24\%$$

依勒沙特列定律此混合氣體在空氣中的爆炸下限 (LEL) 計算如下：

$$LEL(\%)=\frac{100}{\frac{V_1}{L_1}+\frac{V_2}{L_2}+\frac{V_3}{L_3}}=\frac{100}{\frac{30}{4.7}+\frac{25}{3.0}+\frac{45}{2.1}}=2.77\%$$

三、 ∵ 依「職業安全衛生設施規則」第 177 條第 1 項第 2 款規定，蒸氣或氣體之濃度達爆炸下限值之 30% 以上時，應即刻使勞工退避至安全場所。

經以勒沙特列定律估算混合氣體在空氣中的爆炸下限為 2.77(%)

$\rightarrow 2.77\% \times 30\% = 0.831\%$

∴ 當作業場所之可燃性混合氣體滯留，測得其爆炸下限為 1.2% 大於 0.831%，表示已達爆炸下限值之 30% 以上，故應即刻使勞工退避至安全場所。

# 113-3 術科題解

如果你是事業單位的職業安全衛生管理人員，回答下列問題：

一、 依據職業安全衛生法規定，事業單位有那兩種工作場所之一，應依中央主管機關規定之期限，定期實施製程安全評估，並製作製程安全評估報告及採取必要之預防措施；製程修改時，亦同？（4 分）

二、 依據製程安全評估定期實施辦法規定，何謂「製程安全評估」？何謂「製程修改」？（各 2 分，共 4 分）

三、 承上，對製程化學品、技術、設備、操作程序及影響製程之設施之變更，須執行變更管理，有關變更管理其內容包含那些事項？（12 分）

解 一、 依「職業安全衛生法」第 15 條第 1 項規定，有下列情事之一之工作場所，事業單位應依中央主管機關規定之期限，定期實施製程安全評估，並製作製程安全評估報告及採取必要之預防措施；製程修改時，亦同：

(一) 從事石油裂解之石化工業。

(二) 從事製造、處置或使用危害性之化學品數量達中央主管機關規定量以上。

二、 依「製程安全評估定期實施辦法」第 3 條規定：

(一) 本辦法所稱製程安全評估，指利用結構化、系統化方式，辨識、分析前條工作場所潛在危害，而採取必要預防措施之評估。

(二) 本辦法所稱製程修改，指前條工作場所既有安全防護措施未能控制新潛在危害之製程化學品、技術、設備、操作程序或規模之變更。

三、 依「製程安全評估定期實施辦法」附表 10 規定，變更管理對製程化學品、技術、設備、操作程序及影響製程之設施之變更，須執行變更管理，其內容包含下列事項：

(一) 建立並執行書面程序。

(二) 須確認執行變更前，已考慮下列事項：

1. 執行變更之技術依據。
2. 安全衛生影響評估措施。
3. 操作程序之修改。
4. 執行變更之必要期限。
5. 執行變更之授權要求。

(三) 變更程序後或受影響之製程啟動前，應對製程操作、維修保養勞工及承攬人勞工等相關人員，辦理勞工教育訓練。

(四) 變更程序後，須更新受影響之製程安全資訊、操作程序或規範等。

**2**

**為防止感電災害，請依職業安全衛生設施規則規定，回答下列問題：**

**一、 為避免漏電而發生感電危害，應依那 3 項狀況，於各該電動機具設備之連接電路上設置適合其規格，具有高敏感度、高速型，能確實動作之防止感電用漏電斷路器？（各 2 分，共 6 分）**

**二、 對於電路開路後從事該電路、該電路支持物、或接近該電路工作物之敷設、建造、檢查、修理、油漆等作業時，應於確認電路開路後，就該電路採取那 4 項設施？（各 2 分，共 8 分）**

**三、 使勞工從事高壓電路之檢查、修理等活線作業時，應有那些設施？（需寫出 3 項）（各 2 分，共 6 分）**

解 一、 依「職業安全衛生設施規則」第 243 條規定，雇主為避免漏電而發生感電危害，應依下列狀況，於各該電動機具設備之連接電路上設置適合其規格，具有高敏感度、高速型，能確實動作之防止感電用漏電斷路器：

(一) 使用對地電壓在 150 伏特以上移動式或攜帶式電動機具。

(二) 於含水或被其他導電度高之液體濕潤之潮濕場所、金屬板上或鋼架上等導電性良好場所使用移動式或攜帶式電動機具。

(三) 於建築或工程作業使用之臨時用電設備。

二、 依「職業安全衛生設施規則」第 254 條第 1 項規定，雇主對於電路開路後從事該電路、該電路支持物、或接近該電路工作物之敷設、建造、檢查、修理、油漆等作業時，應於確認電路開路後，就該電路採取下列設施：

(一) 開路之開關於作業中，應上鎖或標示「禁止送電」、「停電作業中」或設置監視人員監視之。

(二) 開路後之電路如含有電力電纜、電力電容器等致電路有殘留電荷引起危害之虞，應以安全方法確實放電。

(三) 開路後之電路藉放電消除殘留電荷後，應以檢電器具檢查，確認其已停電，且為防止該停電電路與其他電路之混觸、或因其他電路之感應、或其他電源之逆送電引起感電之危害，應使用短路接地器具確實短路，並加接地。

(四) 前款停電作業範圍如為發電或變電設備或開關場之一部分時，應將該停電作業範圍以藍帶或網加圍，並懸掛「停電作業區」標誌；有電部分則以紅帶或網加圍，並懸掛「有電危險區」標誌，以資警示。

三、 依「職業安全衛生設施規則」第 258 條規定，雇主使勞工從事高壓電路之檢查、修理等活線作業時，應有下列設施之一：

(一) 使作業勞工戴用絕緣用防護具，並於有接觸或接近該電路部分設置絕緣用防護裝備。

(二) 使作業勞工使用活線作業用器具。

(三) 使作業勞工使用活線作業用絕緣工作台及其他裝備，並不得使勞工之身體或其使用中之工具、材料等導電體接觸或接近有使勞工感電之虞之電路或帶電體。

**3**

請依起重升降機具安全規則規定，回答下列有關以移動式起重機吊掛搭乘設備搭載或吊升人員作業之安全防護問題：

一、 雇主對於移動式起重機之使用，以吊物為限，不得乘載或吊升勞工從事作業。但從事貨櫃裝卸、船舶維修、高煙囪施工等尚無其他安全作業替代方法，或臨時性、小規模、短時間、作業性質特殊，經採取防止墜落等措施者，不在此限。請簡要列示 5 項前述防止墜落措施應辦理事項。（每答對 1 項給 2 分，共 10 分）

二、 雇主對於移動式起重機吊掛搭乘設備搭載或吊升人員作業，應依據作業風險因素，事前擬訂作業方法、作業程序、安全作業標準及作業安全檢核表，使作業勞工遵行；並應指派適當人員實施作業前檢點、作業中查核及自動檢查等措施，隨時注意作業安全，相關表單紀錄於作業完成前，並應妥存備查。請簡要列示 5 項使用移動式起重機吊掛搭乘設備搭載或吊升人員作業時應辦理事項。（每答對 1 項給 2 分，共 10 分）

解 一、 依「起重升降機具安全規則」第 19 條第 2 項規定，雇主對於前項但書所定防止墜落措施，應辦理事項如下：

(一) 以搭乘設備乘載或吊升勞工，並防止其翻轉及脫落。

(二) 搭乘設備需設置安全母索或防墜設施，並使勞工佩戴安全帽及符合國家標準 CNS 14253-1 同等以上規定之全身背負式安全帶。

(三) 搭乘設備之使用不得超過限載員額。

（四）搭乘設備自重加上搭乘者、積載物等之最大荷重，不得超過該起重機作業半徑所對應之額定荷重之 50%。

（五）搭乘設備下降時，採動力下降之方法。

二、依「起重升降機具安全規則」第 38 條第 1 項規定，雇主使用移動式起重機吊掛搭乘設備搭載或吊升人員作業時，應依下列規定辦理：

（一）搭乘設備及懸掛裝置（含熔接、鉚接、鉸鏈等部分之施工），應妥予安全設計，並事前將其構造設計圖、強度計算書及施工圖說等，委託中央主管機關認可之專業機構簽認，其簽認效期最長 2 年；效期屆滿或構造有變更者，應重新簽認之。

（二）起重機載人作業前，應先以預期最大荷重之荷物，進行試吊測試，將測試荷物置於搭乘設備上，吊升至最大作業高度，保持 5 分鐘以上，確認其平衡性及安全性無異常。該起重機移動設置位置者，應重新辦理試吊測試。

（三）確認起重機所有之操作裝置、防脫裝置、安全裝置及制動裝置等，均保持功能正常；搭乘設備之本體、連接處及配件等，均無構成有害結構安全之損傷；吊索等，無變形、損傷及扭結情形。

（四）起重機作業時，應置於水平堅硬之地盤面；具有外伸撐座者，應全部伸出。

（五）起重機載人作業進行期間，不得走行。進行升降動作時，勞工位於搭乘設備內者，身體不得伸出箱外。

（六）起重機載人作業時，應採低速及穩定方式運轉，不得有急速、突然等動作。當搭載人員到達工作位置時，該起重機之吊升、起伏、旋轉、走行等裝置，應使用制動裝置確實制動。

（七）起重機載人作業時，應指派指揮人員負責指揮。無法派指揮人員者，得採無線電通訊聯絡等方式替代。

**4**

113 年為營造業墜落打擊年，請依營造安全衛生設施標準規定，回答下列問題：

一、 對於高度 2 公尺以上之工作場所，勞工作業有墜落之虞者，應訂定墜落災害防止計畫，依風險控制之先後順序規劃，並採取適當墜落災害防止設施。請依序列出 8 項前述風險控制之設備或措施。（各 2 分，共 16 分）

二、 對於新建、增建、改建或修建工廠之鋼構屋頂，勞工有遭受墜落危險之虞者，應依那 2 項規定辦理？（各 2 分，共 4 分）

解 一、 依「營造安全衛生設施標準」第 17 條規定，雇主對於高度 2 公尺以上之工作場所，勞工作業有墜落之虞者，應訂定墜落災害防止計畫，依下列風險控制之先後順序規劃，並採取適當墜落災害防止設施：

(一) 經由設計或工法之選擇，儘量使勞工於地面完成作業，減少高處作業項目。

(二) 經由施工程序之變更，優先施作永久構造物之上下設備或防墜設施。

(三) 設置護欄、護蓋。

(四) 張掛安全網。

(五) 使勞工佩掛安全帶。

(六) 設置警示線系統。

(七) 限制作業人員進入管制區。

(八) 對於因開放邊線、組模作業、收尾作業等及採取第 1 款至第 5 款規定之設施致增加其作業危險者，應訂定保護計畫並實施。

二、 依「營造安全衛生設施標準」第 18-1 條第 1 項規定，雇主對於新建、增建、改建或修建工廠之鋼構屋頂，勞工有遭受墜落危險之虞者，應依下列規定辦理：

(一) 於邊緣及屋頂突出物頂板周圍，設置高度 90 公分以上之女兒牆或適當強度欄杆。

(二) 於易踏穿材料構築之屋頂，應於屋頂頂面設置適當強度且寬度在 30 公分以上通道，並於屋頂採光範圍下方裝設堅固格柵。

**5**

某工廠使用氨作為原料，回答下列問題：

一、依職業安全衛生設施規則規定，對於毒性高壓氣體之使用，除一般高壓氣體、可燃性高壓氣體等之使用應注意事項外，應再注意那些事項或有那些使用規定？（8 分）

二、依據氨氣之安全資料表，其 8 小時日時量平均容許濃度（TWA）為 50ppm，短時間時量平均容許濃度（STEL）為 75ppm，立即致生命或健康危害濃度（IDLH）為 300ppm，爆炸界限為 15.4% ~ 30%，依高壓氣體勞工安全規則相關基準，請問欲設置之氣體洩漏檢知警報設備，其設置於室內警報設定值應為多少 ppm 以下？（2 分）

三、廠內液化氣體儲存設備，其內容積為 10 立方公尺，若液氨常用溫度之比重為 0.7，請計算該儲存設備儲存能力為多少公斤？（4 分）

四、若該場所使用泵浦輸送壓 4 $kg/cm^2$ 之液氨，其輸液量為 10 公升 / 分鐘，假設 0℃時液氨比重為 0.638，標準狀態下之體積為 22.4 $m^3/kg$-mole，氨分子量為 17，請計算每日氣體處理能力並說明是否符合「危險性工作場所審查及檢查辦法」規定之丙類危險性工作場所（未說明理由者不予計分）？（各 3 分，共 6 分）

解 一、依「職業安全衛生設施規則」第 111 條規定，雇主對於毒性高壓氣體之使用，應依下列規定辦理：

(一) 非對該氣體有實地瞭解之人員，不准進入。

(二) 工作場所空氣中之毒性氣體濃度不得超過容許濃度。

(三) 工作場所置備充分及適用之防護具。

(四) 使用毒性氣體場所，應保持通風良好。

二、依「高壓氣體勞工安全規則」相關基準之氣體漏洩檢知警報設備及其設置處所規定，室內氨氣氣體洩漏檢知警報設備，其設置於室內警報設定值應為 50 ppm 以下。

三、依「高壓氣體勞工安全規則」第 18 條第 2 款規定，本規則所稱儲存能力，係指儲存設備可儲存之高壓氣體之數量，其計算式：

液化氣體儲存設備：$W = 0.9 \times w \times V_2$

W：儲存設備之儲存能力 ( 單位：公斤 ) 值。

w：儲槽於常用溫度時液化氣體之比重 ( 單位：每公升之公斤數 ) 值。

$V_2$：儲存設備之內容積 ( 單位：公升 ) 值。

∴ 液化氣體儲存設備

$W = 0.9 \times 0.7\ kg/L \times (10\ m^3 \times 1{,}000\ L/m^3) = 6{,}300(kg)$

四、（一）泵浦出口側之高壓氣體處理能力計算公式：

一日處理能力 $(m^3/day) = L \times \rho \times (22.4(m^3/kg\text{-}mole)/M) \times 24(hr/day)$

L：液泵吐出口側之高壓氣體量 (L/hr)

$\rho$：液態氣體 $0^oC$ 時之液體比重 (kg/L)

M：氣體之莫耳分子量 (kg/kg-mole)

$\because L(L/hr) = 10(L/min) \times 60(min/hr) = 600(L/hr)$

$\rho(kg/L) = 0.638\ (kg/L)$

$M\ (kg/kg\text{-}mole) = 17(kg/kg\text{-}mole)$

$$\therefore \text{一日處理能力}\ (m^3/day) = L \times \rho \times (22.4(m^3/kg\text{-}mole)/M) \times 24(hr/day)$$

$$= 600 \times 0.638 \times \left(\frac{22.4}{17}\right) \times 24$$

$$= 12{,}105.49(m^3/day)$$

（二）液氨為可燃性高壓氣體其一日處理能力 $12{,}105.49m^3/day$，符合「危險性工作場所審查及檢查辦法」規定之丙類危險性工作場所。

理由：因依「危險性工作場所審查及檢查辦法」規定第 2 條第 3 款規定，丙類危險性工作場所：指蒸汽鍋爐之傳熱面積在 500 平方公尺以上，或高壓氣體類壓力容器一日之冷凍能力在 150 公噸以上或處理能力符合下列規定之一者：

(1) 1,000 立方公尺以上之氧氣、有毒性及可燃性高壓氣體。

(2) 5,000 立方公尺以上之前款以外之高壓氣體。

# 職安一點通｜職業安全管理甲級檢定完勝攻略｜2025 版

作　　者：蕭中剛 / 余佳迪 / 陳正光 / 謝宗凱
　　　　　江　軍 / 葉日宏
企劃編輯：郭季柔
文字編輯：王雅雯
設計裝幀：張寶莉
發 行 人：廖文良

發 行 所：碁峰資訊股份有限公司
地　　址：台北市南港區三重路 66 號 7 樓之 6
電　　話：(02)2788-2408
傳　　真：(02)8192-4433
網　　站：www.gotop.com.tw
書　　號：ACR012431
版　　次：2025 年 03 月初版
建議售價：NT$790

國家圖書館出版品預行編目資料

職安一點通：職業安全管理甲級檢定完勝攻略. 2025 版 / 蕭中剛, 余佳迪, 陳正光, 謝宗凱, 江軍, 葉日宏著. -- 初版. -- 臺北市：碁峰資訊, 2025.03
面；　公分
ISBN 978-626-425-018-4(平裝)
1.CST：工業安全　2.CST：職業衛生
555.56　　114001570